高等院校现代机械设计系列教材

机械设计基础

主　编　刘文光　贺红林　封立耀
副主编　吴　晖　冯占荣　邢　普
参　编　严志刚　朱保利　熊丽娟　江　一

机械工业出版社

本书是编者契合《全国大中小学教材建设规划（2019—2022年）》的要求，总结南昌航空大学机械设计教学团队的教学实践和教改经验，并在对机械设计系列课程的教育教学规律进行深入探索的基础上，本着“显特色、出精品”的宗旨和服务于机械设计基础课程教学的目的编写而成的。

全书共16章，内容包括：绪论、平面机构运动简图及其自由度、平面连杆机构及其设计、凸轮机构及其设计、齿轮机构及其设计、齿轮系及其设计、其他常用机构、转子的平衡与机械运转速度波动的调节、机械零件设计概论、机械连接、带传动和链传动、齿轮传动和蜗杆传动、滚动轴承、滑动轴承、轴、联轴器与离合器。每一章的结尾不仅介绍了机械设计实例，而且提供了同步练习，有利于学练结合。

本书既可作为普通高等学校机械类和近机械类专业机械设计基础课程的教材，也可供其他相关专业的师生、工程技术人员及管理人员参考。

图书在版编目（CIP）数据

机械设计基础/刘文光，贺红林，封立耀主编. —北京：机械工业出版社，2021.1（2024.2重印）

高等院校现代机械设计系列教材

ISBN 978-7-111-45861-6

Ⅰ.①机…　Ⅱ.①刘…②贺…③封…　Ⅲ.①机械设计-高等学校-教材
Ⅳ.①TH122

中国版本图书馆CIP数据核字（2020）第226600号

机械工业出版社（北京市百万庄大街22号　邮政编码100037）
策划编辑：丁昕祯　责任编辑：丁昕祯
责任校对：张晓蓉　封面设计：张　静
责任印制：郜　敏
北京富资园科技发展有限公司印刷
2024年2月第1版第5次印刷
184mm×260mm · 22.75印张 · 562千字
标准书号：ISBN 978-7-111-45861-6
定价：59.80元

电话服务	网络服务
客服电话：010-88361066	机　工　官　网：www.cmpbook.com
010-88379833	机　工　官　博：weibo.com/cmp1952
010-68326294	金　　书　　网：www.golden-book.com
封底无防伪标均为盗版	机工教育服务网：www.cmpedu.com

前　言

一本好书就是一盏高举的指路明灯，一部好教材就是一个形神兼修的好老师。编写本书的初衷就是想打造出一本精品教材，就是要为大家引入一位高明的良师。

2019 年岁末，教育部印发了《全国大中小学教材建设规划（2019—2022 年）》。这是中华人民共和国成立 70 年以来，首次颁发的以教材建设为专题的重要规划，该规划表明了党和国家对新时代教材建设的高度重视。该规划明确指出：要全面提高教材质量，切实发挥教材育人功能。针对高等学校教材建设，该规划还具体提出了打造精品、学术理论创新、凸显中国特色的教材建设重点任务。本书即是编者主动适应高等教育发展最新形势，契合该规划要求，总结南昌航空大学机械设计教学团队长期教学和教改经验，并在对机械设计基础课程的教育教学规律进行深入探索的基础上，本着“显特色、出精品”的宗旨，以及为了更好地服务于机械设计基础课程教学而完成的教材。

“机械设计基础”是我国普通高等学校机械类、近机械类乃至非机械类工科专业广为开设的一门主干学科基础课，是一门学科理论与产业技术深度融合的多学科交叉性课程。该课程要义在培养学生必备的机械工程基础理论、基本知识和技能。它着力打造学生的工程设计、分析、创新能力以及解决复杂工程问题的能力，帮助学生树立正确的设计思想。在相关专业的培养体系中，该课程占据着极其重要的地位，因此，如何有效打造学生的设计和创新能力，历来是该课程教学与改革的立足点和出发点。

大量教学实践和研究表明，在目前条件下，要想突破机械设计基础课程的教学瓶颈，有效培养学生的工程能力，该课程就必须变知识导向型教学为能力导向型教学，就必须将其惯常采用的灌输式教学转变为授能型教学，逐渐将其以教师为主导的教学向以学生为中心的教学转变。为此，必须广泛推进案例驱动式、学练结合式、问题探究式、翻转课堂、前沿启迪式等教学改革。在实现上述转变，特别是在实现课程向以学生为中心的教学转变的过程中，教材将充当一个极其重要的角色，教材建设将在很大程度上托举这些转变。教材是教学思想与教学内容的载体，同时是教学方法的蓝本，是教学的基本要素和根本。在社会全面信息化的今天，教学中正在出现的一个重要转变或高明之处就是：让同学们问计于“书”、问计于“网”。而这里所谓的“书”，定然是那种为学生量身定做、精心打造之作，绝非是那种草草而成的泛泛之册。南昌航空大学机械设计教学团队努力编写本书，意在利于实现上述教学转变，并切望它能便于学生“问”机械设计之“计”。

与其他同类教材一样，为了保证课程内容的完整性，本书也涵盖了以下三方面内容：一是机械设计的基本理论与知识；二是常用机构的工作原理、运动特性及设计方法；三是通用零件的原理、技术特性及设计方法。然而，本书与其他教材所不同的是：在内容设计上，强调学科理论与工程实例结合，书中大大强化案例驱动教学的元素。在案例组织上，强调机器系统整机设计全程体认。全书总共 16 章，除第 1 章和第 9 章之外，书中每一章的最后一节都是围绕同一机械进行的“真刀真枪”的工程设计实例。有了这些实例，老师可指导学生以学练结合的方式，迅速掌握相关设计技术和技能，并深刻领悟相关理论和知识。参照这些实例，学生可开展行之有效的自主学习，牢固地掌握相关知识点和设计技术。借助于这些实例，老师可以推进形象生动的翻转课堂。书中以精选的中等复杂程度的多执行机构精压机和蜂窝煤成型机作为典型设计案例，遵循了机器设计全程体认的主线，融合了机械设计基础的教学内容及其教学环节，实现了机械设计基础课程体系的完备性，达成了内容的高阶性。这对于培养学生从总体上把控机械装备设计的内涵、过程、理论和技能都是极为有利的。考虑到机械设计基础课程知识点和基本概念众多，书中每章的结尾还提供了大量的练习题以利于知识点的巩固。

本书是南昌航空大学机械设计教学团队集体智慧的结晶。由刘文光、贺红林和封立耀任主编，吴晖、冯占荣和邢普任副主编，参加编写的还有严志刚、朱保利、熊丽娟、江一。研究生方孟翔、吕志鹏、吴兴意、吴兴强、王哲逸和余志豪绘制了大量的插图，并进行了校对工作。

本书为南昌航空大学 2020 年度规划教材，得到了江西省高等学校教改项目（JXJG-18-8-6 和 JXJG-19-8-22）、南昌航空大学创新创业课程项目（机械设计基础）以及南昌航空大学教学能力提升计划项目（省优秀教学团队培育项目）的资助。在此一并表示感谢。

百密难免一疏，囿于编者的经验和水平，书中出现错误、疏漏、不足之处在所难免，敬请广大读者指正并提出宝贵意见和建议。

编　者

2020 年 3 月于南昌

目 录

Chapter 1

第1章 绪论

学习目标

主要内容：机械、机器、机构、构件和零件的概念，机器的组成；本课程的性质、目的和任务；机械设计的基本要求和一般过程；本课程的教学基本要求和学习注意事项；专用精压机生产线和蜂窝煤成型机的构成及设计要求。

学习重点：机器、机构、构件和零件的概念，机器的组成。

学习难点：对机器和机构的理解。

1.1 本课程的研究对象和内容

为了满足生产和生活的需要，人类设计与制造了类型繁多、功能各异的各种机器。从早年的杠杆、滑轮，到近代的机床、汽车、轮船，再到现代的机器人、航天器等，广泛使用的各式各样的机器已经成为衡量一个国家技术水平和现代化程度的标志之一。因此，学习和掌握与机器相关的机械设计基本理论和基础知识，并具有一定的机械设计能力，对现代工程技术人员而言是非常重要的。本课程的研究对象和内容则是机器的相关理论和知识。

1.1.1 机械、机器和机构

1. 机械

机械是伴随人类社会不断进步而逐渐发展与完善的。不同的历史时期，人们对机械的定义也有所不同。从早期人类使用杠杆、人力脚踏水车等简单机械，到以水力、风力驱动的水碾和风车等较为复杂的机械，再到以内燃机、电动机为动力源，集自动控制技术、信息技术于一体的现代机械，机械促进了人类社会的繁荣和进步。机械已经成为现代社会生产和服务的五大要素（人、资金、能量、材料、机械）之一。

机械的初始含义是指灵巧的器械。广义上讲，凡是能完成一定机械运动（如转动、往复运动等）的装置都是机械。如螺钉旋具、钳子、剪刀等简单工具是机械，汽车、坦克、机床等高级复杂的装备也是机械。在现代社会中，人们把最简单的、没有动力源的机械称为工具或器械，如钳子、剪刀、手推车等；而把复杂的、具体的机械称为机器。汽车、飞机、轮船、车床、起重机、织布机、印刷机、包装机等大量具有不同外形、不同用途的设备都是具体的机器，而泛指这些设备时则常常用“机械”来统称。

2. 机器

日常生活和生产过程中，广泛使用了各种机器。机器是执行机械运动并能变换或传递能量、物料与信息的装置，常见的汽车、飞机、轮船、洗衣机、打印机等都是机器。生活中的电视机不是机器，因为它不靠机械运动工作；而喷墨打印机是机器，因为打印是通过机械装置的运动来实现的。

虽然机器的种类繁多，发挥的作用和具体构造也各不相同，但所有这些机器都具有三个共同的特征：①机器是人为的实物组合；②机器具有确定的相对运动；③机器能减轻和代替人的体力劳动和脑力劳动。

就功能而言，机器主要由四个基本部分组成。①动力部分，其功能是将其他形式的能量变换为机械能（如内燃机和电动机分别将热能和电能变换为机械能）。动力部分是驱动整部机器以完成预定功能的能量来源。②执行部分，其功能是利用机械能去变换或传递能量、物料、信号，直接完成机械预定功能的部分。如机床主轴和刀架、起重机吊钩等。③传动部分，其功能是把原动机的运动形式、运动和动力参数转变为工作部分所需的运动形式、运动和动力参数，是将动力部分的运动和动力传递给执行部分的中间环节。它可以改变运动速度，转换运动形式，以满足工作部分的各种要求，如减速器将高速转动转换为低速转动，螺旋机构将旋转运动转换成直线运动等。④控制部分，是用来控制机械的其他部分，使操作者能随时实现或停止各项功能。如机器的起动、运动速度和方向的改变，机器的停止和监测等，通常包括机械和电子控制系统。

机械的组成不是一成不变的，有些简单机械不一定完整包含上述四个部分，有的甚至只有动力部分和执行部分，如水泵、砂轮机，而对于较复杂的机械，除具有上述四部分外，还有润滑、照明装置等辅助部分，如图 1-1 所示。为便于研究机器的一些共性，如工作原理、运动特性等，通常也将机器视作由若干机构组合而成的。

3. 机构

图 1-2 所示为单缸四冲程内燃机，它由齿轮 1 和 2、凸轮 3、推杆 4、弹簧 5、排气阀 6、进气阀 7、活塞 8、连杆 9、曲轴 10、气缸体 11 等组成。

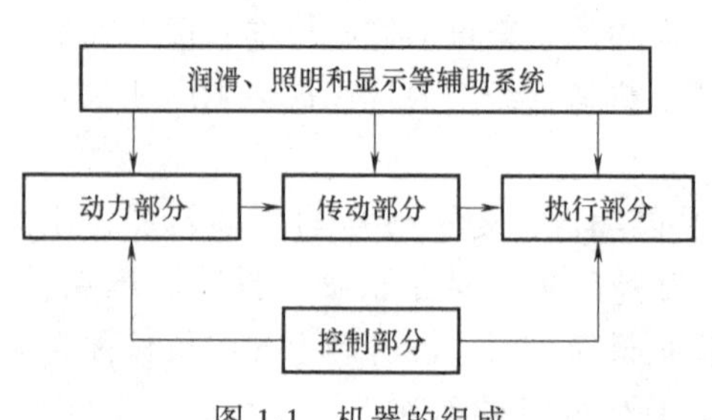

图 1-1　机器的组成

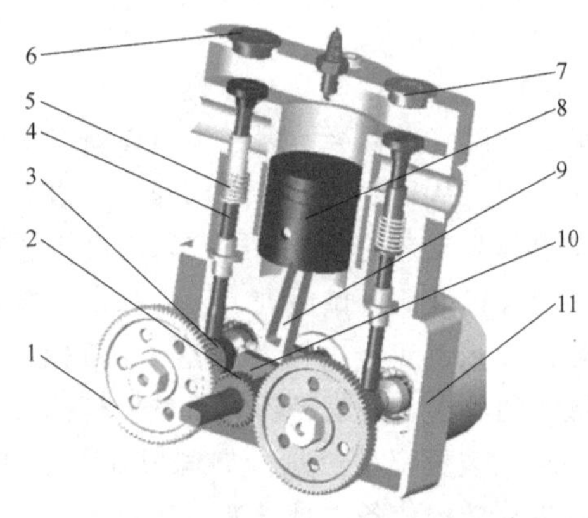

图 1-2　单缸四冲程内燃机

1、2—齿轮　3—凸轮　4—推杆　5—弹簧　6—排气阀
7—进气阀　8—活塞　9—连杆　10—曲轴　11—气缸体（机架）

当燃气推动活塞 8 做直线往复运动时，通过连杆 9 使曲轴 10 连续转动，从而将燃气的热能转换成曲轴的机械能。为了保证曲轴连续转动，通过齿轮、凸轮、推杆和弹簧等的作用，按一定的运动规律启闭阀门，以输入燃气和排出废气。其中，凸轮 3 和推杆 4 用来开启和关闭进气阀和排气阀。分析内燃机发现，它主要包含三种机构：①由机架、曲轴、连杆和活塞组成的连杆机构（图 1-3a），它将活塞的往复运动转化为曲轴的连续转动；②由气缸体、凸轮和推杆组成的凸轮机构（图 1-3b），它将凸轮的连续转动转变为推杆的直线往复运动；③由气缸体、齿轮组成的齿轮机构（图 1-3c），其作用是改变转速的大小和方向。

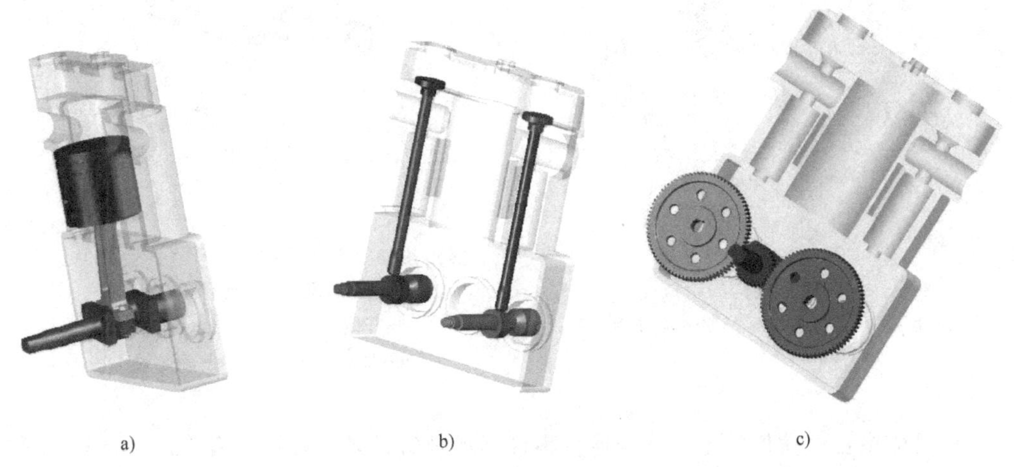

a)　　b)　　c)

图 1-3　单缸四冲程内燃机中的机构

a）连杆机构　b）凸轮机构　c）齿轮机构

机构也有许多不同的种类，其用途也各不相同，但它们都有与机器前两个特征相同的特征。即机构是人为实物的组合体，具有确定的相对运动，它可以用来传递和转换运动。

一部机器是由一个或多个机构组成的。简单机器，可能只含有一个机构，但一般的机器都含有多个机构。如连杆机构、凸轮机构和齿轮机构再加上火花塞和燃气系统，才构成了内燃机。作为机器，内燃机具有转换机械能的功能，而其中的各个机构只起到转换运动的作用。机器中的单个机构不具有转换能量或输出有用功的功能。即机器与机构的根本区别在于，机构的主要功能是传递运动或变换运动形式，而机器的主要功能除传递运动外，还能转换机械能或完成有用机械功。若单纯从结构和运动的观点看，机器和机构并无区别。因此，通常把机器和机构统称为机械。

1.1.2　构件和零件

1. 构件

构件是机械系统中的独立运动单元，它组成机构的各个相对运动部分。构件可以是单个零件，也可以是若干个零件通过刚性连接所组成的整体。图 1-4 所示为内燃机中的连杆机构，它是由机架、曲轴、连杆和活塞这几个构件组成的，其中，曲轴 4 是单个零件，连杆 2 是由多个零件组成的刚性结构。

2. 零件

零件是机械系统中的制造单元。图 1-5 所示为内燃机连杆机构中的构件连杆，该构件由连杆体、连杆盖、轴瓦、螺栓等零件组成，它们作为一个整体运动构成一个构件，但在加工时是多个不同的零件。

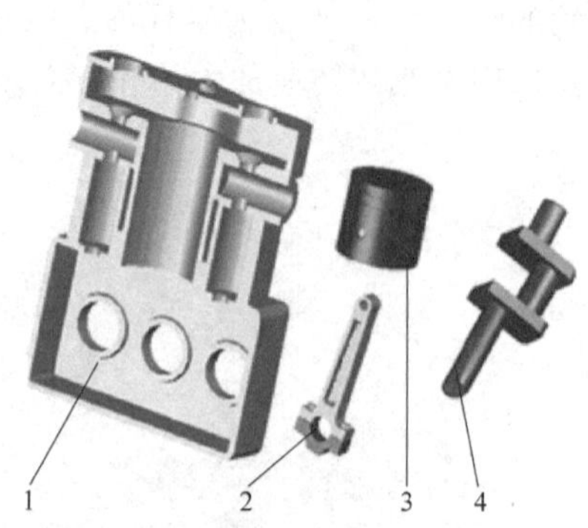

图 1-4　连杆机构的组成

1—机架　2—连杆　3—活塞　4—曲轴

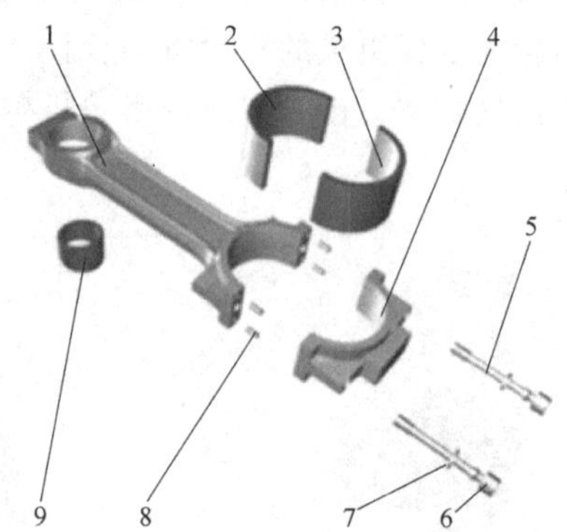

图 1-5　连杆的组成

1—连杆体　2、3—轴瓦　4—连杆盖　5—螺栓　6—螺母　7—垫片　8—定位销　9—轴套

各种机械中普遍使用的零件称为通用零件，如螺钉、轴、轴承、齿轮、弹簧等。只在某一类机器中使用的零件称为专用零件，如内燃机中的活塞、曲轴等。这些自由分散的零件，一旦按照一定的方式和规则组合到一部机器中，就成为机器上不可或缺的一部分，发挥着各自的作用。特别是一些关键零件，决定着整个机器的性能。另外，工程中常把多个零件装配成便于安装、测量、运输的组合件，称之为部件。这样，一部机器也可以说是由多个部件和零件组合而成。

1.2　本课程的性质、目的和任务

1. 课程性质

机械设计基础是一门培养学生机械设计基本理论和方法的重要专业基础课。

2. 课程目的

机械设计基础研究的是各类机械的共同特性和基础知识，其目的是培养学生初步的机械设计能力和机械工程应用能力。本课程的内容，既可以为后续专业课的学习打下基础，又可以直接用于工程实际。

3. 课程任务

1）了解机械设计的一般过程和大体内容，掌握机械设计的一般规律和基本方法，树立正确的设计思想。

2）掌握机构的结构原理、运动特性和机械动力学的基本知识，初步具备确定机械运动方案、分析和设计基本机构的能力。

3）掌握通用零件的工作原理、特点、选用和设计计算的基本知识，具备设计简单机械的能力。

4）具有熟练运用标准、规范、手册和图册等有关技术资料进行工程机械设计的能力。

5）掌握典型机械零件的实验方法和获得实验技能的基本训练。

6）了解机械设计的发展动态和现代机电产品的设计方法。

1.3 机械设计的基本要求和一般过程

1.3.1 机械设计的基本要求

设计是机械产品研制的第一步，设计的好坏直接关系到产品的质量、性能和经济效益。机械设计就是从使用要求出发，对机械的工作原理、结构、运动形式、力和能量的传递方式，各个零件的材料、尺寸和形状，以及使用维护等问题进行构思、分析和决策的创造性过程。毫无疑问，对于每一个设计者，机械设计是一个创新、创造的工作，但任何设计都不应该凭空设想，而必须尽可能多地利用已有的成功经验和设计基础，参考借鉴相关设计实例。在此基础上，再根据具体的情况进行设计和创新。只有把继承与创新结合起来，设计质量和设计效率才有保障。

机械的性能和质量很大程度上取决于设计的质量，而机械的制造过程实质上就是要实现设计所规定的性能和质量。机械设计作为机械产品开发研制的一个重要环节，不仅决定着产品性能的好坏，而且决定着产品质量的高低。不同的机械有着不同的设计要求，但大多数机械有以下共同的设计基本要求。

1. 使用性要求

就机器中某个机械零件来说，应在规定的条件下、规定的寿命期限内满足使用要求。就机器的整体使用功能来说，为了提高竞争力，各种使用功能在合理范围内要尽可能多、尽可能先进，性能指标要尽可能好。这就要靠正确选择机械的工作原理，正确、合理选择和设计各部分机构。必须强调的是，合理地进行机电结合，是现代机器和机电产品升级换代、扩充功能、提升性能的最佳方式和途径。

2. 经济性要求

市场经济环境下，经济性要求贯穿机械设计制造的全过程，因此，应当合理地选用原材料，确定适当的制造精度，缩短设计和制造的周期。市场经济的激烈竞争对机械必然提出经济性要求。机械的经济性体现在设计、制造和使用的全过程中，如设计周期短、设计费用低；制造、运输、安装成本低；使用效率高、耗能少；便于管理和维护等。但是，这些在设计阶段就应综合考虑。

提高经济性的主要途径有：

1）在满足使用功能的前提下，设计方案及其机构要力求简单，即简单是美、简单是优。

2）采用现代先进设计制造方法，如优化设计、计算机辅助设计和并行工程等。

3）最大限度地采用标准化、系列化、通用化、模块化的零部件，即零件结构尽量采用简单、工艺性好及标准化的结构。

4）充分发挥机电的各自优势，合理进行机、电、液、气的综合使用，提高机械化和自动化水平，提高机器设备产品的使用效率。

5）合理采用高效传动系统，适当采用防护、润滑、减摩措施，达到降低能耗、延长寿命的目标。

6）尽可能采用新技术、新工艺、新结构、新材料等。

3. 可靠性要求

机器在设计寿命内正常使用时，要求工作可靠，故障率低。随着现代机电产品功能的日趋丰富、性能的日益提高和系统结构的日趋复杂，可靠性问题变得日益重要。机器的可靠性是用可靠度来衡量的，它是指在规定的使用时间内和预定的环境条件下机器能够正常工作的概率，其大小与设计、制造有关，即设计的好坏对可靠性起决定性的影响。要提高机器的可靠性，设计时除采用必要的冗余技术外，选择合理的结构方案、正确确定零件的工作能力是保证机器可靠性的主要措施。

4. 安全、环保、美观等方面的要求

当机械用于生产和生活时，确保使用者的安全舒适、避免对环境的污染是设计者必须考虑的基本问题。此外，产品的美观也会影响使用者的心情，从而影响工作效率和差错率。因此，要保证机器的安全、环保和美观，设计时要按照人机工程学的观点合理设计，尽量采用可回收循环利用的绿色设计技术，合理采用各种防护、报警、显示等附件装置。

1.3.2 机械设计的一般过程

机器设计一般包括产品规划构思、方案设计分析、结构技术设计、技术文件编制归档几个阶段，各阶段的主要工作内容大体如下：

1. 产品规划构思

首先要对所设计机器的需求情况作充分的调查研究，提出机器的设计目标和任务，明确机器应具有的功能和技术指标。形成设计任务书作为本阶段工作的总结和下阶段设计工作的依据。设计任务书主要包括：拟设计机器的特定用途、预定功能和市场前景分析；实现预定功能的原理框图；技术经济可行性分析；设计任务和内容；设计进度安排等。其中，方案设计和结构设计是设计过程的两个主要阶段。

2. 方案设计分析

方案设计分析阶段是决定机器设计成败和机器质量好坏的关键阶段。首先，要进行机器功能分析，对各种功能进行组合优化，确定功能参数；其次，拟定能实现所需功能的各种工作原理和技术方案，对各种可行方案进行评价、分析和择优；最后，画出选定方案的技术原理图和组成各机构的运动简图，必要时进行机构运动动画仿真验证分析。

3. 结构技术设计

结构技术设计阶段是整个设计工作的主体阶段，主要确定各部件及其零件的外形与基本尺寸，绘制零件图、部件装配图及总装图。结构技术设计就是在方案设计的基础上，将抽象的运动简图转换成具体的结构图，并基于各种设计理论，确保机器在一定的工况和规定的工作时间内，具有足够的工作能力。

具体设计工作包括：

1）根据确定的结构方案，确定原动机和主要构件的运动参数。

2）根据机器结构和运动参数，计算各主要零件的载荷。

3）根据主要零件的具体工作情况，选择零件材料，按照适当的工作能力准则对零件进行设计、校核，确定零部件基本尺寸。常用的零部件工作能力准则包括：强度准则、刚度准则、寿命准则、可靠性准则和振动稳定性准则。

4）根据零件连接装配和制造、安装等要求，确定所有零件的结构形状和尺寸。

5）必要时进行实物样机研制试验或应用虚拟样机技术进行仿真实验，以检验设计的合理性，验证设计结果与预定功能的吻合度，并进行反馈和完善。

如图 1-6 所示，传统机械产品设计过程需要有实物样机和物理实验，研制周期长，费用较高，且实验范围有限。因此，现代机械产品设计应用计算机三维设计技术，通过虚拟样机完成计算机辅助设计、分析，使结果更形象直观，而且便于各方面的优化设计，广泛地用于实际工程设计，其设计流程图如图 1-7 所示。

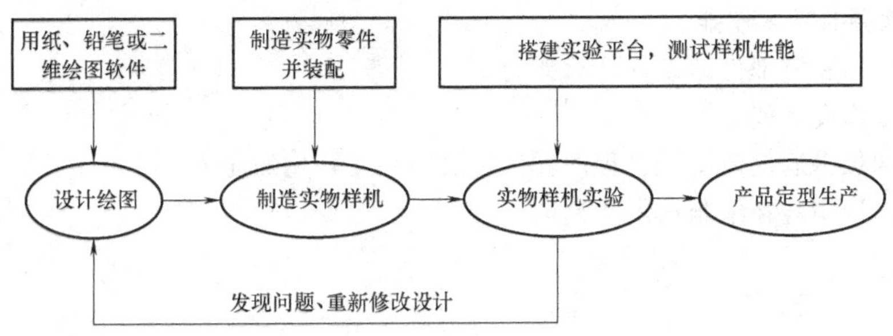

图 1-6　传统机械产品设计流程图

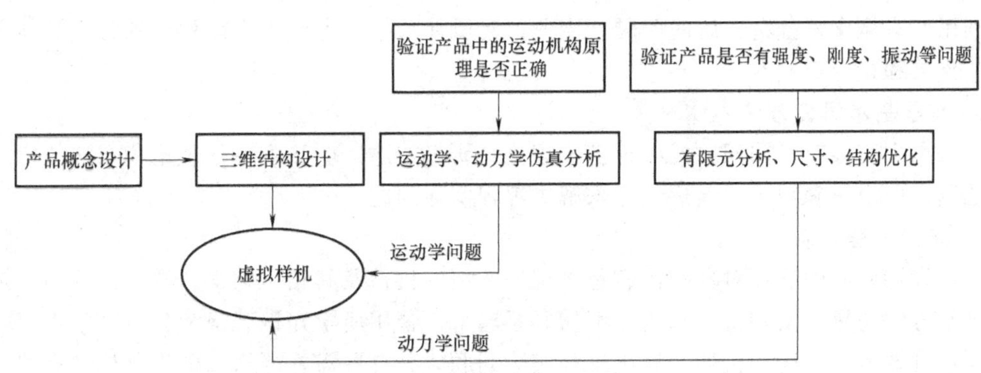

图 1-7　现代机械产品设计流程图

4. 技术文件编制归档

机械设计的技术文档较多，主要有设计图样、设计程序和设计计算说明书。说明书的编写应清晰完整、简单明了。

1.4 本课程的教学基本要求和注意事项

1.4.1 教学基本要求

1. 要求掌握的基本概念

常用机构的基本类型、运动特性，通用零件的主要类型、性能、结构特点、应用、材料和标准等。

2. 要求掌握的基本理论和方法

1）机械零部件的工作原理，简化的物理模型和数学模型，受力分析，应力分析，失效分析等。

2）机械零部件工作能力计算准则和机械零件设计计算方法。

3）机械零部件结构设计的方法和准则。

3. 要求掌握的基本技能

1）常用机构和零部件的设计计算能力。

2）零件结构设计能力。

3）设计构想、运动简图、工程图样三者之间相互转化的能力。

4）机械设计实验和编制技术文档的能力。

1.4.2 注意事项

1. 理解基本概念

本课程的特点之一是概念多，理解这些基本概念对课程的学习和认识非常重要。有时可直接利用基本概念来分析、解决问题。因此，对所涉及的基本概念不能死记硬背，必须重点理解其含义和指导意义。

2. 掌握基本研究方法

本课程中有针对不同问题的各种基本理论、研究方法，应注意各种理论和方法的应用条件和范围，以求正确而灵活地运用它来解决工程实际问题。

3. 树立工程观点

机械设计基础的研究对象和内容是工程中常用的机械及其相关知识。学习过程中应把基本原理和方法与研究实际机构和机器密切联系起来，善用所学知识观察和分析日常生产、生活中所遇到的各种机构和机器。解决工程实际问题时，有些需要严格的理论分析，有些采用实验、试凑、近似等简化方法，所得结果往往并非唯一，有时也不要十分精确。因此，树立工程观点，培养综合分析、判断、决策能力和认真的科学态度是十分重要的。

1.5 典型机器的认识

为了让读者在学习本课程之初对机器有个总体认识，下面以专用精压机生产线和蜂窝煤成型机为例，熟悉机器的构成和工作原理。基于整机设计全程体认的理念，本书每一章的设计计算案例都将围绕这两个机器展开。在此基础上，通过举一反三，自然不难进行其他各种机器的设计。

1.5.1 专用精压机生产线

图 1-8 所示为专用精压机生产线总体布置图，该机器包括两个单元，即专用精压机（图 1-9）和链板式输送机（图 1-10）。专用精压机主要用于薄壁铝合金制件的精压深冲工艺，是将薄壁铝板一次冲压成筒形，而链板式输送机是将已经压制成形的铝筒输送到其他工序。

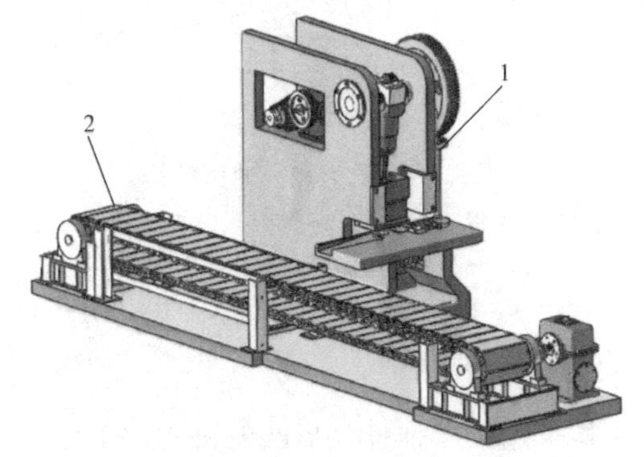

图 1-8 专用精压机生产线总体布置图

1—专用精压机 2—链板式输送机

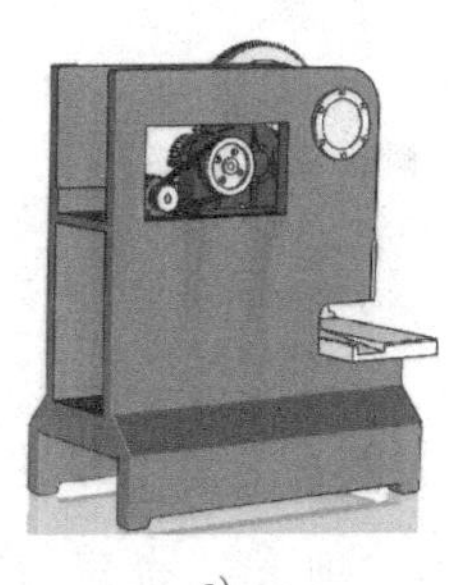

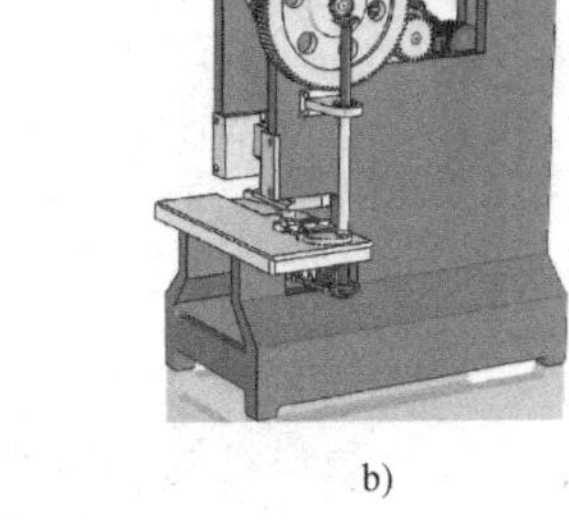

图 1-9 专用精压机三维模型

a）左侧图 b）右侧图

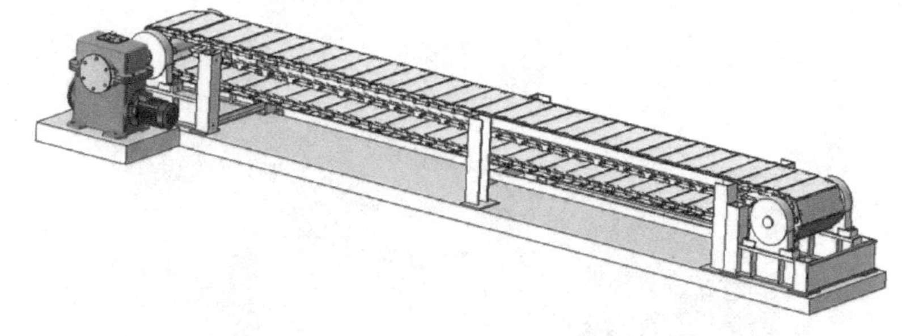

图 1-10 链板式输送机三维模型

1. 专用精压机的构成

如图 1-11 所示，专用精压机的构成包括冲压机构、送料机构、顶料机构、传动系统和机架等几部分。各部分具体结构及其功能如下：

（1）冲压机构 如图 1-12 所示，机器的冲压机构是一个曲柄滑块机构，其中曲轴 6 是曲柄，连杆是由连杆盖 4、连杆体 12 和连接它们的双头螺柱及螺母 11 构成。连杆由下端的球形头 13 与滑块 14 相连。滑块的下端装有上模 15。曲柄滑块机构的动力由齿轮 8 传入。螺钉 2 的作用是将滑动轴承座 1 固定在机架上。轴瓦 3 的作用是支承曲轴 6。轴端挡圈 9 的作用是在轴向固定齿轮 8。油嘴 5 的作用是加润滑油润滑轴承。

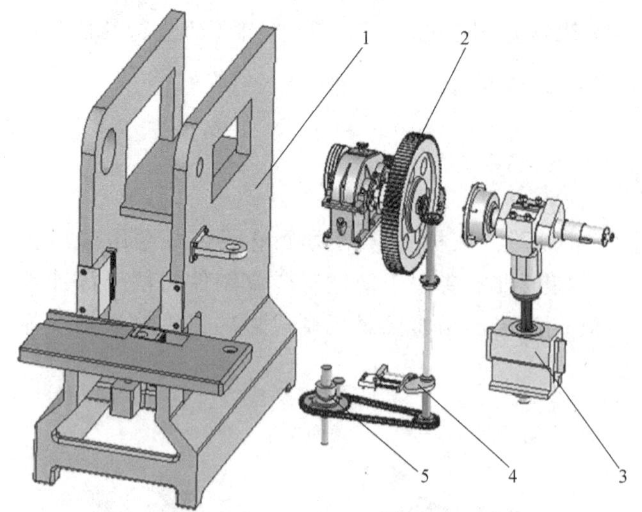

图 1-11　专用精压机的组成

1—机架　2—传动系统　3—冲压机构

4—送料机构　5—顶料机构

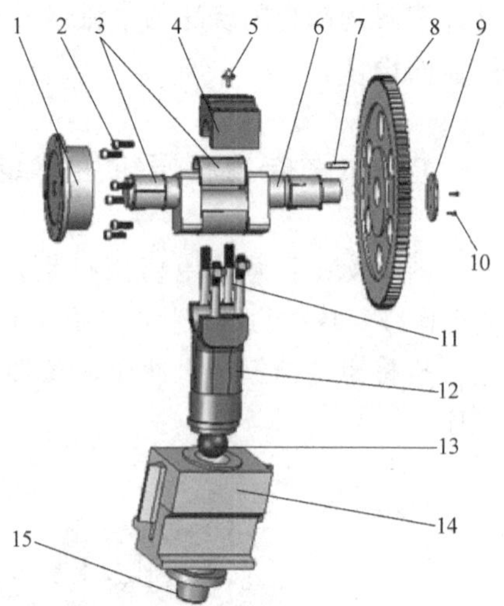

图 1-12　冲压机构

1—滑动轴承座　2—螺钉　3—轴瓦　4—连杆盖

5—油嘴　6—曲轴　7—平键　8—齿轮

9—轴端挡圈　10—螺栓　11—双头螺柱及螺母

12—连杆体　13—球形头　14—滑块　15—上模

（2）送料机构　如图 1-13 所示，机器的送料机构采用滚子推杆盘形凸轮机构。工作时，立轴 7 带动凸轮 1 转动，凸轮 1 推动推杆组件 2，推杆组件 2 带动推料板 3 送料。工作台上装有导向架 5、导向杆及弹簧 6。导向架的作用是防止推料板 3 产生偏移。两个弹簧的作用是保持推杆组件 2 与凸轮 1 的接触，以使推料板 3 能连续往复运动，完成推送坯料的动作。

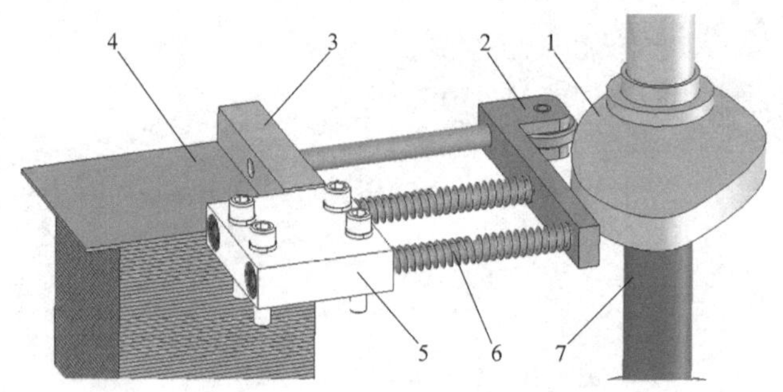

图 1-13　送料机构

1—凸轮　2—推杆组件　3—推料板　4—料板　5—导向架　6—导向杆及弹簧　7—立轴

（3）顶料机构　如图 1-14 所示，机器的顶料机构由链传动机构与圆柱凸轮机构组成。小链轮 6 装在立轴 5 上。小链轮通过链条带动大链轮 1。大链轮 1 与圆柱凸轮 2 做成一体，由此带动圆柱凸轮转动。圆柱凸轮 2 推动从动件 3，使其上下往复运动，完成顶料的动作。滑动支承 4 是固定在机架上的，它的作用是支承从动件 3。

（4）传动系统　如图 1-15 所示，机器的传动系统由电动机 1、V 带传动 2、斜齿圆柱齿

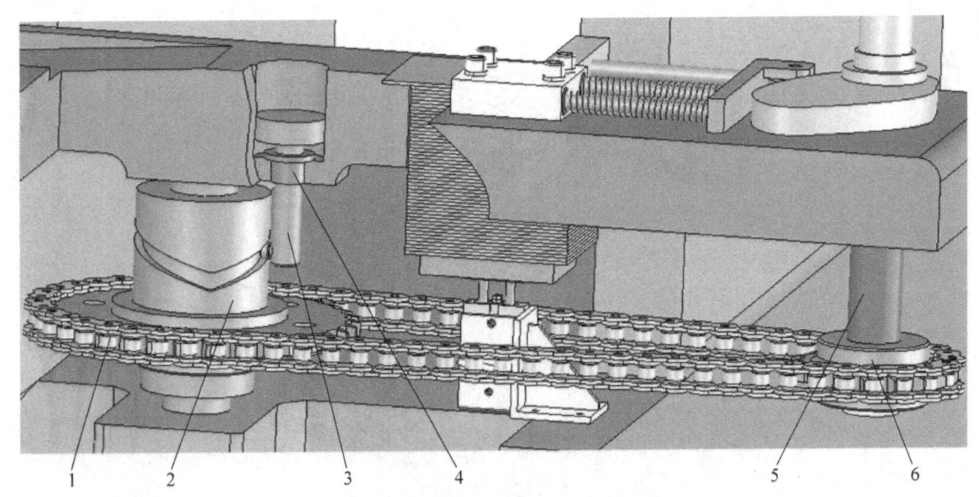

图 1-14　顶料机构

1—大链轮　2—圆柱凸轮　3—从动件　4—滑动支承　5—立轴　6—小链轮

轮机构 3、直齿圆柱齿轮机构 6 和直齿锥齿轮机构 7 组成。机器运转时，电动机驱动 V 带传动机构，再经 V 带将动力依次传递给斜齿圆柱齿轮机构和直齿圆柱齿轮机构。直齿圆柱齿轮机构将动力传给冲压机构，而直齿锥齿轮机构将动力传给一根立轴，立轴上装有凸轮与小链轮，分别为送料机构和顶料机构提供动力。

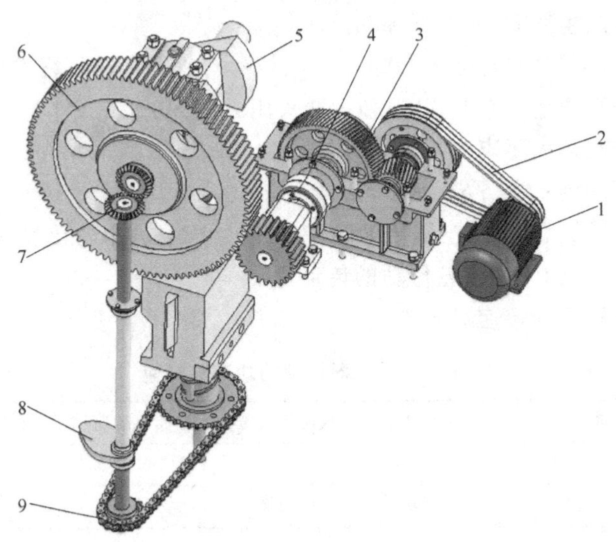

图 1-15　传动系统的构成

1—电动机　2—V 带传动　3—闭式斜齿圆柱齿轮机构　4—弹性联轴器　5—曲轴

6—直齿圆柱齿轮机构　7—锥齿轮机构　8—凸轮　9—传动链

2. 链板式输送机的构成

如图 1-16 所示，链板式输送机由电动机 5、蜗杆减速器 1、联轴器 2、主动链轮轴系 3、链板 4、从动链轮轴系 7 及机架 6 组成。链板式输送机也会用行星减速器来代替蜗杆减速器，以便在精密传动时降低转速和增大转矩。

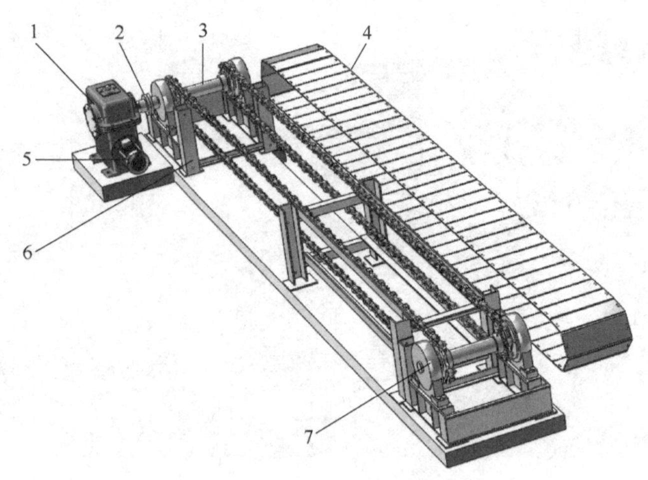

图 1-16 链板式输送机的组成

1—蜗杆减速器 2—联轴器 3—主动链轮轴系 4—链板 5—电动机 6—机架 7—从动链轮轴系

3. 机器设计要求

针对不同的设计数据，工程师可设计出不同的机械结构。为了让读者对专用精压机组的整机设计有全程体认感，能从总体上把控机器设计的内涵、过程、理论和技能，本书所述精压机的设计要求如下：

1）冲压执行构件具有快速接近工件、等速下行拉延和快速返回的运动特性。

2）精压成形制品生产率约 50 件/min。

3）冲压机构上模移动总行程为 200mm，其拉延行程置于总行程的中部，约 100mm。

4）冲压机构的行程速比系数 $K \geqslant 1.5$，冲头压力为 60kN。

5）推料机构推料最大距离为 200mm。

6）速度运转不均匀系数 $[\delta]$ 为 0.05。

7）带传动的传动比 $i_V=2.5$、链传动的传动比 $i_{lc}=2$、斜齿轮传动的传动比 $i_{bc}=3$、直齿轮传动的传动比 $i_{kc}=3.84$、锥齿轮传动的传动比 $i_{zc}=1$。

8）机器各轴的功率和转速见表 1-1。

表 1-1 机器各轴的功率和转速

轴的位置	电动机轴	减速器高速轴	减速器低速轴	冲压机构曲轴	送料机构立轴	顶料机构立轴
传递功率/kW	7.5	7.125	6.84	6.37	0.3	0.73
转速/(r/min)	1440	576	192.67	50	50	25

链板式输送机的运行速度为 0.32m/s，载荷具有轻微冲击，两班制工作，单向传动，传动比 $i=29$，蜗杆轴传递功率为 2.97 kW，蜗杆转速为 710r/min。

1.5.2 冲压式蜂窝煤成型机

冲压式蜂窝煤成型机是生产蜂窝煤的主要设备，其功能是将煤粉加入转盘上模筒内，经冲头冲压成蜂窝煤。如图 1-17 所示，机器主要包括带传动机构、齿轮机构、槽轮机构、曲

柄滑块机构和摇杆滑块机构。机器工作时，传动带与齿轮一起运动，由曲柄滑块机构实现冲压成型和脱模，槽轮机构实现模筒转盘间歇转动，摇杆滑块机构实现清扫。蜂窝煤成型机的运动传递路线如图 1-18 所示。

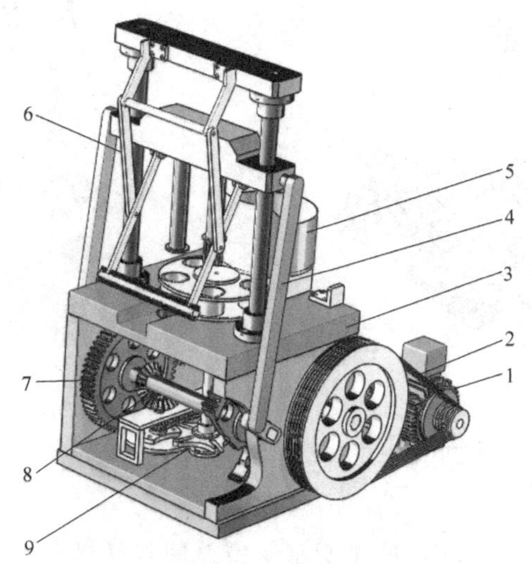

图 1-17 蜂窝煤成型机三维模型视图

1—电动机 2—传动带 3—机架 4—曲柄滑块机构 5—料筒 6—摇杆滑块机构 7—圆柱齿轮机构 8—锥齿轮机构 9—槽轮机构

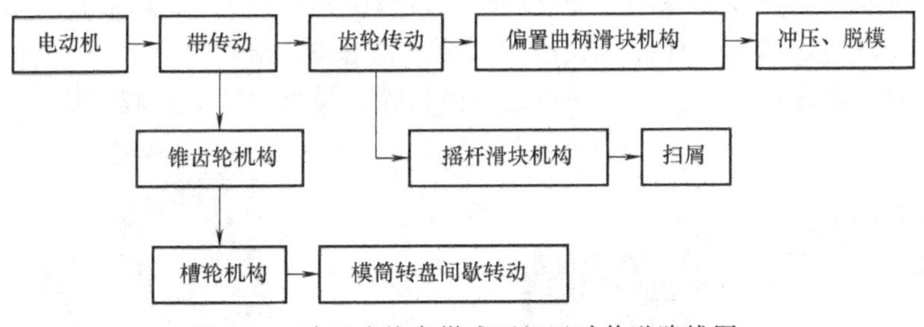

图 1-18 冲压式蜂窝煤成型机运动传递路线图

1. 冲压式蜂窝煤成型机的构成

机器各部分的具体结构及其功能如下：

(1) 传动机构 如图 1-19 所示，蜂窝煤成型机的传动机构由传动带、圆柱齿轮、锥齿轮和传动链构成。机器运转时，电动机经过一级带传动和一级圆柱齿轮传动减速，大齿轮轴上装有主动曲柄，主动曲柄带动曲柄滑块机构运动。大齿轮轴同时将动力传递给锥齿轮，而锥齿轮将运动传给槽轮，槽轮带动模筒立轴间歇转动。锥齿轮最后通过链传动带动料筒中的拨料杆转动。

(2) 冲压成型与脱模机构 如图 1-20 所示，冲压成型与脱模两个功能均由曲柄滑块机构完成。滑块 4 上固结有冲头 3 和脱模杆 5。由于滑块 4 和机架上的两根导轨构成移动副，只能上下运动。曲柄和滑块间用一根连杆以转动副相连接。滑块上右边的冲头将煤粉压成蜂窝煤，左边的是脱模杆。

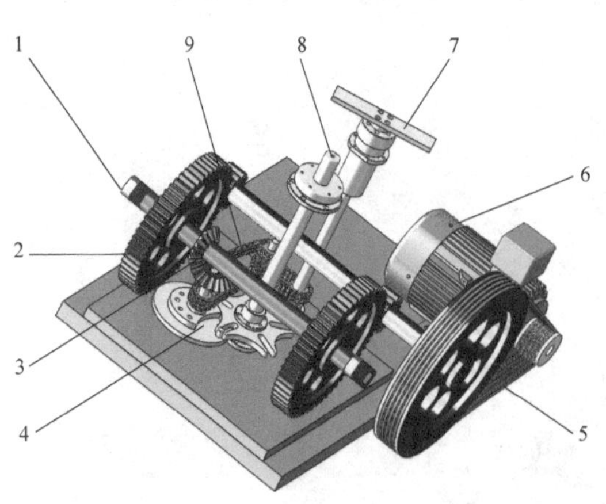

图 1-19　冲压式蜂窝煤成型机的传动机构

1—曲柄　2—圆柱齿轮　3—锥齿轮　4—槽轮　5—传动带　6—电动机　7—拨料杆　8—模筒立轴　9—传动链

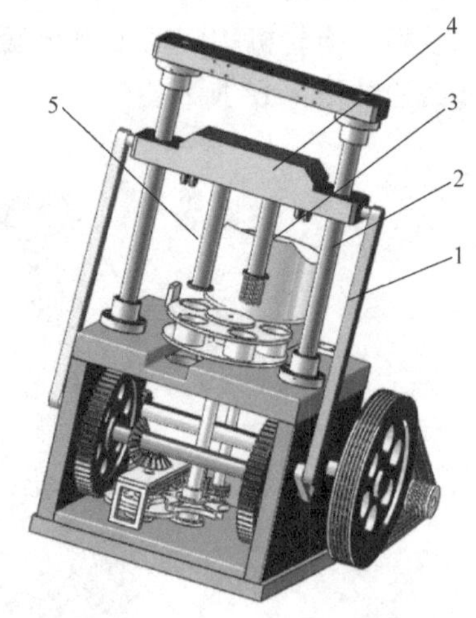

图 1-20　冲压成型与脱模机构

1—连杆　2—导柱　3—冲头　4—滑块　5—脱模杆

（3）模筒间歇转动机构　如图 1-21 所示，模筒间歇转动是通过槽轮机构来实现的。槽轮机构的主动拨盘 2 与从动锥齿轮 1 安装在主动轴上，槽轮 3 与模筒安装在从动轴上，主动拨盘 2 转动时带动模筒间歇转动，将煤粉的灌装、煤饼的压制和脱模这三个动作顺序连接并不断循环，形成了一个简单的自动化流水生产线。

（4）清扫机构　如图 1-22 所示，清扫机构由摇杆滑块机构完成。摇杆 3 通过转动副连接在机架上，滑块还是那个实现冲压成型与脱模的滑块 2，滑块 2 与连杆 4 以转动副连接。清扫执行构件固结在连杆上，随着连杆的运动而扫除脱模盘、冲头及脱模杆上的煤粉。

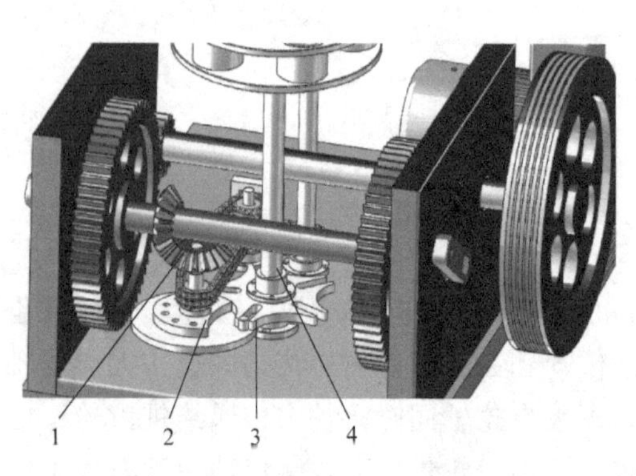

图 1-21　模筒间歇转动机构

1—从动锥齿轮　2—主动拨盘　3—槽轮　4—模筒立轴及模筒

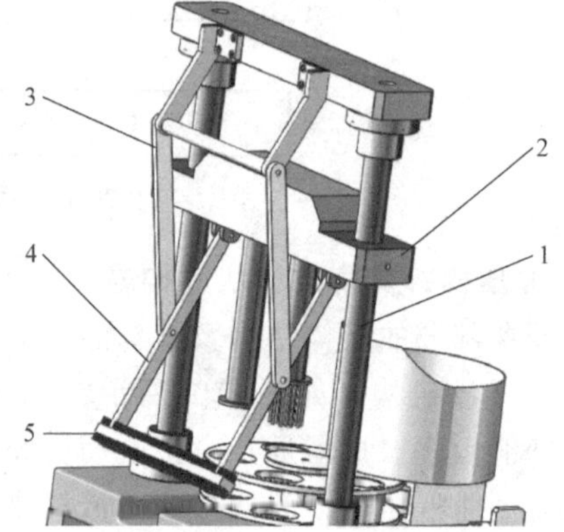

图 1-22　清扫机构

1—导柱　2—滑块　3—摇杆　4—连杆　5—清扫执行构件

2. 机器设计要求

考虑整机设计全程体认的要求，本章所述蜂窝煤成型机的设计要求如下：

1）蜂窝煤成型机的生产能力：30 次/min。
2）驱动电机功率为 11kW，转速为 730r/min。
3）冲压机构的行程速比系数 $K \geqslant 1.3$。
4）带传动传动比：$i=4$。
5）滑梁行程 $s=300$mm，行程速比系数 $K=1.4$，偏距 $e=200$mm。

同步练习

一、填空题

1. 机构都是由______组合而成的。
2. 机构的______之间具有确定的相对运动。
3. 机器可以用来代替人的劳动完成有用机械______。
4. 组成机构并且相互间能做相对______的物体叫作构件。
5. 从运动的角度看，机构的主要功用在于转换或______运动的形式。
6. 构件是机器的______单元。
7. 零件是机器的______单元。
8. 机器的工作部分须完成机器的预定动作，且处于整个传动的______。
9. 机器的传动部分是把原动部分的运动和功率传递给工作部分的______环节。
10. 具有确定相对运动，并能完成有用机械功或实现能量转换的构件组合叫作______。

二、判断题

1. 构件都是可动的。（　）
2. 机器的传动部分都是机构。（　）
3. 互相之间能做相对运动的物件是构件。（　）
4. 只从运动方面讲，机构是具有确定相对运动构件的组合。（　）
5. 机器的作用只是传递或转换运动的形式。（　）
6. 机器是具有确定相对运动并能完成有用机械功或实现能量转换的构件组合。（　）
7. 机构中的主动件和从动件都是构件。（　）
8. 机器的设计阶段是决定机器好坏的关键阶段。（　）
9. 在各种机械中都能遇到的螺钉是一种专用零件。（　）
10. 凡将其他形式能量变换为机械能的机器称为原动机。（　）

三、选择题

1. 汽车的变速操纵属于________。
A. 动力部分　　B. 工作部分　　C. 传动部分　　D. 控制部分
2. 下面所列设备中，不属于机器的是________。
A. 汽车　　B. 车床　　C. 机械手表　　D. 摩擦压力机
3. 由若干个构件通过可动连接组成的具有确定运动的组合体是________。
A. 机构　　B. 机器　　C. 零件　　D. 机械
4. 下列机械零件中属于通用零件的是________。
A. 内燃机活塞　　B. 轴　　C. 涡轮机叶片　　D. 纺织机的织梭

5. 图 1-2 所示的单缸四冲程内燃机中，序号 1 和 2 的组合是________。

A. 构件　　B. 机构　　C. 零件　　D. 部件

6. 图 1-5 所示的内燃机连杆中，连杆体 1 是________。

A. 构件　　B. 机构　　C. 零件　　D. 部件

7. 汽车的动力部分是________。

A. 轮胎　　B. 变速箱　　C. 操纵杆　　D. 发动机

8. 凡利用机械能去变换或传递能量、物料、信息的机器称为________。

A. 发动机　　B. 原动机　　C. 工作机　　D. 内燃机

9. 构件是________。

A. 运动单元　　B. 制造单元　　C. 设计单元　　D. 装配单元

10. 机器与机构的区别之一是________。

A. 机器只有一个构件系统　　B. 机构只用于传递运动和动力

C. 机构具有变换或传递能量的功能　　D. 机器与机构并无区别

Chapter 2

第2章 平面机构运动简图及其自由度

学习目标

主要内容：平面机构运动副的定义和分类；运动链和机构的定义；构件和运动副的表示方法；机构运动简图的绘制步骤；机构自由度、约束、局部自由度、复合铰链和虚约束等基本概念；平面机构自由度的计算公式；机构具有确定运动的条件；计算平面机构自由度的注意事项。

学习重点：平面机构运动简图的绘制和平面机构自由度的计算。

学习难点：计算机构自由度应注意的问题。

2.1 概　　述

机构是一个构件系统，为了传递运动和力，机构各构件之间应具有确定的相对运动。但任意拼凑的构件系统不一定能发生相对运动；即使能够运动，也不一定具有确定的相对运动。讨论机构满足什么条件，各构件才具有确定的相对运动，对于分析现有机构或设计新机构都是很重要的。

实际的机械外形和结构都很复杂，为了便于分析研究，在工程设计中，通常都用简单线条和符号绘制的机构运动简图来表示实际机械。工程技术人员应熟悉机构运动简图的绘制方法。

2.2 机构的组成

各种机构按照一定的规律关联互动就构成人们所需要的机器。因此，要设计和分析一台机器，必须从分析机构入手，而分析机构首先需要了解其组成。

2.2.1 运动副

当构件组成机构时，机构的每一个构件都需要以一定的方式与其他构件相连接且彼此之间存在一定的相对运动。两个构件之间直接接触所形成的相对可动连接称为运动副。构件组成运动副后，其独立运动受到约束，自由度随之减少。

两构件组成运动副时，构件上互相接触的点、线、面叫作运动副元素。显然，运动副也是组成机构的主要元素。因运动副是通过点、线或面接触来实现的，故按照接触形式不同可将运动副分为低副和高副两类。

1. 低副

两构件通过面接触而构成的运动副称为低副。根据两构件之间的相对运动是转动还是移动，平面机构中的低副包括转动副和移动副两种。

转动副又称回转副，是指组成运动副的两构件之间只能绕同一轴线做相对转动。如图 2-1 所示，构件 1 与构件 2 可绕轴线 $O—O$ 相对转动而组成转动副。构成转动副的两构件之间属于圆柱面接触。转动副的典型形式是铰链，即由圆柱销与销孔所构成的转动副，故转动副也常称作铰链。

移动副是指组成运动副的两构件之间的相对运动为移动。如图 2-2 所示，构件 1 与构件 2 可沿导轨方向相对移动，即构成移动副的两构件之间属于平面接触。

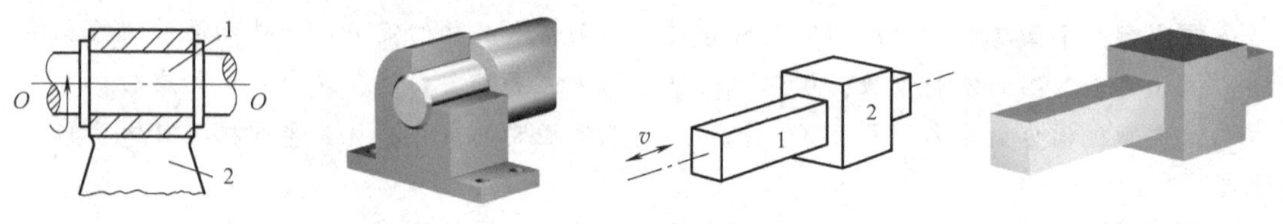

图 2-1　转动副　　　　图 2-2　移动副

2. 高副

两构件通过点或线接触而构成的运动副称为高副。例如，凸轮与推杆（图 2-3a）、轮齿与轮齿（图 2-3b）之间组成的运动副是常见的平面高副，如图 2-3 所示。

构成低副的两构件之间只能做相对滑动或相对转动，而构成高副的两构件之间则可作相对滑动或滚动，或二者并存。低副因其两构件接触处的压强小，故承载能力大、耐磨损、寿命长，且因形状简单，容易制造，而高副则相反。

机械装备中，除了平面运动副之外，还会用到一些空间运动副，如球面副（图 2-4a）和螺旋副（图 2-4b）。

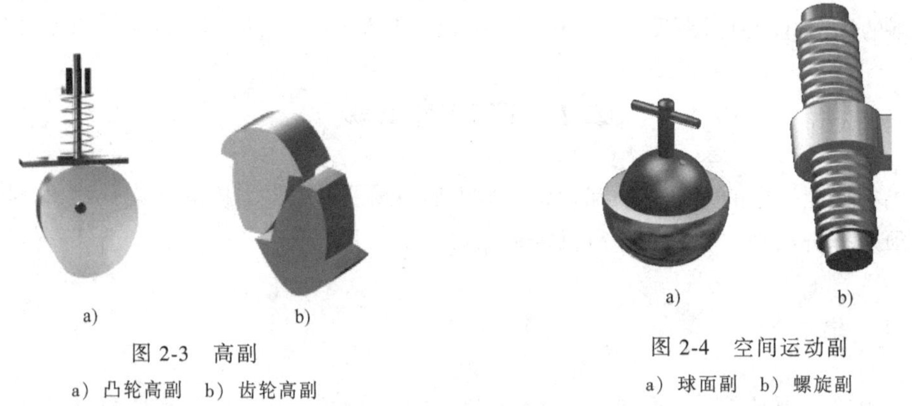

图 2-3　高副

a）凸轮高副　b）齿轮高副

图 2-4　空间运动副

a）球面副　b）螺旋副

2.2.2　运动链

由两个及两个以上的构件通过运动副连接构成的相对可动的系统称为运动链。根据运动

链中各构件间的相对运动为平面运动还是空间运动，也可把运动链分为平面运动链和空间运动链两类。在平面运动链中，如果运动链中各构件构成了首末封闭的系统，则称之为闭式运动链（图2-5a）；否则称之为开式运动链（图2-5b）。在一般的机械装备中，大多数采用闭式运动链。

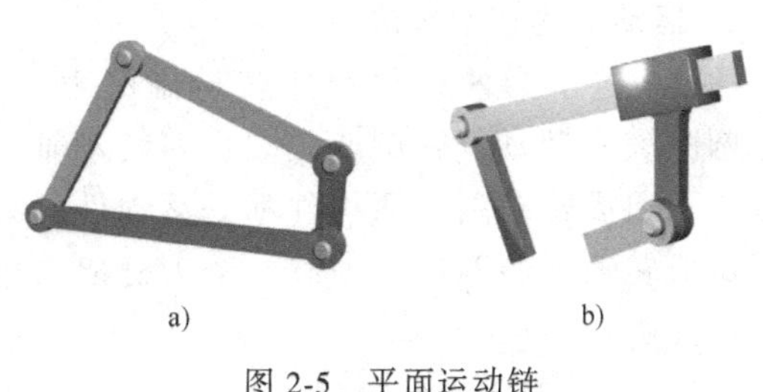

图2-5　平面运动链
a）闭式运动链　b）开式运动链

2.2.3　机构

任何一个机构都是由若干构件组成的。在机构组成中，把作用有驱动力或力矩的构件（或把运动规律已知的构件）称为原动件，把固定构件称为机架，把除原动件和机架之外的构件统称为从动件。从动件的运动规律取决于原动件的运动规律、机构结构及构件尺寸。在任何一个机构中，有且只有一个构件可作为机架。机构可动构件中，至少有一个或几个构件为原动件。换而言之，机构是指含有机架和原动件的运动链。

根据机构中运动副的类型不同，机构可分为低副机构和高副机构。根据机构中构件的运动范围不同，机构可分为空间机构和平面机构。平面机构是指组成机构的所有构件都在同一平面或在彼此相互平行的平面内运动，反之称为空间机构。因为工程中大多数常用机构是平面机构，所以本书主要研究平面机构。

根据组成机构构件的形状和机构工作原理的不同，机构分为连杆机构、凸轮机构、齿轮机构、棘轮机构、槽轮机构、螺旋机构、摩擦轮机构等类型。

根据组成机构构件的性质不同，机构可分为刚性机构、柔性机构、挠性传动机构、气动机构、液压机构及其他广义机构等，本书只介绍刚性机构。

2.3　平面机构运动简图

根据机构运动尺寸不同，按照一定的比例确定运动副的位置，用简单线条和规定的符号表示构件和运动副，用来表达机构运动传递情况的简化图形称为机构运动简图。机构运动简图保持了实际机构的运动特征，简明地表达了实际机构的运动情况。有时，只需要表明机构运动的传递情况和构造特征，而不要求机构的真实运动情况时，不必严格地按比例确定机构中各运动副的相对位置。通常，把这种无需严格按比例绘出的，只表示机械结构状况的简图称为机构示意图。

2.3.1　构件与运动副的表示方法

1. 构件的表示方法

杆、轴类构件或一般构件可用线条表示，如图2-6a所示。固定构件（机架）用加阴影线的方式表示，如图2-6b所示。其他构件按国家标准规定画法表示。

2. 运动副的表示方法

图 2-7 所示为两构件组成转动副的表示方法，图中圆圈表示转动副，圆心代表相对转动轴线。图 2-7a 表示组成转动副的两构件都是活动件，图 2-7b 表示组成转动副的两构件中有一个为机架（机架为加阴影线的构件）。

图 2-6　构件的表示方法

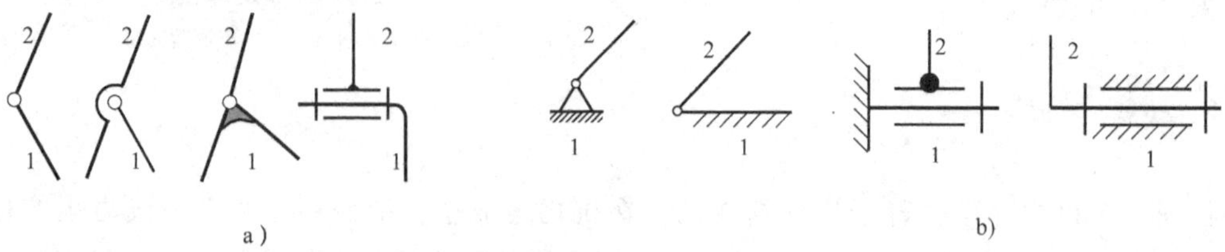

图 2-7　转动副的表示方法

图 2-8 所示为两构件组成移动副的表示方法，图中移动副的导路必须与相对运动的方向一致，移动副的特点是可选择任意一个构件画成长方形（滑块）。图 2-9 所示为两构件组成高副的表示方法，图中必须画出两构件的轮廓曲线。

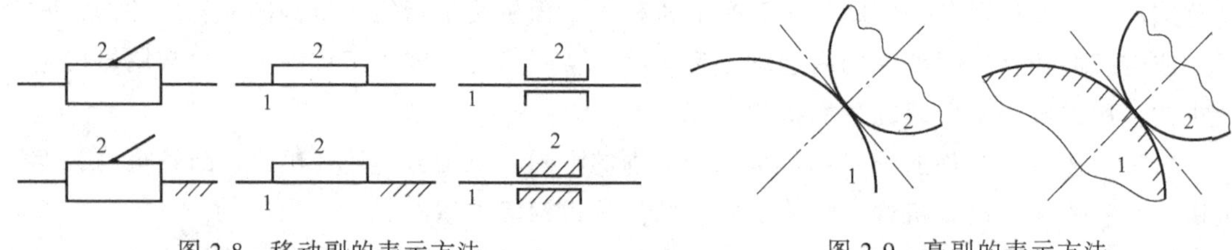

图 2-8　移动副的表示方法　　图 2-9　高副的表示方法

3. 含运动副构件的表示方法

一个具有两个低副的构件称为两副构件。两副构件的各种表示方法如图 2-10 所示，其中图 2-10a 和图 2-10e 表示一个构件具有两个转动副，图 2-10a 中构件的转动副在两端，图 2-10e 中构件的转动副一个在端部、一个在中间，图 2-10b 和图 2-10c 表示一个构件既有转动副，又有移动副，图中点画线表示移动副的导路，图 2-10b 中转动副在滑块上，图 2-10c 中转动副则处于滑块的下方，图 2-10d 表示一个构件具有两个移动副。

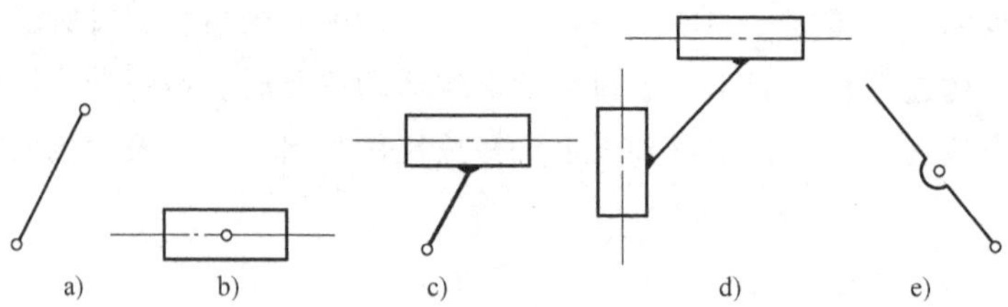

图 2-10　两副构件的表示方法

具有三个低副的构件称为三副构件。三副构件的各种表示方法如图 2-11 所示，其中图 2-11a、图 2-11c、图 2-11d、图 2-11e 表示一个构件具有三个转动副，图 2-11b 和图 2-11f 表示一个构件具有两个转动副、一个移动副。

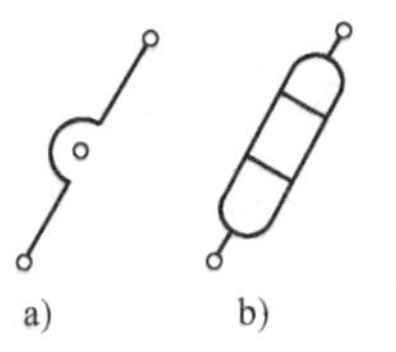

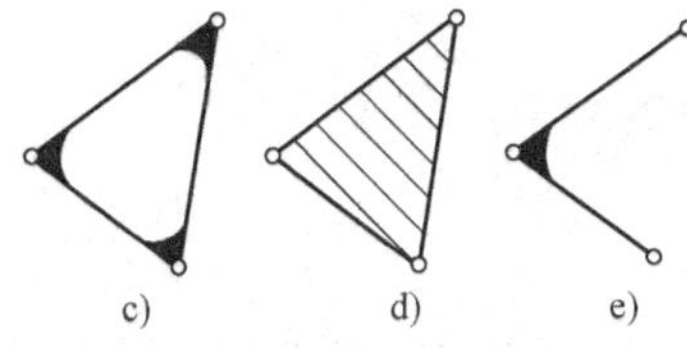

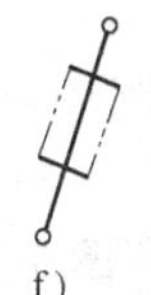

图 2-11 三副构件的表示方法

4. 常用机构的表示方法

国家标准对一些常用机构在机构运动简图中的表示方法进行了规定，见表 2-1。

表 2-1 常用机构的表示方法

名称	符号	名称	符号
在机架上的电动机		齿轮齿条传动	
带传动		锥齿轮传动	
链传动		圆柱蜗杆传动	
摩擦轮传动		凸轮机构	
外啮合圆柱齿轮传动		槽轮传动	外啮合 内啮合
内啮合圆柱齿轮传动		棘轮机构	外啮合 内啮合

2.3.2 机构运动简图的绘制

1. 机构运动简图绘制步骤

1）观察机械的运动情况，找出机架、原动件与从动件。

2）从原动件开始，按照构件运动的传递顺序，分析各构件间相对运动的性质，确定活动构件的数目、运动副的数目和类型。特别要注意两相连构件之间的运动副类型。

3）合理选择视图平面。应选择能较好表示运动关系的平面为视图平面。

4）选择合适的比例尺。长度比例尺用 μ_1 表示，μ_1 = 实际长度/图示长度。

5）按比例定出各运动副之间的相对位置，用规定符号绘制机构运动简图。

6）各运动副标注大写的英文字母，而各构件标注阿拉伯数字，机构的原动件以箭头标明。

2. 内燃机机构运动简图绘制实例

以图 1-2 所示的内燃机为例，机构运动简图绘制步骤如下：

1）观察内燃机的工作原理：活塞 8 为原动件，气缸体 11 为机架，其余均为从动件。

2）分析运动副类型和构件数：活塞 8 上有两个运动副，其中与气缸体 11 相连的是移动副，与连杆 9 相连的是转动副；连杆 9 的另一端与曲轴 10 用转动副相连，曲轴 10 与小齿轮 2 属于同一构件；小齿轮 2 通过两路传递动力，左路是通过齿轮机构经由凸轮机构带动进气阀 7 做往复运动，右路是通过齿轮机构经由凸轮机构带动排气阀 6 做往复运动，两路运动形式对称。左路齿轮机构中的小齿轮 2 与大齿轮 1 用齿轮高副相连，大齿轮 1 与凸轮 3 为同一构件；凸轮 3 与推杆 4 用凸轮高副相连，推杆 4 与进气阀 7 属于同一构件；进气阀 7 与气缸体 11 用移动副相连。即内燃机含 8 个构件、3 个移动副、5 个转动副和 4 个高副。

3）合理选择视图平面，选用能体现凸轮曲线轮廓的平面。

4）选择合适的比例尺。

5）用规定的符号在对应位置画出各运动副，用规定的线条和符号连接各运动副（画出相应的构件）。注意：同一构件用焊接符号固连，机架加阴影线。

6）对机构中各构件编号，用大写的英文字母标示各运动副，机构的原动件活塞以箭头标明其运动形式。

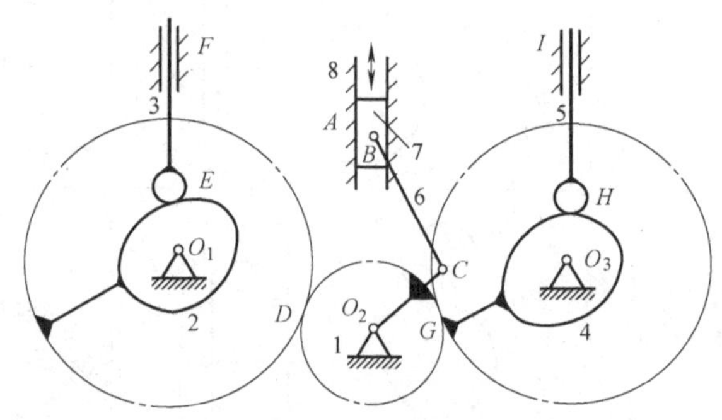

图 2-12　内燃机机构运动简图

绘制完成的内燃机机构运动简图如图 2-12 所示。由于是按构件数编号，图 2-12 中的编号与图 1-2 图中编号不同。图 1-2 中以零件分别编号，图 2-12 中以构件分别编号。绘制机构运动简图时，特别要注意区分重叠位置的不同构件和同一构件上的多个零件（如曲轴 10 与小齿轮 2 固连，属于同一构件）。

2.4 平面机构自由度的计算

2.4.1 构件的自由度

任何一个构件在空间自由运动时皆有六个自由度。如图 2-13 所示，它可表达为在直角坐标系内沿着三个坐标轴的移动和绕三个坐标轴的转动。对于一个做平面运动的构件，它只有三个自由度。如图 2-14 所示，构件 1 可以在 xOy 平面内绕 z 轴转动，也可沿 x 轴或 y 轴方向移动。

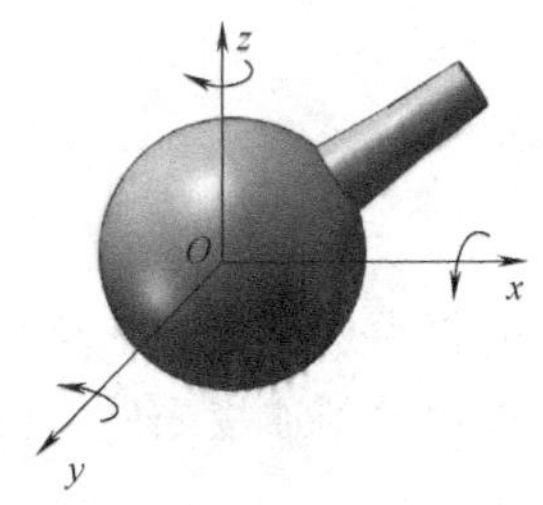

图 2-13 空间运动构件

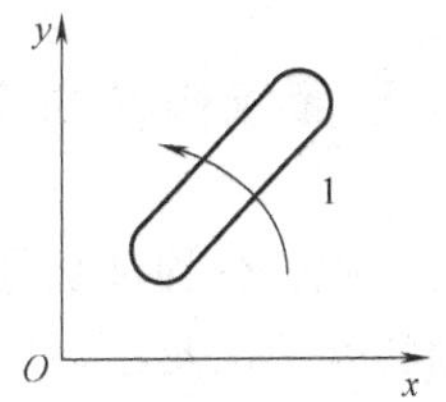

图 2-14 平面运动构件的自由度

平面机构中每个构件都不是自由构件，而是以运动副的形式与其他构件相连。两构件组成运动副后，就限制了两构件间的相对运动，这种对于相对运动的限制称为约束。不同种类的运动副引入的约束不同，所以保留的自由度也不同。

如图 2-15 所示，构件 1 与机架用转动副相连，转动副约束了构件 1 沿 x 轴移动和沿 y 轴移动的两个自由度，只保留一个绕 O 轴转动的自由度。图 2-16 所示为构件 1 与机架用移动副相联，移动副约束了构件 1 沿 y 轴方向的移动和绕 O 轴转动的两个自由度，只保留沿 x 轴方向移动的自由度。在平面机构中，每个低副引入两个约束，使构件失去两个自由度。

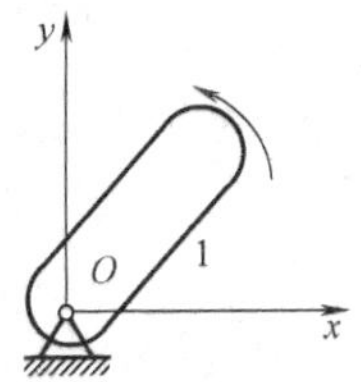

图 2-15 转动副的约束

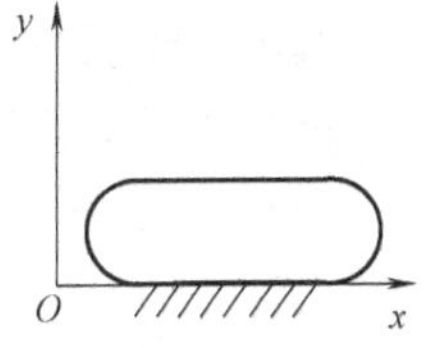

图 2-16 移动副的约束

如图 2-17 所示的凸轮与推杆的高副约束，推杆可绕接触点 A 与凸轮做相对转动，也可沿接触处公切线 t-t 与凸轮做相对移动，但不可沿公法线 n-n 方向与凸轮做相对移动。如图 2-18 所示的齿轮高副约束，齿轮 1 可绕接触点与齿轮 2 做相对转动，也可沿接触处公切线 t-t 与齿轮 2 做相对移动，但不可沿公法线 n-n 方向与齿轮 2 做相对移动。因此，高副则约束了沿接触点公法线 n-n 方向移动的自由度，保留了绕接触点的转动和沿接触点公切线方向 t-t

移动的两个自由度，即每个高副引入一个约束，使构件失去一个自由度。

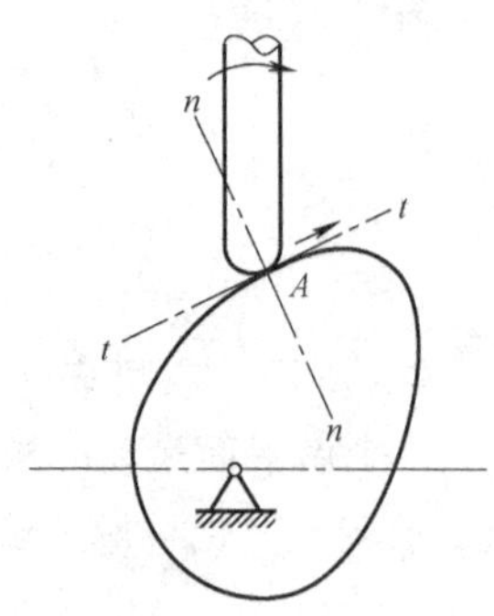

图 2-17　凸轮副的约束

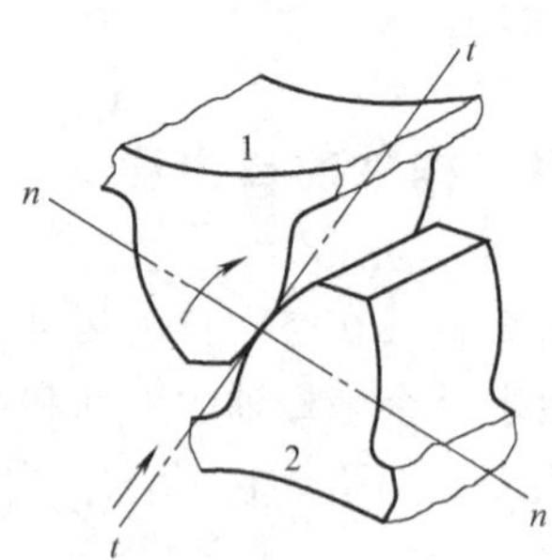

图 2-18　移动副的约束

2.4.2　平面机构自由度计算公式

在平面机构中，各构件只做平面运动。一个做平面运动的自由构件具有三个自由度，即沿 x 轴和 y 轴的移动以及在 xOy 平面内的转动。当两构件通过运动副连接之后，两者的相对运动就受到约束，自由度随之减少。

设平面机构中共有 K 个构件，除去机架，机构中有 $n=K-1$ 个活动构件。因此，各构件未通过运动副连接之前，共有 $3n$ 个自由度，而各构件通过运动副连接后，若共有 p_L 个低副和 p_H 个高副，即所有运动副所引入的约束总数为 $2p_L+p_H$，得到平面机构的自由度为

$$F=3n-(2p_L+p_H) \tag{2-1}$$

由式（2-1）可知，机构自由度 F 取决于活动构件数及运动副的类型和个数。

例 2.1　求出图 2-19 所示铰链四杆机构的自由度。

解：由图可以看出，该机构共有 3 个运动构件（即构件 1、2、3），4 个低副（即转动副 A、B、C、D），没有高副，可以求得机构自由度为

$$F=3n-(2p_L+p_H)=3\times3-(2\times4-0)=1$$

例 2.2　求出图 2-20 所示铰链五杆机构的自由度。

解：由图可以看出，该机构共有 4 个运动构件（即构件 1、2、3、4），5 个低副（即转动副 A、B、C、D、E），没有高副，可以求得机构自由度为

$$F=3n-(2p_L+p_H)=3\times4-(2\times5-0)=2$$

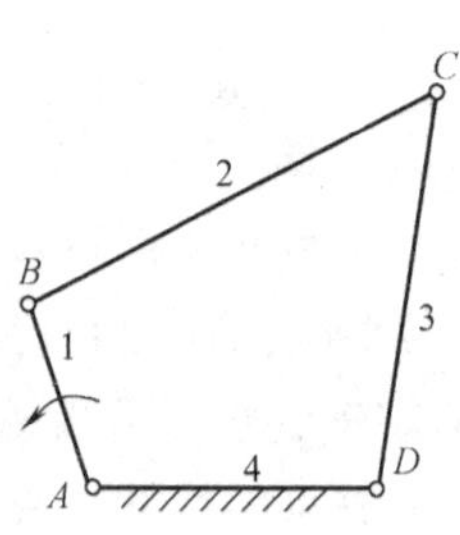

图 2-19　铰链四杆机构

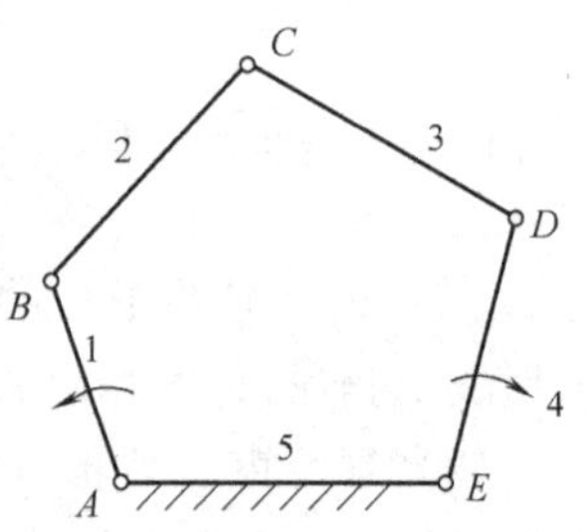

图 2-20　铰链五杆机构

2.4.3　机构具有确定运动的条件

机构的自由度是指一个机械系统具有确定相对运动时所需的独立运动数目。从动件不能独立运动，只有原动件才能独立运动。通常每个原动件只有一个独立运动，如电动机只有一个转子的独立转动、内燃机只有一个活塞的独立移动等。因此，机构的自由度必须与原动件数相等，整个机构才会有确定的运动。

如图 2-19 和图 2-20 所示的铰链四杆机构和铰链五杆机构的自由度 F 分别为 1 和 2。当两机构的原动件数分别为 1 和 2 时，两机构有确定的相对运动。如果图 2-19 中原动件数大于自由度数，即假设有两个原动件（如构件 1 和 3），势必将机构薄弱处拉断或导致机构不能运动。如果图 2-20 中原动件数小于自由度数，只有一个原动件（如构件 1），则从动件 2、3、4 的位置不能确定，机构没有确定的相对运动。

综上所述，机构具有确定相对运动的条件是：自由度数大于 0，且自由度数等于原动件数。

2.5　计算平面机构自由度的注意事项

在计算机构自由度时，应注意以下事项，否则会出现计算错误。

2.5.1　复合铰链

两个或两个以上的构件汇集在同一处构成转动副称为复合铰链，如图 2-21 所示。图 2-21a 所示为三个构件在一处组成转动副，但它实际的结构如图 2-21b 所示，因而有 2 个转动副。一般情况下，m 个构件汇集而成的复合铰链应包含（m-1）个转动副。

例 2.3　求出图 2-22 所示直线锯切机构的自由度。

解： 由图可以看出，该机构共有 7 个运动构件（即构件 2、3、4、5、6、7、8），在 B、C、D、F 处为复合铰链，因此机构的低副为 10（转动副 A、E 各为 1 个低副，B、C、D、F 各为 2 个低副），没有高副，可以求得机构自由度为：

$$F=3n-(2p_L+p_H)=3\times7-(2\times10-0)=1$$

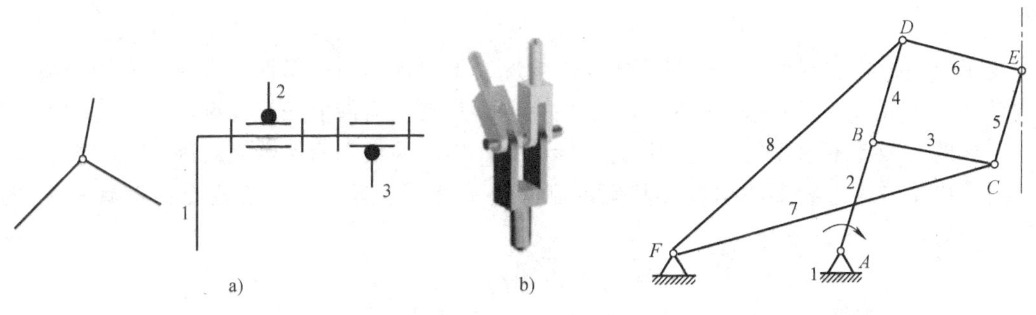

图 2-21　复合铰链

图 2-22　锯切机构

2.5.2 局部自由度

机构中，某些构件具有局部的不影响其他构件运动的自由度，同时与输出运动无关的自由度称为局部自由度。例如，图 2-23a 所示的滚子推杆凸轮机构中，在推杆 3 和凸轮 1 之间装了滚轮 2 以减小磨损，但是该滚轮带来了局部自由度。在工程实际中，局部自由度的典型结构为滚轮，而机械中广泛应用的滚动轴承中的圆珠滚子的自转也属典型的局部自由度，如图 2-24 所示。

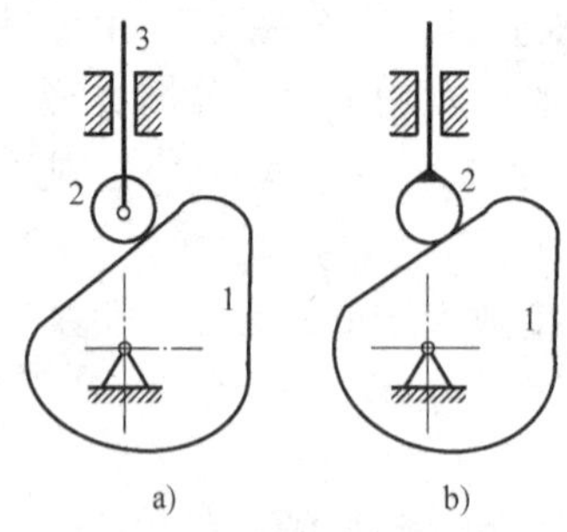

图 2-23　滚子推杆凸轮机构

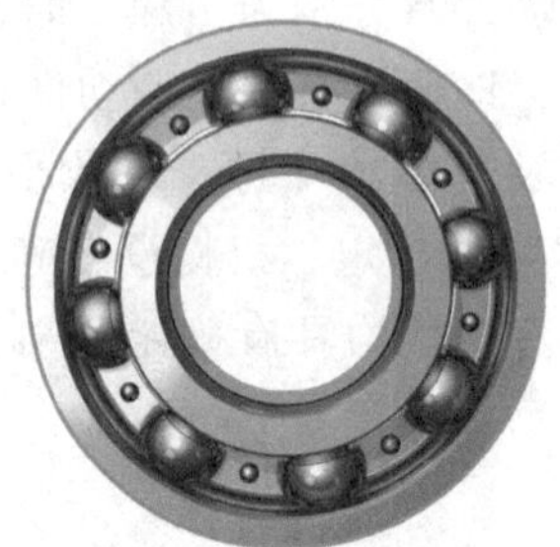

图 2-24　滚动轴承

计算带有局部自由度机构的自由度时，应把局部自由度固定起来再进行计算，或者在计算自由度时去除该局部自由度，即将式（2-1）修正为

$$F=3n-(2p_L+p_H)-F' \tag{2-2}$$

式中，F'为局部自由度数。

例 2.4　求出图 2-23a 所示直动滚子推杆盘形凸轮机构的自由度。

解：由图可以看出，机构有 3 个运动构件、3 个低副、1 个高副和 1 个局部自由度，得到机构自由度为

$$F=3n-(2p_L+p_H)-F'=3\times3-(2\times3+1)-1=1$$

也可以设想不让滚轮转动，即滚轮与推杆变成一个构件，如图 2-23b 所示，则机构有 2 个运动构件、2 个低副、1 个凸轮高副，得到机构自由度为

$$F=3n-(2p_L+p_H)=3\times2-(2\times2+1)=1$$

2.5.3 虚约束

为了提高机构的刚度、改善机构的受力情况、保持传动的可靠性，有时在机构中增加一些构件，而这些构件上的运动副所引入的约束可能与其他构件上的运动副所引入的约束是重复、一致的，因此不起作用。这种不起实际约束作用的约束称为虚约束。因此，计算机构自由度时，应将带来虚约束的构件及其运动副除去不计，或者将平面机构自由度减去虚约束数，即将式（2-2）修正为

$$F=3n-(2p_L+p_H-p')-F' \tag{2-3}$$

式中，p'为虚约束数。

虚约束常有以下几种形式：

1. 轨迹重合的虚约束

某构件与机构中的两个特定点相连，有该构件时两个特定点的运动轨迹和没有该构件时两个特定点的运动轨迹是相重合的，表明该构件带来虚约束。例如图 2-25a 所示的平行四边形机构，连杆 3 做平移运动，*BC* 线上各点的轨迹均为圆心在 *AD* 线上而半径等于 *AB* 的圆周。该机构的自由度为

$$F=3n-2p_L-p_H=3\times3-2\times4-0=1$$

为增加机构的刚度和改善受力情况，在连杆 3 的 *BC* 线上的任一点 *E* 处铰接构件 5，该构件的另一端铰接于 *E* 点轨迹的圆心（*AD* 线上的 *F* 点处），显然，引入构件 5 后 *E* 点的运动轨迹不改变，构件 5 对构件 2 并未起实际的约束作用，所以是虚约束，如图 2-25b 所示。

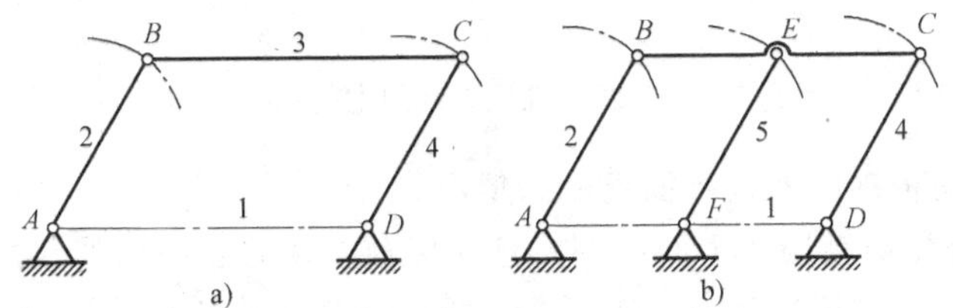

图 2-25　平行四边形机构中的虚约束

因此，该机构的自由度为

$$F=3n-(2p_L+p_H-p')-F'=3\times4-(2\times6+0-1)-0=1$$

在计算机构的自由度时，也可将带来虚约束的构件 5 及其运动副 *E*、*F* 除去不计。如果错误地将虚约束当作一般约束计算在内，则会得出错误的结果。

2. 转动副轴线重合的虚约束

如果两构件之间组成多个轴线重合的回转副，只有一个回转副起作用，其余都是虚约束，如图 2-26 所示的两个轴承支持一根轴时只能算作一个回转副。

3. 移动副导路重合（或平行）的虚约束

如果两个构件之间组成多个导路平行的移动副时，只有一个移动副起作用，其余都是虚约束，如图 2-27 中的推杆与机架上的轴套在两处构成移动副，应去掉一处移动副。

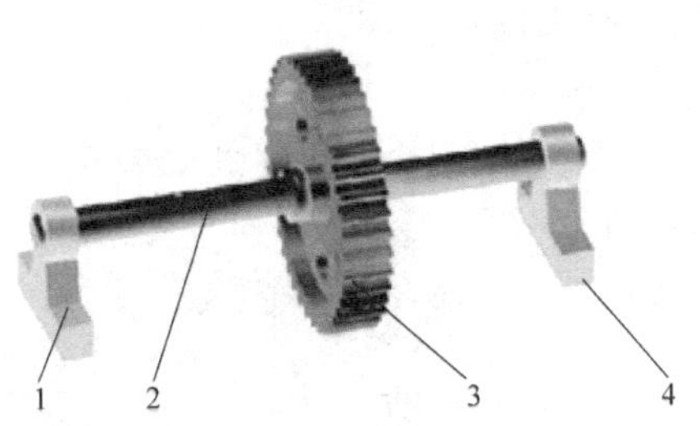

图 2-26　转动副轴线重合的虚约束

1、4—轴承座　2—轴　3—齿轮

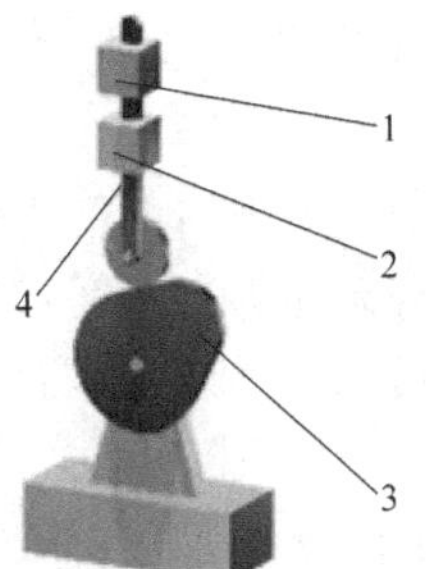

图 2-27　移动副导路重合的虚约束

1、2—轴套（固定与机架上）　3—凸轮　4—推杆

4. 机构或结构重合（对称部分）的虚约束

机构中存在对传递运动不起独立作用的对称部分。如图 2-28a 所示，和内齿轮啮合的周转轮系只有一个行星轮。如图 2-28b 所示，在机构中增加另一行星轮，以传递较大功率和保

持齿轮机构的受力平衡。该行星轮是对传递运动不起独立作用的对称部分，因此该行星轮是带来虚约束的构件，应予去除。

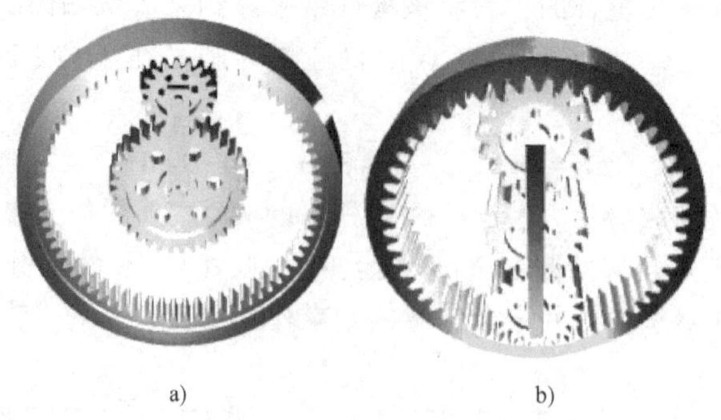

a) b)

图 2-28 机构重合的虚约束

5. 两构件在多处相接触构成平面高副的情况

若两构件在多处相接触构成平面高副，且各接触点处的公法线重合，则只能算一个平面高副，如图 2-29 所示。若公法线方向不重合，将提供各 2 个约束，如图 2-30 所示。

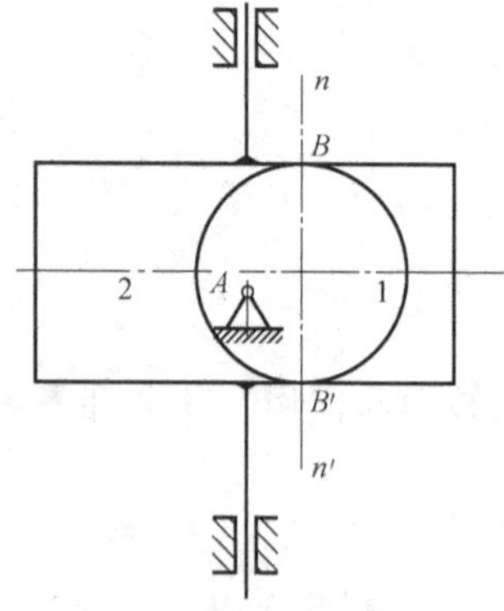

图 2-29 高副公法线重合

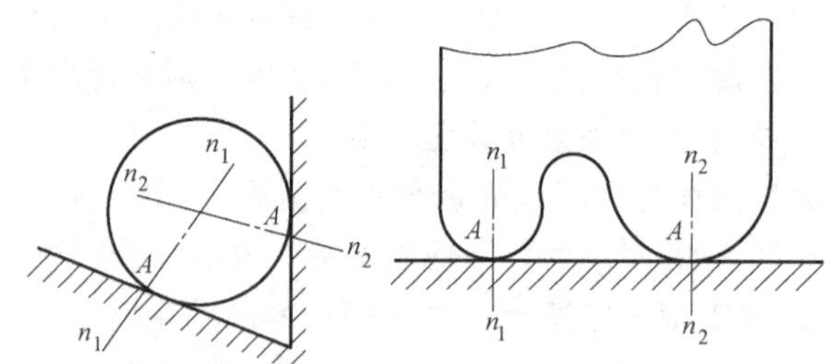

图 2-30 两构件在多处相接触构成平面高副

例 2.5 求出图 2-31 所示的机构自由度，并判断其有无确定运动。

解：

1）先判定有无虚约束：F 或 E 属于移动副重复，去除其中一个即可，此处去除 F。

2）判定有无局部自由度：D 处有滚轮，为局部自由度，去除转动副 D，使滚轮与滚轮杆固结在一起成为一个构件。

3）判定有无复合铰链：B 处有复合铰链。

因此，机构共包括 6 个运动构件，含 8 个低副（在 O、A、C、G 处各有一个转动副；B 处为复合铰链，有 2 个转动副；C、E 处各有一个移动副）、1 个高副。

根据机构自由度计算公式可以求得

$$F=3n-2p_L-p_H=3\times6-2\times8-1=1$$

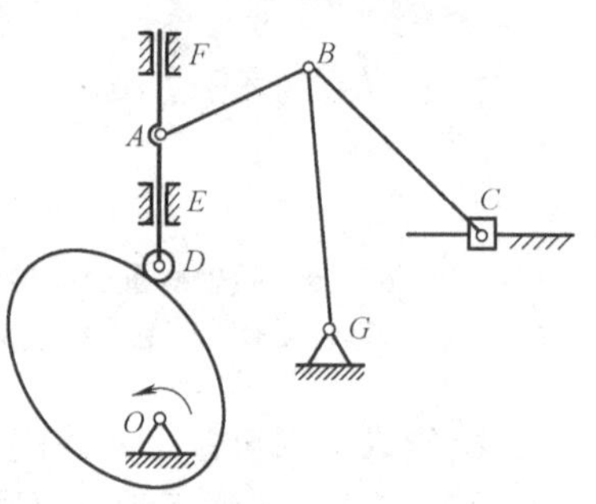

图 2-31 例 2.5 图

由于该机构有一个原动件，原动件的数目等于自由度，该机构具有确定运动。

2.6　速度瞬心在机构速度分析上的应用

如图 2-32 所示，任一刚体 2 相对刚体 1 做平面运动时，在任一瞬时，其相对运动可看作绕某一重合点的转动，该重合点称为速度瞬心或瞬时回转中心，简称瞬心。因此，瞬心是两刚体上瞬时相对速度为零的重合点，即绝对速度相同的重合点。如果这两个刚体都是运动的，则其瞬心称为相对速度瞬心；如果两个刚体之一是静止的，则其瞬心称为绝对速度瞬心。因静止构件的绝对速度为零，所以绝对瞬心是运动刚体上瞬时绝对速度等于零的点。

因为发生相对运动的任意两构件间都有一个瞬心，如果一个机构由 K 个构件组成，则瞬心数为

$$N=\frac{K(K-1)}{2} \tag{2-4}$$

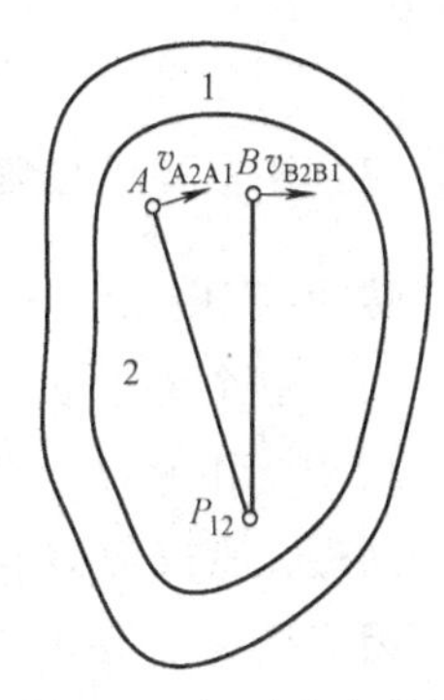

图 2-32　相对速度瞬心

当两刚体的相对运动已知时，其瞬心位置可由瞬心定义求出。例如：在图 2-32 中，设已知重合点 $A2$ 和 $A1$ 的相对速度 v_{A2A1} 的方向，以及 $B2$ 和 $B1$ 的相对速度方向 v_{B2B1} 的方向，则该二速度向量的垂线的交点便是构件 1 和构件 2 的瞬心 P_{12}；在图 2-33a 中，当两构件组成转动副时，转动副的中心便是它们的瞬心；在图 2-33b 中，当两构件组成移动副时，由于所有重合点的相对速度方向都平行于移动方向，所以它们的瞬心位于导路垂线的无穷远处；在图 2-33c 中，当两构件组成纯滚动高副时，接触点相对速度为零，因此接触点就是其瞬心；在图 2-33d 中，当两构件组成滑动兼滚动的高副时，由于接触点的相对速度沿切线方向，因此其瞬心应位于过接触点的公法线上，具体位置还要根据其他条件才能确定。

对于不直接接触的三个构件，其瞬心可用三心定理来寻求。该定理是：做相对平面运动的三个构件共有三个瞬心，这三个瞬心位于同一条直线上。现证明如下：

如图 2-34 所示，按式（2-4），构件 1、2、3 有三个瞬心。为证明方便起见，不失一般性，设构件 1 为固定构件，则 P_{12} 和 P_{13} 各为构件 1、2 和构件 1、3 之间的绝对瞬心。下面证明相对瞬心 P_{23} 应位于 P_{12} 和 P_{13} 的连线上。如图所示，假定 P_{23} 不在直线 $P_{12}P_{13}$ 上，而在其他任一点 C，此时，重合点 C_2 和 C_3 的绝对速度 v_{C2} 和 v_{C3} 的方向不同。瞬心应是绝对速度相同的重合点。因 v_{C2} 和 v_{C3} 的方向不同，故 C 点不可能是瞬心。只有位于直线 $P_{12}P_{13}$ 上的重合点，速度方向才可能一致，所以瞬心 P_{23} 必在 P_{12} 和 P_{13} 的连线上。

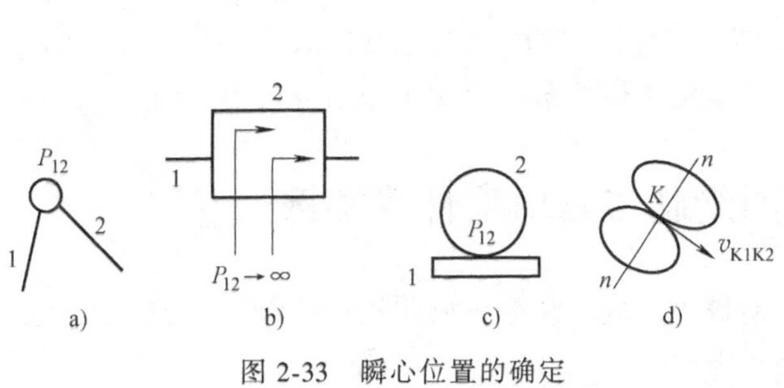

图 2-33　瞬心位置的确定

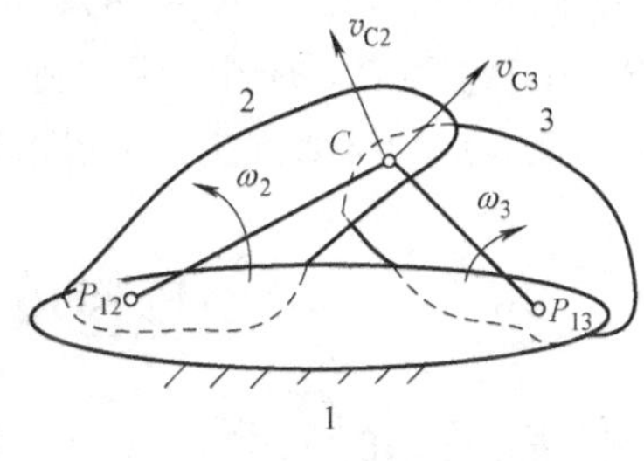

图 2-34　三心定理

例 2.6 求出图 2-35 所示铰链四杆机构的全部瞬心和构件 2 与构件 4 的角速度比。

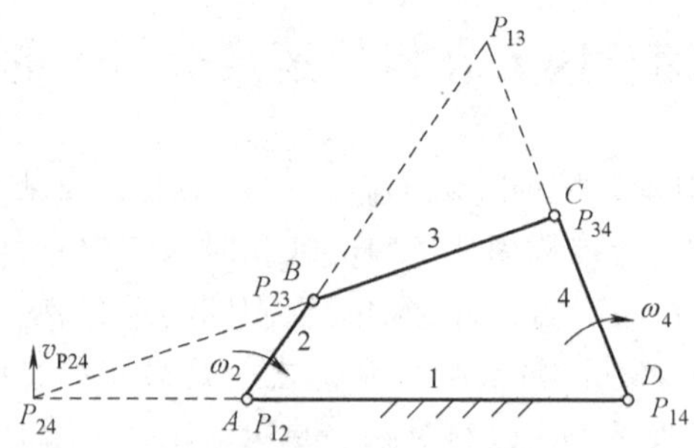

图 2-35 铰链四杆机构的瞬心

解：该机构瞬心数 $N=\dfrac{4\times(4-1)}{2}=6$。

转动副中心 A、B、C、D 各位瞬心为 P_{12}、P_{23}、P_{34} 和 P_{14}。由三心定理可知，P_{13}、P_{12}、P_{23} 三个瞬心位于同一条直线上；P_{13}、P_{14}、P_{34} 三个瞬心也应位于同一条直线上。因此，$P_{12}P_{23}$ 和 $P_{14}P_{34}$ 两直线的交点就是瞬心 P_{13}。

同理，直线 $P_{14}P_{12}$ 和 $P_{34}P_{23}$ 两直线的交点就是瞬心 P_{24}。

因为构件 1 是机架，所以 P_{12}、P_{13}、P_{14} 是绝对瞬心，而 P_{23}、P_{34}、P_{24} 是相对瞬心。

如图 2-35 所示，P_{24} 是构件 4 和构件 2 的同速点，因此通过 P_{24} 就可以求出构件 4 和构件 2 的角速比。因构件 4 绕绝对瞬心 P_{14} 转动，构件 4 上 P_{24} 的绝对速度为

$$v_{P_{24}}=\omega_4 l_{P_{24}P_{14}}$$

构件 2 绕绝对瞬心 P_{12} 转动，构件 2 上 P_{24} 的绝对速度为

$$v_{P_{24}}=\omega_2 l_{P_{24}P_{12}}$$

故得

$$\omega_2 l_{P_{24}P_{12}}=\omega_4 l_{P_{24}P_{14}}$$

或

$$\frac{\omega_2}{\omega_4}=\frac{l_{P_{24}P_{14}}}{l_{P_{24}P_{12}}}=\frac{P_{24}P_{14}}{P_{24}P_{12}}$$

上式表明，两构件的角速度与其绝对瞬心至相对瞬心的距离成反比。如图 2-35 所示，若 P_{24} 在 P_{14} 和 P_{12} 的同一侧，则 ω_2 和 ω_4 方向相同。若 P_{24} 在 P_{14} 和 P_{12} 之间，则 ω_2 和 ω_4 方向相反。应用类似方法，可以求出其他任意两构件的角速比大小和角速度的方向。

2.7 机构运动简图绘制与自由度计算实例

以绪论介绍的专用精压机和蜂窝煤成型机为实例，从分析机器机构的组成入手，介绍如何绘制机器的机构运动简图和计算机器的自由度。

2.7.1　专用精压机的机构分析

1. 机构运动简图的绘制

首先，观察精压机的运动情况，熟悉精压机的原动件、从动件和运动副类型，了解精压机的运动传递路径。图 2-36 所示为机器中的低副，包括转动副和移动副。图 2-37 所示为机器中的高副，包括齿轮副和凸轮副。图 2-38 所示为机器中的空间运动副（球面副）。

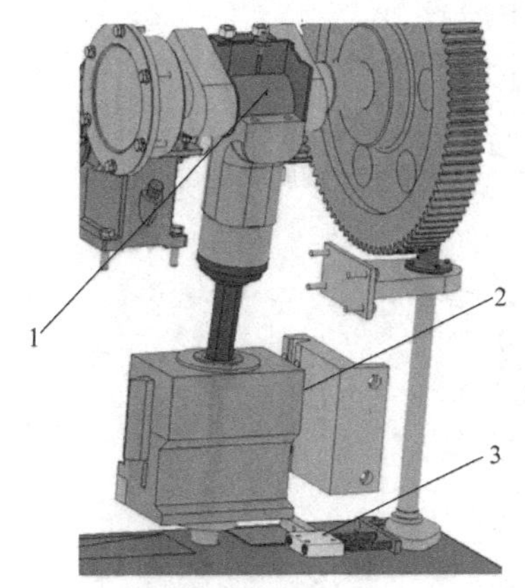

图 2-36　机器中的低副

1—连杆与曲轴之间的转动副　2—滑块与导轨之间的移动副　3—推料板与工作台之间的移动副

图 2-37　机器中的高副

1—斜齿轮轮齿之间的高副　2—锥齿轮轮齿之间的高副　3—送料凸轮与其推杆之间的高副

图 2-38　连杆与滑块之间的球面副

其次，选择恰当的比例和合适的视图面绘制机构运动简图。由于专用精压机是一个复杂的机械系统，各机构呈空间配置，很难选出对各个机构都合适的视图面。因此，绘制精压机的机构简图时，尽量使主要机构表达清楚。

最后，绘制机器的机构示意图。为了尽可能表达机械系统的功能，可在图中绘出相关的物件。如图 2-39 所示的料槽、坯料等物件，在必要时可在图中辅之以文字表述。

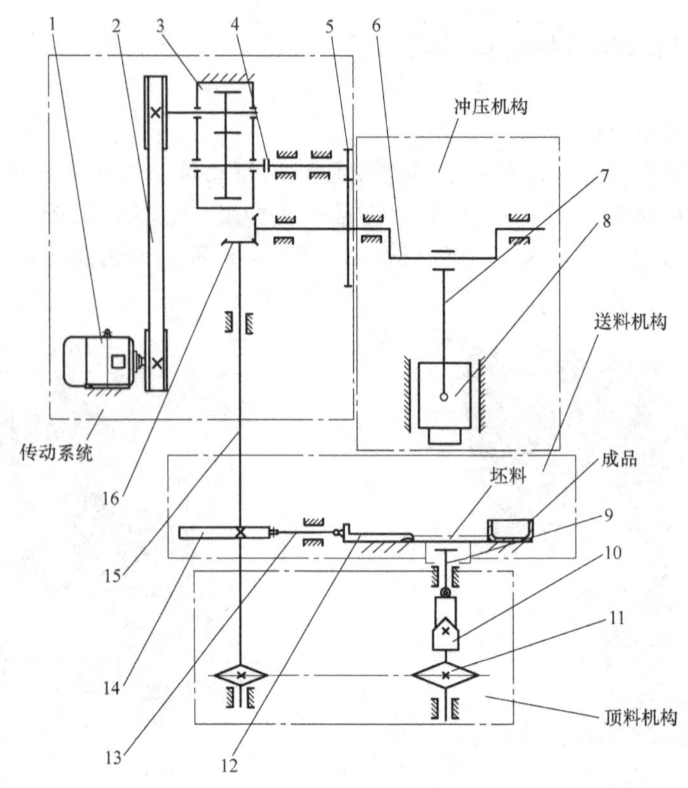

图 2-39　机构运动示意图

1—电动机　2—V 带传动（大带轮兼作飞轮）　3—斜齿圆柱齿轮减速机　4—联轴器　5—开式齿轮传动　6—曲轴　7—连杆　8—上模冲头　9—顶料杆　10—顶料凸轮　11—传动链　12—推料板　13—凸轮直动推杆　14—盘形凸轮　15—立轴　16—锥齿轮传动

2. 机构自由度的计算

如图 2-40 所示，以专用精压机的传动系统和主冲压机构为例计算机器的自由度。

分析表明，机构中 A、B、C 三处属于转动副重复（只算一个转动副），D、F 两处属于转动副重复（只算一个转动副），H、I、J 三处属于转动副重复（只算一个转动副）。机构无局部自由度和无复合铰链。即对机构实施约束的有 7 个转动副和 3 个齿轮高副（E、G、P）。

根据机构自由度计算公式可以求得机构的自由度为

$$F=3n-2p_{\mathrm{L}}-p_{\mathrm{H}}=3\times6-2\times7-3=1$$

根据机构具有确定相对运动的条件可知，该机构只有一个原动件，原动件数目等于机构自由度，所以该机构有确定的相对运动。

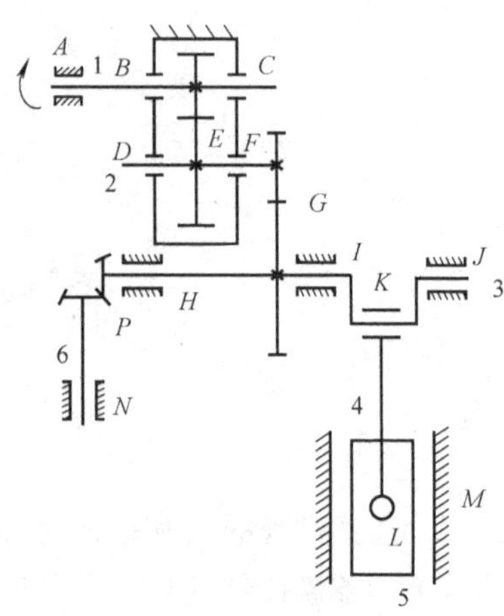

图 2-40　精压机的传动机构和冲压机构部分

2.7.2　蜂窝煤成型机的机构分析

1. 机构运动简图的绘制

首先，观察蜂窝煤成型机的运动情况，熟悉机器的原动件和从动件，了解机器的运动传递情况；然后，分析机器中的运动副类型；最后，选择恰当的绘图比例和合适的视图面绘制机构运动简图。

蜂窝煤成型机的机构运动示意图如图 2-41 所示，图中链传动及清扫机构未画出。清扫机构另由图 2-42 表示。该机构滑块为主动件，沿竖直方向的往复运动带动摇杆摆动，摇杆完成扫屑动作。

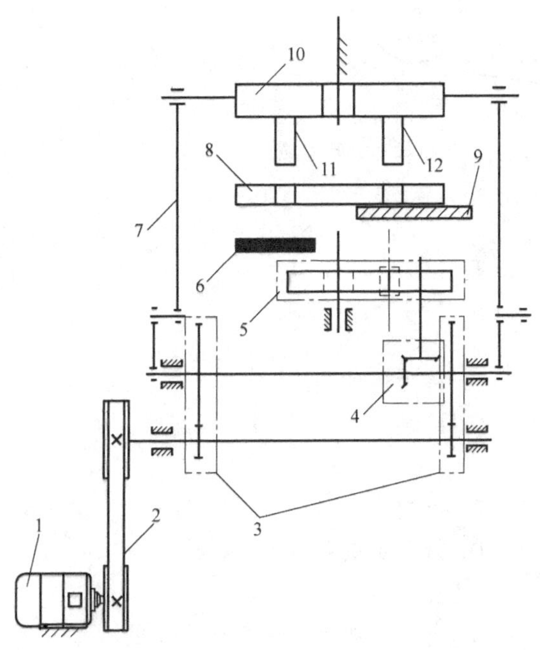

图 2-41　蜂窝煤成型机的机构运动示意图

1—电动机　2—V 带传动　3—圆柱齿轮机构　4—锥齿轮机构　5—槽轮机构　6—运输带　7—曲柄滑块机构　8—转盘　9—垫铁　10—滑块　11—脱模头　12—冲头

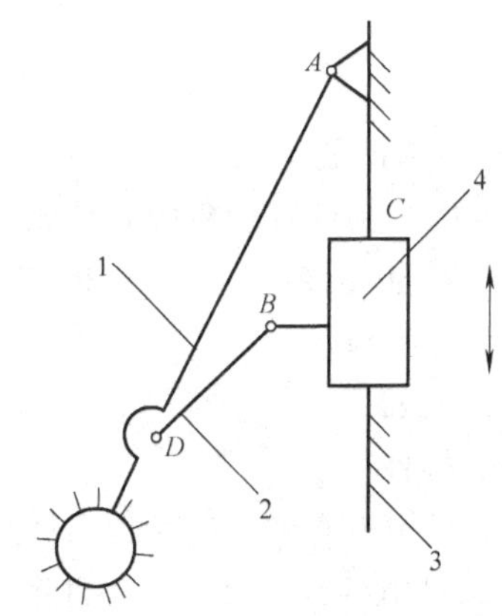

图 2-42　蜂窝煤成型机清扫机构的示意图

1—摇杆　2—连杆　3—机架　4—滑块

2. 机构自由度的计算

如图 2-43 所示，以蜂窝煤成型机的主冲压机构与传动系统为例分析机器的自由度。

分析表明，机构包括：6 个活动构件，5 个转动副（包括 O_1、O_2、O_3、A、B）和 3 个移动副（包括 C、D、E），即共 8 个低副，1 个高副（齿轮副 F）。

根据机构自由度计算公式可以求得机构的自由度为

$$F=3n-2p_L-p_H=3\times6-2\times8-1=1$$

根据机构具有确定相对运动的条件可知，因该机构只有一个原动件，即原动件数目等于机构自由度，所以该机构有确定的相对运动。同样，对整个蜂窝煤成型机，可参考图 2-41 进行自由度的计算。

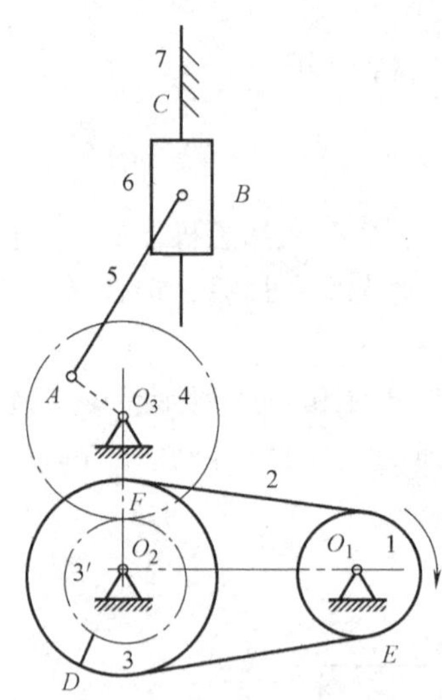

图 2-43 蜂窝煤成型机主冲压机构运动示意图

同 步 练 习

一、选择题

1. 两个构件直接接触而形成的相对________，称为运动副。

A. 可动连接　　B. 连接　　C. 接触　　D. 静连接

2. 变压器是________。

A. 机器　　B. 机构

C. 构件　　D. 既不是机器也不是机构

3. 机构具有确定运动的条件是________。

A. 自由度数目大于原动件数目　　B. 自由度数目小于原动件数目

C. 自由度数目等于原动件数目　　D. 以上三者都有可能

4. 若两构件组成低副，则其接触形式为________。

A. 面接触　　B. 点或面接触

C. 点或线接触　　D. 面或线接触

5. 在平面机构中，每增加一个低副将引入________个约束。

A. 1　　B. 2　　C. 3　　D. 4

6. 螺旋运动副是一种________。

A. 移动副　　B. 高副　　C. 转动副　　D. 空间运动副

7. 直齿圆柱齿轮传动副是一种________。

A. 转动副　　B. 移动副　　C. 高副　　D. 空间运动副

8. 机构中某些构件具有的并不影响其他构件运动的局部独立运动叫________。

A. 复合铰链　　B. 局部自由度

C. 虚约束　　D. 运动副

9. 若有 4 个构件在同一转动中心组成复合铰链，该处就有________个转动副。

A. 1　　B. 2　　C. 3　　D. 4

10. 两构件间组成 2 个高副且各高副接触点处公法线重合时，只计入________个高副。

A. 0　　B. 1　　C. 2　　D. 3

二、判断题

1. 凡两构件直接接触而又相互连接的都叫运动副。　（　）
2. 运动副是连接，连接也是运动副。　（　）
3. 运动副的作用，是用来限制或约束构件自由运动的。　（　）
4. 螺栓连接是螺旋副。　（　）
5. 两构件通过内表面和外表面直接接触而组成的低副，都是回转副。　（　）
6. 组成移动副的两构件之间的接触形式，只有平面接触。　（　）
7. 两构件通过内外表面接触，既可以组成回转副，也可以组成移动副。　（　）
8. 空间运动副中，两构件连接形式有线和面两种。　（　）
9. 由于两构件间的连接形式不同，运动副分为平面运动副和空间运动副。　（　）
10. 任何构件的组合均可构成机构。　（　）
11. 若机构的自由度数为 2，那么该机构共需 2 个原动件。　（　）
12. 机构的自由度数应等于原动件数，否则机构不能成立。　（　）
13. 在平面机构中一个高副引入两个约束。　（　）
14. 运动链要成为机构，必须使运动链中原动件数目大于或等于自由度。　（　）
15. 当机构自由度 $F>0$，且等于原动件数时，该机构具有确定的相对运动。　（　）
16. 若两构件间组成了两个导路平行的移动副，在计算自由度时应算作两个移动副。　（　）
17. 平面低副具有 2 个自由度，1 个约束。　（　）
18. 速度瞬心是指两个构件相对运动时相对速度为零的重合点。　（　）
19. 利用瞬心既可以对机构作速度分析，也可对其作加速度分析。　（　）
20. 一个五杆机构具有 10 个瞬心。　（　）

三、填空题

1. 两构件直接接触并能产生相对运动的可动连接称为________。
2. 两构件以面接触形成的运动副称为________。
3. 两构件以点或线接触所形成的运动副称为高副，它引入________个约束。
4. 平面机构的自由度计算公式为 $F=$________。
5. 一个做平面运动的自由构件具有________个自由度。
6. 由两个以上的构件通过转动副并联在一起所构成的铰链称为________。
7. 用 N 个构件组成的复合铰链，其转动副数目为________个。
8. 当两构件以转动副相连接时，两构件的速度瞬心在________的中心处。
9. 不通过运动副直接相连的两构件间的瞬心位置可借助________来确定。
10. 一个六杆机构具有________个瞬心。

四、计算题

计算图 2-44 所示机构的自由度，并指出图中复合铰链、局部自由度和虚约束。

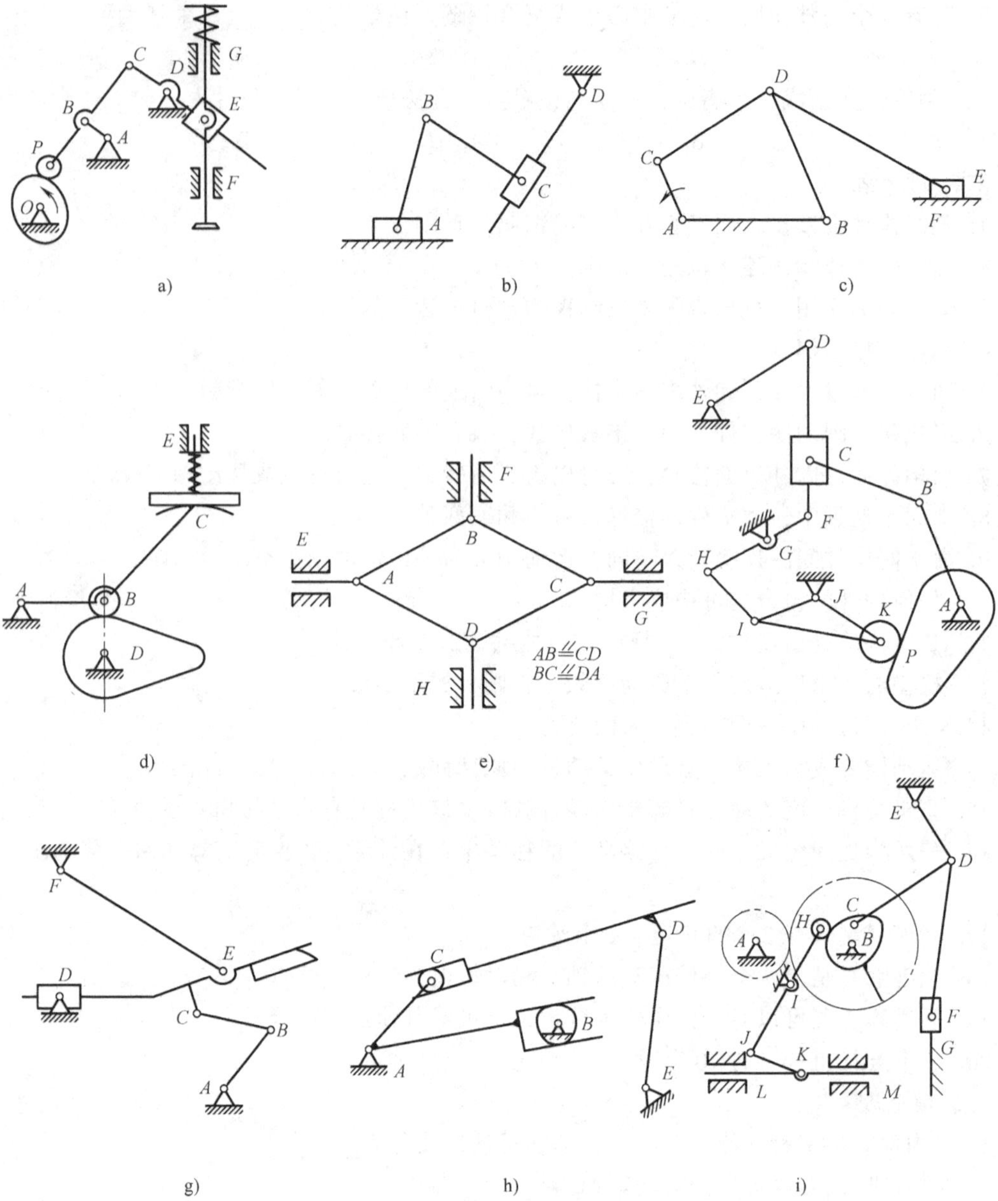

a) b) c)

d) e) f)

g) h) i)

图 2-44 计算题图

五、分析题

1. 试判断图 2-45 所示机构的运动是否确定？如不正确，请提出改进方案。

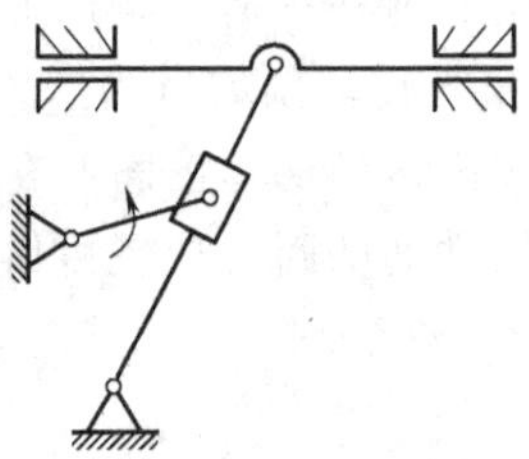

图 2-45 分析题 1 图

2. 图 2-46 所示为某简易压力机的设计方案，设计思路为：由齿轮 1 输入动力，齿轮 1 带动轴 *A* 连续回转，固结在轴 *A* 上的凸轮 2 与杠杆 3 组成的凸轮机构使冲头 4 上下运动，从而达到冲压的目的。请绘制该机构的运动简图，分析该方案是否能实现设计意图，如不能请提出修改方案。

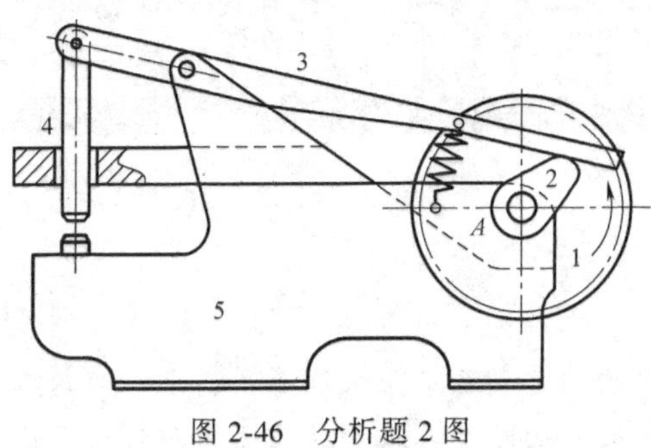

图 2-46　分析题 2 图

Chapter 3

第3章 平面连杆机构及其设计

学习目标

主要内容：铰链四杆机构的三种基本型式及应用；平面四杆机构的演化方法；平面四杆机构存在曲柄的条件；机构的急回特性；机构的压力角与传动角；机构死点位置；平面四杆机构设计的基本问题和平面四杆机构设计图解法。

学习重点：平面四杆机构的运动特性及平面四杆机构设计图解法。

学习难点：平面铰链四杆机构的演化、运动特性以及平面四杆机构的设计。

3.1 概　　述

连杆机构是由若干构件通过低副连接而构成的常用机构，其共有特征是原动件的运动需经过一个或多个不与机架直接相连的中间构件才能传递给输出构件，该中间构件称为连杆。连杆机构有平面连杆机构和空间连杆机构之分，其中，平面连杆机构中的低副通常表现为圆柱面或平面接触，承载能力强、耐磨性好、易制造。平面连杆机构的形式多样，可实现给定的运动规律或复杂轨迹。因此，在工农业机械及各种仪器仪表中获得了广泛应用。

连杆机构中的构件大多呈杆状，故常称为杆，并且连杆机构多以其所包含的构件数命名，例如，把由四个构件组成的连杆机构称为四杆机构。由于平面四杆机构在工程中应用广泛，并且它是组成多杆机构的基础，因此，本章着重研究平面四杆机构。

3.2 平面四杆机构的型式及应用

3.2.1 铰链四杆机构

铰链四杆机构是平面四杆机构的基本型式，它的运动副均为转动副。在图 3-1 所示的铰链四杆机构中，构件 4 称为机架，与机架 4 相连的构件 1 和 3 均称为连架杆，连接两个连架杆的构件 2 称为连杆；若连架杆能绕机架上的轴线做整周回转，则称为曲柄（如构件 1），否则称为摇杆（如构件 3）；若转动副连接的两构件能互做整周的相对转动，则称该转动副为周转副（如铰链 A 和 B 为周转副），否则称为摆转副（铰链 C 和 D 为摆转副）。

铰链四杆机构分为三种形式，即曲柄摇杆机构、双曲柄机构和双摇杆机构。

1. 曲柄摇杆机构

若铰链四杆机构的两个连架杆一个是曲柄，另一个是摇杆，则称此铰链四杆机构为曲柄摇杆机构。曲柄摇杆机构既能把主动曲柄的连续回转运动转换为从动摇杆的往复摆动，也可把主动摇杆的摆转运动转换为从动曲柄的整周回转运动。图 3-2 所示的缝纫机踏板机构以及图 3-3 所示的搅拌机的搅拌机构等均为曲柄摇杆机构的应用实例。

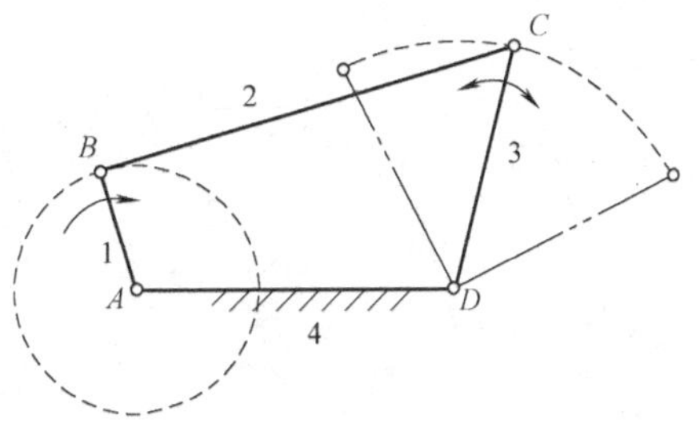

图 3-1 铰链四杆机构

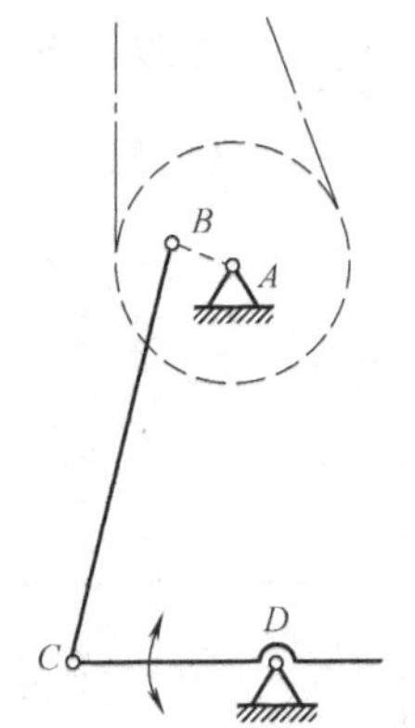

图 3-2 缝纫机踏板机构

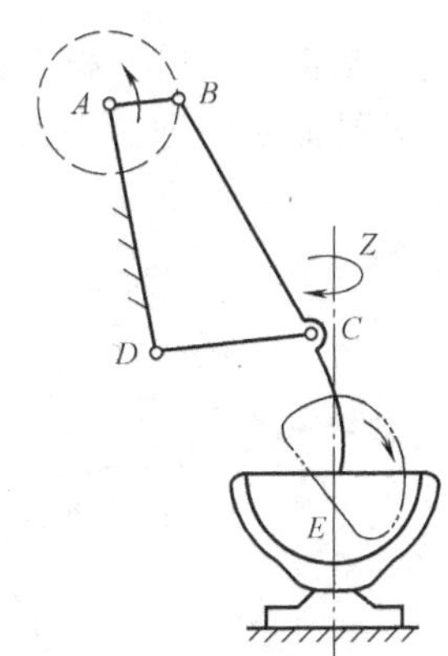

图 3-3 搅拌机的搅拌机构

2. 双曲柄机构

若铰链四杆机构中的两连架杆均为曲柄，称为双曲柄机构，如图 3-4 所示。这种机构的运动特点是，主动曲柄等速转动时，从动曲柄做变速转动。矿用惯性筛机构（图 3-5）、旋转柱塞泵机构等均采用了这种机构。工程上应用较多的双曲柄机构是平行四边形机构，如图 3-6 所示。这种机构的主、从动曲柄平行且长度相等，运行时，两曲柄等速、同向回转，但连杆做平移运动。图 3-7 所示的摄影平台升降机构及图 3-8 所示的机车车轮联动机构均为其应用实例。

3. 双摇杆机构

若铰链四杆机构的两连架杆均为摇杆，则称其为双摇杆机构。图 3-9 所示鹤式起重机的主体机构 *ABCD* 即为双摇杆机构，它可使悬挂重物做近似水平直线移动，从而避免了因重物

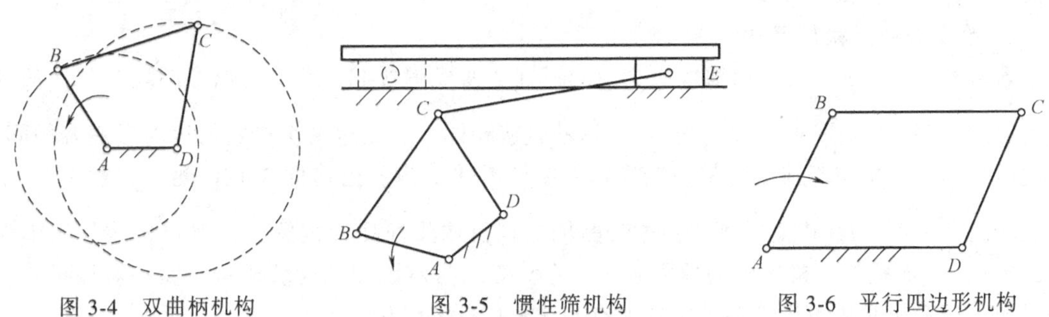

图 3-4 双曲柄机构　　图 3-5 惯性筛机构　　图 3-6 平行四边形机构

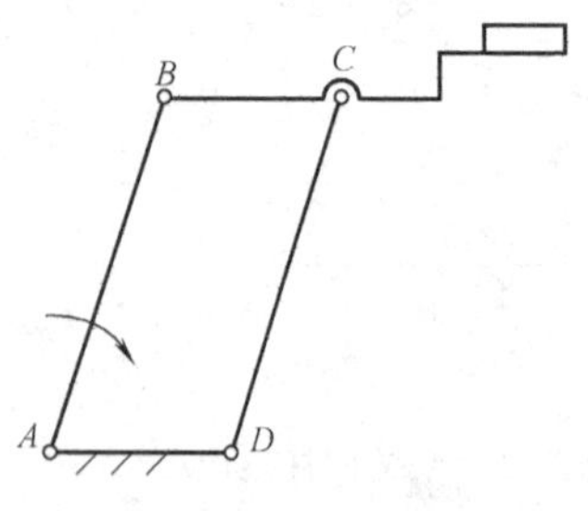

图 3-7　摄影平台升降机构

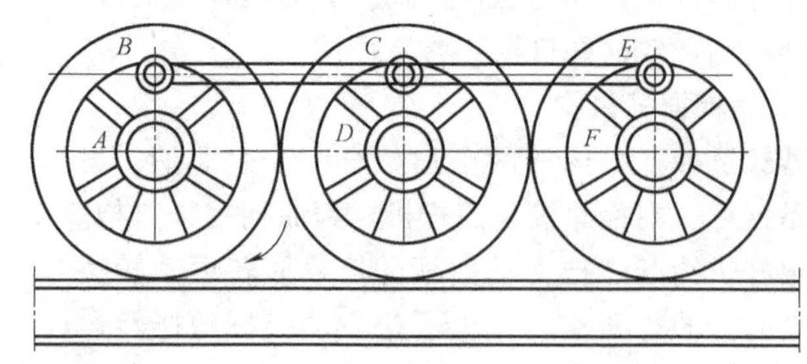

图 3-8　机车车轮联动机构

升降而带来的能量消耗。若双摇杆机构中的两摇杆长度相等，则称为等腰梯形机构。图 3-10 所示的汽车前轮转向机构即为等腰梯形机构。

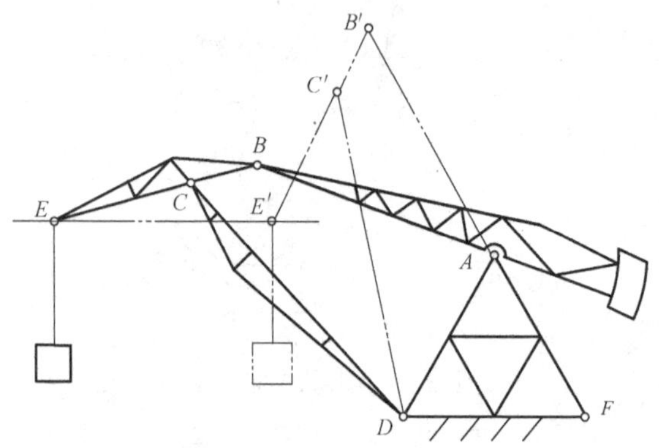

图 3-9　鹤式起重机的双摇杆机构

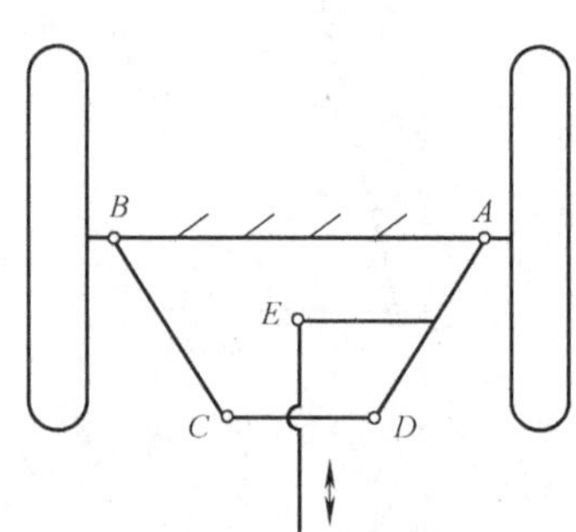

图 3-10　汽车前轮转向机构

3.2.2　平面四杆机构的演化

除上述三种铰链四杆机构外，机械中还广泛应用其他型式的平面四杆机构，这些四杆机构都可认为是由铰链四杆机构通过一定的方式演化而来的。机构的演化不仅是为了满足运动方面的要求，有时是为了改善机构的受力状况以及为了满足结构设计上的要求等。各种演化而来的四杆机构的外形虽不一定相同，但是它们的设计方法却是相同或相似的，这就为更好地研究连杆机构提供了方便。

1. 改变构件形状与尺寸

若将图 3-11a 所示的曲柄摇杆机构中的摇杆 3 变成图 3-11b 所示的弧形滑块，并使该滑块的移动导路 $\widehat{\beta\beta}$ 与图 3-11a 中铰链 C 的运动轨迹相同，那么这两个机构的运动形式就相同，但此时曲柄摇杆机构却演变为带弧线导轨的曲柄滑块机构。当构件 3 的长度 l_{CD} 无限长（D 点趋于无穷）时，$\widehat{\beta\beta}$ 将变成直线，这时曲柄摇杆机构将演变成偏置曲柄滑块机构，如图 3-11c 所示。若曲柄滑块机构中的偏距 $e=0$，它就变成为对心曲柄滑块机构。曲柄滑块机构在内燃机、压缩机和压力机等多种机器上有着非常广泛的应用。

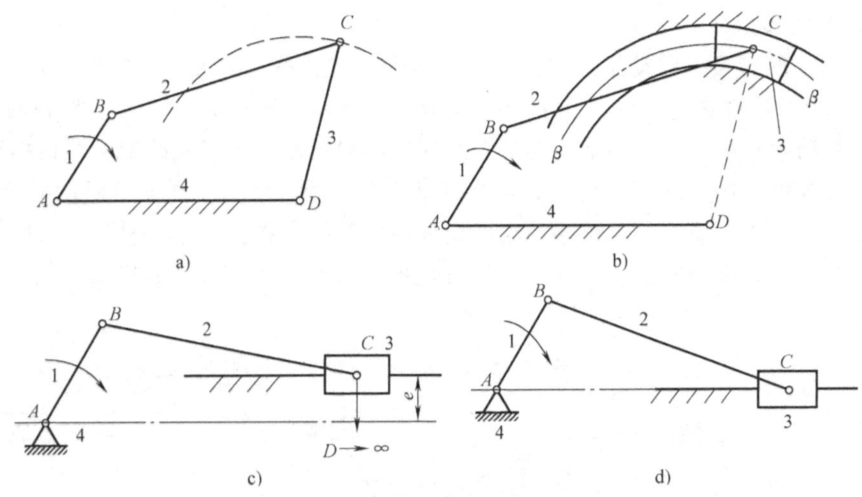

图 3-11　曲柄摇杆机构的演化

a）曲柄摇杆机构　b）带弧线导轨的曲柄滑块机构　c）偏置曲柄滑块机构　d）对心曲柄滑块机构

2. 取不同构件作机架

曲柄滑块机构运动简图见表 3-1，*AB* 杆为曲柄，*A*、*B* 是周转副，*C* 为摆转副，若将此机构中的曲柄 *AB* 改为机架，则该机构将变成表 3-1 中的导杆机构；若取 *BC* 杆为机架，则将演化成表 3-1 中的曲柄摇块机构；若取滑块为机架，则机构演变成表 3-1 中的直动滑杆机构。由此可见，对于同一个闭式运动链，若取其不同的构件为机架，可获得不同的机构，这种演化方法称为机构倒置法。

表 3-1　曲柄滑块机构中取不同构件作为机架的演化

机构名称	作机架的构件	机构运动简图	工程应用实例
曲柄滑块机构	4	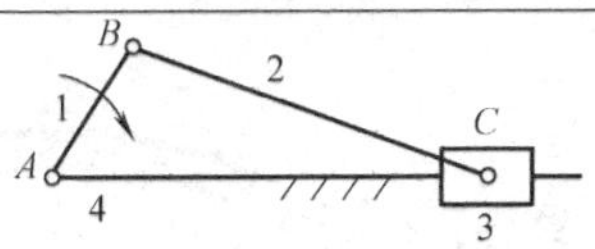	内燃机、压缩机、压力机等 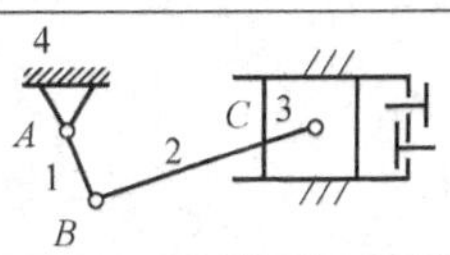
导杆机构	1	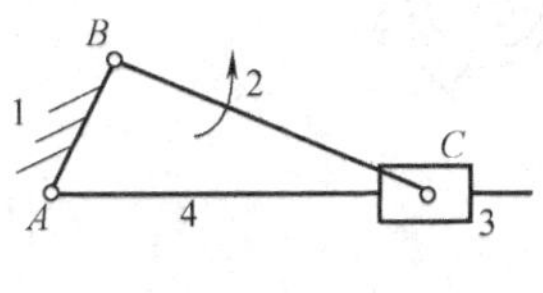	小型刨床 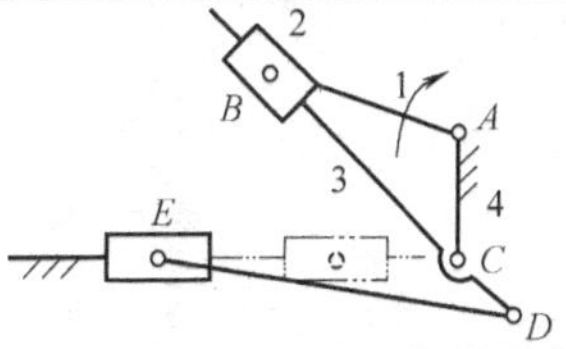
曲柄摇块机构	2	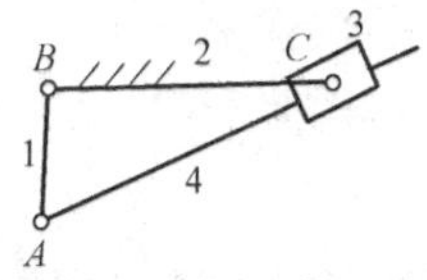	自卸汽车卸料机构 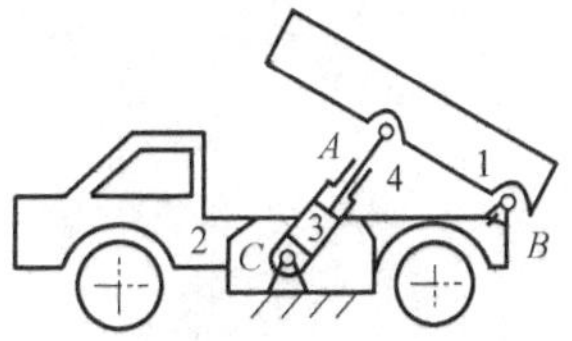
直动滑杆机构	3	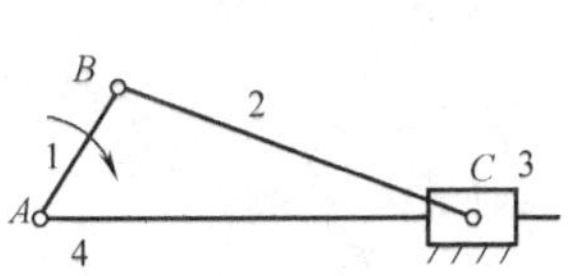	手压抽水机 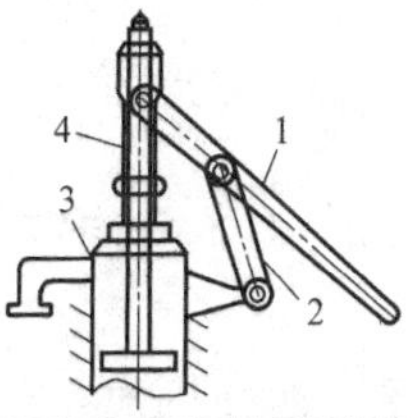

3. 运动副的转换

（1）移动副的转换　移动副的转换分为移动副平移和移动副元素互换两种形式。例如，若将图 3-12a 中的构件 2 与构件 3 在 *D* 处所构成的移动副平移至 *B* 处，就会得到图 3-12b 所示的机构。移动副平移后，构件 2 与构件 3 之间的相对运动关系没有改变，两机构运动完全相同，互称为等价机构，这种演化方式称为移动副的平移。在图 3-13a 所示的导杆机构中，滑块 2 和导杆 3 组成移动副，将该移动副的元素进行互换，得到图 3-13b 所示的机构。这两个机构的运动也是完全相同的，同样互为等价机构，这种演化方式称为移动副元素的互换。

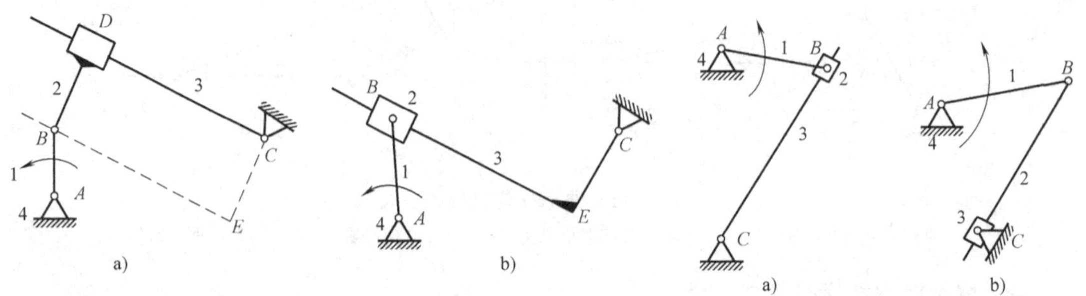

图 3-12　移动副平移的演化　　图 3-13　移动副元素互换的演化

（2）转动副转换　机构中，将组成转动副的两元素之间的包容和被包容关系进行互换，以及两元素同比例地放大或缩小（相对转动中心不变），都不会改变机构的运动。例如图 3-14a 所示的曲柄摇杆机构中，因 *AB* 杆长度太短，给其加工带来较大困难，为此可将铰链 *B*（或 *A*）放大，使其成为图 3-14b 所示的偏心轮机构，这时构件 1 和构件 2 之间的相对运动仍为绕 *B* 点的相对转动。在图 3-14a 中，构件 2、3 之间的相对运动是以 *C* 点为中心的转动，若因空间位置限制，铰链 *C* 无法安装，可将铰链 *C* 放大到 *D* 点，并将杆件 3 改为圆弧滑块。

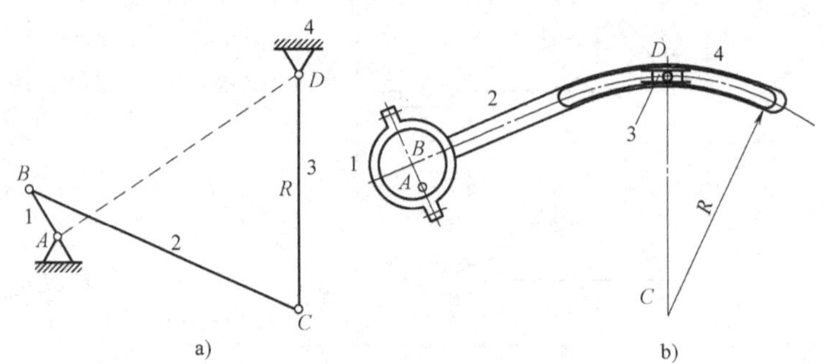

图 3-14　转动副转换的机构演化

a）演化前　b）演化后

3.3　平面四杆机构的基本特性

3.3.1　机构存在曲柄的条件

平面四杆机构存在曲柄的一个重要前提是转动副中存在周转副，因此，有必要先分析四

杆机构中的转动副成为周转副的条件。

分析图 3-15 所示的铰链四杆机构，各杆的长度分别为 a、b、c、d。要想使转动副 A 成为周转副，则 AB 应能先后通过与 AD 共线的两个位置 AB_1、AB_2。为不失一般性，可设 $a \leqslant d$。根据 $\triangle B_1C_1D$ 和 $\triangle B_2C_2D$ 的边长关系，可得

$$a+d \leqslant b+c \tag{3-1}$$

$$b \leqslant (d-a)+c \quad 即 \quad a+b \leqslant c+d \tag{3-2}$$

$$c \leqslant (d-a)+b \quad 即 \quad a+c \leqslant b+d \tag{3-3}$$

以上三式两两相加后，可得

$$a \leqslant b,\ a \leqslant c,\ a \leqslant d$$

通过以上分析可知，转动副 A 成为周转副的条件是：

1）最短杆长度+最长杆长度≤其余两杆长度之和，称为杆长条件。

2）组成转动副 A 的两杆中有一杆为四杆中的最短杆。

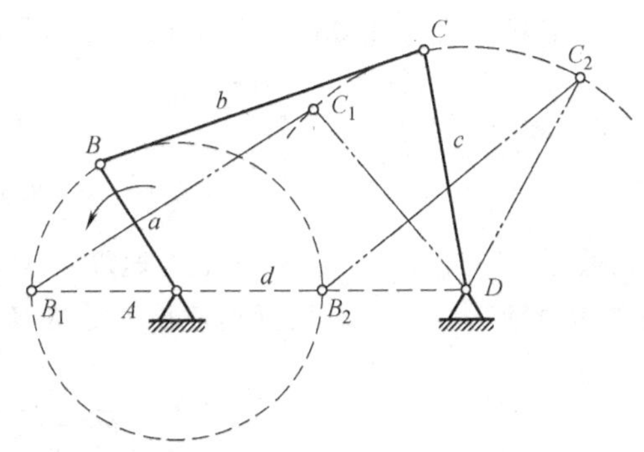

图 3-15 曲柄与机架共线的两位置

因为曲柄首先必须是连架杆，所以只有当连架杆与机架形成的转动副为周转副时，机构内才会有曲柄存在。因此，在满足上述杆长条件的前提下，铰链四杆机构是否存在曲柄，还取决于其最短杆到底作为机构中的什么构件，即：

1）当取最短杆为连架杆时，铰链四杆机构成为曲柄摇杆机构。

2）当取最短杆为机架时，铰链四杆机构成为双曲柄机构。

3）当取最短杆为连杆时，铰链四杆机构成为双摇杆机构。

必须指出的是，如果铰链四杆机构不满足前述杆长条件，则无论将最短杆作何构件，机构中都不会有曲柄存在，该机构只能是双摇杆机构。

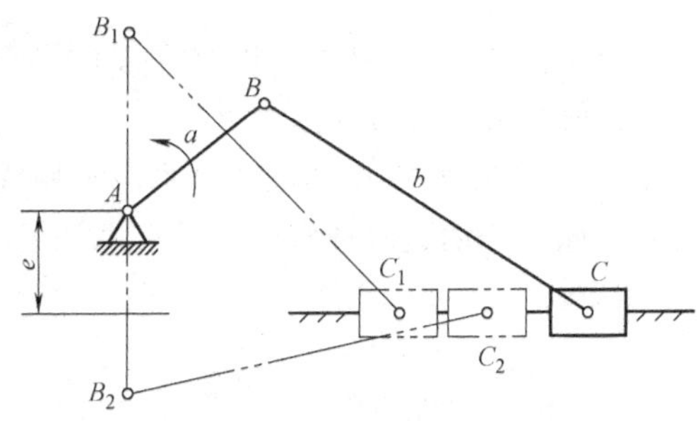

图 3-16 曲柄滑块机构的曲柄与机架共线位置

对于图 3-16 所示的偏置曲柄滑块机构，采用类似的分析方法，不难得到 AB 成为曲柄的条件：

$$a+e \leqslant b \tag{3-4}$$

式中，a 为曲柄长度；e 为滑块的偏心距；b 为连杆长度。

3.3.2 急回运动

图 3-17 所示的曲柄摇杆机构中，当主动曲柄 1 处于与连杆 2 共线的位置 B_1A 时，从动摇杆 3 处于其右极限位置 C_1D。若曲柄 1 以等角速度 ω 逆时针转过 φ_1 角，由 B_1A 转至与连杆 2 重叠的位置 B_2A（工作行程）时，从动摇杆 3 到达其左极限位置 C_2D；当曲柄继续转过

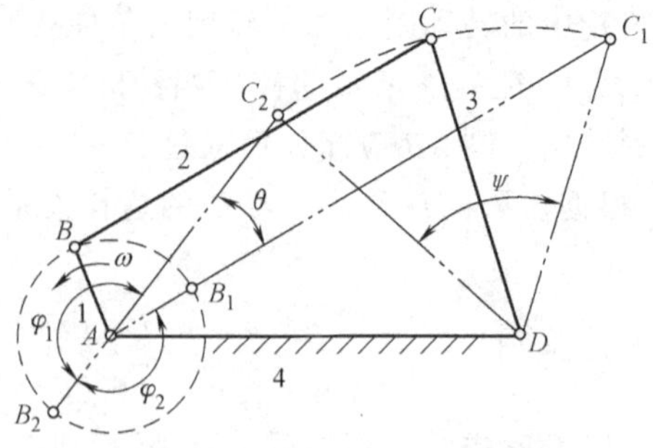

图 3-17　曲柄摇杆机构的极位夹角

φ_2 角，由 B_2A 转回到位置 B_1A 时，从动摇杆 3 由左极限 C_2D 摆回至右极限位置 C_1D（回程）。摇杆的往复摆角均为 Ψ。φ_1、φ_2 分别为

$$\left.\begin{aligned}\varphi_1 &= 180°+\theta \\ \varphi_2 &= 180°-\theta\end{aligned}\right\} \tag{3-5}$$

式中，θ 为摇杆分别处于两极限位置时对应曲柄所夹的锐角，称为极位夹角。

因 $\varphi_1>\varphi_2$，所以当曲柄以等角速度 ω_1 转过这两个角度时，对应的时间 $t_1>t_2$，且 $\varphi_1/\varphi_2=t_1/t_2$。这样，摇杆 3 进行往复摆动的平均角速度是不等的，它们分别是

$$\left.\begin{aligned}\omega_{m1} &= \psi/t_1 \\ \omega_{m2} &= \psi/t_2\end{aligned}\right\} \tag{3-6}$$

显然，$\omega_{m2}>\omega_{m1}$，回程的平均速度大于工作行程的平均速度，把四杆机构的这种运动特性称为急回特性，并引入行程速比系数 K 衡量急回的程度，即

$$K=\frac{\omega_{m2}}{\omega_{m1}}=\frac{\varphi_1}{\varphi_2}=\frac{180°+\theta}{180°-\theta} \tag{3-7}$$

显然，若已知行程速比系数 K，则可求得机构的极位夹角 θ：

$$\theta=180°\frac{K-1}{K+1} \tag{3-8}$$

式（3-7）表明，只要机构存在极位夹角 θ，就一定有急回运动特性，并且极位夹角 θ 越大，K 值越大，急回特性越明显。

图 3-18 和图 3-19 中的虚线分别表示偏置曲柄滑块机构和摆动导杆机构的两个极限位置和极位夹角，表明这两种机构也具有急回特性，同样也可以用行程速比系数 K 来表示它们的急回特性。

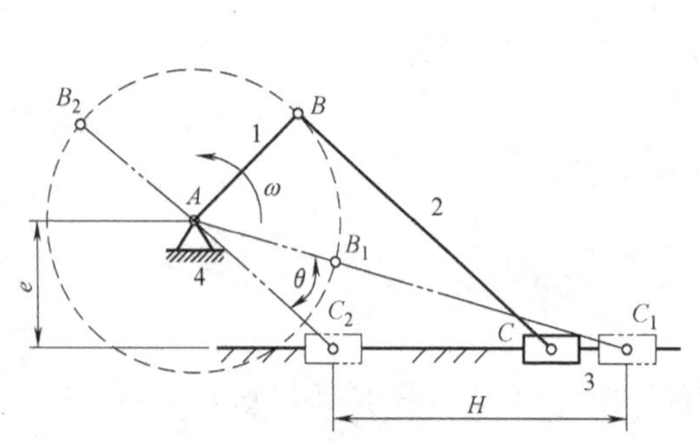

图 3-18　偏置曲柄滑块机构的急回

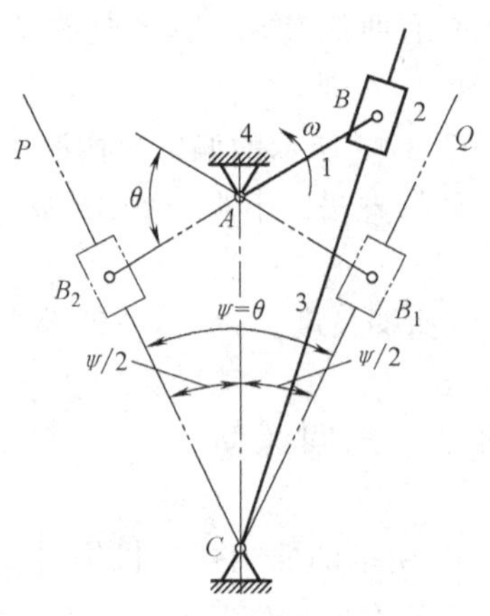

图 3-19　摆动导杆机构的急回

3.3.3 压力角与传动角

生产中，人们总是希望连杆机构运转轻便、效率高，所以有必要分析机构的传力性能。如图3-20所示，在铰链四杆机构 $ABCD$ 中，原动件 AB 受到驱动力矩 M_d 的作用，在不计摩擦、构件惯性力及重力条件下，构件 AB 通过连杆 BC 作用在从动件 CD 上的力 F 必沿 BC 方向。把作用在从动件上的驱动力 F 与该力的作用点的速度 v_c 所夹的锐角 α 称为机构的压力角。由此可见，驱动力 F 在 v_c 方向上的有效分力为 $F_t=F\cos\alpha$，因此，压力角越小，有效分力越大。换言之，压力角可作为衡量机构传力性能的标志之一。在连杆机构设计中，为了度量方便，习惯采用压力角 α 的余角 γ 来判断机构传力性能的好坏，并把 γ 称为传动角。显然，传动角越大，传力性能越好；反之，机构传动越费劲，传动效率越低。

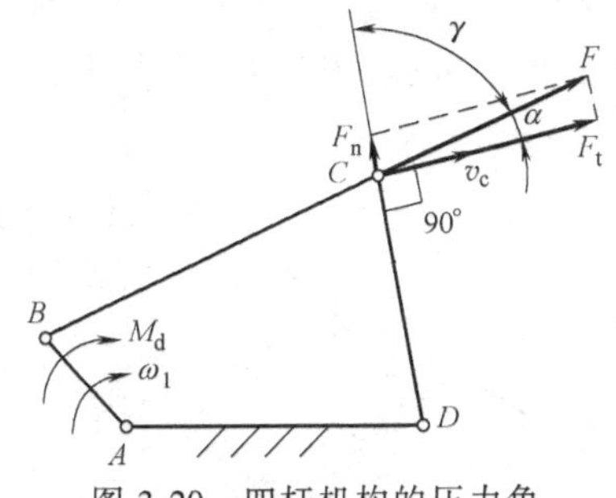

图3-20 四杆机构的压力角

连杆机构运动时，其压力角和传动角都是变化的。为了保证机构的正常工作，必须对最小传动角的下限进行限定。对于一般机构，通常取 $\gamma_{min}\geqslant 40°$；对于颚式破碎机、压力机等，可取 $\gamma_{min}\geqslant 50°$；对于小功率控制机构和仪表，$\gamma_{min}$ 可略小于 40°。

当曲柄摇杆机构以曲柄为主动件时，机构最小传动角 γ_{min} 总是出现在曲柄与机架共线的两个位置中的一个。在图3-15中，用虚线表示了曲柄与机架共线的两个位置，如果 $\angle B_1C_1D$ 和 $\angle B_2C_2D$ 均为锐角，则该机构的最小传动角为

$$\gamma_{min}=\min(\angle B_1C_1D,\quad \angle B_2C_2D) \tag{3-9}$$

若 $\angle B_1C_1D$ 和 $\angle B_2C_2D$ 一个为锐角（图3-15所示的 $\angle B_1C_1D$ 就是锐角），另一个为钝角（图3-15中的 $\angle B_2C_2D$ 实际上是钝角），则该机构的最小传动角为

$$\gamma_{min}=\min(\angle B_1C_1D,\quad 180-\angle B_2C_2D) \tag{3-10}$$

值得一提的是，当摆动导杆机构以曲柄为主动件时，其传动角恒为90°，故导杆机构的传力性能比较好，这也是导杆机构的一个重要特性。

3.3.4 死点

在四杆机构中，若从动件上的传动角 $\gamma=0°$，则作用在从动件上的有效驱动力矩为零，此时机构所处的位置称为“死点”。若曲柄摇杆机构以摇杆为主动件，当连杆 BC 与从动曲柄 AB 分别处于图3-21所示的两共线位置 C_1B_1A 和 C_2B_2A 时，则连杆 BC 作用在从动曲柄 AB 上的驱动力将通过曲柄的回转中心 A，此时 $\gamma=0°$，驱动力的有效分力为0，机构处于死点。同样，曲柄滑块机构以滑块为主动件，当其连杆与曲柄共线时，机构也处于死点，如图3-22所示。

对于传动机构，机构处于死点是不利的，设计时必须设法使机构顺利通过死点。方法是：在曲柄上安装转动惯量很大的飞轮，利用惯性力使机构通过死点，例如，图3-2所示的缝纫机踏板机构中的大带轮就起到了飞轮的作用；还可采用几组相同机构错位排列的办法，使这几组

机构在不同时刻通过死点，图 3-23 所示的蒸汽机车车轮联动机构，就是由 EFG 和 $E'F'G'$两组曲柄滑块机构错开 90°相位组成的。工程上有时要利用死点实现某些功能，例如图 3-24 所示的钻床夹具，当在手柄 2 上施加一个力将工件夹紧后，构件 2、3 共线，机构处于死点，松手后夹具不会自行松开。例如图 3-25 所示的飞机起落架机构，当飞机轮胎放下时，杆 BC 与杆 CD 成一直线，此时，飞机轮胎上可能受到很大的力，但因机构处于死点，故经杆 BC 传给杆 CD 的力通过其回转中心 D，所以起落架不会反转，从而使飞机降落更加可靠。

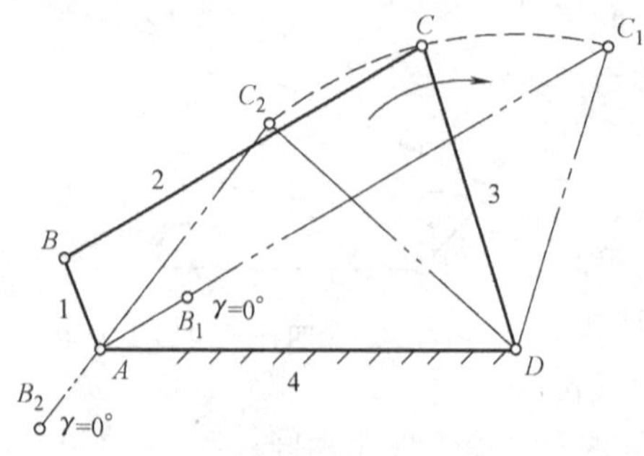

图 3-21　曲柄摇杆机构的两个死点位置

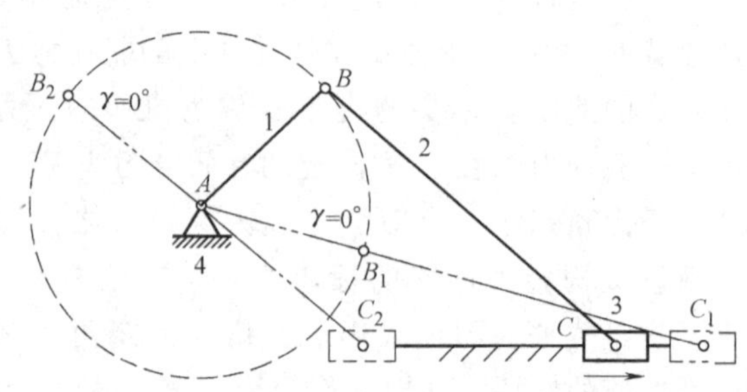

图 3-22　曲柄滑块机构的两个死点位置

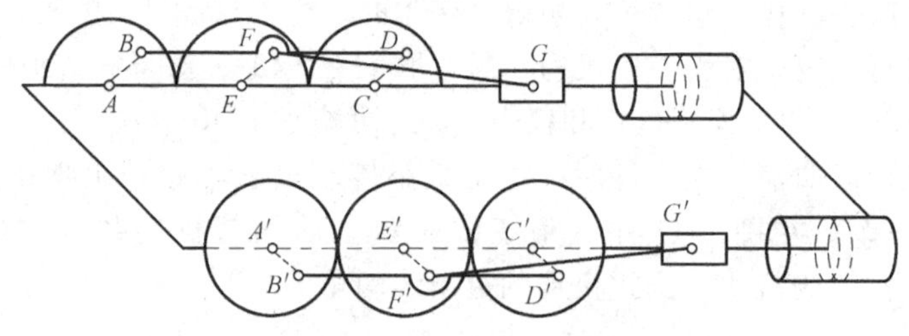

图 3-23　机构错位排列

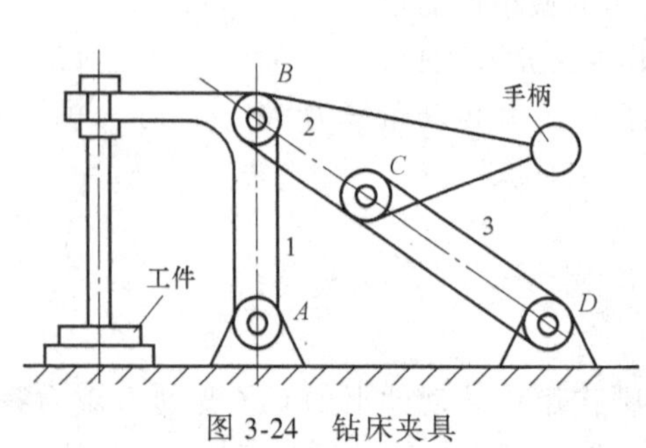

图 3-24　钻床夹具

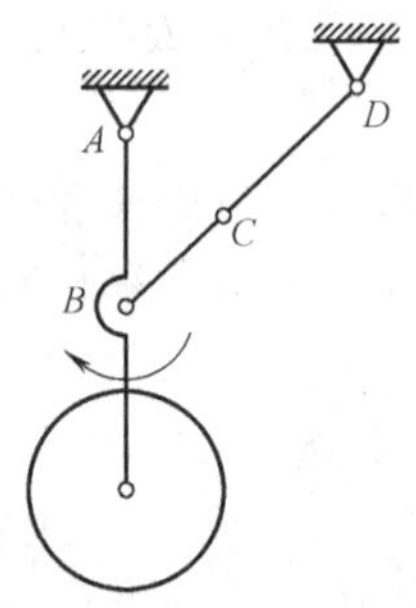

图 3-25　飞机起落架中的死点

3.4　平面四杆机构的运动设计

3.4.1　连杆机构设计的基本问题

连杆机构的设计主要包括以下三方面：

1）根据给定的工作要求选定连杆机构的型式，对于平面四杆机构，就是要在曲柄摇杆机构、曲柄滑块机构等各种类型的机构中适当地选定一种型式。

2）根据给定的运动要求以及其他附加的几何条件（如杆长限制）、动力条件（如传动角）等，确定机构的运动尺度（如各杆的杆长、偏距等）。

3）根据机构的工作条件及受力状况等，确定构件的结构型式及运动副的结构。

连杆机构的运动设计主要解决两类问题：一类是实现给定的从动件运动规律，即按给定的构件位置或速度（甚至加速度）要求来设计连杆机构；另一类是按照给定的点的运动轨迹设计连杆机构。

连杆机构的设计方法有解析法、作图法和实验法，解析法精确、作图法直观、实验法简便。本书只介绍作图法，读者如对解析法、实验法感兴趣，可参阅其他资料。

3.4.2 平面四杆机构的运动设计

1. 按给定连杆位置设计四杆机构

（1）设计任务描述　如图3-26所示，给定了连杆 BC 的长度和连杆的两个预定占据的位置 B_1C_1、B_2C_2，要求设计铰链四杆机构 $ABCD$。

设计的主要任务是确定处于机架上固定铰链中心 A 和 D 的位置。不难理解，处于连杆上的两活动铰链 B、C 的轨迹分别是以固定铰链中心 A、D 为圆心，以两连架杆长度为半径的圆弧。为此，只需分别作 B_1、B_2 连线的中垂线 b_{12} 和 C_1、C_2 连线的中垂线 c_{12}，并分别在 b_{12} 和 c_{12} 上任取一点作为固定铰链中心 A 和 D，即可满足设计要求，最后，连接 AB_1C_1D 即得所求的铰链四杆机构。显然，满足要求的解有无穷多个。如果再考虑其他附加条件，如曲柄条件、构件尺寸的范围、最小传动角等，还可从这些解中找到满足附加条件的解。

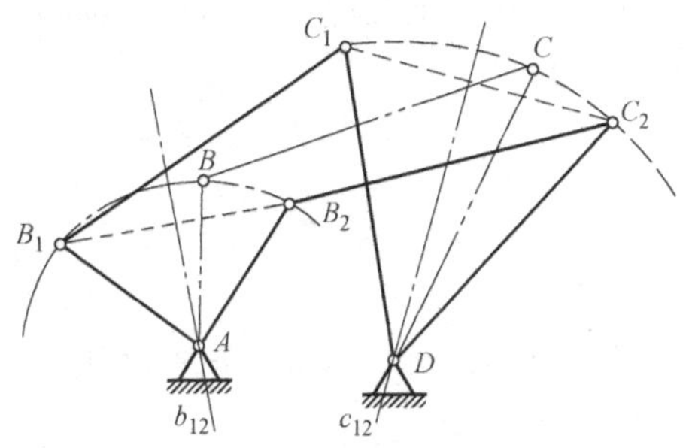

图3-26　按连杆两个预定位置设计铰链四杆机构

（2）设计任务描述　如图3-27所示，假设给定了连杆 BC 的长度以及连杆三个预定占据位置 B_1C_1、B_2C_2、B_3C_3，要求设计铰链四杆机构 $ABCD$。

该问题的解答方法与给定两个连杆位置时的方法基本相同。只要分别作线段 B_1B_2、B_2B_3 的中垂线 b_{12} 和 b_{23}，b_{12} 和 b_{23} 的交点即为固定铰链中心 A；同理，线段 C_1C_2、C_2C_3 的中垂线 c_{12} 和 c_{23} 的交点即为固定铰链中心 D，连接 AB_1C_1D，即为要求的铰链四杆机构。可见，给定连杆三个预定位置时，所求的铰链四杆机构是唯一的。

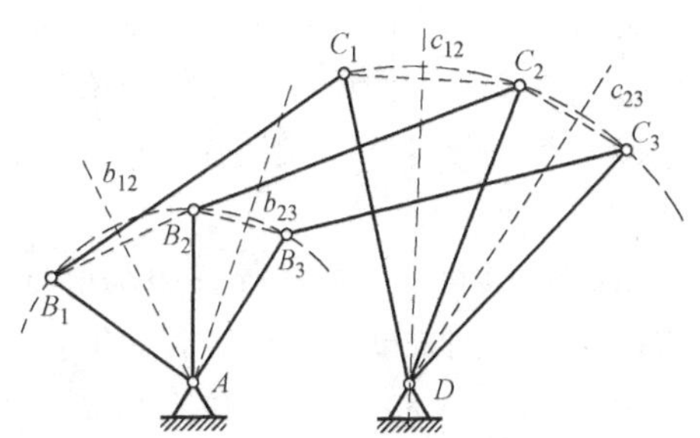

图3-27　按连杆三个预定位置设计铰链四杆机构

2. 按给定行程速比系数设计四杆机构

（1）曲柄摇杆机构设计任务描述　已知机构的行程速比系数 K 的值，已知摇杆 CD 的长度及其

摆角 ψ 的大小，要求设计该曲柄摇杆机构 $ABCD$。

设计步骤如下：

1）根据式（3-8）计算出极位夹角 θ。

2）选定作图比例尺 μ_1 后，任取一点作为转动副 D 的位置，根据摇杆 CD 的长度和摆角 ψ 画出摇杆的两个极限位置 DC_1 和 DC_2，如图 3-28 所示。

3）以 C_1C_2 为边，作 $\angle C_1C_2F = 90° - \theta$，$\angle C_1C_2F$ 的斜边 C_2F 与 C_1C_2 的垂线 C_1F 交于 F。以 C_2F 为直径作直角三角形 $\triangle C_1C_2F$ 的外接圆。延长 C_2D、C_1D 分别与该圆相交于 M、N 点。在圆弧 C_1M 或 C_2N 上任取一点作为曲柄的转动中心 A 的位置，连接 C_1A 和 C_2A，则有 $\angle C_1AC_2=\theta$。

4）设曲柄 AB 和连杆 BC 长度分别为 a 和 b，则 $l_{AC_1}=AC_1 \cdot \mu_1$，$l_{AC_2}=AC_2 \cdot \mu_1$，当固定铰链 A 的位置确定以后，则有：$l_{AC_1}=b-a$，$l_{AC_2}=b+a$。

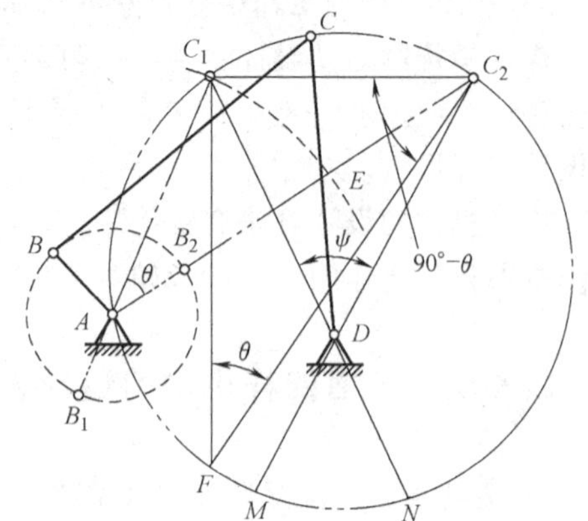

图 3-28　曲柄摇杆机构的作图设计

由此可得，曲柄和连杆的长分别为

$$\left.\begin{aligned} a &= \frac{l_{AC_2}-l_{AC_1}}{2} \\ b &= \frac{l_{AC_2}+l_{AC_1}}{2} \end{aligned}\right\} \tag{3-11}$$

若完全用图解法求解，则可以 A 为圆心，以 AC_1 为半径画弧 C_1E，弧 C_1E 与 AC_2 交于 E，则

$$\left.\begin{aligned} a &= \frac{EC_2}{2}\mu_1 = \frac{l_{EC_2}}{2} \\ b &= l_{AC_2}-a \end{aligned}\right\} \tag{3-12}$$

因铰链 A 的位置是在圆弧上任取的，故满足要求的解有无穷多个。若设计时还补充了其他要求，如已知机架的长度，则 A 的位置固定。若没有其他要求，应使最小传动角尽量大些，即 A 点应在圆周上方选取。

若给定行程速比系数，要求设计偏置曲柄滑块机构，其设计方法与上述方法基本相似，具体将在本章的实例设计中进行介绍。

（2）摆动导杆机构设计任务描述　已知机架 AC 的长度及行程速比系数 K，设计导杆机构 ABC。

由图 3-19 可知，摆动导杆的摆角与机构的极位夹角相等，即 $\psi=\theta$，故设计导杆机构时，只需确定曲柄的长度。设计步骤如下：

1）按式（3-8）计算极位夹角 θ。

2）任选一点作为固定铰链中心 C 的位置，以 C 为顶点作角 $\angle PCQ=\psi=\theta$。

3）作 $\angle PCQ$ 的角平分线，并根据给定的机架长度确定固定铰链中心 A 的位置，如图 3-19 所示。

4）过 A 点作 CQ 的垂线 AB_1，曲柄的 AB 长度 $l_{AB}=\mu_1 \cdot AB_1$。

3.5　平面连杆机构设计实例

下面以绪论中介绍的专用精压机和蜂窝煤成型机上的平面连杆机构为例，着重介绍曲柄滑块机构和曲柄摇块机构的设计方法。

3.5.1　专用精压机主冲机构的设计

1. 原始数据和设计要求

1）上模做往复直线运动，具有快速下沉、等速进给和快速返回的特性。

2）上模冲压机构应具有较好的传动性能，工作段的传动角 $\gamma \geqslant [\gamma]=40°$。

3）执行构件工作段长度 $l=30\sim100$mm，对应曲柄转角 $\varphi=(1/3\sim1/2)\pi$。

4）上模行程必须大于工作段长度的两倍。

5）对行程速比系数的要求是：$K \geqslant 1.5$。

2. 冲压机构的设计步骤

分析设计要求，将冲压机构的设计问题转化为设计偏置曲柄滑块机构。已知机构的行程速比系数 $K=1.5$、上模的行程 $H=200$mm、偏距 $e=100$mm。首先，用作图法设计出曲柄滑块机构，然后验算最小传动角。

如图 3-29 所示，具体步骤如下：

1）根据式（3-8）求得极位夹角 $\theta=180°(K-1)/(K+1)=36°$。

2）根据 H 定比例尺 $\mu_1=1$mm/mm，再定出：$C_1C_2=H/\mu_1=200$mm。采用作图法设计机构时，一定要选择恰当的比例尺，比例尺 μ_1 的大小直接影响设计精度，长度比例尺 μ_1 = 实际长度/图中长度。

3）作 $\angle C_1C_2M=90°-36°=54°$的斜线，它与 C_1C_2 的垂线 C_1N 交于 P 。也可以过 C_1 点作斜线，设计结果应一致。

4）以 C_2P 为直径作圆，此圆为固定铰链 A 所在的圆。这里所作的圆是点 C_1、C_2、P 三点的外接圆，作外接圆的目的是找出所有满足设计条件的固定铰链 A。

5）作一条与 C_1C_2 平行的直线，该直线到 C_1C_2 的距离等于给定的偏距 $e=100$mm，此直线与上述圆的交点 A 或 A' 即为曲柄转轴的位置。对心曲柄滑块机构的设计，也采用此方法，同样要先取一个偏距值作 C_1C_2 的平行线，定出交点 A，以确定曲柄和连杆的长度，然后再令偏距 $e=0$。

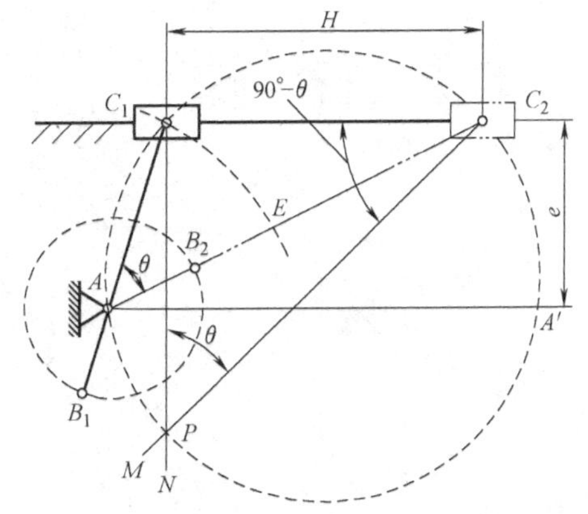

图 3-29　曲柄滑块机构的作图设计

6）从图 3-29 中量出 AC_1 和 AC_2 的长度，结合所选的比例尺 $\mu_1=1$mm/mm，利用式（3-11）便可求得曲柄和连杆的长 a 和 b。曲柄长还可以

用 $a=\mu_1 EC_2/2$ 求得。完成偏置曲柄滑块机构设计后，找出机构的最小传动角位置，检验机构的动力性能。

3.5.2 蜂窝煤成型机偏置曲柄滑块机构设计

1. 原始数据

已知冲压式蜂窝煤成型机的滑梁行程 $S=300\text{mm}$，行程数比系数 $K=1.4$，偏距 $e=200\text{mm}$，设计偏置曲柄滑块机构。

2. 冲压偏置曲柄滑块机构设计步骤

1）计算极位夹角：$\theta=\dfrac{K-1}{K+1}\times180°=\dfrac{1.4-1}{1.4+1}\times180°=30°$。

2）取比例尺 $\mu_1=1\text{mm/mm}$，作图步骤如图 3-30 所示。

3）作滑块的极位：按滑梁行程 $s=300\text{mm}$，作 C_1、C_2 的极限位置。

4）作 θ 圆：作两条与 C_1C_2 直线成 60°的斜线 C_1O、C_2O，交于 O 点，以 O 点为圆心、C_1O 为半径画 θ 圆。

5）确定曲柄回转中心 A ：作一直线与 C_1C_2 平行，且相距为 $e=200\text{mm}$，与 θ 圆的交点即为所要求的曲柄回转中心 A 点。

6）求杆长：

曲柄长度：$a=\dfrac{AC_2-AC_1}{2}\times\mu_1=\dfrac{486.95-246.43}{2}\text{mm}\times1=120.26\text{mm}$

连杆长度：$b=\dfrac{AC_2+AC_1}{2}\times\mu_1=\dfrac{486.95+246.43}{2}\text{mm}\times1=366.69\text{mm}$

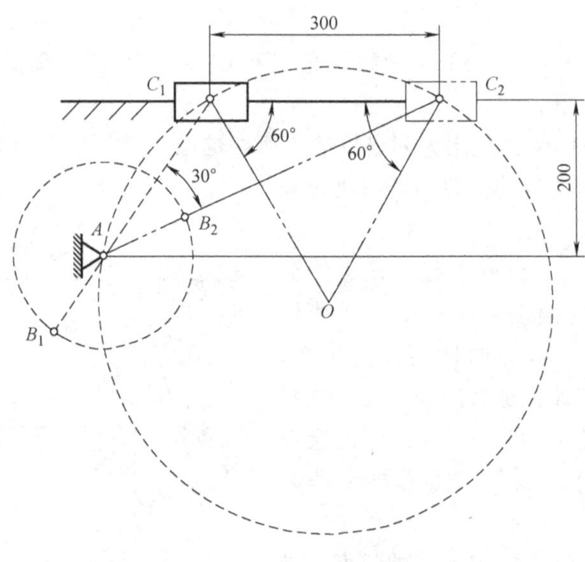

图 3-30　偏置曲柄滑块机构的设计

3.5.3 蜂窝煤成型机的摇杆滑块机构设计

1. 原始数据

已知滑块行程 $S=300\text{mm}$，根据结构取扫屑连杆长 $BC=250\text{mm}$。当滑块在两个极位时，扫屑连杆占据水平位置和与铅垂线成 175°夹角的位置，摇杆 AB 的回转点 A 在距 C_2 点 100mm 的水平线 DA 上，如图 3-31 所示。

2. 摇杆滑块机构设计步骤

摇杆滑块机构的设计问题为已知连杆 BC 的两个位置来设计该机构，属刚体引导机构设计问题，作图时连接 B_1B_2，作 B_1B_2 的垂直平分线交 DA 于 A 点，即可得到摇杆滑块机构的两个位置 $A_1B_1C_1$ 和 $A_2B_2C_2$，如图 3-32 所示。从图中量取摇杆的杆长 $AB=353.9\text{mm}$ 及 A 点的位置尺寸 $DA=137.6\text{mm}$。

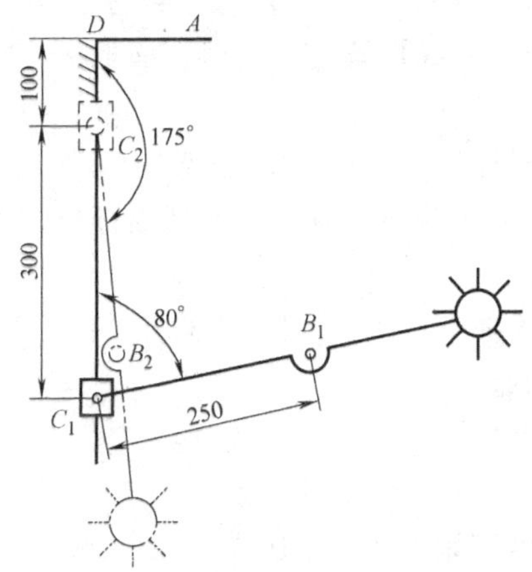

图 3-31 摇杆滑块机构的极限位置

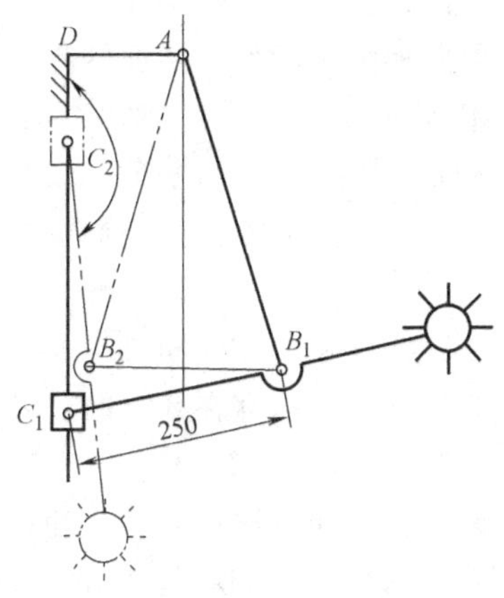

图 3-32 摇杆滑块机构的设计结果

同 步 练 习

一、选择题

1. 只有当______为主动件时，曲柄摇杆机构在运动中才会出现“死点”位置。

A. 连杆　B. 机架　C. 曲柄　D. 摇杆

2. 能产生急回运动的平面连杆机构是______。

A. 铰链四杆机构　B. 双摇杆机构　C. 导杆机构　D. 双曲柄机构

3. 能出现“死点”位置的平面连杆机构是______。

A. 导杆机构　B. 平行双曲柄机构　C. 曲柄滑块机构　D. 不等长双曲柄机构

4. 当急回特性系数为______时，曲柄摇杆机构才有急回运动。

A. $K<1$　B. $K=1$　C. $K>1$　D. 视情况而定

5. 当极位夹角为______时，曲柄摇杆机构才有急回运动。

A. $\theta<0°$　B. $\theta=0°$　C. $\theta\neq0°$　D. 视情况而定

6. 摇杆带动曲柄摇杆机构运动时，曲柄在“死点”位置的瞬时运动方向是______。

A. 按原运动方向　B. 反方向　C. 不定的　D. 静止不动

7. 曲柄滑块机构是由______演化而来的。

A. 曲柄摇杆机构　B. 双曲柄机构　C. 双摇杆机构　D. 导杆机构

8. 下列机构中，______能把转动运动转变成往复摆动运动。

A. 曲柄摇杆机构　B. 双曲柄机构　C. 双摇杆机构　D. 曲柄滑块机构

9. 下列机构中，______能把转动运动转换成往复直线运动。

A. 曲柄摇杆机构　B. 双曲柄机构　C. 双摇杆机构　D. 曲柄滑块机构

10. 下列机构中，______能把等速转动运动转变成旋转方向相同的变速转动运动。

A. 曲柄摇杆机构　B. 不等长双曲柄机构

C. 双摇杆机构　D. 曲柄滑块机构

11. 当极位夹角 θ ______，平面四杆机构无急回特性。

A. 小于 0°　B. 等于 0°　C. 大于 0°　D. 大于或等于 0°

12. 取曲柄为主动件，当曲柄与______处于两次共线位置之一处时，曲柄摇杆机构可能出现最小传动角。

A. 连杆　B. 机架　C. 摇杆　D. 连架杆

13. 取摇杆为主动件，则当曲柄与______处于两次共线位置时，曲柄摇杆机构处于死点位置。

A. 连杆　B. 机架　C. 摇杆　D. 连架杆

14. 曲柄滑块机构存在死点时，其主动件必须是______。

A. 连杆　B. 机架　C. 滑块　D. 曲柄

15. 设计铰链四杆机构时，应使最小传动角 γ_{min} ______。

A. 等于 90°　B. 等于 0°　C. 尽可能小些　D. 尽可能大些

16. 铰链四杆机构存在曲柄的必要条件之一是：最短杆与最长杆的长度之和应______其余两杆的长度之和。

A. 大于或等于　B. 小于或等于　C. 不等于　D. 小于

17. 将双曲柄机构倒置，______能得到双摇杆机构。

A. 一定　B. 一定不　C. 不一定　D. 满足杆长条件

18. 当铰链四杆机构中的最短杆与最长杆长度之和大于其余两杆长度之和，则该机构只能是______。

A. 双摇杆机构　B. 双曲柄机构　C. 曲柄摇杆机构　D. 曲柄导杆机构

19. 已知一曲柄摇杆机构的行程速比系数 $K=1.5$，则其极位夹角为______。

A. 18°　B. 36°　C. 72°　D. 90°

20. 当曲柄摇杆机构处于死点位置，则该机构的______等于 0°。

A. 压力角　B. 极位夹角　C. 传动角　D. 摇杆摆角

二、判断题

1. 当机构的极位夹角 $\theta=0°$时，机构无急回特性。（　）

2. 机构是否存在死点位置与机构取哪个构件为原动件无关。（　）

3. 在摆动导杆机构中，当导杆为主动件时，机构有死点位置。（　）

4. 对于曲柄摇杆机构，当取摇杆为主动件时，机构有死点位置。 ( )
5. 压力角就是主动件所受驱动力的方向线与该点速度的方向线之间的夹角。 ( )
6. 机构的极位夹角越大，则机构的急回特性越明显。 ( )
7. 压力角是衡量机构传力性能的重要指标。 ( )
8. 压力角越大，则机构传力性能越差。 ( )
9. 铰链四杆机构是平面连杆机构的基本形式。 ( )
10. 曲柄和连杆都是连架杆。 ( )
11. 平面四杆机构都有曲柄。 ( )
12. 在曲柄摇杆机构中，曲柄和连杆共线，就是“死点”位置。 ( )
13. 铰链四杆机构的曲柄存在条件是：连架杆或机架中必有一个是最短杆；最短杆与最长杆的长度之和小于或等于其余两杆的长度之和。 ( )
14. 铰链四杆机构都有摇杆这个构件。 ( )
15. 铰链四杆机构都有连杆和机架。 ( )
16. 在平面连杆机构中，只要以最短杆作固定机架，就能得到双曲柄机构。 ( )
17. 只有以曲柄摇杆机构的最短杆作固定机架，才能得到双曲柄机构。 ( )
18. 平面四杆机构中，只要两连架杆都能绕机架做整周转动，必然是双曲柄机构。 ( )
19. 机构的急回特性系数越大，机构的急回特性也越显著。 ( )
20. 导杆机构与曲柄滑块机构，在结构原理上的区别就在于选择不同构件作固定机架。 ( )
21. 曲柄滑块机构，滑块在做往复运动时，不会出现急回运动。 ( )
22. 导杆机构中导杆的往复运动有急回特性。 ( )
23. 利用选择不同构件作固定机架的方法，可以把曲柄摇杆机构改变成双摇杆机构。 ( )
24. 利用改变构件之间相对长度的方法，可以把曲柄摇杆机构改变成双摇杆机构。 ( )
25. 曲柄摇杆机构的摇杆，在两极限位置之间的夹角 ψ 叫作摇杆的摆角。 ( )
26. 在有曲柄的平面连杆机构中，曲柄的极位夹角 θ 可以等于0°，也可以大于0° ( )
27. 在曲柄和连杆同时存在的平面连杆机构中，只要曲柄和连杆共线，这个位置就是曲柄的“死点”位置。 ( )
28. 有曲柄的四杆机构，就存在出现“死点”位置的基本条件。 ( )
29. 极位夹角的大小是根据急回特性系数 K 通过公式求得的，而 K 值是设计时事先确定的。 ( )
30. 只有曲柄摇杆机构，才能实现把等速旋转运动转变成往复摆动运动。 ( )
31. 曲柄滑块机构能把主动件的等速旋转运动，转变成从动件的直线往复运动。( )
32. 通过选择铰链四杆机构的不同构件作为机构的机架，能使机构的形式发生演变。 ( )
33. 铰链四杆机构形式的改变，只能通过选择不同构件作机构的机架来实现。 ( )

34. 铰链四杆机构形式的演变，都是通过对某些构件之间相对长度的改变而达到的。（ ）

35. 通过对铰链四杆机构某些构件间相对长度的改变，也能对机构形式进行演化。（ ）

36. 当曲柄摇杆机构把往复摆动运动转变成旋转运动时，曲柄与连杆共线的位置，就是曲柄的“死点”位置。（ ）

37. 当曲柄摇杆机构把旋转运动转变成往复摆动运动时，曲柄与连杆共线的位置，就是曲柄的“死点”位置。（ ）

38. 曲柄在“死点”位置的运动方向与原先的运动方向相同。（ ）

39. 在实际生产中，机构的“死点”位置对工作都是不利的，处处都要考虑克服。（ ）

40. “死点”位置在传动机构和锁紧机构中所起的作用相同，但带给机构的后果不同。（ ）

三、填空题

1. 平面四杆机构的压力角越________，传力性能越好。

2. 铰链四杆机构的曲柄存在的条件是连杆架与机架中必有一杆是________，而且最短杆与最长杆长度之和必小于或等于其余两杆长度之和。

3. 曲柄摇杆机构中，只有当________作为主动件时，机构才会出现死点。

4. 已知一曲柄摇杆的行程速比系数 $K=2$，则其极位夹角为________。

5. 平面连杆机构有无急回运动取决于有无________。

6. 四杆机构中是否存在死点位置，取决于从动件是否与________共线。

7. 平面连杆机构是由一些刚性构件用转动副和________副相互连接而组成的机构。

8. 当平面四杆机构中的运动副都是________副时，就称为铰链四杆机构。

9. 在铰链四杆机构中，能绕机架上的铰链做整周连续转动的连架杆叫________。

10. 平面四杆机构有三种基本形式，即曲柄摇杆机构．双曲柄机构和________。

11. 曲柄滑块机构是由曲柄摇杆机构的摇杆长度趋向________而演变来的。

12. 导杆机构可看作是由改变曲柄滑块机构中的________而演变来的。

13. 将曲柄滑块机构的________改作固定机架时，可以得到导杆机构。

14. 曲柄摇杆机构的________不等于 0°，则急回特性系数就大于 1，机构就具有急回特性。

15. 若以曲柄滑块机构的滑块为主动件时，________在运动过程中有“死点”位置。

16. 通常利用机构中构件运动时自身的惯性，或依靠增设在曲柄上________的惯性来度过“死点”位置。

17. 飞轮的作用是可以储存能量，使运转________。

18. 在实际生产中，常常利用急回运动这个特性来缩短非生产时间，从而提高________。

19. 机构从动件受力方向与该力作用点速度方向所夹的锐角，称为________。

20. 当机构的传动角等于 0°（压力角等于 90°）时，机构所处的位置称为________位置。

四、分析题

1. 在图 3-33 所示的平面运动链中，已知 $a = 150\text{mm}$，$b = 500\text{mm}$，$c = 300\text{mm}$ 和 $d = 400\text{mm}$。欲设计一个铰链四杆机构，假设机构的输入为单向连续转动，试确定：①输出运动为往复摆动；②输出运动也为单向连续转动，在这两种情况下分别应取哪一个机构为机架？

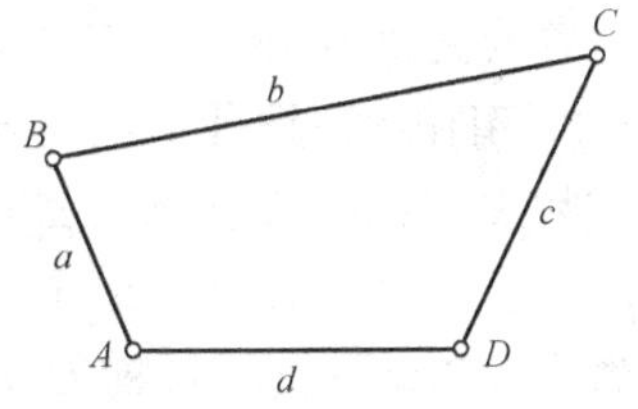

图 3-33　分析题 1 图

2. 如图 3-34 所示的两种机构，试问：①现有一曲柄摇杆机构，试说明如何将其演化成图 3-34a 所示的曲柄滑块机构，再演化为图 3-34b 所示的摆动导杆机构；②分别确定图 3-34a 和图 3-34b 中构件 AB 为曲柄的条件；③画出图 3-34a 和图 3-34b 中构件 3 的极限位置，并标出极位夹角 θ。

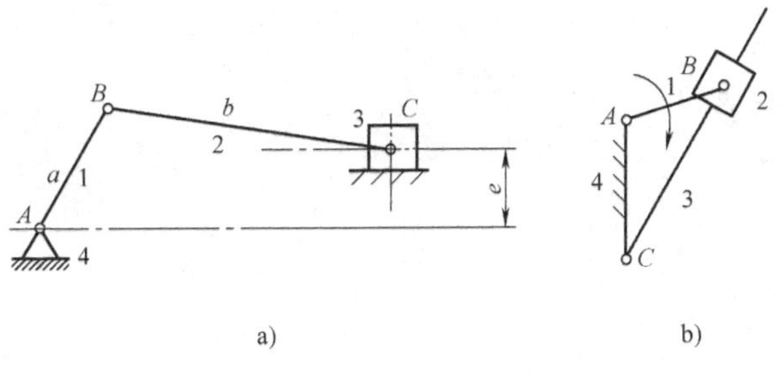

图 3-34　分析题 2 图

3. 图 3-35 所示的运动链中，各杆长度为 $a = 25\text{mm}$、$b = 90\text{mm}$、$c = 75\text{mm}$、$d = 100\text{mm}$，试分析：①若杆 AB 是机构的主动件，AD 为机架，机构是什么类型的机构；②若杆 BC 是机构的主动件，AB 为机架，机构是什么类型的机构；③若杆 BC 是机构的主动件，CD 为机架，机构是什么类型的机构。

4. 图 3-36 所示为偏置曲柄滑块机构，当以曲柄为原动件，在图中标出传动角的位置，并给出机构传动角的表达式，分析机构的各参数对最小传动角的影响。

5. 图 3-37 所示的导杆机构中，已知 $L_{AB} = 40\text{mm}$，偏距 $e = 10\text{mm}$，试问：①欲使其为曲柄摆动导杆机构，L_{AC} 的最小值为多少；②若 L_{AB} 不变，而 $e = 0$，欲使其为曲柄摆动导杆机构，L_{AC} 的最小值为多少；③若 L_{AB} 为原动件，试比较在 $e>0$ 和 $e = 0$ 两种情况下，曲柄摆动导杆机构的传动角，哪个是常数，哪个是变数，哪种传力效果好。

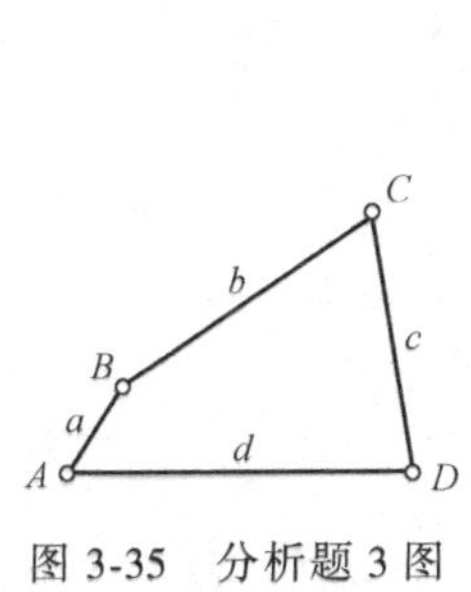

图 3-35　分析题 3 图

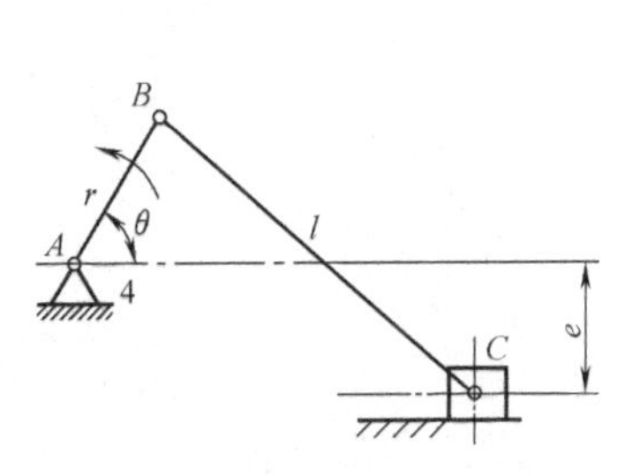

图 3-36　分析题 4 图

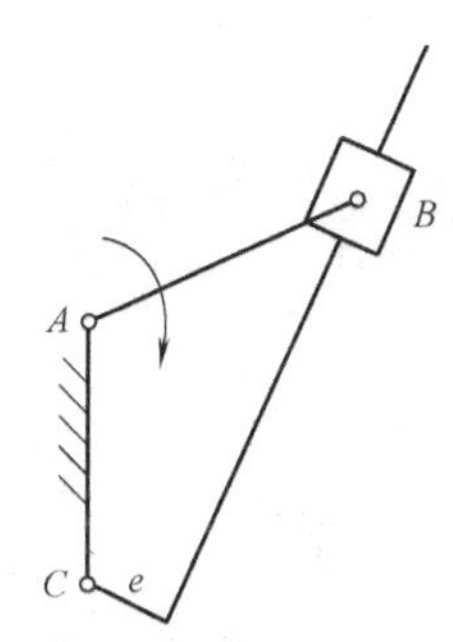

图 3-37　分析题 5 图

五、设计题

1. 用作图法设计一曲柄摇杆机构，已知：机构的摇杆 DC 长度为 150mm，摇杆的两极限位置的夹角为 45°，行程速比系数 $K=1.5$，机架长度取 90mm。（比例尺 $\mu_1=3\text{mm/mm}$）

2. 用作图法设计一摆动导杆机构，已知：摆动导杆机构的机架长度 $d=450\text{mm}$，行程速比系数 $K=1.40$。（比例尺 $\mu_1=15\text{mm/mm}$）

3. 用作图法设计一刨床主传动机构。已知：主动曲柄绕轴心 A 做等速回转，从动件滑枕做往复移动，刨头行程 $E_1E_2=300\text{mm}$，行程速比系数 $K=2$。（要点：①拟定该连杆机构的运动简图；②确定该机构的几何尺寸。）

Chapter 4

第4章

凸轮机构及其设计

学习目标

主要内容：凸轮机构的组成、应用、分类及其特点；推杆的常用运动规律；凸轮的基本参数和凸轮机构设计的基本问题；盘形凸轮轮廓曲线的设计原理；凸轮机构基本尺寸的确定和凸轮机构的结构设计。

学习重点：推杆的常用运动规律；用反转法按给定运动规律设计直动推杆盘形凸轮机构；凸轮机构设计中应注意的问题。

学习难点：反转法的原理及其在凸轮轮廓曲线设计上的应用；凸轮机构基本尺寸及压力角的确定。

4.1 概　　述

凸轮机构是由凸轮、推杆和机架等构件组成的高副机构，在工程中应用广泛。

图 4-1 所示为内燃机的气门控制机构，构件 1 为凸轮，当凸轮以恒定角速度回转时，其轮廓将迫使推杆 2 做往复直线运动，从而控制气阀按预期的运动规律运动，以控制可燃物质在适当的时间进入气缸或排出废气。图 4-2 所示为自动机床的进刀机构，当具有凹槽的圆柱凸轮 1 等速转动时，其凹槽的侧面通过嵌于凹槽中的滚子推动推杆 2 做往复摆动，从而推杆 2 再通过齿轮齿条 3 传动控制进刀和退刀。

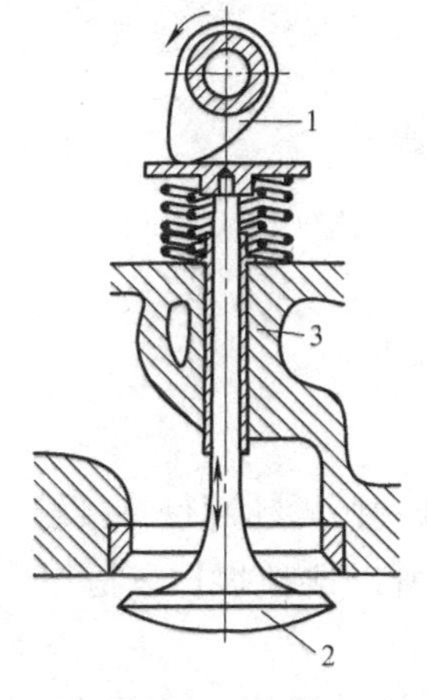

图 4-1　内燃机的气门控制机构

1—凸轮　2—推杆　3—内燃机缸体

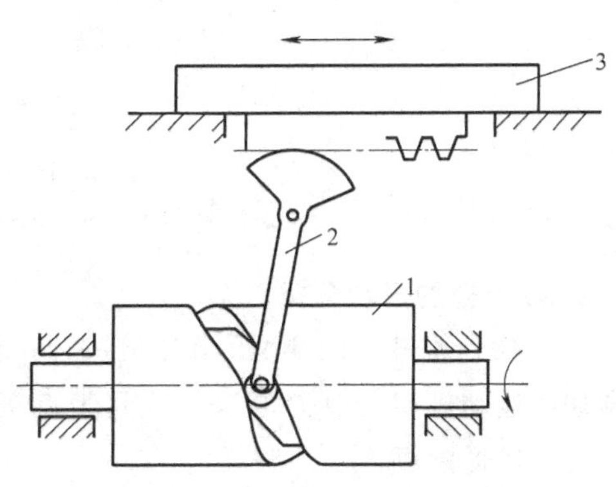

图 4-2　自动机床的进刀机构

1—凸轮　2—推杆　3—齿轮齿条

从以上两个实例可以看出，凸轮是一个具有曲线轮廓或带有曲线凹槽的构件，被凸轮直接推动的构件通常称为推杆。当凸轮转动时，它通过高副接触推动推杆按预期规律做连续或间歇的往复直线移动、摆动或作其他任意复杂的平面运动。

凸轮机构的优点是：只要适当地设计凸轮轮廓曲线，便可使推杆实现预定的运动，而且它的结构简单紧凑、工作可靠，便于实现多个运动协调与配合。因此，凸轮机构在自动机床、轻工机械、纺织机械、印刷机械、食品机械、包装机械和其他机电一体化产品中得到广泛应用。但是，凸轮机构中的凸轮与推杆之间为点、线接触，易磨损，故它多用在传递力不大的控制场合。此外，凸轮轮廓的加工比较困难。

4.2 凸轮机构的分类

凸轮机构类型很多，工程上通常根据凸轮和推杆的形状以及推杆的运动形式对其进行分类。

1. 按凸轮的形状分类

（1）盘形凸轮　它是凸轮最基本的型式，在工程中应用最为广泛。盘形凸轮是一个绕固定轴线转动而且具有变化矢径的盘形构件，如图 4-3a 所示。

（2）移动凸轮　它可看成是回转中心趋于无穷远处的盘形凸轮的一部分。与盘形凸轮不同的是，移动凸轮相对于机架做直线运动，如图 4-3b 所示。

（3）圆柱凸轮　它是一个在外圆柱表面或圆柱端面上具有曲线轮廓（或凹槽）的圆柱状构件，如图 4-3c 所示。圆柱凸轮可看作是由移动凸轮卷绕在圆柱外表面形成的。圆柱凸轮机构为一种空间机构。

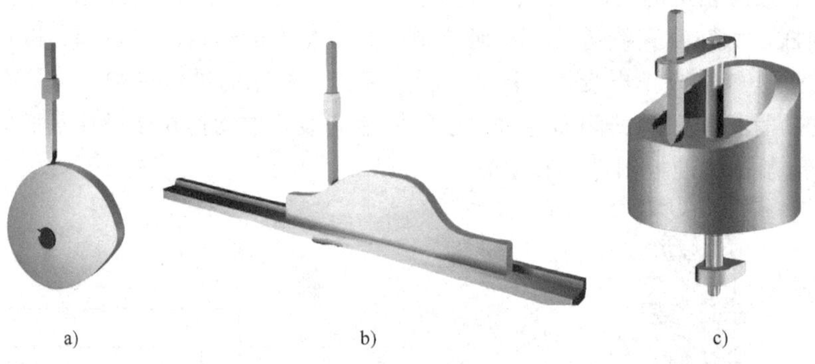

图 4-3　凸轮的形状

a）盘形凸轮　b）移动凸轮　c）圆柱凸轮

2. 按推杆的形状分类

（1）尖顶推杆　图 4-4a、d 中的尖顶推杆能与任意复杂的凸轮轮廓保持接触，可实现任意预期的运动规律，但尖顶与凸轮间为点接触，易磨损，所以这种推杆只适用于作用力不大、速度较低的场合。

（2）滚子推杆　如图 4-4b、e 所示，滚子和凸轮之间为滚动摩擦，耐磨损，故滚子推杆可传递较大的载荷，为推杆最常用的形式。

（3）平底推杆　如图 4-4c、f 所示，这种推杆凸轮机构的优点是压力角小、传动效率较高，而且由于平底推杆与凸轮接触处较易形成油膜，故它常用于高速场合。

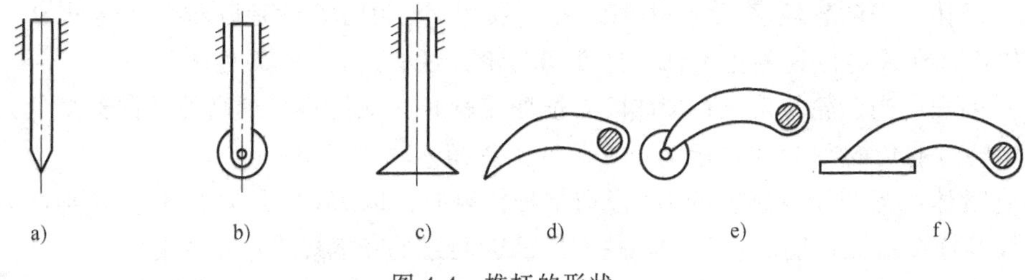

图 4-4　推杆的形状

以上三种推杆都可以相对机架做往复直线运动或往复摆动。为了使凸轮与推杆始终保持接触，可以利用重力、弹簧力（图 4-1）或依靠凸轮上的凹槽（图 4-2）来实现。

3. 按推杆运动形式分类

（1）直动推杆　如图 4-4a、b、c 所示，这种推杆做往复直线运动。若推杆的轴线通过凸轮的回转轴，则称其为对心直动推杆，否则称其为偏置直动推杆。

（2）摆动推杆　如图 4-4d、e、f 所示，这种推杆做往复摆动。图 4-2 所示的凸轮机构就是摆动滚子推杆盘形凸轮机构。

4.3　凸轮机构的设计问题

4.3.1　凸轮的基本参数

图 4-5 所示为一偏置直动尖顶推杆盘形凸轮机构，把以凸轮轮廓最小矢径 r_0 所作的圆称为基圆。当尖顶与凸轮轮廓在 A 点接触时，推杆处于起始位置（最低位置），而凸轮以等角速度 ω 逆时针回转时，推杆的运动分为以下几个阶段：

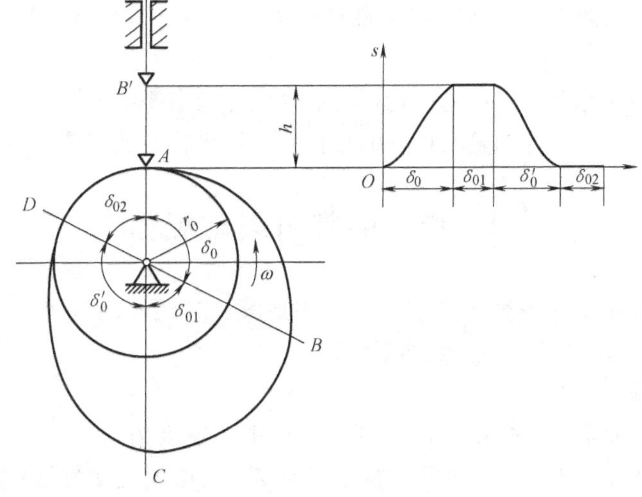

图 4-5　偏置直动尖顶推杆盘形凸轮机构

(1) 推程　凸轮轮廓上的 AB 段与推杆接触，推动推杆以一定的运动规律由最低位置 A 上升至最高位置 B'，这期间凸轮所转过的角 δ_0 称为推程运动角，简称推程角。

(2) 远休　当凸轮轮廓上的 BC 段与推杆接触时，因 BC 段是以凸轮回转轴 O 为圆心的圆弧，故推杆在最高位置静止不动，这期间凸轮转过的角 δ_{01} 称为远休止角。

(3) 回程　当凸轮轮廓上的 CD 段与推杆接触时，推杆将从最高处返回到最低位置，这期间凸轮转过的角 δ_0'称为回程运动角，简称回程角。

(4) 近休　当凸轮轮廓上的 DA 段与推杆接触时，因 DA 段是以凸轮回转轴 O 为圆心的圆弧，故推杆在最低位置静止不动，这期间凸轮转过的角 δ_{02} 称为近休止角。

在凸轮做回转运动的过程中，推杆将周而复始地重复上述过程。把推杆在推程（或回程）中所移动的距离 h 称为推杆的行程。

推杆的运动规律是指其位移 s、速度 v 和加速度 a 随时间变化的规律。凸轮的轮廓形状决定了推杆的运动规律。由于凸轮一般做等速转动，因此其转角 δ 与时间 t 成正比，即推杆运动规律常表示为推杆的运动参数随凸轮转角变化的规律。凸轮转一周，推杆经历了“推程→远休→回程→近休”四个阶段。实际上，根据工作需要，推杆运动也可以是一次停歇或者没有停歇的循环。

综上可知，推杆的运动规律取决于凸轮轮廓曲线的形状，推杆不同的运动规律，要求凸轮具有不同的轮廓曲线。因此，凸轮机构设计的基本问题是根据工作要求合理地确定推杆的运动规律，并设计出凸轮轮廓。

4.3.2　凸轮机构设计的基本问题

凸轮机构设计主要解决以下问题：

(1) 选择凸轮机构类型　包括确定凸轮的型式、推杆的形状、推杆的运动形式以及维持推杆与凸轮始终保持接触的方式等。

(2) 拟定运动规律　包括根据工程应用对推杆行程和运动特性的要求，确定推杆的位移、速度（或加速度）的变化规律。

(3) 确定凸轮机构的基本参数　包括推杆行程、运动角、基圆半径、推杆偏距、滚子半径、推杆长度等。

(4) 设计凸轮的轮廓曲线　这是凸轮机构运动设计最主要的内容。

(5) 设计凸轮机构　设计凸轮及推杆的结构，绘制机构的装配图和零件图。

4.4　推杆的常用运动规律

常用的推杆运动规律有等速运动规律、等加速等减速运动规律、余弦加速度（简谐）运动规律以及正弦加速度（摆线）运动规律等。

1. 等速运动规律

所谓等速运动规律是指推杆在推程（或回程）中的速度为常数。推杆采用等速运动规律运动时，它在一个行程的始、末位置存在速度突变，理论加速度为无穷大，因此，推杆将产生非常大的惯性力，使凸轮机构产生极大的冲击，称为刚性冲击。所以，等速运动规律一

般只适用于低速运行场合。图 4-6 所示为推杆在推程中的等速运动规律。

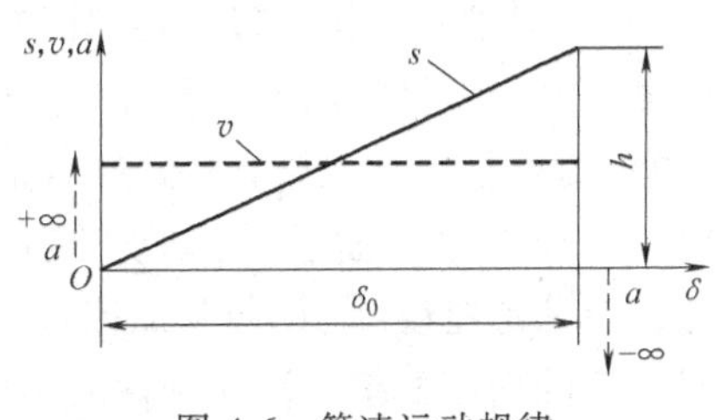

图 4-6　等速运动规律

2. 等加速等减速运动规律

所谓等加速等减速运动规律是指推杆在推程（或回程）的前半程做等加速运动，在后半程做等减速运动。推杆采用这种规律运动时，在其行程的始、末及中间位置时，会出现有限的加速度突变，引起一定惯性冲击，称为柔性冲击。因此，等加速等减速运动规律只适用于中速运行场合。图 4-7 给出了推杆在推程中的等加速等减速运动规律。

3. 余弦加速度（简谐）运动规律

当质点沿着圆周做匀速运动时，该质点在直径上的投影点的运动称为简谐运动，即投影点的加速度为时间的余弦函数。推杆按简谐运动规律运动时的运动线图如图 4-8 所示，在其行程始、末位置会出现有限的加速度突变，产生柔性冲击，故这种规律也只适用于中速场合。

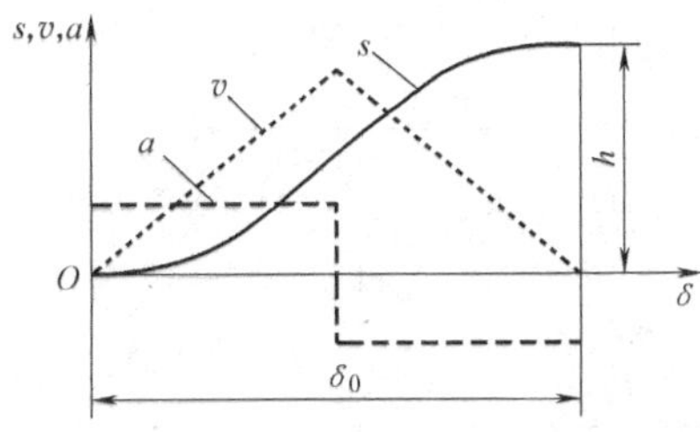

图 4-7　等加速等减速运动规律

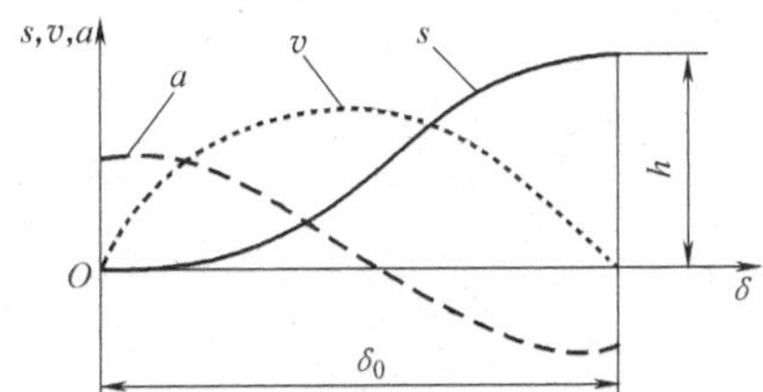

图 4-8　余弦加速度运动规律

4. 正弦加速度（摆线）运动规律

如图 4-9 所示，当推杆在推程（或回程）中采用正弦加速度运动规律运动时，其运动速度和加速度均不会出现突变，这就避免了前面几种运动规律的刚性冲击和柔性冲击，故这种规律可用于高速场合。

5. 五次多项式运动规律

图 4-10 所示为推程中采用五次多项式运动规律时的运动线图。可见，与采用正弦加速度运动规律一样，推杆采用五次多项式运动规律运动时不存在刚性冲击和柔性冲击问题，故这种规律也可用于高速运动场合。

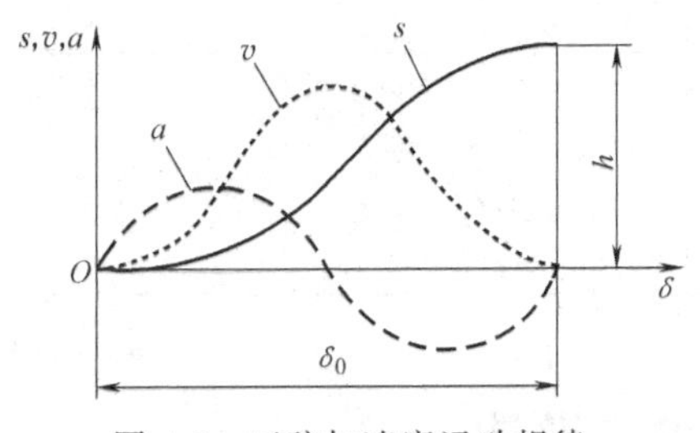

图 4-9　正弦加速度运动规律

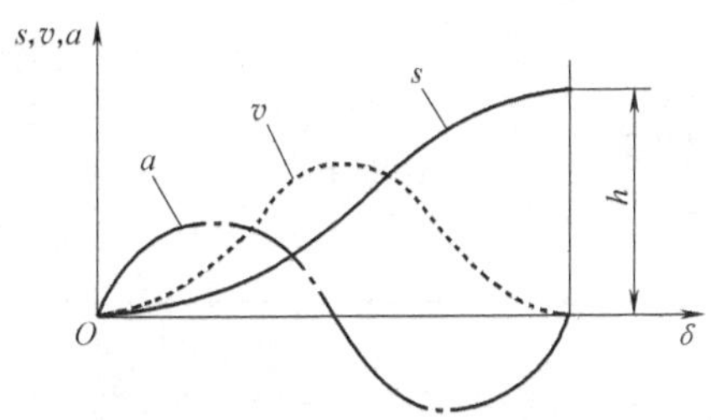

图 4-10　五次多项式运动规律

根据工作条件确定推杆运动规律的原则和注意事项：

1）只对推杆工作行程有要求而对运动规律无特殊要求的情形，低速轻载凸轮机构宜采用圆弧、直线等易于加工的曲线作为凸轮轮廓曲线，高速凸轮机构要避免过大的冲击。

2）对推杆运动规律有特殊要求的情形，凸轮转速不高时，按工作要求选择运动规律，凸轮转速较高时，选定主运动规律后进行组合改进（比如采用等加速等减速-等速-等加速等减速、余弦加速度-等速-余弦加速度运动规律等），以提高凸轮机构的工作能力和寿命，降低对凸轮的精度要求和消除刚性或柔性冲击。

3）一般中等尺寸凸轮机构转速的大致划分是：低速（$n \leqslant 100\text{r/min}$）、中速（$100\text{r/min}<n<200\text{r/min}$）、高速（$n \geqslant 200\text{r/min}$）。

表 4-1 列出了上述几种常用运动规律的解析表达式及其特性，以便于设计时查找和选用合适的推杆运动规律。

表 4-1 推杆常用运动规律的解析表达式

运动规律	运动方程			
	推程 $0 \leqslant \delta \leqslant \delta_0$		回程 $\delta_0+\delta_s \leqslant \delta \leqslant \delta_0+\delta_s+\delta_0'$	
等速 （刚性冲击）	$s=h\delta/\delta_0$ $v=h\omega/\delta_0$ $a=0$		$s=h-h(\delta-\delta_0-\delta_s)/\delta_0'$ $v=-h\omega/\delta_0'$ $a=0$	
等加速等减速 （柔性冲击）	等加速段： （$0 \leqslant \delta \leqslant \delta_0/2$）	$s=2h\delta^2/\delta_0^2$ $v=4h\omega(\delta_0-\delta)^2/\delta_0^2$ $a=4h\omega^2/\delta_0^2$	等加速段： （$\delta_0+\delta_s \leqslant \delta \leqslant \delta_0+\delta_s+\delta_0'/2$）	$s=h-2h(\delta-\delta_0-\delta_s)^2/\delta_0'^2$ $v=-4h\omega(\delta-\delta_0-\delta_s)/\delta_0'^2$ $a=-4h\omega^2/\delta_0'^2$
	等减速段： （$\delta_0/2 \leqslant \delta \leqslant \delta_0$）	$s=h-2h(\delta_0-\delta)^2/\delta_0^2$ $v=4h\omega(\delta_0-\delta)/\delta_0^2$ $a=-4h\omega^2/\delta_0^2$	等减速段： （$\delta_0+\delta_s+\delta_0'/2 \leqslant \delta \leqslant \delta_0+\delta_s+\delta_0'$）	$s=2h(\delta_0+\delta_s+\delta_0'-\delta)^2/\delta_0'^2$ $v=-4h\omega(\delta_0+\delta_s+\delta_0'-\delta)/\delta_0'^2$ $a=-4h\omega^2/\delta_0'^2$
余弦加速度 （柔性冲击）	$s=h[1-\cos(\pi\delta/\delta_0)]/2$ $v=\pi h\omega\sin(\pi\delta/\delta_0)/(2\delta_0)$ $a=\pi^2 h\omega^2\cos(\pi\delta/\delta_0)/(2\delta_0^2)$		$s=h\{1+\cos[\pi(\delta-\delta_0-\delta_s)/\delta_0']/2\}$ $v=-h\pi\omega\sin[\pi(\delta-\delta_0-\delta_s)/\delta_0']/(2\delta_0')$ $a=\pi^2 h\omega^2\cos[\pi(\delta-\delta_0-\delta_s)/\delta_0']/(2\delta_0'^2)$	
正弦加速度 （无冲击）	$s=h[(\delta/\delta_0)-\sin(2\pi\delta/\delta_0)/2\pi]$ $v=h\omega[1-\cos(2\pi\delta/\delta_0)]/\delta_0$ $a=2\pi h\omega^2\sin(2\pi\delta/\delta_0)/\delta_0$		$s=h\{1-(\delta-\delta_0-\delta_s)/\delta_0'+\sin[2\pi(\delta-\delta_0-\delta_s)/\delta_0']/2\pi\}$ $v=h\omega\{\cos[2\pi(\delta-\delta_0-\delta_s)/\delta_0']-1\}/\delta_0'$ $a=-2\pi h\omega^2\sin[2\pi(\delta-\delta_0-\delta_s)/\delta_0']/\delta_0'^2$	
五次多项式 （无冲击）	$s=h[10(\delta/\delta_0)^3-15(\delta/\delta_0)^4+6(\delta/\delta_0)^5]$ （仅列出位移表达式）		$s=h-h\{10[(\delta-\delta_0-\delta_s')/\delta_s']^3$ $-15[(\delta-\delta_0-\delta_s')/\delta_s']^4$ $-6[(\delta-\delta_0-\delta_s')/\delta_s']^5\}$ （仅列出位移表达式）	

4.5 凸轮轮廓曲线的设计

一旦选定了凸轮机构的型式，拟定了推杆运动规律，并确定了凸轮基圆半径等基本尺寸

后，就可以设计出凸轮的轮廓曲线。

4.5.1　凸轮轮廓设计的基本原理

图 4-11 所示为对心直动和摆动尖顶推杆盘形凸轮机构，其凸轮以等角速度 ω 逆时针转动推动推杆按预定的规律运动。现假想给整个凸轮机构加上一个公共角速度$-\omega$，使整个机构以$-\omega$ 的速度绕凸轮轴心 O 反向转动。根据相对运动原理，凸轮与推杆间的相对运动不会变，但此时凸轮将静止不动，推杆则一方面随着其移动导路以$-\omega$ 角速度绕 O 转动，另一方面还将在移动导路内按预定规律做往复直线移动，即处于一种复合运动状态。在推杆的复合运动中，其尖顶始终保持与凸轮轮廓的接触。换言之，尖顶的运动轨迹就是凸轮的轮廓曲线。

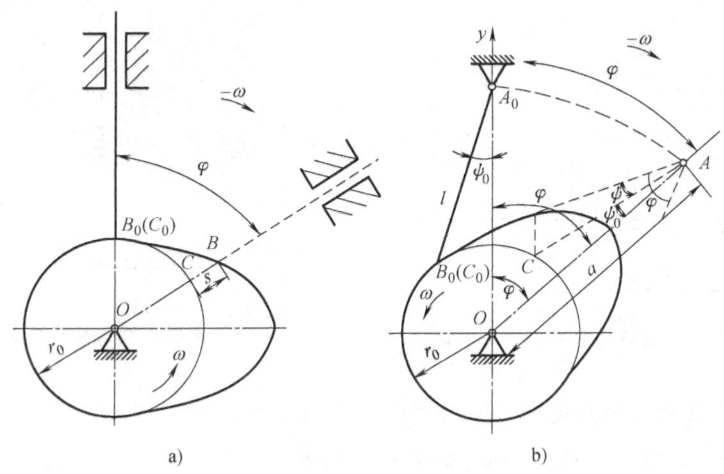

图 4-11　直动和摆动尖顶推杆盘形凸轮机构

a）直动尖顶推杆盘形凸轮机构　b）摆动尖顶推杆盘形凸轮机构

由以上内容可知，设计凸轮轮廓时，可假定凸轮静止不动，使推杆相对凸轮做反向转动，同时使推杆在其导轨内做预期运动，并求出推杆在这种复合运动中的一系列位置，则推杆尖顶的轨迹就是所求的凸轮轮廓曲线。这就是凸轮轮廓设计的原理，称为“反转法原理”。

凸轮轮廓曲线的设计有作图法和解析法两种。这两种方法都属于“反转法原理”。本书只介绍作图法，如果读者对解析法感兴趣，可参阅其他相关文献。

4.5.2　直动推杆盘形凸轮机构的设计

1. 偏置直动尖顶推杆盘形凸轮机构

已知凸轮的基圆半径为 r_0，凸轮以等角速度 ω 逆时针旋转，推杆的行程为 h，推杆偏置于凸轮轴心的右侧，偏距为 e。推杆的运动规律是：推程采用等速运动规律，推程角为 δ_0；远休止角为 δ_{01}；回程采用正弦加速度运动规律，回程角为 δ_0'；近休止角为 δ_{02}。请按要求设计偏置直动尖顶推杆盘形凸轮机构的凸轮廓线。

具体设计步骤如下：

1）选取适当比例尺 μ_1 作推杆位移线图，将其横坐标分成若干等份。图 4-12 中将推程分成 8 等份，回程分成 6 等份。

2）根据 μ_1 和 r_0 画基圆，依据偏距 e 及推杆偏置方向确定推杆的位置线 nn。nn 与基圆的交点 A 为推杆尖顶的初始位置，如图 4-13 所示。

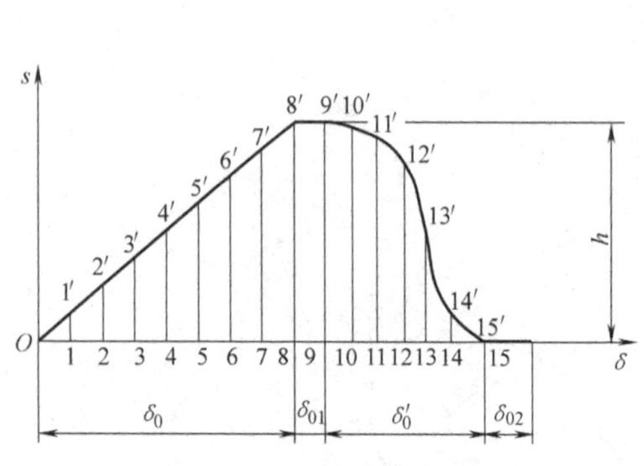

图 4-12　从动件位移线图

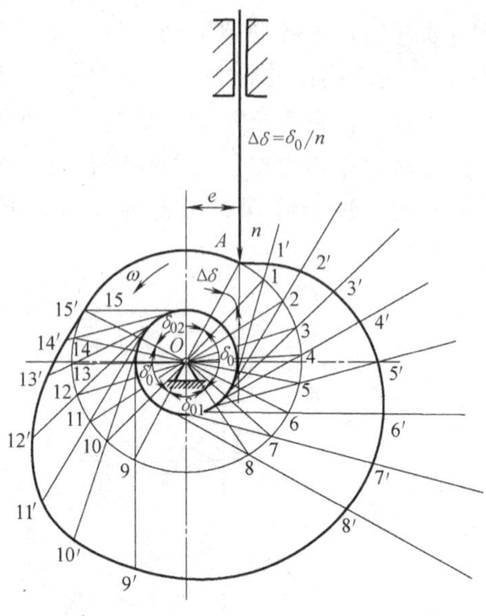

图 4-13　偏置直动尖顶推杆盘形凸轮机构

3）画出推杆随移动导路反转时所占据的一系列位置。先根据偏距 e 做与推杆位置线 nn 相切的偏距圆。在基圆上，自 A 点沿 $-\omega$ 方向，将基圆分成与 s-δ 的横坐标相对应的等分点 1、2、…。过各等分点作偏距圆的切线，这些线代表推杆导路在反转过程中所依次占据的位置。

4）根据推杆的运动规律，画出尖点在复合运动中的一系列位置，即在切射线上，从基圆起向外截取 s-δ 曲线相应的线段长度 11′、22′、…，得到的这些线段的外端点 1′、2′、…即推杆复合运动中，尖顶依次占据的位置。

5）将 1′、2′、…连成光滑曲线，即得到所求凸轮轮廓曲线。

若要设计对心直动尖顶推杆盘形凸轮机构，就相当于要设计偏距 $e=0$ 的凸轮机构，设计结果如图 4-14 所示。

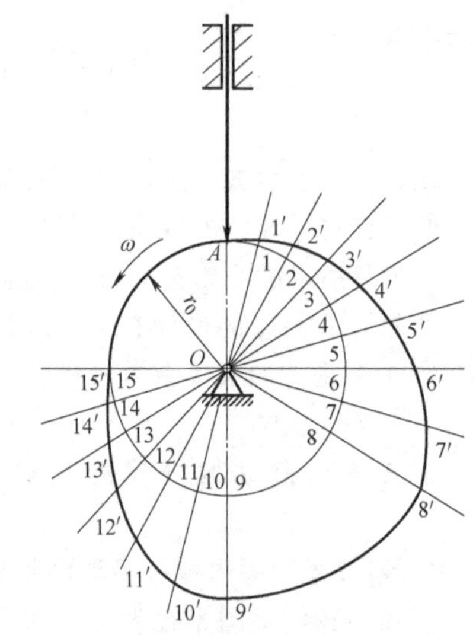

图 4-14　对心直动尖顶推杆盘形凸轮机构

2. 对心直动滚子推杆盘形凸轮机构

当要设计滚子推杆盘形凸轮的轮廓线以满足预定的推杆运动规律时，可先将滚子中心 A 视为尖顶推杆的尖顶，并按前述的方法绘出滚子中心 A 在推杆复合运动中的轨迹 β_0，称 β_0

为凸轮的理论廓线，如图 4-15 所示。然后，再分别以理论廓线上一系列点为圆心，以滚子半径 r_r 为半径做一系列圆。最后，作这些圆的包络线 β，此包络线即为凸轮的工作廓线（又称实际廓线）。值得特别指出的是，滚子推杆盘形凸轮机构中的基圆是以理论廓线上最小半径所做的圆。

3. 直动平底推杆盘形凸轮机构

如图 4-16 所示，设计这种凸轮机构的凸轮廓线时，可首先将推杆导路的中心线与推杆平底的交点 A 视为尖顶推杆的尖顶，再按前述方法绘出滚子中心 A 在推杆复合运动中依次占据的各位置 1′、2′、…，然后过 1′、2′、…作一系列平底，最后作这些平底的包络线，此包络线即为所要设计的凸轮的实际廓线。

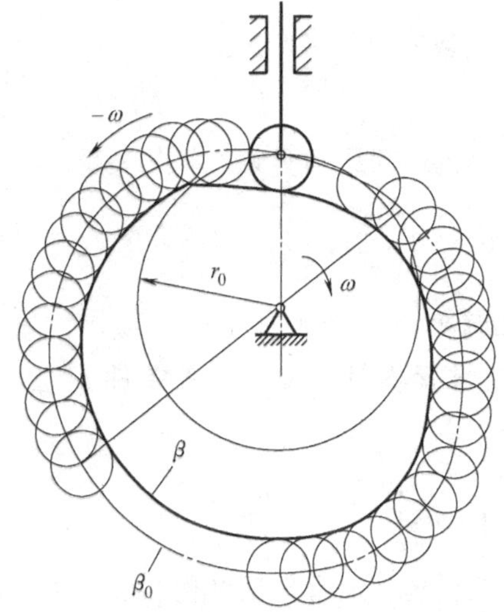

图 4-15 滚子推杆盘形凸轮机构设计图

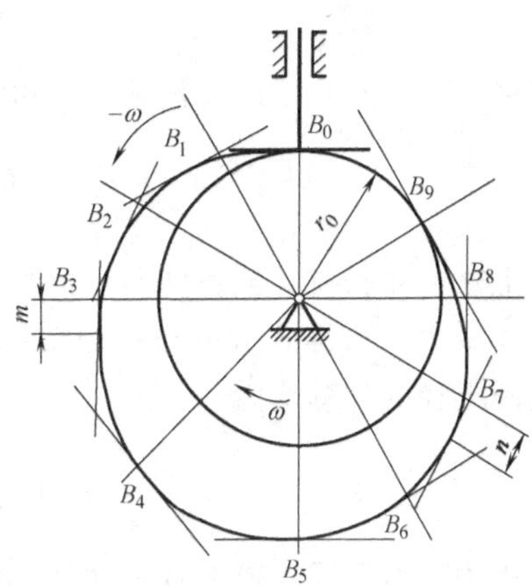

图 4-16 平底推杆盘形凸轮机构设计图

4.6 凸轮机构基本尺寸的确定

凸轮机构的基本尺寸包括压力角 α、基圆半径 r_0、偏距 e、滚子半径 r_r 等，这些参数的选择除应保证使从动件能准确实现预期的运动规律外，还应使机构具有良好的受力状况和紧凑的尺寸。

4.6.1 凸轮机构的压力角

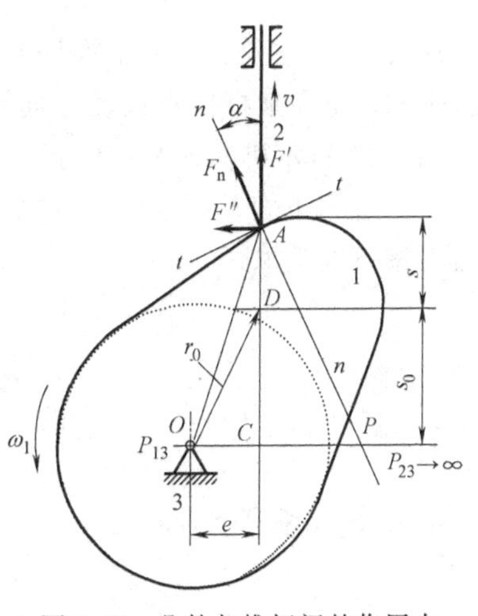

图 4-17 凸轮与推杆间的作用力

如图 4-17 所示的凸轮机构受力情况，将推杆所受驱动力 F_n（过推杆与凸轮廓线接触点的公法线 nn 方向）与该力作用点的速度方向所夹的锐角 α，称为凸轮机构的压力角。由图 4-17 可知，法向力 F_n 可分解为沿导路方向的有效分力 F' 和垂直于导路方向的有害分力 F''，F' 是推动推杆运动的力，它除了克服作用于推杆上的工作阻力外，还需克服导路对推杆的摩擦阻力。F_n 一定时，压力角 α 越大，有害分力 F''越大，机构效率越低，当 α 增至一定值时，推杆将自锁。

凸轮机构运转时，其压力角是不断变化的，为了保证其正常工作，使凸轮机构具有良好的传力性能，必须对其压力角的上限值加以限制，一般规定推程的最大压力角值 α_{max} 小于等于其许用值 $[\alpha]$，即 $\alpha_{max} \leqslant [\alpha]$。工程上，对直动推杆，$[\alpha]=30°$；对摆动推杆，$[\alpha]=35°\sim45°$。回程时机构不会自锁，故可允许较大压力角。但是，为了使推杆与凸轮之间的作用力不致过大，也需对压力角加以限制，通常取 $[\alpha]=70°\sim80°$。

4.6.2 基圆半径与偏距

如图 4-17 所示，P 为凸轮和推杆之间的相对瞬心，故有

$$\overline{OP}=v/\omega=\mathrm{d}s/\mathrm{d}\delta \tag{4-1}$$

根据直角△ACP 中的几何关系，可得压力角与凸轮机构的结构参数之间的关系

$$\tan\alpha=\frac{\mathrm{d}s/\mathrm{d}\delta-e}{s+\sqrt{r_0^2-e^2}} \tag{4-2}$$

由上式可知，在其他条件不变的情况下，增大基圆半径 r_0 将使压力角 α 减小，但会使机构尺寸增大。根据式（4-2），当机构受力不大且要求紧凑时，按压力角条件 $\alpha_{max}=[\alpha]$ 确定基圆半径的计算式为

$$r_0 \geqslant \max\left(\sqrt{\left(\frac{\mathrm{d}s/\mathrm{d}\delta-e}{\tan[\alpha]}-s\right)^2+e^2}\right) \tag{4-3}$$

工程中，对于受力较大且尺寸又无严格限制的凸轮机构，通常根据结构和强度条件来确定基圆半径 r_0，必要时才检验压力角条件。例如，当凸轮与轴成一体时，凸轮工作廓线上的最小半径应略大于轴的半径 r，此时可取凸轮工作廓线的最小直径等于或大于轴径的（1.6~2）倍；当凸轮与轴单独加工时，凸轮工作廓线的最小半径应略大于轮毂的外径。因此，在实际设计中，凸轮的基圆半径通常根据下列经验公式选取

$$r_0 \geqslant 1.8r+(7\sim10)\,\mathrm{mm} \tag{4-4}$$

式（4-3）中符号 e 表示推杆的偏置距离。若推杆的偏置方位使凸轮与推杆的相对瞬心 P 的速度方向与推杆推程运动方向一致，称此偏置方式为正偏置，此时式（4-3）中 e 取负号，图 4-17 所示机构即为正偏置凸轮机构；反之，式（4-3）中 e 要取正号，称为负偏置凸轮机构。采用正偏置可减小凸轮机构的压力角，但使回程压力角增大，故偏距 e 不宜过大，一般可按下式选取

$$e=\frac{v_{max}+v_{min}}{2\omega_1}<r_0 \tag{4-5}$$

式中，v_{max}、v_{min} 分别表示推杆的最大速度和最小速度；ω_1 为凸轮转速。

4.6.3 滚子半径

从减小凸轮与滚子间接触应力以及增大滚子强度的角度来讲，滚子半径 r_r 越大越好。

但滚子半径的增大对凸轮的实际工作廓线有很大的影响。

如图 4-18a 所示，若凸轮的理论廓线是内凹的，分析凸轮工作廓线曲率半径 ρ_a、理论廓线曲率半径 ρ 及滚子半径 r_r 之间的关系可知：$\rho_a=\rho+r_r$，即工作廓线的曲率半径始终大于对应的理论廓线的曲率半径，即 $\rho_a>\rho$。因此，理论廓线求出后，无论选择多大的滚子，都能画出凸轮的工作廓线。但若凸轮的理论廓线是外凸的，这时，三者之间的关系为：$\rho_a=\rho-r_r$。此时，可能出现以下三种情况：

1）如图 4-18b 所示，当 $\rho>r_r$ 时，$\rho_a>0$，此时可以画出凸轮工作廓线。

2）如图 4-18c 所示，当 $\rho=r_r$ 时，$\rho_a=0$，凸轮工作廓线上出现尖点，尖点易被磨掉。

3）如图 4-18d 所示，当 $\rho<r_r$ 时，$\rho_a<0$，凸轮工作廓线出现交叉，因交叉部分廓线在制造中将被切除，致使推杆不能按预期运动规律运动，出现运动失真。

由以上分析可知，滚子半径 r_r 不宜过大，但也不宜过小，因为滚子还要满足安装结构要求及滚子与凸轮间的接触应力条件。一般推荐

$$r_r<\rho_{min}-\Delta \tag{4-6}$$

式中，ρ_{min} 为凸轮理论廓线上外凸部分的最小曲率半径；$\Delta=3\sim5$mm。

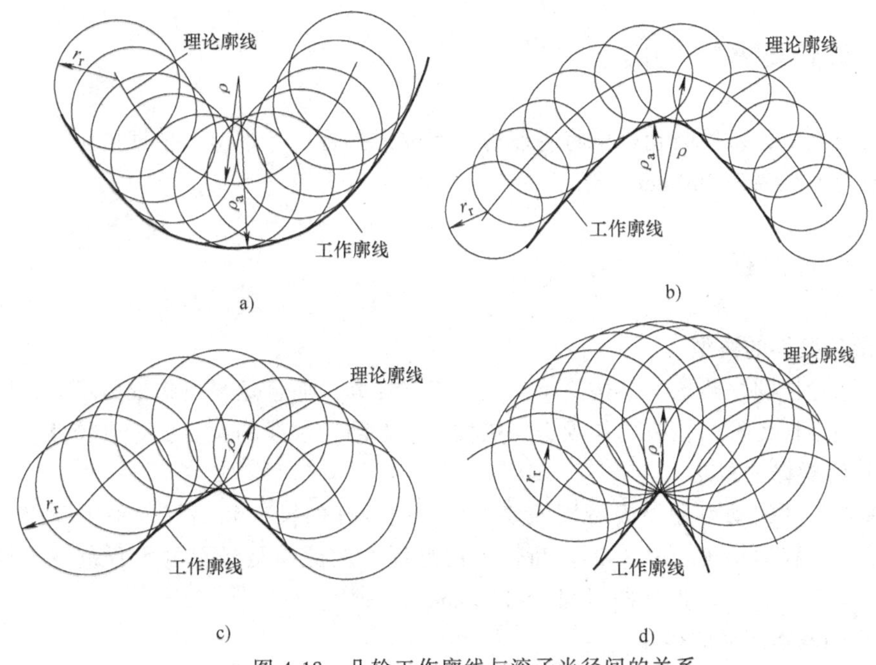

图 4-18 凸轮工作廓线与滚子半径间的关系

a）凸轮理论廓线内凹（$\rho_a=\rho+r_r$） b）凸轮理论廓线外凸（$\rho>r_r$，$\rho_{a_{min}}>0$）

c）凸轮理论廓线外凸（$\rho=r_r$，$\rho_{a_{min}}=0$） d）凸轮理论廓线外凸（$\rho<r_r$，$\rho_{a_{min}}<0$）

考虑实际结构设计、强度等原因，滚子半径也不可太小。在这种情况下，若发生运动失真，则应增大基圆半径。

对于平底推杆凸轮机构，有时也会出现失真现象。如图 4-19 所示，当取凸轮的基圆半径为 r_0 时，由于推杆平底的 B_1E_1 和 B_3E_3 位置相交于 B_2E_2 之内，因而使凸轮的工作廓线不能与 B_2E_2 位置相切，故推杆不能按预期的运动规律运动，即出现运动失真。为了解决这个

问题，可适当增大基圆半径。图中将基圆半径由 r_0 增大到 r_0'，即避免了失真。

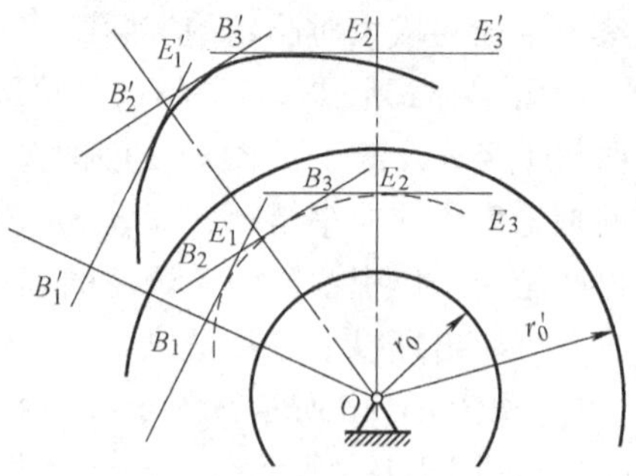

图 4-19　平底推杆盘形凸轮机构的失真

综上所述，设计凸轮廓线之前需先选定凸轮的基圆半径，而凸轮基圆半径的选择需考虑实际的结构条件、压力角以及凸轮工作廓线是否会出现变尖和失真等。此外，当为直动推杆时，应在结构许可的条件下，取较大的导轨长度和较小的悬臂长度，并恰当选取滚子半径或平底尺寸等。合理选择这些尺寸是保证凸轮机构具有良好工作性能的重要因素。

4.7　凸轮机构设计实例

本书绪论部分介绍的专用精压机中，其送料机构是一个盘形凸轮机构，顶料机构是一个圆柱凸轮机构。下面以精压机的盘形凸轮机构为例，讨论凸轮机构的设计要求、设计内容和设计步骤，以加深对凸轮机构设计的理解。

4.7.1　设计要求

在专用精压机中，采用凸轮机构将毛坯送入型腔内并将成品推出。根据精压机的工作要求，坯料输送最大距离为 200mm。

4.7.2　设计过程

1. 选择凸轮机构的类型

因为盘形凸轮比圆柱凸轮的结构简单、加工工艺性好，而且送料机构推力不大，因此采用对心直动尖顶推杆盘形凸轮机构作为送料机构，这对凸轮廓线的设计要求也较低。

2. 推杆运动规律的拟定

因为对推杆运动的动力性能无特别的要求，因此推杆的推程和回程均采用等速运动规律，而且推程和回程运动角均取 180°。凸轮机构行程 h 应能满足送料的行程范围，根据坯料输送最大距离 200mm，取推杆的行程 $h=200\text{mm}$。

3. 凸轮机构基本尺寸的确定

因为当凸轮与轴做成一体时，凸轮工作廓线的最小半径应略大于轴的半径。所以设计中，凸轮的基圆半径取为：$r_0=100\text{mm}$。

4. 凸轮廓线的设计

具体步骤如下：

1）选取比例尺 $\mu_1=1$，作推杆位移线图，如图 4-20 所示，并将其横坐标分成 8 等份。

2）按同样的比例尺 μ_1，画出基圆及推杆起始位置线。

3）画出推杆导路的反转位置：在基圆上，沿 $-\omega$ 方向，将基圆分成与 s-δ 的横坐标相对应的等分点 1、2、…。射线 O_1、O_2、O_3、…表示推杆导路在反转过程中所依次占据的

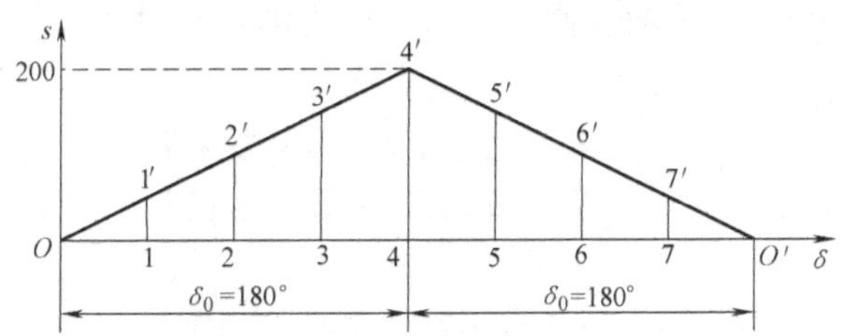

图 4-20　专用精压机送料推杆位移线图

位置。

4）根据推杆的运动规律，画出尖顶位置：沿 $O1$、$O2$、$O3$、…，从基圆起，向外截取 s-δ 曲线相应的线段长度 11′、22′、…，得到的这些线段外端点 1′、2′、…即代表反转中推杆尖顶依次占据的位置。

5）将上述线段外端点连成光滑曲线，即得所求凸轮轮廓曲线，如图 4-21 所示。图 4-22 所示为该凸轮的 3D 结构。

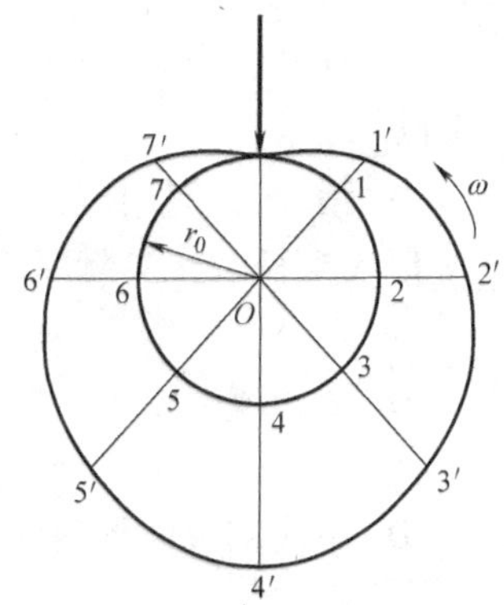

图 4-21　凸轮轮廓曲线设计

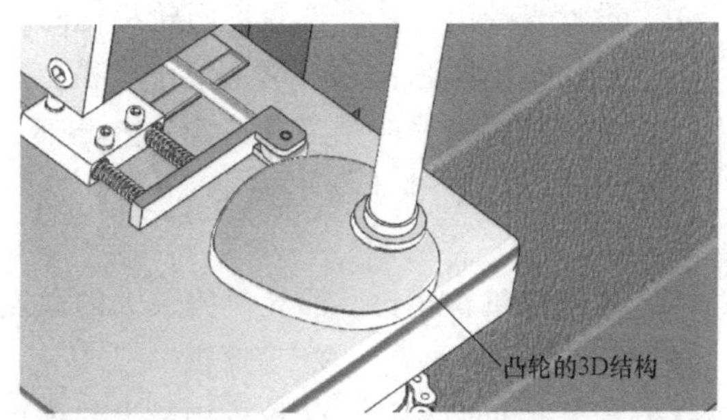

图 4-22　专用精压机送料机构中的凸轮的 3D 结构

同 步 练 习

一、选择题

1. 凸轮机构由________基本构件组成。

A. 两个　　B. 三个　　C. 四个　　D. 五个

2. 凸轮机构的主要优点有________。

A. 能够实现任何预期的从动件运动规律　　B. 凸轮工作轮廓的加工简单

C. 适合高速场合　　D. 适合传动大的机构

3. 凸轮机构中，从动件的运动规律取决于________。

A. 凸轮轮廓的大小　　B. 凸轮轮廓的形状

C. 基圆的大小　　D. 滚子的大小

4. 凸轮机构中，从动件符合等速运动规律时，凸轮机构将________。

A. 没有冲击　　B. 受到柔性冲击

C. 受到刚性冲击　　D. 既受刚性冲击又受柔性冲击

5. 若从动件采用________运动规律，在凸轮机构的运动过程中既无刚性冲击又无柔性冲击。

A. 等速　　B. 等加速等减速　　C. 余弦加速度　　D. 五次多项式

6. 凸轮机构中，当从动件在推程阶段按照余弦加速度运动规律运动时，通常从动件在________。

A. 起始位置有刚性冲击，终止位置有柔性冲击

B. 起始和终止位置都有刚性冲击

C. 起始位置有柔性冲击，终止位置有刚性冲击

D. 起始和终止位置都有柔性冲击

7. 下列各种盘形凸轮机构中，________凸轮机构的压力角恒等于常数。

A. 直动滚子从动件　B. 摆动滚子从动件　C. 摆动尖顶从动件　D. 摆动平底从动件

8. 设计对心直动尖顶盘形凸轮机构时，若压力角超过许用值，可考虑________。

A. 减小基圆半径　　B. 增大基圆半径　　C. 减小滚子半径　　D. 增大滚子半径

9. 根据工作经验，建议直动从动件凸轮机构推程许用压力角等于________。

A. 30°　　B. 0°　　C. 45°　　D. 90°

10. 设计直动滚子从动件盘形凸轮机构时，若发生运动失真，可以________。

A. 减小基圆半径　　B. 增大滚子半径　　C. 增大基圆半径　　D. 增大从动件长度

11. 设计凸轮廓线时，当理论廓线外凸部分的曲率半径________滚子半径时，实际廓曲线既不会出现尖点，也不会出现交叉。

A. 等于　　B. 大于　　C. 小于　　D. 大于或等于

12. 与连杆机构相比，凸轮机构最大的缺点是________。

A. 惯性力难以平衡　B. 易磨损　　C. 设计较为复杂　　D. 不能实现间歇运动

13. 与其他机构相比，凸轮机构最大的优点是________。

A. 可实现各种预期的运动规律　　B. 便于润滑

C. 制造方便，易获得较高的精度　　D. 从动件的行程可较大

14. 下列几种运动规律中，________既不会产生柔性冲击也不会产生刚性冲击，可用于高速场合。

A. 等速运动规律　　B. 摆线运动规律（正弦加速度运动规律）

C. 等加速等减速运动规律　　D. 简谐运动规律（余弦加速度运动规律）

15. ________从动杆的行程不能太大。

A. 盘形凸轮机构　　B. 移动凸轮机构　　C. 圆柱凸轮机构　　D. 不确定

16. ________可使从动杆得到较大的行程。

A. 盘形凸轮机构　　B. 移动凸轮机构　　C. 圆柱凸轮机构　　D. 不确定

二、判断题

1. 一只凸轮只有一种预定的运动规律。　（　）
2. 凸轮在机构中经常是主动件。　（　）
3. 盘形凸轮的轮廓曲线形状取决于凸轮半径的变化。　（　）
4. 盘形凸轮机构推杆的运动规律，主要取决于凸轮半径的变化规律。　（　）
5. 凸轮机构的推杆，都是在垂直于凸轮轴的平面内运动。　（　）

6. 推杆的运动规律，就是凸轮机构的工作目的。（　）
7. 计算推杆行程的基础是基圆。（　）
8. 凸轮曲线轮廓的半径差，与推杆移动的距离是对应相等的。（　）
9. 能使推杆按照工作要求，实现复杂运动的机构都是凸轮机构。（　）
10. 凸轮转速的高低，影响推杆的运动规律。（　）
11. 凸轮轮廓曲线是根据实际要求而拟定的。（　）
12. 盘形凸轮的行程是与基圆半径成正比的，基圆半径越大，行程也越大。（　）
13. 盘形凸轮的压力角与行程成正比，行程越大，压力角也越大。（　）
14. 盘形凸轮的结构尺寸与基圆半径成正比。（　）
15. 尖顶推杆凸轮的理论廓线和实际廓线相同。（　）
16. 当凸轮的行程大小一定时，盘形凸轮的压力角与基圆半径成正比。（　）
17. 在圆柱面上开有曲线凹槽轮廓的圆柱凸轮，它只适用于滚子式推杆。（　）
18. 由于盘形凸轮制造方便，所以最适用于较大行程的传动。（　）
19. 适合尖顶式推杆工作的轮廓曲线，也必然适合于滚子式推杆工作。（　）
20. 凸轮轮廓线上某点的压力角，是该点的法线方向与速度方向之间的夹角。（　）
21. 凸轮轮廓曲线上各点的压力角是不变的。（　）
22. 使用滚子推杆的凸轮机构，滚子半径的大小，对机构的预定运动规律是有影响的。（　）
23. 以尖顶推杆作出的凸轮廓线为理论廓线。（　）
24. 压力角的大小影响推杆的运动规律。（　）
25. 压力角的大小影响推杆的正常工作和凸轮机构的传动效率。（　）
26. 滚子推杆的滚子半径选用得过小，将会使运动规律“失真”。（　）
27. 对于相同的理论廓线，推杆滚子半径取不同的值，所作出的实际廓线是相同的。（　）
28. 推杆的运动规律和凸轮轮廓曲线的拟定，都是以完成一定的工作要求为目的的。（　）
29. 推杆单一的运动规律，可以由不同的运动速度规律来完成的。（　）
30. 同一条凸轮轮廓曲线，对三种不同形式的推杆都适用。（　）
31. 凸轮机构也能很好地完成推杆的间歇运动。（　）
32. 适用于尖顶式推杆工作的凸轮轮廓曲线，也适用于平底式推杆工作。（　）
33. 对于滚子式推杆凸轮机构，其凸轮的实际廓线和理论廓线是一条。（　）
34. 盘形凸轮的理论廓线与实际廓线是否相同，取决于所采用的推杆的形式。（　）
35. 凸轮的基圆尺寸越大，推动从动杆的有效分力也越大。（　）
36. 采用尖顶式从动杆的凸轮，是没有理论廓线的。（　）
37. 当凸轮的压力角增大到临界值时，不论从动杆是什么形式的运动，都会出现自锁。（　）
38. 为了保证凸轮机构传动灵活，必须控制压力角，为此规定了压力角的许用值。（　）
39. 从动件的位移线图是凸轮轮廓设计的依据。（　）

40. 凸轮的实际轮廓是根据相应的理论轮廓绘制的。 (　　)

三、填空题

1. 在凸轮机构几种常用的推杆运动规律中，________运动规律只宜用于低速。

2. 滚子推杆盘形凸轮的基圆半径是从凸轮回转中心到凸轮________廓线的最短距离。

3. 平底垂直于导路的直动推杆盘形凸轮机构中，其压力角等于________。

4. 在凸轮机构推杆的四种常用运动规律中，________运动规律有刚性冲击。

5. 凸轮基圆半径越小，则压力角________。

6. 增大基圆半径或减小________半径有利于避免滚子式推杆盘形凸轮机构工作廓线变尖。

7. 若已知位移比例尺为 2mm/mm，则图样上量出的 20mm 相当于推杆位移值为________ mm。

8. 设计凸轮机构时，若量得其中某点的压力角超过许用值，可以增大________半径使压力角减小。

9. 以凸轮轮廓最小向径为半径所作的圆称为________。

10. 凸轮机构是________副机构。

11. 等速运动规律会引起________冲击。

12. 凸轮机构主要由________、推杆和机架三个基本构件所组成。

13. 凸轮轮廓曲线上的向径公差和表面粗糙度，是根据凸轮的________而决定的。

14. 凸轮的基圆半径越小时，则凸轮的压力角________。

15. 滚子式从动杆的滚子________选用得过大，将会使运动规律“失真”。

16. 盘形凸轮从动杆的________不能太大，否则将使凸轮的径向尺寸变化过大。

17. 当盘形凸轮只有转动，而________没有变化时，从动杆的运动是停歇。

18. 凸轮机构从动杆位移曲线的横坐标轴表示凸轮的________。

19. 尖顶式从动杆与凸轮曲线成尖顶接触，因此对较复杂的轮廓也能得到________运动规律。

20. 凸轮机构从动杆的运动规律，是由凸轮________决定的。

四、分析题

1. 如图 4-23 所示的不完整的从动件位移、速度和加速度线图，请补全图中不完整的部分，并判断在哪些位置有刚性冲击，哪些位置有柔性冲击。

2. 如图 4-24 所示的凸轮机构起始位置，试用反转法在图上标出：凸轮按 ω 方向转过 45°时从动件的位移 s 和机构的压力角 α。

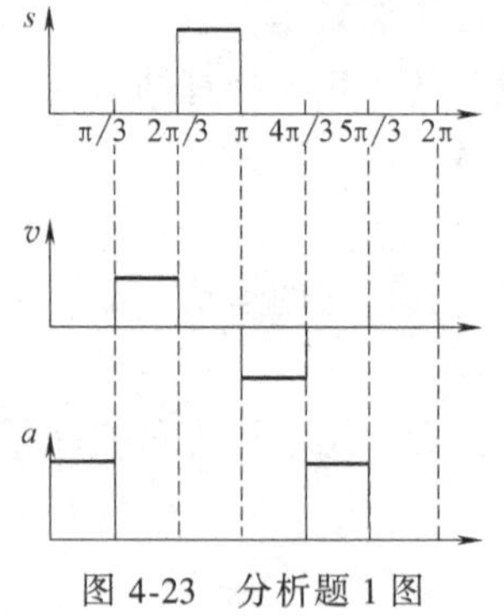

图 4-23　分析题 1 图

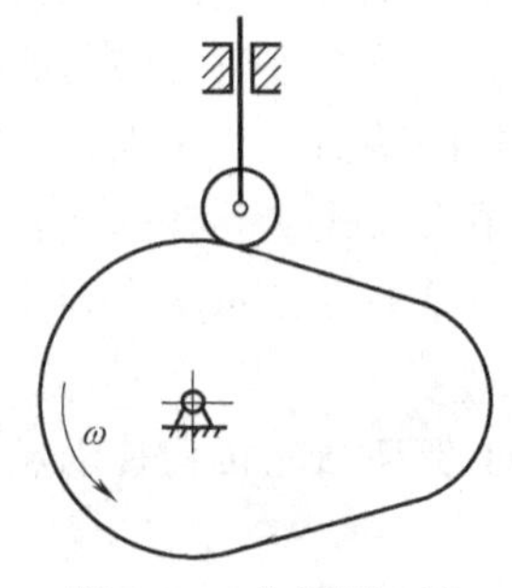

图 4-24　分析题 2 图

3. 图 4-25 给出了某直动推杆盘形凸轮机构的推杆的速度线图。要求：①定性地画出其加速度和位移线图；②说明此种运动规律的名称及特点（v、a 的大小及冲击的性质）；③说明此种运动规律的适用场合。

4. 对于直动推杆盘形凸轮机构，已知推程时凸轮的转角 $\delta_0=\pi/2$，行程 $h=50$mm。求当凸轮转速 $\omega=10$r/s 时，等速、等加速等减速、余弦加速度和正弦加速度四种常用的基本运动规律的最大速度 $v_{\max}$、最大加速度 $a_{\max}$ 以及所对应的凸轮转角 δ。

5. 在图 4-26 所示的凸轮机构中，已知凸轮为偏心圆盘且以角速度 ω 顺时针转动，O 为凸轮几何中心，O_1 为凸轮转动中心，直线 AC 垂直于 BD，$OO_1=OA/2$。作图表示：①凸轮基圆半径 r_0；②推杆的行程 h；③从动件滚子与凸轮轮廓交于 D 点时的压力角 α_D 和位移 h_D。

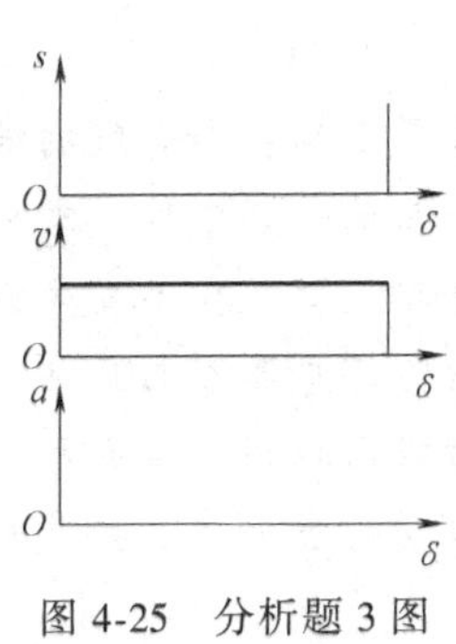

图 4-25　分析题 3 图

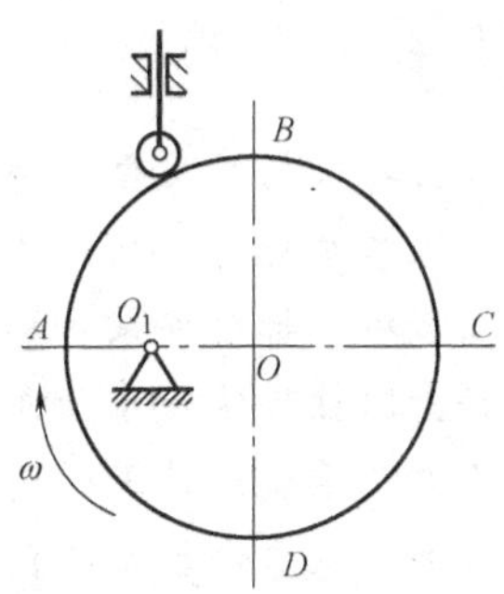

图 4-26　分析题 5 图

6. 图 4-27 所示为一偏置式直动尖底从动件盘形凸轮机构。已知从动件尖底与凸轮廓线在 B_0 点接触时为初始位置。试用作图法在图上标出：①当凸轮从初始位置转过 $\phi=90°$时，从动件的位移 s_1；②当从动件尖底与凸轮廓线在 B_2 点接触时，凸轮转过的相应角度 ϕ_2。

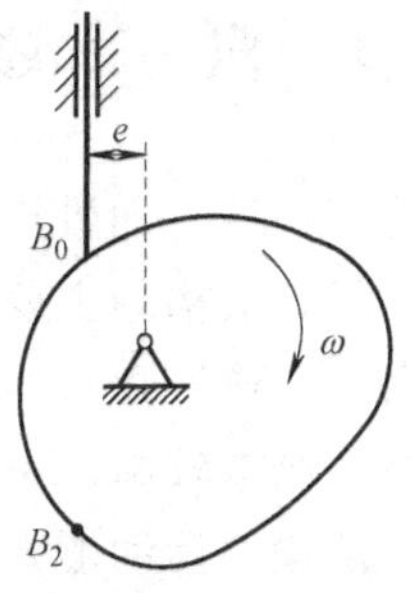

图 4-27　分析题 6 图

五、设计题

设已知凸轮的基圆半径 $r_0=15$mm，偏距 $e=7.5$mm，凸轮以等角速度 ω 沿逆时针方向回转，推杆的行程 $h=16$mm，推程 0°～120°（表 4-2）；远休 120°～180°；回程 180°～270°（表 4-3）；近休 270°～360°。试设计此偏置直动尖顶推杆盘形凸轮廓线。

表 4-2　推程运动角与推杆的位移关系

δ/(°)	0	15	30	45	60	75	90	105	120
s/mm	0	2	4	6	8	10	12	14	16

表 4-3　回程运动角与推杆位移的关系

δ/(°)	0	15	30	45	60	75	90
s/mm	16	15.539	12.872	3.128	0.8	0.461	0

Chapter 5

第5章 齿轮机构及其设计

学习目标

主要内容：齿轮机构的类型、特点及应用；齿廓啮合基本定律；渐开线的啮合特性；标准直齿圆柱齿轮基本参数与几何尺寸计算；渐开线标准齿轮正确啮合条件、啮合过程及连续传动条件；标准齿轮、标准安装、标准中心距；齿轮加工原理及其最少不发生根切齿数；变位齿轮概念；斜齿圆柱齿轮齿廓曲面形成及啮合特性，斜齿轮基本参数与几何尺寸计算、斜齿轮正确啮合条件及重合度计算、斜齿轮的当量齿轮；直齿锥齿轮齿廓曲面形成、背锥、当量齿轮、啮合条件、基本参数及几何尺寸计算；蜗轮蜗杆传动的类型、主要参数和几何尺寸计算；蜗轮蜗杆的啮合传动。

学习重点：渐开线直齿齿轮、斜齿齿轮、锥齿齿轮和蜗轮蜗杆的啮合原理及几何尺寸计算。

学习难点：齿轮展成法加工，斜齿圆柱齿轮的当量齿轮、锥齿轮背锥的概念。

5.1 概　　述

齿轮机构是各种机构中应用最广泛的一种传动机构，主要用于两轴之间的回转运动和动力传递。与其他形式的机械传动相比，齿轮机构的主要优点是能传递空间任意两轴间的运动和动力、瞬时传动比恒定、传动效率高、工作寿命长、可靠性较高，适用的圆周速度和功率范围广；主要缺点是制造及安装精度高、成本较高，不适用于远距离两轴间的传动。

根据齿轮所传递运动两轴线的相对位置、运动形式及齿轮的几何形状不同，常用齿轮机构的基本类型、特点及应用见表 5-1。

表 5-1　常用齿轮机构的基本类型、特点及应用

名称	外啮合直齿圆柱齿轮机构	内啮合直齿圆柱齿轮机构	外啮合斜齿轮圆柱齿轮机构	外啮合人字齿圆柱齿轮机构
示意图		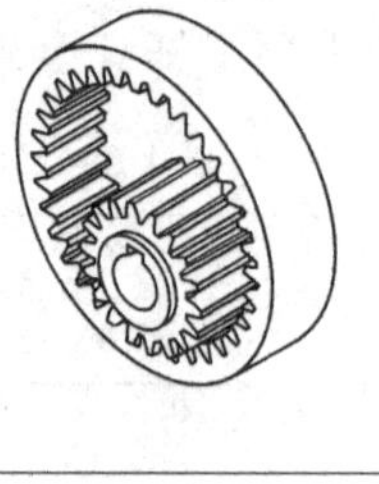	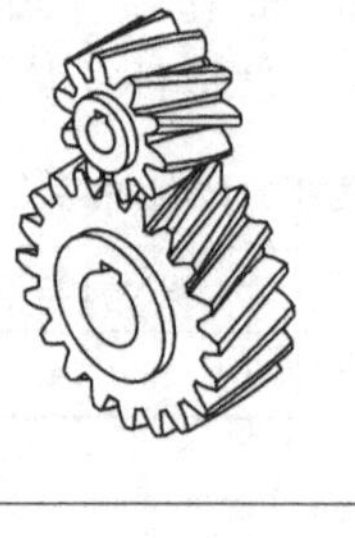	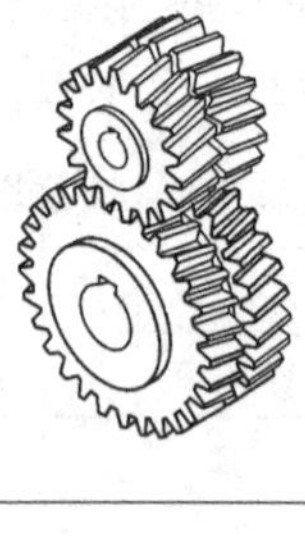

（续）

名称	外啮合直齿圆柱齿轮机构	内啮合直齿圆柱齿轮机构	外啮合斜齿轮圆柱齿轮机构	外啮合人字齿圆柱齿轮机构
特点及应用	两齿轮轴线平行，转向相反；轮齿与轴线平行，工作时无轴向力；重合度小，传动平稳性较差，承载能力较低；多用于速度较低的场合	两齿轮轴线平行，转向相同；重合度大；多用于传动系统需要内啮合传动的特定场合	两齿轮轴线平行，转向相反；轮齿与轴线成一夹角，工作时有轴向力；重合度大，传动平稳，承载能力较高；多用于速度较高、载荷较大的场合	两齿轮轴线平行，转向相反；两边轮齿间的轴向力能相互抵消，承载能力高；多用于重载场合

名称	齿轮齿条机构	直齿锥齿轮机构	曲线齿锥齿轮机构	蜗杆传动机构
示意图				
特点及应用	齿条相当于半径无限大的齿轮；用于将连续转动变换为往复运动的场合	两齿轮轴线相交，轴交角一般为90°，传动平稳性较差，承载能力较低；轴向力较大；多用于速度较低、载荷较小且较稳定的场合	两齿轮轴线相交，轴交角一般为90°；重合度大，传动平稳，承载能力较高；轴向力较大；用于速度较高、载荷较大的场合	两齿轮轴线交错，一般为90°；传动比大，结构紧凑，传动平稳，传动效率低，易发热；用于传动比大，两齿轮轴线交错的场合

5.2　齿轮啮合的基本理论

5.2.1　齿廓啮合基本定律

齿轮传动的基本要求是其瞬时传动比恒定不变，否则，当主动轮等速回转时，从动轮的角速度为变数，这将引起惯性力，从而产生冲击和振动。

图5-1所示为相互啮合的两齿廓 E_1 和 E_2 在 K 点接触。过 K 点作两齿廓的公法线 nn，它与连心线 O_1O_2 的交点 C 称为节点。以 O_1、O_2 为圆心，以 $O_1C(r_1')$、$O_2C(r_2')$ 为半径所作的圆称为节圆，节圆是一个假想圆，它表示齿轮传动啮合状况。从齿轮传动的基本要求出发，应使两齿轮的节圆在 C 点处做相对纯滚动，即说应使两齿廓在 C 点处的圆周速度相等。于是有 $\omega_1 \cdot O_1C = \omega_2 \cdot O_2C$，即

$$i=\frac{\omega_1}{\omega_2}=\frac{O_2C}{O_1C}=\frac{r_2'}{r_1'} \tag{5-1}$$

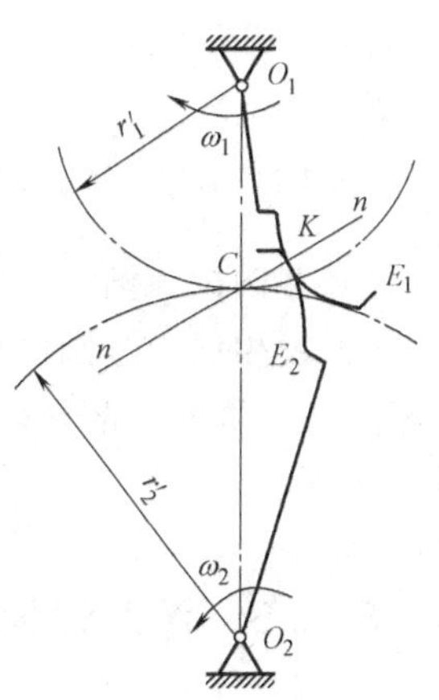

图5-1　齿廓实现定角速比的条件

式（5-1）为齿廓啮合基本定律的数学表达式。由此可知，欲使瞬时传动比恒定不变，则节点 C 不能变，即无论两齿轮齿廓在何位置接触，过接触点所作的齿廓公法线都必须与连心线 O_1O_2 交于一定点。

5.2.2 渐开线的形成及特性

1. 渐开线的形成

如图 5-2 所示，当直线 NK 沿圆周做纯滚动时，直线上任意一点的轨迹 AK 称为该圆的渐开线，这个圆称为渐开线的基圆，其半径用 r_b 表示。直线 NK 称为渐开线的发生线。

2. 渐开线的特性

1）发生线沿基圆滚过的长度，等于该基圆上被滚过圆弧的长度，即 $NK=\overset{\frown}{AN}$。

2）渐开线上任意点的法线，一定是基圆的切线。如 K 点的法线 NK 也是基圆的切线。

3）渐开线上任意点 K 处的法线（压力方向线 F_n）与 K 点速度方向线 v_k 所夹锐角 α_k 称为该点的压力角。由图 5-2 可知

$$\alpha_k=\arccos\frac{r_b}{r_k} \tag{5-2}$$

式（5-2）表示渐开线上各点压力角不等，离圆心越远处的压力角越大，基圆压力角为 0°。

4）渐开线的形状取决于基圆的大小。基圆半径越大，渐开线越趋平直。如图 5-3 所示，半径为 r_{b1} 的基圆对应的渐开线 K_{01} 较为弯曲，半径为 r_{b2} 的基圆对应的渐开线 K_{02} 较为平直，当基圆半径趋于无穷大时，其渐开线变成直线，即齿条的齿廓就变成直线的渐开线 K_{03}。

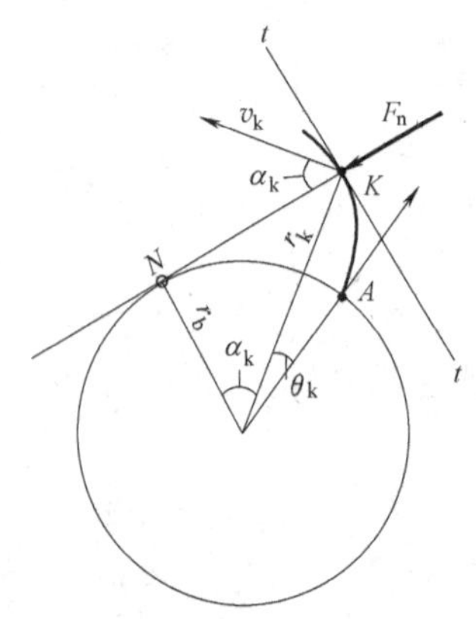

图 5-2 渐开线的形成及压力角

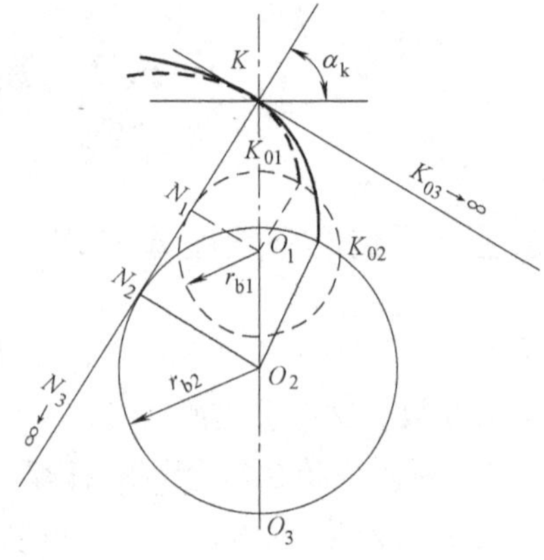

图 5-3 基圆大小对渐开线的影响

5）基圆内无渐开线。

6）发生线与基圆的切点 N 是渐开线在点 K 的曲率中心，而线段 NK 是渐开线在点 K 的曲率半径。因此，渐开线上各点的曲率半径不同，点 K 离基圆越远，曲率半径越大，渐开线越平缓。

5.2.3 渐开线齿廓的啮合特点

1. 定比性

所谓定比性是指啮合过程中两轮的传动比恒为常数。如图 5-4 所示，齿轮连心线为

O_1O_2，两轮基圆半径分别为 r_{b1}、r_{b2}，两轮的渐开线齿廓 E_1、E_2 在任意点 K 啮合。根据渐开线特性，齿廓啮合点 K 的公法线必同时与两基圆相切，切点为 N_1、N_2，N_1N_2 即为两基圆的内公切线。由于两轮的基圆为定圆，其在同一方向只有一条内公切线。因此，两齿廓在任意点 K 啮合，其公法线 N_1N_2 必为一定直线，其与定线 O_1O_2 的交点必为定点，则两轮的传动比为常数。这也说明渐开线齿廓是符合齿廓啮合基本定律的。

2. 平稳性

所谓平稳性是指啮合过程中两轮的啮合角恒为常数。如图 5-4 所示，由于一对渐开线齿廓在任意啮合点处的公法线都是同一直线 N_1N_2，因此两齿廓上所有啮合点均在 N_1N_2 上。因此，线段 N_1N_2 是两齿廓啮合点的轨迹，称作啮合线。过节点 C 作两节圆的公切线 tt，它与啮合线 N_1N_2 间的夹角称为啮合角 α'。由于公切线 tt 与啮合线 N_1N_2 均为定线，故在齿轮传动过程中，啮合角 α'始终不变，两啮合齿廓间的正压力方向不变，因而传动平稳。

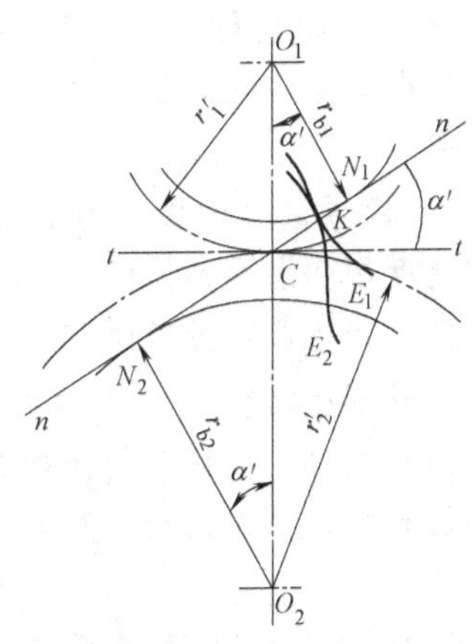

图 5-4 渐开线齿廓的啮合特性

3. 可分性

所谓可分性是指即使两齿轮的中心距稍有改变，其传动比仍保持原值不变。由图 5-4 可以看出 $\triangle O_1N_1C$ 相似于 $\triangle O_2N_2C$，因此两轮的传动比又可写成

$$i=\frac{\omega_1}{\omega_2}=\frac{O_2C}{O_1C}=\frac{r_2'}{r_1'}=\frac{r_{b2}}{r_{b1}}$$

由此可知，渐开线齿轮的传动比与两轮基圆半径成反比。渐开线加工完毕之后，其基圆的大小是不变的，所以当两轮的实际中心距与设计中心距不一致时，而两轮的传动比却保持不变。

5.3 渐开线标准直齿圆柱齿轮的参数和几何尺寸

5.3.1 标准直齿圆柱齿轮各部分名称和符号

图 5-5 所示为标准直齿圆柱齿轮的一部分，各部分的名称和符号如下：

1）齿顶圆：过轮齿顶端所作的圆称作齿顶圆，用 d_a 表示其直径，r_a 表示其半径。

2）齿根圆：过轮齿槽底所作的圆称作齿根圆，用 d_f 表示其直径，r_f 表示其半径。

3）基圆：形成轮齿渐开线的基础圆称作基圆，其直径用 d_b 表示，半径用 r_b 表示。

4）分度圆：为便于齿轮几何尺寸的计算、测量所规定的一个基准圆。因为是基准圆，所以表示其直径和半径的符号不用加下标，分别为 d 和 r。

5）齿厚：轮齿在分度圆周上的弧长称作齿厚，用 s 表示；若是任意圆 i 上的齿厚，用 s_i 表示。

6）齿槽宽：齿槽在分度圆周上的弧长称作齿槽宽，用 e 表示；若是任意圆 i 上的齿槽宽，用 e_i 表示。标准直齿圆柱齿轮分度圆上的齿厚与齿槽宽相等，即 $s=e$。

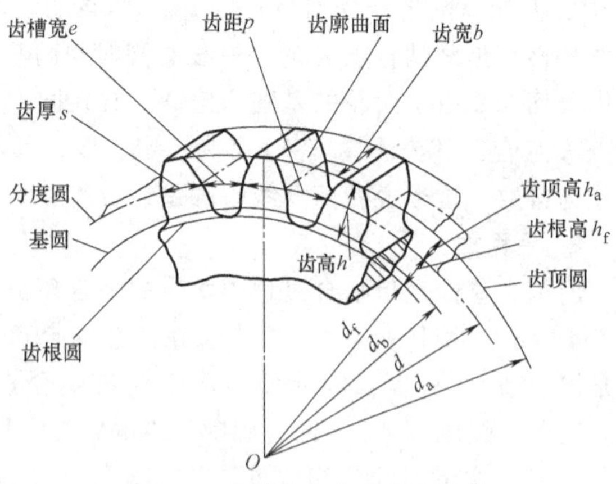

图 5-5　齿轮各部分名称及符号

7）齿距：分度圆上相邻两齿同侧齿廓之间的弧长称作齿距，用 p 表示；若是任意圆周 i 上的齿距，用 p_i 表示。显然 $p_i=s_i+e_i$，$p=s+e=2s=2e$。

8）法向齿距：相邻两齿同侧齿廓在啮合线上的距离称作法向齿距，用 p_n 表示。根据渐开线的性质，法向齿距等于基圆齿距 p_b，即 $p_n=p_b$。

9）齿顶高：分度圆与齿顶圆之间的径向高度称作齿顶高，用 h_a 表示。

10）齿根高：分度圆与齿根圆之间的径向高度称作齿根高，用 h_f 表示。

11）齿高：齿顶圆与齿根圆之间的径向高度称作齿高，用 h 表示，$h=h_a+h_f$。

12）齿宽：轮齿沿轴线方向的宽度称作齿宽，用 b 表示。

5.3.2　标准直齿圆柱齿轮的基本参数和几何尺寸

1. 齿轮基本参数

（1）齿数　在齿轮整个圆周上轮齿的总数，用 z 表示。它将影响传动比和轮齿的形状。

（2）模数　模数是表示轮齿比例大小的参数，用 m 表示。模数是为了计算分度圆尺寸与而引入的参数。

若齿轮的齿数为 z、分度圆直径为 d、齿距为 p，则分度圆周长 $=\pi d=zp$，故 $d=zp/\pi$。由于 π 是无理数，不便于制造和检测，于是规定比值 p/π 为一简单的数值，这个数值就称作模数，即 $m=p/\pi$，所以 $d=mz$。

齿轮的主要几何尺寸都与模数成正比，m 越大，则 p 越大，轮齿就越大，轮齿的抗弯能力也越强，所以模数 m 又是轮齿抗弯能力的重要标志。标准模数系列见表 5-2。

表 5-2　圆柱齿轮标准模数系列　　（单位：mm）

第一系列	1　1.25　1.5　2　2.5　3　4　5　6　8　10　12　16　20　25　32　40　50
第二系列	1.75　2.25　2.75(3.25)3.5(3.75)　4.5　5.5(6.5)7　9(11)14　18　22　28　36　45

注：1. 本表适用于渐开线圆柱齿轮，对斜齿轮是指法向模数。

2. 优先采用第一系列，括号内的模数尽可能不用。

（3）压力角　通常所说的齿轮压力角是指分度圆上的压力角，压力角是决定渐开线齿廓形状的重要参数，用 α 表示。

由式（5-2）可得：$r_b=r\cos\alpha=(mz/2)\cos\alpha$。所以，一个模数、齿数不变的齿轮，若其压力角不同，则其基圆的大小也不同，因而其齿廓渐开线的形状也不同。国家标准规定，分度圆压力角为标准值，一般情况下取 $\alpha=20°$。

（4）齿顶高系数 h_a^* 和顶隙系数 c^*　为了利用模数来表示齿轮的几何尺寸，规定齿顶高和齿根高分别为：$h_a=h_a^*m$、$h_f=h_a+c=(h_a^*+c^*)m$。c 为顶隙（$c=c^*m$）。顶隙是指齿轮

啮合时一个齿轮的齿顶圆到另一个齿轮的齿根圆的径向距离。顶隙有利于润滑油的流动。对于圆柱齿轮，正常齿的标准值：$h_a^* = 1.0$；$c^* = 0.25$。

2. 几何尺寸计算

渐开线标准齿轮是指：m、α、h_a^*、c^* 均为标准值，而且分度圆齿厚等于齿槽宽的渐开线齿轮。为了便于计算和设计，现将渐开线标准直齿圆柱齿轮传动几何尺寸的计算列于表5-3中。

表5-3 渐开线标准直齿圆柱齿轮的几何尺寸计算公式

名称	符号	计算公式
齿距	p	$p=m\pi$
齿厚、齿槽宽	s、e	$s=e=\pi m/2$
齿顶高	h_a	$h_a=h_a^* m=m$
齿根高	h_f	$h_f=h_a+c=(h_a^*+c^*)m=1.25m$
齿高	h	$h=h_a+h_f=(2h_a^*+c^*)m=2.25m$
分度圆直径	d	$d=mz$
齿顶圆直径	d_a	$d_a=d+2h_a=d+2h_a^* m'=d+2m$
齿根圆直径	d_f	$d_f=d-2h_f=d-2(h_a^*+c^*)m=d-2.5m$
基圆直径	d_b	$d_b=d\cos\alpha=mz\cos\alpha$

5.4 渐开线直齿圆柱齿轮的啮合传动

5.4.1 齿轮传动的中心距

齿轮传动的中心距虽然不会影响其传动比，但会改变顶隙和齿侧间隙的大小。在确定其中心距时，应保证两齿轮的顶隙为标准值和两齿轮的理论齿侧间隙为零。由于一对齿轮啮合时两轮的节圆总是相切的，而当两齿轮按标准中心距安装时，两轮的分度圆也是相切的。此时，两轮的节圆分别与其分度圆相重合，标准中心距为

$$a=\frac{d_1'+d_2'}{2}=\frac{d_1+d_2}{2}=\frac{m(z_1+z_2)}{2} \tag{5-3}$$

两轮的中心距 a 等于两轮分度圆半径之和，此即一对标准直齿圆柱齿轮的正确安装条件。此时的中心距称为标准中心距，按照标准中心距进行的安装称为标准安装。分度圆与节圆重合时，啮合角 α' 和压力角 α 相等，均为20°。必须注意，无论齿轮是否参加啮合传动，分度圆、压力角是单个齿轮所固有的、大小确定的圆，与中心距变化无关；而节圆和啮合角是两齿轮啮合传动时才有的，其大小与中心距变化有关，单个齿轮没有节圆和啮合角。

由于渐开线齿廓具有可分性，两轮中心距略大于标准中心距时仍能保持瞬时传动比恒定，但齿侧出现间隙，反转时会有冲击。当两轮的实际中心距 a' 与标准中心距 a 不一致时，两轮的分度圆不再相切，这时节圆与分度圆不重合，实际中心距 a' 与标准中心距 a 的关

系为

$$a'\cos\alpha' = a\cos\alpha \tag{5-4}$$

5.4.2 一对渐开线齿轮正确啮合的条件

一对渐开线齿轮在传动时，它们的齿廓啮合点都在 N_1N_2 啮合线上。要使处于啮合线上的各对齿轮轮齿都能正确地进入啮合，应使两轮的法向齿距相等。由于法向齿距等于基圆齿距，两齿轮正确啮合时，$p_{b1}=p_{b2}$。因为 $p_b=\pi d_b/z=\pi d\cos\alpha/z=\pi m\cos\alpha$，$p_{b1}=\pi m_1\cos\alpha_1$，$p_{b2}=\pi m_2\cos\alpha_2$，即两轮正确啮合的条件为：$m_1\cos\alpha_1=m_2\cos\alpha_2$。由于 m 和 α 都已标准化了，要满足上式必须使其模数和压力角分别相等，即

$$\left.\begin{aligned} m_1 = m_2 = m \\ \alpha_1 = \alpha_2 = \alpha \end{aligned}\right\} \tag{5-5}$$

式（5-5）即为一对渐开线直齿圆柱齿轮啮合的正确条件。因此，一对渐开线直齿圆柱齿轮的传动比也可表示为

$$i=\frac{\omega_1}{\omega_2}=\frac{n_1}{n_2}=\frac{d_{b2}}{d_{b1}}=\frac{d_2'}{d_1'}=\frac{d_2\cos\alpha}{d_1\cos\alpha}=\frac{d_2}{d_1}=\frac{mz_2}{mz_1}=\frac{z_2}{z_1} \tag{5-6}$$

5.4.3 齿轮的连续传动条件

1. 一对轮齿的啮合过程

如图 5-6 所示，轮 1 为主动轮，轮 2 为从动轮，在两轮轮齿开始进入啮合时，主动轮的齿根与从动轮的齿顶接触（图 5-6a），啮合开始点可标记为 B_2。它是从动轮的齿顶圆与啮合线 N_1N_2 的交点。随着啮合的进行，轮齿的啮合点沿啮合线移动，从动轮轮齿上的啮合点逐渐移向齿根，主动轮轮齿上的啮合点逐渐移向齿顶，啮合终止时，主动轮的齿顶与从动轮的齿根相接触（图 5-6b），啮合终止点标记为 B_1。

从一对轮齿的啮合过程看，啮合点实际走过的轨迹只是啮合线 N_1N_2 的一部分线段，故把 B_1B_2 称为实际啮合线。当两轮齿顶圆加大时，B_1 及 B_2 点接近啮合线与两基圆的切点 N_1、N_2，实际啮合线段变长。但因为基圆内部没有渐开线，所以 N_1、N_2 为啮合极限点，N_1N_2 是理论上可能的最大啮合线段，称作理论啮合线段。所以，B_1B_2 的长度不可能超过 N_1N_2。

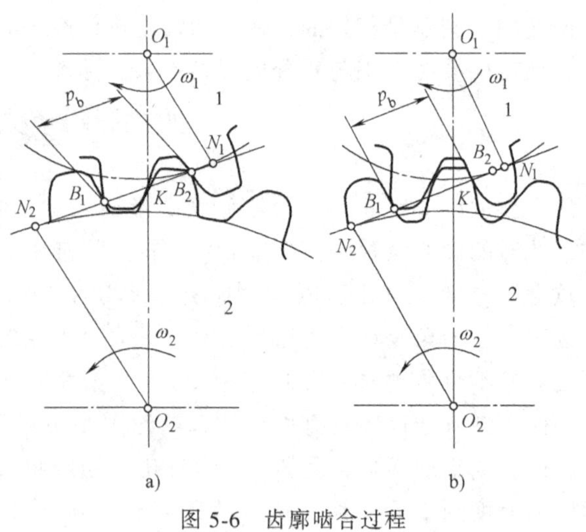

图 5-6 齿廓啮合过程

2. 连续传动的条件

一对轮齿的啮合只能推动从动轮转过一定的角度，要使齿轮连续转动，就

须在前一对轮齿尚未脱离啮合时，使后一对轮齿及时地进入啮合，即必须使 $B_1B_2 \geqslant p_b$（图5-6a）。若用符号 ε_α 表示 B_1B_2 与 p_b 的比值，称为重合度。则连续传动条件为

$$\varepsilon_\alpha = \frac{B_1B_2}{p_b} \geqslant 1 \tag{5-7}$$

重合度的大小表示同时参与啮合的轮齿对数的平均值。重合度越大，意味着同时参与啮合的轮齿的对数越多，对提高齿轮传动的平稳性和承载能力有着重要的意义。

5.5 渐开线齿廓的切制方法及变位齿轮简介

5.5.1 渐开线齿廓的切制方法

齿轮的齿廓加工方法有铸造、热轧、电加工法和切削加工法等，最常用的是切削加工法。根据切齿原理的不同，可分为成形法和展成法两种。

1. 成形法

用渐开线齿形的成形铣刀直接切出齿形的方法称为成形法，又称仿形法。常在万能铣床上用成形铣刀加工。成形铣刀分为盘形铣刀和指形铣刀两种，如图5-7所示。这两种刀具的轴向剖面均做成渐开线齿轮齿槽的形状。加工时，齿轮毛坯固定在铣床上，每切完一个齿槽，工件退出，分度头使齿坯转过360°/z(z为齿数) 再进刀，依次切出各齿槽。

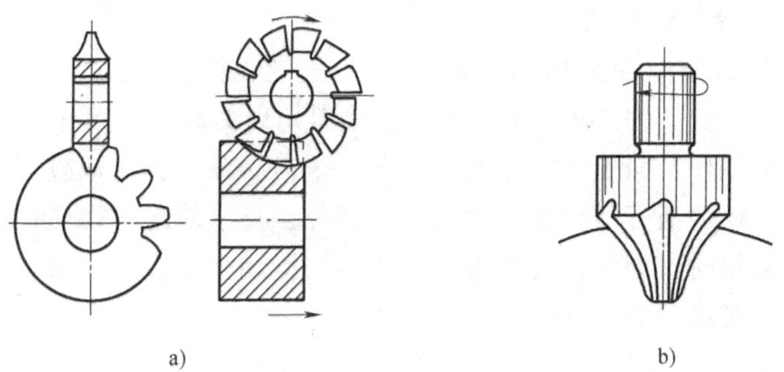

图5-7 成形法加工齿轮

a）用盘形铣刀加工 b）用指形铣刀加工

渐开线轮齿的形状是由基圆决定的，即由模数、齿数、压力角三个参数决定。为减少刀具的数量，每种模数设计8把或15把成形铣刀，用同一把铣刀加工齿数相近的齿轮。这样，每种模数只有8种或15种齿数的齿轮是准确的齿廓，其余齿轮的齿廓有误差。

这种切齿方法简单，不需要专用机床，但生产效率低、精度差，故仅适用于单件生产及精度要求不高的齿轮加工。

2. 展成法

利用一对齿轮或齿轮齿条互相啮合时其齿廓互为包络线的原理来切齿的方法称为展成法，也称为范成法。应用展成法时，相互啮合的齿轮中有一个为刀具，它可以切削与它啮合的齿轮轮坯。

(1) 插齿　插齿需要在插齿机上进行。图 5-8 所示为使用不同插齿刀加工齿轮的示意图。

插齿刀实质上是一个淬硬的齿轮，但是齿部具有切削刃。插齿时，插齿刀沿着齿坯轴线做上下往复切削运动，同时强制性地使插齿刀的转速 n_d 与齿坯的转速 n_p 保持一对渐开线齿轮啮合的运动关系，即

$$i=\frac{n_d}{n_p}=\frac{z_p}{z_d} \tag{5-8}$$

式中，z_d 为插齿刀齿数；z_p 为被切齿轮齿数。

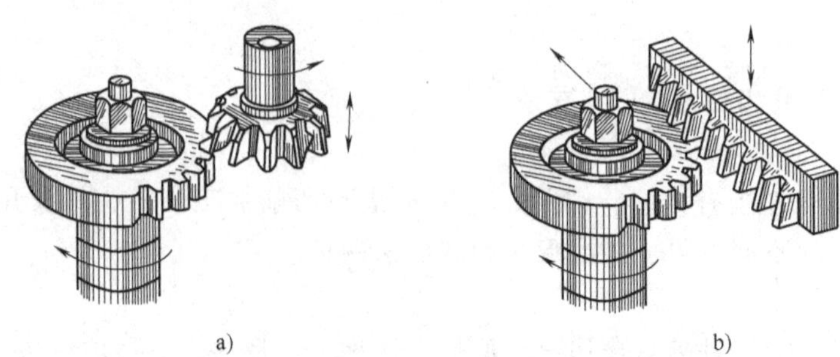

图 5-8　插齿刀加工齿轮示意图

a) 齿轮插齿刀切齿　b) 齿条插齿刀切齿

这样，在啮合过程中，只要给定传动比，同一把插齿刀就能加工出与刀具模数、压力角相同且齿数 z_d 不同的渐开线齿轮。

(2) 滚齿　插齿只能间断地切削，目前广泛采用的滚齿能连续切削，生产效率较高。滚齿需要在滚齿机上进行。图 5-9 所示为滚刀及滚刀切齿的原理。滚刀形状呈螺旋状。滚齿时，它的齿廓在水平工作台面上的投影为一齿条。滚刀转动相当于该投影齿条移动，这样便按展成原理切出了轮坯的渐开线齿廓。滚刀除旋转外，还沿轮坯的轴向逐渐移动，以便切出整个齿宽，滚切直齿轮时，为了使刀齿螺旋线方向与被切齿轮方向一致，安装滚刀时需使其轴线与轮坯端面成一滚刀升角 λ。

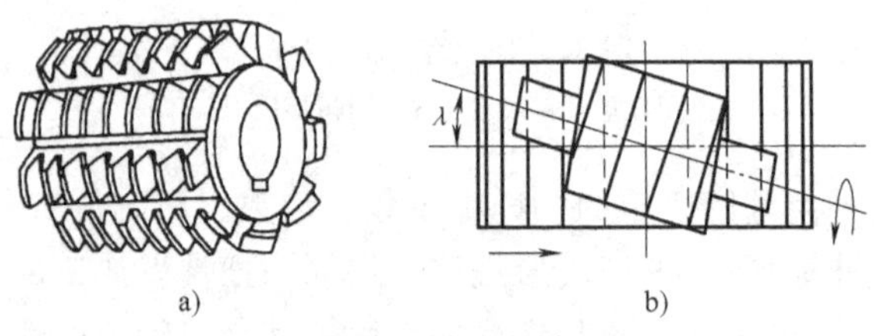

图 5-9　滚刀切齿

a) 滚刀　b) 滚刀切齿原理

展成法需要专用机床，但生产效率高、精度高，是目前齿形加工的主要方法。

5.5.2　根切现象

用展成法加工齿轮时，若齿轮齿数过少，刀具将与渐开线齿廓发生干涉，把轮齿根部渐

开线切去一部分，产生根切现象（图 5-10）。根切使轮齿齿根削弱，重合度减小，传动不平稳，应该避免。研究表明，刀具齿顶线超过啮合极限点 N_1 是产生根切现象的原因。所以，要避免根切就必须使刀具的齿顶线不超过 N_1 点。

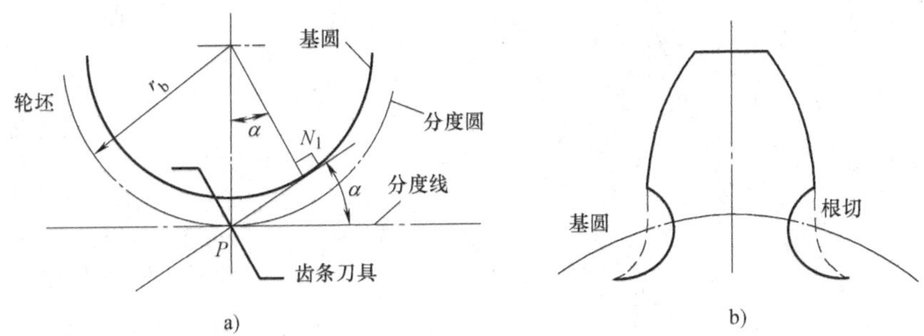

图 5-10 用展成法加工时轮齿的根切现象

a）根切的原因 b）根切后的齿轮齿形

由几何关系推得

$$z_{min}=\frac{2h_a^*}{\sin^2\alpha} \tag{5-9}$$

将 $\alpha=20°$、$h_a^*=1$ 代入式（5-9），可知渐开线标准直齿圆柱齿轮不产生根切的最小齿数 $z_{min}=17$。

5.5.3 变位齿轮简介

1. 渐开线标准齿轮的局限性

渐开线标准齿轮有很多优点，但也存在如下不足：

1）用展成法加工时，当 $z<z_{min}$ 时，标准齿轮将发生根切。

2）标准齿轮不适合中心距 $a'\neq a=m(z_1+z_2)/2$ 的场合。当 $a'<a$ 时，无法安装；当 $a'>a$ 时，齿侧间隙大、重合度减小、平稳性差。

3）小齿轮渐开线齿廓曲率半径较小，齿根厚度较薄，强度较低。

为了改善和解决标准齿轮的不足，工程上广泛使用变位齿轮。

2. 变位齿轮的基本概念

当被加工齿轮的齿数小于 z_{min} 时，为避免根切，可将刀具移离齿坯，使刀具齿顶线低于啮合极限点 N_1 的办法来切齿。这种改变刀具与齿坯位置后切出的齿轮称作变位齿轮。

刀具分度线相对齿坯移动的距离称为变位量，常用 xm 表示，其中 m 为模数，x 称为变位系数。刀具移离齿坯称正变位，$x>0$；刀具移近齿坯称负变位，$x<0$。图 5-11a 虚线所示为切削标准齿轮时的刀具位置，实线所示为切削正变位齿轮时的刀具位置。图 5-11b 表示了与标准齿轮相对时变位齿轮齿形的变化情况。

由于分度圆和基圆仅与齿轮的 z、m、α 有关，并且加工变位齿轮的刀具仍为标准刀具，故变位齿轮的分度圆和基圆不变。

正变位时，刀具向外移出 xm 距离，故分度圆齿厚和齿根圆齿厚增大，轮齿强度增大；

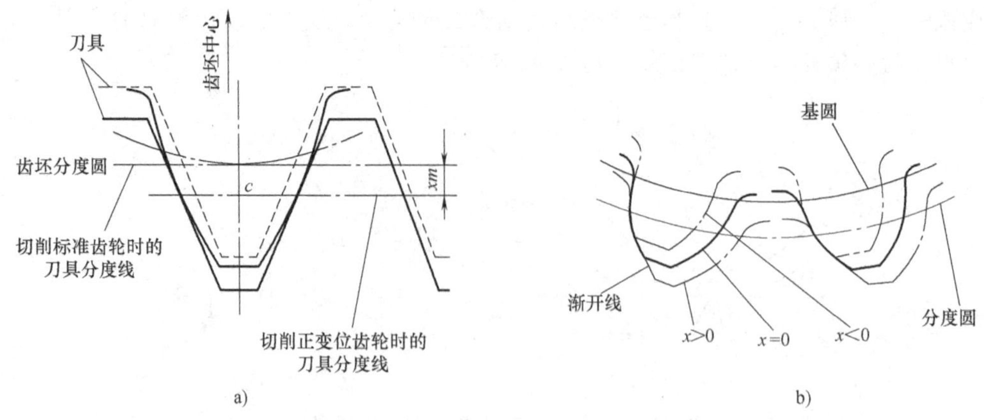

图 5-11 齿轮的变位

a）变位齿轮刀具的位置 b）变位齿轮齿廓

加工出的齿轮齿顶高增大、齿顶圆和齿根圆增大，齿根高减小；负变位齿轮的变化恰好相反，轮齿强度削弱。

5.6 斜齿圆柱齿轮传动

5.6.1 斜齿轮齿廓的形成

前面讨论渐开线形成时，只考虑齿廓端面的情况。考虑齿轮宽度时，则基圆就成了基圆柱，发生线就成了发生面，发生线上的 K 点就成了发生面上的直线 KK。当发生面沿着基圆柱做纯滚动时，直线 KK 的运动轨迹就是一个渐开面。直齿圆柱齿轮的 KK 与基圆柱轴线平行。当一对直齿圆柱齿轮啮合时，轮齿的接触线（由 KK 生成）是一系列与轴线平行的直线，如图 5-12a 所示。齿轮的前、后两端面同时进入（或退出）啮合，易引起冲击、振动和噪声，传动平稳性差，如图 5-12b 所示。

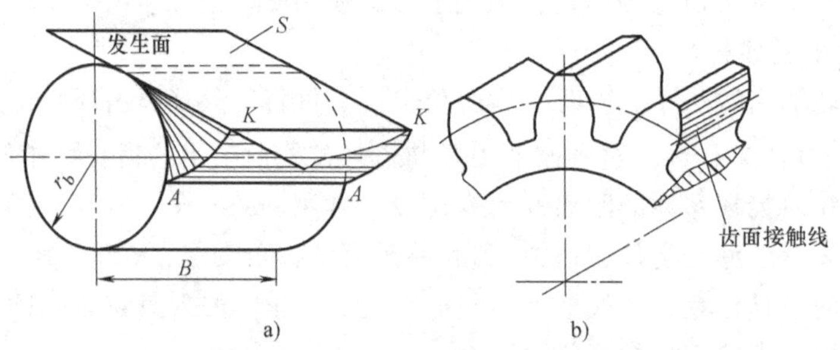

图 5-12 直齿轮齿面形成及接触线

斜齿轮齿面形成的原理和直齿轮类似，不同的是直线 KK 与基圆柱轴线偏斜了一个角度 β_b，如图 5-13a 所示，所以，KK 线展成的齿廓曲面为螺旋渐开面。斜齿轮啮合传动时，由于轮齿接触线是斜的，齿轮的前、后两端面不是同时进入（或退出）啮合，而是逐渐进入（或退出）啮合，如图 5-13b 所示。接触线先由短变长，再由长变短，直至脱离啮合。因此，啮合较为平稳。

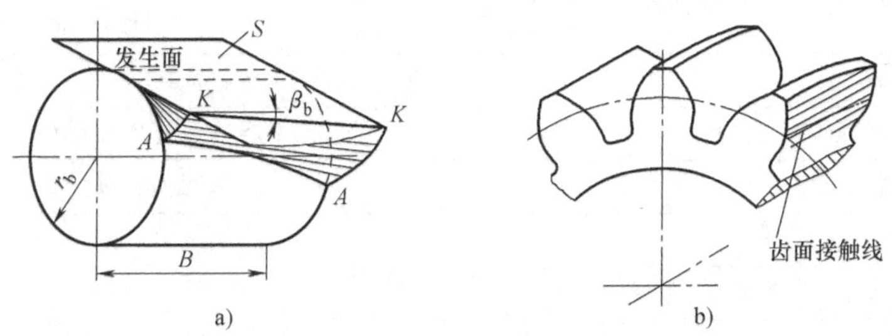

图 5-13　斜齿轮齿面形成及接触线

5.6.2　斜齿圆柱齿轮的基本参数和几何尺寸计算

1. 螺旋角

图 5-14 所示为斜齿圆柱齿轮分度圆柱及其展开图。图 5-14b 中螺旋线展开所得的斜直线与轴线之间的角 β 即为分度圆柱上的螺旋角，简称螺旋角。它是反映轮齿倾斜程度的参数。斜齿轮的轮齿的旋向分为左旋和右旋两种。

2. 端面参数与法向参数

由于斜齿轮的轮齿为螺旋形，所以斜齿轮在端面（垂直于轴线的面）上的齿形与在法向（垂直于轮齿的面）上的齿形不同，端面参数与法向参数也不同。端面参数与法向参数分别用下标 t 和 n 以示区别。两者之间均有一定的对应关系。若 p_n 为法向上的齿距，p_t 为端面上的齿距，由图 5-14b 可知：$p_n=p_t\cos\beta$，因为 $p_n=\pi m_n$、$p_t=\pi m_t$，所以有

$$m_n=m_t\cos\beta \tag{5-10}$$

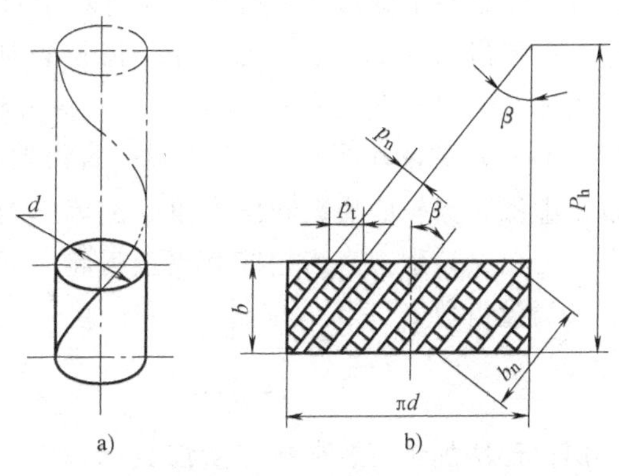

图 5-14　斜齿圆柱齿轮分度圆柱及其展开图

同时，无论在法向和端面，轮齿的齿顶高、齿根高、齿高和顶隙都是相等的。据此可推出法向压力角 α_n 和端面压力角 α_t 之间有如下关系：

$$\tan\alpha_n=\tan\alpha_t\cos\beta \tag{5-11}$$

由于斜齿轮切制时，刀具是沿轮齿方向切齿的，轮齿的法向齿形与刀具标准齿形是一致的。因此，国标规定斜齿轮的法向参数 m_n、α_n、h_{an}^*、c_n^* 取为标准值，即 $\alpha_n=20°$、$h_{an}^*=1$、$c_n^*=0.25$、m_n 按表 5-2 取值。而端面参数为非标准值。

标准斜齿轮尺寸计算公式见表 5-4。从表中可知，斜齿轮传动的中心距与螺旋角 β 有关，当一对齿轮的模数、齿数一定时，可以通过改变螺旋角 β 的方法来配凑中心距。

表 5-4 标准斜齿轮尺寸计算公式

名称	符号	计算公式
端面模数	m_t	$m_t=m_n/\cos\beta$，m_n 为标准值
螺旋角	β	一般取 $\beta=8°\sim20°$
齿顶高	h_a	$h_a=h_{an}^*m_n=m_n$
齿根高	h_f	$h_f=(h_{an}^*+c_n^*)m_n=1.25m_n$
齿高	h	$h=(2h_{an}^*+c_n^*)m_n=2.25m_n$
分度圆直径	d	$d=m_tz=m_nz/\cos\beta$
齿顶圆直径	d_a	$d_a=d+2h_a=d+2m_n$
齿根圆直径	d_f	$d_f=d-2h_f=d-1.25m_n$
基圆直径	d_b	$d_b=d\cos\alpha_t$
中心距	a	$a=m_n(z_1+z_2)/2\cos\beta$

5.6.3 斜齿轮的当量齿数

采用仿形法加工斜齿轮时，铣刀是沿轮齿方向切齿的，刀具必须按斜齿轮的法向齿形来选择。在模数和压力角确定之后，齿数即为决定齿形的唯一参数。这个齿数不是斜齿轮的实际齿数，而是一个虚拟当量齿数，与之对应的虚拟直齿轮称为斜齿轮的当量齿轮。如图 5-15 所示，过斜齿轮分度圆上 C 点，作斜齿轮法向剖面，可得到一椭圆。

该剖面上 C 点附近的齿形可以视为斜齿轮的法向齿廓。以椭圆上 C 点的曲率半径 ρ_C 作为虚拟直齿轮的分度圆半径，并设该虚拟直齿轮的模数和压力角分别等于斜齿轮的法向模数和压力角，该虚拟直齿轮即为当量齿轮，其齿数即为当量齿数。当量齿数 z_v 由下式求得

$$z_v=z/\cos^3\beta \qquad (5\text{-}12)$$

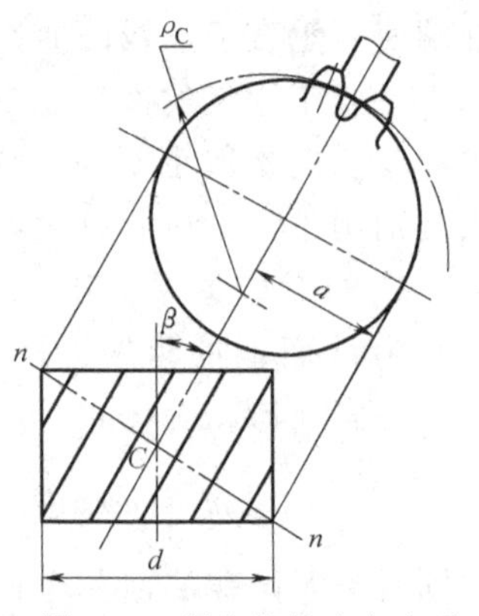

图 5-15 斜齿轮的法向齿形

用仿形法加工时，应按当量齿数选择铣刀号码；强度计算时，可按一对当量直齿轮传动近似计算一对斜齿轮传动；在计算标准斜齿轮不发生根切的齿数时，可按下式求得

$$z_{min}=z_{vmin}\cos^3\beta=17\cos^3\beta \qquad (5\text{-}13)$$

5.6.4 一对斜齿轮的啮合传动

1. 正确啮合的条件

在端面上斜齿轮传动相当于一对直齿圆柱齿轮传动，因此端面上两齿轮的模数和压力角应相等，由式（5-10）及式（5-11）可知，其法向模数和法向压力角也应分别相等。考虑斜齿轮传动螺旋角的关系，斜齿轮的正确啮合条件应为

$$\left.\begin{aligned}\beta_1&=\pm\beta_2\\ m_{n1}&=m_{n2}=m_n\\ \alpha_{n1}&=\alpha_{n2}=\alpha_n\end{aligned}\right\}\tag{5-14}$$

式中，螺旋角大小相等，外啮合时旋向相反，取“-”号，内啮合时旋向相同，取“+”号。

2. 重合度

在计算斜齿轮重合度时，必须考虑螺旋角 β 的影响。

图 5-16 所示为两个端面参数完全相同的标准直齿轮和标准斜齿轮的分度圆柱面展开图。直齿轮接触线与轴线平行，从 B 点开始啮入，从 B' 点啮出，前、后端面同时进入或退出啮合，啮合区长度为 BB'；斜齿轮接触线是斜的，由 A 点啮入，接触线逐渐增大，至 A' 点啮出，啮合区长度为 $BB'+f$。因此，斜齿轮传动的啮合区长度大于直齿轮啮合区长度。参照直齿轮重合度的概念，啮合区越长，重合度越大，则斜齿轮的重合度大于直齿轮。

3. 传动特点

与直齿轮传动相比，斜齿轮传动的优点有：

1）啮合性能好，传动平稳、噪声小。

2）重合度大，降低了每对轮齿的载荷，提高了齿轮的承载能力。

3）结构紧凑，不发生根切的最少齿数少。

斜齿轮传动的主要缺点是在运转时会产生轴向推力。轴向推力随螺旋角 β 的增大而增大。为了控制过大的轴向推力，一般取 $\beta=8°\sim20°$。若采用人字齿轮，其产生的轴向推力可相互抵消，故其螺旋角 β 可取 $25°\sim40°$。但人字齿轮制造比较麻烦，故一般用于高速重载传动中。

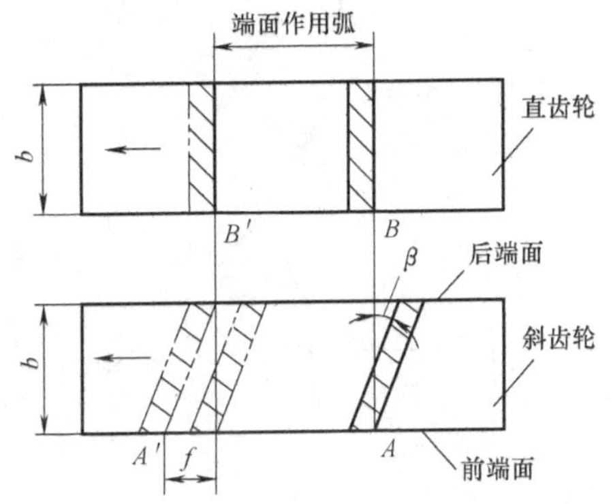

图 5-16　斜齿圆柱齿轮的重合度

5.7　直齿锥齿轮传动

5.7.1　齿廓的形成及当量齿数

1. 齿廓的形成

锥齿轮的轮齿是分布在一个截锥体上的，这是锥齿轮区别圆柱齿轮的特殊点之一。所以，相应于圆柱齿轮中的各有关“圆柱”，在这里都变成了“圆锥”，例如，齿顶圆锥、分度圆锥、齿根圆锥等。直齿锥齿轮齿廓曲线是一条空间球面渐开线，其形成过程与圆柱齿轮类似。不同的是，锥齿轮的齿面是发生面在基圆锥上做纯滚动时，其上直线 KK' 所展开的是渐开线曲面 $AA'K'K$，如图 5-17 所示。因直线上的任一点在空间所形成的渐开线距锥顶的距离不变，故称为球面渐开线。由于球面无法展开成平面，制造较为困难，所以，实际上直齿锥齿轮的齿廓是采用背锥上的渐开线来近似代替球面渐开线。

2. 背锥与当量齿轮

所谓背锥是指过锥齿轮的大端，其母线与锥齿轮分度圆锥母线垂直的圆锥。图 5-18 上半部分中的 AOC、BOC 是大、小锥齿轮的分度圆锥，而 AO_1C、BO_2C 是两齿轮的背锥。将背锥展成扇形齿轮（图 5-18 下半部分），设想把扇形齿轮补足成一个完整的圆柱齿轮。

该假想的圆柱齿轮称为锥齿轮的当量齿轮，其齿数称为锥齿轮的当量齿数，用 z_v 表示。

$$z_v = z/\cos\delta \tag{5-15}$$

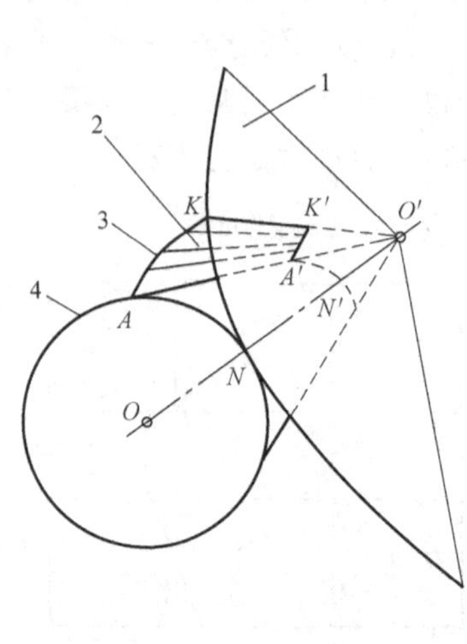

图 5-17 球面渐开线的形成

1—发生面 S 2—齿廓曲面

3—球面渐开线 4—基圆锥

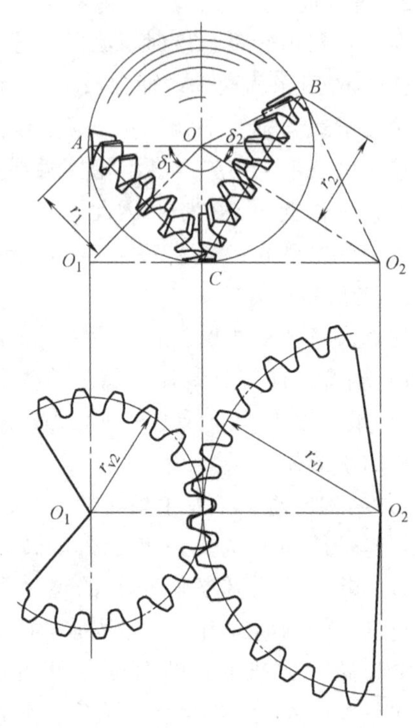

图 5-18 背锥与当量齿轮

5.7.2 基本参数和几何尺寸计算

锥齿轮传动现多采用等顶隙锥齿轮传动形式，即两轮顶隙从轮齿大端到小端都是相等的，如图 5-19 所示。

国家标准规定：大端参数为标准值，模数 m 按表 5-5 选取，压力角一般为 $\alpha=20°$。对于正常齿，当 $m\leqslant1$mm 时，$h_a^*=1$，$c^*=0.25$；当 $m>1$mm 时，$h_a^*=1$，$c^*=0.2$。标准直齿锥齿轮几何尺寸计算公式参见表 5-6。

表 5-5 锥齿轮模数系列（摘自 GB/T 12368—1990） （单位：mm）

0.5,0.6,0.7,0.8,0.9,1,1.125,1.25,1.375,1.5,1.75,2,2.25,2.5,2.75,3,3.25,3.5,3.75,4,4.5,5,5.5,6,6.5,7,8,9,10,11,12,14,16,18

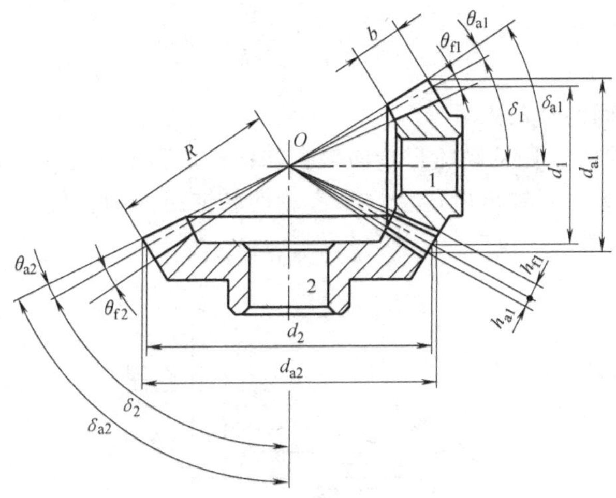

图 5-19 锥齿轮的基本参数

表 5-6 标准直齿锥齿轮几何尺寸计算公式

名 称	符 号	计 算 公 式
分度圆锥角	δ	$\delta_2=\arctan(z_2/z_1)$,$\delta_1=90°-\delta_2$
分度圆直径	d	$d=mz$
锥距	R	$R=\dfrac{mz}{2\sin\delta}=\dfrac{m}{2}\sqrt{z_1^2+z_2^2}$
齿宽	b	$b\leqslant R/3$
齿顶圆直径	d_a	$d_a=d+2h_a\cos\delta=m(z+2h_a^*\cos\delta)$
齿根圆直径	d_f	$d_a=d-2h_f\cos\delta=m[z-(2h_a^*+c^*)\cos\delta]$
齿顶圆锥角	δ_a	$\delta_a=\delta+\theta_a=\delta+\arctan(h_a^*m/R)$
齿根圆锥角	δ_f	$\delta_f=\delta-\theta_f=\delta-\arctan[(h_a^*+c^*)m/R]$

5.7.3 一对直齿锥齿轮的啮合传动

1. 正确啮合的条件

一对锥齿轮的啮合传动相当于一对当量圆柱齿轮的啮合传动，故两锥齿轮大端的模数和压力角分别相等，考虑分度圆锥角的因素，正确啮合的条件为

$$\begin{cases}R_1=R_2\\ m_1=m_2\\ \alpha_1=\alpha_2\end{cases}\tag{5-16}$$

式中，R_1、R_2 为大小齿轮的锥距；m_1、m_2 为大小齿轮的大端模数。

2. 重合度 ε

直齿锥齿轮传动的重合度可近似地按当量圆柱齿轮传动的重合度计算。

3. 传动比

如图 5-18 所示，$r_1=OC\sin\delta_1$，$r_2=OC\sin\delta_2$，所以锥齿轮传动的传动比为

$$i_{12}=\frac{\omega_1}{\omega_2}=\frac{z_2}{z_1}=\frac{r_2}{r_1}=\frac{\sin\delta_2}{\sin\delta_1}=\tan\delta_2 \tag{5-17}$$

4. 主、从动轮之间的转向关系

若主动轮指向啮合处，则从动轮也指向啮合处；若主动轮背离啮合处，则从动轮也背离啮合处。图 5-20 所示为一对锥齿轮传动，小齿轮的转向指向啮合处，则大齿轮的转向也指向啮合处。

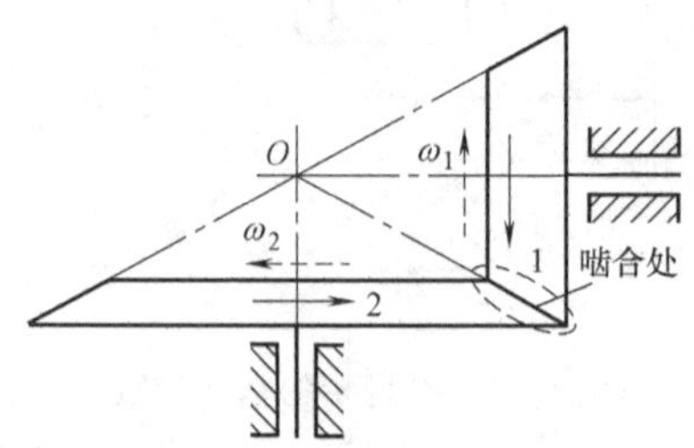

图 5-20　锥齿轮的转向关系

5.8　蜗杆传动

5.8.1　蜗杆传动概述

1. 蜗杆的形成

一对斜齿轮，若小齿轮的螺旋角 β_1 很大，齿数 z_1 特别小（一般 $z_1=1\sim4$），轴向尺寸又有足够的长度，则它的轮齿就可绕圆柱一周以上，变成一个螺旋，这就是蜗杆。因此，蜗杆机构可以看作由斜齿轮机构演变而来。蜗杆与大齿轮的轴线交错成 90°时，将由线接触变成点接触。为了改善接触情况，将大齿轮分度圆柱上的直母线做成凹弧，圆弧与蜗杆轴同心。这样，大齿轮就部分地包住了蜗杆，这就是蜗轮。蜗轮的螺旋角 β_2 较小，齿数 z_2 较大。

一般采用与蜗杆形状基本相同的滚刀，用展成法加工蜗轮。这样加工出的蜗轮和蜗杆的啮合就不再是点接触，而是线接触。

2. 蜗杆传动的类型

蜗杆传动是由蜗轮和蜗杆组成，通常蜗杆为主动件。按照蜗杆的形状不同，可分为圆柱蜗杆机构、环面蜗杆机构（图 5-21a）和圆锥蜗杆机构（图 5-21b）等。圆柱蜗杆机构加工方便，而环面蜗杆机构承载能力较高、传动效率也较高，但其制造和安装精度要求高，成本高。

在圆柱蜗杆传动中，应用最广的是阿基米德蜗杆传动。这种蜗杆在端面的齿形为阿基米德螺旋线，在轴面的齿形是一个标准齿条。其加工方法与车削梯形螺纹相似，工艺性好，容易制造。

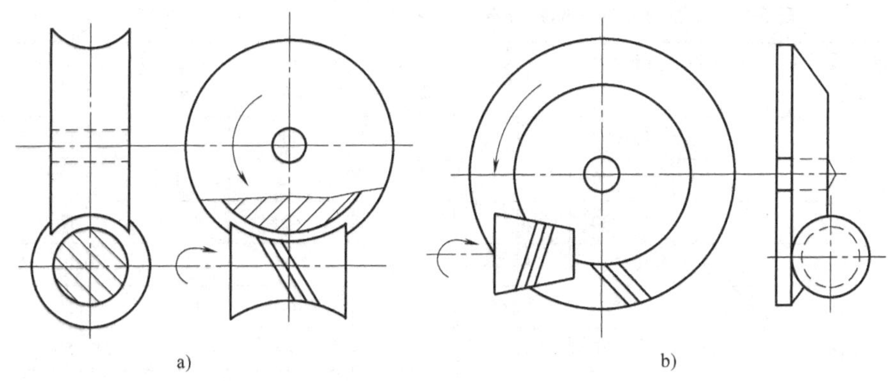

图 5-21　蜗杆机构的类型

a）环面蜗杆机构　b）圆锥蜗杆机构

5.8.2　蜗杆传动的主要参数和几何尺寸

通过蜗杆轴线并与蜗轮轴线垂直的平面称为中间平面（图 5-22）。它对蜗杆为轴面，对蜗轮为端面。在中间平面内，蜗杆传动相当于齿轮齿条传动。国家标准规定中间平面的参数为标准参数，即蜗杆的轴面参数、蜗轮的端面参数为标准参数。

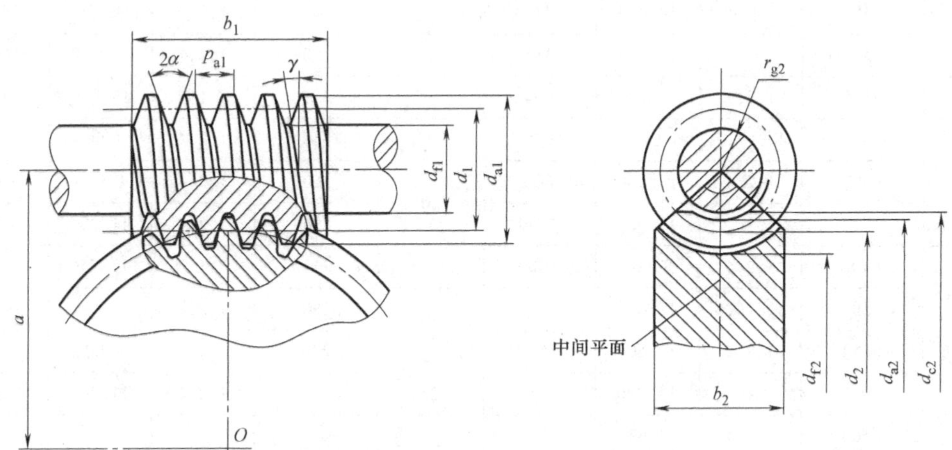

图 5-22　圆柱蜗杆传动的主要参数

1. 模数和压力角

模数 m 和压力角 α 是蜗杆传动中的重要参数。中间平面内的模数和压力角规定为标准值，标准压力角 $\alpha=20°$，标准模数值见表 5-7。

2. 齿数

普通圆柱蜗杆和梯形螺纹十分相似，分左旋和右旋，也有单头和多头之分。蜗杆的头数（相当于齿数）z_1 越多，则传动效率越高，但加工越困难，所以通常取 $z_1=1$、2、4 或 6。蜗轮相应也有左旋和右旋两种，并且它的旋向必须与蜗杆相同。通常，为了加工方便，两者均取右旋。蜗轮的齿数 z_2 不宜太少，以免展成加工时发生根切；但齿数太多，蜗轮的直径过大，

表 5-7　普通圆柱蜗杆的标准模数（$\Sigma=90°$）（GB/T 10085—2018）

模数 m/mm	分度圆直径 d_1/mm	蜗杆头数 z_1	直径系数 q	m^2d_1/mm^3	模数 m/mm	分度圆直径 d_1/mm	蜗杆头数 z_1	直径系数 q	m^2d_1/mm^3
1	18	1	18.000	18	6.3	(80)	1,2,4	12.698	3175
1.25	20	1	16.000	31.25		112	1	17.778	4445
	22.4	1	17.920	35	8	(63)	1,2,4	7.875	4032
1.6	20	1,2,4	12.500	51.2		80	1,2,4,6	10.000	5376
	28	1	17.500	71.68		(100)	1,2,4	12.500	6400
2	(18)	1,2,4	9.000	72		140	1	17.500	8960
	22.4	1,2,4,6	11.200	89.6	10	(71)	1,2,4	7.100	7100
	(28)	1,2,4	14.000	112		90	1,2,4,6	9.000	9000
	35.5	1	17.750	142		(112)	1,2,4	11.200	11200
2.5	(22.4)	1,2,4	8.960	140		160	1	16.000	16000
	28	1,2,4,6	11.200	175	12.5	(90)	1,2,4	7.200	14062
	(35.5)	1,2,4	14.200	221.9		112	1,2,4	8.960	17500
	45	1	18.000	281		(140)	1,2,4	11.200	21875
3.15	(28)	1,2,4	8.889	278		200	1	16.000	31250
	35.5	1,2,4,6	11.27	352	16	(112)	1,2,4	7.000	28672
	45	1,2,4	14.286	447.5		140	1,2,4	8.750	35840
	56	1	17.778	556		(180)	1,2,4	11.250	46080
4	(31.5)	1,2,4	7.875	504		250	1	15.625	64000
	40	1,2,4,6	10.000	640	20	(140)	1,2,4	7.000	56000
	(50)	1,2,4	12.500	800		160	1,2,4	8.000	64000
	71	1	17.750	1136		(224)	1,2,4	11.200	89600
5	(40)	1,2,4	8.000	1000		315	1	15.750	126000
	50	1,2,4,6	10.000	1250	25	(180)	1,2,4	7.200	112500
	(63)	1,2,4	12.600	1575		200	1,2,4	8.000	125000
	90	1	18.000	2250		(280)	1,2,4	11.200	175000
6.3	(50)	1,2,4	7.936	1985		400	1	16.000	250000
	63	1,2,4,6	10.000	2500					

注：1. 表中模数和分度圆直径仅列出了第一系列较常用的数据。
2. 括号内的数字尽可能不采用。

相应的蜗杆越长，刚度越差，所以 z_2 也不能太大，通常取 $z_2=29\sim82$。z_1、z_2 的推荐值见表 5-8。

表 5-8　蜗杆头数 z_1 与蜗轮齿数 z_2 的推荐值

传动比 i	7~13	14~27	28~40	>40
蜗杆头数 z_1	4	2	2、1	1
蜗轮齿数 z_2	28~52	28~54	28~80	>40

3. 蜗杆的分度圆直径

因为在加工蜗轮时，用的是与蜗杆具有相同尺寸的滚刀，因此加工不同尺寸的蜗轮，就需要不同的滚刀。为了限制滚刀的数量，并使滚刀标准化，国家标准对每一标准模数，规定了一定数量的蜗杆分度圆直径 d_1。

蜗杆分度圆直径与模数的比值称为蜗杆直径系数，用 q 表示，即

$$q=\frac{d_1}{m} \tag{5-18}$$

模数一定时，q 值增大，则蜗杆直径 d_1 增大，刚度提高。因此，为保证蜗杆有足够的刚度，小模数蜗杆的 q 值一般较大。d_1 和 q 的值见表 5-7。

4. 蜗杆的导程角

图 5-23 所示为一普通圆柱蜗杆及其分度圆柱展开图。图中蜗杆的导程 $p_z=p_x z_1=\pi m z_1$，轴向齿距 $p_x=\pi m$，故导程角为

$$\tan\gamma=\frac{p_z}{\pi d_1}=\frac{\pi m z_1}{\pi d_1}=\frac{z_1 m}{\mathrm{d}_1}=\frac{z_1}{q} \tag{5-19}$$

通常，螺旋线的导程角为 3.5°～27°，其中导程角为 3.5°～4.5°时的蜗杆可实现自锁。虽然增大导程可以提高传动效率，但是蜗杆加工难度变大。需要说明的是，蜗杆传动中的主要参数 m、d_1、z_1 等，它们之间有匹配关系，见表 5-7。

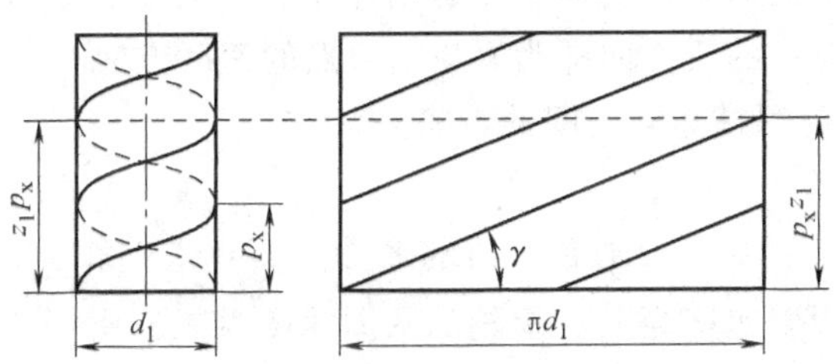

图 5-23　蜗杆传动的导程角

轴交角 $\Sigma=90°$的普通圆柱蜗杆传动的几何尺寸计算见表 5-9，各参数如图 5-22 所示。

表 5-9　轴交角 $\Sigma=90°$的普通圆柱蜗杆传动的几何尺寸（GB/T 10085—2018）

名　称	计算公式	
	蜗　杆	蜗　轮
齿顶高	$h_a=m$	
齿根高	$h_f=1.2m$	
分度圆直径	$d_1=mq$	$d_2=mz_2$
齿顶圆直径	$d_{a1}=m(q+2)$	$d_{a2}=m(z_2+2)$
齿根圆直径	$d_{f1}=m(q-2.4)$	$d_{f2}=m(z_2-2.4)$
顶隙	$c=0.2m$	
齿距	$p=m\pi$	
中心距	$a=m(q+z_2)/2$	

5.8.3 蜗轮蜗杆的啮合传动

1. 蜗杆传动的正确啮合条件

根据齿轮正确啮合的条件，蜗杆的轴向模数 m_{x1} 等于蜗轮的端面模数 m_{t2}；蜗杆的轴向压力角 α_{x1} 等于蜗轮的端面压力角 α_{t2}；蜗杆导程角 γ 等于蜗轮螺旋角 β，且旋向相同，即

$$\left.\begin{aligned} m_{x1}=m_{t2}=m \\ \alpha_{x1}=\alpha_{t2}=\alpha \\ \gamma=\beta \end{aligned}\right\} \tag{5-20}$$

2. 传动比

由 $z_1=d_1\tan\gamma/m$ 和 $z_2=d_2/m$ 可知，蜗杆传动的传动比为

$$i=\frac{n_1}{n_2}=\frac{z_2}{z_1}\neq\frac{d_2}{d_1} \tag{5-21}$$

3. 主从动轮之间的转向关系

蜗杆传动中，蜗杆一般为主动轮，蜗轮蜗杆之间的转向关系由主动轮左右手法则（或称蜗杆左右手法则）判定。

蜗杆左右手法则：①根据蜗杆旋向，左旋用左手，右旋用右手；②四指代表蜗杆转向，握住蜗杆的轴线；③大拇指的反方向即为蜗轮啮合点的速度方向。

图 5-24 所示为一左旋蜗杆与蜗轮间的转向关系。

4. 齿面间的滑动速度

蜗轮蜗杆传动即使在节点 C 处啮合，齿廓之间也有较大的相对滑动，滑动速度 v_s 沿蜗杆螺旋线方向。设蜗杆圆周速度为 v_1、蜗轮的圆周速度为 v_2，由图 5-25 可得

$$v_s=\sqrt{v_1^2+v_2^2}=v_1/\cos\gamma \tag{5-22}$$

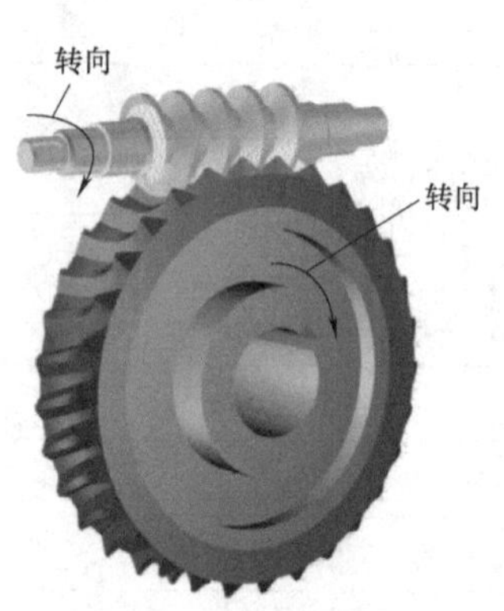

图 5-24 蜗杆机构的转向

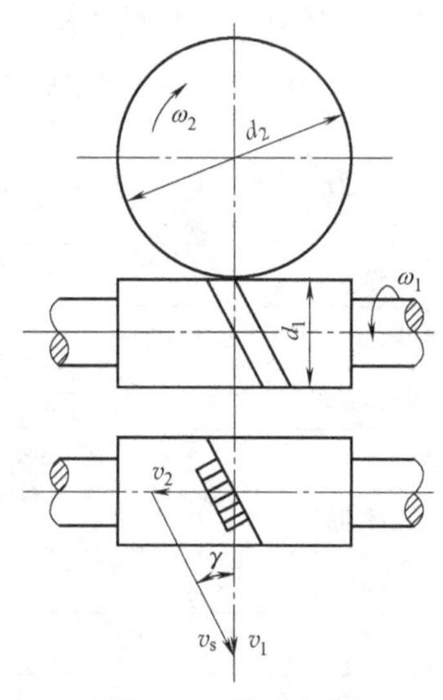

图 5-25 滑动速度

5.9 齿轮机构几何参数计算实例

如图 5-26 所示，绪论介绍的专用精压机传动系统中使用了多种形式的齿轮机构，包括直齿圆柱齿轮机构、斜齿圆柱齿轮机构和锥齿齿轮机构。下面分别以直齿圆柱齿轮机构、斜齿圆柱齿轮机构和锥齿齿轮机构为例介绍齿轮机构几何参数的计算。

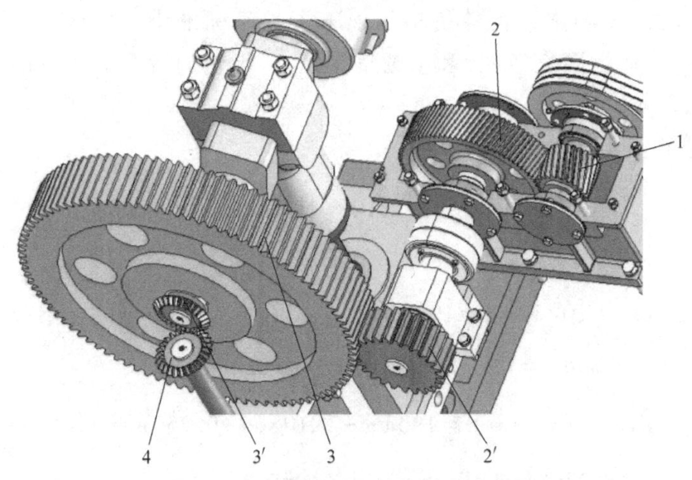

图 5-26 专用精压机的齿轮传动系统

1、2—斜齿圆柱齿轮传动 2′、3—直齿圆柱齿轮传动 3′、4—锥齿轮传动

5.9.1 斜齿圆柱齿轮机构几何参数计算

1. 原始数据

在专用精压机的传动系统中，第二级采用了外啮合渐开线标准斜齿圆柱齿轮机构，该齿轮机构的一对齿轮均为正常齿制的标准齿轮、标准安装，传动比 $i=3$，中心距 $a=224\text{mm}$，小齿轮齿数 $z_1=27$，螺旋角 $\beta=15°$。请确定齿轮的 m_n、z_2、d_1、d_2。

2. 计算过程

（1）计算模数 m_n

由
$$a=\frac{m_n\ (z_1+z_2)}{2\cos\beta}$$

得
$$m_n=\frac{2a\cos\beta}{z_1+iz_1}=\frac{2\times224\times\cos15°}{27+3\times27}\text{mm}=4\text{mm}$$

（2）计算大齿轮齿数

$$z_2=iz_1=3\times27=81$$

3. 设计结果

在已知斜齿圆柱齿轮机构的传动比、中心距、小齿轮齿数及螺旋角的情况下，可以得出该齿轮机构的模数为 4mm，大齿轮齿数为 81。

5.9.2 直齿圆柱齿轮机构几何参数计算

1. 原始数据

专用精压机的传动系统中，第三级采用了标准安装的外啮合渐开线标准直齿圆柱齿轮机构，两轮的齿数分别为 $z_1=19$，$z_2=73$，模数 $m=10\text{mm}$，齿顶高系数 $h_a^*=1$，顶隙系数 $c^*=0.25$，压力角 $\alpha=20°$。确定该齿轮机构的以下参数：标准中心距 a；小齿轮分度圆直径 d_1、齿顶圆直径 d_{a1}、齿根圆直径 d_{f1} 和基圆直径 d_{b1}；齿轮的齿厚 s_1 和 s_2。

2. 计算过程

（1）确定中心距

$$a=\frac{1}{2}m(z_1+z_2)=\frac{1}{2}\times10\times(19+73)\text{mm}=460\text{mm}$$

（2）计算小齿轮几何参数

$$d_1=mz_1=10\times19\text{mm}=190\text{mm}$$

$$d_{a1}=d_1+2mh_a^*=190\text{mm}+2\times10\times1\text{mm}=210\text{mm}$$

$$d_{f1}=d_1-2m(h_a^*+c^*)=190\text{mm}-2\times10\times(1+0.25)\text{mm}=165\text{mm}$$

$$d_{b1}=d_1\cos\alpha=190\text{mm}\times\cos20°=178.54\text{mm}$$

（3）计算齿轮齿厚

$$s_1=s_2=\pi m/2=\pi\times10/2\text{mm}=15.71\text{mm}$$

3. 设计结果

根据已知条件，可以得出该开式直齿圆柱齿轮机构的标准中心距为460mm，小齿轮分度圆直径 d_1 为190mm，小齿轮齿顶圆直径为210mm，小齿轮齿根圆直径为165mm，小齿轮基圆直径为178.54mm，该对齿轮的齿厚为15.71mm。

5.9.3 锥齿轮机构几何参数计算

1. 原始数据

专用精压机中，将动力从主传动系统传给推料机构和顶料机构的是一对圆锥齿轮机构，该齿轮机构传动比 $i=1$，两齿轮齿数 $z_1=z_2=19$，模数 $m=8\text{mm}$，齿顶高系数 $h_a^*=1$，顶隙系数 $c^*=0.2$，压力角 $\alpha=20°$及 $\Sigma=90$。确定该齿轮机构的如下参数：分锥角 δ_1 和外锥距 R；齿轮的顶圆锥角 δ_{a1} 和齿根圆锥角 δ_{f1}；分度圆直径 d_1、齿顶圆直径 d_{a1} 和齿根圆直径 d_{f1}。

2. 计算过程

（1）确定分度圆锥角 δ_1 和外锥距 R

$$\delta_1=\arctan(z_2/z_1)=\arctan1=45°$$

$$R=\frac{m}{2}\sqrt{z_1^2+z_2^2}=\frac{8}{2}\times\sqrt{19^2+19^2}\text{mm}\approx107.48\text{mm}$$

（2）确定顶圆锥角 δ_{a1} 和根圆锥角 δ_{f1}

$$\delta_{a1}=\delta+\arctan(h_a^* m/R)=45°+\arctan(1\times8/107.48)=49.26°$$

$$\delta_{f1}=\delta-\arctan[(h_a^*+c^*)m/R]=45°-\arctan(1.2\times8/107.48)=39.9°$$

(3) 计算 d_1、d_{a1}、d_{f1}

$$d_1=mz_1=8\times19\text{mm}=152\text{mm}$$

$$d_{a1}=m(z_1+2h_a^*\cos\delta)=8\times(19+2\times1\times\cos45°)\text{mm}\approx163.31\text{mm}$$

$$d_{f1}=m[z_1-2(h_a^*+c^*)\cos\delta]=8\times(19-2\times1.2\cos45°)\approx138.43\text{mm}$$

3. 设计结果

根据锥齿轮机构的传动比、齿轮齿数、模数等，可以得出该锥齿轮机构中齿轮的分度圆锥角 δ_1 为 45°，外锥距 R 为 107.48mm，顶圆锥角 δ_{a1} 为 49.26°，根圆锥角 δ_{f1} 为 39.9°，齿轮分度圆直径 d_1 为 152mm，齿顶圆直径 d_{a1} 为 163.31mm 和齿根圆直径 d_{f1} 为 138.43mm。

5.9.4 蜗轮蜗杆机构几何参数计算

1. 原始数据

在精压机生产线中，蜗轮蜗杆机构应用于链板输送机的传动系统中。已知：传动比 $i=29$，蜗杆头数 $z_1=2$，$m=6.3\text{mm}$，蜗杆直径系数 $q=10$，$\alpha=20°$，$h_a{}^*=1$，$c^*=0.2$。确定：蜗杆分度圆上的导程角 γ；蜗杆传动的中心距 a；蜗杆蜗轮分度圆直径 d_1、d_2，齿顶圆直径 d_{a1}、d_{a2}，齿根圆直径 d_{f1}、d_{f2}。

2. 计算过程

(1) 确定蜗杆分度圆上的导程角

$$\gamma=\arctan\left(\frac{z_1}{q}\right)=\arctan\left(\frac{2}{10}\right)=11.31°$$

(2) 确定蜗杆传动的中心距

$$a=m(q+iz_1)/2=6.3\times(10+29\times2)/2\text{mm}=214.2\text{mm}$$

(3) 确定蜗杆蜗轮的几何尺寸

蜗杆分度圆直径：$d_1=mq=6.3\times10\text{mm}=63\text{mm}$

蜗轮分度圆直径：$d_2=mz_2=miz_1=6.3\times29\times2\text{mm}=365.4\text{mm}$

蜗杆齿顶圆直径：$d_{a1}=m(q+2)=6.3\times(10+2)\text{mm}=75.6\text{mm}$

蜗轮齿顶圆直径：$d_{a2}=m(iz_1+2)=6.3\times(29\times2+2)\text{mm}=378\text{mm}$

蜗杆齿根圆直径：$d_{f1}=m(q-2.4)=6.3\times(10-2.4)\text{mm}=47.88\text{mm}$

蜗轮齿根圆直径：$d_{f2}=m(iz_1-2.4)=6.3\times(29\times2-2.4)\text{mm}=350.28\text{mm}$

同 步 练 习

一、选择题

1. 渐开线上任意一点法线必________基圆。

A. 交于　　B. 垂直于　　C. 切于　　D. 平行于

2. 渐开线上各点的压力角________。

A. 相等　　B. 不相等　　C. 不等于零　　D. 等于零

3. 渐开线上各点的曲率半径________。

A. 不相等　　B. 相等　　C. 不等于零　　D. 等于零

4. 要实现两相交轴之间的传动，可采用________。

A. 直齿圆柱齿轮传动　　B. 斜齿圆柱齿轮传动

C. 人字齿圆柱齿轮传动　　D. 直齿锥齿轮传动

5. 渐开线齿轮的齿廓曲线形状取决于________。

A. 基圆　　B. 分度圆　　C. 齿顶圆　　D. 齿根圆

6. 如将斜齿圆柱齿轮的螺旋角取得大些，则传动的平稳性将________。

A. 提高　　B. 降低　　C. 不变　　D. 不一定

7. 标准压力角和标准模数均在________上。

A. 分度圆　　B. 基圆　　C. 齿根圆　　D. 齿顶圆

8. 渐开线齿轮轮齿加工最常用的方法是________。

A. 铸造　　B. 冲压　　C. 轧制　　D. 切削

9. 渐开线轮齿连续传动的条件是齿轮的重合度是________。

A. $\varepsilon<0$　　B. $0<\varepsilon<1$　　C. $\varepsilon\geqslant1$　　D. $\varepsilon=1$

10. 斜齿圆柱齿轮传动设计中，需要取标准值的参数是________。

A. 齿顶圆直径　　B. 分度圆柱螺旋角　　C. 法向模数　　D. 端面模数

11. 标准斜齿外啮合圆柱齿轮的正确啮合条件是________。

A. $m_{n1}=m_{n2}=m$，$\alpha_{n1}=\alpha_{n2}=\alpha$，$\beta_1=-\beta_2$　　B. $m_1=m_2$　$\alpha_1=\alpha_2$　$h_{an1}=h_{an2}$

C. $m_{n1}=m_{n2}=m$，$\alpha_{n1}=\alpha_{n2}=\alpha$，$\beta_1=\beta_2$　　D. $m_1=-m_2$　$\alpha_1=-\alpha_2$　$h_{an1}=-h_{an2}$

12. 锥齿轮的正确啮合条件是________。

A. $\begin{cases}m_1=m_2\\ \alpha_1=\alpha_2\end{cases}$　　B. $\begin{cases}m_{大1}=m_{大2}\\ \alpha_{大1}=\alpha_{大2}\end{cases}$

C. $\begin{cases}m_{小1}=m_{小2}\\ \alpha_{小1}=\alpha_{小2}\end{cases}$　　D. $\begin{cases}m_{大1}=-m_{大2}\\ \alpha_{大1}=-\alpha_{大2}\end{cases}$

13. 一对标准渐开线齿轮啮合传动，若两轮中心距稍有变化，则________。

A. 两轮的角速度将变大一些　　B. 两轮的角速度将变小一些

C. 两轮的角速度将不变　　D. 与工作条件有关

14. 对于正常齿制的标准直齿圆柱齿轮，避免根切的最小齿数为________。

A. 16　　B. 17　　C. 18　　D. 19

15. 一对渐开线齿轮啮合时，啮合点始终沿着________移动。

A. 分度圆　　B. 节圆　　C. 基圆公切线　　D. 基圆

16. 渐开线上某点的压力角是指该点所受正压力的方向与该点________方向线之间所夹的锐角。

A. 绝对速度　　B. 相对速度　　C. 滑动速度　　D. 牵连速度

17. 渐开线标准齿轮是指 m、α、h_a^*、c^* 均为标准值，且分度圆齿厚________齿槽宽的齿轮。

A. 小于　　B. 大于　　C. 等于　　D. 小于等于

18. 渐开线直齿圆柱齿轮传动的重合度是实际啮合线段与________的比值。

A. 齿距　　B. 基圆齿距　　C. 齿厚　　D. 齿槽宽

19. 斜齿圆柱齿轮的标准模数和标准压力角在________上。

A. 端面　　B. 轴向　　C. 主平面　　D. 法向

20. 渐开线直齿锥齿轮的当量齿数 z_v ________其实际齿数 z。

A. 小于　　B. 小于等于　　C. 等于　　D. 大于

二、判断题

1. 有一对传动齿轮，已知主动轮的转速 $n_1=960$rpm，齿数 $z_1=20$，从动齿轮的齿数 $z_2=50$，这对齿轮的传动比 $i_{12}=2.5$，那么从动轮的转速应当为 $n_2=2400$r/min。（　）

2. 渐开线上各点的曲率半径都是相等的。（　）

3. 渐开线的形状与基圆的大小无关。（　）

4. 渐开线上任意一点的法线不可能都与基圆相切。（　）

5. 渐开线上各点的压力角是不相等的，离基圆越远压力角越小，基圆上的压力角最大。（　）

6. 齿轮的标准压力角和标准模数都在分度圆上。（　）

7. 分度圆上压力角的变化，对齿廓的形状有影响。（　）

8. 两齿轮间的距离叫中心距。（　）

9. 在任意圆周上，相邻两轮齿同侧渐开线间的距离，称为该圆上的齿距。（　）

10. 内齿轮的齿顶圆在分度圆以外，齿根圆在分度圆以内。（　）

11. $i_{12}=n_1/n_2=z_2/z_1$ 是各种啮合传动的通用速比公式。（　）

12. 斜齿轮的正确啮合条件是：两齿轮端面模数和压力角相等，螺旋角相等但方向相反。（　）

13. 斜齿圆柱齿轮计算的基本参数是：标准模数、标准压力角、齿数和螺旋角。（　）

14. 标准直齿锥齿轮，规定以小端的几何参数为标准值。（　）

15. 锥齿轮的正确啮合条件是：两齿轮的小端模数和压力角分别相等。（　）

16. 直齿圆柱标准齿轮的正确啮合条件是：只要两齿轮模数相等即可。（　）

17. 计算直齿圆柱标准齿轮的必须条件，是只需要模数和齿数就可以。（　）

18. 斜齿轮传动的平稳性和参加啮合的齿数比直齿轮高，故多用于高速传动。（　）

19. 齿轮传动和摩擦轮传动一样，都可以不停车进行变速和变向。（　）

20. 同一模数和同一压力角但不同齿数的两个齿轮，可使用同一把齿轮刀具进行加工。（　）

21. 齿轮加工中是否产生根切现象，主要取决于齿轮齿数。（　）

22. 齿数越多越容易出现根切。（　）

23. 为了便于装配，通常取小齿轮的宽度比大齿轮的宽度宽 5~10mm。（　）

24. 用展成法加工标准齿轮时，为了不产生根切现象，规定最小齿数不得小于 17。（　）

25. 齿轮传动不宜用于两轴间距离大的场合。（　）

26. 渐开线齿轮啮合时，啮合角恒等于节圆压力角。（　）

27. 由制造、安装误差导致中心距改变时，渐开线齿轮不能保证瞬时传动比不变。 ( )

28. 渐开线的形状只取决于基圆的大小。 ( )

29. 节圆是一对齿轮相啮合时才存在的圆。 ( )

30. 分度圆是计量齿轮各部分尺寸的基准。 ( )

三、填空题

1. 以齿轮中心为圆心，过节点所作的圆称为________圆。

2. 能满足齿廓啮合定律的一对齿廓，称为________齿廓。

3. 一对渐开线齿廓不论在哪点啮合，其节点 C 在连心线上的位置均________变化，从而保证实现定角速比传动。

4. 分度圆齿距 p 与 π 的比值定为标准值，称为________。

5. 渐开线直齿圆柱齿轮的基本参数是模数、齿数、____、齿顶高系数和顶隙系数。

6. 标准齿轮的特点是分度圆上的齿厚 $s=$________。

7. 对正常齿制的标准直齿圆柱齿轮，其压力角 $\alpha=$________。

8. 一对渐开线直齿圆柱齿轮正确啮合的条件是 $m_1=m_2=m$ 和________。

9. 一对渐开线齿轮连续传动的条件是____________。

10. 根据加工原理不同，齿轮轮齿的加工分为展成法和________法两类。

11. 齿轮若发生根切，将会导致齿根削弱，重合度________，故应避免。

12. 重合度的大小表明同时参与啮合的轮齿的对数的多少，重合度越大，承载能力越________。

13. 渐开线的几何形状与基圆的大小有关，它的直径越大，渐开线的曲率________。

14. 分度圆上压力角的大小对齿形有影响，当压力角增大时，齿形的齿顶变尖，齿根________。

15. 渐开线齿轮的齿形是由两条____的渐开线作齿廓而组成。

16. 基圆内______产生渐开线。

17. 渐开线上各点离基圆越远，压力角________。

18. 压力角、模数和________是齿轮几何尺寸计算的主要参数和依据。

19. 齿轮齿形的大小和强度与模数成________。

20. 齿轮各个圆的直径与齿数成______。

21. 分度圆压力角等于 20°，模数取标准值值，齿厚和齿间宽度相等的齿轮称为________。

22. 直齿圆柱齿轮传动中，只有当两个齿轮的模数和______都相等时，这两个齿轮才能啮合。

23. 按齿轮啮合方式不同，圆柱齿轮可以分为外啮合齿轮传动、内啮合齿轮传动和______传动。

24. 齿轮齿条传动主要用于把齿轮的旋转运动转变为齿条的______运动。

25. 变位齿轮是非标准齿轮在加工齿坯时，因改变______对齿坯的相对位置而切制成的。

26. 标准斜齿轮正确啮合的条件是：法向模数和压力角都相等，轮齿螺旋角相等而旋

向______。

27. 圆锥齿轮的正确啮合条件是：两齿轮的大端模数和______要相等。

28. 用同一把刀具加工 m、z、α 均相同的标准齿轮和变位齿轮，那么它们的分度圆、基圆和齿距均____。

29. 一对渐开线标准直齿圆柱齿轮按标准中心距安装时，两轮的节圆分别与其____圆重合。

30. 一对渐开线圆柱轮传动的两节圆中心距不一定等于两轮的____圆半径之和。

四、计算题

1. 一对正常齿制的渐开线标准外啮合直齿圆柱齿轮机构中，已知轮1齿数 $z_1=20$，传动比 $i=2.5$，压力角 $\alpha=20°$，模数 $m=10\text{mm}$。试求：①轮2的齿数 z_2、分度圆半径 r_2、基圆半径 r_{b2} 和齿根圆半径 r_{f2}；②齿厚 s、基圆齿距 p_b 和标准中心距 a。

2. 一对渐开线外啮合标准斜齿圆柱齿轮传动，已知齿轮齿数 $z_1=21$、$z_2=51$，法向模数 $m_n=4\text{mm}$，法向压力角 $\alpha_n=20°$，螺旋角 $\beta=15°$。试计算这对齿轮传动的中心距 a。

3. 一个渐开线标准正常齿制直齿圆柱齿轮，已知齿轮的齿数 $z=17$，压力角 $\alpha=20°$，模数 $m=3\text{mm}$。试求：在齿轮分度圆和齿顶圆上齿廓的曲率半径和压力角。

4. 某渐开线标准直齿圆柱齿轮机构的标准中心矩 $a=200\text{mm}$，传动比 $i_{12}=7/3$，小齿轮齿数 $z_1=30$。试解答下列问题：①求出该对齿轮的模数 m；②计算大齿轮的分度圆直径 d_2、齿顶圆直径 d_{a2} 和齿根圆直径 d_{f2}。③若该齿轮传动的实际安装中心矩 $a'=201\text{mm}$，则两齿轮节圆直径 d_1'、d_2'各为多少？

5. 一对渐开线标准直齿圆柱齿轮外啮合传动，已知齿轮的齿数 $z_1=30$，$z_2=40$，标准中心距 $a=140\text{mm}$。试求：①齿轮的模数 m、两齿轮的分度圆半径 r_1 和 r_2；②若实际安装中心距增至 141.4mm，求该传动的啮合角 α'。

6. 设有一对外啮合圆柱齿轮，已知：模数 $m_n=2\text{mm}$，齿数 $z_1=21$，$z_2=22$，中心距 $a=45\text{mm}$，现拟用斜齿圆柱齿轮来凑中心距，试问这对斜齿轮的螺旋角 β 应为多少？

7. 已知一蜗杆传动，蜗杆头数 $z_1=2$，蜗轮齿数 $z_2=40$，蜗杆轴向齿距 $p=15.70\text{mm}$，蜗杆顶圆直径 $d_{a1}=60\text{mm}$。试求模数 m、蜗杆的直径系数 q、蜗轮螺旋角 β、蜗轮的分度圆直径 d_2 及中心距 a。

8. 已知一对直齿锥齿轮的 $m=10\text{mm}$，$h_a^*=1.0$，$\Sigma=90°$，$z_1=15$，$z_2=30$，试计算这对齿轮的几何尺寸。

9. 已知一对直齿圆柱齿轮的中心距 $a=320\text{mm}$，两轮基圆直径为 $d_{b1}=187.94\text{mm}$、$d_{b2}=375.88\text{mm}$，试求两轮的节圆半径 r_1'和 r_2'及啮合角 α'。

Chapter 6

第6章 齿轮系及其设计

学习目标

主要内容：齿轮系的功用及类型；定轴轮系、周转轮系和复合轮系传动比的计算及齿轮转动方向的判断。

学习重点：定轴轮系和周转轮系传动比的计算。

学习难点：周转轮系传动比计算中的符号问题；复合轮系中基本轮系的区分。

6.1 概　　述

在实际机械中，为了获得较大的传动比或为了将输入轴的一种转速变换为输出轴的多种转速，常采用一系列互相啮合的齿轮来传递运动和动力。这种由一系列齿轮组成的传动系统称为轮系。

轮系的应用十分广泛，利用轮系：①可使一根主动轴带动几根从动轴，以实现分路传动或获得多种转速；②可以实现较远轴间的运动和动力的传递；③可以获得较大的传动比；④可实现运动的合成或分解；⑤在主轴转向不变的条件下，利用轮系可以改变从动轴的转向，实现换向运动。

根据轮系运动时各齿轮几何轴线位置是否固定，轮系分为定轴轮系与周转轮系两类。如图 6-1 所示，把所有齿轮的轴线相对机架都固定不动的轮系称为定轴轮系。如图 6-2 所示，

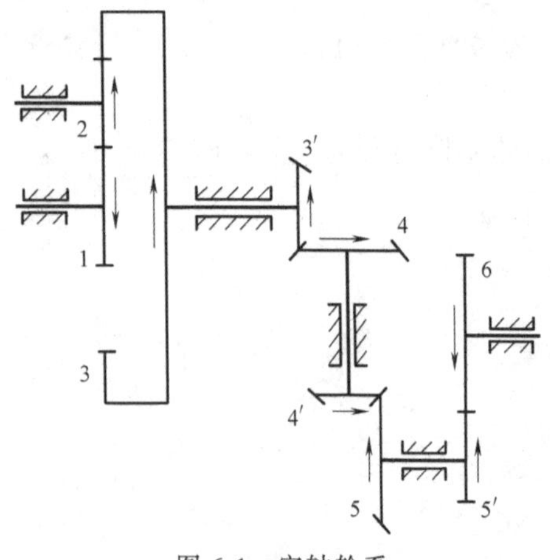

图 6-1　定轴轮系

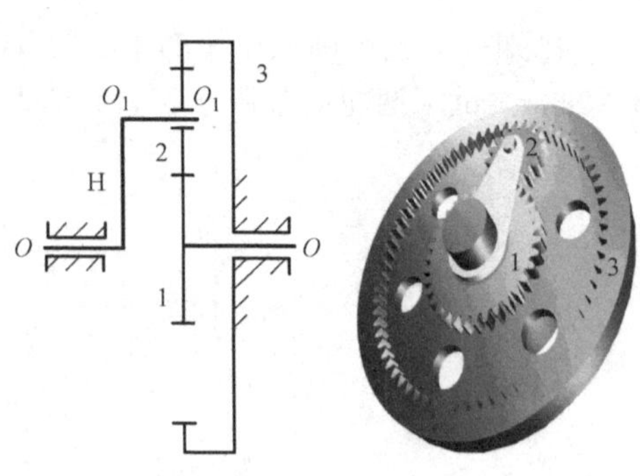

图 6-2　周转轮系

齿轮 2 的轴线绕齿轮 1 的轴线转动，这种至少有一个齿轮轴线是绕其他齿轮轴线转动的轮系称为周转轮系。若轮系中同时包含定轴轮系和周转轮系或多个周转轮系串联在一起时，称为复合轮系。

若轮系中包含锥齿轮及蜗杆传动，则该轮系称为空间轮系，如图 6-1 所示。若轮系中只包含圆柱齿轮，所有齿轮的轴线都平行，则该轮系称为平面轮系，如图 6-2 所示。

6.2 定轴轮系的传动比

轮系中，输入轴与输出轴角速度（或转速）之比称为轮系传动比，用 i_{ab} 表示，下标 a、b 为输入轴和输出轴的代号。为了完整地描述 a、b 两构件运动关系，计算传动比时不仅要确定两构件角速度比的大小，而且要确定它们的转向关系。即轮系传动比的计算包括两方面内容：一是传动比数值的大小；二是两轴的相对转动方向。

6.2.1 定轴轮系的传动比大小

下面以图 6-1 为例介绍传动比数值的计算。

齿轮 1、2、3、5′、6 为圆柱齿轮，3′、4、4′、5 为圆锥齿轮。z_1、z_2、…表示各齿轮的齿数，n_1、n_2、…表示各齿轮的转速。设齿轮 1 为主动轮（首轮），齿轮 6 为从动轮（末轮），其轮系的传动比为 $i_{16}=n_1/n_6$。

由齿轮啮合基本定律可知，一对互相啮合的定轴齿轮的转速之比等于它们齿数的反比，故对于齿轮 1、2：$i_{12}=n_1/n_2=z_2/z_1$；齿轮 2、3：$i_{23}=n_2/n_3=z_3/z_2$；齿轮 3′、4：$i_{3'4}=n_{3'}/n_4=z_4/z_{3'}$；齿轮 4′、5：$i_{4'5}=n_{4'}/n_5=z_5/z_{4'}$；齿轮 5′、6：$i_{5'6}=n_{5'}/n_6=z_6/z_{5'}$。同一轴上装的两个齿轮称为双联齿轮，双联齿轮的转速相同，故 $n_3=n_{3'}$，$n_4=n_{4'}$，$n_5=n_{5'}$。分析以上式子可知，n_2、n_3（$n_{3'}$）、n_4（$n_{4'}$）、n_5（$n_{5'}$）几个参数在这些式子的分子和分母中各出现一次。传动比的计算目的是求 i_{16}，将上面的式子连乘，于是可以得到

$$i_{16}=i_{12}\times i_{23}\times i_{3'4}\times i_{4'5}\times i_{5'6}=\frac{n_1 n_2 n_{3'} n_{4'} n_{5'}}{n_2 n_3 n_4 n_{5'} n_6}=\frac{n_1}{n_6}=\frac{z_2 z_3 z_4 z_5 z_6}{z_1 z_2 z_{3'} z_{4'} z_{5'}}$$

即

$$i_{16}=\frac{n_1}{n_6}=\frac{z_3 z_4 z_5 z_6}{z_1 z_{3'} z_{4'} z_{5'}}$$

注意轮系中的齿轮 2，在齿轮 1、2 中为从动轮，在齿轮 2、3 中为主动轮，其齿数 z_2 在分子和分母中各出现一次相抵消，对传动比的大小无影响（只改变方向），称为惰轮。

上式表明，定轴轮系传动比数值的大小等于组成该轮系的各对啮合齿轮传动比的连乘积，或者说等于各对啮合齿轮中所有从动轮齿数连乘积与所有主动轮齿数连乘积之比。推广到一般情况，设齿轮 1 为主动轮（首轮），齿轮 k 为从动轮（末轮），则定轴轮系始末两轮传动比数值计算的一般公式为

$$i_{1k}=\frac{n_1}{n_k}=\frac{\text{轮 1 至轮 } k \text{ 所有从动轮齿数的连乘积}}{\text{轮 1 至轮 } k \text{ 所有主动轮齿数的连乘积}} \tag{6-1}$$

6.2.2 定轴轮系的转向关系

齿轮传动的转向关系有用正负号表示或用画箭头表示两种方法。

1. 箭头法

在图 6-1 所示的定轴轮系中，用箭头方向代表齿轮，可见一侧的圆周速度方向。因为任何一对啮合齿轮节点处的圆周速度都相同，所以表示两轮转向的箭头应同时指向或背离节点。设首轮 1（主动轮）的转向已知（图中为向下），则其他齿轮转向关系如图 6-1 所示。当首轮和末轮的轴线平行时，两轮转向的同异可以用传动比的正负来表达。两轮转向相同时，传动比为“+”；当两轮转向相反时，传动比为“-”。

在图 6-1 中，首轮 1 和末轮 6 的转向相同，则 $i_{16}=n_1/n_6=+(z_3z_4z_5z_6)/(z_1z_{3'}z_{4'}z_{5'})$。若设齿轮 5 为主动轮（首轮），齿轮 1 为从动轮（末轮），因两轮转向相反，则 $i_{51}=n_5/n_1=-(z_1z_{3'}z_{4'})/(z_3z_4z_5)$。注意：轴线不平行的两个齿轮的转向没有相同或相反的意义，只能在图中用箭头法表达其转向。

2. 计算法

对于平行轴平面定轴轮系，可用计算法确定其转向关系。在平面定轴轮系中，每出现一对外啮合圆柱齿轮，齿轮的转向改变一次。如果有 m 对外啮合圆柱齿轮，可以用 $(-1)^m$ 表示传动比的正负号。因此，对平行轴平面定轴轮系，式（6-1）又可写成

$$i_{1k}=\frac{n_1}{n_k}=(-1)^m\frac{\text{轮 1 至轮 }k\text{ 所有从动轮齿数的连乘积}}{\text{轮 1 至轮 }k\text{ 所有主动轮齿数的连乘积}} \tag{6-2}$$

计算法只适用于平行轴平面定轴轮系，箭头法对任何一种轮系都适用。

例 6.1 图 6-3 所示的轮系中，已知各轮齿数 $z_1=18$，$z_2=36$，$z_{2'}=20$，$z_3=80$，$z_{3'}=20$，$z_4=18$，$z_5=30$，$z_{5'}=15$，$z_6=30$，$z_{6'}=20$（右旋），$z_7=30$，$z_{7'}=2$（右旋），$z_8=80$，轮 1 为主动轮，$n_1=1440\text{r/min}$，其转向如图 6-3 所示，试求传动比 i_{18}、i_{17}、i_{15}。

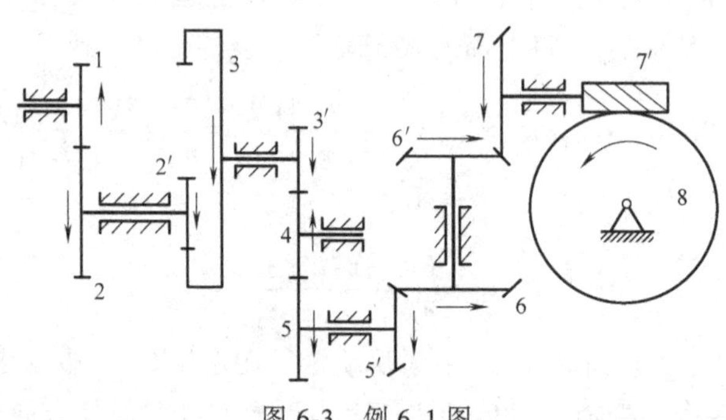

图 6-3 例 6.1 图

解：① 求 i_{18}，首轮为轮 1，末轮为轮 8，轮 1 至轮 8 之间不仅包含圆柱齿轮，还包含了锥齿轮及蜗杆传动，应按空间轮系用箭头法确定各轮转向。

从轮 2 开始，顺次标出各对啮合齿轮的转动方向，其中蜗杆传动要用主动轮左右手法则，如图 6-3 所示。

传动比大小由式（6-1）计算得

$$i_{18}=\frac{n_1}{n_8}=\frac{z_2z_3z_4z_5z_6z_7z_8}{z_1z_{2'}z_{3'}z_4z_{5'}z_{6'}z_{7'}}=\frac{36\times80\times18\times30\times30\times30\times80}{18\times20\times20\times18\times15\times20\times2}=1440$$

如图 6-3 所示，因为齿轮 1 与齿轮 8 的轴线不平行，其传动比不能用正负来表达，转向关系也只能用箭头法图示。

② 求 i_{17}，轮 1 至轮 7 之间包含锥齿轮，必须用箭头法确定各轮转向，但轮 1 与轮 7 的轴线是平行的，所以其转向关系可用传动比的正负表达，由图 6-3 可知，轮 1 与轮 7 转向相反，i_{17} 为负，所以：

$$i_{17}=\frac{n_1}{n_7}=-\frac{z_2z_3z_4z_5z_6z_7}{z_1z_{2'}z_{3'}z_4z_{5'}z_{6'}}=-\frac{36\times80\times18\times30\times30\times30}{18\times20\times20\times18\times15\times20}=-36$$

③ 求 i_{15}，轮 1 至轮 5 之间只包含圆柱齿轮，且轮 1 和轮 5 轴线平行，所以可用式（6-2）确定 i_{15} 的大小及转向关系：

$$i_{15}=\frac{n_1}{n_5}=(-1)^m\frac{z_2z_3z_4z_5}{z_1z_{2'}z_{3'}z_4}=(-1)^3\frac{36\times80\times18\times30}{18\times20\times20\times18}=-12$$

6.3 周转轮系的传动比

6.3.1 基本概念

在图 6-4 所示的轮系中，齿轮 1 和 3 以及构件 H 各绕固定的几何轴线 O_1、O_3（与 O_1 重合）及 O_H（也与 O_1 重合）转动；齿轮 2 空套在构件 H 的小轴上。当构件 H 转动时，齿轮 2 一方面绕自己的几何轴线 O_2 转动（自转），同时又随构件 H 绕固定的几何轴线 O_H 转动（公转），这是一个周转轮系。

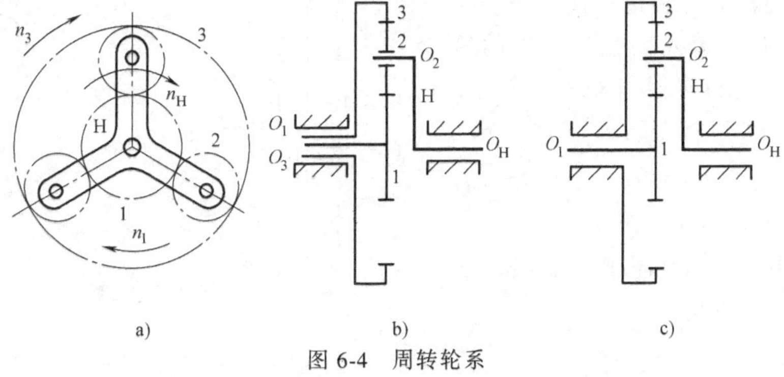

图 6-4　周转轮系

在周转轮系中，轴线位置变动、既作自转又作公转的齿轮，称为行星轮；支持行星轮作自转和公转的构件称为行星架；轴线位置固定且与行星轮啮合的齿轮称为太阳轮（或中心轮）。太阳轮与行星架的几何轴线必须重合。由一个行星轮、一个行星架和两个中心轮构成的周转轮系称为基本周转轮系，基本周转轮系是传动比计算的基本单元。

为了使转动时的惯性力平衡以及减轻轮齿上的载荷，常采用几个完全相同的行星轮（图 6-4a 所示为 3 个）均匀地分布在太阳轮的周围同时进行传动。因为这种行星轮的个数对研究周转轮系的运动没有任何影响，所以在机构简图中可以只画出一个，如图 6-4b 所示。

根据基本周转轮系的自由度数目，可以将其划分为两大类。在图 6-4b 所示的周转轮系中，两个太阳轮都能转动，该机构的活动构件 $n=4$（总的活动构件有 6 个，行星轮 2 有 3 个，有两个是对传递运动不起独立作用的重复部分，属于虚约束，要去掉，故 $n=4$），低副 $p_L=4$，高副 $p_H=2$，机构自由度 $F=2$，需要两个原动件才能使其具有确定运动，这种周转轮系称为差动轮系。

在图 6-4c 所示的周转轮系中，只有一个太阳轮 1 能转动，太阳轮 3 是固定的，该机构的活动构件 $n=3$（总的活动构件有 5 个，行星轮 2 有 3 个，其中有两个是对传递运动不起独立作用的重复部分，属于虚约束，要去掉，故 $n=3$），低副 $p_L=3$，高副 $p_H=2$，机构自由度 $F=1$，只需一个原动件就能使其具有确定运动，这种周转轮系称为行星轮系。

6.3.2 周转轮系传动比的计算方法

周转轮系和定轴轮系的根本区别在于周转轮系中有转动的行星架，使得行星轮既有自转又有公转，不是简单的定轴运动，因此，不能直接应用定轴轮系的传动比计算公式求解周转轮系的传动比大小。

根据相对运动原理，如果给整个周转轮系加上一个绕轴线 O_H 转动、大小与 n_H 相同而方向与 n_H 相反的公共转速（$-n_H$）之后，则各构件之间的相对运动关系不变，但此时的行星架绝对转速为 $n_H-n_H=0$，即行星架变为相对“静止不动”了，于是周转轮系就转化为一个假想的定轴轮系，从而可用求解定轴轮系传动比的方法求出周转轮系的传动比。

利用相对运动原理将周转轮系转化为定轴轮系的方法称为转化机构法，转化后的假想定轴轮系称为转化轮系，如图 6-5 所示。

若周转轮系中行星架的代号为“H”，则转化轮系中所有构件转速的代号必须在右上角标记“H”，表示转化轮系中的这些转速是各构件对行星架 H 的相对转速。对于图 6-4 中，可以标记为 n_H^H、n_1^H、n_2^H、n_3^H，其中 $n_H^H=n_H-n_H=0$，$n_1^H=n_1-n_H$，$n_2^H=n_2-n_H$，$n_3^H=n_3-n_H$。

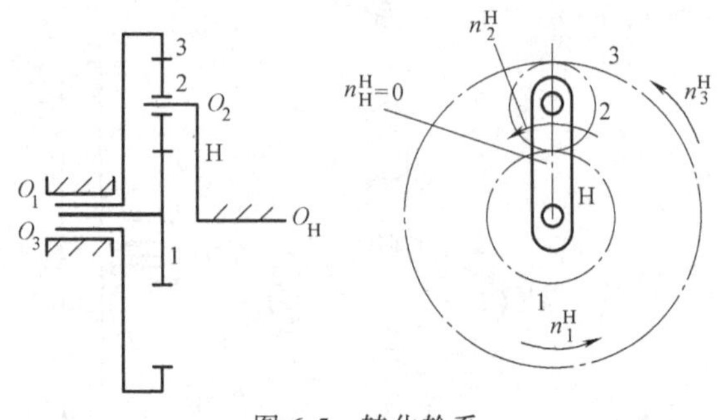

图 6-5 转化轮系

转化轮系中齿轮 1 和齿轮 3 的传动比 i_{13}^H 可由式（6-2）得出

$$i_{13}^H=\frac{n_1^H}{n_3^H}=\frac{n_1-n_H}{n_3-n_H}=(-1)^1\frac{z_2z_3}{z_1z_2}=-\frac{z_3}{z_1}$$

推广到一般情形，设基本周转轮系的太阳轮分别为 a、b，行星架为 H，则转化轮系的传动比为

$$i_{ab}^H=\frac{n_a^H}{n_b^H}=\frac{n_a-n_H}{n_b-n_H}=\pm\frac{\text{所有从动轮齿数的连乘积}}{\text{所有主动轮齿数的连乘积}} \tag{6-3}$$

应用式（6-3）时应注意以下几点：

① 式中的"±"号，空间轮系只能用箭头法确定，平面轮系用箭头法或计算法 $(-1)^m$（m 为 a、b 之间外啮合齿轮的对数，各齿轮轴线必须平行）确定；式中"±"号不仅表明转化轮系中两太阳轮的转向关系，而且直接影响 n_a、n_b、n_H 之间的数值关系，进而影响传动比计算结果的正确性，因此不能漏判或错判。

② n_a、n_b、n_H 均为代数值，使用公式时要带相应的"±"；可先设某构件的转向为"+"，再由相应的转向关系推出其他构件转向的符号。

③ 式中"±"不表示周转轮系中轮 a 的转速 n_a 与轮 b 的转速 n_b 之间的转向关系，仅表示转化轮系中 n_a^H、n_b^H 之间的转向关系。

例 6.2　如图 6-6 所示的轮系中，已知 $n_1=200\text{r/min}$，$n_3=50\text{r/min}$，$z_1=15$，$z_2=25$，$z_{2'}=20$，$z_3=60$，求：1）n_1 与 n_3 转向相同时 n_H 的大小和方向；2）n_1 与 n_3 转向相反时 n_H 的大小和方向。

解：图 6-6 表明，该轮系为平面周转轮系，各齿轮轴线平行，可用计算法确定 n_1^H 与 n_3^H 的转向关系，在此，$m=1$。由式（6-3）得

$$i_{13}^H=\frac{n_1-n_H}{n_3-n_H}=(-1)^1\frac{z_2z_3}{z_1z_{2'}}=-\frac{25\times60}{15\times20}=-5$$

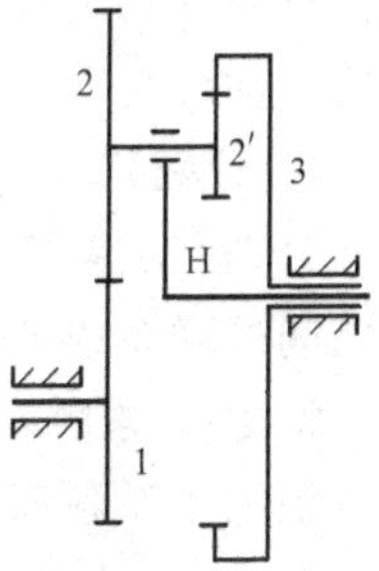

图 6-6　例 6.2 图

1）当 n_1 与 n_3 转向相同时，设 n_1 为正值，则 n_3 也为正值，将 n_1 及 n_3 带符号代入上式得

$$\frac{200-n_H}{50-n_H}=-5$$

解得：$n_H=75\text{r/min}$。由于 n_H 为正，故其转向与 n_1 相同。

2）当 n_1 与 n_3 转向相反时，设 n_1 为正值，则 n_3 为负值，将 n_1 及 n_3 带符号代入得

$$\frac{200-n_H}{-50-n_H}=-5$$

解得：$n_H=-8.33\text{r/min}$。由于 n_H 为负，其转向与 n_1 相反。

例 6.3　图 6-7 所示为锥齿轮组成的差动轮系，已知 $z_1=60$，$z_2=40$，$z_{2'}=z_3=20$，若 n_1 与 n_3 均为 120r/min，但转向相反（如图中实线箭头所示），求 n_H 的大小和方向。

解：该轮系为空间基本周转轮系，用箭头法确定 n_1^H 与 n_3^H 的转向关系。在图 6-7 中，将行星架 H 固定，画出转化轮系各轮的转向（用虚线箭头表示）。

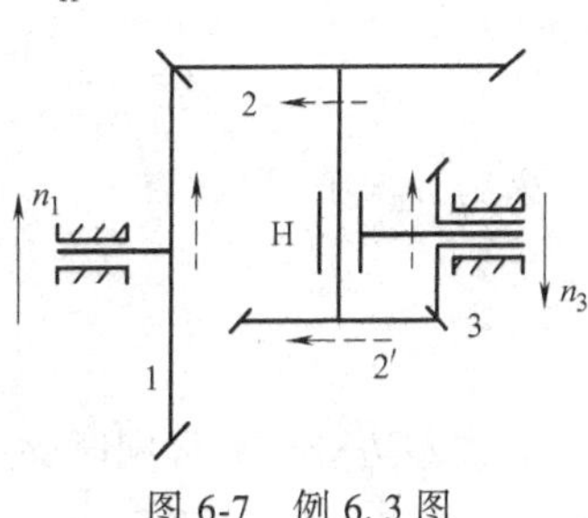

图 6-7　例 6.3 图

因 n_1^H 与 n_3^H 转向相同，由式（6-3）得

$$i_{13}^H=\frac{n_1^H}{n_3^H}=\frac{n_1-n_H}{n_3-n_H}=+\frac{z_2z_3}{z_1z_{2'}}$$

设 n_1 为正，则由题意可知 n_3 为负，将 $n_1=120\text{r/min}$，$n_3=-120\text{r/min}$，代入上式得

$$\frac{120-n_H}{-120-n_H}=\frac{40}{60}$$

解得：$n_H=600\text{r/min}$。由于 n_H 为正，故其转向与 n_1 相同。

6.4 复合轮系的传动比

在机械中，经常用到由几个基本周转轮系或定轴轮系和周转轮系组合而成的复合轮系。由于整个复合轮系不可能转化成一个定轴轮系，所以不能只用一个公式来求解，而应当将复合轮系中的定轴轮系部分和周转轮系部分区分开分别计算。

因此，复合轮系传动比计算的方法和步骤如下：

1. 分清轮系

分清轮系就是要分清复合轮系中哪些部分属于定轴轮系，哪些部分属于周转轮系。若一系列相啮合齿轮的几何轴线都是固定不动的，则这些齿轮便构成定轴轮系。若某齿轮的几何轴线绕另一齿轮的几何轴线转动，则该处便含基本周转轮系。找出基本周转轮系的一般方法是：首先，找出行星轮；其次，找出行星架，支承行星轮的构件就是行星架；再次，找出太阳轮，轴线与行星架的回转轴线重合，且与行星轮相啮合的定轴齿轮就是太阳轮。

2. 分别列式

分别列出各定轴轮系和基本周转轮系传动比的计算关系式。找到定轴轮系与基本周转轮系之间的联系或各个基本周转轮系之间的联系，并尽量用行星轮系来列出计算关系式。

3. 联立求解

根据轮系各部分列出的计算式，进行联立求解。

例 6.4 如图 6-8 所示，已知各轮齿数为：$z_1=20$，$z_2=40$，$z_{2'}=20$，$z_3=30$，$z_4=80$，求传动比 i_{1H}。

解：(1) 分清轮系 由图 6-8 可知，该轮系是由定轴轮系和基本周转轮系复合而成的。齿轮 1、2 构成定轴轮系，行星轮 3、太阳轮 2′、4 和行星架 H 构成基本周转轮系。它们的联系为双联齿轮 2-2′。

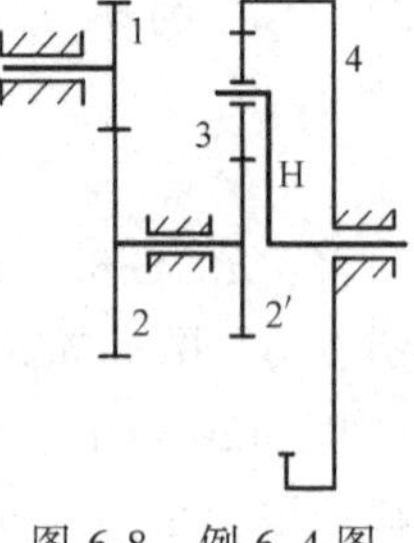

图 6-8 例 6.4 图

(2) 分别列式

① 在基本周转轮系 3、2′、4、H 中，由式 (6-3) 得

$$i_{2'4}^{H}=\frac{n_2-n_H}{n_4-n_H}=-\frac{z_4}{z_{2'}}=-\frac{80}{20}=-4$$

因为 $n_4=0$，因此有

$$\frac{n_2-n_H}{0-n_H}=-4$$

等式左边分子分母同时除以 n_H，则有

$$\frac{i_{2H}-1}{0-1}=-4$$

化简得

$$i_{2H}=\frac{n_2}{n_H}=5$$

② 在定轴轮系 1、2 中：

$$i_{12}=\frac{n_1}{n_2}=-\frac{z_2}{z_1}=-\frac{40}{20}=-2$$

（3）联立求解

由①、②不难求出：

$$i_{1H}=i_{12}\times i_{2H}=(-2)\times 5=-10$$

6.5　轮系传动比计算实例

本书绪论部分介绍的典型机器中，专用精压机的传动系统和链板输送机的减速器都是齿轮系。下面分别以专用精压机中的齿轮传动系统和链板式输送机的行星齿轮减速器为例，重点介绍定轴轮系和周转轮系传动比的计算过程。

6.5.1　专用精压机中轮系传动比计算

专用精压机的传动系统使用了多种形式的齿轮传动，包括直齿圆柱齿轮、斜齿圆柱齿轮和锥齿齿轮传动。图 6-9 给出了专用精压机传动系统的机构运动示意图。

1. 原始数据

已知各齿轮齿数为：$z_1=27$、$z_2=81$、$z_{2'}=19$、$z_3=73$、$z_{3'}=z_4=19$，齿轮 1 的转速 $n_1=578\text{r/min}$，现需要确定锥齿轮 4 转速 n_4 的大小和方向。

2. 计算过程

该轮系属于定轴轮系，齿轮 1 为首轮，齿轮 4 为末轮，因此，由式（6-1）可求得齿轮 1 和齿轮 4 之间的传动比：

$$i_{14}=\frac{n_1}{n_4}=\frac{z_2z_3z_4}{z_1z_{2'}z_{3'}}=\frac{81\times73\times19}{27\times19\times19}=11.526$$

则齿轮 4 转速的大小为

$$n_4=\frac{n_1}{i_{14}}=\frac{578}{11.526}\text{r/min}=50.15\text{r/min}$$

齿轮 4 转速的方向可由箭头法推导，并在图中标示出来，如图 6-10 所示。

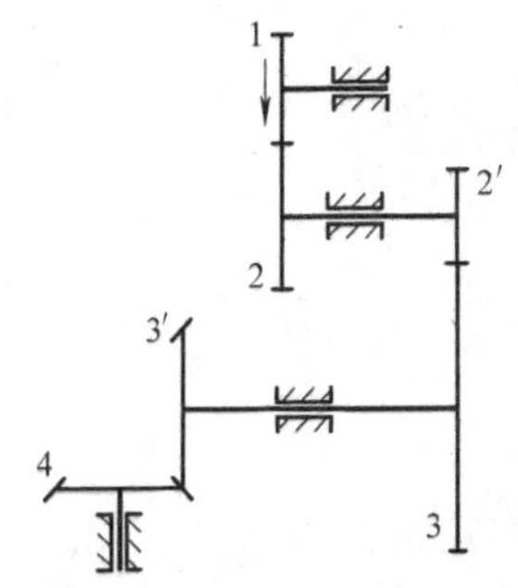

图 6-9　专用精压机轮系简图

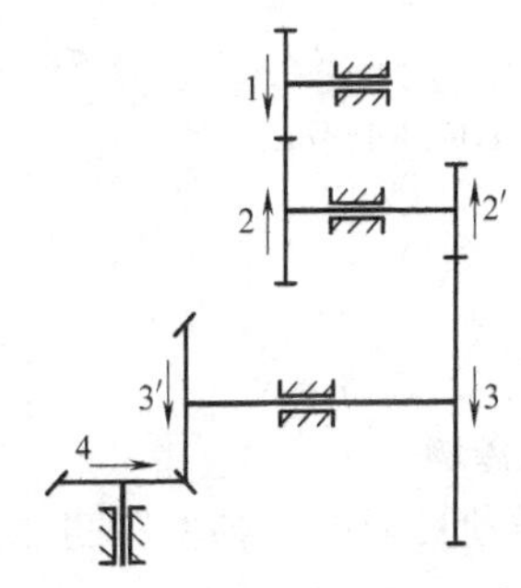

图 6-10　齿轮 4 的转向判定简图

6.5.2 链板输送机行星减速器轮系传动比的计算

专用精压机生产线中采用行星减速器减速的链板输送机，如图 6-11 所示。行星减速器采用 2K-H 周转轮系传动，其主要构成如图 6-12 所示。

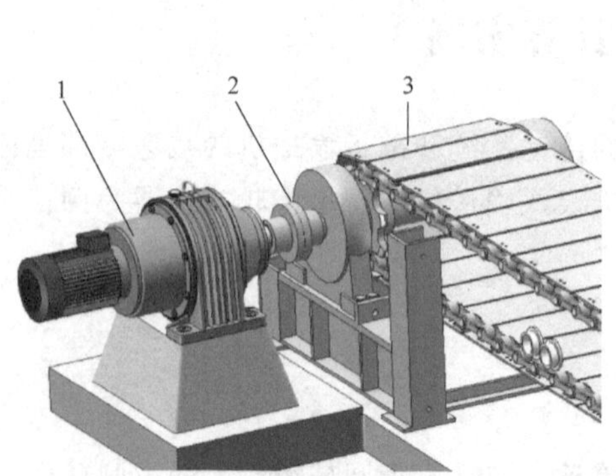

图 6-11 采用行星减速器减速的链板输送机
1—行星减速器 2—联轴器 3—链板输送机

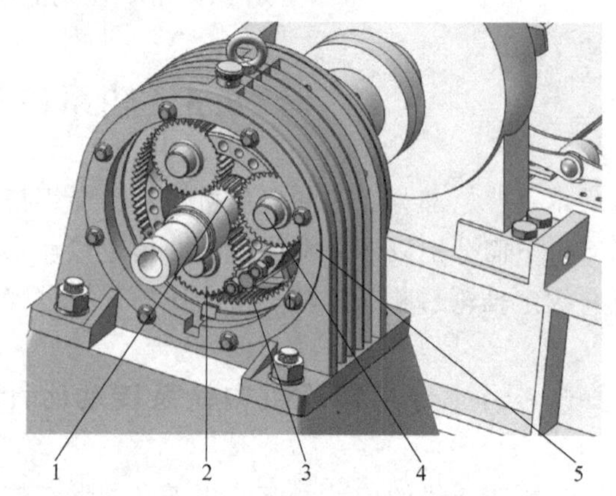

图 6-12 行星减速器主要构成
1—小齿轮（小太阳轮） 2—行星轮
3—大齿圈（大中心轮） 4—行星架 H
5—减速器箱体

图 6-13 所示为该行星减速器中周转轮系的机构示意图。

1. 原始数据

已知各轮的齿数分别为：$z_1=13$，$z_2=30$，$z_3=73$，齿轮 1 的转速 $n_1=720\text{r/min}$。计算行星架 H 转速 n_H 的大小及转向。

2. 计算过程

由题意可知

$$i_{13}^{H}=\frac{n_1-n_H}{n_3-n_H}=-\frac{z_3}{z_1}$$

因齿轮 2 为过桥齿轮，只改变传动比的方向不会改变传动比的大小，故上式中无需列出齿轮 2 的齿数。又因 $n_3=0$，故得到

$$\frac{720-n_H}{0-n_H}=-\frac{73}{13}$$

则 $n_H=108.84\text{r/min}$。因 n_H 为正，所以 n_H 和 n_1 转向相同。

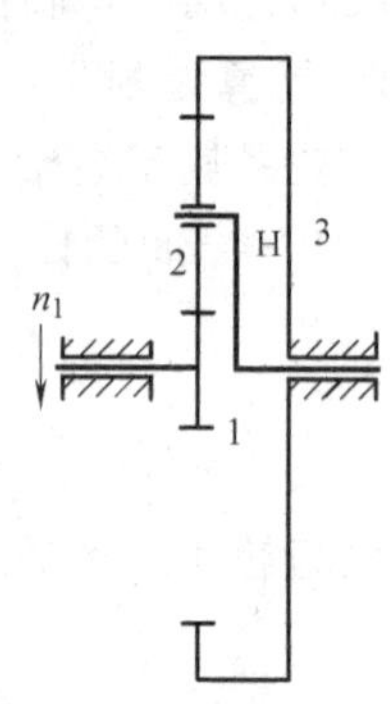

图 6-13 周转轮系机构示意图

同 步 练 习

一、选择题

1. 在传动过程中，各齿轮的几何轴线位置都固定不动的轮系称为________。

A. 定轴轮系　　B. 周转轮系　　C. 行星轮系　　D. 混合轮系

2. 在________轮系中，至少有一个齿轮的几何轴线是绕另外一个齿轮的固定轴线转动的。

A. 定轴　　B. 周转　　C. 行星　　D. 混合

3. 在平面定轴轮系中，传动比的符号与一个齿轮的固定轴线转动的________有关。

A. 内啮合齿轮的对数　　B. 外啮合齿轮的对数

C. 相啮合齿轮的对数　　D. 行星架的对数

4. 以下选项中，________不是轮系的主要功用。

A. 实现相距较远的两轴间的运动　　B. 实现变速运动

C. 传递大功率　　D. 实现高速运动

5. 周转轮系中的差动轮系自由度为________。

A. 1　　B. 2　　C. 3　　D. 4

6. 轮系可分为________两种类型。

A. 定轴轮系和差动轮系　　B. 差动轮系和行星轮系

C. 定轴轮系和复合轮系　　D. 定轴轮系和周转轮系

7. 在定轴轮系中，设轮 1 为起始主动轮，轮 N 为最末从动轮，则定轴轮系始末两轮传动比数值计算的一般公式是 $i_{1N}=$________。

A. 轮 1 至轮 N 间所有从动轮齿数的乘积/轮 1 至轮 N 间所有主动轮齿数的乘积

B. 轮 1 至轮 N 间所有主动轮齿数的乘积/轮 1 至轮 N 间所有从动轮齿数的乘积

C. 轮 N 至轮 1 间所有从动轮齿数的乘积/轮 1 至轮 N 间所有主动轮齿数的乘积

D. 轮 N 至轮 1 间所有主动轮齿数的乘积/轮 1 至轮 N 间所有从动轮齿数的乘积

8. 基本周转轮系是由________构成。

A. 行星轮和太阳轮　　B. 行星轮、惰轮和太阳轮

C. 行星轮、行星架和太阳轮　　D. 行星轮、惰轮和行星架

二、判断题

1. 轮系可分为定轴轮系和周转轮系两种。（　）

2. 旋转齿轮的几何轴线位置均不能固定的轮系，称为周转轮系。（　）

3. 至少有一个齿轮和它的几何轴线绕另一个齿轮旋转的轮系，称为定轴轮系。（　）

4. 定轴轮系首末两轮转速之比，等于组成该轮系的所有从动齿轮齿数连乘积与所有主动齿轮齿数连乘积之比。（　）

5. 在周转轮系中，凡具有旋转几何轴线的齿轮，就称为太阳轮。（　）

6. 在周转轮系中，凡具有固定几何轴线的齿轮，就称为行星轮。（　）

7. 定轴轮系可以把旋转运动转变成直线运动。（　）

8. 轮系传动比的计算，不但要确定其数值，还要确定输入输出轴之间的运动关系，表示出它们的转向关系。（　）

9. 对于空间定轴轮系，其始末两齿轮转向关系可用传动比计算方式中的 $(-1)^m$ 的符号来判定。（　）

10. 计算行星轮系的传动比时，把行星轮系转化为一假想的定轴轮系，即可用定轴轮系的方法解决行星轮系的问题。（　）

三、填空题

1. 由若干对齿轮组成的齿轮机构称为________。

2. 根据轮系中齿轮的几何轴线是否固定，可将轮系分为定轴轮系、周转轮系和________轮系三种。

3. 对于平面定轴轮系，始末两齿轮转向关系可用传动比计算公式中________的符号来判定。

4. 行星轮系由行星轮、太阳轮和________三种基本构件组成。

5. 在定轴轮系中，每一个齿轮的回转轴线都是________的。

6. 惰轮对传动比大小并无影响，但却能改变从动轮的转动________。

7. 如果轮系中有一个齿轮和它的几何轴线绕另一个齿轮旋转，则该轮系就叫________。

8. 旋转齿轮的几何轴线位置均________的轮系，称为定轴轮系。

9. 轮系中首末两轮转速之比，称为轮系的________。

10. 加惰轮的轮系只能改变从动轮的旋转方向，不能改变轮系的传动比________。

11. 一对齿轮的传动比，若考虑两轮旋转方向的同异，可写成 $i=n_1/n_2=\pm$________。

12. 定轴轮系传动比等于组成该轮系所有从动轮轮齿数连乘积与所有________轮齿数连乘积之比。

13. 在周转转系中，凡具有________几何轴线的齿轮，称太阳轮。

14. 周转轮系中，只有一个主动件时的轮系称为________。

15. 轮系可获得较大的传动比，并可作________距离的传动。

16. 轮系可以实现变速要求和________要求。

17. 差动轮系的主要结构特点，是有两个________。

18. 在周转轮系中，轴线固定的齿轮称为中心轮或________。

19. 自由度 $F=2$ 的周转轮系称为________。

四、计算题

1. 如图 6-14 所示轮系，右旋双头蜗杆 1 为主动件。已知：$n_1=1500\text{r/min}$，各轮齿数分别为：$z_1=2$、$z_2=40$、$z_{2'}=25$、$z_3=50$、$z_{3'}=45$、$z_4=30$、$z_{4'}=18$、$z_5=54$。试求齿轮 5 转速 n_5 的大小和方向。

2. 如图 6-15 所示的由锥齿轮组成的齿轮系中，各轮齿数分别为：$z_1=21$，$z_2=42$，$z_2'=50$，$z_3=90$，已知 $n_1=150\text{r/min}$，试求 n_H 的大小和方向。

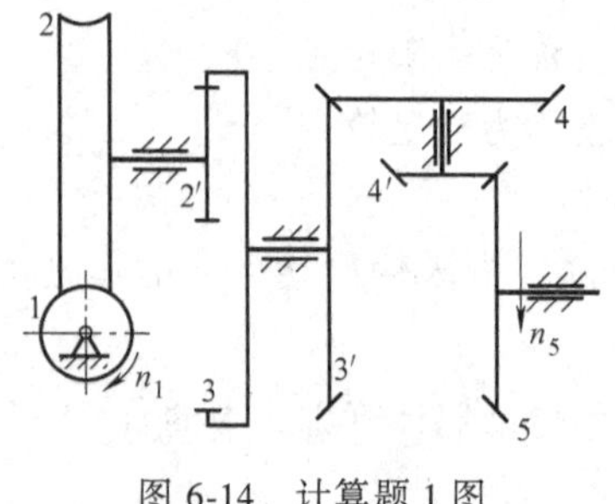

图 6-14 计算题 1 图

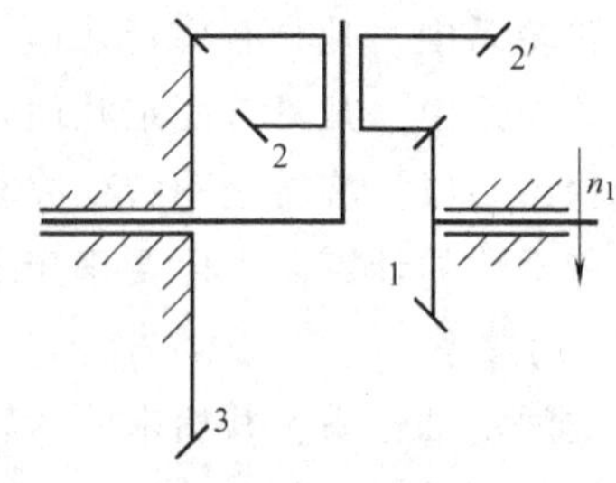

图 6-15 计算题 2 图

3. 如图 6-16 所示齿轮系中，各齿轮齿数分别为：$z_1=19$，$z_2=57$，$z_{2'}=18$，$z_3=36$，$z_{3'}=$

21，$z_4=42$，4′为左旋蜗杆且头数 $z_{4'}=2$，蜗轮 5 的齿数 $z_5=50$，该齿轮系的运动由齿轮 1 输入且 $n_1=1500\text{r/min}$。试求蜗轮 5 的转速 n_5 大小及方向。

4. 在图 6-17 所示齿轮系中，已知 $z_1=z_2'=20$、$z_2=z_3=30$、$n_1=-2n_3=100\text{r/min}$，求行星架转速 n_H 的大小和方向。

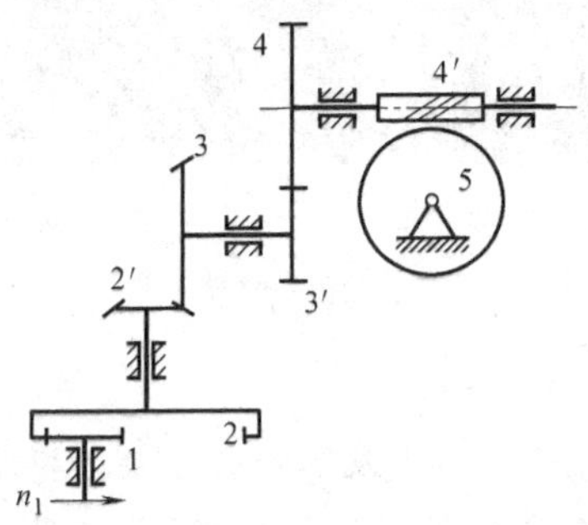

图 6-16　计算题 3 图

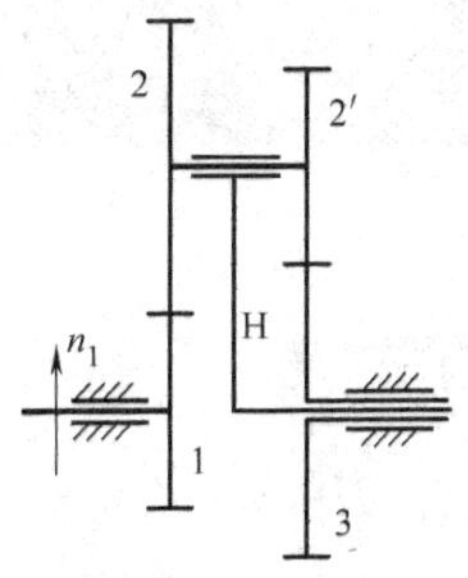

图 6-17　计算题 4 图

5. 图 6-18 所示齿轮系中，各齿轮齿数分别为：$z_1=20$，$z_2=40$，$z_2'=30$，$z_3=90$，该齿轮系的运动由齿轮 1 输入且 $n_1=960\text{r/min}$。试求行星架 H 的转速 n_H 的大小及方向。

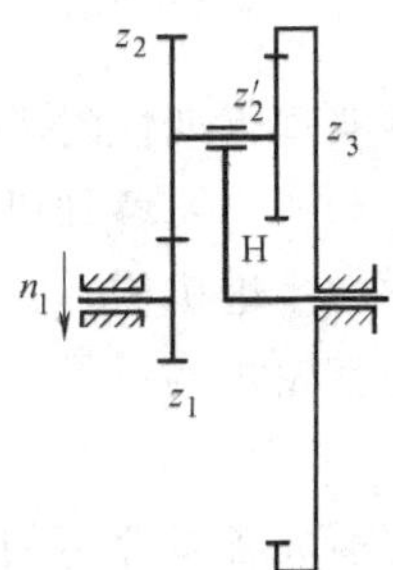

图 6-18　计算题 5 图

Chapter 7

第7章 其他常用机构

学习目标

主要内容：棘轮机构的工作原理、类型、应用、设计要点及其调节方法；槽轮机构的工作原理、类型、应用及其设计；不完全齿轮机构的工作原理、运动特性及其应用；凸轮式间歇运动机构的工作原理、运动特性及其应用；螺旋机构的工作原理、运动特性及其应用。

学习重点：棘轮机构、槽轮机构、不完全齿轮机构和凸轮式间歇运动机构的工作原理。

学习难点：棘轮机构和槽轮机构的设计。

自动机械中，常要求某些执行构件实现周期性时动时停的间歇运动，如牛头刨床的工件进给运动，机械加工成品或工件输送运动，以及各种机器工作台的转位运动等。能够实现这类动作的机构称为间歇运动机构，也称为步进机构。常用的步进机构可以分为两类，一类是主动件往复摆动，从动件间歇运动，如棘轮机构；另一类是主动件连续运动，从动件间歇运动，如槽轮机构、不完全齿轮机构等。

因此，在设计机器时，除广泛采用前面各章介绍的常用机构外，还经常用到其他类型的一些机构，如各类间歇运动机构、非圆齿轮机构、螺旋机构、组合机构及含有某些特殊元器件的广义机构等。本章将对这些常用机构的工作原理、运动特点、应用情况及设计要点分别予以简要介绍。

7.1 棘轮机构

7.1.1 棘轮机构的工作原理

如图 7-1 所示，常用的外啮合式棘轮机构由主动摆杆、棘爪、棘轮、止回棘爪和机架组成。主动件空套在与棘轮固连的从动轴上，并与驱动棘爪用转动副相连。当主动件逆时针摆动时，驱动棘爪便插入棘轮的齿槽中，使棘轮跟着转过一定角度，此时，止回棘爪在棘轮的齿背上滑动。当主动件顺时针方向转动时，止回棘爪阻止棘轮顺时针方向转动，而驱动棘爪却能够在棘轮齿背上滑过，所以，这时棘轮静止不动。因此，当主动

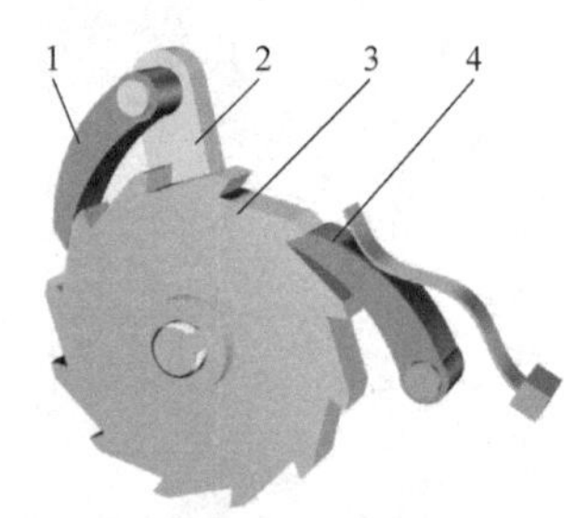

图 7-1 齿式棘轮

1—棘爪 2—主动摆杆

3—棘轮 4—止回棘爪

件做连续的往复摆动时，棘轮做单向的间歇运动。

7.1.2 棘轮机构的类型及特点

按照不同的方式分类，棘轮机构可分为不同的类型。

1. 按结构形式分类

按结构形式不同，棘轮机构分为齿式棘轮机构（图 7-1）和摩擦式棘轮机构（图 7-2）。

齿式棘轮机构的优点是：结构简单、制造方便，动与停的时间比可通过选择合适的驱动机构来实现；缺点是：动程只能作有级调节，噪声、冲击和磨损较大，不宜用于高速场合。

摩擦式棘轮机构是用偏心扇形楔块代替齿式棘轮机构中的棘爪，以无齿摩擦轮代替棘轮。其优点是：传动平稳、无噪声，动程可无级调节；缺点是：会出现打滑，虽然可起到安全保护作用，但传动精度不高，适用于低速轻载的场合。

2. 按啮合方式分类

按啮合方式不同，棘轮机构分为外啮合棘轮机构（图 7-1）与内啮合棘轮机构（图 7-3）。

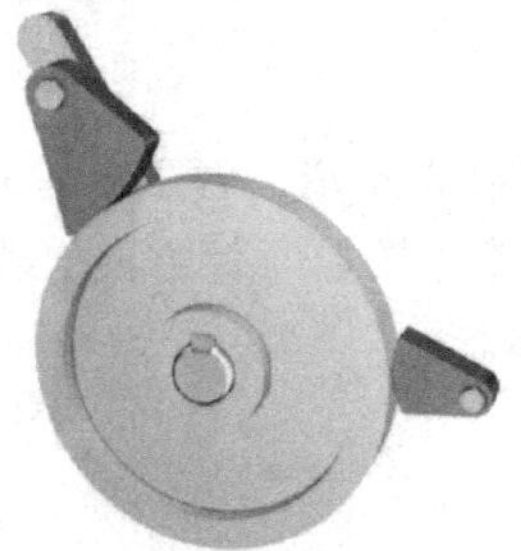

图 7-2 摩擦式棘轮

图 7-3 内啮合棘轮机构

外啮合棘轮机构的棘爪或楔块均安装在棘轮外部，而内啮合棘轮机构的棘爪或楔块均安装在棘轮内部。外啮合棘轮机构因加工、安装和维修方便，应用较广，内啮合棘轮机构的特点是结构紧凑、外形尺寸小。

3. 按从动件运动形式分类

按从动件运动形式不同，棘轮机构分为单动式棘轮机构（图 7-1）、双动式棘轮机构（图 7-4）和双向式棘轮机构（图 7-5）。

图 7-4 双动式棘轮机构

a) b)

图 7-5 双向式棘轮机构

a）双向棘轮机构 b）回转棘爪双向棘轮机构

单动式棘轮机构是当主动件按某一个方向摆动时，才能推动棘轮转动。双动式棘轮机构是在主动摇杆向两个方向往复摆动时，分别带动两个棘爪，两次推动棘轮转动。双动式棘轮机构常用于载荷较大，棘轮尺寸受限，齿数较少，而主动摆杆的摆角小于棘轮齿距的场合。双向式棘轮机构可通过改变棘爪的摆动方向，实现棘轮两个方向的转动，双向式棘轮机构必须采用对称齿形。

7.1.3 棘轮机构的应用实例

棘轮机构的主要用途有间歇送进、制动和超越等，以下是应用实例。

1. 间歇送进

图 7-6 所示为牛头刨床，为了切削工件，刨刀需做连续往复直线运动，工作台 7 作间歇移动。当曲柄 1 转动时，经连杆 2 带动摇杆 5 做往复摆动；摇杆 5 上装有双向棘轮机构的棘爪 4，棘轮 3 与丝杠 6 固连，棘爪带动棘轮做单方向间歇转动，从而使螺母（即工作台 7）做间歇进给运动。若改变驱动棘爪的摆角，可以调节进给量；改变驱动棘爪的位置（绕自身轴线转过 180°后固定），可改变进给运动的方向。

2. 制动

图 7-7 所示为杠杆控制的带式制动器，制动轮与外棘轮 2 固结，棘爪 3 铰接于制动轮 4 上的 *A* 点，制动轮上围绕着由杠杆 5 控制的钢带 6。制动轮 4 按逆时针方向自由转动，棘爪 3 在棘轮齿背上滑动，若该轮向相反方向转动，则 4 轮被制动。

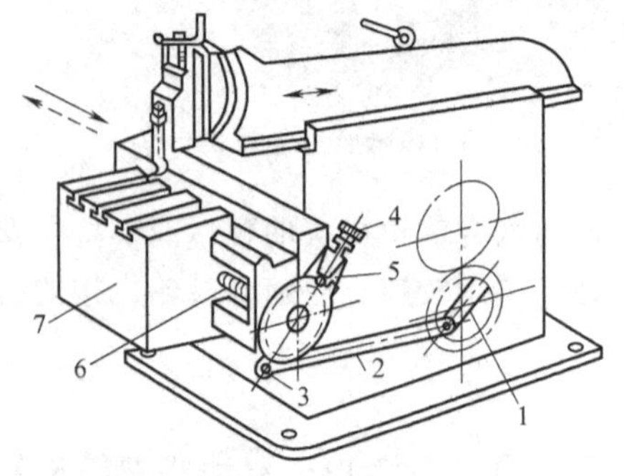

图 7-6 牛头刨床

1—曲柄 2—连杆 3—棘轮 4—棘爪 5—摇杆 6—丝杠 7—工作台

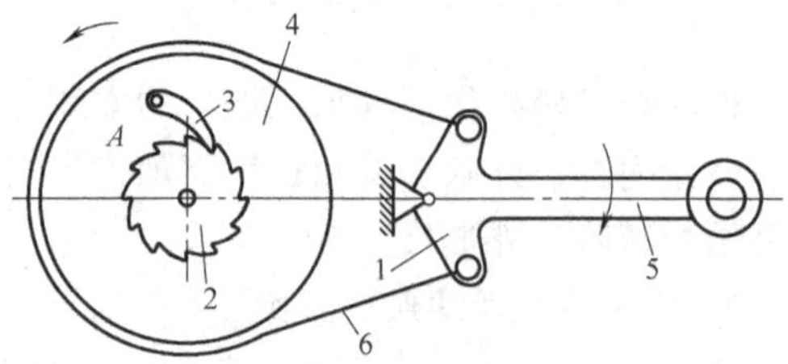

图 7-7 带式制动器

1—机架 2—外棘轮 3—棘爪 4—制动轮 5—杠杆 6—钢带

3. 超越

当两构件的相对转速达某一数值后，两构件能自动连接或自动分离的运动状态称为超越。如图 7-8 所示的棘轮机构，可以用于实现快速超越运动。工作时，运动由蜗杆 1 传到蜗轮 2，通过安装在蜗轮上的棘爪 5 驱动棘轮 7 按图示的逆时针方向慢速转动。棘轮 7 与输出轴 3 固连，由此得到轴 3 的慢速转动。当需要输出轴 3 快速转动时，可快速逆时针转动手柄 4，手柄 4 与输出轴 3 也是固连的。当手动转速大于蜗轮转速时，固连在输出轴 3 上的棘轮 7 在棘轮齿背上打滑，这时，输出轴 3 由手动驱动，从而使输出轴 3 在蜗杆、蜗轮继续转动的情况下，用快速手动实现了输出轴 3 超越蜗轮的运动。在车床中以棘轮机构作为传动中的超

越离合器，实现自动进给和快慢速进给功能。

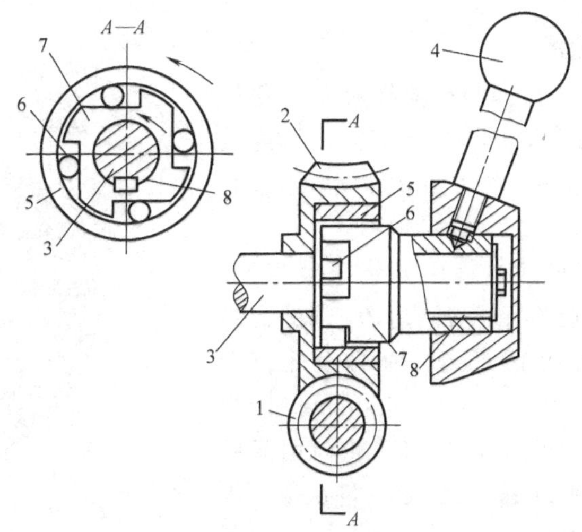

图 7-8　超越离合器中的棘轮机构

1—蜗杆　2—蜗轮　3—输出轴　4—手柄　5—棘爪　6—滚柱　7—棘轮　8—轴

7.1.4　棘轮机构的设计要点

棘轮机构的设计主要考虑：棘轮齿形的选择、模数与齿数的确定、齿面倾斜角的确定、行程和动停比的调节方法。现以齿式棘轮机构为例，说明其设计方法。

1. 棘轮齿形的选择

棘轮的常用齿形如图 7-9 所示。当棘轮机构承受的载荷较小时，可采用三角形或圆弧形齿形；当承受较大载荷时，可采用不对称梯形齿形；而矩形和对称梯形一般用于双向式棘轮机构。

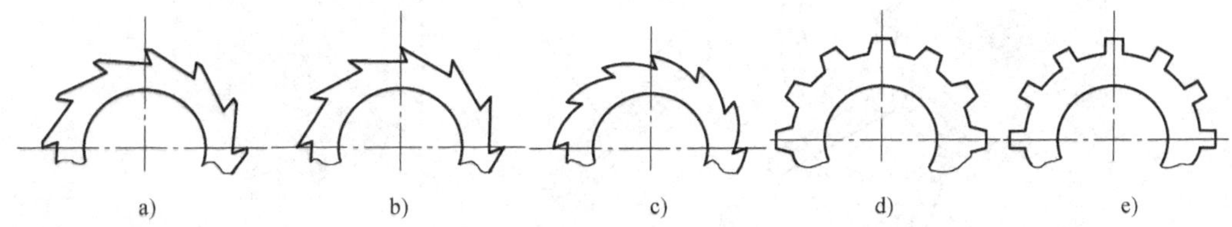

图 7-9　棘轮的常用齿形

a）不对称梯形　b）不对称三角形　c）不对称圆弧形　d）对称梯形　e）对称矩形

2. 模数与齿数的确定

与齿轮相同，棘轮轮齿的有关尺寸也用模数 m 作为计算的基本参数，但棘轮的标准模数要按棘轮的顶圆直径 d_a 来计算，$m=d_a/z$。

棘轮齿数 z 一般由棘轮机构使用条件和运动要求选定。对于一般进给和分度所用的棘轮机构，首先，根据棘轮最小转角确定棘轮的齿数（$z\leqslant250$，一般取 $z=12\sim60$），然后选定模数。在一般棘轮机构中，$z=12\sim60$；手动千斤顶中，$z=6\sim8$；起重机中，$z=8\sim46$；带棘轮的制动器中，$z=16\sim25$。

3. 齿面倾斜角的确定

如图7-10所示，棘轮齿面与径向线所夹 α 角称为齿面倾斜角。棘爪轴心 O_1 与轮齿顶点 A 的连线 O_1A 与过 A 点的齿面法线 n-n 的夹角 β 称为棘爪轴心位置角。

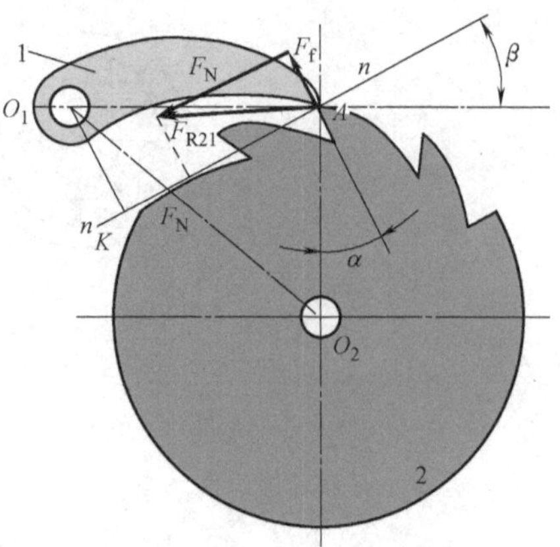

图7-10　棘轮齿面倾斜角图

为使棘爪在推动棘轮的过程中始终压紧齿面，应使棘齿对棘爪的法向反作用力 F_N 对 O_1 轴的力矩大于摩擦力 F_f（沿齿面）对 O_1 轴的力矩，即 $F_NO_1A\sin\beta>F_fO_1A\cos\beta$，由此可得 $F_f/F_N<\tan\beta$。因为 $F_f/F_N<\tan\varphi=f$（f 和 φ 分别为棘爪与棘轮齿面间的摩擦因数和摩擦角），所以 $\tan\beta>\tan\varphi$，即 $\beta>\varphi$。因为钢对钢的摩擦因数 $f\approx0.2$，即 $\varphi\approx11°30'$，所以常取 $\beta\approx20°$。

7.1.5　行程和动停比的调节方法

如图7-11a所示，通过改变棘轮罩的位置，使部分行程棘爪沿棘轮罩表面滑过，从而实现棘轮转角大小的调整。如图7-11b所示，通过调节曲柄摇杆机构中曲柄的长度，改变摇杆摆角的大小，从而实现棘轮机构转角大小的调整。

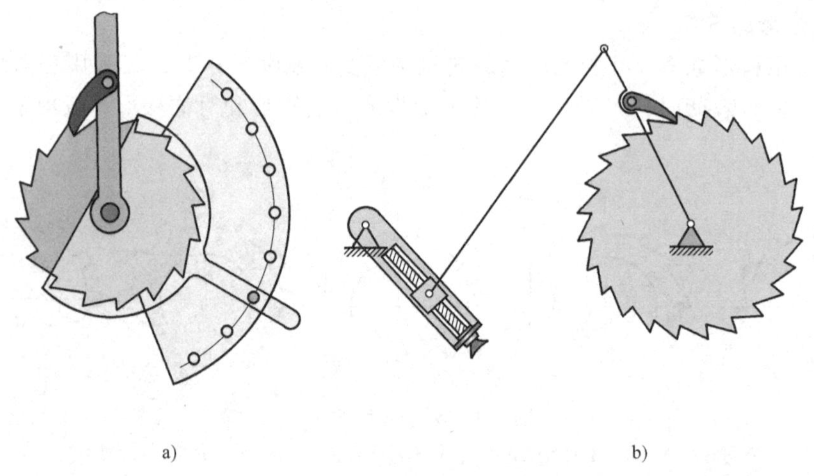

a)　　　　b)

图7-11　行程和动停比调节机构

要使棘轮每次转动的角度小于一个轮齿所对应的中心角 γ，可采用棘爪数为 m 的多爪棘轮机构，如图7-12所示。如 $n=3$ 的棘轮机构，三棘爪位置依次错开 $\gamma/3$，当摆杆转角 Φ_1 为 $\gamma\geqslant\Phi_1\geqslant\gamma/3$ 时，三棘爪依次落入齿槽，推动棘轮转动相应角度 Φ_2（$\gamma\geqslant\Phi_2\geqslant\gamma/3$）为 $\gamma/3$ 整数倍。

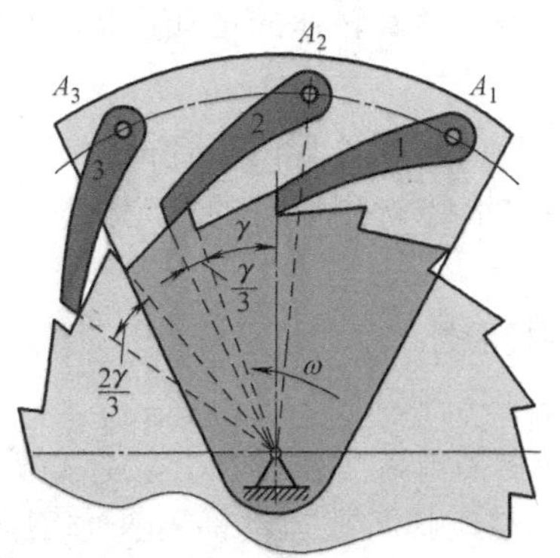

图 7-12　多爪棘轮机构

7.2　槽轮机构

7.2.1　槽轮机构的工作原理

常用的槽轮机构如图 7-13 所示，由具有圆柱销的主动拨盘和具有直槽的从动槽轮及机架组成。主动拨盘做顺时针等速连续转动，当圆柱销未进入径向槽时，槽轮因其内凹的锁止弧被销轮外凸的锁止弧锁住而静止；当圆柱销开始进入径向槽时，两锁止弧脱开，槽轮在圆柱销的驱动下逆时针转动；当圆柱销开始脱离径向槽时，槽轮因另一锁止弧又被锁住而静止，从而实现从动槽轮的单向间歇转动。

7.2.2　槽轮机构的类型及特点

常见的槽轮机构分为外啮合和内啮合两种形式，外啮合槽轮机构主动拨盘与从动槽轮转向相反，内啮合槽轮机构主动拨盘与从动槽轮转向相同，如图 7-14 所示。

槽轮机构的优点是：结构简单、制造容易、工作可靠、机械效率较高；缺点是：槽轮在

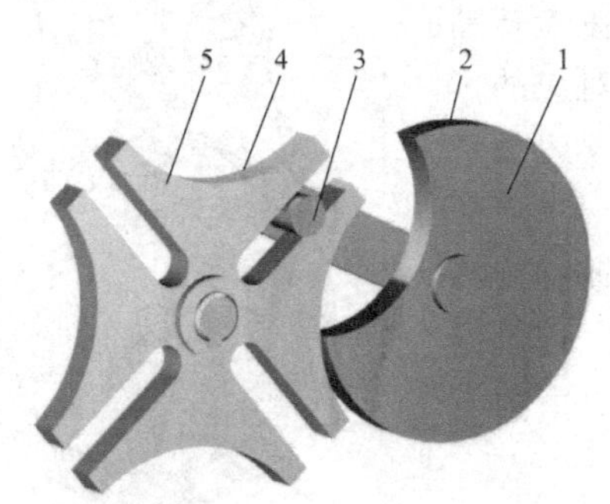

图 7-13　槽轮机构

1—主动拨盘　2—外凸的拨盘锁止弧　3—圆柱销

4—内凹的槽轮锁止弧　5—从动槽轮

图 7-14　内啮合槽轮机构

起动和停止时加速度变化大有冲击，随着转速的增加或槽轮槽数的减少而加剧，不适用于高速运动。

两类槽轮机构中，除从动件转向不同外，内啮合槽轮机构结构紧凑，传动较平稳，槽轮停歇时间较短。实际中可根据这些特点选用所需的槽轮机构。

7.2.3 槽轮机构的应用实例

你一定看过电影，屏幕上连续播放的生动画面，让你心旷神怡。但你知道吗？胶片的走动必须是间歇的，而槽轮机构是实现其间歇运动的可选方案之一，如图 7-15 所示。机床上的刀架转位也可依靠槽轮机构来实现，如图 7-16 所示。

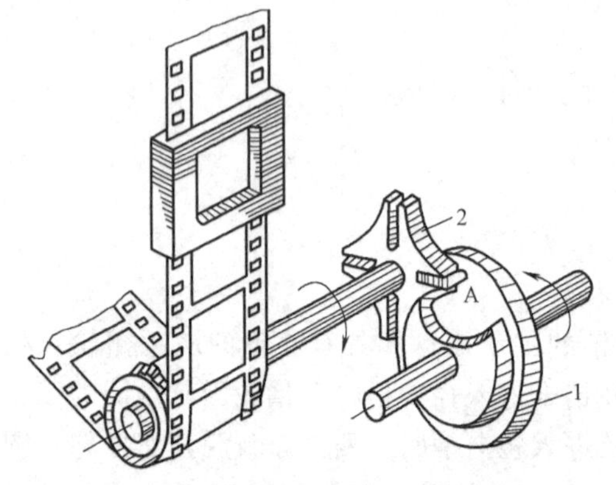

图 7-15 电影播放机中的槽轮机构
1—主动拨盘 2—从动槽轮

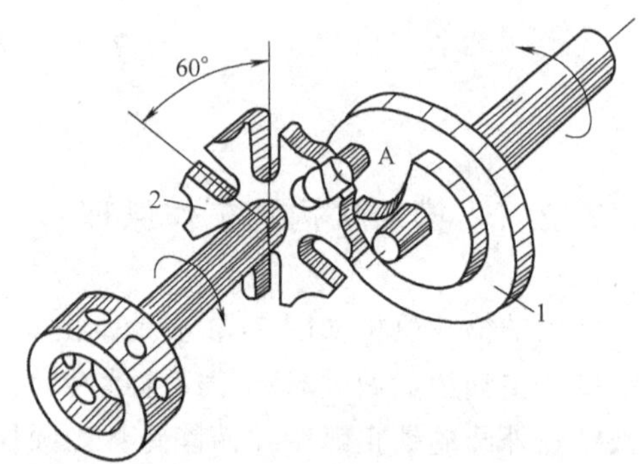

图 7-16 转位刀架上的槽轮机构
1—主动拨盘 2—从动槽轮

7.2.4 槽轮机构的设计

1. 运动系数

图 7-17 所示为单圆柱销槽轮机构。在一个运动循环中，将槽轮的运动时间 t_2 与主动拨盘 1 的运动时间 t_1 之比定义为运动系数，用 τ 表示。拨盘转动一圈的时间为 t_1，拨盘转动 $2\varphi_1$ 时带动槽轮转动的时间为 t_2。时间 t_2 和 t_1 分别对应的拨盘转角为 $2\varphi_1$ 和 2π。由于拨盘通常做等速运动，故运动系数 τ 也可以用拨盘转角表示为 $\tau=\varphi_1/\pi$。

为了使槽轮开始转动瞬时和终止转动瞬时的角速度为零以避免刚性冲击，圆柱销开始进入径向槽或自径向槽退出时，径向槽的中心线应切于圆柱销中心运动的圆周。由图 7-17 所示的几何关系可得

$$2\varphi_2+2\varphi_1=\pi \tag{7-1}$$

设 z 为均匀分布的径向槽数，则 $2\varphi_2=2\pi/z$，主动拨盘 1 的转角 $2\varphi_1=\pi-2\pi/z$，得到

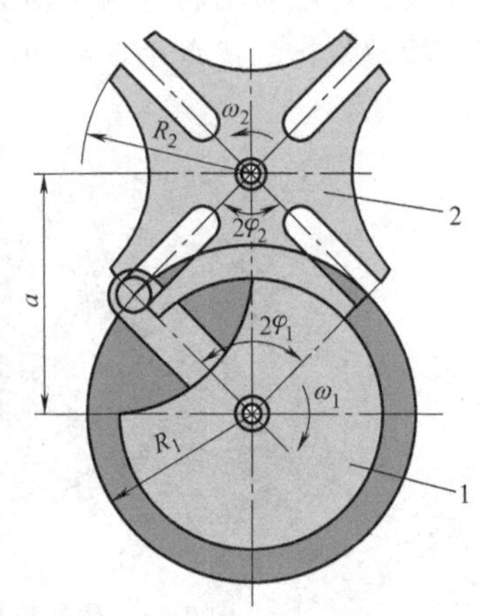

图 7-17 单圆柱销槽轮机构
1—主动拨盘 2—从动槽轮

$$\tau=(z-2)/2z \tag{7-2}$$

由于运动系数 τ 必须大于零，由式（7-2）可知，z 最少等于 3，而 τ 总小于 0.5，即槽轮的转动时间总小于停歇时间。

如果要求槽轮转动时间大于停歇时间，即要求 $\tau>0.5$，则可以在主动拨盘上装多个圆柱销。设 K 为均匀分布在拨盘上的圆柱销数目，则运动系数 τ 为

$$\tau=t_2/(t_1/K)=K(z-2)/2z \tag{7-3}$$

由于运动系数 τ 应小于 1，即 $K(z-2)/2z<1$，所以有 $K<2z/(z-2)$。因此，增加径向槽数 z 可以增加槽轮机构运动的平稳性，但是槽轮机构尺寸随之增大，导致惯性力增大。所以一般取 $z=4\sim8$。

2. 主要结构参数的确定

1）槽数的确定。槽数多时，机构尺寸大，槽数少时，动力性能不好，通常结合工作要求全面考虑，一般取 $3\leqslant z\leqslant 18$。

2）槽轮每次转位时主动件的转角 $2\varphi_1$：$2\varphi_1=180°(1-2/z)$。

3）槽间角 $2\varphi_2$：$2\varphi_2=360°/z$。

4）中心距 a：按结构情况确定。

5）主动曲柄半径 R_1：$R_1=a\times\sin\varphi_2$。

6）槽轮半径 R_2：$R_2=a\cos\varphi_2$。

7）锁止弧张角 γ：$\gamma=360°-2\varphi_1$。

8）圆销半径 r：按结构情况确定，通常取 $r\approx R_1/z$。

9）锁止弧半径 R_S：$R_S<R_1-r$（mm）。

10）槽轮槽深 h：$h\geqslant a(\sin\varphi_2+\cos\varphi_2-1)+r$。

11）运动系数 τ：$\tau=K(z-2)/2z$

7.3　不完全齿轮机构

不完全齿轮机构是从一般的渐开线齿轮机构演变而来的，与一般的齿轮机构相比，最大的区别在于齿轮的轮齿未布满整个圆周。如图 7-18 所示，主动轮上有一个或几个轮齿，当

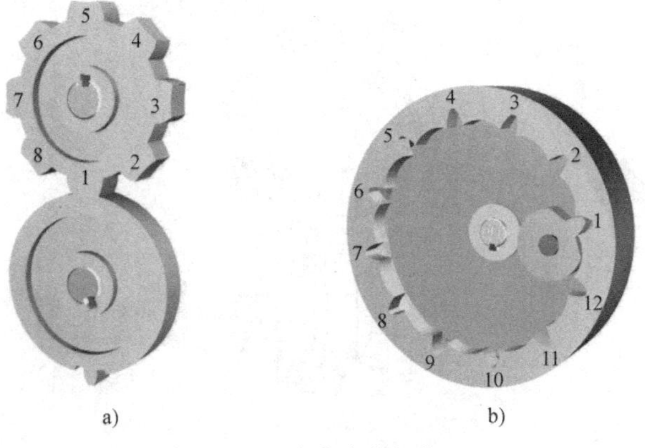

图 7-18　不完全齿轮机构

a）外啮合不完全齿轮机构　b）内啮合不完全齿轮机构

主动轮的有齿部分与从动轮轮齿啮合时，推动从动轮转动；当主动轮的有齿部分与从动轮脱离啮合时，从动轮停歇不动。因此，当主动轮连续转动时，从动轮获得时动时停的间歇运动。

如图 7-18a 所示，外啮合不完全齿轮机构的主动轮只有 1 个齿，从动轮有 8 个齿，主动轮转动一周时，从动轮转动 1/8 周，从动轮每转一周停歇 8 次。当从动轮停歇时，主动轮上的锁止弧与从动轮上的锁止弧互相配合锁住，以保证从动轮停歇在预定位置。

不完全齿轮机构的主要形式有外啮合与内啮合两种形式，图 7-18b 所示为内啮合不完全齿轮机构。不完全齿轮机构的优点是：设计灵活，从动轮运动角范围大，容易实现一个周期中的多次动、停时间不等的间歇运动。缺点是：加工复杂，在进入和退出啮合时，速度有突变，会引起刚性冲击，不宜高速传动，主、从动轮不能互换。不完全齿轮机构常用于多工位多工序的自动机械或生产线上，实现工作台的间歇转位和进给运动等。

7.4 凸轮式间歇运动机构

凸轮式间歇运动机构由主动凸轮、转盘和机架所组成。转盘端面上固定有周向均布的若干滚子。当凸轮连续转动时，可得到转盘的间歇转动，实现交错轴间的间歇运动。

凸轮式间歇运动机构包括圆柱凸轮间歇机构（图 7-19a）和蜗杆凸轮间歇机构（图 7-19b）两种形式。圆柱凸轮的槽数和蜗杆凸轮的头数一般取 1，两种机构从动件的柱销数一般应大于 6。棘轮机构、槽轮机构和不完全齿轮机构因结构、运动和动力条件的限制，一般用于低速运动场合。而凸轮式间歇运动机构则可以通过合理地选择转盘的运动规律，使得机构传动平稳，动力特性较好，冲击振动较小，而且转盘转位精确，无需专门定位装置，常用于高速转位（分度）机构。但凸轮加工复杂，精度要求较高，装配调整比较困难。

在电动机矽钢片的冲槽机、拉链嵌齿机、火柴包装机等机械装置中，都应用了凸轮间歇运动机构来实现高速分度运动。图 7-20 所示为钻孔、攻丝机转位机构，运动由变速箱传给圆柱凸轮，经转盘带动与其固连的工作台，使工作台获得间歇转位。

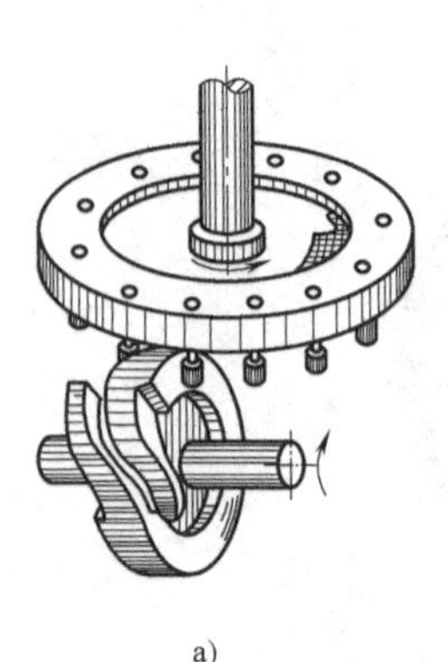

a)

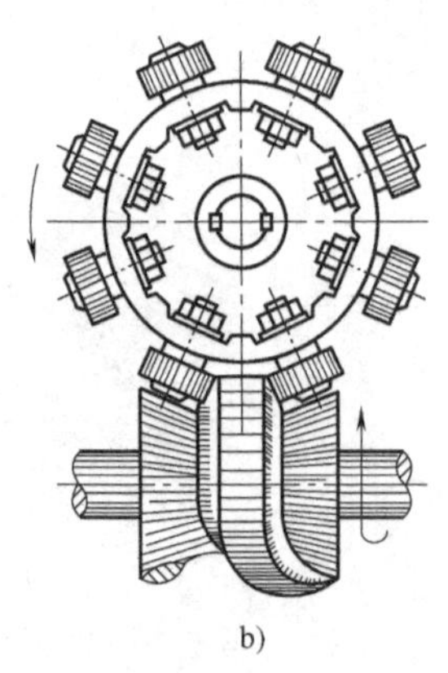

b)

图 7-19 凸轮式间歇运动机构

a）圆柱凸轮间歇机构 b）蜗轮凸轮间歇机构

图 7-20 钻孔、攻丝机转位机构

7.5　螺旋机构

螺旋机构是利用由螺杆和螺母组成的螺旋副来实现传动要求的。它主要用于将回转运动转变为直线运动，同时传递运动和动力的场合。

常用的螺旋机构除螺旋副外还有转动副和移动副。图 7-21 所示为最简单的三构件螺旋机构。在图 7-21a 中，B 为螺旋副，其导程为 p_B，A 为转动副，C 为移动副。当螺杆 2 转过 φ 角时，螺母 1 的位移 s 为

$$s=p_B\frac{\varphi}{2\pi} \tag{7-4}$$

若图 7-21a 中的 A 也为螺旋副，其导程为 p_A，且螺旋方向与螺旋副 B 相同，可得图 7-21b 所示的机构。这时，当螺杆 2 回转 φ 角时，螺母 1 的位移 s 为两个螺旋副移动量之差，即

$$s=(p_A-p_B)\frac{\varphi}{2\pi} \tag{7-5}$$

由式（7-5）可知，若 p_A 和 p_B 近于相等时，则位移 s 可以极小。这种螺旋机构通常称为差动螺旋。

如果图 7-21b 所示螺旋机构的两个螺旋方向相反而导程的大小相等时，那么，螺母 1 的位移为

$$s=(p_A+p_B)\frac{\varphi}{2\pi}=2p_A\frac{\varphi}{2\pi}=2s' \tag{7-6}$$

式中，s'为螺杆 2 的位移。

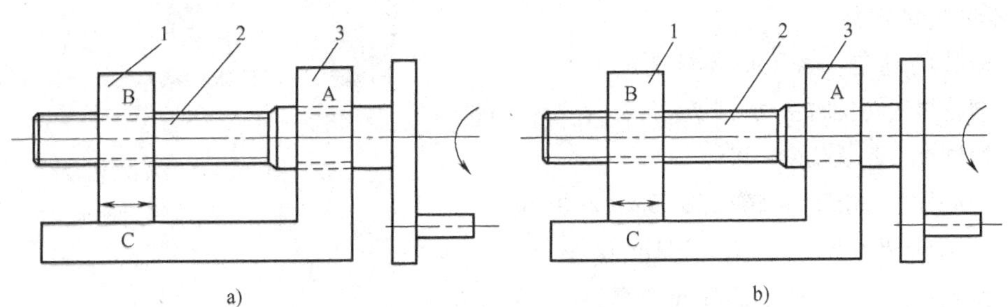

图 7-21　螺旋机构

1—螺母　2—螺杆　3—机架

由式（7-6）可知，螺母 1 的位移是螺杆 2 位移的两倍，即可以使螺母 1 产生快速移动。这种螺旋机构称为复式螺旋。

螺旋机构的特点是：结构简单、制造方便、工作可靠、易于自锁，它能将回转运动变换为直线运动。螺旋机构广泛应用于机械工业、仪器仪表、工装测量工具等领域，如螺旋千斤顶、螺旋测微器、车床刀架和工作台的丝杠、台虎钳等。

图 7-22 所示为螺旋千斤顶，是一种比较典型的螺旋机构。在此机构中，当转动手把 6 时，与手把 6 固联的螺母 5 将相对于螺杆 2 发生转动，使螺杆 2 上升，从而把重物 4 举起。图 7-23 所示为车床丝杠传动，它以传递运动为主，常要求有较大的传动精度。

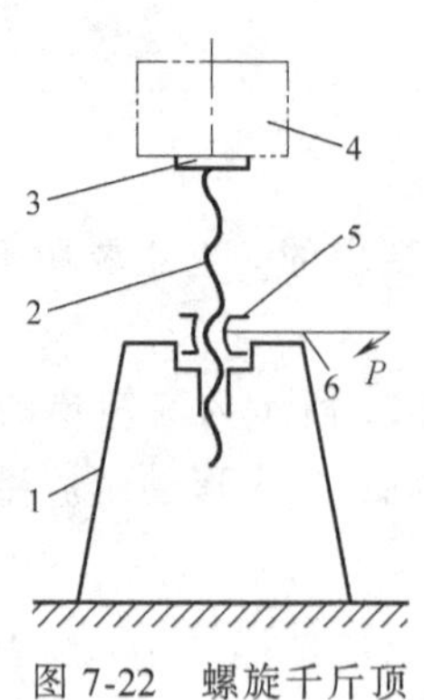

图 7-22　螺旋千斤顶

1—支座　2—螺杆　3—托杯　4—重物　5—螺母　6—手把

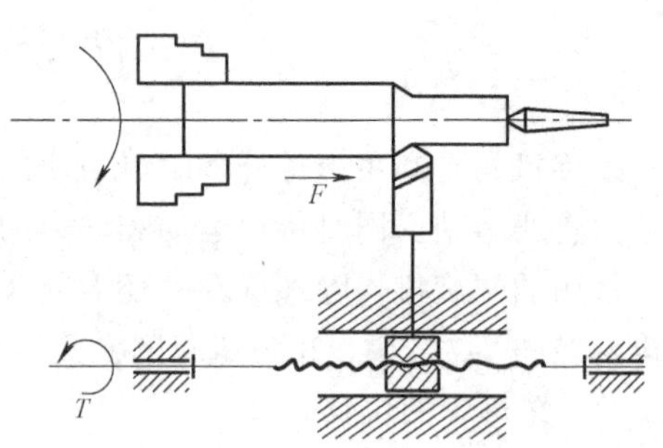

图 7-23　丝杠传动

7.6　间歇运动机构设计实例

如图 7-24 所示，蜂窝煤成型机的模筒设计采用了槽轮机构以实现间歇转动。下面重点介绍槽轮机构的设计流程。

1. 设计要求

按工作需要实现模筒的间歇转动。

2. 设计过程

在方案设计中选择槽轮机构实现模筒的间歇转动。槽轮机构能把主动轴的匀速连续转动转换为从动轴的周期性间歇运动。

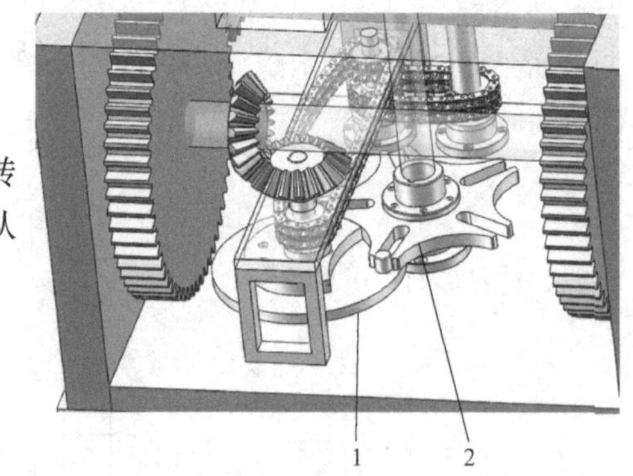

图 7-24　槽轮机构槽数

1—拨盘　2—槽轮

主要参数确定如下：

1）槽数的确定：按工位要求选定为 5。

2）槽轮每次转位时主动件的转角 $2\varphi_1$：$2\varphi_1=108°$。

3）槽间角 $2\varphi_2$：$2\varphi_2=72°$。

4）中心距 a：按结构情况确定 $a=240\text{mm}$。

5）主动曲柄半径 R_1：$R_1=141\text{mm}$。

6）槽轮半径 R_2：$R_2=194\text{mm}$。

7）锁止弧张角 γ：$\gamma=252°$。

8）圆销半径 r：$r\approx28\text{mm}$。

9）锁止弧半径 R_S：$R_S=110\text{mm}$。

10）槽轮槽深 h：$h=125\text{mm}$。

11）运动系数 τ：$\tau=1/3$。

同 步 练 习

一、选择题

1. 下列不属于棘轮机构优点的是________。

A. 结构简单、制造方便　　B. 运动可靠
C. 转交可根据需要进行调节　　D. 工作平稳、无噪声

2. 自行车后轴上的内啮合棘轮机构主要是利用棘轮机构的________作用。
A. 送进　　B. 制动　　C. 超越　　D. 转位分度

3. 棘轮机构作为一种间歇运动机构，主要应用于________场合。
A. 高速重载　　B. 低速轻载　　C. 高速轻载　　D. 低速重载

4. 以下间歇运动机构中，________的转角可作无极调节。
A. 齿式棘轮机构　　B. 摩擦式棘轮机构
C. 外啮合槽轮机构　　D. 内啮合槽轮机构

5. 下列选项中，________不是槽轮机构的优点。
A. 结构简单　　B. 工作可靠
C. 转角可根据需要进行调节　　D. 机械效率高

6. 当槽轮机构主动拨盘角速度 ω_1 恒定时，则槽轮的角速度 ω_2 和角速度 α_2 的值________。
A. ω_2 不变，$\alpha_2=0°$　　B. ω_2 变化，α_2 等于一个不为零的常数
C. ω_2、α_2 均不变　　D. ω_2、α_2 均变化

7. 槽轮机构设计过程中，为保证槽轮能够运动，需要使槽轮数至少为________。
A. 2个　　B. 3个　　C. 4个　　D. 5个

8. 为了使槽轮能做间歇运动而不是连续运动，应该使运动系数________。
A. $\tau=0$　　B. $0<\tau<1$　　C. $\tau=1$　　D. $\tau>1$

9. 双圆销四槽的外啮合槽轮机构的运动系数 τ 等于________。
A. 1　　B. 1/2　　C. 1/3　　D. 1/4

10. 槽轮机构槽轮的槽形是________。
A. 轴向槽　　B. 径向槽　　C. 弧形槽　　D. 各种形状都有

11. 棘轮机构的主动件是________。
A. 棘轮　　B. 棘爪　　C. 止回棘爪　　D. 机架

12. 下面间歇运动机构中，________适合经常改变从动件的转角。
A. 间歇齿轮机构　　B. 槽轮机构　　C. 棘轮机构　　D. 凸轮机构

二、判断题

1. 能实现间歇运动要求的机构，不一定都是间歇运动机构。　（　　）
2. 间歇运动机构的主动件，任何时候都不能变成从动件。　（　　）
3. 能使从动件得到周期性的时停、时动的机构，都是间歇运动机构。　（　　）
4. 棘轮机构必须具有止回棘爪。　（　　）
5. 单向间歇运动的棘轮机构，必须要有止回棘爪。　（　　）
6. 凡棘爪以往复摆动运动来推动棘轮做间歇运动的棘轮机构都是做单向间歇运动的。　（　　）
7. 棘轮机构只能用在要求间歇运动的场合。　（　　）
8. 止回棘爪也是机构中的主动件。　（　　）
9. 棘轮机构的主动件是棘轮。　（　　）

10. 与双向式对称棘爪相配合的棘轮，其齿槽必定是梯形槽。 ( )
11. 齿槽为梯形槽的棘轮，必然要与双向式对称棘爪相配合组成棘轮机构。 ( )
12. 槽轮机构的主动件是槽轮。 ( )
13. 不论是内啮合还是外啮合的槽轮机构，其槽轮的槽形都是径向的。 ( )
14. 外啮合槽轮机构中槽轮是从动件，而内啮合槽轮机构中槽轮是主动件。 ( )
15. 棘轮机构和槽轮机构的主动件，都是做往复摆动运动的。 ( )
16. 槽轮机构必须有锁止圆弧。 ( )
17. 只有槽轮机构才有锁止圆弧。 ( )
18. 槽轮的锁止圆弧可制成凸弧或凹弧。 ( )
19. 外啮合槽轮机构的主动件必须用锁止凸弧。 ( )
20. 内啮合槽轮机构的主动件必须使用锁止凹弧。 ( )
21. 止回棘爪和锁止圆弧的作用是相同的。 ( )
22. 止回棘爪和锁止圆弧都是机构中的一个构件。 ( )
23. 棘轮机构和间歇齿轮机构，在运行中都会出现严重的冲击现象。 ( )
24. 棘轮的转角大小是可以调节的。 ( )
25. 单向运动棘轮的转角大小和转动方向，可以采用调节的方法得到改变。 ( )
26. 双向式对称棘爪棘轮机构的棘轮转角大小是不能调节的。 ( )
27. 棘轮机构是把直线往复运动转换成间歇运动的机构。 ( )
28. 槽轮的转角大小是可以调节的。 ( )
29. 间歇齿轮机构，因为是齿轮传动，所以在工作中是不会出现冲击现象的。 ( )
30. 槽轮的转向与主动件的转向相反。 ( )
31. 摩擦式棘轮机构是“无级”传动的。 ( )
32. 利用曲柄摇杆机构带动的棘轮机构，棘轮的转向和曲柄的转向相同。 ( )
33. 锯齿形棘轮的转动方向，必定是单一的。 ( )
34. 双向式棘轮机构，棘轮是齿形是对称形的。 ( )
35. 利用调位遮板，既可以调节棘轮的转向，又可以调节棘轮转角的大小。 ( )
36. 摩擦式棘轮机构可以做双向运动。 ( )
37. 只有间歇运动机构，才能实现间歇运动。 ( )
38. 间歇运动机构的主动件和从动件，是可以互相调换的。 ( )
39. 棘轮机构都有棘爪，因此没有棘爪的间歇运动机构，都是槽轮机构。 ( )
40. 槽轮机构都有锁止圆弧，因此没有锁止圆弧的间歇运动机构都是棘轮机构。( )

三、填空题

1. 棘轮机构由________、棘爪、摇杆和机架组成。
2. 棘轮机构中，当摇杆做连续往复摆动时，棘轮便得到单向________运动。
3. 棘轮机构在生产中可满足运动、制动、超越和________等要求。
4. 外啮合槽轮机构的特点是拨盘与槽轮的转向________。
5. 槽轮机构设计过程中，轮槽越________，运转越平稳。
6. 所谓间歇运动机构，就是在主动件做______运动时，从动件能够产生周期性的时动时停运动的机构。

7. 棘轮机构的主动件是____，从动件是棘轮，机架起固定和支承作用。

8. 棘轮机构的主动件做______运动，从动件做周期性的时停、时动的间歇运动。

9. 双向作用的棘轮，它的齿槽是梯形的，一般单向运动的棘轮齿槽是____的。

10. 为保证棘轮在工作中的静止可靠和防止棘轮的______，棘轮机构应当装有止回棘爪。

11. 槽轮机构主要由曲柄、圆销、______和机架等构件组成。

12. 槽轮机构的主动件是____，它以等速做转动运动，具有径向槽的槽轮是从动件，由它来完成间歇运动。

13. 槽轮的静止可靠性和不能反转，是通过槽轮与曲柄的____实现的。

14. 不论是外啮合还是内啮合的槽轮机构，______总是从动件，曲柄总是主动件。

15. 间歇齿轮机构是由____演变来的。

16. 间歇齿轮机构从动件的静止可靠性，是通过____而实现的。

17. 间歇齿轮机构在传动中，存在着严重的______，所以只能用在低速和轻载的场合。

18. 棘爪和棘轮开始接触的一瞬间，会发生冲击，所以棘轮机构传动的____性较差。

19. 改变棘轮机构摇杆摆角的大小，可以利用改变曲柄____的方法来实现。

20. 棘轮转角的大小，除利用调节摇杆摆动角度的大小以外，还可以采用____进行控制。

21. 摩擦式棘轮机构是一种无棘齿的棘轮，棘轮是通过与所谓棘爪的摩擦块之间的______而工作的。

22. 双圆销外啮合槽轮机构，当曲柄转一周时，槽轮转过________个槽口。

23. 单边楔形棘爪棘轮机构不仅棘轮转角的大小可以调节，还能调节棘轮的旋转______和使棘轮停止转动。

24. 在起重设备中，可以使用棘轮机构______鼓轮反转。

25. 槽轮机构能把主动轴的等速连续转动，转换成从动轴的周期性的______运动。

26. 有一外槽轮机构，已知槽轮的槽数 $z=4$，转盘上装有一个拨销，则该槽轮机构的运动系数 $\tau=$______。

27. 对于原动件转一圈，槽轮只运动一次的槽轮机构来说，机构的运动系数总小于________。

28. 棘轮的标准模数 m 等于棘轮的______直径与齿数 z 之比。

29. 棘轮机构和槽轮机构均为______运动机构。

四、计算题

在一外啮合槽轮机构中，一直槽轮槽数 $z=6$，在一个运动循环中，槽轮的运动时间 $t_m=2s$，拨盘运动时间 $t=3s$，求槽轮机构的运动系数 τ 及所需的圆销数 K。

Chapter 8

第8章 转子的平衡与机械运转速度波动的调节

学习目标

主要内容：机械平衡与机械调速的重要性与意义；刚性转子静平衡和动平衡的条件、转子平衡精度的表示方法、机械运转过程中的能量转换、周期性速度波动的原因、最大盈亏功、非周期性速度波动的原因及调节方法；转子静平衡和动平衡实验方法、静平衡和动平衡设计计算、飞轮转动惯量的计算等。

学习重点：飞轮转动惯量设计；刚性转子的平衡计算。

学习难点：最大盈亏功的计算；刚性转子动平衡的计算。

8.1 概　　述

机械运动时，各运动构件由于制造、装配误差，材质不均等原因造成质量分布不均，质心做变速运动将产生大小及方向呈周期性变化的惯性力，不平衡惯性力将在运动副中引起附加动载荷、增加摩擦力，进而影响构件的强度。这些周期性变化的惯性力会使机械的构件和基础产生振动，从而降低机器的工作精度、机械效率及可靠性，缩短机器的使用寿命。尤其当振动频率接近系统的固有频率时会引起共振，造成重大损失。因此，必须合理分配构件的质量，以消除或减少动压力，这个问题称为机械平衡。

机械运转时，机械动能的变化会引起机械运转速度的波动，这也将在运动副中产生附加动载荷，使机械的工作效率降低，严重影响机械的寿命和精度。因此，必须对机械系统过大的速度波动进行调节，使波动限制在允许的范围内，保证机械具有良好的工况，这就是机械的调速问题。

机械的平衡和机械调速是两个不同的机械动力学问题。在高速机械及精密机械中，进行机械的平衡和调速尤为重要。

8.2 转子平衡

在机械中，由于各构件的运动形式不同，所产生的惯性力和惯性力的平衡方法也不同。一般可将机械的平衡问题分成两类，其一是转子的平衡，其二是机构的平衡。在机械系统中，通常将绕固定轴转动的回转构件称为转子。由于转子结构不对称或者安装不准确、材质不均匀等导致其质心偏离回转轴，会产生不平衡的惯性力（或力矩），当转子出现不平衡

时，如何利用重新分布构件质量的方法使转子得到平衡，这就是转子平衡问题。对于做往复运动及平面复合运动的构件，则因其重心是运动的，其惯性力无法就该构件本身加以平衡，因而必须对整个机构加以研究，设法使机构惯性力的合力和力偶得到完全和部分地平衡，这就是机构平衡问题。除少数利用振动来工作的机械外（例如振动夯实机、振动压路机等），都应设法消除或减小惯性力，使机械在惯性力得到平衡的状态下工作。这就是机械平衡的目的。本章只讨论最常见的转子平衡问题。

8.2.1　转子平衡的分类及其方法

根据转子工作转速的不同，转子平衡可分为两类，即刚性转子的平衡和挠性转子的平衡。

1. 刚性转子的平衡

工作转速小于或等于一阶临界转速的 0.7 倍，且其弹性变形可以忽略不计的转子称为刚性转子。刚性转子的平衡可以通过重新调整转子上质量的分布，使其质心位于旋转轴线的方法来实现。本章主要介绍此类转子的平衡问题。

2. 挠性转子的平衡

工作转速等于或大于一阶临界转速的 0.7 倍，且其弹性变形不可忽略的转子称为挠性转子。由于挠性转子在运转过程中会产生较大的弯曲变形，且由此所产生的离心惯性力也随之明显增大，所以此类转子平衡问题十分烦琐，其平衡原理与方法可参考其他相关文献。

3. 转子平衡的方法

在转子的设计阶段，尤其是对高速转子及精密转子进行结构设计时，除应保证其满足工作要求及制造工艺要求外，必须对其进行平衡计算，以检查转子的惯性力和惯性力矩是否平衡。若不平衡，还应在结构上采取相应的措施，以消除或减少产生有害振动的不平衡惯性力和惯性力矩，该过程称为转子的平衡设计。

经过平衡设计的转子，虽然理论上已经达到平衡，但由于制造不精确、材质不均匀及装配误差等非设计因素的影响，实际生产出来的转子往往达不到原来的设计要求，仍会产生不平衡现象。这种在设计阶段无法确定和消除的不平衡，必须通过试验的方法平衡。

根据径宽比大小，可将刚性转子的平衡设计问题分为静平衡和动平衡两类。

8.2.2　刚性转子的静平衡

将转子的径向尺寸 d 与轴向尺寸 b 的比值定义为径宽比。对于径宽比 $d/b \geqslant 5$ 的转子，由于其轴向尺寸较小，故可近似地认为其不平衡质量分布在同一回转平面内，如砂轮（图 8-1）、飞轮、齿轮、带轮等。这种情况下，若转子质心不在其回转轴线上，转子转动时，偏心质量就会产生离心惯性力，从而在运动副中引起附加动压力。由于存在不平衡质量，转子不能在任意位置静止，这种不平衡现象在转子

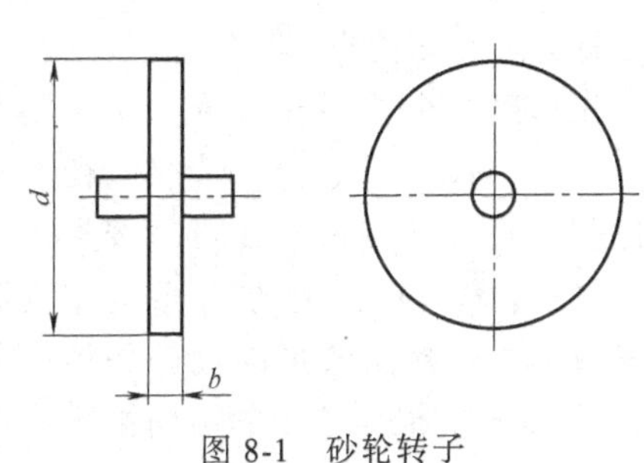

图 8-1　砂轮转子

静态时即可呈现出来，故称为静不平衡。

对于静不平衡，为消除离心惯性力的影响，设计时应首先根据转子结构确定各偏心质量大小和方位，然后计算出为平衡偏心质量需添加的平衡质量大小和方位，以便使设计出来的转子在理论上达到平衡。该过程称为转子的静平衡设计。

图 8-2a 所示为一盘形转子，已知分布于同一回转平面内的偏心质量分别为 m_1、m_2 和 m_3，从回转中心到各偏心质量中心的矢径分别为 $\boldsymbol{r}_1$、$\boldsymbol{r}_2$ 和 $\boldsymbol{r}_3$，当转子以等角速度 ω 转动时，各偏心质量所产生的离心惯性力分别为 $\boldsymbol{F}_1$、$\boldsymbol{F}_2$ 和 $\boldsymbol{F}_3$：

$$\boldsymbol{F}_1=m_1\omega^2\boldsymbol{r}_1;\quad \boldsymbol{F}_2=m_2\omega^2\boldsymbol{r}_2;\quad \boldsymbol{F}_3=m_3\omega^2\boldsymbol{r}_3$$

为平衡上述离心惯性力，可在此平面内增加一个平衡质量 m_b，从回转中心到该平衡质量的矢径记为 $\boldsymbol{r}_b$，其产生的离心惯性力为 $\boldsymbol{F}_b$。要使转子达到平衡，平面汇交力系 $\boldsymbol{F}_b$、$\boldsymbol{F}_1$、$\boldsymbol{F}_2$ 和 $\boldsymbol{F}_3$ 所形成的合力应为零，即

$$\boldsymbol{F}_1+\boldsymbol{F}_2+\boldsymbol{F}_3+\boldsymbol{F}_b=0$$

也即 $m_b\omega^2\boldsymbol{r}_b+m_1\omega^2\boldsymbol{r}_1+m_2\omega^2\boldsymbol{r}_2+m_3\omega^2\boldsymbol{r}_3=0$ 或 $m_b\boldsymbol{r}_b+m_1\boldsymbol{r}_1+m_2\boldsymbol{r}_2+m_3\boldsymbol{r}_3=0$

可以写成：$m_b\boldsymbol{r}_b+\sum_{i=1}^{3}m_i\boldsymbol{r}_i=0$，如果有 k 个偏心质量，则有

$$m_b\boldsymbol{r}_b+\sum_{i=1}^{k}m_i\boldsymbol{r}_i=0 \tag{8-1}$$

式（8-1）中，质量与矢径的乘积称为质径积，它表示同一转速下转子上各离心惯性力的相对大小和方位。从式（8-1）可以看出，转子平衡后，其总质心将与其回转中心重合，即 $e=0$。

由上述分析可得如下结论：

① 刚性转子静平衡的条件：转子上各个偏心质量的离心惯性力的合力为零或质径积的矢量和为零。

② 对于静不平衡的刚性转子，无论其有多少偏心质量，只需在同一个平衡面内增加或除去一个平衡质量，即可获得静平衡，故静平衡又称单面平衡。

式（8-1）中，只有平衡质量 m_b 的大小和方位未知，可利用解析法或图解法进行求解。

解析法求解时，只需建立一直角坐标系，根据式（8-1），按不平衡质量质径积的大小及图 8-2a 所示的方向分别列出质径积在 x 轴和 y 轴上的平衡条件即求出可平衡质量 $m_b\boldsymbol{r}_b$ 的大小和方位。

图 8-2b 所示为图解法，所作的图形称为矢量多边形。

先算出各个质径积的大小 m_ir_i（如 m_1r_1、m_2r_2、m_3r_3），选取质径积比例尺 μ_w（kg·mm/mm），按矢径 $\boldsymbol{r}_i$（$\boldsymbol{r}_1$、$\boldsymbol{r}_2$、$\boldsymbol{r}_3$）的方向连续作出矢量 $m_i\boldsymbol{r}_i$，封闭矢量即代表平衡质径积 $m_b\boldsymbol{r}_b$。根据转子的结构情况选定 r_b 的数值后，平衡质量 m_b 的

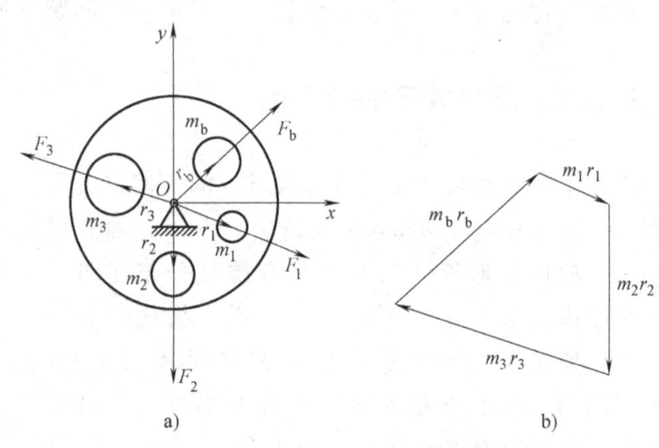

图 8-2 刚性转子的静平衡设计

a）偏心质量的分布 b）质径积矢量多边形

大小就随之确定，其方位则由矢量的方向 $\boldsymbol{r}_b$ 确定。

为使转子平衡，可以在平衡矢径 $\boldsymbol{r}_b$ 方向添加 m_b 或在 $\boldsymbol{r}_b$ 的反方向处去掉相应的一部分质量，只要保证矢量和为零即可。

8.2.3 刚性转子的动平衡

对于径宽比 $d/b<5$ 的转子，由于其轴向宽度较大，其质量分布在不同的回转平面内，此时即使转子的质心在回转轴线上，但因各偏心质量所产生的离心惯性力不在同一回转平面内，所形成的惯性力偶仍使转子处于不平衡状态，例如内燃机的曲轴、汽轮机转子、凸轮轴（图 8-3）等。如图 8-3 所示，m_1、m_2 为分布在凸轮轴上的不平衡质量，$m_1=m_2$、$r_1=r_2$、$L_1=L_2$，转子上各个偏心质量的离心惯性力的合力为零，是静平衡的。但 $\boldsymbol{F}_1L_1$ 与 $\boldsymbol{F}_2L_2$ 在轴向形成了不平衡的力偶，由于这种不平衡只有在转子运动的情况下才能显现出来，故称其为动不平衡。

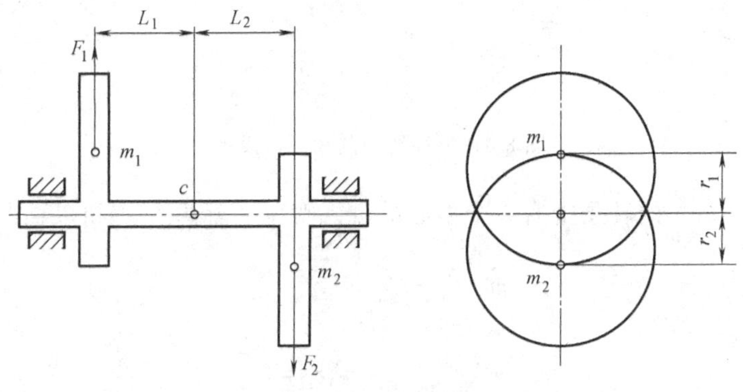

图 8-3 凸轮轴

为了消除刚性转子的动不平衡现象，首先应根据转子的结构确定各个回转平面内偏心质量的大小和方位。然后计算需增加的平衡质量的数目、大小及方位，以使设计出来的转子理论上达到动平衡，该过程称为转子的动平衡设计。

如图 8-4a 所示，若有一转子的偏心质量 m_1、m_2、m_3 分别位于三个平行的回转平面内，它们的矢径分别为 $\boldsymbol{r}_1$、$\boldsymbol{r}_2$、$\boldsymbol{r}_3$。当转子以等角速度 ω 回转时，这些偏心质量所产生的离心惯性力 $\boldsymbol{F}_1$、$\boldsymbol{F}_2$ 和 $\boldsymbol{F}_3$ 将形成一个空间力系。

为使该空间力系及由其各力构成的惯性力偶矩得以平衡，可根据转子的结构情况，选定两个平衡基面 T'和 T''（与 $\boldsymbol{F}_1$、$\boldsymbol{F}_2$ 和 $\boldsymbol{F}_3$ 所在的面平行）。根据一个力可以分解为与其相平行的两个分力的原理，将上述各个离心惯性力分别分解到平衡基面 T'和 T''上。这样，该空间力系的平衡问题转化为两个平衡基面内的汇交力系的平衡问题。然后再利用静平衡的办法分别确定出 m_b'和 m_b''的大小和方位即可。

例如，欲将 $m_1\boldsymbol{r}_1$ 分解到平衡基面 T'和 T''上，可先将 $\boldsymbol{r}_1$ 分别投影到 T'和 T''上，其大小、方向不变，再将 m_1 按下面的方法分解到 T'和 T''上：

$$m_1' = \frac{L_1''}{L}m_1, m_1'' = \frac{L_1'}{L}m_1 \tag{8-2a}$$

式中，m_1'和m_1''分别为m_1分解到平衡基面T'和T''的质量。

同理，可得m_2、m_3分解到平衡基面T'和T''的质量m_2'、m_2''、m_3'和m_3''

$$m_2' = \frac{L_2''}{L} m_2 , m_2'' = \frac{L_2'}{L} m_2 \tag{8-2b}$$

$$m_3' = \frac{L_3''}{L} m_3 , m_3'' = \frac{L_3'}{L} m_3 \tag{8-2c}$$

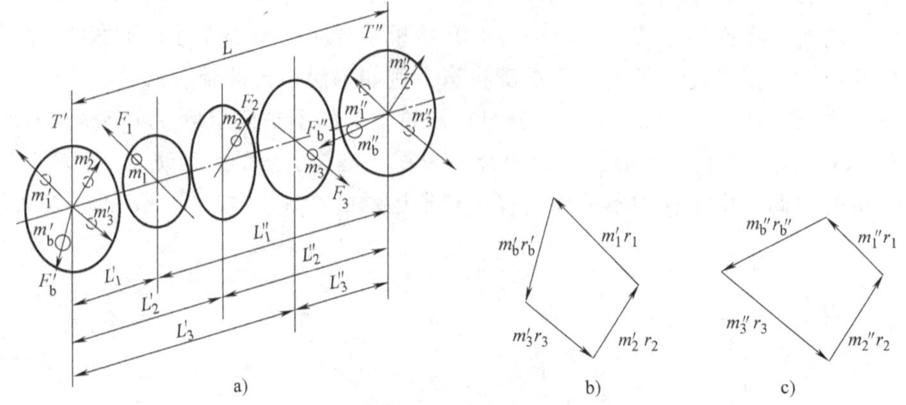

图 8-4　惯性转子的动平衡设计

如果径宽比$d/b<5$的转子上有k个偏心质量，则在平衡基面T'和T''上应满足：

$$m'_b \boldsymbol{r}'_b + \sum_{i=1}^{k} m'_i \boldsymbol{r}_i = 0 \tag{8-3}$$

$$m''_b \boldsymbol{r}''_b + \sum_{i=1}^{k} m''_i \boldsymbol{r}_i = 0 \tag{8-4}$$

用图解法在平衡基面T'和T''上，为求$m_b'\boldsymbol{r}_b'$和$m_b''\boldsymbol{r}_b''$而作的矢量多边形如图 8-4b、图 8-4c 所示。为了使转子平衡，可以分别在平衡基面T'和T''上相对于平衡矢径$\boldsymbol{r}_b'$的方向添加m_b'、相对于平衡矢径$\boldsymbol{r}_b''$方向添加m_b''，以保证平衡基面T'和T''上的矢量和为零。

由上述分析可得如下结论：

1）刚性转子动平衡的条件。各偏心质量所产生的离心惯性力矢量和以及由这些惯性力所造成的惯性力偶矩的矢量和都为零。

2）对于动不平衡的刚性转子，无论它有多少个偏心质量，均只需要在任选的两个平衡平面内各增加或减少相应的平衡质量即可使转子达到动平衡。动平衡是利用两个基面进行平衡，所以又称为双面平衡。

3）由于动平衡同时满足静平衡条件，所以经过动平衡设计的转子一定是静平衡的；反之，经过静平衡设计的转子则不一定是动平衡的。

例 8.1　图 8-5 所示为一装有带轮的滚筒轴。已知：带轮上有一不平衡质量$m_1 = 0.5\text{kg}$，滚筒上具有三个偏心质量$m_2 = m_3 = m_4 = 0.4\text{kg}$，各偏心质量分布如图所示，且$r_1 = 80\text{mm}$，$r_2 = r_3 = r_4 = 100\text{mm}$。试对该滚筒轴进行平衡设计。

解：① 依题可知，各不平衡质量分布在不同的回转平面内，因此应对其进行动平衡设计。为了使滚筒轴达到动平衡，必须任选两个平衡平面并在两个平衡平面内各加一合适的平

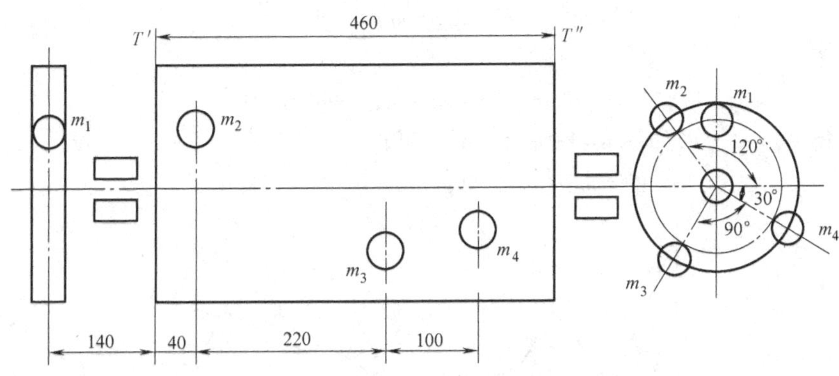

图 8-5　滚筒轴的动平衡设计

衡质量。本题选择滚筒轴的两个端面 T'和 T''作为平衡基面。

② 将各偏心质量 m_1、m_2、m_3、m_4 分别分解到两平衡平面内。根据式（8-2）得：

在平面 T'内

$$\begin{cases} m_1'=l_1''m_1/l=(460+140)\times0.5/460\text{kg}=0.652\text{kg} \\ m_2'=l_2''m_2/l=(460-40)\times0.4/460\text{kg}=0.365\text{kg} \\ m_3'=l_3''m_3/l=(460-40-220)\times0.4/460\text{kg}=0.174\text{kg} \\ m_4'=l_4''m_4/l=(460-40-220-100)\times0.4/460\text{kg}=0.087\text{kg} \end{cases}$$

在平面 T''内

$$\begin{cases} m_1''=l_1'm_1/l=140\times0.5/460\text{kg}=0.152\text{kg} \\ m_2''=l_2'm_2/l=40\times0.4/460\text{kg}=0.035\text{kg} \\ m_3''=l_3'm_3/l=(40+220)\times0.4/460\text{kg}=0.226\text{kg} \\ m_4''=l_4'm_4/l=(40+220+100)\times0.4/460\text{kg}=0.313\text{kg} \end{cases}$$

③ 计算各不平衡质量质径积的大小

$$\begin{cases} W_1'=m_1'r_1=0.652\times80\text{kg}\cdot\text{mm}=52.16\text{kg}\cdot\text{mm} \\ W_1''=m_1''r_1=0.152\times80\text{kg}\cdot\text{mm}=12.16\text{kg}\cdot\text{mm} \\ W_2'=m_2'r_2=0.365\times100\text{kg}\cdot\text{mm}=36.5\text{kg}\cdot\text{mm} \\ W_2''=m_2''r_2=0.035\times100\text{kg}\cdot\text{mm}=3.5\text{kg}\cdot\text{mm} \\ W_3'=m_3'r_3=0.174\times100\text{kg}\cdot\text{mm}=17.4\text{kg}\cdot\text{mm} \\ W_3''=m_3''r_3=0.226\times100\text{kg}\cdot\text{mm}=22.6\text{kg}\cdot\text{mm} \\ W_4'=m_4'r_4=0.087\times100\text{kg}\cdot\text{mm}=8.7\text{kg}\cdot\text{mm} \\ W_4''=m_4''r_4=0.313\times100\text{kg}\cdot\text{mm}=31.3\text{kg}\cdot\text{mm} \end{cases}$$

④ 确定平衡平面 T'和 T''内，平衡质量的质径积 $m_b'\boldsymbol{r}_b'$和 $m_b''\boldsymbol{r}_b''$的大小及方向。

由于各偏心质量在平衡平面的方位角分别为

$$\theta_1'=-\theta_1''=\theta_1=90°,\quad \theta_2'=\theta_2''=\theta_2=120°,\quad \theta_3'=\theta_3''=\theta_3=240°,\quad \theta_4'=\theta_4''=\theta_4=30°$$

对平面 T'：

$$m_b'\boldsymbol{r}_b'+m_1'\boldsymbol{r}_1+m_2'\boldsymbol{r}_2+m_3'\boldsymbol{r}_3+m_4'\boldsymbol{r}_4=0$$

取比例尺 $\mu_w=1\text{kg}\cdot\text{mm/mm}$ 。作出质径矢量多边形如图 8-6a 所示，测量可得

$$W'=m'_b r'_b=67.2\text{kg}\cdot\text{mm},\quad \theta'_b=16.8°$$

对平面 T''：

$$m''_b\boldsymbol{r}''_b+m''_1\boldsymbol{r}_1+m''_2\boldsymbol{r}_2+m''_3\boldsymbol{r}_3+m''_4\boldsymbol{r}_4=0$$

作出质径矢量多边形如图 8-6b 所示，测量可得

$$W''=m''_b r''_b=46.5\text{kg}\cdot\text{mm},\quad \theta''_b=107.6°$$

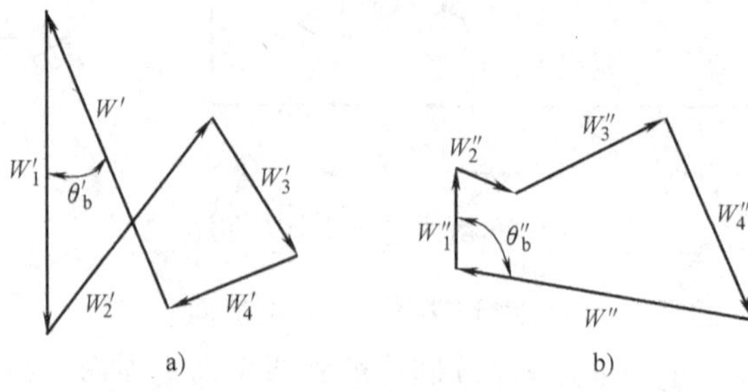

图 8-6 质径矢量多边形

a）T'平面内质径积矢量多边形 b）T''平面内质径积矢量多边形

⑤ 确定平衡质量的矢径 r'_b和 r''_b的大小，并计算平衡质量 m'_b和 m''_b。

不妨取 $r'_b=r''_b=100\text{mm}$，则平衡基面 T'和 T''内应增加的平衡质量分别为

$$m'_b=0.672\text{kg},\quad m''_b=0.465\text{kg}$$

由上述平衡方程式计算出平衡质量的方位均为增加质量时的方位，如需去除质量，则应在所求方位角上加上 180°。

应当指出，由于 m_1 位于平衡平面 T'和 T''的左侧，其产生的离心惯性力 F_1 分解到 T'、T''内时，$\boldsymbol{F}'_1$与 $\boldsymbol{F}_1$ 同向，而 $\boldsymbol{F}''_1$与 $\boldsymbol{F}_1$ 反向，故 $\theta'_1=-\theta''_1=\theta_1$。

8.2.4 刚性转子的平衡试验

经平衡设计后的刚性转子在理论上是完全平衡的，但由于制造误差和装配误差及材质不均匀等原因，实际生产出的转子在运转时还可能出现不平衡现象。由于这种不平衡现象在设计阶段是无法确定和消除的，因此需要利用试验方法对其做进一步的平衡。

1. 静平衡试验

对于径宽比 $d/b\geqslant 5$ 的刚性转子，一般只需对其进行静平衡试验。

静平衡试验所用的设备称为静平衡架。图 8-7a 所示为导轨式静平衡架，其主体部分是位于同一水平面内的两根互相平行的导轨。当用其平衡转子时，只需将转子放在导轨上让其轻轻地自由滚动。若转子上有偏心质量存在，则其质心必偏离转子的回转中心，在重力的作用下，待转子停止滚动时，其质心 S 必在回转中心的铅垂下方。此时，在回转中心的铅垂上方任意矢径大小处施加一平衡质量。反复试验，加减平衡质量，直至转子能在任何位置保持静止。

导轨式静平衡架结构简单，平衡精度较高，但必须保证两导轨在同一水平面内且相互平行，故安装、调整较为困难。

若转子两端支承轴的尺寸不同，可采用图 8-7b 所示的圆盘式静平衡架。试验时，将待

平衡转子的轴颈放置在由两个圆盘所组成的支承上，其平衡方法与导轨式静平衡架相似。

圆盘式静平衡架使用方便，但因圆盘的摩擦阻力较大，故平衡精度不如导轨式静平衡架。

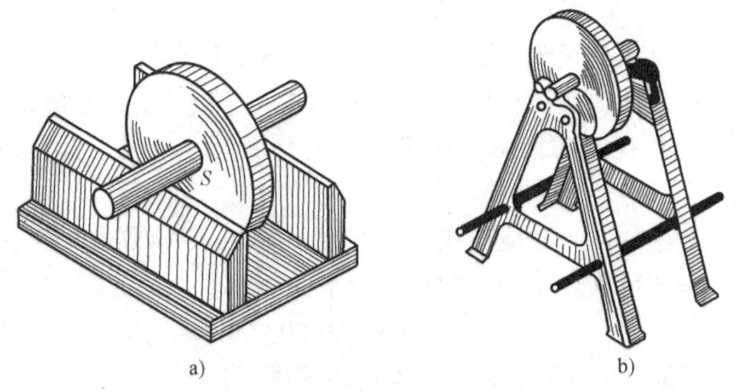

图 8-7　静平衡架

a）导轨式静平衡架　b）圆盘式静平衡架

2. 动平衡试验

对于径宽比 $d/b<5$ 的刚性转子，必须进行动平衡试验。动平衡试验一般需要在专用的动平衡机上进行。动平衡机的种类很多，其构造及工作原理也不尽相同。根据转子支承架的刚度大小，一般将动平衡机分为硬支承和软支承两类。

如图 8-8a 所示的软支承动平衡机，这种动平衡机的转子支承架是由两片弹簧悬挂起来的，并可沿振动方向往复摆动，因其刚度较小，故称为软支承动平衡机。这种动平衡机要在转子的工作频率远大于转子支承系统的固有频率 ω_n 的情况下工作（一般，$\omega \geqslant 2\omega_n$）。

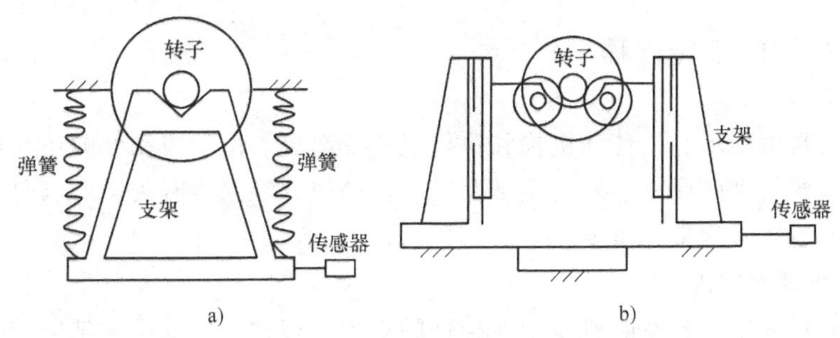

图 8-8　动平衡机支承

a）软支承　b）硬支承

图 8-8b 所示为硬支承动平衡机。这种动平衡机的转子直接支承在刚度较大的支承架上，且在转子的工作频率远小于转子支承系统的固有频率 ω_n 的情况下工作（一般，$\omega \leqslant 0.3\omega_n$）。

8.2.5　转子的平衡精度

工程上，几乎所有计算、试验都不可能完全准确，都是一个相对的概念，都规定了许用值或安全系数等，平衡也是如此。平衡程度是相对的，还会有一些残存的不平衡，而要完全消除或进一步减小这些残存的不平衡，可能需要付出昂贵的代价。

因为残存的不平衡可能会影响转子的实际使用，所以，针对不同的工作机器，规定了合适的不同的平衡精度，以保证使用和节约费用。转子的平衡精度有两种表示方法：许用质径积和许用偏心距。前者指出了许可的残存质径积 $[mr]$ 的值，后者则指出转子质心的许用偏心距 $[e]$ 的值。两者表示相同的平衡效果时，可得 $[e]=[mr]/m$。

许用偏心距与转子总质量无关，而许用质径积与转子总质量有关。通常，在对产品进行机械平衡时，平衡精度多用许用质径积表示，因为它直观、方便，并便于平衡时进行操作，而在衡量转子平衡的优劣程度和衡量平衡机的检测精度时，则多用偏心距表示，便于直观比较。

由于转子不平衡产生的动力效应不仅与偏心距 e 有关，还与转子的工作速度 ω 有关。所以工程上常采用 $[e]\omega$ 的值来表示转子的许用不平衡，即

$$A=[e]\omega/1000 \tag{8-5}$$

式中，A 为许用不平衡量（mm/s）；ω 为转子的角速度（r/s）。

典型转子的许用不平衡量可在相关手册上查取。

8.3 机械运转速度波动及调节

前面研究机构时，都假定原动件做等速运动。实际上，原动件的运动参数（位移、速度、加速度）往往是随时间而变化的，机械运动过程中会出现速度波动。这种波动会导致机械产生附加动载荷，引起机械振动，降低机械的寿命、效率和工作质量，对于高速、重载、高自动化的现代机械尤其如此。因此，研究机械运转速度波动及其调节方法是十分必要的。

8.3.1 机械的运转过程

机械系统通常由原动机、传动机构和执行机构等组成。由于原动件的运动规律与作用在机械上的外力、各构件的质量、转动惯量及原动件的位置等因素有关，所以研究作用在机械上的力和机械的运转过程十分重要。

1. 作用在机械上的力

在机械运转过程中，若忽略机械中各构件的重力、惯性力以及运动副中的摩擦力时，则作用在机械上的力可分为驱动力和工作阻力两大类。

驱动力是指由原动机输出并驱使原动件运动的力，其变化规律取决于原动机的机械特性。如蒸汽机、内燃机等原动机输出的驱动力是活塞位置的函数；工程上应用最广泛电动机的输出驱动力矩是转子角速度的函数。

工作阻力是指机械工作时需要克服的工作负荷，其变化规律取决于机械的工艺特点。如车床的工作阻力近似为常数；曲柄压力机的工作阻力是执行构件位置的函数；鼓风机、搅拌机的工作阻力是执行构件速度的函数；而揉面机、球磨机的工作阻力是时间的函数。

2. 运动周期

大多数机器在稳定运转阶段的速度并不是恒定的。机器主轴的速度从某一值开始又恢复到这一值的变化过程，称为一个运动循环，其所对应的时间称为运动周期。

3. 机械运转过程中的三个阶段

如图 8-9 所示，机械系统的运转过程可以分为以下三个阶段：

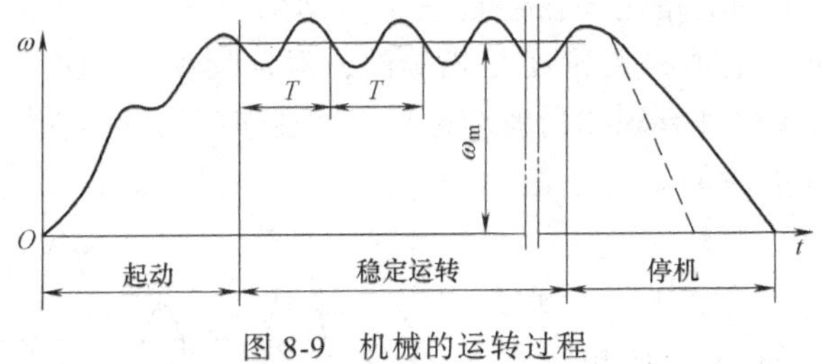

图 8-9　机械的运转过程

（1）起动阶段　在起动阶段，原动件的角速度 ω 由零逐渐变大，直至达到正常的运转平均角速度 ω_m。这一阶段，由于机械所受的驱动力做的驱动功 W_d 大于为克服生产阻力所需的有用功 W_r 和克服有害阻力（主要是摩擦力）的损耗功 W_f，所以系统内积蓄了动能 $\Delta E=E_1-E_2$（E_1、E_2 分别为机械系统在该时间间隔开始和终止时的动能）。根据动能定理，作用在机械系统上的力在任一时间间隔内所做的功应等于机械系统动能的增量，所以，该阶段的功能关系为

$$\Delta E=W_d-(W_r+W_f)>0 \tag{8-6}$$

（2）稳定运转阶段　起动阶段完成后，机械进入稳定运转阶段。这一阶段，机械原动件以平均角速度 ω_m 做稳定运转，此时机械总驱动功与总阻抗功相等，即

$$\Delta E=W_d-(W_r+W_f)=0 \tag{8-7}$$

（3）停机阶段　这一阶段，随着原动件的速度由平均值降为零，机械系统动能逐渐减小，当机械具有的动能被有害阻力损耗功消耗殆尽时，机械便停止运转。此时驱动力已经撤去，即输入功 $W_d=0$，工作也已停止，$W_r=0$，即

$$\Delta E=W_d-(W_r+W_f)<0 \tag{8-8}$$

起动阶段和停机阶段统称为机械运转的过渡阶段。由于机械通常是在稳定运转阶段进行工作的，因此应尽量缩短过渡阶段所需的时间。在起动阶段，一般常使机械在空载下起动，或者另加一个起动马达来加大输入功，以达到快速起动的目的；在停机阶段，通常在机械上安装制动装置以增加摩擦阻力从而达到缩短停车时间的目的。图 8-9 中的虚线表示停车阶段增加制动装置后，原动件的角速度随时间 t 的变化规律。

8.3.2　周期性速度波动及其调节

机械系统在外力（驱动力和各种阻力）的作用下稳定运转时，如果每一瞬时都保证所做的驱动功与各种阻抗功相等，机械系统就能保持匀速运转。但是，大多数机械系统在工作时并不能保证这一点，有时会出现驱动功大于或小于阻抗功的情况。动能的变化会引起机械速度的变化，称为速度波动。过大的速度波动对机械的工作是不利的，因此，在设计阶段，应设法降低机械运转速度的波动程度，将其限制在允许的范围，这就是速度波动的调节，简称调速。机械速度波动有周期性和非周期性两类。

1. 周期性速度波动

如图 8-10 所示，在周期 T 中的某一时间间隔中，驱动力所做的功和阻力所做的功不相等，速度是波动的，但主轴的角速度在经过一个运动周期 T 后，又恢复到初始状态，即在一个运动周期 T 的始末，主轴的角速度是相等的，运动周期 T 内的平均角速度保持不变，机械动能没有改变。机械这种有规律的波动称为周期性速度波动。在周期性速度波动时，一个运动周期内，驱动力所做的功等于阻力所做的功。

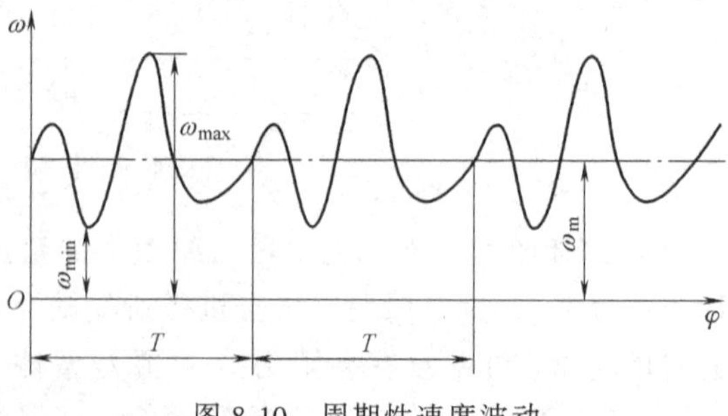

图 8-10 周期性速度波动

在图 8-10 中，ω_{max}、ω_{min} 和 ω_m 分别为最大角速度、最小角速度和平均角速度。在工程的实际应用中，平均角速度 ω_m 可用下式计算：

$$\omega_m=\frac{\omega_{max}+\omega_{min}}{2} \tag{8-9}$$

2. 周期性速度波动程度的衡量

机械速度波动程度不仅与速度变化的幅度（$\omega_{max}-\omega_{min}$）有关，也与平均角速度 ω_m 的大小有关。综合考虑这两方面的因素，常用速度不均匀系数 δ 来表示机械速度波动的程度，其定义为角速度波动的幅度与平均角速度之比，即

$$\delta=\frac{\omega_{max}-\omega_{min}}{\omega_m} \tag{8-10}$$

因此，δ 越小，机械运转越均匀，运转平稳性越好。不同类型的机械，所允许的速度波动程度是不同的，即不同类型的机械，对于速度不均匀系数 δ 的大小要求是不同的。为使机械系统运转过程中速度波动在允许范围内，设计时应使 $\delta \leqslant [\delta]$，$[\delta]$ 为许用值。表 8-1 给出了几种常用机械的许用速度不均匀系数。

表 8-1 常用机械的许用速度不均匀系数

机械的名称	$[\delta]$	机械的名称	$[\delta]$
碎石机	1/5～1/20	水泵、鼓风机	1/30～1/50
压力机、剪床	1/7～1/10	造纸机、织布机	1/40～1/50
轧压机	1/10～1/25	纺纱机	1/60～1/100
汽车、拖拉机	1/20～1/60	直流发电机	1/100～1/200
金属切削机床	1/30～1/40	交流发电机	1/200～1/300

3. 周期性速度波动的调节原理

调节周期性速度波动最常用的方法是在系统中安装一个具有较大转动惯量的飞轮。飞轮相当于一个能量储存器，在驱动功大于阻抗功时，系统的运转速度升高，但因飞轮的惯性将阻止系统运转速度升高，这时飞轮的动能增加，相当于一部分多余的功以动能的形式储存起来。反之，当驱动功小于阻抗功时，系统的运转速度将会降低，这时的飞轮将释放储存的动能以阻止系统运转速度的降低。因此，安装飞轮可使周期性速度波动变小。

由于飞轮有“吸收”或“释放”能量的功能，对在一个工作周期中工作时间很短、峰值载荷很大的机械，使用飞轮可以克服其尖峰载荷，使所选用电动机的功率大大降低。

8.3.3　飞轮的设计

1. 飞轮转动惯量的计算

飞轮设计的核心问题就是确定它的转动惯量。一般来说，机械系统中各构件所具有的动能与飞轮的动能相比，其值很小，可用飞轮的动能替代整个机械的动能。当机械的转动处于最大角速度 ω_{max} 时，具有最大动能 E_{max}，当处在最小角速度 ω_{min} 时，具有最小动能 E_{min}。E_{max} 与 E_{min} 之差表示一个周期内动能的最大变化量，称为最大盈亏功，用 A_{max} 表示。

若飞轮的转动惯量为 J_F，根据动能定理 $E_{max}=(J_F\omega_{max}^2)/2, E_{min}=(J_F\omega_{min}^2)/2$ 可知

$$A_{max}=E_{max}-E_{min}=J_F(\omega_{max}^2-\omega_{min}^2)/2=J_F\omega_m^2\delta$$

得到

$$J_F=\frac{A_{max}}{\omega_m^2\delta} \tag{8-11}$$

进行机械设计时，为了保证安装飞轮后的机械系统的速度波动程度限制在许可的工作范围内，必须满足 $\delta\leqslant[\delta]$，即

$$J_F\geqslant\frac{A_{max}}{\omega_m^2[\delta]} \tag{8-12}$$

2. 飞轮转动惯量、最大盈亏功与速度不均匀系数的关系

1）当 A_{max} 与 ω_m 一定时，J_F 与 δ 成反比，当 δ 略微变化时就会使飞轮转动惯量激增，因此，过分追求机械速度的均匀，将使飞轮过于笨重。

2）当 J_F 与 ω_m 一定时，A_{max} 与 δ 成正比，A_{max} 越大，机械运转速度越不均匀。

3）J_F 与 ω_m 的平方成反比，即主轴的平均速度越高，所需飞轮的转动惯量 J_F 越小，因此，为了减小飞轮尺寸，最好将飞轮安装在高速轴上。一般高速轴轴径较小，所以，有时飞轮也安装在主轴上。

3. 最大盈亏功的确定

由式（8-11）计算 J_F 时，由于 ω_m 和 $[\delta]$ 均为已知量，因此，为求飞轮的转动惯量，关键在于确定最大盈亏功 A_{max}。图 8-11a 所示为机械在平稳运转一周期内，驱动力矩 M_{ed} 和阻力矩 M_{er}（图中虚线）的变化曲线，纵坐标为力矩，横坐标为转角。两曲线所包围面积的大小反映了相应转角区段上驱动力矩功和阻力矩功差值的大小。如在区段 bc 中，驱动力矩功大于阻力矩功，称为盈功。反之在区段 ab 中阻力矩功大于驱动力矩功，称为亏功。最大盈亏功 A_{max} 的大小等于整个周期内全部盈亏功的代数和。

借助能量指示图可确定 A_{max} 的大小，如图 8-11b 所示。图 8-11b 中，垂直矢量代表各段的盈亏功，盈功取正值，箭头向上，亏功取负值，箭头向下。由于在一个周期的起始位置与终了位置系统的动能相等，故能量指示图的首尾应在同一水平线上。取任意一点（如 a 点）作为起点，按一定比例用矢量线段依次表明相应位置处 M_d 与 M_r 之间所包围面积的大小和正负。例如，区段 ab，虚线在上、实线在下，阻力矩功大于驱动力矩功，阻力矩功减驱动力矩功为负值，A_{ab} 为亏功，箭头向下；区段 bc，虚线在下、实线在上，驱动力矩功大于阻力矩功，A_{bc} 为盈功，取正值，箭头向上；依此类推，A_{cd} 为亏功，取负值，箭头向下；A_{de}

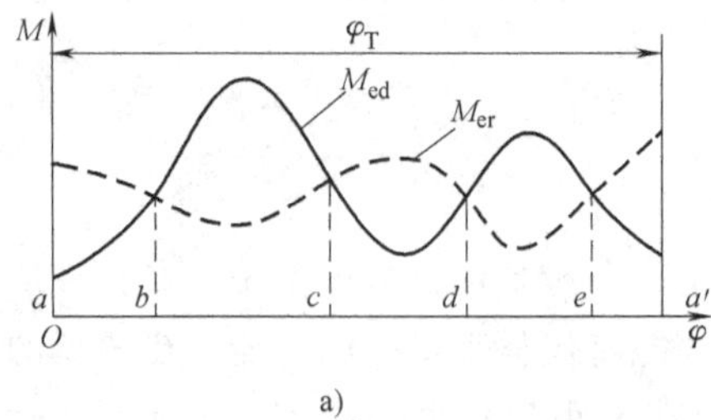

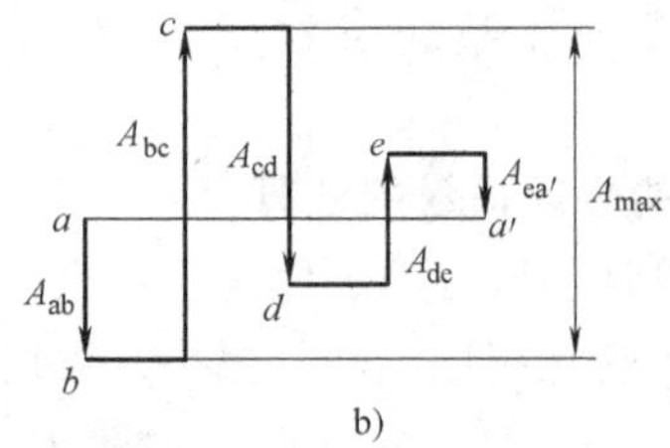

图 8-11 最大盈亏功的确定

a）驱动力矩和阻力矩变化曲线 b）能量指示图

为盈功，取正值，箭头向上；$A_{ea'}$为亏功，取负值，箭头向下。由图中可以看出，系统在 b 点处动能最小，而在 c 点处动能最大。图中折线的最高点 c 和最低点 b 的距离，就代表了最大盈亏功 A_{max}的大小。

4. 飞轮主要尺寸的确定

按其形状飞轮大体可分为轮形和盘形两种。

（1）轮形飞轮 如图 8-12 所示，飞轮由轮毂、轮辐和轮缘三部分组成。与轮缘相比，其他两部分的转动惯量很小，可略去不计。假设飞轮内径为 D_1，轮缘外径为 D_2，轮缘质量为 m，则轮缘的转动惯量为

$$J_F=\frac{m}{2}\left(\frac{D_1^2+D_2^2}{4}\right)=\frac{m}{8}(D_1^2+D_2^2) \tag{8-13}$$

当轮缘厚度 H 不大时，可近似认为飞轮质量集中于其平均直径 D 上，于是

$$J_F\approx\frac{m}{4}D^2 \tag{8-14}$$

由飞轮的转动惯量，再根据飞轮在机械系统中的安装空间来选择轮缘的平均直径 D，可计算出飞轮的质量 m 。若设飞轮宽度为 B，轮缘厚度为 H，平均直径为 D，材料密度为 ρ，则

$$m=\frac{1}{4}\pi(D_2^2-D_1^2)B\rho=\pi B\rho HD \tag{8-15}$$

根据飞轮的材料和选定的比值 H/B，可以求出飞轮的剖面尺寸 H 和 B。对于较小的飞轮，通常取 $H/B\approx2$；对于较大的飞轮，通常取 $H/B\approx1.5$。

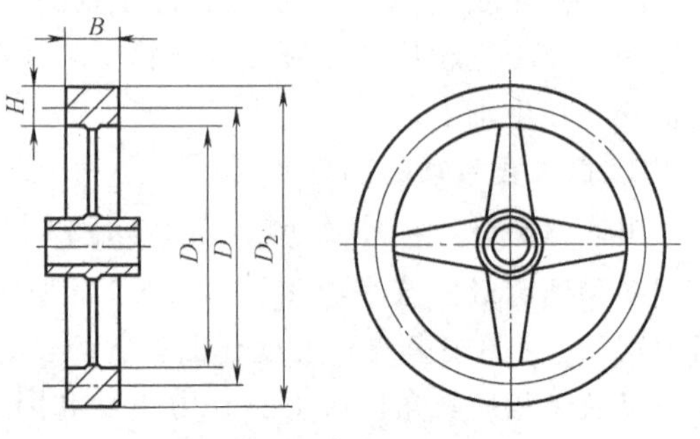

图 8-12 轮形飞轮

（2）盘形飞轮 当飞轮的转动惯量不大时，可采用形状简单的盘形飞轮，如图 8-13 所示。设 m 、D 和 B 分别为其质量、外径及宽度，则整个飞轮的转动惯量为

$$J_F=\frac{m}{2}\left(\frac{D^2}{4}\right)=\frac{m}{8}D^2 \tag{8-16}$$

根据安装空间选定飞轮直径 D 后，可由式（8-15）计算出飞轮质量 m 。再根据所选飞轮材料，即可求出飞轮的宽度 B，即

$$B=\frac{4m}{\pi D^2\rho} \tag{8-17}$$

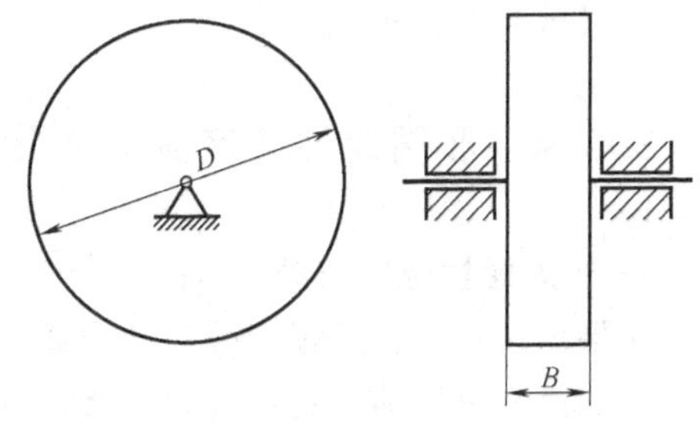

图 8-13 盘形飞轮

例 8.2 在一台用电动机作原动机的剪床机械系统中，电动机的转速为 $n_m=1500\text{r/min}$ 。已知折算得电动机轴上的阻力矩 M_r 的变化曲线如图 8-14 所示，电动机的驱动力矩为常数；机械系统本身各构件的转动惯量均忽略不计。当要求该系统的速度不均匀系数 $\delta\leqslant0.05$ 时，求安装在电动机轴上的飞轮所需的转动惯量 J_F。

解：(1) 求最大盈亏功 A_{max}

由一个周期内驱动力矩 M_d 所做功等于阻力矩 M_r 所消耗功，即 $M_d\times2\pi=200\times2\pi+\frac{1}{2}(0.25\pi+0.5\pi)(1600-200)$，可得 $M_d=462.5\text{N}\cdot\text{m}$。

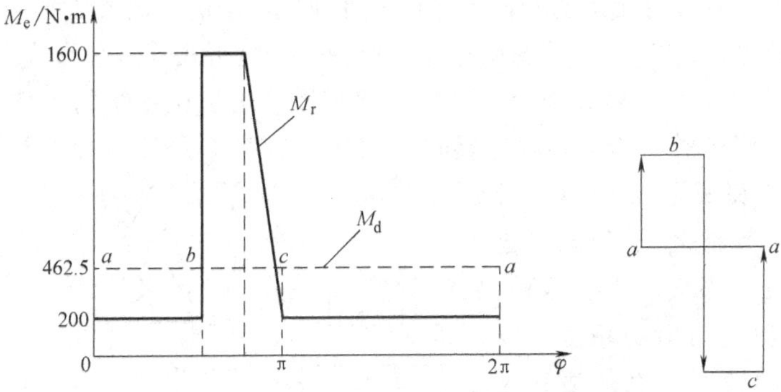

图 8-14 剪床机械系统的等效力矩与能量指示图

在图 8-14 中画出等效驱动力矩 $M_d=462.5\text{N}\cdot\text{m}$ 的直线，它与 M_r 曲线之间所夹的各单元面积所对应的盈功、亏功分别为

$$A_{ab}=(462.5-200)\times\frac{\pi}{2}\text{J}=412.3\text{J}$$

$$A_{bc}=\left[(1600-462.5)\times\frac{\pi}{4}+\frac{1}{2}\times(1600-462.5)\times\frac{1600-462.5}{1600-200}\times\frac{\pi}{4}\right]\text{J}=-1256.3\text{ J}$$

$$A_{ca}=\frac{1}{2}\times(462.5-200)\times\left(1-\frac{1600-462.5}{1600-200}\right)\times\frac{\pi}{4}+(462.5-200)\times\pi=844\text{J}$$

根据上述结果绘出能量指示图，可见最大盈亏功 $A_{max}=1256.3\text{J}$

(2) 求飞轮的转动惯量

将 A_{max} 代入飞轮转动惯量计算式，可得

$$J_F=\frac{A_{max}}{\omega_m^2\delta}=\frac{900A_{max}}{\pi^2n_m^2\delta}=\frac{900\times1256.3}{\pi^2\times1500^2\times0.05}\text{kg}\cdot\text{m}^2=1.018\text{kg}\cdot\text{m}^2$$

计算表明：无论是已知 M_d 的变化曲线或还是 M_r 的变化曲线，总可以运用在一个周期内等效驱动力矩所做的功应等于等效阻力矩所消耗的功的原则，求出未知的一个常数力矩，

然后求出最大盈亏功 A_{max}。

8.3.4 非周期性速度波动及其调节

1. 非周期性速度波动

如果机械的运转过程中，驱动力或阻力无规律地变化，使得机器运转的速度波动没有一定的周期性，机械的稳定运转状态将遭到破坏，此时的速度波动称为非周期性速度波动。非周期性速度波动多是由于工作阻力或驱动力在机械运转时发生突变，使得输入功与输出功在一段较长的时间内失衡所造成的。若不予以调节，它将使系统的转速持续上升或下降，严重时机器将超过所允许的极限速度而导致损坏或使机器停止运转而不能正常工作。

2. 非周期性速度波动的调节方法

非周期性速度波动时，能量的变化范围难以估计，而飞轮“吸收”或“释放”的能量是有限度的，即飞轮不能在机械需要大量的能量时创造出能量，也不能在机械的能量过多时消耗掉能量，所以安装飞轮无法达到调节非周期性速度波动的目的。工程中，非周期性速度波动一般可用调速器来调节 。常见的调速器有机械式、电子式等多种形式。

图 8-15 所示为某机械式离心调速器的工作原理图。当机械系统的工作负荷减小时，其主轴转速将升高，调速器本体中心轴的转速也将随之升高，由于离心力的作用，两重球 K 将张开并带动滑块和滚子 M 上升，最后通过连杆机构关小节流阀 6，以减少进入原动机的工作介质（煤气、燃油等），从而使系统的输入功与输出功相等，以便机械系统在较高的转速下重新达到稳定状态。反之，当机械系统的工作负荷增大时，其主轴转速降低，调速器本体中心轴的转速也随之降低。两重球 K 将下落并带动滑块和滚子 M 下降，最后通过连杆机构开大节流阀 6，以增加进入原动机的工作介质。经上述调节，系统的输入功与输出功相平衡，机械系统在较低的转速下重新达到稳定状态。

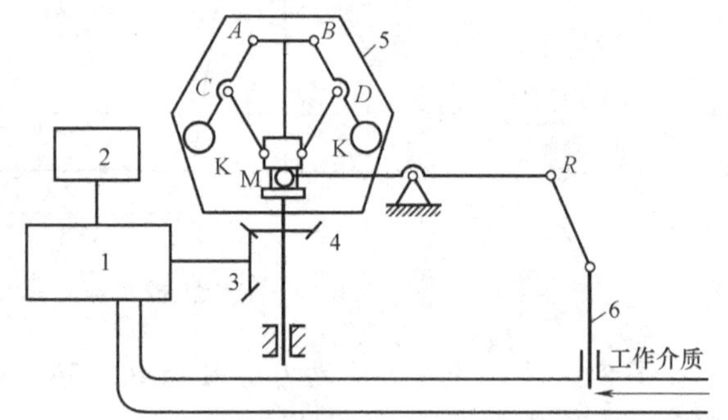

图 8-15 机械式离心调速器工作原理图

1—原动机 2—工作机 3、4—锥齿轮

5—调速器本体 6—节流阀

因此，从本质上讲，调速器是一种反馈控制机构。由于机械式调速器灵敏度低，结构复杂，已逐步被液压和电子调速装置取代。

8.4 转子平衡与机械调速实例

本书绪论部分介绍的专用精压机的主冲压机构属于曲柄压力机，其中主机中的曲轴轴向尺寸较大，设计时要考虑机器回转件的平衡问题。因为飞轮可以调节蜂窝煤成型机运转时的周期性速度波动，降低尖峰载荷，减小所选电动机的功率，所以设计时可以采用飞轮对蜂窝煤成型机进行机械调速。下面分别以曲柄压力机曲轴的平衡设计和蜂窝煤成型机中的飞轮设计为例介绍转子平衡和机械调速的设计过程。

8.4.1 曲柄压力机曲轴的平衡设计

1. 原始数据

如图 8-16a 所示，曲轴上有一不平衡质量 $m_1=20\text{kg}$，$m_2=m_3=30\text{kg}$，各偏心质量的分布如图 8-16b 所示，且 $r_1=60\text{mm}$，$r_2=r_3=20\text{mm}$。试对该曲轴进行平衡设计。

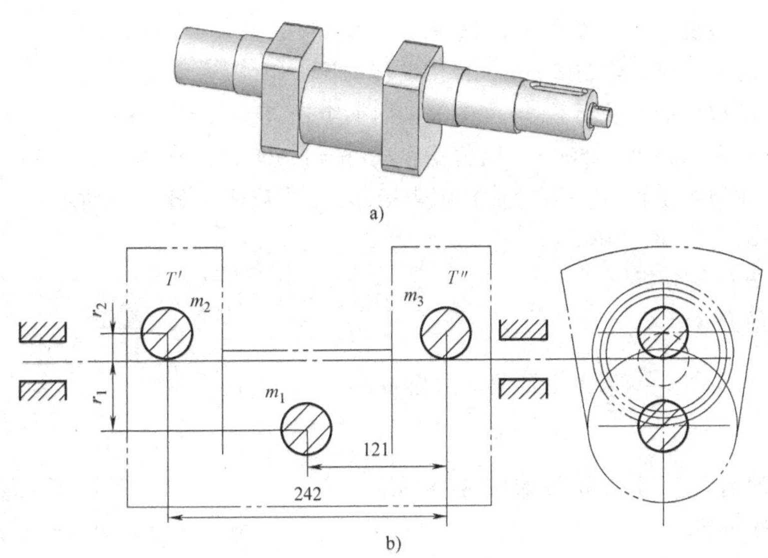

图 8-16 曲轴三维图及其偏心质量分布

a）曲轴三维图 b）曲轴偏心质量分布图

2. 平衡设计过程

1）因各个不平衡质量的分布不在同一回转平面内，因此应对其进行动平衡设计。为了使曲轴达到动平衡，必须任选两个平衡平面并在两个平衡平面内各加一合适的平衡质量。选择 m_2 和 m_3 所在的两个面 T'、T''作为平衡平面。

2）根据平行力的合成与分解原理，将各偏心质量 m_1 分解到两个平衡平面内。

在平面 T'内：$m_1'=l_1''m_1/l=121\times20/242\text{kg}=10\text{kg}$

在平面 T''内：$m_1''=l_1'm_1/l=121\times20/242\text{kg}=10\ \text{kg}$

3）计算各不平衡质量质径积的大小。

$W_1'=m_1'r_1=10\times60\text{kg}\cdot\text{mm}=600\text{kg}\cdot\text{mm}$

$W_1''=m_1''r_1=10\times60\text{kg}\cdot\text{mm}=600\text{kg}\cdot\text{mm}$

$W_2=m_2r_2=30\times20\text{kg}\cdot\text{mm}=600\text{kg}\cdot\text{mm}$

$W_3=m_3r_2=30\times20\text{kg}\cdot\text{mm}=600\text{kg}\cdot\text{mm}$

4）确定平衡平面 T'、T''内，平衡质量质径积 $m_b'r_b'$和 $m_b''r_b''$的大小及方向。

对于平面 T'，W_1'与 W_2 方向相反，则 $m_b'r_b'+m_1'r_1+m_2r_2=0$，$m_b'r_b'+600-600=0$。

可得：$m_b'r_b'=0\text{kg}\cdot\text{mm}$。

对于平面 T''，W_1''与 W_3 方向相反，则 $m_b''r_b''+m_1''r_1+m_3r_2=0$，$m_b''r_b+600-600=0$。

可得：$m_b'' r_b'' = 0$ kg · mm。

结果说明，该曲轴已经实现了动平衡。

8.4.2　冲压式蜂窝煤成型机中的飞轮设计

1. 原始数据

技术参数如下：

1）蜂窝煤成型机的生产能力：30 次/min。

2）驱动电动机转速 $n = 730$r/min，带传动传动比 $i = 4$。

3）蜂窝煤成型机的滑块行程 $s = 300$mm，曲柄半径 $R = s/2 = 150$mm。

4）压力机最大压力为 12500N，阻力矩：$F_r \times R = 12500 \times 0.15$N · m = 1875N · m。

5）蜂窝煤成型机主轴（大齿轮轴）阻力矩 M_r 变化规律如图 8-17 所示。

6）主轴驱动力矩 M_d 为常数。

2. 飞轮的设计与分析

（1）确定最大盈亏功

由 $M_d \cdot 2\pi = 1875 \times \frac{\pi}{2} \times \frac{1}{2}$ 得主轴驱动力矩 $M_d =$ 234.37N · m。

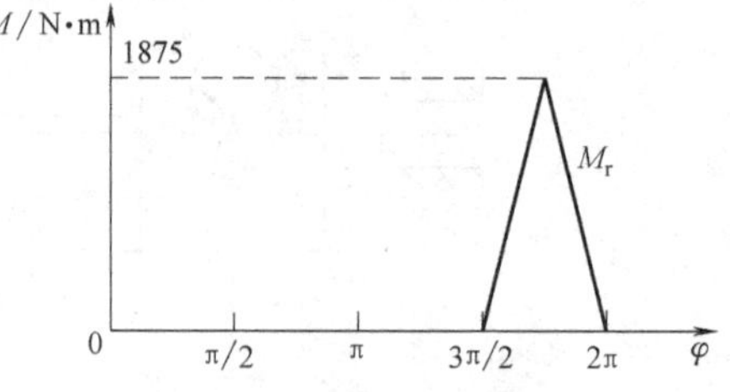

图 8-17　冲压式蜂窝煤成型机主轴阻力矩变化曲线

整个周期的盈功、亏功分布如图 8-18 所示。各盈、亏功计算如下：

$$A_1 = 234.38 \times \frac{3\pi}{2} + 234.38 \times \frac{\pi}{32 \times 2} \text{J} = 1116.14\text{J}$$

$$A_2 = -1640.63 \times \frac{7\pi}{16 \times 2} \text{J} = -1127.48\text{J}$$

$$A_3 = 234.38 \times \frac{\pi}{32 \times 2} \text{J} = 11.50\text{J}$$

由此，画出能量指示图，如图 8-19 所示。

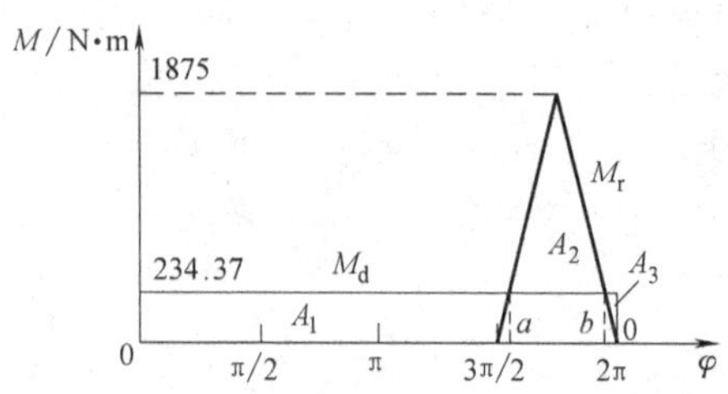

图 8-18　盈亏功的分布

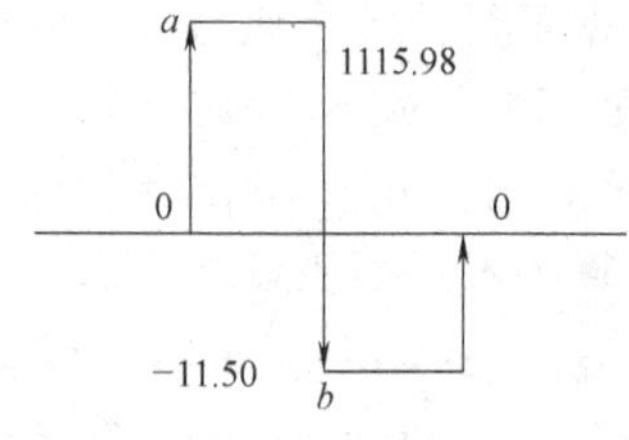

图 8-19　能量指示图

因此，求得最大盈亏功 $A_{max} = 1115.98\text{J} - (-11.50\text{J}) = 1127.48\text{J}$

（2）计算飞轮的转动惯量　利用大带轮作为飞轮，飞轮的转速 $n = 730/4$r/min = 182.5 r/min，取许用速度不均匀系数 $[\delta] = 0.12$。因而可求出飞轮的转动惯量为

$$J_F=\frac{900A_{max}}{\pi^2n^2[\delta]}=\frac{900\times1127.48}{\pi^2\times182.5^2\times0.12}\text{kg}\cdot\text{m}^2=25.72\text{kg}\cdot\text{m}^2$$

(3) 飞轮主要尺寸的确定　如图8-20所示，按轮形飞轮计算，这种飞轮由轮毂、轮辐和轮缘三部分组成。由于与轮缘相比，其他两部分的转动惯量很小，因此，一般略去不计。简化后，实际的飞轮转动惯量稍大于要求的转动惯量。

图8-20　飞轮结构图

若设飞轮外径为 D_1，轮缘内径为 D_2，轮缘质量为 m，则轮缘的转动惯量为

$$J_F=\frac{m}{8}(D_1^2+D_2^2)$$

假设飞轮的材料为铸铁，密度 $\rho=7.8\times10^3\text{kg}\cdot\text{m}^3$，若取飞轮宽度 $B=0.12\text{m}$、外径 $D_1=0.8\text{m}$ 和内径 $D_2=0.6\text{m}$，得飞轮的轮缘质量和转动惯量：

$$m=\rho\pi\frac{(D_1^2-D_2^2)}{4}B=7.8\times10^3\times\pi\times\frac{0.8^2-0.6^2}{4}\times0.12\text{kg}=205.84\text{kg}$$

$$J_F=\frac{m}{8}\times(D_1^2+D_2^2)=\frac{205.84}{8}\times(0.8^2+0.6^2)\text{N}\cdot\text{m}=25.73\text{N}\cdot\text{m}$$

同步练习

一、选择题

1. 平面机构的平衡问题，主要是讨论机构的惯性力和惯性矩对______的平衡。

A. 曲柄　　B. 连杆　　C. 机座　　D. 从动件

2. 机械平衡研究的内容是______。

A. 驱动力与阻力间的平衡　　B. 各构件作用力间的平衡

C. 惯性力系中的平衡　　D. 输入功率与输出功率间的平衡

3. 飞轮调速时，当机械系统出现______时，系统运动速度______，此时飞轮将______能量。

A. 亏功，减小，释放　　B. 亏功，加快，释放

C. 盈功，减小，储存　　D. 盈功，加快，释放

4. 为了减小机械运转中周期性速度波动的程度，应在机械中安装______。

A. 调速器　　B. 飞轮　　C. 变速装置　　D. 电动机

5. 若不考虑其他因素，单从减轻飞轮的重量上看，飞轮应安装在______。

A. 高速轴上　　B. 低速轴上　　C. 任意轴上　　D. 中间轴上

6. 在机械系统中安装飞轮后可使其周期性速度波动______。

A. 消除　　B. 减少　　C. 增加　　D. 看情况而定

7. 机器安装飞轮后，原动机的功率可以比未安装飞轮时______。

A. 一样　　B. 大　　C. 小　　D. A和C的可能性都存在

8. 机器运转出现周期性速度波动的原因是______。

A. 机器中存在往复运动构件，惯性力难以平衡

B. 机器中各回转构件的质量分布不均匀

C. 在等效转动惯量为常数时，各瞬时驱动功率和阻抗功率不相等，但其平均值相等，且有公共周期

D. 机器中各运动副的位置布置不合理

9. 为了正确描述机械运转的不均匀程度，引入机械运转不均匀系数，其表达式为______。

A. $\delta=\frac{\omega_{\min}+\omega_{\max}}{2}$　　B. $\delta=\frac{\omega_{\min}-\omega_{\max}}{2}$

C. $\delta=\frac{\omega_{\min}+\omega_{\max}}{\omega_m}$　　D. $\delta=\frac{\omega_{\max}-\omega_{\min}}{\omega_m}$

10. 用飞轮调节机械周期性速度波动时，在一个运动周期中______。

A. 出现盈功时，机械减速运转，此时飞轮储存能量

B. 出现亏功时，机械增速运转，此时飞轮储存能量

C. 出现亏功时，机械减速运转，此时飞轮释放能量

D. 出现盈功时，机械增速运转，此时飞轮释放能量

11. 关于回转件平衡的描述中，哪项是正确的______。

A. 经过动平衡设计的回转件一定是静平衡的，经过静平衡设计的回转件也一定是动平衡的

B. 经过动平衡设计的回转件一定是静平衡的，经过静平衡设计的回转件不一定是动平衡的

C. 经过动平衡设计的回转件不一定是静平衡的，经过静平衡设计的回转件一定是动平衡的

D. 经过动平衡设计的回转件不一定是静平衡的，经过静平衡设计的回转件也不一定是动平衡的

12. 在最大盈亏和速度不均匀系数不变的前提下，将飞轮安装轴的转速提高一倍，则飞轮的转动惯量将等于原飞轮转动惯量的______倍。

A. 2　　B. 1/2　　C. 1/4　　D. 1/8

13. 在不改变其他参数的条件下，拟将速度不均匀系数从 0.10 降到 0.01，则飞轮转动惯量将近似等于原飞轮转动惯量的______倍。

A. 1/10　　B. 10　　C. 100　　D. 1000

14. 有三个机械系统，它们主轴的最大角速度和最小角速度分别是：①1025r/s 和 975r/s；②512.5r/s 和 487.5r/s；③525r/s 和 475r/s，则运转最不均匀的是______。

A. ①　　B. ②　　C. ③　　D. ①和②

15. 对于存在周期性速度波动的机器，安装飞轮主要是为了在______阶段进行速度调节。

A. 起动　　B. 稳定运转　　C. 停车　　D. 起动和停车

二、判断题

1. 不论刚性转子上有多少个不平衡质量，也不论它们如何分布，只需在任意选定的两个平衡平面内，分别适当地加一个平衡质量，即可达到动平衡。（　）

2. 经过平衡设计后的刚性转子，可以不进行平衡试验。（　）

3. 刚性转子的许用不平衡量可用质径积或偏心距表示。（　）

4. 对于机构惯性力的合力和合力偶，通常只能做到部分平衡。（　）

5. 经过动平衡设计的回转件不一定是静平衡的。（　）

6. 为了使机器稳定运转，机器中必须安装飞轮。（　）

7. 机器中安装飞轮后，可使机器运转时的速度波动完全消除。（　）

8. 机器稳定运转的含义是指原动件（机器主轴）做等速转动。（　）

9. 机器做稳定运转，必须在每一瞬时驱动功率等于阻抗功率。（　）

10. 为了减轻飞轮的重量，最好将飞轮安装在机械的高速轴上。（　）

三、填空题

1. 调节机械周期性速度波动的常见方法是在转动构件上加一个__________。

2. 安装飞轮对于非周期性速度波动不能达到调节目的，这是因为飞轮只是吸收和释放能量，它既不能创造能量，也不能__________能量。

3. 速度不均匀系数 δ 是用于描述机械运转不均匀程度的重要参数，δ 越小，机械运转的速度波动越__________。

4. 若机械主轴的最大角速度为 $\omega_{max}=45.5\text{r/s}$ ，最小角速度为 $\omega_{min}=34.5\text{r/s}$ ，则其速度不均匀系数 $\delta=$__________。

5. 回转件静平衡的条件是分布于回转件上的各个偏心质量的离心惯性力合力为__________。

6. 回转件动平衡的条件是当回转件回转时，回转件上分布在不同平面内的各个质量所产生的空间离心惯性力系的合力及__________为零。

7. 机械平衡设计的目的是从结构上保证其产生的惯性力（矩）__________。

8. 刚性转子静平衡的条件是__________。

9. 刚性转子动平衡的条件是__________。

10. 静平衡的刚性转子__________是动平衡的。

11. 研究机械平衡的目的是部分或完全消除构件在运动时所产生的__________。

12. 若不考虑其他因素，单从减轻飞轮的重量上看，飞轮应安装在__________轴上。

13. 大多数机器存在速度波动的原因是驱动力所做的功与阻力所做的功__________保持相等。

14. 若已知机械系统的盈亏功为 A_{max}，等效构件的平均角速度为 ω_m，系统许用速度不均匀系数为 $[\delta]$，未加飞轮时，系统的等效转动惯量的常量部分为 J_c，则飞轮的转动惯量 $J=$__________。

四、计算题

1. 如图 8-21 所示的盘形转子，其上有两个不平衡质量：$m_1=1.5\text{kg}$，$m_2=0.8\text{kg}$，$r_1=140\text{mm}$ 和 $r_2=180\text{mm}$，相位如图所示。现用去重法来平衡设计，试求所需挖去的质量的大小和相位（设挖去质量处的半径 $r=140\text{mm}$）。

2. 已知某机械一稳定运动循环内的等效阻力矩 M_r 如图 8-22 所示，等效驱动力矩 M_d 为常数，等效构件的最大及最小角速度分别为：$\omega_{max}=200\text{r/s}$ 及 $\omega_{min}=180\text{r/s}$。试求：①等效驱动力矩 M_d 的大小；②运转的速度不均匀系数 δ；③当要求 δ 在 0.05 范围内，并不计其余构件的转动惯量时，应装在等效构件上飞轮的转动惯量 J_F。

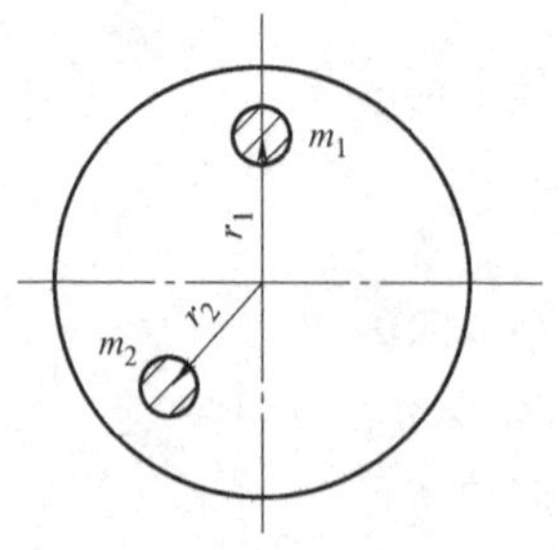

图 8-21　计算题 1 图

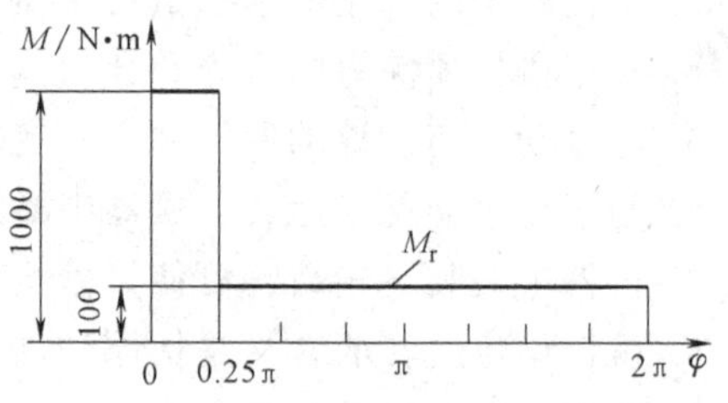

图 8-22　计算题 2 图

3. 某机组作用在主轴上的阻力矩变化曲线 $M''-\varphi$ 如图 8-23 所示。已知主轴上的驱动力矩 M'为常数，主轴平均角速度 $\omega_m=20\text{r/s}$，速度不均匀系数 $\delta=0.02$。要求：①求驱动力矩 M'，并在图 8-23 上绘制驱动力矩变化曲线 $M''-\varphi$；②绘制能量指示图并求最大盈亏功 A_{max}；③将飞轮安装在转速为主轴转速 2 倍的辅助轴上，求飞轮转动惯量 J。

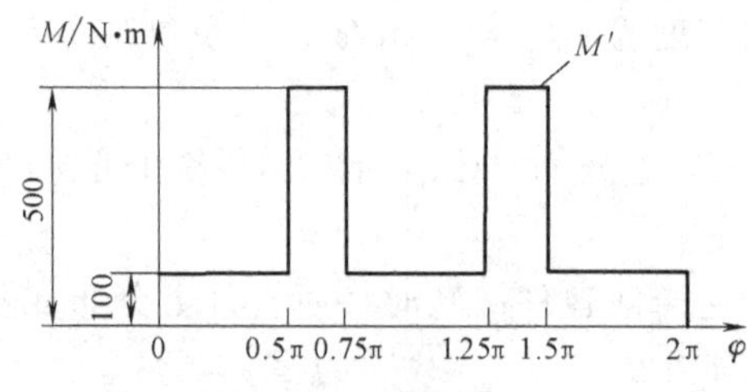

图 8-23　计算题 3 图

Chapter 9

第9章 机械零件设计概论

学习目标

主要内容：机械零件失效形式、设计要求、设计准则、设计方法及设计步骤；机械零件的常用材料和材料的选用原则；零件设计的工艺性和标准化；许用应力、安全系数的定义，机械零件与材料疲劳强度的计算。

学习重点：机械零件的失效形式、设计准则；机械零件与材料的疲劳强度。

学习难点：机械零件疲劳强度的计算。

前文着重讲述了常用机构和机器动力学的基本知识；下文主要是从工作原理、承载能力、构造和维护等方面论述通用机械零件的设计问题，其中包括如何确定零件的形状和尺寸，如何适当选择零件的材料，以及如何使零件具有良好的工艺性。

9.1 机械零件的主要失效形式及设计准则

机器设计的主要要求是：在满足预期功能的前提下，做到性能好、效率高、成本低，在预期使用期限内，保证安全可靠、操作方便、维修简单和造型美观等。设计机械零件时，也应考虑上述要求。概括地说，所设计的机械零件既要工作可靠，又要成本低廉。

机械零件由于某种原因不能正常工作时，称为失效。机械零件若发生解体（如断裂）或失去原有的几何形态（如塑性变形），称为破坏。破坏属于失效，而失效未必被破坏。在不发生失效的条件下，零件所能安全工作的限度，称为工作能力，或称承载能力。

9.1.1 机械零件的主要失效形式

1. 整体断裂

零件在受拉、压、弯、剪和扭等外载荷作用时，由于某一危险截面上的应力超过零件的强度极限而发生断裂时，或零件在受变应力作用时，危险截面上发生的疲劳断裂均属整体断裂。例如，螺栓的断裂、齿轮轮齿根部的折断等。

2. 过大的残余变形

如果作用于零件上的应力超过材料的屈服极限时，则零件将产生残余变形。机床上夹持定位零件的过大的残余变形，会降低加工精度；高速转子轴的残余挠曲变形，将增大不平衡度，并进一步引起零件的变形。

3. 零件的表面破坏

零件的表面破坏主要是腐蚀、磨损和接触疲劳。腐蚀是发生在金属表面的一种电化学或化学侵蚀，处于潮湿空气中或与水、汽及其他腐蚀性介质相接触的零件，均有可能发生腐蚀。腐蚀的结果是使金属表面产生锈蚀，从而使零件表面遭到破坏。对于承受变应力的零件，还会引起腐蚀疲劳。磨损是两个接触表面在相对运动的过程中，表面物质丧失或转移的现象。所有做相对运动的零件接触表面都可能发生磨损。在接触变应力作用下，工作的零件表面也可能发生接触疲劳。接触疲劳是受接触应力长期作用的表面产生裂纹或微粒剥落的现象。

4. 破坏正常工作条件引起的失效

有些零件只有在一定的工作条件下才能正常地工作。例如，利用液体减小摩擦的滑动轴承，只有在存在完整的润滑油膜时才能正常工作；带传动和摩擦轮传动，只有在传递的有效圆周力小于临界摩擦力时才能正常工作；高速转动的零件，只有其转速与转动件系统的固有频率避开一个适当的频率间隔时才能正常地工作等。如果破坏了这些必备的条件，则将发生不同类型的失效。例如，滑动轴承将发生过热、胶合、磨损等形式的失效；带传动将发生打滑而失效；高速转子将发生共振从而使振幅增大，以致引起断裂而失效等。

零件到底经常发生哪种形式的失效，这与很多因素有关，各种文献表明，腐蚀、磨损和疲劳是机械零件的三大主要失效形式。

9.1.2 设计机械零件时应满足的基本要求

设计机械零件时应满足的要求是从设计机器的要求中引申出来的。一般来讲，大致有以下基本要求：

1. 避免在预定寿命期内失效的要求

（1）强度要求　零件在工作中发生断裂或不允许的残余变形均属于强度不足。上述失效形式，除用于安全装置中预定适时破坏的零件外，对任何零件都是应当避免。因此，具有适当的强度是设计零件时必须满足的最基本要求。

有些大型零件，例如机架、床身等，虽然在工作时不会发生断裂，但运输时由于吊装、捆缚和固定等操作，也可能使零件承受比工作载荷大得多的载荷，因而引起断裂。此时，就应当优先考虑运输时的强度问题。

为了提高机械零件的强度，在设计时，原则上可以采取以下措施：采用高强度的材料；使零件具有足够的截面尺寸；合理地设计零件的截面形状，以增大截面惯性矩；采用热处理和化学热处理的方法，以提高材料的力学性能；提高运动零件的制造精度，以降低工作时的动载荷；合理配置机器中各零件的相对位置，以降低作用于零件上的载荷等。

（2）刚度要求　零件在工作时所产生的弹性变形不超过允许的限度，就称为满足了刚度要求。显然，只有当弹性变形过大会影响机器工作性能的零件（如机床主轴、导轨等）时，才需要满足这项要求。对于这类零件，设计时除了要做强度计算外，还必须进行刚度计算。

零件的刚度分为整体变形刚度和表面接触刚度两种。前者是指零件整体在载荷作用下发

生的伸长、缩短、挠曲、扭转等弹性变形的程度；后者是指因两零件接触表面上的微观凸峰，在外载荷作用下发生变形所导致的两零件相对位置的变化程度。为提高零件整体刚度，可采取增大零件截面尺寸以增大截面的惯性矩、缩短支承跨距或采用多支点结构以减小挠曲变形等方法。为了提高表面接触刚度，可采取增大贴合面以降低压力、采用精加工以降低表面不平度等方法。

(3) 寿命要求　有的零件在工作初期，虽然能够满足各种要求，但在工作一定时间后，却可能由于某种（或某些）原因而失效。这个零件正常工作延续的时间称为零件的寿命。影响零件寿命的主要因素有材料的疲劳、材料的腐蚀及相对运动零件接触表面的磨损三个方面。

大部分机械零件均在变应力条件下工作，因而疲劳破坏是引起零件失效的主要原因。在对零件进行精确强度计算时，必须考虑零件的疲劳问题。影响零件疲劳强度的主要因素是：应力集中、零件尺寸大小、零件表面品质及环境状况。在设计零件时，应努力从这几方面采取措施，以提高零件抵抗疲劳破坏的能力。

零件处于腐蚀性介质中工作时，就有可能使材料遭受腐蚀。对于这些零件，应选用耐腐蚀材料或采用各种耐腐蚀的表面保护，例如表面发蓝、表面镀层、喷涂漆膜及表面阳极化处理等，以提高零件的耐蚀性能。

关于磨损及提高耐磨性等问题可参考相关文献。

2. 结构工艺性要求

零件具有良好的结构工艺性，是指在既定的生产条件下，能够方便而经济地生产出来，并便于装配成机器这一特性。所以，零件的结构工艺性应从毛坯制造、机械加工过程及装配等几个生产环节加以综合考虑。工艺性是与机器生产批量大小及具体的生产条件相关的。为了改善零件的工艺性，应当熟悉当前的生产水平及条件。对零件的结构工艺性具有决定性影响的零件结构设计，在整个设计中占有很大的比重，因而必须给予足够的重视。

3. 经济性要求

零件的经济性首先表现在零件本身的生产成本上。设计零件时，应力求设计出耗费最少的零件。所谓耗费，除了材料的耗费以外，还应当包括制造时间（即人工）的消耗。

要降低零件的成本，首先要采用简洁的零件结构，以降低材料消耗；采用少余量或无余量的毛坯或简化零件结构，以减少加工工时。这些对降低零件成本均具有显著的作用。工艺性良好的结构就意味着加工及装配费用低，所以工艺性对经济性有着直接的影响。采用廉价而供应充足的材料以代替贵重材料，对于大型零件采用组合结构以代替整体结构，都可以在降低材料费用方面起到积极的作用。另外，尽可能采用标准化的零部件以取代特殊加工的零部件，就可在经济方面取得很大的效益。

4. 质量小的要求

对绝大多数的机械零件来说，都应当力求减小其质量。减小质量有两方面的好处：一方面，可以节约材料；另一方面，对于运动零件来说，可以减小惯性，改善机器的动力性能，减小作用于构件上的惯性载荷。此外，对于运输机械的零件，由于减小了本身的质量，就可以增加运载量，从而提高机器的经济效益。

为了达到减小零件质量的目的，可以采取如下设计措施：采用缓冲装置来降低零件上所受的冲击载荷；采用安全装置来限制作用在主要零件上的最大载荷；从零件上应力较小处削减部分材料，以改善零件受力的均匀性，从而提高材料的利用率；采用与工作载荷相反方向的预载荷，以降低零件上的工作载荷；采用轻型薄壁的冲压件或焊接件来代替铸、锻件，以及采用强重比（即强度与单位体积材料所受的重力之比）高的材料等。

5. 可靠性要求

零件的可靠性是指在规定的使用时间（寿命）内和给定的环境条件下，零件能够正常地完成其功能的概率。对于绝大多数的机械来说，失效的发生都是随机的。造成失效具有随机性的原因在于那些衡量零件工作条件的数量指标的随机性。例如，零件所受的载荷、环境温度等不是恒定的，而是随机变化的；零件本身的物理及力学性能也是随机变化的。因此，为了提高零件的可靠性，可在工作条件和零件性能两方面使其随机变化尽可能地小。此外，在使用中加强维护和对工作条件进行监测，也可以提高零件的可靠性。

9.1.3 机械零件的设计准则

为了保证所设计的机械零件能安全、可靠地工作，在进行设计工作之前，应确定相应的设计准则。不同的零件或相同的零件在差异较大的环境中工作，都应有不同的设计准则。设计准则的确定应与零件的失效形式紧密地联系起来。一般来讲，大体有以下几种设计准则：

1. 强度准则

强度准则即零件中的应力不得超过允许的限度。例如，对于一次断裂来讲，应力不超过材料的强度极限；对于疲劳破坏来讲，应力不超过零件的疲劳极限；对于残余变形来讲，应力不超过材料的屈服极限。这就称为满足了强度要求，符合了强度计算的准则。其代表性的表达式为

$$\sigma \leqslant \sigma_{\lim} \tag{9-1}$$

式中，σ 为零件危险位置的应力；$\sigma_{\lim}$ 为零件材料的极限应力。

考虑到各种偶然性或难以精确分析的影响，式（9-1）右边要除以设计安全系数（简称安全系数）S，即

$$\sigma \leqslant \frac{\sigma_{\lim}}{S} \tag{9-2}$$

2. 刚度准则

零件在载荷作用下产生的弹性变形量 y（它广义地代表任何形式的弹性变形量），小于或等于机器工作性能所允许的极限值 $[y]$（即许用变形量），就称为满足了刚度要求或符合了刚度设计准则。其表达式为

$$y \leqslant [y] \tag{9-3}$$

弹性变形量 y 可按各种求变形量的理论或实验方法来确定；而许用变形量 $[y]$ 则应随不同的使用场合，根据理论或经验来确定其合理的数值。

3. 寿命准则

由于影响寿命的主要因素——腐蚀、磨损和疲劳是三个不同范畴的问题，所以它们各自发展过程的规律也不同。迄今为止，工程中尚未提出实用有效的腐蚀寿命计算方法，因而无法列出腐蚀的计算准则。有关磨损的计算，因其类型众多，产生机理也未完全明晰，加之影响因素复杂，所以没有可供工程实际使用的能够进行定量计算的方法。对于疲劳寿命，通常

以使用寿命时的疲劳极限或额定载荷作为计算依据。

4. 振动稳定性准则

机器中存在很多周期性变化的激振源。例如，齿轮的啮合、滚动轴承中的振动、滑动轴承中的油膜振荡、弹性轴的偏心转动等。如果某一零件本身的固有频率与上述激振源的频率重合或呈整倍数关系时，这些零件就会发生共振，导致零件破坏或机器工作情况失常等。所谓振动稳定性，就是要使机器中受激振作用的各零件的固有频率与激振源的频率错开。令 f 代表零件的固有频率，f_p 代表激振源的频率，设计时应保证如下条件

$$0.85f>f_p \text{ 或 } 1.15f<f_p \tag{9-4}$$

如果无法满足上述条件，则可通过改变零件或系统的刚性、改变支承位置、增加或减少辅助支承等办法来改变 f。把激振源与零件隔离使振动能量传递不到零件上，或者采用阻尼以减小受激振动零件的振幅，都能改善零件的振动稳定性。

5. 可靠性准则

如有一大批某种零件，其件数为 N_0，在一定的工作条件下进行试验。如在 t 时间后，仍有 N 件正常地工作，则此零件在该工作环境条件下工作 t 时间的可靠度 R 可表示为

$$R=\frac{N}{N_0} \tag{9-5}$$

如果试验时间不断延长，则 N 将不断地减小，故可靠度也将改变。也就是说，零件的可靠度是一个时间的函数。如果在时间 t 到 $t+\mathrm{d}t$ 的间隔中，又有 $\mathrm{d}N$ 件零件发生破坏，则在此 $\mathrm{d}t$ 时间间隔内破坏的比率 $\lambda(t)$ 定义为

$$\lambda(t)=-\frac{\mathrm{d}N/\mathrm{d}t}{N} \tag{9-6a}$$

式中，$\lambda(t)$ 为失效率；负号表示 $\mathrm{d}N$ 的增大将使 N 减小。

分离变量并积分得

$$-\int_0^t \lambda(t)\,\mathrm{d}t=\int_{N_0}^{N}\frac{\mathrm{d}N}{N}=\ln\frac{N}{N_0}=\ln R \tag{9-6b}$$

即

$$R=\mathrm{e}^{-\int_0^t \lambda(t)\,\mathrm{d}t} \tag{9-6c}$$

零件或部件的失效率 $\lambda(t)$ 与时间 t 的关系如图 9-1 所示。这个曲线常被形象化地称为浴盆曲线，一般是用试验的办法来求得的。该曲线分为三段：

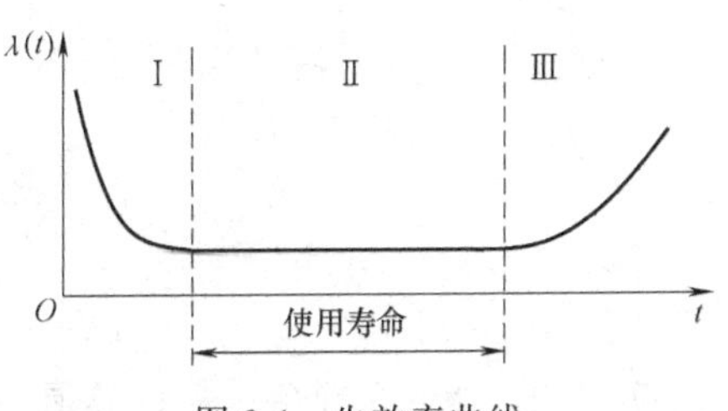

图 9-1　失效率曲线

第Ⅰ段代表早期失效阶段。在这一阶段中，失效率由开始时很高的数值急剧地下降到某一稳定的数值。引起这一阶段失效率特别高的原因是零部件中所存在的初始缺陷，例如零件上未被发现的加工裂纹、安装不正确、接触表面未经磨合（跑合）等。

第Ⅱ段代表正常使用阶段。在此阶段内如果发生失效，一般是由于偶然因素引起的，故其发生是随机性的，失效率则表现为缓慢增长。

第Ⅲ段代表损坏阶段。由于长时间的使用而出现零件发生磨损、疲劳裂纹扩展等现象，使失效率急剧地增加。因此，良好地维护和及时更换马上要发生破坏的零件，就可以延缓机器进入这一阶段工作的时间。

9.2 机械零件的设计方法及一般步骤

9.2.1 机械零件的设计方法

机械零件的设计方法，可以从不同的角度做出不同的分类。目前较为流行的分类方法是把过去长期采用的设计方法称为常规的（或传统的）设计方法；而近几十年发展起来的设计方法称为现代设计方法。

机械零件的常规设计方法可概括地划分为以下几种：

1. 理论设计

根据长期经验总结出来的设计理论和实验数据所进行的设计，称为理论设计。现以简单受拉杆件的强度设计为例来讨论理论设计的概念。设计时，强度计算按式（9-2）为

$$\sigma=\frac{F}{A}\leqslant\frac{\sigma_{\lim}}{S} \tag{9-7a}$$

式中，F 为作用于拉杆上的外载荷；A 为拉杆横截面面积；$\sigma_{\lim}$ 为拉杆材料的极限应力；S 为设计安全系数（简称安全系数）。

对式（9-7a）的运算过程，可以有下述两大类不同的处理方法：

（1）设计计算　由公式直接求出杆件必须的横截面尺寸 A，即

$$A\geqslant\frac{SF}{\sigma_{\lim}} \tag{9-7b}$$

（2）校核计算　在按其他方法初步设计出杆件的横截面尺寸后，可选用下列四个计算式之一进行校核计算

$$\sigma=\frac{F}{A}\leqslant[\sigma]=\frac{\sigma_{\lim}}{S} \tag{9-7c}$$

$$F\leqslant\frac{\sigma_{\lim}A}{S} \tag{9-7d}$$

$$S_{ca}=\frac{\sigma_{\lim}}{\sigma}\geqslant S \tag{9-7e}$$

$$\sigma_{\lim}\geqslant\sigma S \tag{9-7f}$$

式（9-7d）中，S_{ca} 为安全系数计算值。

设计计算多用于能通过简单的力学模型进行设计的零件；校核计算多用于结构复杂、应力分布较复杂，但又能通过现有的应力分析方法（以强度为设计准则时）或变形分析方法（以刚度为设计准则时）进行计算的场合。

2. 经验设计

根据某类零件已有的设计与使用实践而归纳出的经验关系式，或根据设计者本人的工作

经验用类比的办法所进行的设计称为经验设计。对那些使用要求变动不大而结构形状已典型化的零件，例如箱体、机架、传动零件的各结构要素等，是很有效的设计方法。

3. 模型实验设计

对于一些尺寸巨大且结构复杂的重要零件，尤其是一些重型整体机械零件，可采用模型实验设计的方法以提高设计质量。即把初步设计的零部件或机器做成小模型或小尺寸样机，经过实验的手段对其各方面的特性进行校验，根据实验结果对设计进行逐步的修改，从而达到完善。这样的设计过程称为模型实验设计。这种设计方法费时、昂贵，只适用于特别重要的设计中。

9.2.2　机械零件设计的一般步骤

机械零件的设计大体要经过以下几个步骤：

1）根据零件的使用要求，正确选择零件的类型和结构。

2）根据机器的工作要求，计算作用在机械零件上的载荷。

3）分析机械零件可能的失效形式，确定零件的设计准则。

4）按照零件的工作条件及对零件的特殊要求，选择适当的材料。

5）按照设计准则进行有关的计算，确定零件的基本尺寸。

6）根据工艺性及标准化等原则，设计零件的具体结构。

7）根据零件的校核计算，判定零件结构的合理性。

8）绘制零件图样，编写设计程序，撰写设计说明书。

设计计算时，除少数与几何尺寸精度要求有关的数值外，一般保证两、三位有效数字计算精度。必须强调指出，结构设计是零件设计的重要内容之一，它占设计工作量的较大比例，一定要给予足够的重视。零件图应完全符合制图标准并满足加工要求，设计说明书要条理清晰、语言简明、数字正确、格式统一，并附有必要的结构草图和计算草图。对于重要的引用数据要注明来源，对于重要的计算结果要写出简短结论。

9.3　许用应力和安全系数

9.3.1　载荷和应力

载荷是指构件或零件工作时所承受的外力。根据载荷性质不同，分为静载荷和变载荷两类。不随时间变化的或变化很小的载荷称为静载荷；大小和方向随时间而变化的载荷称为变载荷。

在静载荷作用下产生的不随时间变化或变化很小的应力称为静应力，例如锅炉中的压力、拧紧螺栓引起的应力等。在变载荷作用下产生的随时间变化的应力称为变应力，典型的有非对称循环变应力、对称循环变应力和脉动循环变应力三类，如图 9-2 所示。在静载荷作用下，有时也会产生变应力，如减速器中的高速轴、低速轴。

稳定循环变应力的参数共有五个，即最大应力 σ_{max}、最小应力 σ_{min}、平均应力 σ_m、应

力幅 σ_a 和应力循环特征参数 r（又称应力比）。在这五个参数中，只有两个参数是独立的。已知任意两个参数便可以求出其余参数，具体表达式为

$$\sigma_m=(\sigma_{max}+\sigma_{min})/2 \tag{9-8}$$

$$\sigma_a=(\sigma_{max}-\sigma_{min})/2 \tag{9-9}$$

$$r=\sigma_{min}/\sigma_{max} \tag{9-10}$$

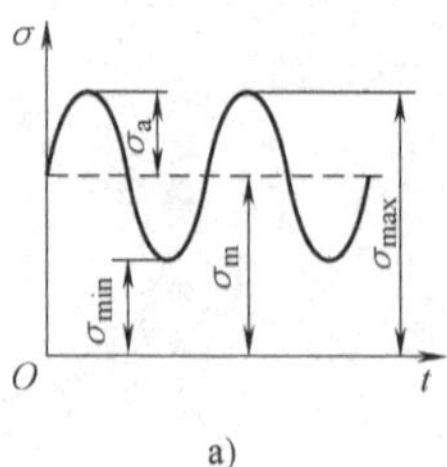

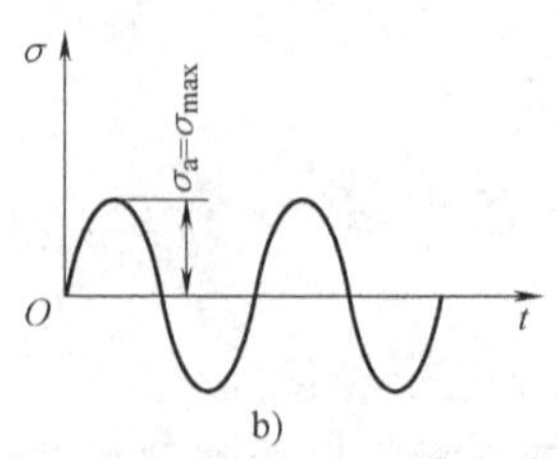

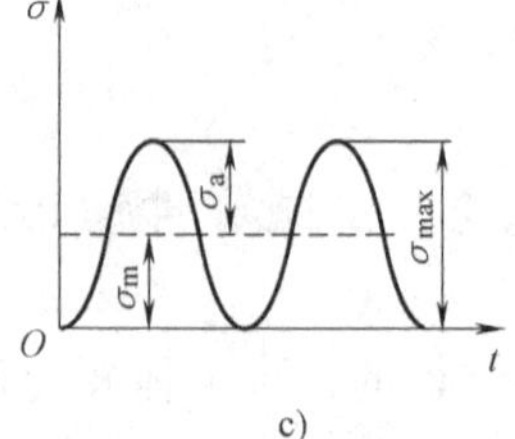

图 9-2　稳定循环变应力

a）非对称循环变应力　b）对称循环变应力　c）脉动循环变应力

表 9-1 给出了几种典型循环应力比及其对应应力的特点。

表 9-1　几种典型的循环应力比和应力特点

循环应力名称	特征参数	应力特点
静应力	$r=1$	$\sigma_a=0,\sigma_m=\sigma_{max}=\sigma_{min}$
对称循环	$r=-1$	$\sigma_a=\sigma_{max}=-\sigma_{min},\sigma_m=0$
脉动循环	$r=0$	$\sigma_a=\sigma_m=\sigma_{max}/2,\sigma_{min}=0$
非对称循环	$-1<r<1$	$\sigma_a=(\sigma_{max}-\sigma_{min})/2$，$\sigma_m=(\sigma_{max}+\sigma_{min})/2$

当零件受变化的切应力作用时，以上概念仍然适用，只需将公式中的 σ 改成 τ 即可。在大多数情况下，零件中的变应力可近似处理为对称循环变应力或脉动循环变应力。由于设计时，静应力分析相对简单，而变应力处理相对麻烦，所以，只要能够满足工程的应用，设计中常将那些应力或载荷变化幅度不大和变化次数较少的情况也按照静应力处理。

9.3.2　零件的许用应力和安全系数

1. 零件的许用应力

零件的许用应力［σ］的计算式为

$$[\sigma]=\frac{\sigma_{lim}}{S} \tag{9-11}$$

式中，σ_{lim} 为极限应力（MPa）；S 为安全系数。

在静应力作用下工作的机械零件，其 σ_{lim} 取决于零件的失效形式。对于脆性材料制成的零件应防止发生断裂，通常取材料的强度极限 σ_b 作为极限应力；当采用塑性材料制成零件时，应防止零件产生过大的塑性变形，通常取材料的屈服极限 σ_s 作为极限应力。在变应力下长期工作的零件，其 σ_{lim} 取决于材料的疲劳极限。疲劳断裂是一种损伤积累，它会在

远低于强度极限的应力下，突然断裂而无明显的塑性变形，这时的应力称为疲劳极限应力。

2. 安全系数

安全系数 S 是为了考虑一系列不定因素而取定的一个大于 1 的常数。对于一般通用零件，根据经验在设计规范中都给出了 S 的范围。选择安全系数时，应该综合考虑材料、工作条件、应力计算等因素。表 9-2 给出了安全系数参考值。

表 9-2　安全系数参考值

<table>
<tr><th colspan="3">材料</th><th>静载荷</th><th>冲击载荷</th><th colspan="2">变载荷</th></tr>
<tr><td rowspan="3">结构钢</td><td rowspan="3">$\frac{\sigma_s}{\sigma_b}$</td><td>0.45~0.6</td><td>1.5~2</td><td>1.5~2.2</td><td>材料较均匀，载荷及应力计算准确</td><td>1.5~3</td></tr>
<tr><td>0.6~0.8</td><td>1.4~1.8</td><td>2.0~2.8</td><td rowspan="2">材料较均匀，载荷及应力计算准确</td><td rowspan="2">1.5~1.8</td></tr>
<tr><td>0.8~0.9</td><td>1.7~2.2</td><td>2.5~3.5</td></tr>
<tr><td colspan="3">高强度钢</td><td>2~3</td><td>—</td><td rowspan="2">材料较均匀，载荷及应力计算准确</td><td rowspan="2">1.8~2.5</td></tr>
<tr><td colspan="3">铸铁</td><td>3~4</td><td>—</td></tr>
</table>

9.4　机械零件的疲劳强度

9.4.1　材料的疲劳强度

材料的疲劳特性可用最大应力 σ_{max}、应力循环次数 N、应力比 r 来描述。机械零件材料的抗疲劳性能是通过试验来测定的。即在材料的标准试件上加上一定的应力比的等幅变应力（通常是加上应力比 $r=-1$ 的对称循环应力，或是 $r=0$ 的脉动循环应力），通过疲劳试验，记录出在不同最大应力下引起试件疲劳破坏所经历的应力循环次数 N。把试验结果用图 9-3 或图 9-4 来表达，就可得到材料的疲劳特性曲线。图 9-3 所示为在一定应力比 r 下，疲劳极限（以最大应力 σ_{max} 表征）与应力循环次数 N 的关系曲线，通常称为 σ-N 曲线。图 9-4 所示为在一定应力循环次数 N 下，极限平均应力 σ_m 与极限应力幅值 σ_a 的关系曲线。这一曲线反映了在特定寿命条件下，最大应力 $\sigma_{max}=\sigma_m+\sigma_a$ 与应力比 $r=(\sigma_m-\sigma_a)/(\sigma_m+\sigma_a)$ 的关系，常称为等寿命曲线或极限应力图。

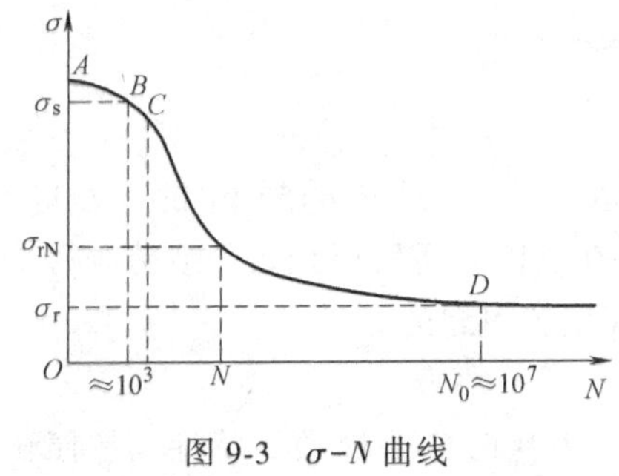

图 9-3　σ-N 曲线

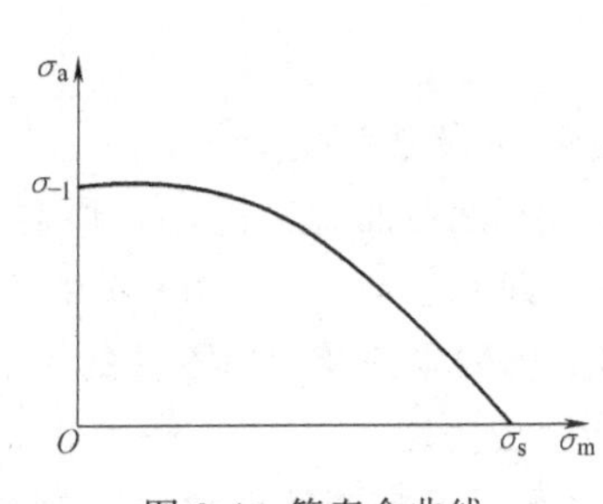

图 9-4　等寿命曲线

1. σ-N 疲劳曲线

如图 9-3 所示的曲线 AB 段，在循环次数约为 10^3 之前，使材料发生破坏的最大应力值基本不变或者说下降得很小，因此可以看作是静应力的状况。

曲线 BC 段，随着循环次数的增加，使材料发生疲劳破坏的最大应力不断下降。仔细检查试件在这一阶段的破坏断口状况，总能见到材料已发生塑性变形的特征。C 点对应的循环次数大约在 10^4 左右，因为这一阶段的疲劳破坏已伴随着材料的塑性变形，所以用应变-循环次数来说明材料的行为更符合实际。因此，人们把这一阶段的疲劳现象称为应变疲劳。由于应力循环次数相对很少，所以也称为低周疲劳。有些机械零件在整个使用寿命期间应力变化次数只有几百到几千次，但应力值较大，故其疲劳属于低周疲劳范畴。

曲线 CD 段，代表有限疲劳阶段。在此范围内，试件经过一定次数的交变应力作用后总会发生疲劳破坏。曲线 CD 段上任何一点所代表的疲劳极限，称为有限寿命疲劳极限，用符号 σ_{rN} 表示。下角标 r 表示该变应力的应力比，N 代表相应的应力循环次数。机械零件的疲劳大多发生在 σ-N 曲线的 CD 段，可用式（9-12）描述

$$\sigma_{rN}^{m}N=C \qquad (N_C\leqslant N\leqslant N_D) \tag{9-12}$$

式中，m 和 C 为由试验确定的材料常数。

D 点以后的疲劳曲线基本为一水平线，代表无限寿命区。如果作用的变应力的最大应力小于 D 点的应力，则无论应力变化多少次，材料都不会破坏。可用式（9-13）描述

$$\sigma_{rN}=\sigma_{r\infty} \qquad (N>N_D) \tag{9-13}$$

式中，$\sigma_{r\infty}$ 表示 D 点对应的疲劳极限，常称为持久疲劳极限。

对于各种工程材料来说，D 点对应的循环次数 N_D 大多取 $10^6\sim25\times10^7$。由于 N_D 有时很大，所以在疲劳试验时，常规定一个循环次数 N_0（称为循环基数），用 N_0 及其相对应的疲劳极限 σ_r 来近似代表 N_D 和 $\sigma_{r\infty}$，于是有

$$\sigma_{rN}^{m}N=\sigma_r^{m}N_0=C \tag{9-14}$$

式中，m 为材料常数，其值由试验确定。

对于钢材，弯曲疲劳和拉压疲劳时，$m=6\sim20$，$N_0=(1\sim10)\times10^6$。所以，在初步计算中，钢制零件受弯曲疲劳时，中等零件取 $m=9$，$N_0=5\times10^6$；大尺寸零件取 $m=9$，$N_0=10^7$。

由式（9-14）便得到了根据 σ_r 及 N_0 来求有限寿命区间内任意循环次数 $N(N_C<N<N_D)$ 时的疲劳极限 σ_{rN} 的表达式

$$\sigma_{rN}=\sigma_r\sqrt[m]{\frac{N_0}{N}}=\sigma_rK_N \tag{9-15}$$

式中，K_N 称为寿命系数。

当 N 大于疲劳曲线转折点 D 所对应的循环次数 N_D 时，式（9-15）中的 N 就取为 N_D 而不再增加（即 $\sigma_{r\infty}=\sigma_{rN}$）。图 9-3 中的曲线 CD 和 D 点以后两段所代表的疲劳统称为高周疲劳，大多数机械零件及专用零件的失效都是由高周疲劳引起的。

2. 极限应力图

图 9-4 所示的疲劳特性曲线可用于表达不同应力比时疲劳极限的特性。按照试验的结果，这一疲劳特性曲线为二次曲线。但在工程应用中，常将其以直线来近似代替，图 9-5 所示的双折线极限应力图就是一种常用的近似替代线图。

在做材料试验时，通常是求出对称循环及脉动循环时的疲劳极限 σ_{-1} 及 σ_0。把这两个

极限应力标在 σ_m-σ_a 图上（图 9-5）。由于对称循环变应力的平均应力 $\sigma_m=0$，最大应力等于应力幅，所以对称循环疲劳极限在图中以纵坐标上的 A'点表示。由于脉动循环变应力的平均应力及应力幅均为 $\sigma_m=\sigma_a=\sigma_0/2$，所以脉动循环疲劳极限以由原点 O 所作的 45°射线上的 D'点来表示。连接 A'、D'点得直线 $A'D'$。由于这条直线与不同循环特性时进行试验所求得的疲劳极限应力曲线（即曲线 $A'D'$）非常接近，故用此直线代替曲线是可以的，所以直线 $A'D'$上任何一点都代表了一定循环特性时的疲劳极限。横轴上任何一点都代表应力幅等于零的应力，即静应力。取 C 点的坐标值等于材料的屈服极限 σ_s，并自 C 点作一条与直线 CO 成 45°夹角的直线，与直线 $A'D'$的延长线交于 G'点，则直线 CG'上任何一点均代表 $\sigma_{max}=\sigma'_m+\sigma'_a=\sigma_s$ 的变应力状况。

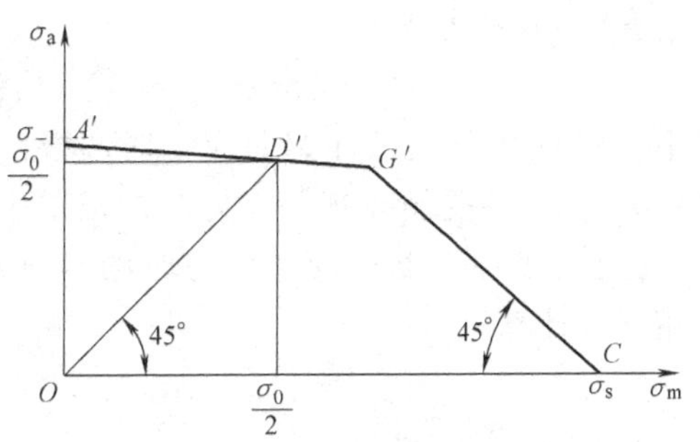

图 9-5 材料的极限应力线图

于是，零件材料（试件）的极限应力曲线即为折线 $A'G'C$。材料中发生的应力如处于 $OA'G'C$ 区域以内，则表示不发生破坏；如在此区域以外，则表示一定要发生破坏；如正好处于折线上，则表示工作应力状况正好达到极限状态。

图 9-5 中直线 $A'G'$的方程可由已知两点 $A'(0,\ \sigma_{-1})$ 及 $D'(\sigma_0/2,\ \sigma_0/2)$ 求得，即

$$\sigma'_a+\varphi_\sigma\sigma'_m=\sigma_{-1} \tag{9-16}$$

直线 CG'的方程为

$$\sigma'_a+\sigma'_m=\sigma_s \tag{9-17}$$

式中，σ'_a、σ'_m为试件受循环弯曲应力时的极限应力幅和极限平均应力；$\phi_6=(2\sigma_{-1}-\sigma_0)/\sigma_0$ 为试件受循环弯曲应力时的材料常数。

根据试验，对碳钢，$\varphi_6=0.1\sim0.2$；对合金钢，$\varphi_6=0.2\sim0.3$。

9.4.2 机械零件的疲劳强度

由于零件尺寸及几何形状变化、加工质量及强化因素等的影响，零件的疲劳极限要小于材料试件的疲劳极限。如以弯曲疲劳极限的综合影响系数 K_σ 表示材料对称循环弯曲疲劳极限 σ_{-1} 与零件对称循环弯曲疲劳极限 σ_{-1e} 的比值，即

$$K_\sigma=\sigma_{-1}/\sigma_{-1e} \tag{9-18}$$

则当已知 K_σ 及 σ_{-1} 时，就可以不经试验而估算出零件的对称循环弯曲疲劳极限为

$$\sigma_{-1e}=\sigma_{-1}/K_\sigma \tag{9-19}$$

在非对称循环时，K_σ 是试件与零件的极限应力幅的比值。把零件材料的极限应力线图中的直线 $A'D'G'$按比例往下移，成为图 9-6 所示的直线 ADG，而极限应力曲线的直线 CG'部分，由于是按照静应力来考虑的，故不需要修正。这样一来，零件的极限应力曲线即由折线 AGC 来表示。

直线 AG 的方程，由已知两点 $A\ (0,\ \sigma_{-1}/K_\sigma)$ 及 $D\ (\sigma_0/2,\ \sigma_0/2K_\sigma)$ 求得，即

$$\sigma'_{ae}+\varphi_{\sigma e}\sigma'_{me}=\sigma_{-1}/K_\sigma=\sigma_{-1e} \tag{9-20}$$

直线 CG 的方程为

$$\sigma'_{ae}+\sigma'_{me}=\sigma_s \tag{9-21}$$

式中，σ'_{ae}为零件受循环弯曲应力时的极限应力幅；σ'_{me}为零件受循环弯曲应力时的极限平均应力；$\varphi_{\sigma e}$ 为零件受循环弯曲应力时的材料常数，可用下式计算

$$\varphi_{\sigma e}=\frac{\varphi_\sigma}{K_\sigma}=\frac{1}{K_\sigma}\frac{2\sigma_{-1}-\sigma_0}{\sigma_0}$$

式中，K_σ 为弯曲疲劳极限的综合影响系数。

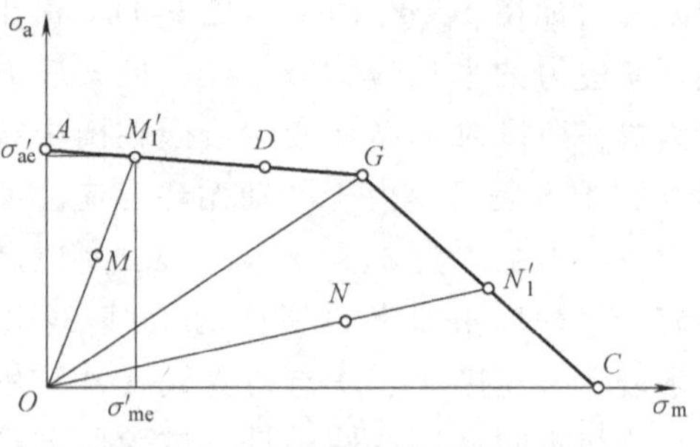

图 9-6　$r=C$ 时的极限应力线图

9.4.3　单向稳定变应力机械零件的疲劳强度计算

在做机械零件的疲劳强度计算时，首先要求出机械零件危险截面上的最大工作应力 σ_{max} 及最小工作应力 σ_{min}，据此计算出工作平均应力 σ_m 和工作应力幅 σ_a，然后在极限应力图的坐标上即可标示出相应于 σ_m 及 σ_a 的工作应力点。

显然，强度计算时所用的极限应力应是零件的极限应力曲线（AGC）上的某一点所代表的应力。到底用哪一个点的应力来表示极限应力才算合适，这要根据零件中由于结构的约束而使应力可能发生的变化规律来决定。根据零件载荷的变化规律及零件与相邻零件互相约束情况的不同，可能同时发生的典型的应力变化规律通常有以下三种：

1）变应力的应力比保持不变，即 $r=C$（例如绝大多数转轴中的应力状态）。

2）变应力的平均应力保持不变，即 $\sigma_m=C$（例如振动着的受载弹簧中的应力状态）。

3）变应力的最小应力保持不变，即 $\sigma_{min}=C$（例如紧螺栓连接中螺栓受轴向变载荷时的应力状态）。

下面分别讨论这三种情况。

1. $r=C$ 的情况

当 $r=C$ 时，需找到一个其应力比与零件工作应力的应力比相同的极限应力。因为

$$\frac{\sigma_a}{\sigma_m}=\frac{\sigma_{max}-\sigma_{min}}{\sigma_{max}+\sigma_{min}}=\frac{1-r}{1+r}=C' \tag{9-22}$$

式中，C'也是一个常数，所以在图 9-6 中，从坐标原点引射线通过工作应力点 M（或 N），与极限应力曲线交于 M'_1（或 N'_1），得到 OM'_1（或 ON'_1），则在此射线上任何一个点所代表的循环应力都具有相同的应力比。因为 M'_1（或 N'_1）为极限应力曲线上的一个点，它所代表的应力值就是计算时所用的极限应力。

联立 OM 线与 AG 线的方程求解，得到交点 M'_1的坐标 σ'_{me}和 σ'_{ae}，可求出对应 M 点的零件极限应力（疲劳极限）σ'_{max}

$$\sigma'_{max}=\sigma'_{ae}+\sigma'_{me}=\frac{\sigma_{-1}(\sigma_a+\sigma_m)}{K_\sigma\sigma_a+\varphi_\sigma\sigma_m}=\frac{\sigma_{-1}\sigma_{max}}{K_\sigma\sigma_a+\varphi_\sigma\sigma_m} \tag{9-23}$$

于是，计算安全系数 S_{ca} 及强度条件为

$$S_{ca}=\frac{\sigma_{lim}}{\sigma_{max}}=\frac{\sigma'_{max}}{\sigma_{max}}=\frac{\sigma_{-1}}{K_\sigma\sigma_a+\varphi_\sigma\sigma_m}\geqslant S \tag{9-24}$$

对应于 N 点的极限应力 N_1' 位于直线 CG 上，此时的极限应力即为屈服极限 σ_s。这就是说，工作应力为 N 点时，可能发生的是屈服失效，故只需进行静强度计算。在工作应力为单向应力时，强度计算式为

$$S_{ca}=\sigma_{lim}/\sigma=\sigma_s/\sigma_{max}=\sigma_s/(\sigma_a+\sigma_m)\geqslant S \tag{9-25}$$

分析图 9-6 可知，凡是工作应力点位于 OGC 区域内时，在此应力比等于常数的条件下，极限应力均为屈服极限，都只需进行静强度计算。

2. $\sigma_m=C$ 的情况

当 $\sigma_m=C$ 时，需找到一个其平均应力与零件工作应力的平均应力相同的极限应力。在图 9-7 中，通过 M（或 N）点作纵轴的平行线 MM_2'（或 NN_2'），则此线上任何一个点所代表的应力循环都具有相同的平均应力值。因为 M_2'（或 N_2'）点为极限应力曲线上的点，所以它代表的应力值就是计算时所采用的极限应力。

MM_2' 的方程为 $\sigma_{me}'=\sigma_m=C$。联立 MM_2' 及 AG 两直线的方程式，求出 M_2' 点的坐标 σ_{me}' 和 σ_{ae}'，把它们相加，就可求得对应于 M 点的零件的极限应力（疲劳极限）σ_{max}'，同时也可求得零件的极限应力幅 σ_{ae}'，它们分别为

$$\sigma_{ae}'=(\sigma_{-1}-\varphi_\sigma\sigma_m)/K_\sigma \tag{9-26}$$

$$\sigma_{max}'=\sigma_{ae}'+\sigma_{me}'=[\sigma_{-1}+(K_\sigma-\varphi_\sigma)\sigma_m]/K_\sigma \tag{9-27}$$

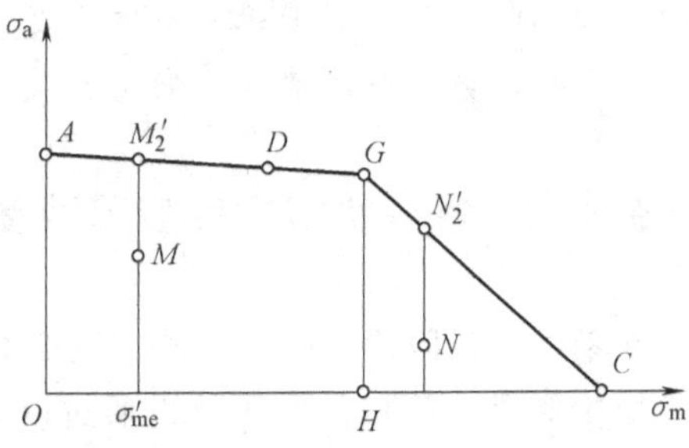

图 9-7　$\sigma_m=C$ 时的极限应力线图

根据最大应力求得的计算安全系数 S_{ca} 和强度条件为

$$S_{ca}=\frac{\sigma_{lim}}{\sigma_{max}}=\frac{\sigma_{max}'}{\sigma_{max}}=\frac{\sigma_{-1}+(K_\sigma-\varphi_\sigma)\sigma_m}{K_\sigma(\sigma_m+\sigma_a)}\geqslant S \tag{9-28}$$

对应于 N 点的极限应力由 N_2' 点表示，它位于直线 CG 上，故仍只按式（9-25）进行静强度计算。分析图 9-7 可知，凡是工作应力点位于 CGH 区域内时，在 $\sigma_m=C$ 的条件下，极限应力均为屈服极限，也是只进行静强度计算。

3. $\sigma_{min}=C$ 的情况

当 $\sigma_{min}=C$ 时，需找到一个其最小应力与零件工作应力的最小应力相同的极限应力。因为

$$\sigma_{min}=\sigma_m-\sigma_a=C \tag{9-29}$$

所以在图 9-8 中，通过 M（或 N）点，作与横坐标轴夹角为 45°的直线，则此直线上任何一点所代表的应力均有相同的最小应力。该直线与 AG（或 CG）线的交点 M_3'（或 N_3'）在极限应力曲线上，所以它代表的应力就是计算时所采用的极限应力。

通过 O 点及 G 点作与横坐标轴夹角为 45°的直线，得直线 OJ 及 IG 把安全区域分成三个部分。当工作应力点位于 AOJ 区域内时，最小应力均为负值。这在实际机械结构中极为罕见，所以本书不讨论这种情况。当工作应力点位于 GIC 区域内时，极

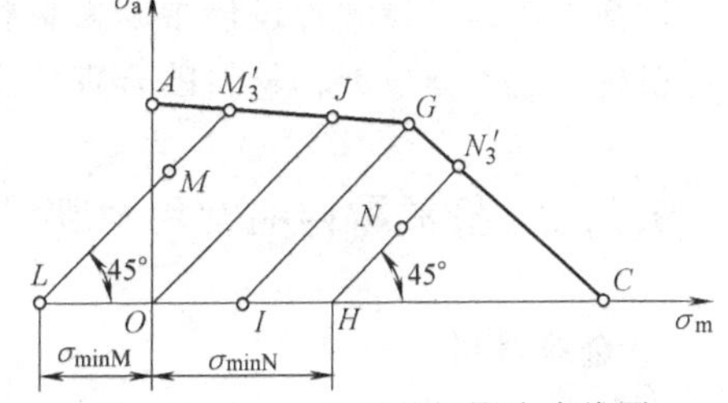

图 9-8　$\sigma_{min}=C$ 时的极限应力线图

限应力均为屈服极限，故只需按式（9-25）进行静强度计算。只有工作应力点位于 $OJGI$ 区域内时，极限应力才在疲劳极限应力曲线 AG 上。计算时所用的分析方法与前述两种情况相同，而所得到的计算安全系数 S_{ca} 和强度条件为

$$S_{ca}=\frac{\sigma'_{max}}{\sigma_{max}}=\frac{2\sigma_{-1}+(K_\sigma-\varphi_\sigma)\sigma_{min}}{(K_\sigma+\varphi_\sigma)(2\sigma_a+\sigma_{min})}\geqslant S \tag{9-30}$$

设计计算时，如果难以确定应力可能的变化规律，在实践中往往采用 $r=C$ 时的公式。如果只要求零件在不长的使用期限内不发生疲劳破坏，具体地讲，当应力循环次数 N 在 $10^4<N<N_0$ 的范围以内，则在作疲劳强度计算时，所采用的极限应力 σ_{lim} 应当为所要求的寿命时的有限疲劳极限。即在以前的有关计算式中，全部以按式（9-15）求出的 σ_{rN} 来代替 σ_r。显然，这时零件的计算安全系数会增大。

在工程问题中，机械零件所受到的变应力往往是单向不稳定变应力，有时还是双向稳定变应力等不同情况。对于单向不稳定变应力的疲劳强度计算，通常需要根据疲劳损伤累积假说理论进行计算，具体情况可参考相关文献。

9.4.4 提高机械零件疲劳强度的措施

在零件设计阶段，除了采取提高零件强度的一般措施（如选用更好的材料、适当增大危险结构的尺寸等）外，还可以通过以下措施来提高机械零件的疲劳强度：

1）尽可能降低零件应力集中的影响是提高零件疲劳强度的首要措施。零件结构形状和尺寸的突变是应力集中的根源。为了降低应力集中，应尽可能地减少零件结构形状和尺寸的突变或使其变化尽可能地平滑和均匀。因此，应尽可能地增大过渡处的圆角半径，同一零件上相邻截面处的刚性变化应尽可能地小；在不可避免地要产生较大的应力集中的结构处，也可采用减载槽来降低应力集中。

2）选用疲劳强度高的材料和合适的热处理方法及强化工艺。

3）提高零件的表面质量。比如将处在应力较高区域的零件表面加工得较为光洁，对工作在腐蚀性介质中的零件规定适当的表面保护等。

4）尽可能地减小或消除零件表面可能发生的初始裂纹的尺寸，对于延长零件的疲劳寿命有着比提高材料性能更为显著的作用。因此，对于重要的零件，在设计图样上应规定严格的检验方法及要求。

9.5 机械零件的材料及其选用

材料选择是机械零件设计中非常重要的环节。随着工程实际对机械零件要求的提高，以及材料科学的不断发展，材料的合理选择越来越成为提高零件质量、降低成本的重要手段。

9.5.1 机械零件的常用材料

1. 金属材料

在各类工程材料中，金属材料（尤其是钢铁）的应用最广泛。据统计，在产品制造中，

钢铁材料占90%以上。钢铁的力学性能（如强度、塑性、韧性等）较好，而且价格相对便宜、容易获得，能够满足多种性能和用途的要求。钢铁材料中，合金钢因性能优良，常用于制造重要零件。除钢铁以外的金属材料均称为有色金属。有色金属中，铝、铜及其合金的应用最多，有的具有质量小、导热性和导电性好等优点，有的还常用于有减摩及耐腐蚀要求的场合。

2. 高分子材料

高分子材料包括塑料、橡胶及合成纤维三大类型。高分子材料的优点是：可从石油、天然气和煤中提取，获取时所需的能耗低；平均密度只有钢的1/6；在适当的温度范围内弹性好；耐蚀性好等。例如，有“塑料王”之称的聚四氟乙烯，耐蚀性很好，化学稳定性也极好，在极低温度下不会变脆，在沸水中也不会变软。因此，聚四氟乙烯广泛应用于化工设备和冷冻设备中。但是高分子材料的缺点也很明显，如易老化、不少材料阻燃性差。

3. 陶瓷材料

工程结构陶瓷材料包括：以 Si_3N_4 和 SiC 为主要成分的高温结构陶瓷；以 Al_2O_3 为主要成分的刀具结构陶瓷。陶瓷材料的主要特点是：硬度极高、耐磨、耐腐蚀、熔点高、刚度大及密度比钢铁低等。陶瓷材料被形容为“像钢铁一样强，像金刚石一样硬，像铝一样轻”的材料。目前，陶瓷材料已用于密封件、滚动轴承和切削刀具等零件中。但是陶瓷材料的主要缺点是比较脆、断裂韧度低、价格昂贵、加工工艺性差等。

4. 复合材料

复合材料是由两种或两种以上具有明显不同的物理和力学性能的材料复合制成的，不同的材料可分别作为材料的基体相和增强相。增强相起着提高基体相的强度和刚度的作用，而基体相起着使增强相定型的作用，从而获得单一材料难以达到的优良性能。

复合材料的基体相通常以树脂为主，按增强相的不同可分为纤维增强复合材料和颗粒增强复合材料。作为增强相的纤维织物的原料主要有玻璃纤维、碳纤维、碳化硅纤维、氧化铝纤维等。作为增强相的颗粒有碳化硼、碳化硅、氧化铝等颗粒。复合材料的制备是按一定的工艺将增强相和基体相组合在一起，利用特定的模具而成型的。

复合材料的主要优点是强度和弹性模量较高，质量较小；缺点是耐热性、导热性和导电性较差。此外，复合材料的价格比较昂贵。目前，复合材料主要用于航空、航天等高科技领域，如在战斗机、直升机和人造卫星等中有不少应用。复合材料也常用于体育娱乐业中的高尔夫球棒、网球拍、赛艇、划船桨等民用产品中。

9.5.2　零件材料的选用原则

同一个零件可以用多种材料加工，并且可以实现同样的预期功能。那么，这时判别材料的选择是否合理就取决于除功能以外的一些因素，例如经济性要求。所以，为了准确理解材料选择的基本原则，必须首先了解实际工作中，选择材料时应该考虑哪些影响因素。

1. 功能和使用方面的因素

1）零件的受力大小和性质，应力的大小、性质和分布情况。

2）零件的工作情况，包括工作特点和工作环境等。

3）零件的重要性，例如农用车与航天飞机比较、农用车中变速箱齿轮与操纵手球比较等。

4）安装部位对零件尺寸和质量的限制，例如维护的方便程度等。

2. 工艺性因素

所谓工艺性就是指所选择的材料冷、热加工性能要好，热处理工艺性要好等。例如，结构复杂而大批生产的零件多选用铸件，单件生产宜用锻件或焊接。简单盘形零件，其毛坯是采用铸件、锻件还是焊接件，主要取决于它们尺寸的大小、结构的复杂程度及批量的大小。

3. 综合经济性因素

1）零件的复杂程度，材料加工的可能性及生产批量等。

2）材料的价格及其获得的可能性、方便性等。

选择材料时须综合考虑以上各方面的因素。需要遵循的一般原则是：按照综合指标和局部品质原则来选择材料。换言之，为了满足使用性，并不一定需要贵重的材料。所谓局部品质原则，就是针对零件不同部位的要求，分别选择不同材料，甚至采用组合零件来实现预期的功能。例如，水轮机的叶片，如果完全用不锈钢制造以防止生锈，会提高成本；而如果在工艺能力许可的情况下，可采用碳素钢制作，而仅对其表面进行防锈处理。

9.6 机械零件设计中的工艺性及标准化

9.6.1 机械零件设计中的工艺性

机械零件的结构，主要由它在机械中的作用、和其他相关零件的关系及制造工艺决定。如果零件的结构在具体生产条件下，能用最少的工时和最低的成本制造和装配出来，则这样的零件结构具有良好的工艺性。因此，设计零件结构时，有关工艺性的基本要求是：

1. 毛坯选择合理

机械制造中毛坯制备的方法有：直接利用型材、铸造、锻造、冲击和焊接等。毛坯的选择与具体的生产条件有关，一般取决于生产批量、材料性能和可加工性等。

2. 结构简单合理和便于机械加工

设计零件的结构形状时，应尽量采用简单的表面（如平面、圆柱面）及其配合，并使加工表面数目最少和加工面积最小。

3. 制造精度及表面粗糙度选择合适

制造精度越高和表面粗糙度越低，加工费用就越高。因此，在满足使用要求的原则下，应恰当地选择制造精度和表面粗糙度。

9.6.2 机械零件设计中的标准化

设计机械零件时，标准非常重要。所谓零件的标准化，就是针对零件的尺寸、结构要素、材料性能、检验方法、设计方法、制图要求等，制定出各类行业共同遵守的标准。标准化带来的优越性表现为：能以最先进的方法，对那些用途最广的零件进行大量的、集中的制造，以提高零件的质量，降低成本；统一了材料和零件的性能指标，提高了零件的可靠性；

简化了设计工作，缩短了设计周期，提高了设计质量，简化了机器维修工作。

机械制图的标准化保证了工程语言的统一。因此，对设计图样的标准化检验是设计工作中的一个重要环节。现已发布的与机械零件设计有关的标准，分为国家标准、行业标准和企业标准。从使用的强制性来说，分为必须执行的（有关度、量、衡及涉及人身安全等的标准）标准和推荐使用的（如标准直径等）标准。

同 步 练 习

一、填空题

1. 常用的机械零件设计方法主要有理论设计、经验设计和______。

2. 按机器的各部分功能分析，一般机器由动力部分、工作部分、传动部分和______四部分组成。

3. 机械零件的工作能力计算准则主要有______、刚度准则、寿命准则、可靠性准则和振动稳定性准则。

4. 机械零件受载时，在截面形状______处应力集中的程度通常随材料强度的增大而增大。

5. 机械零件的刚度是指其抵抗______变形的能力。

6. 进行疲劳强度计算时，其极限应力为材料的______。

7. 机械零件设计计算的最基本的设计准则是______准则。

8. 疲劳曲线是在应力比一定时，表示疲劳极限与______之间关系的曲线。

二、选择题

1. 机械零件由于某些原因而无法______时称为失效。

A. 继续工作　　B. 正常工作　　C. 负载工作　　D. 持续工作

2. 当零件可能出现疲劳断裂时，应按______准则进行计算。

A. 强度　　B. 刚度　　C. 寿命　　D. 振动稳定性

3. 零件的工作安全系数为______。

A. 零件的极限应力比许用应力　　B. 零件的极限应力比工作应力

C. 零件的工作应力比许用应力　　D. 零件的工作应力比极限应力

4. 对大量生产、强度要求高、尺寸不大、形状不复杂的零件，应选择______。

A. 铸造　　B. 冲压　　C. 自由锻造　　D. 模锻

5. 工程上采用几何级数作为优先数字基础，级数项的公比一般取______。

A. $\sqrt[n]{5}$　　B. $\sqrt[n]{10}$　　C. $\sqrt[n]{15}$　　D. $\sqrt[n]{20}$

6. 零件的截面形状一定，当截面尺寸增大时，其疲劳极限将随之______。

A. 增高　　B. 不变

C. 降低　　D. 随材料性质的不同或增高或降低

7. 在载荷和几何形状相同的情况下，钢制零件的接触应力______铸铁的接触应力。

A. 大于　　B. 等于　　C. 小于　　D. 不确定

8. 两零件的材料和几何尺寸都不相同，以曲面接触受载时，两者的接触应力值______。

A. 相等　　B. 不相等

C. 是否相等与材料有关　　　　　　　D. 是否相等与几何尺寸有关

9. 变应力特性可用 σ_{max}、σ_{min}、σ_m、σ_a 和 r 五个参数中的任意______来描述。

A. 1个　　　B. 2个　　　C. 3个　　　D. 4个

10. 零件受不稳定变应力作用时，若各级应力是递减的，则发生疲劳破坏时的总损伤率将______。

A. 大于1　　　B. 等于1　　　C. 小于1　　　D. 可能大于1，也可能小于1

三、判断题

1. 当零件可能出现塑性变形时，应按刚度准则计算。（　）
2. 零件的表面破坏主要是腐蚀、磨损和接触疲劳。（　）
3. 调质钢的回火温度越高，其硬度和强度将越低。（　）
4. 疲劳破坏是引起机械零件失效的主要原因之一。（　）
5. 随着工作时间的延长，零件的可靠度总是不变。（　）
6. 在给定生产条件下，便于制造的零件就是工艺性好的零件。（　）
7. 机械设计是应用新的原理、新的概念创造新的机器或重新设计或改造已有的机器。（　）
8. 零件的强度是指零件抵抗破坏的能力。（　）
9. 零件的工作能力是指零件抵抗失效的能力。（　）
10. 机械零件的强度是指零件产生破坏前的工作寿命。（　）
11. 机械零件的刚度是指零件抵抗变形的能力。（　）
12. 在许用应力不变的情况下，机械零件的强度高是指零件上承受的工作应力高。（　）
13. 在工作应力不变的情况下，机械零件的许用工作应力高，该零件的工作强度就高。（　）
14. 机械零件上承受的载荷通常是指零件上承受的力或力矩。（　）
15. 机械零件产生破坏现象就称为机械零件失效。（　）
16. 静载荷在零件上产生静应力；变载荷在零件上产生变应力。（　）
17. 针对机械零件承受变应力的工作场合，一般需要进行机械零件的疲劳强度计算。（　）
18. 机械零件的计算载荷，一般大于或等于作用在机械零件上的名义载荷。（　）

四、计算题

某材料的对称循环弯曲疲劳极限 $\sigma_{-1}=180\text{MPa}$，取循环基数 $N_0=5\times10^6$，$m=9$，试求循环次数 N 分别为7000次、25000次和620000次时的有限寿命弯曲疲劳极限。

五、分析题

某轴所使用材料的力学性能为：$\sigma_s=260\text{MPa}$，$\sigma_{-1}=170\text{MPa}$，$\sigma_b=900\text{MPa}$，$\varphi_\sigma=0.2$，$K_\sigma=1.5$，试解答下列问题：① 绘制该轴所使用材料的简化极限应力图；② 绘制该轴的简化极限应力图；③ 若危险截面上平均应力 $\sigma_m=20\text{MPa}$、应力幅 $\sigma_a=30\text{MPa}$，试分别按 $r=C$、$\sigma_m=C$、$\sigma_{min}=C$ 三种应力变化状况分析该截面的安全系数。

Chapter 10

第10章 机械连接

学习目标

主要内容：常用螺纹的类型、参数、特点及应用；螺纹连接的基本类型及螺纹紧固件；螺纹连接件的预紧和防松；螺栓的常用材料；螺纹连接的强度计算；螺栓组的结构设计和受力分析；提高螺纹连接强度的措施；键连接的类型、平键连接的选择计算；花键连接的结构和应用特点；销连接的结构和应用特点。

学习重点：螺纹连接件的预紧和防松、螺栓组的结构设计与受力分析、螺栓连接的强度计算、平键连接的选择计算。

学习难点：螺纹副自锁条件，受轴向拉伸载荷螺栓连接的预紧力、工作载荷、残余预紧力与总载荷间的关系。

10.1 概　　述

组成机械的各个部分需要用各种连接零件或各种方法组合起来，称为连接。日常生活中我们经常遇到各种连接，比如常用的自行车、摩托车、汽车，它们都是用连接零件通过一定的方法将各部分连接起来的典型例子。连接零件是各种机械中使用数量最多的零件，许多机械中连接零件占零件总数的50%以上。

连接零件一般为标准件，所以在机械设计中如无特殊原因，都应该选用标准的连接零件，如螺栓、螺钉、螺母、垫圈、键等。这样不但可以降低生产成本、缩短开发新产品的周期，而且便于使用和修理。

常用机械连接分为可拆卸连接和不可拆卸连接。允许多次装拆而无损于使用性能的连接称为可拆卸连接，可拆卸连接在拆开时不必破坏连接件和被连接件，如螺栓连接、花键连接及销连接等；若不损坏组成零件就不能拆开的连接称为不可拆卸连接，不可拆卸连接在拆开时至少会破坏连接件和被连接件之一，如焊接、铆接及粘接等。本章只介绍可拆卸连接。

设计被连接零件时，需要同时确定拟采用的连接类型。连接类型的选择是以使用要求及经济要求为依据的。一般而言，采用不可拆卸连接多是由于制造及经济上的原因；采用可拆卸连接多是由于结构、安装、运输、维修上的原因。不可拆卸连接通常较可拆卸连接成本更为低廉。

在选择具体的连接类型时，还需考虑连接的加工条件和被连接件的材料、形状及尺寸等因素。如板与板的连接多用螺纹连接、焊接、铆接或胶接；杆与杆的连接多选用螺纹连接或焊接；轴与轮毂的连接则常选用键、花键连接等。有时亦可综合使用两种连接，例如胶焊连接、胶铆连接，以及键与过盈配合同时使用的连接等。

10.2 螺　　纹

10.2.1 螺纹的形成

如图 10-1a 所示，将一倾斜角为 ψ、边长分别为 πd_2 和 P 的直角三角形绕在直径为 d_2 的圆柱体表面上，当一直角边与圆柱体的底边重合时，斜边即在圆柱体的表面形成一条螺旋线。取一平面图形（图 10-1b），使它沿着螺旋线运动，运动时保持此图形通过圆柱体的轴线，就可得到螺纹。按照平面图形的形状，螺纹分为三角形螺纹、梯形螺纹和锯齿形螺纹。按螺旋线的旋向，螺纹分为左旋螺纹和右旋螺纹。机械制造中，一般采用右旋螺纹，有特殊要求时，才采用左旋螺纹。按照螺旋线的数目，螺纹分为单线螺纹（图 10-1c）、双线螺纹（图 10-1d）和等距排列的多线螺纹。为了制造方便，螺纹的线数一般不超过 4。

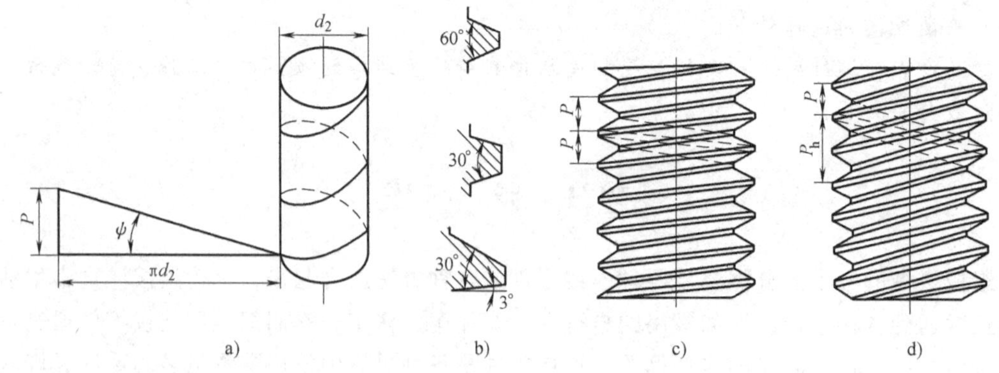

图 10-1　螺纹的形成

a）螺旋线的形成　b）螺纹截面图形　c）单线螺纹　d）双线螺纹

螺纹有内螺纹和外螺纹之分，两者旋合组成螺旋副（或称螺纹副）。用于连接的螺纹称为连接螺纹；用于传动的螺纹称为传动螺纹，相应的传动称为螺旋传动，其功用虽不同于螺纹连接，但在受力和几何关系等方面与螺纹连接有许多相似之处。

螺纹连接的特点是结构简单、装拆方便、互换性好、成本低廉、工作可靠和形式灵活多样，可以反复拆开而不必破坏任何零件，因而应用广泛。

10.2.2 螺纹的主要参数

按照母体形状不同，螺纹分为圆柱螺纹和圆锥螺纹。现以圆柱螺纹为例，说明螺纹的主要几何参数，如图 10-2 所示。

1）大径 d。其为与外螺纹牙顶（或内螺纹牙底）相重合的假想圆柱体的直径，在标准中也称为公称直径。

2）小径 d_1。其为与外螺纹牙底（或内螺纹牙顶）相重合的假想圆柱体的直径，在强度计算中常作为危险剖面的计算直径。

3）中径 d_2。其为一个假想圆柱的直径，是轴向平面内螺纹的牙厚等于槽宽处的一个假想的圆柱体的直径，一般取 $d_2=(d+d_1)/2$。

4）螺距 P。其为螺纹相邻两牙在中径上对应两点间的轴向距离。

5）线数 n。其为螺纹的螺旋线数量。

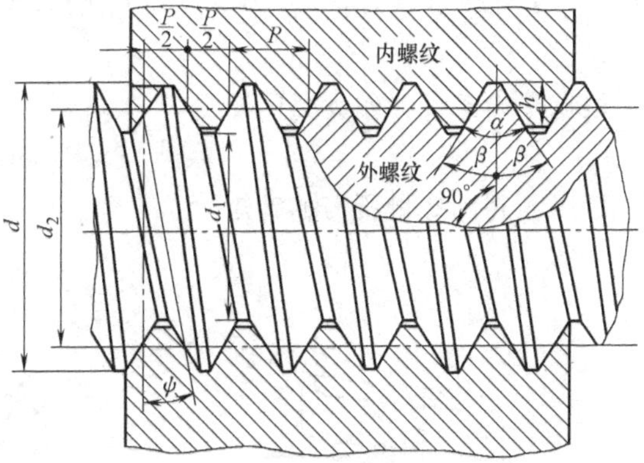

6）导程 P_h。其为同一螺旋线上的相邻两牙在中径线上对应两点间的轴向距离。对于单线螺纹，$P_h=P$；对于线数为 n 的多线螺纹，$P_h=nP$。

图 10-2 螺纹的主要几何参数

7）升角 ψ。其为中径 d_2 圆柱上，螺旋线的切线与垂直于螺纹轴线的平面的夹角（图 10-1a），即 $\tan\psi=nP/(\pi d_2)$。

8）牙型角 α。其为轴向截面内螺纹牙型相邻两侧边的夹角。牙型侧边与螺纹轴线的垂线间的夹角称为牙侧角 β。对于对称型牙侧角 $\beta=\alpha/2$。

粗牙螺纹公称尺寸见表 10-1。

表 10-1 粗牙普通三角形螺纹公称尺寸（GB/T 196—2003） （单位：mm）

公称直径 d	中径 d_2	小径 d_1	公称直径 d	中径 d_2	小径 d_1
8	7.188	6.647	24	22.051	20.752
10	9.026	8.376	30	27.727	26.211
12	10.863	10.106	36	33.402	31.670
16	14.701	13.835	42	39.077	37.129
20	18.376	17.294	48	44.752	44.587

10.3 螺旋副的效率和自锁

现以矩形螺纹为例进行分析。

10.3.1 螺旋副的效率

螺旋副是由外螺纹（螺杆）和内螺纹（螺母）组成的运动副，经过简化可以把螺母看作一个滑块（重物）沿螺杆的螺旋表面运动，如图 10-3a 所示。将矩形螺纹沿中径 d_2 展开，得一倾斜角为 ψ（即螺纹升角）的斜面，斜面上的滑块代表螺母，螺母和螺杆的相对运动可以看作滑块在斜面上的运动。图 10-3b 所示为滑块在斜面上匀速上升时的受力图。F_Q 为轴向载荷；F 相当于转动螺母时作用在螺纹中径上的水平推力；F_N 为法向反力；摩擦力

$F_f = fF_N$；f 为摩擦系数；F_R 为 F_N 与 F_f 的合力；ρ 为 F_R 与 F_N 的夹角，称为摩擦角，$\rho = \arctan f$。

根据平衡条件，作力封闭图得

$$F = F_Q \tan(\psi+\rho)$$

所以，转动螺母所需的转矩为

$$T_1 = F\frac{d_2}{2} = \frac{F_Q d_2}{2}\tan(\psi+\rho) \tag{10-1}$$

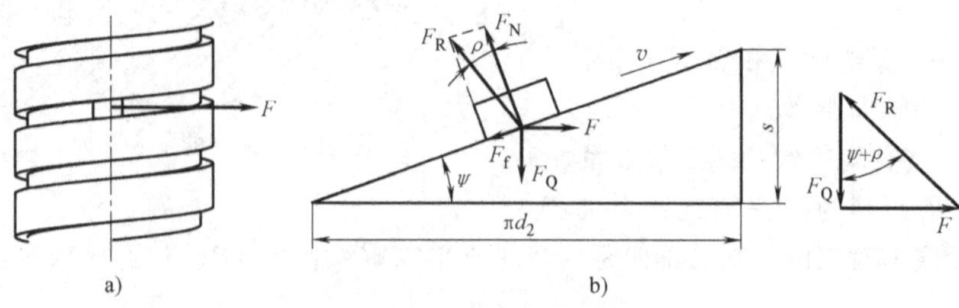

图 10-3 螺纹的受力分析

螺母旋转一周所需的输入功为 $W_1 = 2\pi T_1$；此时螺母上升一个导程 P_h，其有效功为 $W_2 = F_Q P_h$。因此螺旋副的效率为

$$\eta = \frac{W_2}{W_1} = \frac{F_Q P_h}{2\pi T_1} = \frac{F_Q \pi d_2 \tan\psi}{2\pi \dfrac{F_Q d_2}{2}\tan(\psi+\rho)} = \frac{\tan\psi}{\tan(\psi+\rho)} \tag{10-2}$$

对于非矩形螺纹，式（10-1）和式（10-2）中的摩擦角 ρ 用当量摩擦角 ρ_v 替换，于是可以得到以下的关系式

螺纹力矩

$$T_1 = \frac{F_Q d_2}{2}\tan(\psi+\rho_v) \tag{10-3}$$

螺旋副效率

$$\eta = \frac{\tan\psi}{\tan(\psi+\rho_v)} \tag{10-4}$$

10.3.2 螺旋副的自锁

物体在摩擦力的作用下，无论驱动力多大都不能使其运动的现象，称为自锁。如图 10-3b 所示，使置于斜面上的滑块下滑的驱动力为 F_Q，摩擦力 F_f 应与图示方向相反，以起到阻止滑块下滑的作用。若滑块在摩擦力的作用下无论驱动载荷 F_Q 有多大都不能使其下滑，则此时滑块已经自锁。

F_Q 沿滑动方向的投影为 $F_Q\sin\psi$，摩擦力 $F_f = fF_N = \tan\rho F_Q\cos\psi$。

自锁时

$$F_Q\sin\psi \leqslant \tan\rho F_Q\cos\psi$$

即

$$\tan\psi \leqslant \tan\rho$$

所以，螺旋副的自锁条件为

$$\psi \leqslant \rho \tag{10-5}$$

$\psi=\rho$ 时，表明螺旋副处于临界自锁状态；$\psi<\rho$ 时，其值越小，自锁性越强。

对于非矩形螺纹，螺旋副的自锁条件为

$$\psi \leqslant \rho_v$$

10.4　机械中常用的螺纹

按螺纹在轴向剖面内的形状，一般将机械中常用的螺纹分为三角形螺纹、矩形螺纹、梯形螺纹及锯齿形螺纹四种，其外形和剖面结构如图 10-4、图 10-5 所示。

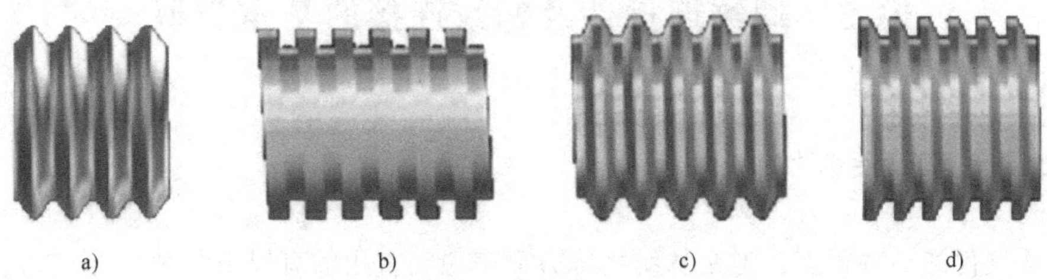

图 10-4　各类螺纹的外形

a）三角形螺纹　b）矩形螺纹　c）梯形螺纹　d）锯齿形螺纹

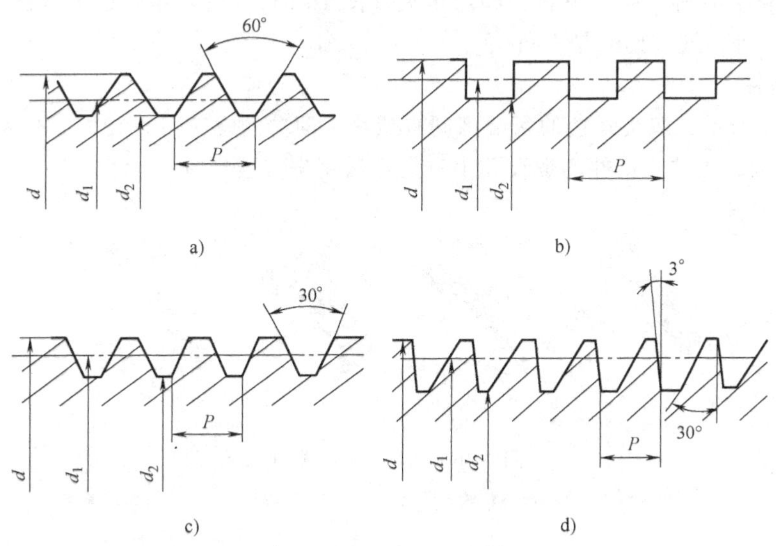

图 10-5　各类螺纹的剖面结构

a）三角形螺纹　b）矩形螺纹　c）梯形螺纹　d）锯齿形螺纹

四种常用螺纹中除三角形螺纹用于连接外，其余均用于传动。在我国国家标准中，把牙型角 $\alpha=60°$的三角形米制螺纹称为普通螺纹。三角形螺纹是连接螺纹的基本形式，其特点是牙根强度高、具有良好的自锁性能。同一公称直径的普通螺纹可以有多种螺距，螺距大的称为粗牙螺纹；螺距小的称为细牙螺纹。一般连接多采用粗牙螺纹；而细牙螺纹螺距小、深度浅，因此自锁性比粗牙螺纹好，适用于受冲击、振动和变载荷的连接，但不耐磨、容易滑扣，适合于薄壁零件的连接，细牙螺纹也常用作微调机构的调整螺纹。

矩形螺纹的牙型为正方形，牙型角 $\alpha=0°$，牙厚为螺距的一半，其特点是传动效率高、牙根强度弱、精确制造困难，螺纹副磨损后，间隙难以补偿与修复，对中精度会降低。

梯形螺纹的牙型为等腰梯形，牙型角 $\alpha=30°$，其特点是牙根强度高、螺纹工艺性好，内外螺纹以锥面贴合，对中性好。不易松动。但与矩形螺纹相比，其传动效率较低。若采用剖分式螺母，可以调整和消除间隙。

锯齿形螺纹的牙型为不等腰梯形，牙型角 $\alpha=33°$（承载面斜角为 3°、非承载面的斜角为 30°），综合了矩形螺纹效率高和梯形螺纹牙根强度高的特点，但只能单向传递动力。精压机连杆中的调节螺杆由于只在一个方向上承受大的冲压力，故采用了锯齿形螺纹。

10.5 螺纹连接件及螺纹连接的基本类型

10.5.1 螺纹连接件

螺纹连接件的品种很多，但是从结构等方面来说，常用的有以下几种：

1. 螺栓

螺栓是工程和日常生活中应用最为普遍、广泛的紧固件之一。为了满足工程上的不同需要，螺栓的头部有各种不同的形状，如六角头（图 10-6a）、内六角圆柱头（图 10-6b）和方头（图 10-6c）等，最常见的是六角头。

2. 双头螺柱

如图 10-6d 所示，双头螺柱的两端都制有螺纹，两端的螺纹可以相同，也可以不同。其安装方式是一端旋入被连接件的螺纹孔中，另一端用来安装螺母。

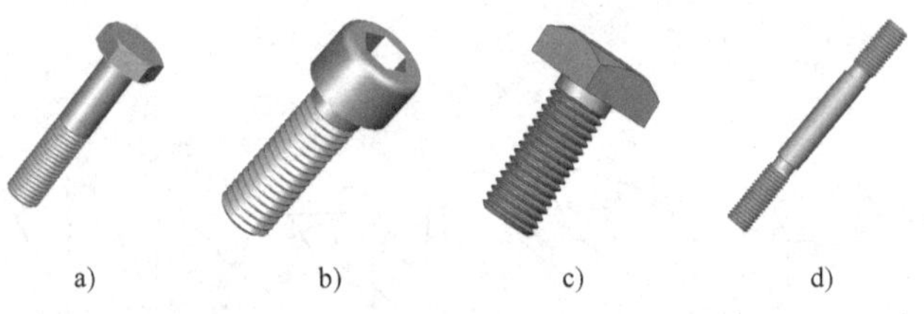

图 10-6 螺栓和双头螺柱

a）六角头螺栓 b）内六角圆柱头螺栓 c）方头螺栓 d）双头螺柱螺栓

3. 螺钉

螺钉的头部有各种形状，为了明确表示螺钉的特点，通常以其头部的形状命名，如盘头螺钉（图 10-7a）、内六角圆柱头螺钉（图 10-7b）、沉头螺钉（图 10-7c）、滚花螺钉（图 10-7d）、自攻螺钉（图 10-7e）和吊环螺钉（图 10-7f）等。在许多情况下，螺栓也可以用作螺钉。

4. 紧定螺钉

紧定螺钉主要用于小载荷情况，例如，以传递圆周力为主的情况及防止传动零件的轴向

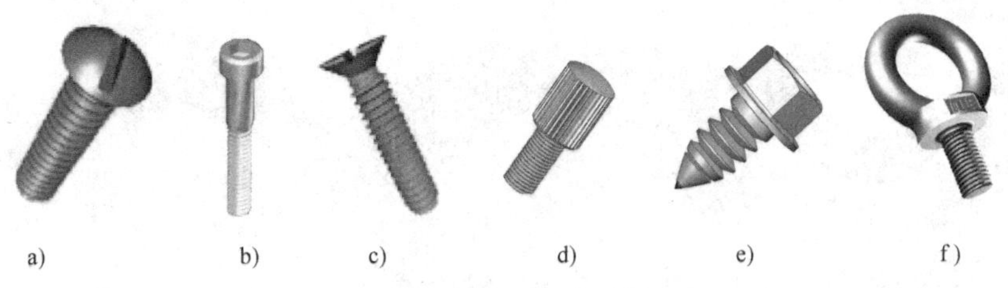

图 10-7　各种螺钉

a）盘头螺钉　b）内六角圆柱头螺钉　c）沉头螺钉　d）滚花螺钉　e）自攻螺钉　f）吊环螺钉

窜动等。紧定螺钉的工作面是末端，根据传力的大小，末端形状有平端、锥端、圆柱端等，头部的形状也有开槽、内六角等。常用紧定螺钉如图 10-8 所示。

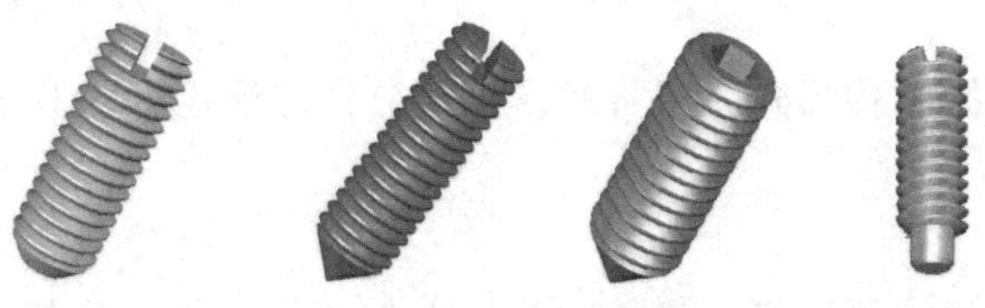

图 10-8　紧定螺钉

5. 螺母

螺母是和螺栓相配套的标准件。外形为六角形的螺母最为常用，按厚度大小分为厚螺母、标准螺母及薄螺母，其中以标准螺母应用最广泛。图 10-9a、图 10-9b 及图 10-9c 所示分别为厚六角形螺母、标准六角形螺母和扁六角形螺母。另外，还有圆形螺母（图 10-9d）及其他特殊的形状的螺母，如凸缘螺母（图 10-9e）、盖形螺母（图 10-9f）、蝶形螺母（图 10-9g）等。

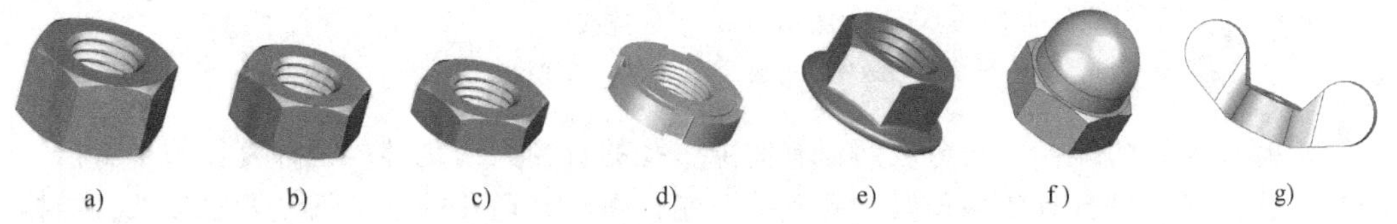

图 10-9　各种不同形状的螺母

a）厚六角形螺母　b）标准六角形螺母　c）扁六角形螺母　d）圆形螺母　e）凸缘螺母　f）盖形螺母　g）蝶形螺母

6. 垫圈

垫圈也是标准件，品种也较多。其中，应用最多、最常见的有弹簧垫圈（图 10-10a）和平垫圈（图 10-10b）两种。弹簧垫圈主要是用于防止螺母和其他紧固件的自动松脱。平垫圈的作用主要是增加支承面积，同时对支承面起保护作用。所以，凡是有振动的地方而又未采取其他防松措施时，原则上都应该加装弹簧垫圈。

除了以上两类垫圈外，还有一些特殊的垫圈，如开口垫圈（图 10-10c）、方斜垫圈（图 10-10d）、止动垫圈（图 10-10e）及圆螺母专用止动垫圈（图 10-10f）等。在需要的时候可查阅机械设计手册。

在选用标准件紧固件时，应该视具体情况，对连接结构进行分析比较后合理选择。另外

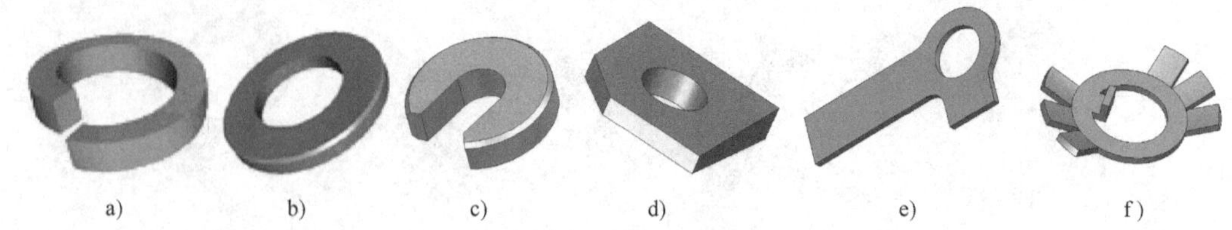

图 10-10 各种垫圈

a）弹簧垫圈 b）平垫圈 c）开口垫圈 d）方斜垫圈 e）止动垫圈 f）圆螺母专用止动垫圈

需要注意，螺纹紧固件分精制和粗制两种，机械工业中主要使用精制螺纹。

10.5.2 螺纹连接的基本类型

根据螺纹连接的不同结构形式，可将螺纹连接分为螺栓连接、双头螺柱连接、螺钉连接和紧定螺钉连接。

1. 螺栓连接

螺栓连接又分为普通螺栓连接（图 10-11a）和铰制孔用螺栓连接（图 10-11b）。

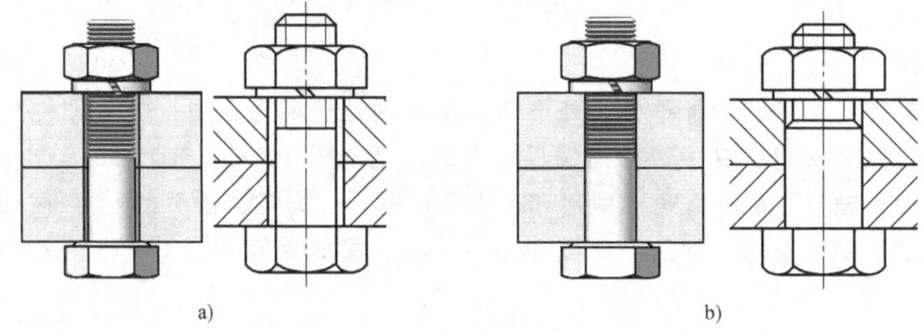

图 10-11 螺栓连接

a）普通螺栓连接 b）铰制孔用螺栓连接

普通螺栓连接的螺栓与孔壁之间留有间隙，孔的直径大约是螺栓公称直径的 1.1 倍，螺栓连接工作前必须进行有效的预紧。孔壁上不制作螺纹，通孔的加工精度要求较低，结构简单，装拆方便，应用十分广泛。无论该连接承受的是轴向力还是横向力，该连接下的螺栓只受拉力。所以，普通螺栓又称为受拉螺栓。

铰制孔用螺栓连接（也称为配合螺栓连接）的被连接件通孔与螺栓的杆部之间采用基轴制过渡配合，螺栓兼有定位销的作用，能精确固定被连接件的相对位置，并能承受较大的横向载荷。这种连接对孔的加工精度要求较高，需精确铰制。铰制孔用螺栓连接成本较高，一般用于需要精确定位或需承受大横向载荷的特定场合。因为该连接中螺栓主要承受剪切力，所以铰制孔用螺栓又称为受剪螺栓。

2. 双头螺柱连接

双头螺柱连接适用于结构上不能采用螺栓连接的场合，例如，被连接件之一太厚，不宜制成通孔，材料又比较软（如铝镁合金壳体），且需要经常拆卸的场合，如图 10-12 所示。

3. 螺钉连接

螺钉直接拧入被连接件的螺纹孔中，不必用螺母，结构简单紧凑，与双头螺柱连接相比

外观整齐美观，如图 10-13 所示。但若经常拆卸，易使螺纹孔磨损，导致被连接件报废。故多用于受力不大，不需经常拆卸的场合。

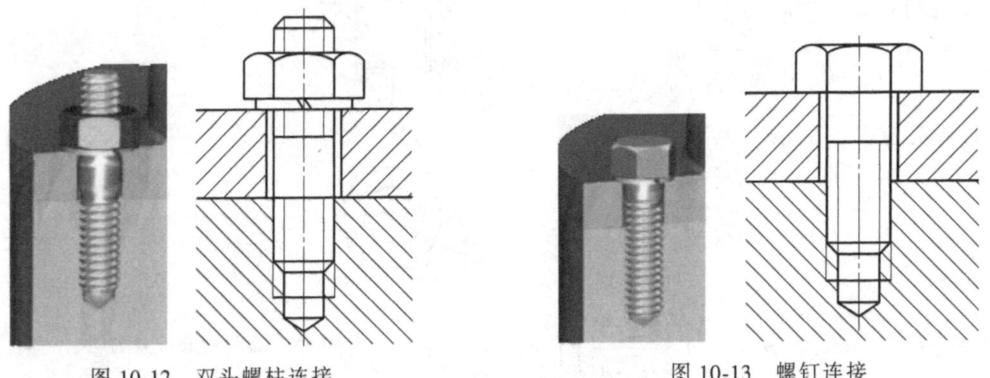

图 10-12　双头螺柱连接　　　　图 10-13　螺钉连接

4. 紧定螺钉连接

紧定螺钉连接是利用拧入零件螺纹孔中的螺钉末端顶住另一零件的表面或顶入相应的凹坑中（图 10-14a），以固定两个零件的相对位置，并可同时传递不太大的力或力矩。图 10-14b 所示为平端紧定螺钉，采用这种螺钉连接不伤零件表面；图 10-14c 所示为锥端紧定螺钉，采用这种螺钉连接通常应在被连接件上预制有一锥凹坑的情况。

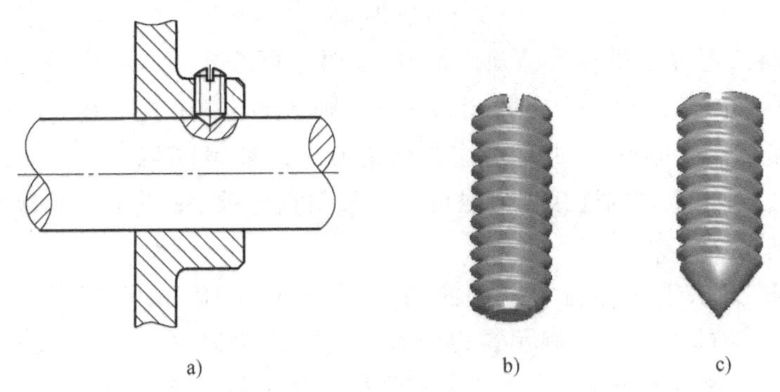

图 10-14　紧定螺钉连接

a）紧定螺钉连接　b）平端紧定螺钉　c）锥端紧定螺钉

10.6　螺纹连接的预紧与防松

10.6.1　螺纹连接的预紧

生活中，绝大多数螺纹连接在装配时都必须拧紧，使连接在承受工作载荷之前，预先受到的轴向作用力（称为预紧力）。预紧的目的在于增强连接的可靠性和紧密性，以防止受载后被连接件间出现缝隙和发生相对滑移。预紧力的具体值应根据载荷性质、连接刚度等具体条件确定，并根据预紧力的大小计算出预紧力矩。如图 10-15 所示，由于拧紧力矩 $T(T=FL)$ 的作用，螺栓和被连接件之间产生预紧力 F_0。拧紧时螺母的拧紧力矩 T 等于螺旋副间的摩擦

阻力矩 T_1 和螺母环形端面与被连接件支承面间的摩擦阻力矩 T_2 之和，即 $T=T_1+T_2$。

螺旋副间的摩擦阻力矩为

$$T_1=F_0\tan(\psi+\rho_v)\frac{d_2}{2}$$

螺母与支承面间的摩擦阻力矩为

$$T_2=\frac{1}{3}f_cF_0\frac{D_0^3-d_0^3}{D_0^2-d_0^2}$$

所以

$$T=\frac{1}{2}F_0\left[d_2\tan(\psi+\rho_v)+\frac{2}{3}f_c\left(\frac{D_0^3-d_0^3}{D_0^2-d_0^2}\right)\right] \tag{10-6}$$

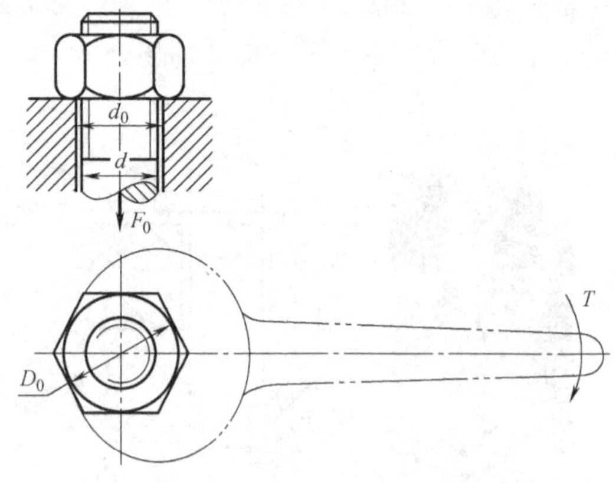

图 10-15　螺旋副的拧紧力矩

对于 M10～M64 粗牙普通螺纹的钢制螺栓，螺纹升角 $\psi=1°42'\sim3°2'$；螺纹中径 $d_2=0.9d$；螺旋副的当量摩擦角 $\rho_v=\arctan(1.155f)$（f 为摩擦系数，无润滑时，$f=0.1\sim0.2$）；螺栓孔直径 $d_0=1.1d$；螺母环形支承面的外径 $D_0=1.5d$；螺母与支承面间的摩擦系数 $f_c=0.15$。将上述各参数代入式（10-6）整理后得

$$T\approx0.2F_0d \tag{10-7}$$

对于一定公称直径 d 的螺栓，已知预紧力 F_0 时，可按式（10-7）确定扳手的拧紧力矩 T。一般标准扳手的长度 $L\approx15d$，若拧紧力为 F，则 $T=FL$。由式（10-7）可得：$F_0\approx75F$。假定 $F=200\text{N}$，则 $F_0=15000\text{N}$。如果用这个预紧力去拧紧 M12 以下的钢制螺栓，就很可能过载拧断。因此，对于重要的连接，应尽可能不采用直径过小的螺栓，必须使用时，应严格控制其预紧力。

控制预紧力的方法很多，通常借助测力矩扳手（图 10-16a）或定力矩扳手（图 10-16b），利用控制力矩的方法来控制预紧力的大小。测力矩扳手的工作原理是：根据扳手上的弹性元件 1，在拧紧力的作用下所产生的弹性变形来指示拧紧力矩的大小。定力矩扳手的工作原理是：当拧紧力矩超过规定的值时，弹簧 5 被压缩，扳手卡盘 3 与圆柱销 4 之间打滑，如果继续转动手柄，卡盘不再转动。拧紧力矩的大小可利用螺钉 6 调整弹簧压紧力来加以控制。此外，如需精确控制预紧力，也可采用测量螺栓伸长量的办法控制预紧力。

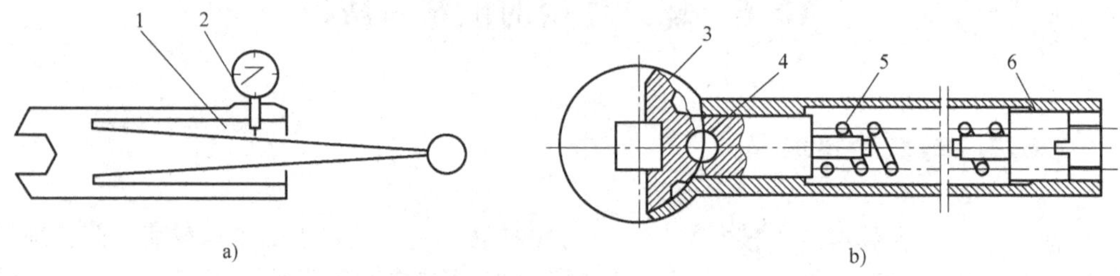

图 10-16　测力矩扳手与定力矩扳手

a）测力矩扳手　b）定力矩扳手

1—弹性元件　2—指示刻度　3—扳手卡盘　4—圆柱销　5—弹簧　6—螺钉

10.6.2　螺纹连接的防松

螺栓连接在实际工作中，一般会受到振动、冲击或变载荷的作用，而且螺栓材料在高温时会发生蠕变和应力松弛，这样会造成螺纹副间的摩擦力减少，从而使螺纹连接松动，如经反复作用，螺纹连接就会松弛而失效。因此，必须采取有效的防松措施，否则会影响正常工作，造成事故。防松的根本问题在于消除（或限制）螺纹副之间的相对运动，或增大相对运动的难度。防松的方法根据其工作原理可分为摩擦防松、机械防松和永久防松。常用的防松方法主要有摩擦防松（图 10-17）和机械防松（图 10-18）。

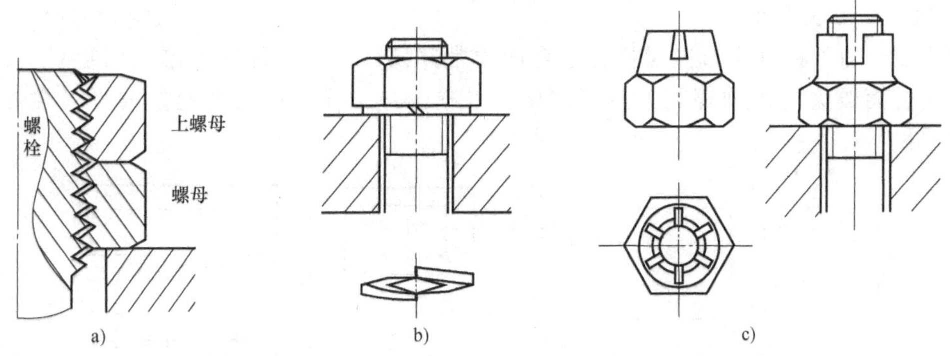

图 10-17　摩擦防松方法

a）对顶螺母　b）弹簧垫圈　c）自锁螺母

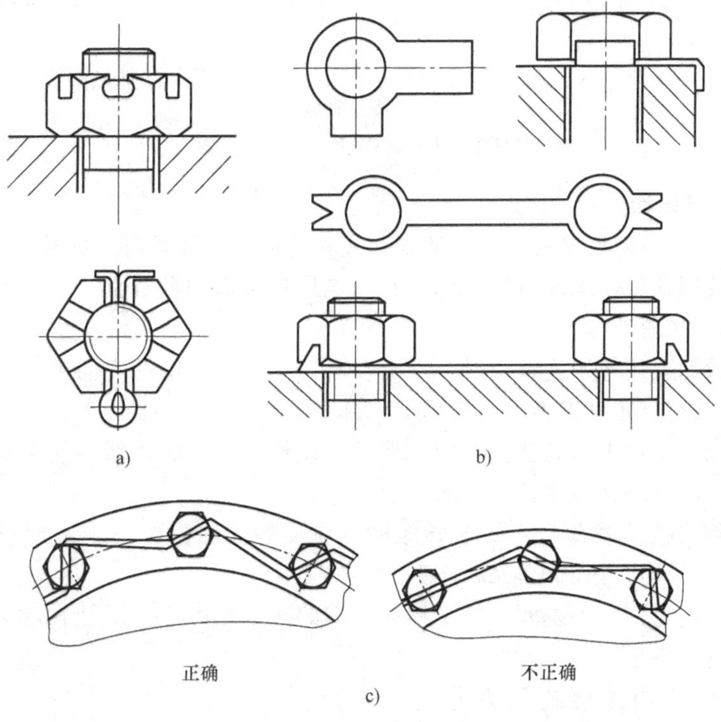

图 10-18　机械防松方法

a）开槽螺母与开口销　b）圆螺母与止动垫圈　c）串联钢丝

10.7　螺栓组连接的设计

10.7.1　螺栓组连接的结构设计

在进行螺栓的设计之前，首先要进行螺栓组的结构设计。螺栓组连接结构设计的主要目的在于合理地确定连接接合面的几何形状和螺栓的布置形式，力求各螺栓和连接接合面间受力均匀，便于加工和装配。因此，设计时应考虑以下几方面的问题：

1. 接合面形状设计

为了便于加工和对称布置螺栓，接合面通常都设计成轴对称的简单几何形状（图 10-19a）。接合面较大时采用环状、条状结构，以减少加工面，且提高连接的平稳性和刚度（图 10-19b）。

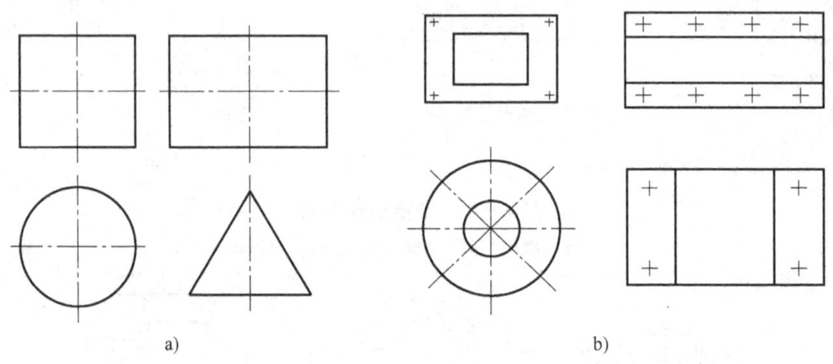

图 10-19　接合面形状设计
a）轴对称的几何形状　b）环状、条状结构

2. 螺栓的布局设计

螺栓的布局应使各螺栓受力合理、便于划线和装拆、连接紧密。主要设计原则有：

1）对称布置螺栓，使螺栓组的对称中心和连接接合面的形心重合，从而保证连接接合面受力比较均匀，如图 10-20a 所示。

2）当采用铰制孔用螺栓连接组时，不要在平行于工作载荷的方向上成排地布置 8 个以上的螺栓，以免载荷分布过于不均，如图 10-20b 所示。

3）分布在同一圆周上的螺栓数目应取偶数，以便于分度和划线；同一螺栓组中螺栓的材料、直径和长度均应相同，如图 10-20c 所示。

4）当螺栓组连接的载荷是弯矩或转矩时，应使螺栓的位置适当靠近连接接合面的边缘，以减少螺栓的受力，如图 10-20d 所示。

5）螺栓排列应考虑扳手空间，给予螺栓合理的间距和边距，如图 10-20e 所示。

10.7.2　螺栓组连接的受力分析

进行螺栓组受力分析的目的是：根据连接的结构和载荷的受力情况，求出受力最大的螺

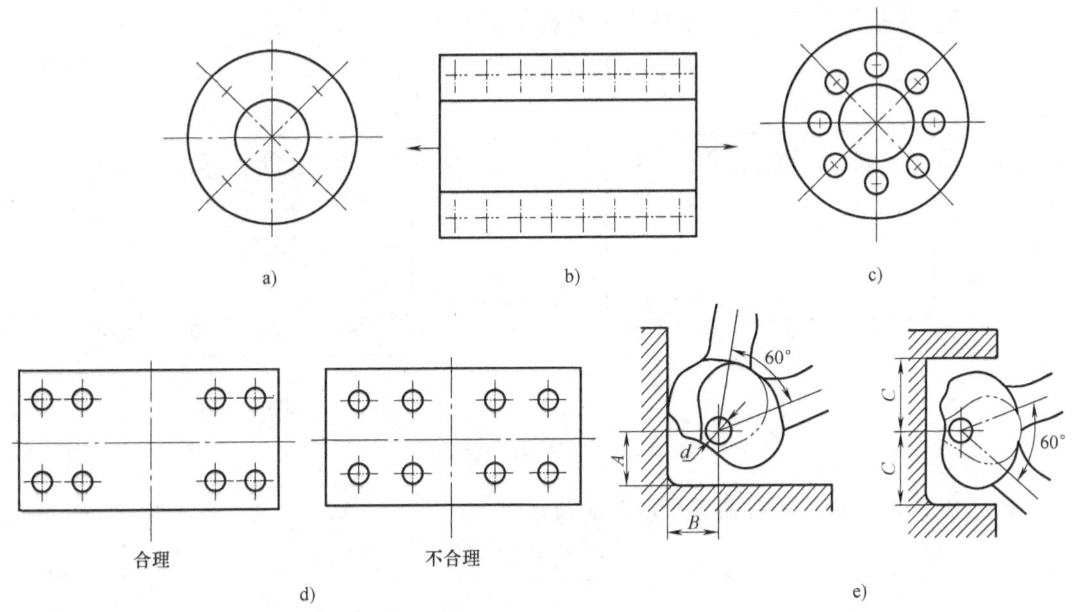

图 10-20　螺栓分布排列设计

栓及其所受的力，以便进行螺栓连接的强度计算。下面针对几种典型的受载情况分别加以讨论。

1. 受横向载荷的螺栓组连接

一个受到横向总载荷为 F_Σ 的螺栓组，假定各螺栓所承受的工作载荷是均等的，则每个螺栓所受的横向工作剪切力为

$$F=\frac{F_\Sigma}{z} \tag{10-8}$$

式中，z 为螺栓个数。

对于普通螺纹连接，应保证连接预紧后，接合面所产生的最大摩擦力必须大于或等于横向载荷。假设各螺栓所需的预紧力均为 F_0，螺栓数目为 z，则其平衡条件为

$$fF_0zi \geqslant K_s F_\Sigma \tag{10-9}$$

由此得预紧力 F_0 为

$$F_0 \geqslant \frac{K_s F_\Sigma}{fzi} \tag{10-10}$$

式中，f 为接合面的摩擦系数；i 为接合面数；K_s为防滑系数，$K_s=1.1\sim1.3$；F_0 为预紧力（N）；z 为螺栓个数；F_Σ 为横向外载荷（N）。

2. 受转矩的螺栓组连接

如图 10-21 所示，转矩 T 作用在连接接合面内，在转矩 T 的作用下，底板将绕通过对称中心 O 点并与接合面相垂直的轴线转动。为防止底板转动，可采用普通螺栓连接，也可以采用铰制孔螺栓连接。采用普通螺栓连接时，靠预紧后在接合面间产生的摩擦力矩来抵抗转矩 T（图 10-21a）。假设各螺栓的预紧力均为 F_0，则各螺栓连接处的摩擦力均相等，并且为

了防止接合面发生转动，各摩擦力应与该螺栓的轴线到螺栓组对称中心 O 点的连线（即力臂 r_i）相垂直。根据作用在底板上的力矩平衡及连接强度的条件，应有

$$fF_0r_1+fF_0r_2+\cdots+fF_0r_z\geqslant K_sT \tag{10-11}$$

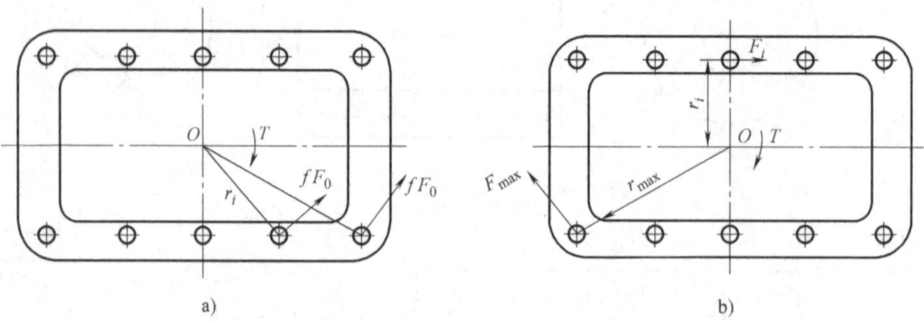

图 10-21　受转矩的螺栓组连接

由式（10-11）可得各普通螺栓所需的预紧力为

$$F_0\geqslant\frac{K_sT}{f(r_1+r_2+\cdots+r_z)}=\frac{K_sT}{f\sum_{i=1}^{z}r_i} \tag{10-12}$$

式中，f 为接合面的摩擦系数；r_i 为第 i 个螺栓的轴线到螺栓组对称中心 O 点的距离；z 为螺栓个数；K_s 为防滑系数。

对于铰制孔用螺栓连接，为了求得各螺栓的工作剪切力的大小，计算时假定底板为刚体，受载后接合面仍保持为平面，则各螺栓的剪切变形量随该螺栓轴线到螺栓组对称中心 O 点的距离越远，螺栓的剪切变形量越大，如果各螺栓的剪切刚度相同，则螺栓的剪切变形量越大时，其所受的工作剪力也越大。如图 10-21b 所示，用 r_i、r_{max} 分别表示第 i 个螺栓和受力最大螺栓轴线到螺栓组对称中心 O 点的距离；F_i、F_{max} 分别表示第 i 个螺栓和受力最大螺栓的工作剪切力，则得

$$\frac{F_{max}}{r_{max}}=\frac{F_i}{r_i} \tag{10-13}$$

根据作用在底板上的力矩平衡条件得

$$\sum_{i=1}^{z}F_ir_i=T \tag{10-14}$$

联立式（10-13）和式（10-14）可得受力最大的螺栓的工作剪切力为

$$F_{max}=\frac{Tr_{max}}{\sum_{i=1}^{z}r_i^2} \tag{10-15}$$

3. 受轴向载荷的螺栓组连接

图 10-22 所示为一受轴向载荷的气缸盖螺栓组连接。F_Σ 的作用线与螺栓轴线平行，并通过螺栓组的对称中心。按各螺栓受载平均计算，则每个螺栓所受的轴向工作载荷为

$$F=\frac{F_\Sigma}{z} \tag{10-16}$$

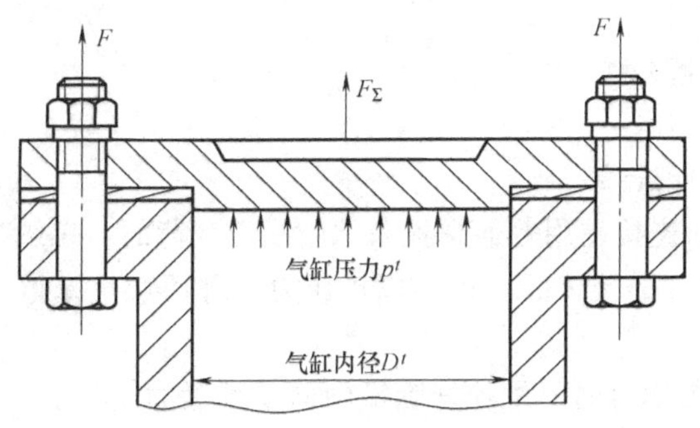

图 10-22 受轴向载荷的气缸盖螺栓组连接

10.8 螺纹连接的强度计算

按螺栓的个数多少，螺栓连接可分为单个螺栓连接和螺栓组连接（同时使用若干个螺栓）。前者计算较为简单，是设计的基础；后者需要通过螺栓组的受力分析找出受力最大的螺栓，并求出力的大小，然后按单个螺栓进行计算。本节以单个螺栓连接为代表讨论螺纹连接的强度计算方法。所讨论的方法对双头螺柱连接和螺钉连接也同样适用。

针对不同的失效形式，应分别采用不同的计算方法，失效形式是计算的依据和出发点。螺栓的主要失效形式有：①受拉螺栓的螺栓杆发生疲劳断裂；②受剪螺栓的螺栓杆和孔壁间可能发生压溃或被剪断；③ 经常装拆时会因磨损而发生滑扣现象。标准螺栓与螺母的螺纹及其他各部分尺寸是根据等强度原则及使用经验设计的，不需要每项都进行强度计算。通常螺栓连接的计算是确定螺纹的小径 d_1，然后依据标准选定螺纹公称直径 d 及螺距 P 等。

螺栓连接可分为松连接和紧连接。其中紧连接应用较多，按外力的方向可分为受横向和受轴向载荷作用，前者按连接的结构又分为普通螺栓连接和铰制孔用螺栓连接。螺栓的连接形式、载荷性质不同，螺栓的强度条件就不同。因此，下面分别进行讨论。

10.8.1 松螺栓连接

如图 10-23 所示的吊钩螺栓，工作前不拧紧，无预紧力，只有工作载荷 F 起拉伸作用，工作载荷即为螺栓的受力。

强度条件为

$$\sigma=\frac{F}{\frac{\pi}{4}d_1^2}\leqslant[\sigma] \tag{10-17}$$

设计公式为

$$d_1\geqslant\sqrt{\frac{4F}{\pi[\sigma]}} \tag{10-18}$$

式中，σ 为所受的拉应力（MPa）；d_1 为螺纹的小径（mm）；$[\sigma]$ 为许用拉应力（MPa）。

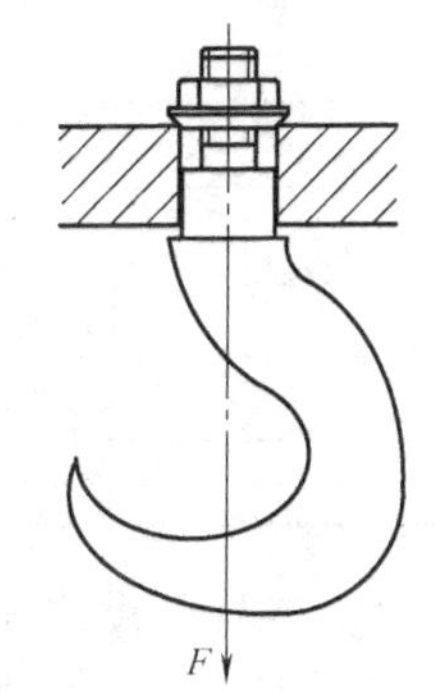

图 10-23 松螺栓连接

10.8.2 紧螺栓连接

1. 仅受预紧力的螺栓连接

假设图 10-24 所示的连接是用普通螺栓来承受横向载荷的，螺纹拧紧后，螺栓上作用有预紧力 F_0，F_0 在被连接件的接合面上将形成正压力，进而产生摩擦力，由摩擦力平衡横向载荷 F_Σ。

这种螺栓连接在拧紧螺母时，螺栓杆除沿轴向受预紧力 F_0 的拉伸作用外，还受到螺纹力矩的扭转作用。为简化计算，可将螺栓所受到的轴向拉力增大 30%，以考虑扭转切应力的影响。

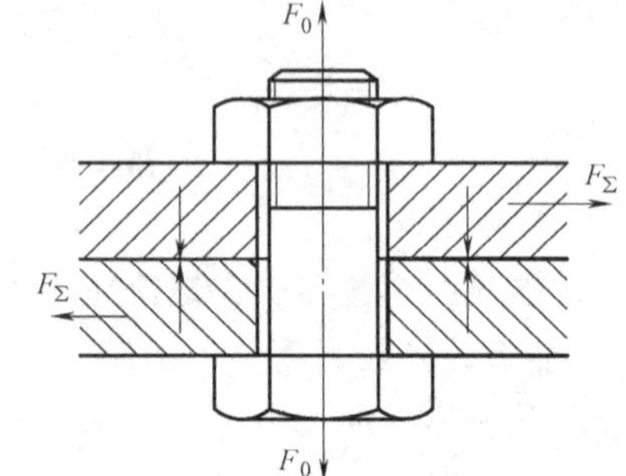

图 10-24 仅受预紧力的螺栓连接

强度条件为

$$\sigma=\frac{1.3F_0}{\pi d_1^2/4}\leqslant[\sigma] \tag{10-19}$$

设计公式为

$$d_1\geqslant\sqrt{\frac{1.3\times4F_0}{\pi[\sigma]}} \tag{10-20}$$

2. 同时受预紧力和工作拉力的螺栓连接

工程中，同时受预紧力和工作拉力的螺栓连接比较常见，如图 10-22 所示的气缸盖螺栓连接。由于螺栓和被连接件都是弹性体，在受预紧力的基础上，因为两者弹性变形的相互制约，故螺栓所受的总拉力并不等于预紧力 F_0 和工作拉力 F 之和，而是满足式（10-21）

$$F_2=F_0+CF=F_1+F \tag{10-21}$$

式中，F_2 为总拉力；F_1 为残余预紧力；C 为螺栓的相对刚度，常用值见表 10-2。

表 10-2 螺栓的相对刚度常用值

垫片类型	金属垫片或无垫片	皮革垫片	铜皮石棉垫片	橡胶垫片
相对刚度 C	0.2~0.3	0.7	0.8	0.9

为了保证连接的紧密性，以防止连接受载后接合面间产生缝隙，应使残余预紧力 $F_1\geqslant 0$。残余预紧力 F_1 的推荐值见表 10-3。

表 10-3 残余预紧力 F_1 的推荐值

连接性质		残余预紧力 F_1
一般连接	工作载荷稳定	$F_1=(0.2\sim0.6)F$
	工作载荷不稳定	$F_1=(0.6\sim1.0)F$
有紧密性要求的连接		$F_1=(1.5\sim1.8)F$
地脚螺栓连接		$F_1\geqslant F$

计算螺栓强度之前，应先根据螺栓受载情况，求出单个螺栓的工作拉力 F，再根据连接的工作要求，选定预紧力 F_0，根据式（10-21）确定螺栓受的总拉力 F_2。考虑到螺栓工作时可能需要补充拧紧，在螺纹部分会产生扭转切应力，所以将总拉力 F_2 增大 30% 作为计算载

荷，则得到螺栓连接设计的强度条件和设计式。

强度条件为

$$\sigma_{ca}=\frac{1.3F_2}{\frac{\pi}{4}d_1^2}\leqslant[\sigma] \tag{10-22}$$

设计式为

$$d_1\geqslant\sqrt{\frac{1.3\times4F_2}{\pi[\sigma]}} \tag{10-23}$$

3. 受剪切螺栓连接

如图 10-25 所示的铰制孔螺栓连接，在被连接件的接合面处螺栓杆受剪切力作用，螺栓杆与孔壁之间受挤压作用，应分别按照挤压强度和剪切强度计算。

螺栓杆与孔壁的剪切强度条件为

$$\tau=\frac{F}{\frac{\pi}{4}d_0^2}\leqslant[\tau] \tag{10-24}$$

设计式为

$$d_0\geqslant\sqrt{\frac{4F}{\pi[\tau]}} \tag{10-25}$$

螺栓与孔壁接触表面的挤压强度条件为

$$\sigma_p=\frac{F}{d_0L_{min}}\leqslant[\sigma_p] \tag{10-26}$$

设计式为

$$d_0\geqslant\frac{F}{L_{min}[\sigma_p]} \tag{10-27}$$

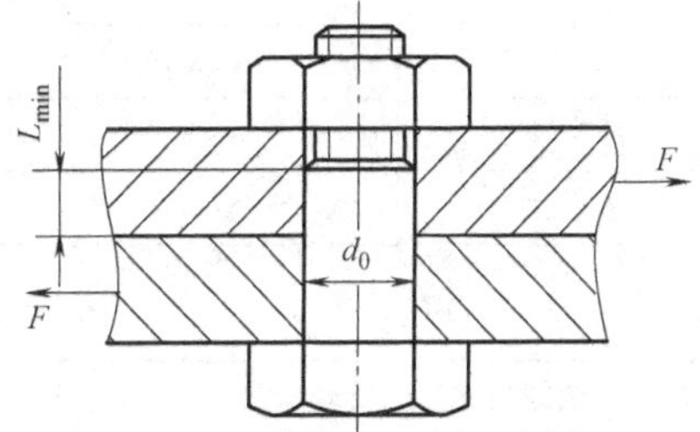

图 10-25 铰制孔螺栓连接

式中，F 为横向载荷；d_0 为螺杆或孔的直径；L_{min} 为被连接件中受挤压孔壁的最小长度；[τ] 为螺栓许用切应力；[σ_p] 为螺栓或被连接件中较弱者的许用挤压应力。

10.9 螺纹连接件的材料与许用应力

1. 材料

国家标准中对螺纹连接标准件的材料的使用无硬性规定，只有推荐材料。但是，规定了必须达到的性能等级。国家标准规定的螺栓、螺钉、螺柱及螺母所能使用的性能等级见表 10-4。

螺栓、螺钉、螺柱的性能等级由两部分数字组成，利用小数点分开。小数点前面的数字表示公称抗拉强度的百分之一；小数点后面的数字表示公称屈服强度 σ_s 与公称抗拉强度 σ_b 的比值的 10 倍。螺母性能等级只用一位数字表示，其为公称抗拉强度的百分之一。针对不同的直径，国家标准规定的性能等级不同。在机械设计中，一般要给出所选择螺栓的性能等级，列于明细表中，便于统计采购。若所设计的螺纹连接不属标准件，可按表 10-5 确定其力学性能。

表 10-4 螺纹连接的性能等级及推荐材料（GB/T 3098.1—2010 和 GB/T 3098.2—2000）

螺栓 螺钉 螺柱	性能等级	3.6	4.6	4.8	5.6	5.8	6.8	8.8	9.8	10.9	12.9
	推荐材料	低碳钢	低碳钢或中碳钢					低碳合金钢或中碳钢		中碳钢或中碳合金钢	合金钢
相配螺母	性能等级	4(d>M16) 5(d≤M16)			5	5	6	8	9	19	12

表 10-5 螺纹紧固件材料的力学性能 （单位：MPa）

钢号	Q215	Q235	35	45	40Cr
抗拉强度极限	340~420	410~470	540	650	750~1000
屈服强度	220	240	320	360	650~900

2. 安全系数与许用应力

螺纹连接的安全系数及许用应力见表 10-6 和表 10-7。

表 10-6 紧螺栓连接的安全系数 S（不能严格控制预紧力时）

材料	静载荷		变载荷	
	M6~M16	M16~M30	M6~M16	M16~M30
碳素钢	4~3	3~2	10~6.5	6.5
合金钢	5~4	4~2.5	7.6~5	5

表 10-7 螺纹连接的许用应力

紧螺栓连接的受载情况		许用应力
受轴向载荷、横向载荷		$[\sigma]=\sigma_s/S$；控制预紧力时 $S=1.2\sim1.5$；不能严格控制预紧力时，S 严格按照表 10-6 选取
铰制孔用螺栓受横向载荷	静载荷	$[\tau]=\sigma_s/2.5$ $[\sigma_p]=\sigma_s/1.25$（被连接件为钢） $[\sigma_p]=\sigma_b/(2\sim2.25)$（被连接件为铸铁）
	变载荷	$[\tau]=\sigma_s/(3.5\sim5)$ $[\sigma_p]$ 按静载荷的 $[\sigma_p]$ 值降低 20%~30%

10.10 提高螺纹连接强度的措施

以螺栓连接为例，螺栓连接的强度主要取决于螺栓的强度。因此，研究影响螺栓强度的因素和提高螺栓强度的措施，对提高螺纹连接的可靠性有着重要的意义。下面分析各种因素对螺栓强度的影响及提高螺栓强度的相应措施。

1. 降低螺栓的刚度、增加被连接件的刚度

由式（10-21）可知，在不改变其他条件的情况下，螺栓的相对刚度 C 越大，其受到的

总拉力 F_2 越大，螺栓连接的强度则越低。因此，提高螺栓连接强度的措施之一是降低螺栓的相对刚度。减小螺栓刚度或增加被连接件刚度是降低螺栓相对刚度的有效办法。如图 10-26 所示，将螺栓做成腰杆状或空心状可降低螺栓刚度。如图 10-27 所示，采用密封圈进行密封，使被连接件直接接触，可增加被连接件的刚度。

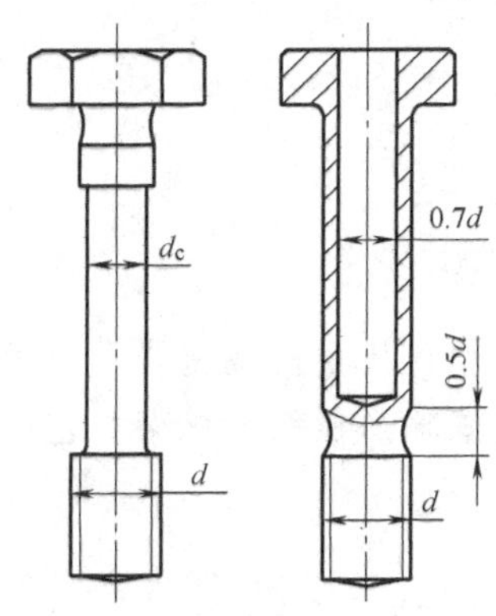

图 10-26　腰杆状与空心状螺栓

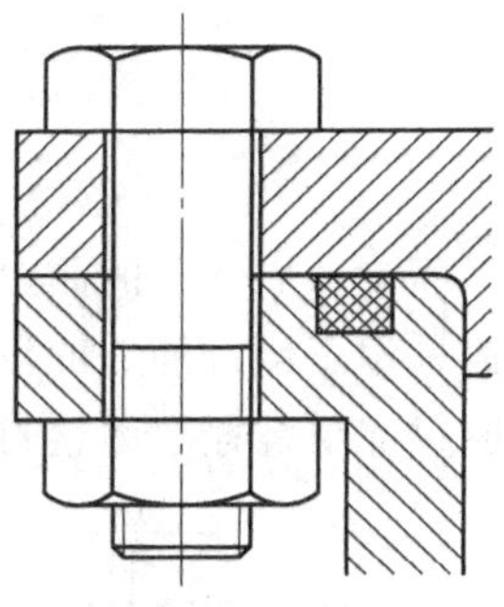

图 10-27　采用密封圈

2. 改善螺纹牙间的载荷分布不均现象

在连接承受轴向载荷作用时，工作中的螺栓牙受拉伸长，螺母牙受压缩短，伸与缩的螺距变化差以紧靠支承面处第一圈为最大，此处应变和应力也最大，其余各圈依次递减。试验证明：约有 1/3 的载荷集中在第一圈螺纹上，以后各圈递减，在第八圈以后螺纹几乎不承受载荷。旋合螺纹的变形示意如图 10-28 所示。所以采用圈数过多的加厚螺母，并不能提高连接的强度。

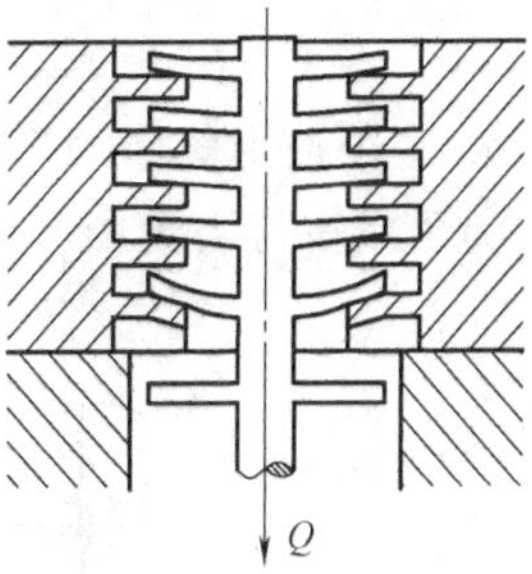

改善载荷不均的措施，原则上是减小螺栓与螺母二者承受载荷时螺距的变化差，尽可能使螺纹各圈承受载荷接近均等。常用的方法有：

（1）采用悬置螺母　如图 10-29a 所示，由于此时螺母的旋合段受拉，可使螺母螺距的拉伸变形与螺栓螺距的拉伸变形相协调，从而减少两者的螺距的变化之差，使螺纹牙上的载荷分布趋于均匀。

（2）采用环槽螺母　如图 10-29b 所示，其基本原理与悬置螺母基本一致，但其效果没有悬置螺母好。

图 10-28　旋合螺纹的变形示意图

（3）采用内斜螺母　如图 10-29c 所示，由于螺母旋入端制有 10°～15°的内斜角，使得螺栓上原来受力较大的下面几圈螺纹牙的受力点外移，因而螺纹牙的刚度减小，容易弯曲变形，从而使螺栓下面几圈的载荷向上转移，使螺纹牙间载荷分布趋于均匀。

3. 避免或减小附加应力

附加应力是指由于制造、装配或不正确设计而在螺栓中产生的附加弯曲应力，这对螺栓疲劳强度影响很大，应设法避免。为此，连接的支承面必须进行加工，保证设计、制造、安装时螺栓轴线与被连接件的接合面垂直。图 10-30a 所示为专用精压机主机机架上使用的螺

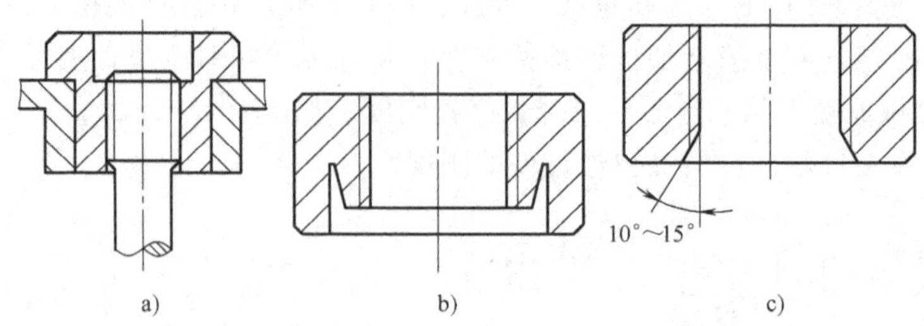

图 10-29　改善螺纹牙受力不均匀的措施

a）悬置螺母　b）环槽螺母　c）内斜螺母

栓连接，支承面设计成锪平的凸台；图 10-30b 所示为专用精压机主机减速器上使用的螺栓连接，支承面采用了经过加工的沉孔；图 10-30c 所示为链式输送机头轮机架，它使用了槽钢用的斜垫圈以保证螺栓不因歪斜而产生附加弯曲应力 。

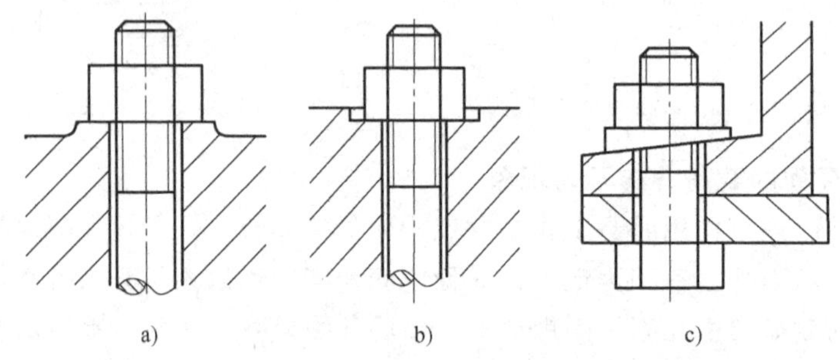

图 10-30　避免或减小附加应力

a）凸台　b）沉孔　c）斜垫圈

4. 减少应力集中的影响

为了减少应力集中，可以采用加大圆角和增加卸载结构等方法，如图 10-31 所示。

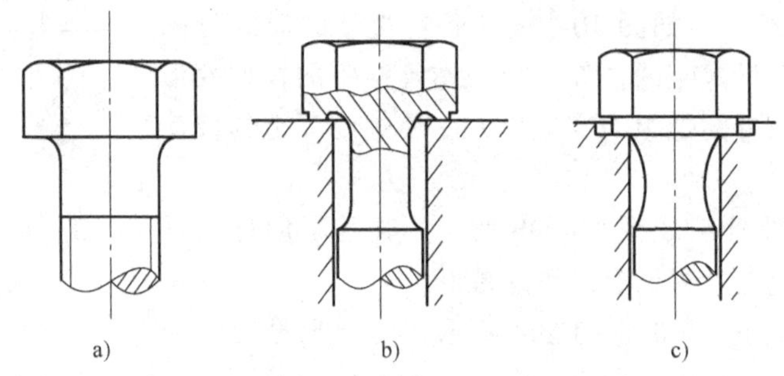

图 10-31　减少应力集中的措施

a）加大过渡圆角　b）开卸载槽　c）采用卸载过渡结构

5. 采用合理的制造工艺

采用冷镦螺栓头部和滚压螺纹的工艺方法，可显著提高螺栓的疲劳强度。这是因为除可降低应力集中外，冷镦和滚压工艺不断切断材料纤维，金属流线的走向合理，而且有冷作硬化效果，并使表层留有残余应力。因而滚压螺纹的疲劳强度可较切削螺纹的疲劳强度高

30%～40%。如果热处理后再滚压螺纹，其疲劳强度可提高 70%～100%。这种冷镦和滚压工艺还具有材料利用率高、生产效率高和制造成本低等优势。此外，在工艺上采用渗氮、碳氮共渗、喷丸等方法处理，都是提高螺纹连接件疲劳强度的有效方法。

10.11　键　连　接

键是一种标准件，通常用来实现轴与轮毂之间的周向固定以传递转矩，有的还能实现轴上零件的轴向固定或轴向滑动的导向。键连接的主要类型有：平键连接、半圆键连接、楔键连接和切向键连接。

10.11.1　键连接的结构形式和功能

1. 平键连接

图 10-32 所示为普通平键连接的结构形式。键的两侧面为工作面，工作时，靠键与键槽侧面的挤压来传递转矩。键的上表面和轮毂的键槽底面间则留有间隙。平键连接的优点有：结构简单、装拆方便、对中性好等，因而得到广泛应用。但这种连接只能圆周固定，不能承受轴向力。

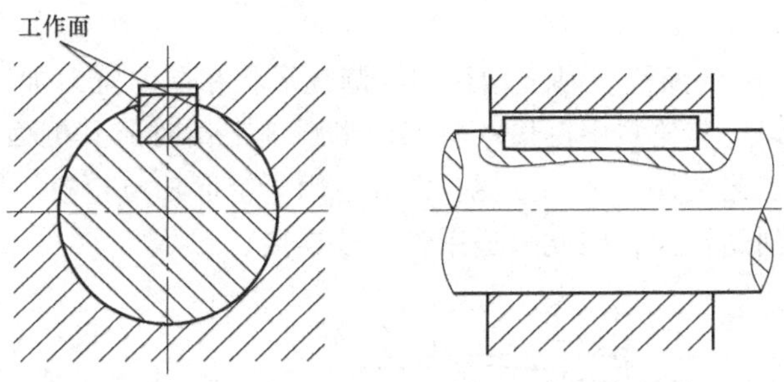

图 10-32　普通平键连接

根据用途不同，平键分为普通平键、薄型平键、导向平键和滑键四种类型。

普通平键分为圆头（A 型）、方头（B 型）和单圆头（C 型）三种类型，如图 10-33 所示。圆头平键的键槽是用指形齿轮铣刀加工的，键在槽中固定良好，但槽在轴上引起的应力集中较大。方头平键的键槽是用盘形铣刀加工的，轴的应力集中较小，但不利于键的固定，尺寸大的键要用紧定螺钉压紧在槽中。单圆头平键用于轴端与毂的连接。普通平键应用最广，它适用于高精度、高速或冲击、变载荷情况下的静连接。

图 10-33　普通平键类型

薄型平键键高约为普通平键的 60%～70%，也分圆头、方头、单圆头三种形式，但传递转矩的能力低，常用于薄壁结构、空心轴及一些径向尺寸受限制的场合。

当被连接的毂类零件在工作中必须在轴上作轴向移动时，则需采用导向平键或滑键。导向平键（图 10-34a）是一种较长的键，用螺钉固定在轴的键槽中，为便于拆卸，键上制有起键螺孔以便拧入螺钉使键退出键槽。当零件需滑移较大距离时，因所需导向平键的长度过大，制造困难，故宜采用滑键（图 10-34b）。滑键固定在轮毂上，轮毂带动滑键在轴上的键槽中作轴向移动。这样，只需在轴上铣出较长的键槽，而键可做得较短。

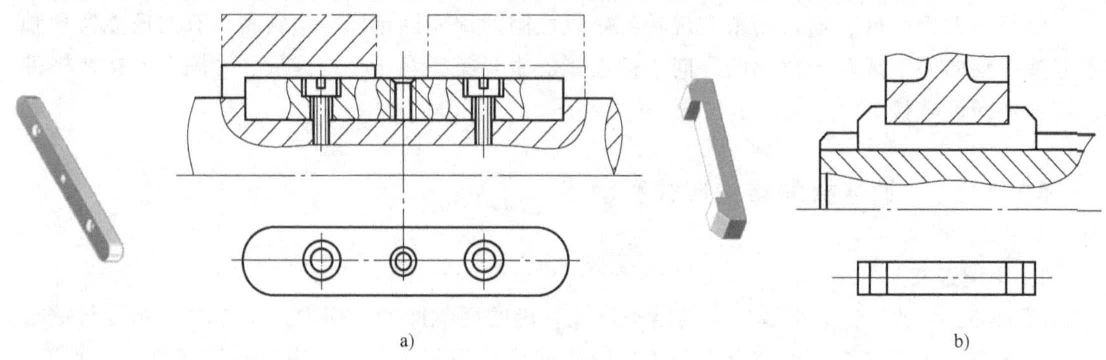

图 10-34　导向平键与滑键

a）导向平键　b）滑键

2. 半圆键

半圆键连接如图 10-35 所示。轴上槽用与半圆键形状相同的铣刀加工，因而键能在键槽中绕其几何中心摆动以适应轮毂中键槽的斜度。半圆键工作时靠其侧面的挤压来传递转矩。这种键连接的优点是工艺性好、装配方便，尤其适用于锥形轴与轮毂的连接；缺点是轴上键槽较深，对轴的强度削弱较大，因此只适用于轻载连接。

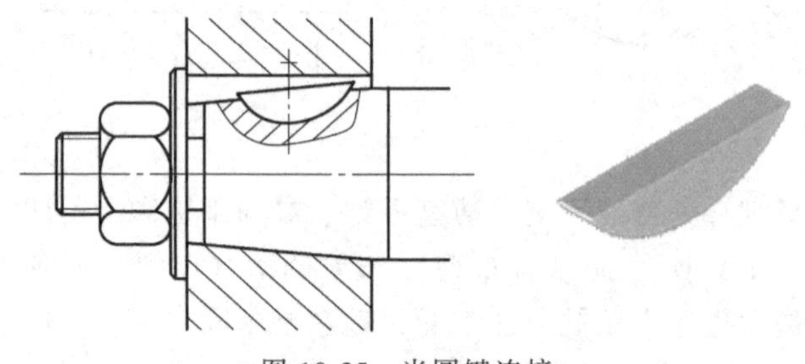

图 10-35　半圆键连接

3. 楔键

普通楔键的上、下面为工作表面，斜度为 1∶100，侧面有间隙，工作时打紧，靠上下面摩擦传递转矩，并可传递小部分单向轴向力。楔键连接适用于低速轻载、精度要求不高的场合。它对中性较差，力有偏心，不适用于高速和精度要求高的连接，变载下易松动。钩头只用于轴端连接，如在中间用，键槽应比键长 2 倍才能装入。楔键连接如图 10-36 所示。

4. 切向键

切向键连接如图 10-37 所示，一个切向键由两个斜度为 1∶100 的楔键连接组合而成。上、下两面为工作面，布置在圆周的切向。工作面的压力沿轴的切向作用，靠工作面与轴及轮毂相挤压来传递转矩，能传递的转矩很大。因为一个切向键只能传递一个方向的转矩，所

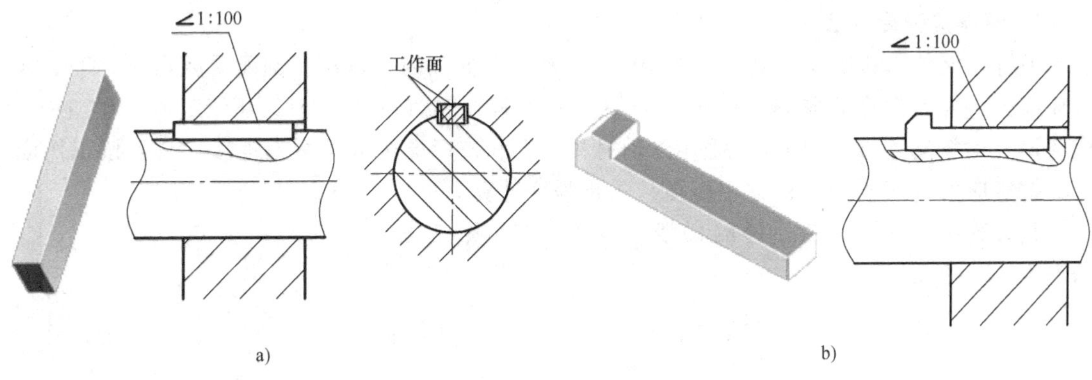

图 10-36 楔键连接

a）普通楔键 b）钩头楔键

以要传递两个方向的转矩时，必须用两个切向键，沿周向呈 120°~130°分布。

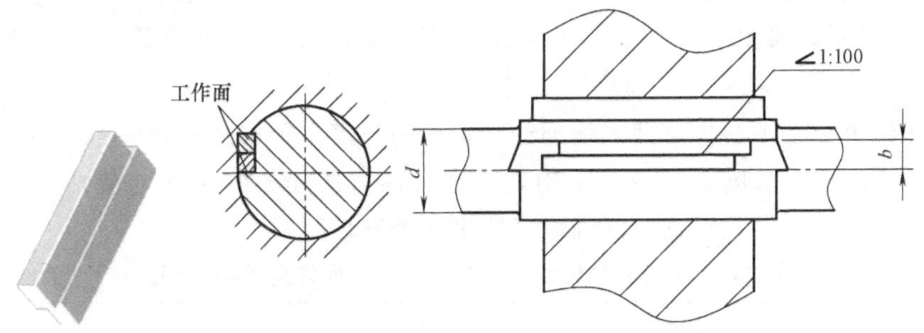

图 10-37 切向键连接

10.11.2 键的选择和键连接强度计算

1. 键的选择

键的选择包括类型选择和尺寸选择两方面。选择键的类型时，应考虑载荷的类型、所需传递的转矩的大小、对于轴毂对中性的要求、键在轴上的位置（在轴的端部还是中部）、连接于轴上的带毂零件是否需要沿轴向滑移及滑移距离的长短、键是否要具有轴向固定零件的作用或承受轴向力等。

平键的主要尺寸为键宽 b、键高 h 和键长 L。设计时，键的剖面尺寸可根据轴的直径 d 按手册推荐值选取。键的长度一般略短于轮毂长度，但所选定的键长应符合标准中规定的长度系列，见表 10-8。

表 10-8 普通平键和普通楔键的主要尺寸（摘自 GB/T 1096—2003）（单位：mm）

轴的直径 d	6~8	>8~10	>10~12	>12~17	>17~22	>22~30	>30~38
键宽 b×键高 h	2×2	3×3	4×4	5×5	6×6	8×7	10×8
轴的直径 d	>38~48	>44~50	>50~58	>58~65	>65~75	>75~85	>85~95
键宽 b×键高 h	12×8	14×9	16×10	18×11	20×12	22×14	25×8
键的长度 L 系列	6、8、10、12、14、16、18、20、22、25、28、32、36、40、45、50、56、63、70、80、90、100、110、125、140、180、200、220、250、…						

2. 键连接强度计算

平键连接传递转矩时，受力如图 10-38 所示，键的侧面受挤压，剖面受剪切。对于标准键连接，主要失效形式是键、轴槽、毂槽三者中较弱零件的工作面被压溃（对于静连接）或磨损（对于动连接）。因此，采用常见材料组合和按标准选取的平键连接，只需按工作面上的挤压应力（对于动连接常用压强）进行强度计算即可。

在计算中，假设载荷沿键的长度和高度均布，则其强度条件为

$$\sigma_p = \frac{4T}{dhl} \leqslant [\sigma_p] \tag{10-28}$$

式中，T 为传递的转矩（N · mm）；d 为轴的直径（mm）；l 为键的工作长度（mm），圆头平键 $l=L-b$，方头平键 $l=L$，这里 L 为键的公称长度（mm），b 为键的宽度（mm）；$[\sigma_p]$ 为键连接中挤压强度最低的零件（一般为轮毂）的许用挤压应力（MPa），其值可查表 10-9，对于动连接则以许用压强 $[p]$ 代替 $[\sigma_p]$。

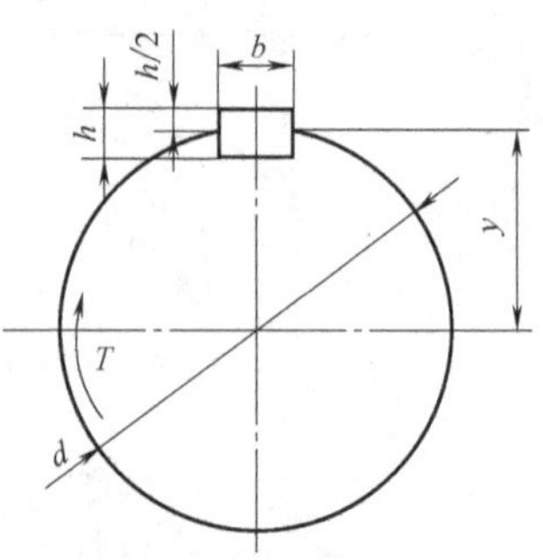

图 10-38 平键的受力情况

如果验算结果强度不够，可适当增加键和轮毂的长度，但键的长度一般不应超过 2.5d，否则，挤压应力沿键的长度方向分布不均匀；也可在连接处相隔 180°布置两个平键。考虑到载荷分布的不均匀性，双键连接的强度只按 1.5 个键计算。

表 10-9 键连接的许用挤压应力 $[\sigma_p]$ 和许用压强 $[p]$ （单位：MPa）

连接的工作方式	连接中较弱零件的材料	$[\sigma_p]$或$[p]$		
		静载荷	轻微冲击	冲击载荷
静连接用$[\sigma_p]$	钢	125～150	100～120	60～90
	铸铁	70～80	50～60	30～45
动连接用$[p]$	钢	50	40	30

10.12 花键连接

花键连接是由多个键齿与键槽在轴和轮毂孔的周向均布而成。花键齿侧面为工作面，适用于动、静连接。花键连接如图 10-39 所示。

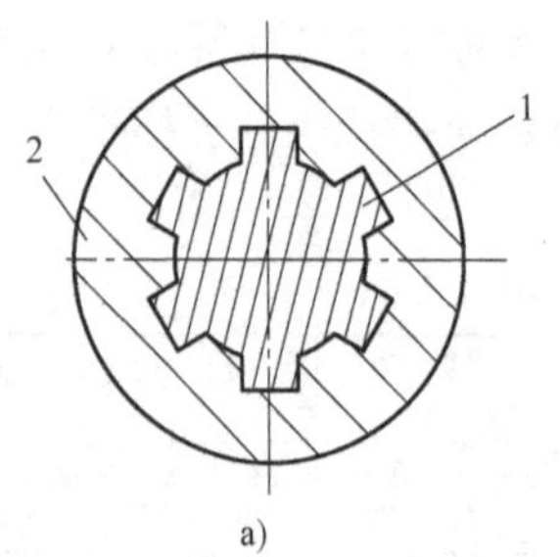

a)

b)

c)

图 10-39 花键连接

a）花键连接 b）外花键 c）内花键

1—外花键 2—内花键

1. 花键连接的结构特点

1）齿较多、工作面积大、承载能力较高。

2）键均匀分布，各键齿受力较均匀。

3）齿槽线、齿根应力集中小，对轴的强度削弱减少。

4）轴上零件对中性好。

5）导向性较好。

6）加工需专用设备、制造成本高。

2. 花键的类型

1）矩形花键（图 10-40a），定心方式为内径定心，定心精度高，定心稳定性好，配合面均要研磨，磨削消除热处理后变形，应用广泛。

2）渐开线花键（图 10-40b），定心方式为齿形定心，当齿受载时，齿上的径向力能自动定心，有利于各齿均载，应用广泛，优先采用。

3）三角形花键（图 10-40c），齿数较多，齿形较小，对轴强度削弱小。

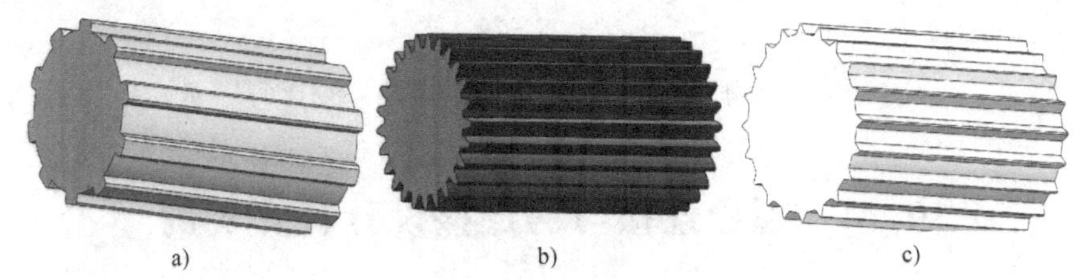

图 10-40 花键类型

a）矩形花键 b）渐开线花键 c）三角形花键

10.13 销 连 接

销连接也是工程中常用的一种重要连接形式，主要用于固定零件之间的相对位置，当载荷不大时也可用作传递载荷的连接，同时可用作安全装置中的过载剪断元件。

销连接的类型有以下几种：

1）定位销（图 10-41a），主要用于零件间位置定位，常用作组合加工和装配时的主要辅助零件。

2）连接销（图 10-41b），主要用于零件间的连接或锁定，可传递不大的载荷。

3）安全销（图 10-41c），主要用于安全保护装置中的过载剪断元件。

4）圆锥销（图 10-41d），锥度为 1∶50，可自锁，定位精度高，允许多次装拆，且便于拆卸。

另外还有许多特殊形式的销 ，如带螺纹锥销、开尾锥销、弹性销（图 10-41e）、开口销和槽销等多种形式。

销连接在工作中通常受到挤压和剪切。设计时，可以根据连接结构的特点和工作要求来选择销的类型、材料和尺寸，必要时应进行强度校核计算。

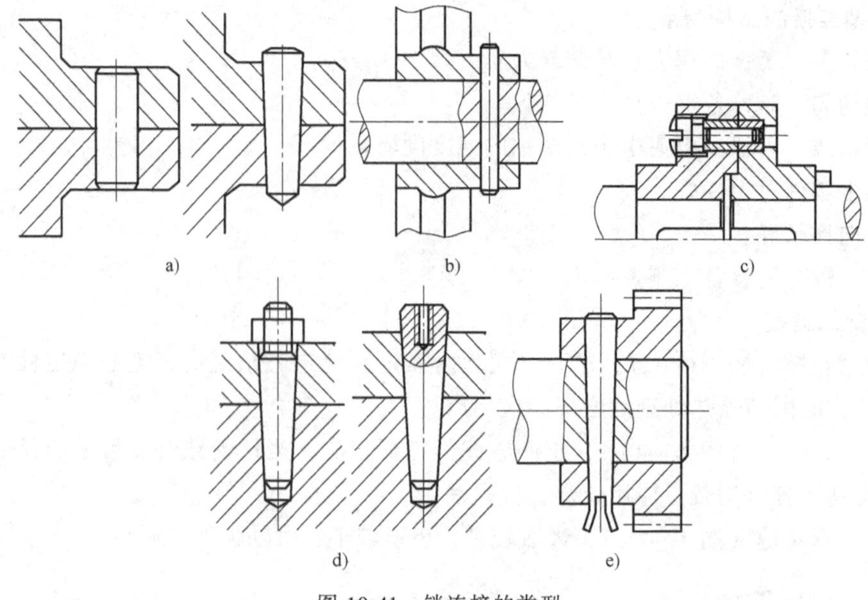

图 10-41 销连接的类型

a）定位销 b）连接销 c）安全销 d）圆锥销 e）特殊形式销

10.14 螺栓连接与键连接设计计算实例

因为机器都是由连接装配而成的，所以连接的可靠性是决定机器可靠性的重要方面。下面以专用精压机中电动机安装用的螺栓连接及大带轮与减速器高速轴的键连接为例（图 10-42），重点介绍螺栓连接与键连接的设计计算过程。

图 10-42 机械连接在专用精压机中的应用

1—电动机安装螺栓 2—大带轮与轴的键连接

10.14.1 螺栓组连接的设计与计算

螺栓连接是所有机械连接中使用最多的一种连接。下面针对专用精压机电动机底座的螺

栓组连接进行设计计算。

1．原始数据

已知：电动机型号为 Y132M-4，电动机轴中心高度 $H=132$mm，电动机轴伸出长度 $E=80$mm，其他具体尺寸如图 10-43 所示。电动机轴所受的压力 $Q=1538.57$N，V 带与竖直方向夹角 30°，电动机水平安装，则电动机底座螺栓组的受力分析简图如图 10-44 所示。

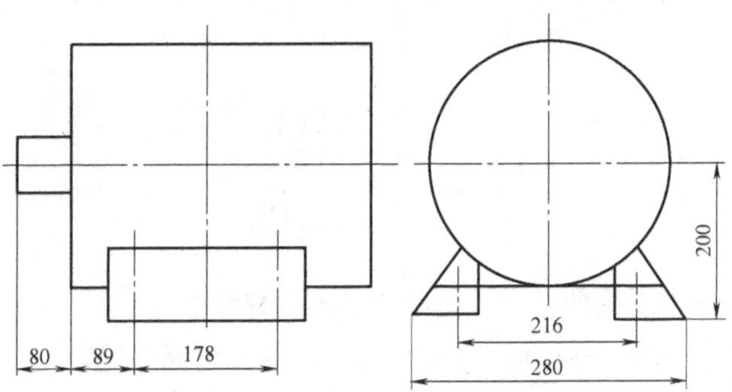

图 10-43　电动机的具体结构尺寸

2．设计过程

设计内容包括：螺栓组的结构设计，确定受载荷最大的单个螺栓、螺栓个数 z、螺栓的最小直径，以及选择螺栓的型号等。

（1）螺栓组的结构设计　螺栓组的结构如图 10-44 所示。电动机与底座之间的连接采用普通螺栓连接，螺栓个数为 4。因为电动机底座的接合面较大，所以采用条状结构，以减少加工面，且提高连接的平稳性和刚度。对称布置螺栓，使螺栓组的对称中心与连接接合面的形心重合，从而保证连接接合面受力比较均匀。

（2）螺栓组受力的等效转换与分解　因为电动机受到压轴力 Q 的作用，使得电动机底座螺栓组受复杂载荷作用。对此，应将其向螺栓组中心转化分解为各种简单载荷，然后分别求出各受力状态下每个螺栓的工作载荷，再对受工作载荷最大的螺栓进行强度计算。压轴力转化分解如下：

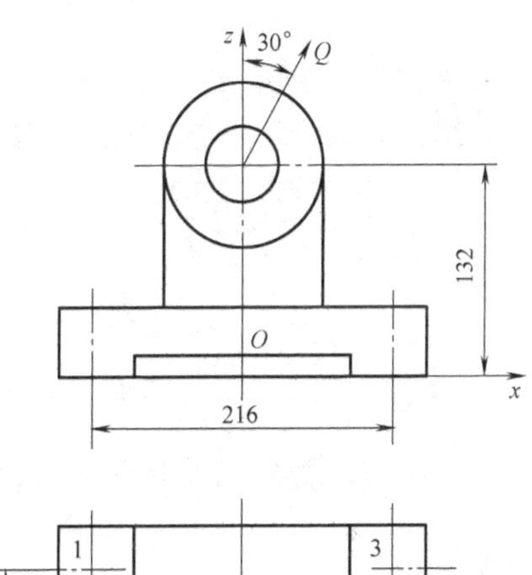

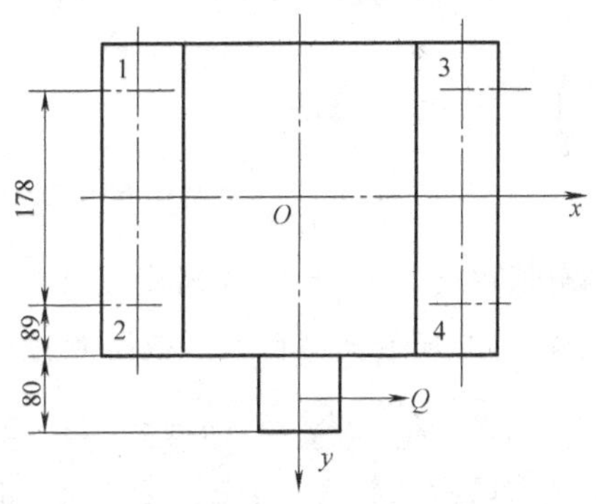

图 10-44　主电动机底座螺栓组的受力分析简图

受横向载荷为：$F_x = Q\sin\alpha = 1538.57\text{N} \times \sin30° \approx 769.29\text{N}$

受轴向载荷为：$F_z = Q\cos\alpha = 1538.57\text{N} \times \cos30° \approx 1332.44\text{N}$

受转矩为：　$T_z = 1538.57\text{N} \times \sin30° \times (80/2+89+178/2)\text{mm} = 167704.13\text{N} \cdot \text{mm}$

受翻转力矩为：$M_x = 1538.57\text{N} \times \cos30° \times (80/2+89+178/2)\text{mm} \approx 290472.07\text{N} \cdot \text{mm}$

$M_y = 1538.57\text{N} \times \sin30° \times 132\text{mm} \approx 101545.62\text{N} \cdot \text{mm}$

（3）单个螺栓所受的最大轴向载荷　在轴向力的作用下，各螺栓所受的工作拉力为

$$F_1=F_z/4=1332.44/4\text{N}=333.11\text{N}$$

螺栓组受到的翻转力矩由 M_x 和 M_y 组成。受 M_x 的作用，螺栓 3、4 进一步拉伸，螺栓 1、2 被放松，有

$$F_{\max 1}=\frac{M_x l_{\max}}{l_1^2+l_1^2+l_1^2+l_1^2}=\frac{M}{4l}=\frac{290472.07}{4\times\frac{178}{2}}\text{N}\approx 815.93\text{N}$$

在 M_y 的作用下，作用下，螺栓 1、3 进一步拉伸，螺栓 2、4 被放松，有

$$F_{\max 2}=\frac{M_y l_{\max}}{l_1^2+l_1^2+l_1^2+l_1^2}=\frac{M}{4l}=\frac{101545.62}{4\times\frac{216}{2}}\text{N}\approx 235.06\text{N}$$

分析可知，螺栓组中受到的轴向工作载荷最大的螺栓 3 为

$$F=(333.11+815.93+235.06)\text{N}=1384.10\text{N}$$

每个螺栓要克服由横向载荷 F_x 产生的工作载荷 F_R 相同，即

$$F_R=\frac{F_x}{z}=\frac{769.29}{4}\text{N}=192.32\text{N}$$

每个螺栓由转矩 T_z 产生的工作载荷 F_T 相同，各螺栓离螺栓组中心的距离相等，且

$$r=\sqrt{\left(\frac{178}{2}\right)^2+\left(\frac{216}{2}\right)^2}\text{mm}\approx 139.95\text{mm}$$

则

$$F_T=\frac{T_z}{z\times r}=\frac{167704.13}{4\times 139.95}\text{N}\approx 299.58\text{N}$$

每个螺栓所受的工作载荷的方向如图 10-45 所示。

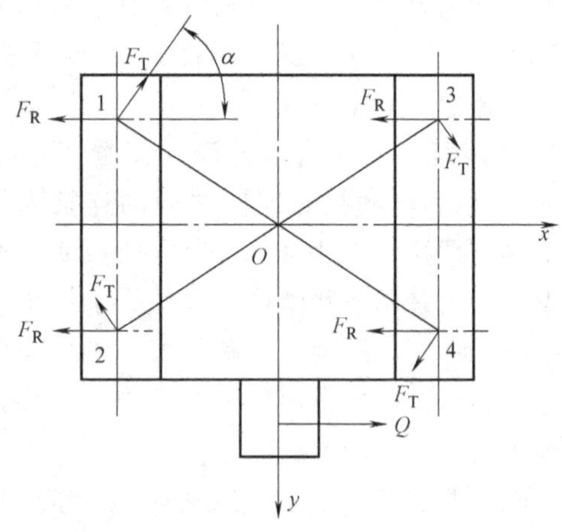

图 10-45　螺栓组的受力分析简化图

由几何关系可知

$$\cos\alpha=\frac{178/2}{139.95}\approx 0.636$$

分析可知，螺栓 3、4 所受工作载荷相同且比螺栓 1、2 所受的载荷大。根据力的叠加原理，螺栓 3、4 所受的横向工作载荷 F_Σ 为

$$F_\Sigma=\sqrt{F_R^2+F_T^2+2F_R+F_T\cos\alpha}=\sqrt{192.32^2+299.58^2+2\times 192.32\times 299.58\times 0.636}\text{N}\approx 477.24\text{N}$$

选取防滑系数 $K_S=1.2$，接合面间的摩擦系数 $f=0.15$，可知单个螺栓受到的预紧力为

$$F_0=\frac{K_S F_\Sigma}{f}=\frac{1.2\times 477.24}{0.15}\text{N}=3817.92\text{N}$$

因此，电动机底座螺栓组中单个螺栓受到的最大工作载荷为

$$F_2=F_0+CF=3817.92\text{N}+0.2\times 1384.10\text{N}=4094.74\text{N}$$

（4）螺栓直径的确定　选用 GB/T 5782—2016 规定的六角头螺栓，其性能等级为 8.8，其屈服强度 $\sigma_s=800\times 0.8\text{MPa}=640\text{MPa}$ 。

由表 10-7 得 $[\sigma]=\dfrac{\sigma_s}{S}$。

再由表 10-6 试选 $S=4$，则 $[\sigma]=\dfrac{640}{4}\text{MPa}=160\text{MPa}$。

由式（10-23）可得普通螺栓的小径为

$$d_1 \geqslant \sqrt{\frac{4\times1.3F_2}{\pi[\sigma]}}=\sqrt{\frac{4\times1.3\times4094.74}{\pi\times160}}\text{mm}\approx6.51\text{mm}$$

查机械设计手册，按粗牙普通螺纹国家标准（GB/T 196—2013）选用 M8 螺栓（小径 $d_1=6.647$ mm）。故可选用 4 个 M8（GB/T 5780—2016）的六角头螺栓。

确定螺栓的公称直径后，螺栓的类型、长度、精度及相应的螺母、垫圈等结构尺寸，可根据底板的厚度、螺栓在立柱上的固定等需要进行确定。

10.14.2 键连接的设计与计算

1. 原始数据

已知某轴受转矩 $T_1=119076.23\text{N}\cdot\text{mm}$ 作用，有冲击载荷，但传至此处已不大。轴段直径 $d_1=40\text{mm}$，轴长 $l_1=48\text{mm}$，轴和键的材料均为 45 钢，带轮材料为铸铁。

2. 设计过程

（1）键的类型与尺寸选择　因为该键用于轴端与毂的连接，所以采用单圆头平键。由于轴段直径 $d_1=40\text{mm}$，查表选键的截面 $b\times h=12\text{mm}\times8\text{mm}$；轴长 $l_1=48\text{mm}$，取键的长度 $L=45\text{mm}$。因此键的型号为：GB/T 1096 键 C12×8×45。

（2）键的校核计算　按最弱的材料铸铁查表得键连接的许用挤压应力 $[\sigma_p]=40\text{MPa}$（不大的冲击载荷）。

键的工作长度 $l=L-b/2\approx39\text{mm}$。

则，由式（10-28）可得

$$\sigma_p=\frac{4T}{dhl}=\frac{4\times119076.23}{40\times8\times39}\text{MPa}\approx38.17\text{MPa}<[\sigma_p]$$

所以该连接满足强度要求。

同步练习

一、选择题

1. ________连接适用于定心精度要求高、载荷大的轴毂静连接或动连接。

A. 平键　　B. 花键　　C. 切向键　　D. 半圆键

2. 普通平键连接强度校核的内容主要是________。

A. 键侧面的挤压强度　　B. 键的剪切

C. A、B 均需校核　　D. 键的磨损

3. 对于构成静连接的普通平键连接的承载能力通常取决于________。

A. 轴、轮毂中较弱材料的许用挤压应力
B. 键、轴中较弱材料的许用挤压应力
C. 键、轮毂中较弱材料的许用挤压应力
D. 键、轮毂和轴三者中较弱材料的许用挤压应力

4. 渐开线花键的定心方式是________。
A. 内径定心　　B. 外径定心　　C. 齿侧定心　　D. 齿形定心

5. 当外径相同，与三角形粗牙螺纹相比，细牙螺纹________。
A. 自锁性好，螺杆强度高　　B. 自锁性好，螺杆强度低
C. 自锁性差，螺杆强度高　　D. 自锁性差，螺杆强度低

6. ________一般用于薄壁连接。
A. 三角形粗牙螺纹　　B. 三角形细牙螺纹
C. 梯形螺纹　　D. 锯齿形螺纹

7. 常用螺纹连接中，自锁性最好的螺纹类型是________。
A. 普通螺纹　　B. 梯形螺纹　　C. 锯齿形螺纹　　D. 矩形螺纹

8. 承受横向外载荷的普通紧螺栓连接中，螺栓杆受________。
A. 扭切应力　　B. 拉应力
C. 扭切应力或拉应力　　D. 扭切应力和拉应力

9. 为了连接承受很小工作载荷的两块钢薄板，一般采用________。
A. 螺钉连接　　B. 螺栓连接　　C. 双头螺柱连接　　D. 紧定螺钉连接

10. 当两个被连接件之一太厚，不宜制成通孔，且需要经常拆装时，往往采用________。
A. 螺钉连接　　B. 螺栓连接　　C. 双头螺柱连接　　D. 紧定螺钉连接

11. 当两个被连接件之一太厚，不宜制成通孔，且不需要经常拆装时，往往采用______。
A. 螺钉连接　　B. 螺栓连接　　C. 双头螺柱连接　　D. 紧定螺钉连接

12. 确定紧连接螺栓中拉伸和扭切应力复合作用，通常是按______来进行计算。
A. 第一强度理论　　B. 第二强度理论
C. 第三强度理论　　D. 第四强度理论

13. 在受拉应力的螺纹连接强度计算中，螺纹的部分危险截面的面积用______来计算。
A. 计算直径 d_c　　B. 螺纹小径 d_1
C. 螺纹大径 d　　D. 螺纹中径 d_2

14. 只受预紧力的紧螺栓连接的强度计算公式中，主要考虑______。
A. 螺栓受到扭切应力影响　　B. 受到补充拧紧的影响
C. 摩擦状况不稳定的影响　　D. 设计可靠性的影响

15. 承受预紧力 F_0 的紧螺栓连接承受工作载荷 F（拉）时，剩余预紧力为 F'，则螺栓所受总拉力 F_2 为______。
A. $F_2=F+F'$　　B. $F_2=F_0+F'$　　C. $F_2=F_0-F'$　　D. $F_2=F+F'+F_0$

16. 螺纹连接防松的根本问题在于______。
A. 增加螺纹连接的轴向力　　B. 增加螺纹连接的横向力

C. 防止螺纹副的相对转动　　　　D. 增加螺纹连接的刚度

17. 下列几种常用的螺纹连接防松方法中，属于摩擦防松的是______。

A. 止动垫圈　　B. 串联钢丝　　C. 对顶螺母　　D. 开口销

18. 其他参数相同时，细牙螺纹的自锁性能比粗牙螺纹的自锁性能______。

A. 好　　B. 差　　C. 相同　　D. 不一定

19. 用于连接的螺纹牙型为三角形，这是因为三角形螺纹______。

A. 牙根强度高，自锁性能好　　B. 传动效率高

C. 防振性能好　　D. 自锁性能差

20. 若螺纹的直径和螺旋副的摩擦系数一定，则拧紧螺母时的效率取决于螺纹的______。

A. 螺距和牙型角　　B. 升角和头数

C. 导程和牙型角　　D. 螺距和升角

21. 对于连接用螺纹，主要要求连接可靠，自锁性能好，故常选用______。

A. 升角小，单线三角形螺纹　　B. 升角大，双线三角形螺纹

C. 升角小，单线梯形螺纹　　D. 升角大，双线矩形螺纹

22. 用于薄壁零件连接的螺纹，应采用______。

A. 三角形细牙螺纹　　B. 梯形螺纹

C. 锯齿形螺纹　　D. 多线三角形粗牙螺纹

23. 当铰制孔用螺栓组连接承受横向载荷或旋转力矩时，该螺栓组中的螺栓______。

A. 必受剪切力作用　　B. 必受拉力作用

C. 同时受到剪切与拉伸　　D. 既可能受剪切，也可能受挤压作用

24. 考虑到拉伸与扭转复合作用，计算紧螺栓连接强度时应将拉伸载荷增加到原来的______倍。

A. 1.1　　B. 1.3　　C. 1.25　　D. 0.3

25. 采用普通螺栓连接的凸缘联轴器，在传递转矩时，______。

A. 螺栓的横截面受剪切　　B. 螺栓与螺栓孔配合面受挤压

C. 螺栓同时受剪切与挤压　　D. 螺栓受拉伸与扭转作用

26. 公称直径和螺距相同并采用相同配对材料的传动螺旋副中，传动效率最高的是______。

A. 单线矩形螺旋副　　B. 单线梯形螺旋副

C. 双线矩形螺旋副　　D. 双线梯形螺旋副

27. 在螺栓连接中，有时在一个螺栓上采用双螺母，其目的是______。

A. 提高强度　　B. 提高刚度　　C. 防松　　D. 减小每圈螺纹牙上的受力

28. 在同一螺栓组中，螺栓的材料、直径和长度均应相同，主要是为了______。

A. 受力均匀　　B. 便于装配　　C. 外形美观　　D. 降低成本

29. 螺栓的材料性能等级标成6.8级，其数字6.8代表______。

A. 对螺栓材料的强度要求　　B. 对螺栓的制造精度要求

C. 对螺栓材料的刚度要求　　D. 对螺栓材料的耐蚀性要求

30. 螺栓强度等级为6.8级，则螺栓材料的最小屈服强度近似为______。

A. 480MPa　　B. 6MPa　　C. 8MPa　　D. 0.8MPa

31．不控制预紧力时，螺栓的安全系数选择与其直径有关，是因为______。

A. 直径小，易过载　　B. 直径小，不易控制预紧力

C. 直径大，材料缺陷多　　D. 直径大，安全

32. 对工作时仅受预紧力 F'作用的紧螺栓连接，其强度校核公式为 $\sigma_e \leqslant \frac{1.3F'}{\pi d_1^2/4} \leqslant [\sigma]$，式中的系数 1.3 是考虑______。

A. 可靠性系数

B. 安全系数

C. 过载系数

D. 螺栓在拧紧时，同时受拉伸与扭转联合作用的影响

33. 一紧螺栓连接的螺栓受到轴向变载荷作用，已知 $F_{min}=0$，$F_{max}=F$，螺栓的危险截面积为 A_c，螺栓的相对刚度为 K_c，则该螺栓的应力幅为______。

A. $\sigma_a=\frac{(1-K_c)\ F}{A_c}$　　B. $\sigma_a=\frac{K_cF}{A_c}$

C. $\sigma_a=\frac{K_cF}{2A_c}$　　D. $\sigma_a=\frac{(1-K_c)\ F}{2A_c}$

34. 在受轴向变载荷作用的紧螺栓连接中，为提高螺栓的疲劳强度，可采取的措施是______。

A. 增大螺栓刚度 C_b，减小被连接件刚度 C_m

B. 减小螺栓刚度 C_b，增大被连接件刚度 C_m

C. 增大螺栓刚度 C_b 和被连接件刚度 C_m

D. 减小螺栓刚度 C_b 和被连接件刚度 C_m

35. 若要提高受轴向变载荷作用的紧螺栓的疲劳强度，则可______。

A. 在被连接件间加橡胶垫片　　B. 增大螺栓长度

C. 采用精制螺栓　　D. 加防松装置

36. 对于紧螺栓连接，要求被连接件接合面不分离，已知螺栓与被连接件的刚度相同，螺栓的预紧力为 F'，当对连接施加轴向载荷，使螺栓的轴向工作载荷 F 与预紧力 F'相等时，则______。

A. 被连接件发生分离，连接失效

B. 被连接件将发生分离，连接不可靠

C. 连接可靠，但不能再继续加载

D. 连接可靠，只要螺栓强度足够，可继续加载，直到轴向工作载荷 F 接近但小于预紧力 F'的两倍

37. 对于受轴向变载荷作用的紧螺栓连接，若轴向工作载荷 F 在 0~1000N 之间循环变化，则该连接螺栓所受拉应力的类型为______。

A. 非对称循环应力　　B. 脉动循环变压力

C. 对称循环变应力　　D. 非稳定循环变应力

38. 对于紧螺栓连接，当螺栓的总拉力 F_0 和残余预紧力 F''不变，若将螺栓由实心变成

空心，则螺栓的应力幅 σ_a 与预紧力 F' 会发生变化，______。

A. σ_a 增大，F' 应适当减小　　B. σ_a 增大，F' 应适当增大

C. σ_a 减小，F' 应适当减小　　D. σ_a 减小，F' 应适当增大

39. 若被连接件为铸件，有时在螺栓孔处制作沉头座孔或凸台，其目的是______。

A. 避免螺栓受附加弯曲应力作用

B. 便于安装

C. 安置防松装置

D. 避免螺栓受拉力过大

40. 为了不过于严重削弱轴和轮毂的强度，两个切向键最好布置成______。

A. 在轴的同一母线上　　B. 180°

C. 120°~130°　　D. 90°

41. GB/T 1096 键 B20×8×100 中，20×8×80 是表示______。

A. 键宽×键高×轴径　　B. 键高×键长×轴径

C. 键宽×键高×键长　　D. 键宽×轴径×键高

42. 能构成紧连接的两种键是______。

A. 楔键和半圆键　　B. 半圆键和切向键

C. 楔键和切向键　　D. 平键和楔键

43. 一般采用____________加工 B 型普通平键的键槽。

A. 指形齿轮铣刀　　B. 盘形铣刀

C. 插刀　　D. 车刀

44. 设计键连接时，键的截面尺寸 $b\times h$ 通常根据______由标准中选择。

A. 传递转矩的大小　　B. 传递功率的大小

C. 轴的直径　　D. 轴的长度

45. 平键连接能传递的最大扭矩为 T，现要传递的扭矩为 $1.5T$，则应______。

A. 安装一对平键　　B. 键宽 b 增大到 1.5 倍

C. 键长 L 增大到 1.5 倍　　D. 键高 h 增大到 1.5 倍

46. 如需在轴上安装一对半圆键，则应将它们布置在______。

A. 相隔 90°位置　　B. 相隔 120°位置

C. 轴的同一母线上　　D. 相隔 180°位置

47. 花键连接的主要缺点是______。

A. 应力集中　　B. 成本高

C. 对中性与导向性差　　D. 对轴削弱

二、填空题

1. 梯形螺纹的牙型角 $\alpha=$__________，适用于传动。

2 . 螺旋副的自锁条件是________________。

3. 梯形螺纹的牙型角比三角形螺纹的牙型角小，这主要是为了提高___________。

4. 若螺纹直径和螺旋副摩擦系数一定，则拧紧螺母时的效率取决于螺纹的升角和__________。

5. 螺纹连接防松的实质是防止螺纹副间的_________________。

6. 普通紧螺栓连接受横向载荷作用，则螺栓中受拉伸应力和＿＿＿＿＿＿应力作用。

7. 采用普通螺栓连接的被连接件受横向载荷时，可能发生的失效形式为塑性变形或＿＿＿＿＿＿＿＿。

8. 采用沉头座孔作为螺栓头或螺母的支承面是为了减小和避免螺栓受附加＿＿＿＿＿＿＿的作用。

9. 在螺纹连接中采用悬置螺母或环槽螺母的目的是均匀各旋合圈螺纹牙上的＿＿＿＿＿＿＿＿。

10. 在螺栓连接中，当螺栓轴线与被连接件支承面不垂直时，螺栓中将产生附加＿＿＿＿＿应力。

11. 螺纹连接防松，按其防松原理可分为摩擦防松、＿＿＿＿＿＿防松和永久性防松。

12. 在平键连接中，静连接应校核＿＿＿＿强度。

13. 用平键连接工件时，是靠＿＿＿＿＿＿和键槽侧面的挤压传递转矩的。

14. 花键连接的主要失效形式中，对静连接是齿面＿＿＿＿＿＿＿。

15. 半圆键的＿＿＿＿＿＿为工作面。

16. 选择普通平键时，键的截面尺寸（$b \times h$）是根据＿＿＿＿标准确定的。

17. 半圆键装配方便，但对轴的强度＿＿＿＿。

18. 矩形花键连接的定心方式为＿＿＿＿。

19. 销按用途主要分为定位销、连接销和＿＿＿＿。

20. 螺栓连接采用开口销与六角开槽螺母防松属于＿＿＿＿防松。

三、判断题

1. 在螺栓连接中，加上弹性垫圈或弹性元件可提高螺栓的疲劳强度。（　）

2. 承受横向载荷的紧螺栓连接中，螺栓必受到工作剪力。（　）

3. 当承受冲击或振动载荷时，用弹性垫圈作螺纹连接的防松，效果较差。（　）

4. 增加螺栓的刚度，减少被连接件的刚度，有利于提高螺栓连接疲劳强度。（　）

5. 螺栓在工作时受到的总拉力等于残余预紧力与轴向工作载荷之和，而减小预紧力是提高螺栓疲劳强度的有效措施之一。（　）

6. 螺纹的公称直径为与外螺纹牙顶（或内螺纹牙底）相重合的假想圆柱体的直径。（　）

7. 工作时受拉伸载荷作用的螺栓中只会产生拉应力。（　）

8. 铰制孔用螺栓连接的主要失效形式是螺栓断裂。（　）

9. 半圆键是靠键侧面与键槽间挤压和键的剪切传递载荷的。（　）

10. 楔键是靠侧面来工作的。（　）

11. 与楔键连接相比，平键连接的主要优点是：装拆方便、对中性好，所以应用较为广泛。（　）

12. 选用普通平键时，键的截面尺寸与长度是由强度条件确定的。（　）

13. 标准平键连接的承载能力，通常取决于轮毂的挤压强度。（　）

14. 采用双平键连接时，通常在轴的圆周相隔 90°～120°布置。（　）

15. 螺纹的螺纹升角越小，螺纹的自锁性能越好。（　）

16. 在螺栓工作拉力和剩余预紧力不变的情况下，增大螺栓和被连接件的刚度可以收到

提高螺栓疲劳强度的效果。（　）

17. 受横向变载荷的普通螺栓中，螺栓所受力为静载荷。（　）

18. 对受轴向载荷的普通螺栓连接适当预紧可以提高螺栓的抗疲劳强度。（　）

19. 普通螺栓受横向工作载荷作用时，螺栓上将主要承受工作剪切力的作用。（　）

20. 铰制孔用螺栓既可承受横向工作载荷，又可承受轴向工作载荷。（　）

21. 对顶螺母通常用于需要机械防松的工作场合。（　）

22. 三角形螺纹通常用于连接，是因为其具有较好的自锁性能。（　）

23. 普通平键连接的主要失效形式一般是弯曲断裂和点蚀。（　）

24. 楔键连接通常用于要求轴与轮毂严格对中的场合。（　）

25. 花键连接用于连接齿轮和轴时，都是动连接。（　）

四、计算题

1. 有一受预紧力 F_0 和轴向工作载荷 $F=1000\text{N}$ 作用的紧螺栓连接，已知预紧力 $F_0=1000\text{N}$，螺栓的刚度 C_b 与被连接件的刚度 C_m 相等。试计算该螺栓所受的总拉力 F_2 和残余预紧力 F_1。在预紧力 F_0 不变的条件下，若保证被连接件间不出现缝隙，该螺栓的最大轴向工作载荷 F_{max} 为多少?

2. 图 10-46 所示为一圆盘锯，锯片直径 $D=500\text{mm}$，用螺母将其夹紧在压板中间。已知锯片外圆上的工作阻力 $F_t=400\text{N}$，压板和锯片间的摩擦系数 $f=0.15$，压板的平均直径 $D_0=150\text{mm}$，可靠性系数 $K_s=1.2$，轴材料的许用拉伸应力 $[\sigma]=60\text{MPa}$。试计算轴端所需的螺纹直径。(提示：此题中有两个接合面，压板的压紧力就是螺纹连接的预紧力。)

3. 图 10-47 所示为一支架与机座用 4 个普通螺栓连接，所受外载荷分别为横向载荷 $F_R=5000\text{N}$ 和轴向载荷 $F_Q=16000\text{N}$。已知：螺栓的相对刚度 $C_b/(C_b+C_m)=0.25$，接合面间摩擦系数，$f=0.15$，可靠性系数 $K_s=1.2$，螺栓材料的力学性能级别为 8.8 级，最小屈服强度 $\sigma_{min}=640\text{MPa}$，许用安全系数 $[S]=2$，试求该螺栓小径 d_1 的计算值。

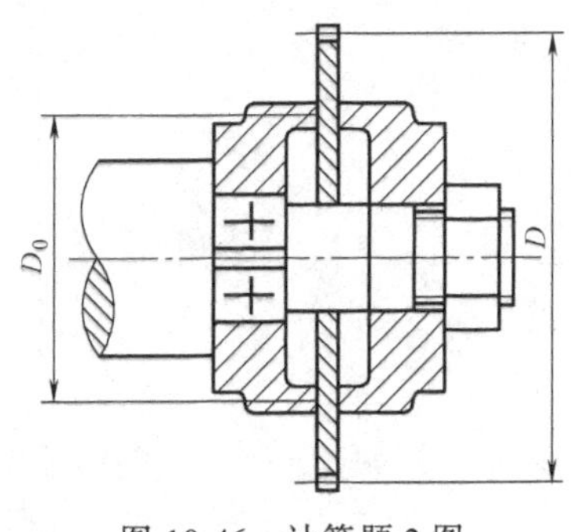

图 10-46　计算题 2 图

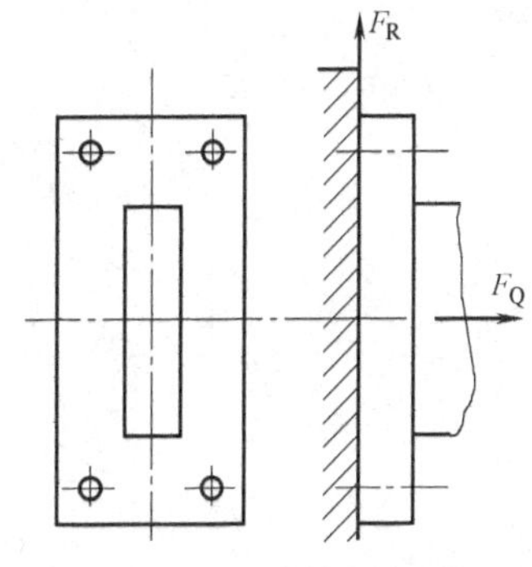

图 10-47　计算题 3 图

4. 一牵曳钩用 2 个 M10（$d_1=8.376\text{mm}$）的普通螺栓固定于机体上，如图 10-48 所示。已知接合面间摩擦系数 $f=0.15$，可靠性系数 $K_s=1.2$，螺栓材料强度级别为 6.6 级，屈服强度 $\sigma_s=360\text{MPa}$，许用安全系数 $[S]=3$。试计算该螺栓组连接允许的最大牵引力 F_{Rmax}。

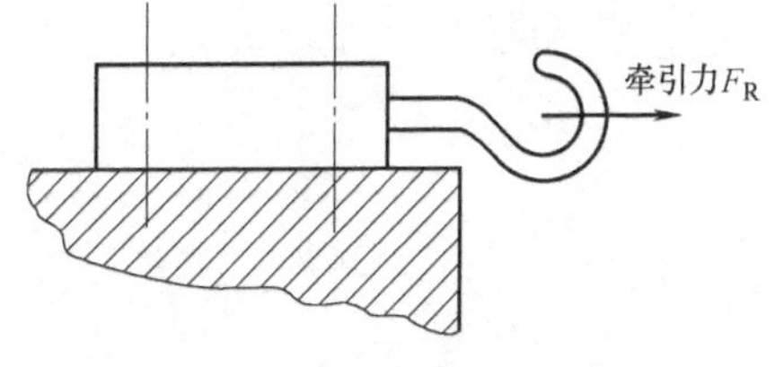

图 10-48　计算题 4 图

5. 图 10-49 所示为一凸缘联轴器，用 6 个 M10 的铰制孔用螺栓连接，结构尺寸如图所示。两半联轴器材料为 HT200，其许用挤压应力 $[\sigma]_{p1}=100\text{MPa}$，螺栓材料的许用切应力 $[\tau]=92\text{MPa}$，许用挤压应力 $[\sigma]_{p2}=300\text{MPa}$，许用拉伸应力 $[\sigma]=120\text{MPa}$。试计算该螺栓组连接允许传递的最大转矩 T_{max}。若传递的最大转矩 T_{max} 不变，改用普通螺栓连接，试计算螺栓小径 d_1 的值（设两半联轴器间的摩擦系数 $f=0.16$，可靠性系数 $K_s=1.2$）。

6. 有一提升装置如图 10-50 所示。①卷筒用 6 个 M8（$d_1=6.647\text{mm}$）的普通螺栓固连在蜗轮上，已知卷筒直径 $D=150\text{mm}$，螺栓均布于直径 $D_0=180\text{mm}$ 的圆周上，接合面间摩擦系数 $f=0.15$，可靠性系数 $K_s=1.2$，螺栓材料的许用拉伸应力 $[\sigma]=120\text{MPa}$，试求该螺栓组连接允许的最大提升载荷 W_{max}。②若已知 $W_{max}=6000\text{N}$，其他条件同①，试确定螺栓直径。

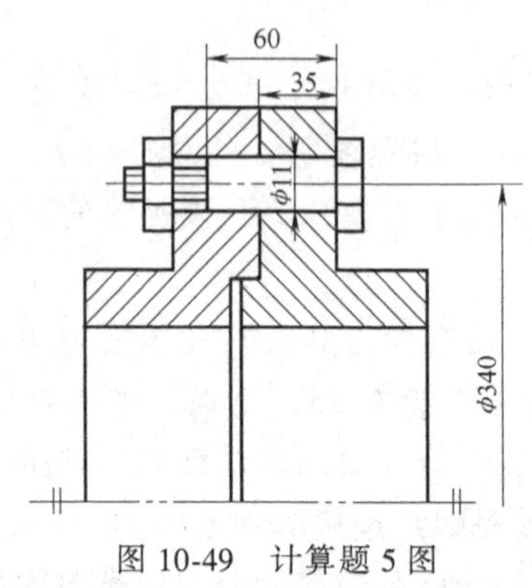

图 10-49　计算题 5 图

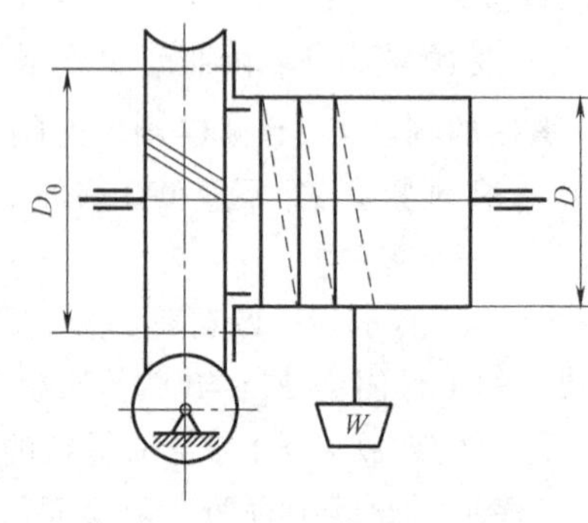

图 10-50　计算题 6 图

7. 有一紧螺栓连接，若要求残余预紧力 $F_1=3000\text{N}$，并已知连接件的刚度 C_m 与螺栓的刚度 C_b 之比为 1∶4。①当螺栓受到工作压力 $F=7000\text{N}$ 时，试计算预紧力 F_0 的值。②在已计算的预紧力 F_0 的条件下，连接接合面间不出现间隙时，试计算该螺栓能承受的最大工作拉力 F_{max}。

Chapter 11

第11章 带传动和链传动

学习目标

主要内容：带传动和链传动的特点、组成、类型和结构；带传动和链传动的工作原理；带传动和链传动的受力分析；带传动的弹性滑动和链传动的多边形效应；带传动和链传动的失效形式；带轮和链轮的结构；带传动和链传动的张紧与维护方法；带传动和链传动的设计计算。

学习重点：带传动和链传动的受力分析、运动分析及设计计算。

学习难点：带传动的弹性滑动和链传动的多边形效应。

挠性件传动是通过中间挠性件（带或链）实现传递运动和动力的一种机械传动。目前常用的有带传动和链传动两大类。带传动所采用的挠性件是各类传动带，按其工作原理可分为摩擦型带传动和啮合型带传动两种。链传动所采用的挠性件是各类传动链，通过链条与链轮齿的相互啮合而实现传动。本章重点介绍摩擦型带传动和滚子链传动。

11.1 带传动概述

11.1.1 带传动的应用与特点

带传动在现代机械中应用非常广泛，常用于中、小功率的场合。图 11-1 所示为带传动在拖拉机中的应用，图 11-2 所示为带传动在电影放映机中的应用。

图 11-1 拖拉机中的带传动

图 11-2 电影放映机中的带传动

由于挠性带的存在，带传动允许较大的中心距，适用于远距离传动；挠性带的存在也使带传动的制造及安装精度不像啮合传动那样严格，无须润滑。所以，带传动结构简单、价格低廉，制造、安装和维护较方便。因为挠性带的主要成分是橡胶，所以带传动较为平稳，噪声小，可缓冲吸振；过载时，带会在带轮上打滑，从而起到保护其他传动件免受损坏的作用。但是，由于带与带轮之间存在弹性滑动，所以传动比不能严格保持不变，传动效率也较低；橡胶带的寿命一般较短。因为带与带轮之间摩擦会产生静电，所以不宜在易燃、易爆场合工作。

11.1.2 带传动的组成与类型

1. 带传动的基本组成

如图 11-3 所示，带传动由主动带轮 1、带 2 和从动带轮 3 组成。两带轮轴线之间的距离 a 称为中心距；带与带轮接触弧所对应的中心角称为包角，α_1 为小带轮的包角，α_2 为大带轮的包角。

常用的带传动有平带传动、V 带传动和圆带传动等，如图 11-4 所示。平带传动结构最简单，工作面为贴紧带轮的内表面，弯曲应力最小，图 11-2 所示的电影放映机中的带传动即为平带传动。V 带的横截面为等腰梯形，带轮上也做出相应的梯形槽，V 带的两侧面为工作面，V 带在载荷 F_N 的作用下被压紧在带轮的梯形槽内，在两侧面依靠带与带轮之间的摩擦力来传递运动和动力。圆带传动能力最小，多用于仪表和家电中，轻型机械中时有应用，如缝纫机等。

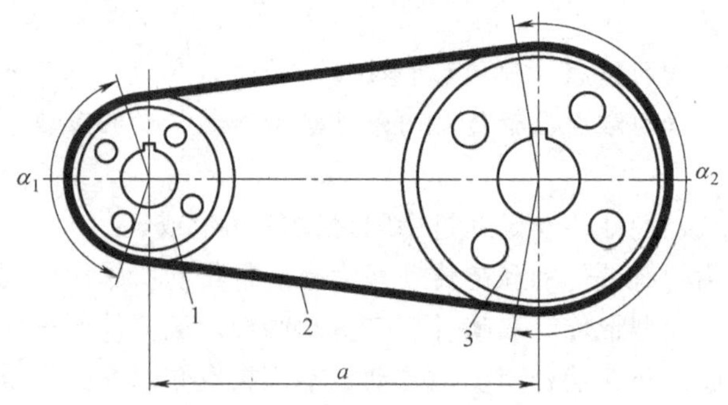

图 11-3 带传动的基本组成

1—主动带轮 2—带 3—从动带轮

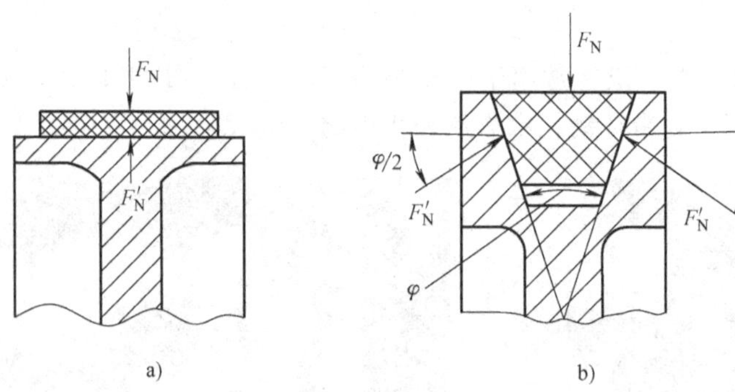

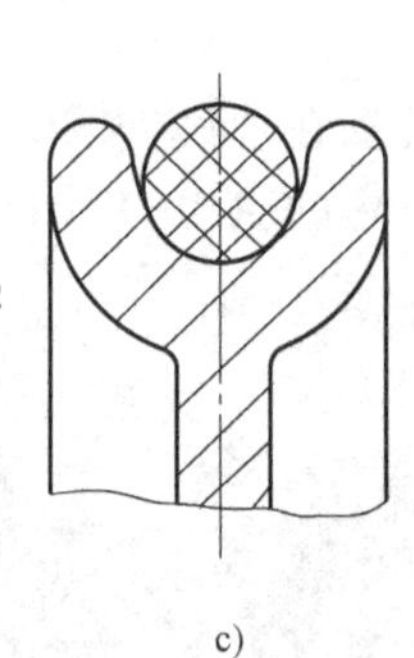

图 11-4 常用带传动的类型

a) 平带传动 b) V 带传动 c) 圆带传动

如图 11-4 所示，若平带和 V 带受同样的压紧力 F_N 作用，带与带轮接触面之间的摩擦系数也同为 f，那么平带与带轮接触面上的摩擦力为 $F_f=fF_N$，而 V 带与带轮接触面上的摩擦力

则由于 V 带楔角的存在，摩擦力大于平带传动，即 $F_f=2f\,F'_N=fF_N/\sin(\varphi/2)=f_vF_N$($f_v$ 可称为当量摩擦系数)。普通 V 带的楔角为 40°，因此 $f_v=(3.63\sim3.07)f$。换言之，在相同条件下，V 带传动产生的摩擦力比平带大得多，所以一般机械中多采用 V 带传动。

2. V 带的类型

V 带可分为普通 V 带（图 11-5a）、窄 V 带（图 11-5b）和宽 V 带（图 11-5c）等多种类型。普通 V 带是在一般机械传动中应用最为广泛的一种传动带，其传动功率大，结构简单，价格便宜。

与同型号的普通 V 带相比，窄 V 带的高度是普通 V 带的 1.3 倍，所以高度方向的刚度较大。自由状态下，带的顶面为拱形，受力后绳芯排列整齐，因而带芯受力均匀；其中窄 V 带的侧面为内凹曲面，带在轮上弯曲时，带侧面变直，使之与轮槽贴合良好；窄 V 带承载能力较普通 V 带可提高 50%~150%，使用寿命长，是普通 V 带的更新换代产品。宽 V 带较薄，挠曲性好，适用于小的轮径和中心距，多用于无级变速装置，也称为无级变速带。

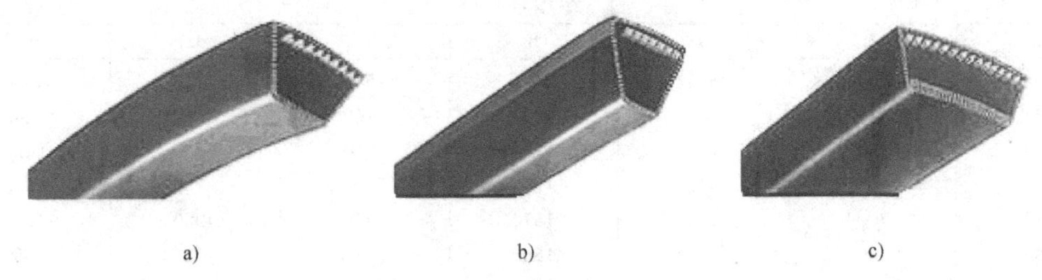

a)　　b)　　c)

图 11-5　V 带的类型

a) 普通 V 带　b) 窄 V 带　c) 宽 V 带

本章主要介绍普通 V 带。

11.1.3　V 带的型号及结构

普通 V 带规格尺寸已标准化，按横截面从小到大共有 Y、Z、A、B、C、D、E 七种型号，见表 11-1。

表 11-1　普通 V 带的横截面尺寸（GB/T 11544—2012）

型号	Y	Z	A	B	C	D	E
顶宽 b/mm	6.0	10.0	13.0	17.0	22.0	32.0	38.0
节宽 b_p/mm	5.3	8.5	11.0	14.0	19.0	27.0	32.0
高度 h/mm	4.0	6.0	8.0	11.0	14.0	19.0	23.0
楔角 α	40°						

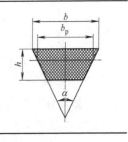

普通 V 带都制成无接头的环形带，其横截面结构如图 11-6 所示。它由以下几部分组成：包布层（由挂胶帘布组成，为保护层）、顶胶层（填满橡胶，弯曲时承受拉伸载荷作用）、强力层（由橡胶帘布、线绳或尼龙绳组成，承受基本拉力）、底胶层（填满橡胶，弯曲时承受压缩载荷作用）。

强力层的结构形式有帘布结构和线绳结构。帘布结构制造方便，抗拉强度高，应用较广；绳芯结构柔韧性好，弯曲强度高，用于转速高、带轮直径小的场合。V 带绕在带轮上产生弯曲。当带弯曲时，顶胶层受拉伸变长（横向收缩），底胶层受压缩变短（横向扩张），顶胶层与底胶层之间存在一长度及宽度均保持不变的中性层，该层称为带的节面，其宽度称为节宽，用 b_p 表示。沿节面量得的带长称为带的基准长度，也称为带的公称长度，用 L_d 表示。国家标准规定了 V 带的基准长度系列，各型号的基准长度系列见表 11-2。

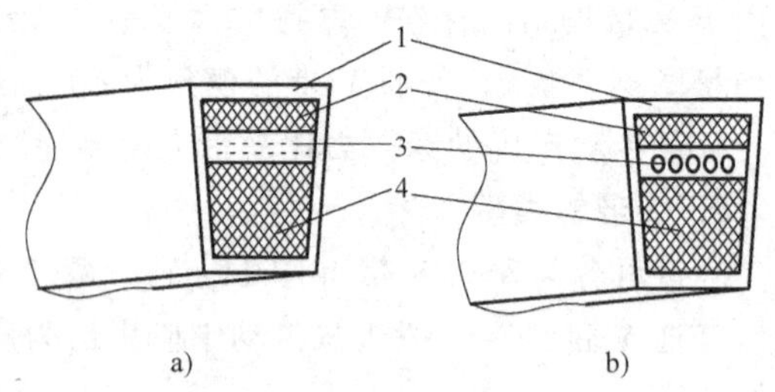

图 11-6 V 带截面的结构

a）帘布结构 b）绳芯结构

1—包布层 2—顶胶层 3—强力层 4—底胶层

表 11-2 各型号的 V 带基准长度系列

型号						
Y	Z	A	B	C	D	E
200	405	630	930	1565	2740	4660
224	475	700	1000	1760	3100	5040
250	530	790	1100	1950	3330	5420
280	625	890	1210	2195	3730	6100
315	700	990	1370	2420	4080	6850
355	780	1100	1560	2715	4620	7650
400	920	1250	1760	2880	5400	9150
450	1080	1430	1950	3080	6100	12230
500	1330	1550	2180	3520	6840	13750
	1420	1640	2300	4060	7620	15280
	1540	1750	2500	4600	9140	16800
		1940	2700	5380	10700	
		2050	2870	6100	12200	
		2200	3200	3815	13700	
		2300	3600	7600	15200	
		2480	4060	9100		
		2700	4430	10700		
			4820			
			5370			
			6070			

11.1.4 V 带带轮

1. 基准直径

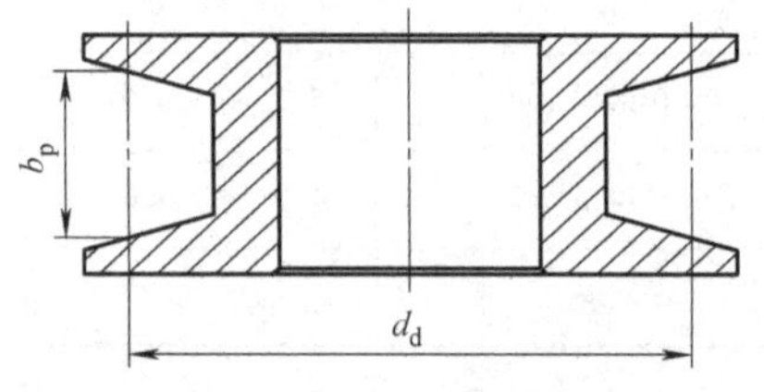

图 11-7 V 带轮的基准直径

V 带装在带轮上，与节宽 b_p 相对应的带轮直径称为基准直径，用 d_d 表示，如图 11-7 所示。国家标准规定了 V 带传动中带轮的基准直径系列，见表 11-3。带轮的基准直径越小，带传动越紧凑，但带内弯曲应力越大，导致带的疲劳强度下降，传动效率下降。选择小带轮基准直径时应使 $d_{d1} \geqslant d_{dmin}$，因此国家标准也规定了带轮的最小基准

直径，见表 11-3。

表 11-3　V 带轮的最小基准直径及基准直径系列　　（单位：mm）

型号	Y	Z	A	B	C	D	E
d_{dmin}	20	50	75	125	200	355	500
带轮直径 d_d 系列	20,22.4,25,28,31.5,35.5,40,45,50,56,63,71,75,80,85,90,95,100,106,112,118,125,132,140,150,160,170,180,200,212,224,236,250,265,280,300,315,335,355,375,400,425,450,475,500,530,560,600,630,670,710,750,800,900,1000,1060,1120,1250,1400,1500,1600,1800,2000,2240,2500						

2. 带轮常用材料及结构

带轮常用的材料为铸铁，常用材料的牌号为 HT150 和 HT200。带轮的圆周速度在 30m/s 以下用 HT150，大于或等于 30m/s 用 HT200。转速再高时可采用铸钢或采用钢板焊接件；当功率较小时，可采用铸铝或塑料。V 带轮由轮缘、腹板（轮辐）和轮毂三部分组成，如图 11-8 所示。

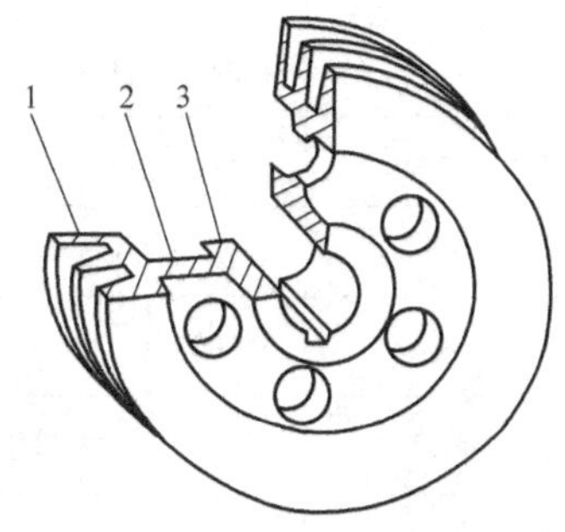

图 11-8　V 带轮的结构
1—轮缘　2—轮辐　3—轮毂

轮缘是带轮的外缘部分，也是带轮的工作部分，制有梯形轮槽。轮槽尺寸见表 11-4。

轮毂是带轮与轴相连接的部分。轮毂的轴孔上开有键槽，带轮与轴用键连接。孔径由轴的强度、V 带型号、带轮基准直径等多方面因素确定。轮缘与轮毂则用腹板（轮辐）连接成一整体。根据腹板的结构形式，带轮分为实心式（无腹板）、腹板式（中腹成板状）、孔板式（中腹较大的腹板式，当 $D_1-d_1 \geq 100$mm 时，需开孔减重）和轮辐式，见表 11-4。

表 11-4　V 带轮的结构及尺寸

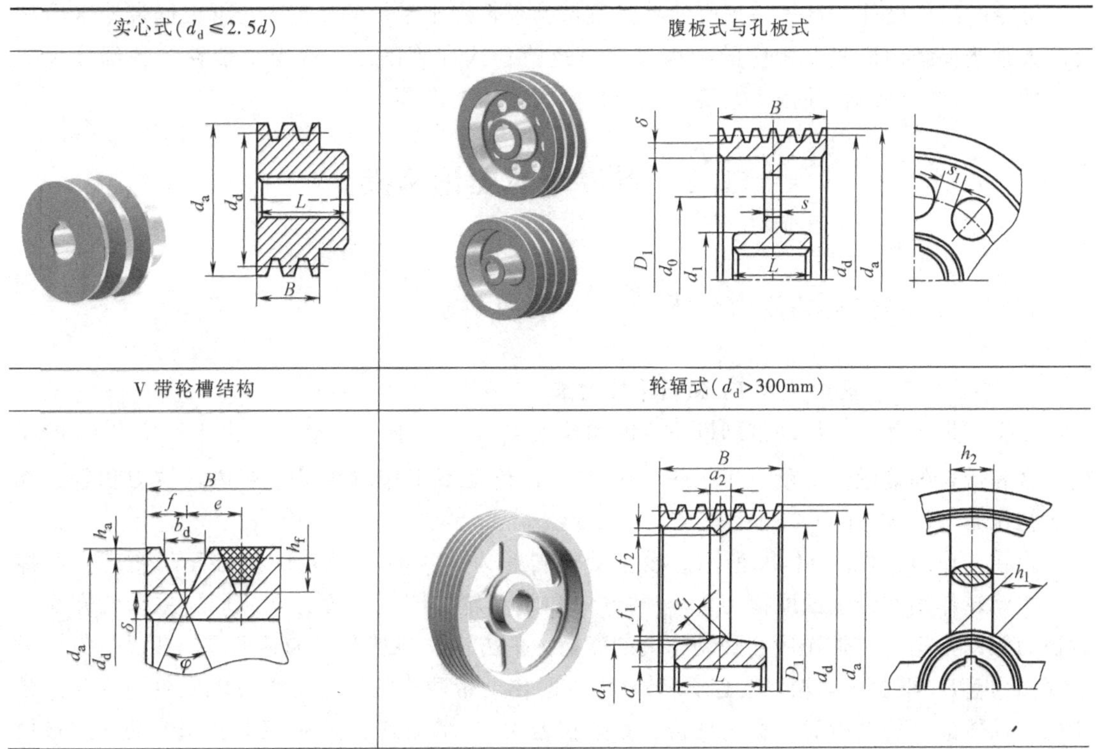

（续）

V 带轮槽尺寸									椭圆轮辐尺寸计算
尺寸		Y	Z	A	B	C	D	E	$h_1=290\sqrt[3]{\frac{P}{nA}}$； P 为设计功率(kW)； n 为带轮转速(r/min)； A 为轮辐数目； $h_2=a_2=0.8h_1$； $a_1=0.4h_1$； $f_1=0.2h_1$， $f_2=0.2h_2$； $B=(z-1)e+2f$ z 为带轮轮槽数； $L=(1.5\sim2.0)\ d$； ($B<1.5d$ 时，$L=B$)； $d_a=d_d-2h_a$； $d_1=(1.8\sim2.0)\ d$； $d_0=0.25(D_1-d_1)$； $s=(1/7\sim1/4)B$； $d_0=0.5(D_1+d_1)$
b_d/mm		5.3	8.5	11.0	14.0	19.0	27.0	32.0	
h_{amin}/mm		1.6	2	2.75	3.5	4.8	8.1	9.6	
H_{fmin}/mm		4.7	7 9	8.7 11.0	10.8 14.0	14.3 19.0	19.9	23.4	
e/mm		8±0.3	12±0.3	15±0.3	19±0.4	25.5±0.5	37±0.6	44.5±0.7	
f_{min}/mm		6	7	9	11.5	16	23	28	
δ		5	5.5	6	7.5	10	12	15	
与 φ 对应的 d_d	$\varphi=32°$	≤60	—	—	—	—	—	—	
	$\varphi=34°$	—	≤80	≤118	≤190	≤315	—	—	
	$\varphi=36°$	>60	—	—	—	—	≤475	≤600	
	$\varphi=38°$	—	>80	>118	>190	>315	>475	>600	

腹板式的结构形式按带轮轴孔的大小、带截面的大小和带轮基准直径的大小来选择。一般来说，轴孔小、带截面小和基准直径大的带轮选轮辐式；反之，选实心式。具体选择时可参照相应的手册。

带轮的结构设计，首先根据带的型号及带的根数确定带轮的宽度 B；再根据带轮基准直径的大小选择结构形式，相应的结构尺寸由经验公式计算确定。确定了带轮的各部分尺寸后，即可绘制零件图，并按工艺要求注出相应的技术要求等。

11.2 带传动的理论基础

11.2.1 带传动的受力分析

1. 初拉力 F_0、紧边拉力 F_1 和松边拉力 F_2

在安装带传动时，传动带即以一定的初拉力 F_0 紧套在两个带轮上。由于初拉力 F_0 的作用，带和带轮的接触面上就产生了正压力 N_i。带传动不工作时传动带两边的拉力相等，都等于初拉力 F_0，如图 11-9a 所示。

带在工作时，如图 11-9b 所示。设主动轮转速为 n_1，带与带轮的接触面间便产生摩擦力，主动轮作用在带上的摩擦力 $\sum F_{fi}$ 的方向和主动轮的圆周速度方向相同，主动轮即靠此摩擦力驱动带运动；带作用在从动轮上的摩擦力的方向，显然与带的运动方向相反，带同样靠摩擦力 $\sum F_{fi}$ 驱动从动轮以转速 n_2 转动。这时传动带两边的拉力也相应地发生了变化。带绕上主动轮的一边被拉紧，称为紧边，紧边拉力由 F_0 增加到 F_1；带绕上从动轮的一边被放

松，称为松边，松边拉力由 F_0 减小到 F_2。可以认为带工作时的总长度不变，则带的紧边拉力的增加量，应等于松边拉力的减小量，$F_1-F_0=F_0-F_2$，即

$$F_1+F_2=2F_0 \tag{11-1}$$

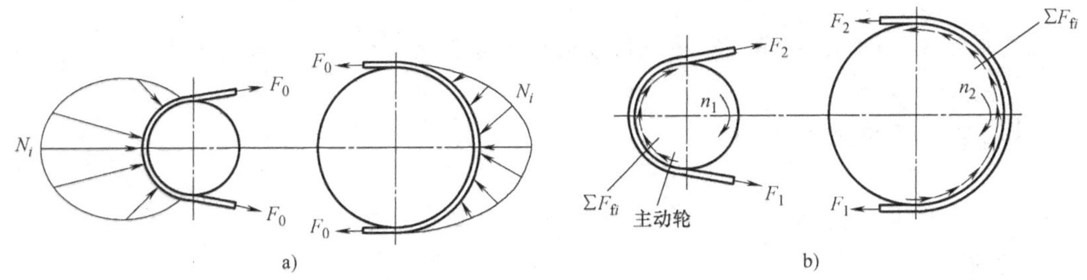

图 11-9　带传动受力情况

a）不工作时　b）工作时

2. 有效拉力 F_e

带传动正常工作时，有效拉力 F_e 是带和带轮接触面上的各点摩擦力的总和 F_f($F_f=\Sigma F_{fi}$)。在图 11-9b 中，若以主动轮一端为分离体，则总摩擦力 F_f 和两边拉力（松边拉力 F_1、紧边拉力 F_2）对轴心力矩的代数和为零，从而可得出 $F_f+F_2=F_1$，则带传动的有效拉力为

$$F_e=F_f=F_1-F_2 \tag{11-2}$$

因此，正常工作时带传动的有效拉力 F_e 等于紧边和松边的拉力差。

3. 带传动的最大有效拉力 F_{emax}

带传动所传递的功率 P 可按式（11-3）计算

$$P=F_e v/1000 \tag{11-3}$$

式中，P 为功率（kW）；F_e 为有效拉力（N）；v 为带速（m/s）。

由式（11-3）可知，若带速 v 一定，则带所传递的功率 P 与带轮之间的总摩擦力 F_f 成正比。但总摩擦力 F_f 存在一极限值，超过此值带在带轮上会发生显著的全面的滑动，称为打滑。打滑会使传动失效，必须避免。

带处于即将打滑但尚未打滑的临界状态时，总摩擦力 F_f 达到最大值，也可以说带的有效拉力 F_e 达到最大值，此时，紧边拉力 F_1 和松边拉力 F_2 的关系可用欧拉公式表示

$$F_1/F_2=e^{f\alpha} \tag{11-4}$$

式中，e 为自然对数的底数，e=2.718…；f 为带与带轮的摩擦系数；α 为带在带轮上的包角(rad)。

小带轮与大带轮的包角分别为 α_1 和 α_2（图 11-3），由下式确定

$$\begin{cases}\alpha_1\approx 180°-(d_{d2}-d_{d1})\dfrac{57.3°}{a}\\ \alpha_2\approx 180°+(d_{d2}-d_{d1})\dfrac{57.3°}{a}\end{cases} \tag{11-5}$$

式中，α_1 和 α_2 分别为小带轮与大带轮的包角（°）；d_{d1} 和 d_{d2} 分别为小带轮和大带轮的基准直径（mm）；a 为带传动中心距（mm）。对于 V 带轮，基准直径就是带轮槽宽尺寸，等

于带的节宽 b_p 处的直径。

联立式（11-1）、式（11-2）和式（11-4）可得有效拉力 F_e 的最大值

$$F_{emax}=2F_0\frac{e^{f\alpha}-1}{e^{f\alpha}+1} \tag{11-6}$$

由式（11-6）可知，包角、摩擦系数及初拉力是影响带传动传递能力的重要因素。

11.2.2 带的应力分析

带传动工作时，带内将产生下列几种应力。

1. 拉应力

拉应力包括紧边拉应力 σ_1 和松边拉应力 σ_2。

$$\begin{cases}\sigma_1=\dfrac{F_1}{A}\\ \sigma_2=\dfrac{F_2}{A}\end{cases} \tag{11-7}$$

式中，A 为带的横截面面积（mm^2）；F_1、F_2 分别为紧边拉力和松边拉力（N）。

2. 离心拉应力

当带沿带轮轮缘作圆周运动时，带上每一质点都受离心力作用，离心力所引起的带的拉力总和为 F_c，离心拉力 $F_c=qv^2$，此力作用于整个传动带。因此，离心拉应力 σ_c 在带的所有截面上都是相等的，有

$$\sigma_c=\frac{qv^2}{A} \tag{11-8}$$

式中，v 为带的线速度（m/s）；q 为传动带单位长度的质量（kg/m），见表 11-5。

表 11-5 V 带单位长度的质量

带型	Y	Z	A	B	C	D	E
q/(kg/m)	0.023	0.060	0.105	0.170	0.300	0.630	0.970

3. 弯曲应力

带绕在带轮上时，由于弯曲而产生的弯曲应力 σ_b 为

$$\sigma_b=2\frac{Ey}{d_d} \tag{11-9}$$

式中，E 为带的弹性模量（MPa）；d_d 为带轮的基准直径（mm）；y 为带中性层到最外层的距离（mm）。

带工作时某瞬间各截面的应力分布情况如图 11-10 所示。

由带的应力分布图 11-10 可得出以下结论：

1）带中的最大应力产生在带的紧边开始绕进小带轮处。此时最大应力值为

$$\sigma_{max}=\sigma_1+\sigma_c+\sigma_{b1} \tag{11-10}$$

2）带某一截面上的应力随带运动的位置而周期性变化，带每绕两带轮循环一周，某截面上的应力就发生变化。当应力循环次数达到一定值后，带将产生疲劳破坏。

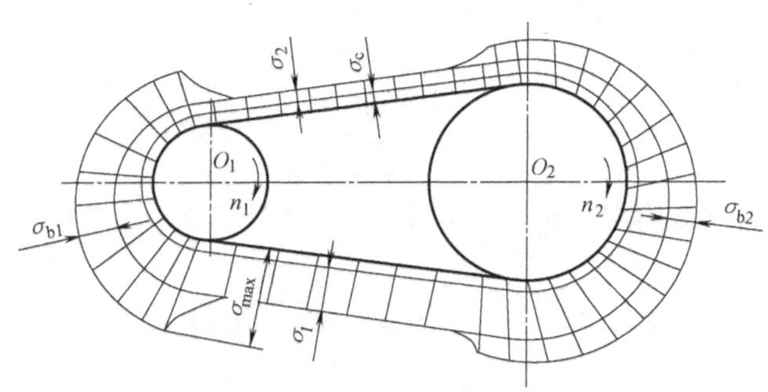

图 11-10 带的应力分布图

3）带的弯曲应力影响最大，为防止过大的弯曲应力，对每种型号的 V 带，都规定了相应的最小带轮基准直径。

11.2.3 带的弹性滑动和打滑

1. 带的弹性滑动

带在工作时会产生弹性变形，由于紧边和松边两边拉力不等，因而弹性变形量也不等。

带绕上主动带轮到离开的过程中，所受拉力不断下降，使带向后收缩，带在带轮接触面上出现局部的、微量的向后滑动，造成带的速度滞后于主动带轮的速度；带绕上从动带轮到离开的过程中，带所受的拉力不断加大，使带向前伸长，带在带轮接触面上出现局部的、微量的向前滑动，造成带的速度超前于从动带轮的速度。在带与带轮接触过程中，这种局部的、微量的滑动现象称为弹性滑动。带传动的弹性滑动会造成功率损失，增加带的磨损，使从动轮的圆周速度下降，使传动比不准确。

2. 弹性滑动与打滑的区别

从现象上看，弹性滑动是局部带在带轮的局部接触弧面上发生的微量相对滑动；打滑则是整个带在带轮的全部接触弧面上发生的显著相对滑动。从本质上看，弹性滑动是由带本身的弹性和带传动两边的拉力差（未超过极限值）而引起的，带传动只要传递动力，两边就必然出现拉力差，所以弹性滑动是带传动的固有工作特性，是不可避免的；而打滑则是带传动载荷过大使两边拉力差超过极限摩擦力而引起的，因此打滑是可以避免的。

3. 弹性滑动率 ε

弹性滑动使得从动轮的圆周速度 v_2 低于主动轮的圆周速度 v_1，其速度降低率可用弹性滑动率 ε 表示

$$\varepsilon = \frac{v_1 - v_2}{v_1} \times 100\% \tag{11-11}$$

其中

$$\begin{cases} v_1 = \dfrac{\pi d_{d1} n_1}{60 \times 1000} \\ v_2 = \dfrac{\pi d_{d2} n_2}{60 \times 1000} \end{cases} \tag{11-12}$$

式中，n_1、n_2 分别为主动轮和从动轮的转速（r/min）。

因而，带传动的传动比为

$$i=\frac{n_1}{n_2}=\frac{d_{d2}}{(1-\varepsilon)d_{d1}} \tag{11-13}$$

传动比与弹性滑动率 ε 有关，由于 ε 较小（$\varepsilon\approx1\%\sim2\%$），故可以不予考虑。

11.3 V 带传动的设计计算

11.3.1 V 带传动的失效形式和设计准则

V 带传动的主要失效形式是打滑和疲劳断裂。因此，V 带传动的设计准则是保证带传动在不打滑的前提下具有一定的疲劳寿命。

疲劳强度条件为

$$\sigma_{max}\leqslant[\sigma] \tag{11-14}$$

式中，$[\sigma]$ 为许用拉应力（MPa），与带的材质和应力循环次数有关。

11.3.2 单根 V 带的基本额定功率

根据式（11-2）、式（11-4）和式（11-7），可以得到 V 带在不打滑时的最大有效拉力表达式为

$$F_{emax}=F_1\left(1-\frac{1}{e^{f_v\alpha}}\right)=\sigma_1 A\left(1-\frac{1}{e^{f_v\alpha}}\right) \tag{11-15}$$

前面推导时使用的是平带，对 V 带则要使用当量摩擦系数 f_v。

由式（11-10）和式（11-14）可知，紧边拉应力可写成

$$\sigma_1\leqslant[\sigma]-\sigma_{b1}-\sigma_c \tag{11-16}$$

由式（11-3）、式（11-15）和式（11-16），可求得带在既不打滑又有一定寿命时，单根带所能传递的功率为

$$P_0=([\sigma]-\sigma_{b1}-\sigma_c)\left(1-\frac{1}{e^{f_v\alpha}}\right)\frac{Av}{1000} \tag{11-17}$$

通过实验并根据式（11-17）可以求出一定型号、一定材质、一定带长的单根 V 带在 $i=1$（即 $\alpha_1=\alpha_2=\pi$）时所能传递的功率，称为基本额定功率，用 P_0 表示。为简化设计计算，P_0 一般可查表求得，窄 V 带由表 11-6 选取，普通 V 带由表 11-7 选取。当带的实际工作条件与实验条件不同时（如包角、工况等），应对单根 V 带所能传递的功率进行适当的修正。

1）传动比不等于 1 时，引起的附加功率增量用 ΔP_0 表示，有

$$\Delta P_0=K_b n_1(1-1/K_i) \tag{11-18}$$

式中，ΔP_0 为附加功率增量（kW）；K_b 为弯曲影响系数，由表 11-8 选取；K_i 为传动比系数，由表 11-9 选取。

2）$\alpha_1 \neq 180°$时，功率值的改变用包角系数 K_α 来修正，有

$$K_\alpha = 1.25(1-5^{-\alpha_1/180}) \tag{11-19}$$

3）基准带长不等于实验特定带长（$L_d \neq L_{dT}$）时，功率值的改变用带长系数 K_L 来修正，有

$$K_L = C_1 L_d^{C_2} \tag{11-20}$$

式中，L_d 为基准带长（mm）；C_1、C_2 为计算系数，由表 11-8 查取。

4）修正后的功率值称为单根 V 带的许用功率，用［P］表示，有

$$[P] = (P_0+\Delta P_0)K_\alpha K_L \tag{11-21}$$

表 11-6　单根窄 V 带的基本额定功率 P_0

型号	小带轮基准直径 d_1/mm	小带轮转速 n_1/(r/min)											
		730	800	980	1200	1460	1600	2000	2400	2800	3200	3600	4000
SPZ	63	0.56	0.60	0.70	0.81	0.93	1.00	1.17	1.32	1.45	1.56	1.66	1.74
	75	0.79	0.87	1.02	1.21	1.41	1.52	1.79	2.04	2.27	2.48	2.65	2.81
	90	1.12	1.21	1.44	1.70	1.98	2.14	2.55	2.93	3.26	3.57	3.84	4.07
	100	1.33	1.44	1.70	2.02	2.36	2.55	3.05	3.49	3.90	4.26	4.58	4.85
	125	1.84	1.99	2.36	2.80	3.28	3.55	4.24	4.85	5.40	5.88	6.27	6.58
SPA	90	1.21	1.30	1.52	1.76	2.02	2.16	2.49	2.77	3.00	3.16	3.26	3.29
	100	1.54	1.65	1.93	2.27	2.61	2.80	3.27	3.67	3.99	4.25	4.42	4.50
	125	2.33	2.52	2.98	3.50	4.06	4.38	5.15	5.80	6.34	6.76	7.03	7.16
	160	3.42	3.70	4.38	5.17	6.01	6.47	7.60	8.53	9.24	9.72	9.94	9.87
	200	4.63	5.01	5.94	7.00	8.10	8.72	10.13	11.22	11.92	12.19	11.98	11.25
SPB	140	3.13	3.35	3.92	4.55	5.21	5.54	6.31	6.86	7.15	7.17	6.89	—
	180	4.99	5.37	6.31	7.38	8.50	9.05	10.34	11.21	11.62	11.43	10.77	—
	200	5.88	6.35	7.47	8.74	10.07	10.70	12.18	13.11	13.41	13.01	11.83	—
	250	8.11	8.75	10.27	11.99	13.72	14.51	16.19	16.89	16.44	—	—	—
	315	10.91	11.71	13.70	15.84	17.84	18.70	20.00	19.44	16.71	—	—	—
SPC	224	8.38	8.99	10.39	11.89	13.26	13.81	14.58	14.01	—	—	—	—
	280	12.40	13.31	15.40	17.60	19.49	20.20	20.75	18.86	—	—	—	—
	315	14.82	15.90	18.37	20.88	22.92	23.58	23.47	19.98	—	—	—	—
	400	20.41	21.84	25.15	27.33	29.40	29.53	25.81	—	—	—	—	—
	500	26.40	28.09	31.38	33.85	33.45	31.70	19.35	—	—	—	—	—

表 11-7　单根普通 V 带的基本额定功率 P_0

型号	小带轮基准直径 d_1/mm	小带轮转速 n_1/(r/min)											
		730	800	980	1200	1460	1600	2000	2400	2800	3200	3600	4000
Y	20	—	—	0.02	0.02	0.02	0.03	0.03	0.04	0.04	0.05	0.06	0.06
	31.5	0.03	0.04	0.04	0.05	0.06	0.06	0.07	0.09	0.10	0.11	0.12	0.13
	40	0.04	0.05	0.06	0.07	0.08	0.09	0.11	0.12	0.14	0.15	0.16	0.18
	50	0.06	0.07	0.08	0.09	0.11	0.12	0.14	0.16	0.18	0.20	0.22	0.23

（续）

型号	小带轮基准直径 d_1/mm	小带轮转速 n_1/(r/min)											
		730	800	980	1200	1460	1600	2000	2400	2800	3200	3600	4000
Z	50	0.09	0.10	0.12	0.14	0.16	0.17	0.20	0.22	0.26	0.28	0.30	0.32
	63	0.13	0.15	0.18	0.22	0.25	0.27	0.32	0.37	0.41	0.45	0.47	0.49
	71	0.17	0.20	0.23	0.27	0.31	0.33	0.39	0.46	0.50	0.54	0.58	0.61
	80	0.20	0.22	0.26	0.30	0.36	0.39	0.44	0.50	0.56	0.61	0.64	0.67
	90	0.22	0.24	0.28	0.33	0.37	0.40	0.48	0.54	0.60	0.64	0.68	0.72
A	75	0.42	0.45	0.52	0.60	0.68	0.73	0.84	0.92	1.00	1.04	1.08	1.09
	90	0.63	0.68	0.79	0.93	1.07	1.15	1.34	1.50	1.64	1.75	1.83	1.87
	100	0.77	0.83	0.97	1.14	1.32	1.42	1.66	1.87	2.05	2.19	2.28	2.34
	125	1.11	1.19	1.40	1.66	1.93	2.07	2.44	2.74	2.98	3.16	3.26	3.28
	160	1.56	1.69	2.00	2.36	2.74	2.94	3.42	3.80	4.06	4.19	4.17	3.98
B	125	1.34	1.44	1.67	1.93	2.20	2.33	2.64	2.85	2.96	2.94	2.80	2.51
	160	2.16	2.32	2.72	3.17	3.64	3.86	4.40	4.75	4.89	4.80	4.46	3.82
	200	3.06	3.30	3.86	4.50	5.15	5.46	6.13	6.47	6.43	5.95	4.98	3.47
	250	4.14	4.46	5.22	6.04	6.85	7.20	7.87	7.89	7.14	5.60	3.12	—
	280	4.77	5.13	5.93	6.90	7.78	8.13	8.60	8.22	6.80	4.26	—	—
C	200	3.80	4.07	4.66	5.29	5.86	6.07	6.34	6.02	5.01	3.23	—	—
	250	5.82	6.23	7.18	8.21	9.06	9.38	9.62	8.75	6.56	2.93	—	—
	315	8.34	8.92	10.23	11.53	12.48	12.72	12.14	9.43	4.16	—	—	—
	400	11.52	12.10	13.67	15.04	15.51	15.24	11.95	4.34	—	—	—	—
	450	12.98	13.80	15.39	16.59	16.41	15.57	9.64	—	—	—	—	—
D	355	14.04	14.83	16.30	16.98	17.25	16.70	15.63	12.97	—	—	—	—
	450	21.12	22.25	24.16	24.84	24.84	22.42	19.59	13.34	—	—	—	—
	560	28.28	29.55	31.00	30.85	29.67	22.08	15.13	—	—	—	—	—
	710	35.97	36.87	35.58	32.52	27.88	—	—	—	—	—	—	—
	800	39.26	39.55	35.26	29.26	21.32	—	—	—	—	—	—	—
E	500	26.62	27.57	28.52	25.53	16.25	—	—	—	—	—	—	—
	630	37.64	38.52	37.14	29.17	—	—	—	—	—	—	—	—
	800	47.79	47.38	39.08	16.46	—	—	—	—	—	—	—	—
	900	51.13	49.21	34.01	—	—	—	—	—	—	—	—	—
	1000	52.26	48.19	—	—	—	—	—	—	—	—	—	—

表 11-8　弯曲影响系数 K_b 及计算系数 C_1、C_2

型号	Y	Z	A	B	C	D	E	SPZ	SPA	SPB	SPC
K_b	0.12×10^{-3}	0.39×10^{-3}	1.03×10^{-3}	2.65×10^{-3}	7.50×10^{-3}	26.57×10^{-3}	49.83×10^{-3}	1.42×10^{-3}	3.63×10^{-3}	7.53×10^{-3}	22.62×10^{-3}
C_1	0.1952	0.2512	0.2152	0.1941	0.1785	0.1465	0.1504	0.2473	0.2585	0.2225	0.2065
C_2	0.2656	0.2077	0.2063	0.2123	0.2100	0.2200	0.2130	0.1870	0.1726	0.1836	0.1820

表 11-9　传动比系数 K_i

	传动比 i	1.12~1.18	1.19~1.26	1.27~1.38	1.39~1.57	1.58~1.94	1.95~3.38	≥3.39
窄 V 带	K_i	1.0473	1.0654	1.0804	1.0959	1.1093	1.1199	1.1281
普通 V 带	传动比 i	1.09~1.12	1.13~1.18	1.19~1.24	1.25~1.34	1.35~1.51	1.52~1.99	≥2
	K_i	1.0419	1.0567	1.0719	1.0875	1.1036	1.1202	1.3773

11.3.3　带传动的参数选择

1. 中心距 a

增大中心距可以增加带轮的包角，减小单位时间内带的循环次数，有利于提高带的寿命。但是中心距过大，则会加剧带的波动，降低带传动的稳定性，并增大带传动的整体尺寸。减小中心距则有相反的利弊。一般初选带传动的中心距为

$$0.7(d_{d1}+d_{d2}) \leqslant a_0 \leqslant 2(d_{d1}+d_{d2}) \tag{11-22}$$

式中，a_0 为初选的带传动中心距（mm）。

2. 传动比 i

传动比增大，则小带轮的包角将减小，带传动的承载能力降低。因此，带传动的传动比不宜过大，一般 $i \leqslant 7$，推荐值 $i=2\sim5$。

3. 带轮的基准直径

当带传动的功率和转速一定时，减小主动带轮的直径，则带速将减小，单根 V 带所能传递的功率减小，从而导致 V 带根数的增加。这样不仅增大了带轮的宽度，而且也增大了载荷在 V 带之间分配的不均匀性。另外，减小带轮直径，则带的弯曲应力增大。为了避免弯曲应力过大，小带轮的基准直径不能过小。一般情况下，应保证 $d_d \geqslant d_{d\min}$。

4. 带速 v

当带传动的功率一定时，提高带速，则单根 V 带所能传递的功率增大，相应地可减少带的根数或减小 V 带的横截面积，使带传动的总体尺寸减小；但是带速过高，带中离心应力增大，使得单根 V 带所能传递的功率降低，带的寿命降低；带速过低，则单根 V 带所传递的功率过小，带的根数增多，带传动的能力没有得到发挥。因此，带速不易过高或过低，一般推荐 $v=5\sim25$m/s，最高带速 $v_{max}<30$m/s。

11.3.4　带传动的设计计算步骤

已知条件包括：带传动的工作条件；传动位置与总体尺寸限制；所需传递的额定功率 P；小带轮转速 n_1；大带轮转速 n_2 或传动比 i。

设计内容包括：选择带的型号，确定基准长度、根数、中心距、带轮的材料、基准直径及结构尺寸、初拉力和压轴力、张紧装置等。

1. 确定计算功率

计算功率 P_{ca} 是根据传递的功率 P 和带的工作条件而确定的

$$P_{ca}=K_A P \tag{11-23}$$

式中，P_{ca} 为计算功率（kW）；P 为所传递的额定功率（kW）；K_A 为工作情况系数，是考虑载荷性质和动力机工作情况对带传动能力的影响而引进的大于 1 的可靠系数，其选取详见表 11-10。表中的Ⅰ类动力机是指工作较平稳的动力机，如普通笼式交流电动机、同步电动机、并励直流电动机；表中的Ⅱ类动力机是指工作振动较大的动力机，如各种非普通笼式交流电动机、复励或串励直流电动机、单缸发动机、转速小于 600r/min 的内燃机等。

2. 选择 V 带的型号

根据计算功率 P_{ca} 和小带轮转速 n_1，从图 11-11 选取普通 V 带的型号，从图 11-12 选取窄 V 带的型号。根据 $P=Fv$ 易知，转速一定时，功率越大，带中拉力越大，所需选择的型号越大；功率一定时，转速越大，带中拉力越小，所需选择的型号越小。图 11-11 中实线为两种型号的分界线，虚线为该型号推荐小带轮直径的分界线。当工况位于两种型号分界线附近时，可分别选取这两种型号进行计算，择优选取。

表 11-10 带传动工作情况系数 K_A

动力机类型		动力机					
		Ⅰ类			Ⅱ类		
每天工作时间/h		≤10	10~16	>16	≤10	10~16	>16
工作情况系数 K_A	工作平稳	1.0	1.1	1.2	1.1	1.2	1.3
	载荷变动小	1.1	1.2	1.3	1.2	1.3	1.4
	载荷变动大	1.2	1.3	1.4	1.4	1.5	1.6
	冲击载荷	1.3	1.4	1.5	1.5	1.6	1.8

若选用截面较小的型号，则根数较多，传动尺寸相同时可获得较小的弯曲应力，带的寿命较长；而选用截面较大的型号时，带轮尺寸、传动中心距都会有所增加，带根数则较少。

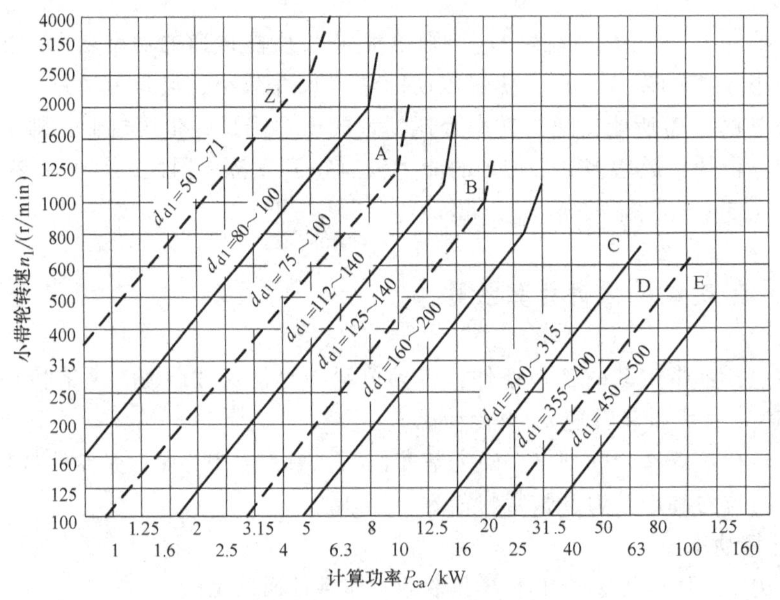

图 11-11 普通 V 带型号选择图

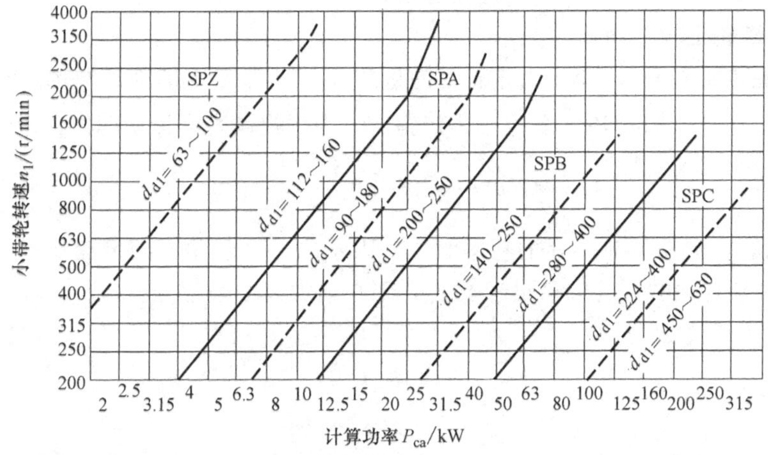

图 11-12 窄 V 带型号选择图

3. 确定带轮的基准直径 d_d 并验算带速 v

首先，根据 V 带的型号，参考表 11-3 初选小带轮的基准直径 d_{d1}，应使 $d_{d1} \geqslant d_{d\min}$。如果小带轮直径选得太大，带传动结构尺寸不紧凑；选得太小则带承受的弯曲应力过大。弯曲应力是引起带疲劳损坏的重要因素，所以必须按图 11-11 或图 11-12 中推荐的数据选取。

然后，根据式（11-12）验算带速。普通 V 带的带速为 5~25m/s，窄 V 带的带速为 5~35m/s。若带速过小，传递相同的功率时所需带的拉力过大，带容易出现低速打滑；若带速过大，则离心力过大且单位时间的应力循环次数增多，带易疲劳断裂，而且离心力会减少带与带轮的压紧力，出现高速打滑。若带速过低或过高，可以调整 d_{d1} 或 n_1 的大小。

最后，由 $d_{d2}=i\,d_{d1}$ 计算，并根据表 11-3 适当加以圆整。

4. 确定中心距 a，并选择 V 带的基准长度 L_d

首先，根据带传动总体尺寸的限制条件或要求的中心距，结合式（11-22）初定中心距 a_0。

然后，计算相应的带长 L_{d0}

$$L_{d0} \approx 2a_0 + \frac{\pi}{2}(d_{d1}+d_{d2}) + \frac{(d_{d2}-d_{d1})^2}{4a_0} \tag{11-24}$$

带的基准长度 L_d 根据 L_{d0} 由表 11-2 选取。

最后，根据初定中心距 a_0 及其变动范围，计算实际中心距

$$a \approx a_0 + \frac{L_d - L_{d0}}{2} \tag{11-25}$$

考虑带轮的制造误差、带长误差、带的弹性及因带松弛而产生的补充张紧的需要，中心距的变动范围为

$$\begin{cases} a_{\min} = a - 0.015L_d \\ a_{\max} = a + 0.03L_d \end{cases} \tag{11-26}$$

带传动的中心距不宜过大，否则会因载荷变化引起带的颤动；中心距也不宜过小，中心距越小则带的长度越短，在一定速度下，单位时间内带的应力变化次数越多，会加速带的疲

劳损坏；短的中心距还将导致小带轮包角过小。

5. 验算小带轮上的包角 α_1

通常小带轮上的包角 α_1 小于大带轮上的包角 α_2，小带轮上的临界摩擦力小于大带轮上的临界摩擦力。因此，打滑通常发生在小带轮上。为了提高带的传动能力，应使

$$\alpha_1 \approx 180° - (d_{d2} - d_{d1})\frac{57.3°}{a} \geqslant 120° \tag{11-27}$$

小带轮包角 α_1 是影响带传递的功率的主要因素之一，包角大则传递功率也大，所以一般 α_1 应大于或等于 120°，若包角小于 120°，则必须加大中心距。

6. 确定带的根数 z

$$z = \frac{K_A P}{(P_0 + \Delta P_0) K_\alpha K_L} \tag{11-28}$$

为了使各根 V 带受力均匀，带的根数不宜过多，一般应少于 10 根。否则，应选择截面积较大的带型，以减小带的根数。带的根数 z 越多，各根带的带长、带的弹性和带轮轮槽尺寸形状间的误差越大，受力越不均匀，因而产生的带的附加载荷越大。当 z 过大时，应改选带轮基准直径或改选带的型号，重新计算。

7. 确定带的初拉力 F_0

初拉力 F_0 越小，则带传动的传动能力越小，易出现打滑。初拉力 F_0 过大，则带的寿命低，带对轴及轴承的压力大。因此，确定初拉力时，既要发挥带的传动能力，又要保证带的寿命。单根 V 带的初拉力可由下式确定

$$F_0 = 500\frac{(2.5 - K_\alpha) P_{ca}}{K_\alpha z v} + q v^2 \tag{11-29}$$

式中，P_{ca} 为计算功率（kW）；v 为带速（m/s）；z 为带的根数；q 为单位长度的质量（kg/m）。

初拉力的大小是保证带传动正常工作的重要因素。初拉力过小，摩擦力小，容易发生打滑；初拉力过大，则带寿命低，轴和轴承承受的压力大。式（11-29）所计算的初拉力既能发挥带的传动能力又能保证有较长的寿命。

8. 计算带传动的压轴力 F_p

为了设计安装带轮的轴和轴承，需要计算带传动作用在轴上的压轴力 F_p。如果不考虑带两边的拉力差，则压轴力可近似地按两边的初拉力的合力来计算，即

$$F_p = 2 z F_0 \sin\frac{\alpha_1}{2} \tag{11-30}$$

式中，z 为带的根数；F_0 为初拉力（N）；α_1 为小带轮的包角。

带轮轴所受压力将作为后续轴和轴承设计的依据。

11.4 带传动的张紧

带在预紧力作用下，经过一定时间的运转后，会由于塑性变形而松弛，使初拉力降低。为了保证带传动的能力，应定期检查初拉力的数值，随时张紧。常见的张紧方法有以下几种：

1. 定期张紧

采用定期改变中心距的方法来调节带的预紧力，使带重新张紧。

如图 11-13a 所示，只需定期拧动调整螺栓，使装有带轮的电动机向左移动，改变两带轮的中心距，从而张紧传动带。

2. 自动张紧

如图 11-13b 所示，将装有带轮的电动机安装在浮动摆架上，利用带轮的自重，使带轮随电动机绕固定轴摆动，以自动保持张紧力。

3. 张紧轮张紧

当中心距不能调节时，可采用张紧轮将带张紧，如图 11-13c 所示。V 带张紧轮一般应放在松边，这样才不会增加带的最大应力；同时还必须置于内侧，使带只受单向弯曲；应尽量靠近大轮，以免过分影响小带轮的包角。

张紧轮的轮槽尺寸与带轮的相同，且直径小于小带轮的直径。

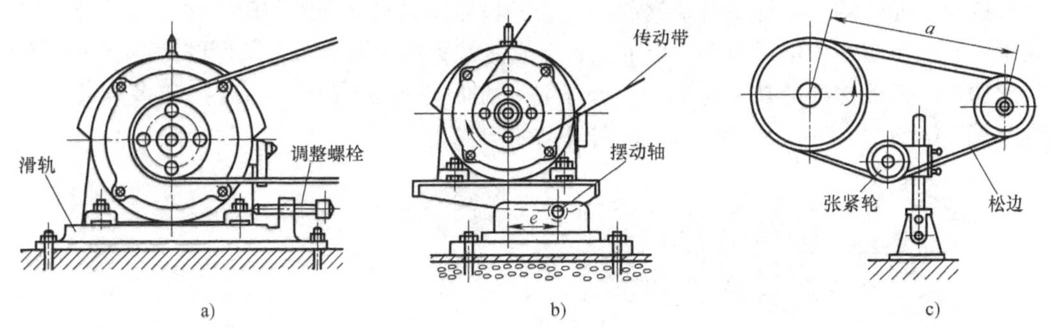

图 11-13　带传动的张紧方法
a）定期改变中心距　b）自动张紧　c）张紧轮张紧

11.5　链传动概述

11.5.1　链传动的组成及特点

如图 11-14 所示，链传动由小链轮 1、大链轮 2 和与之相啮合的链条 3 组成。链传动兼有齿轮传动的啮合和带传动的挠性的结构特点，所以它是具有中间挠性件的啮合传动，在机械中应用十分广泛。

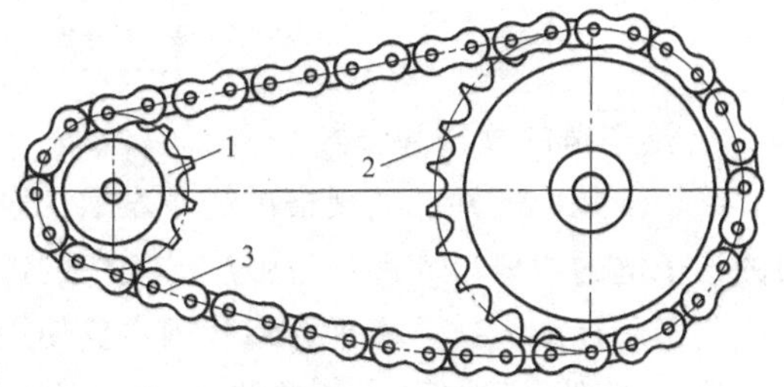

图 11-14　套筒滚子链传动的基本组成
1—小链轮　2—大链轮　3—链条

与摩擦型带传动相比，链传动无弹性滑动和打滑现象，因而能保持准确的平均传动比，传动效率较高；又因链条不需要像带那样张得很紧，所以作用于轴上的径向压力较小；在同样使用条件下，链传动结构较为紧凑。同时链传动能在高温及速度较低的情况下工作。与齿轮传动相比，链传动的制造及安装精度要求较低，中心距使用范围较大，成本较低；其缺点是瞬时链速和瞬时传动比都是变化的，传动平稳性较差，工作中有冲击和噪声，不适用于高速场合，不适用于转动方向频繁改变的情况。链条有多种形式，应用最广泛的是套筒滚子链，常用于载荷较大、两轴平行的开式传动。本书主要讨论套筒滚子链传动。

11.5.2 滚子链的结构参数

1. 套筒滚子链的结构

滚子链由内链板 1、外链板 2、销轴 3、套筒 4、滚子 5 组成，如图 11-15 所示，也称为套筒滚子链。其中销轴与外链板之间、套筒与内链板之间均为过盈配合。内、外链板之间的挠曲是由以间隙配合连接的销轴与套筒之间的转动副形成的。内外链板均设计成“8”字形，以减轻链的重量和运动时的惯性，并保持链板各截面的强度大致相等。

链条的各元件均由碳钢或合金钢制成，并经热处理以提高强度和耐磨性。滚子链上相邻两滚子中心的距离称为链的节距，以 p 表示，它是链条的主要参数。节距越大，链条各零件的尺寸越大，所能传递的功率也越大。滚子链可制成单排链（图 11-15a）和多排链，如双排链（图 11-15b，图中 p_t 为排距）或三排链。

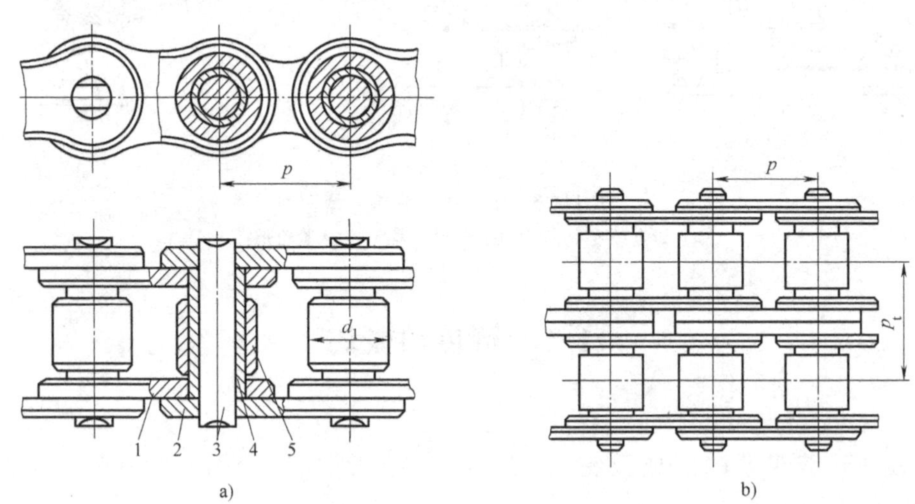

图 11-15 套筒滚子链条结构示意图

a）单排滚子链 b）双排滚子链

1—内链板 2—外链板 3—销轴 4—套筒 5—滚子

2. 滚子链的规格和参数

滚子链是标准件，其规格由链号表示，表 11-11 列出了 GB/T 1243—2006 规定的几种规格的滚子链的主要尺寸和抗拉强度。表中的链号数乘以 25.4/16 即为节距值，表中的链号与相应的国际标准一致。本章介绍我国主要使用的 A 系列滚子链传动的设计。

滚子链的标记方法为：链号-排数×链节数 标准编号。例如：16A-1×80 GB/T 1243—2006，即为按本标准制造的 A 系列、节距 25.4mm、单排、80 节的滚子链。

链条除了接头和链节外，各链节都是不可分离的。链的长度用链节数表示，为了使链条

连成环形时，正好是外链板与内链板相连接，所以链节数最好为偶数。

表 11-11　套筒滚子链的规格尺寸及抗拉强度

链号	节距 p/mm	排距 p_t/mm	滚子外径 d_1/mm	内链板高度 h_2	抗拉强度 F_Q(单排)/kN	每米质量 q(单排)/(kg/m)
08A	12.70	14.38	7.92	12.07	13.9	0.60
10A	15.875	18.11	10.16	15.09	21.8	1.00
12A	19.05	22.78	11.91	18.10	31.3	1.50
16A	25.40	29.29	15.88	24.13	55.6	2.60
20A	31.75	35.76	19.05	30.17	87.0	3.80
24A	38.10	45.44	22.23	36.2	125.0	7.50
28A	44.45	48.87	25.40	42.23	170.0	7.50
32A	50.80	58.55	28.58	48.26	223.0	10.10
40A	63.50	71.55	39.68	60.33	347.0	16.10
48A	76.20	87.83	47.63	72.39	500.0	22.60

注：使用过渡链节时，其抗拉强度按表值的 80% 计算。

11.5.3　套筒滚子链轮

1. 链齿的齿形

套筒滚子链传动属于非共轭啮合，所以链轮的齿形可以有很大的灵活性。国家标准（GB/T 1243—2006）中尚未规定具体的链轮齿形，只规定链轮的最大齿槽形状和最小齿槽形状。实际齿槽形状在最大、最小范围内都可用，因而链轮齿廓曲线的几何形状可以有很大的灵活性。轮齿的齿形应能使链条的链节自由啮入或啮出，啮合时接触良好；有较大的容纳链节距因磨损而增长的能力；便于加工。目前链轮端面齿形较常用的一种是三圆弧-直线齿形（图 11-16a），它由$\overset{\frown}{aa}$、$\overset{\frown}{ab}$、$\overset{\frown}{bc}$和$\overline{cd}$组成，$abcd$为齿廓工作段 。滚子链链轮的轴面齿形

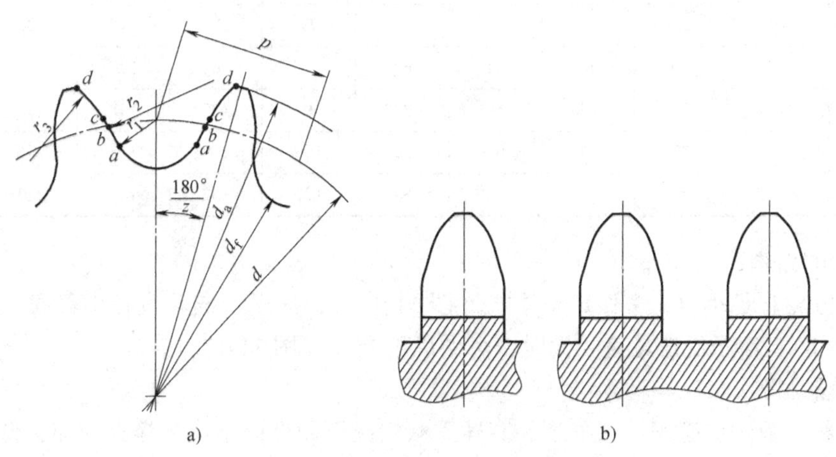

图 11-16　套筒滚子链链轮的齿形

a）端面齿形　b）轴面齿形

见如图 11-16b 所示，两侧倒圆或倒角，便于链节跨入和退出，其几何尺寸可查有关手册。

2. 链轮的几何参数和尺寸

滚子链链轮的主要几何参数及计算公式见表 11-12。为保证链齿强度，国家标准规定了小链轮毂孔最大允许直径，见表 11-13。

表 11-12　滚子链链轮的主要几何参数及计算公式

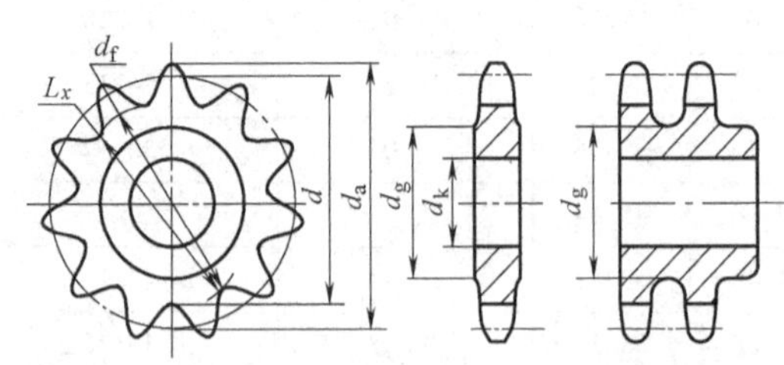

名称	代号	计算式	备注
分度圆直径/mm	d	$d=p/(\sin180°/z)$	p 为节距，z 为齿数
齿顶圆直径/mm	d_a	$d_a=p\left(0.54+\cot\dfrac{180°}{z}\right)$	d_a 取整数
齿根圆直径/mm	d_f	$d_f=d-d_1$	d_1 见表 11-11
齿侧凸缘(或排间槽)直径/mm	d_g	$d_g\leq p\cot\dfrac{180°}{z}-1.04h_2-0.76$	d_g 取整数，h_2 见表 11-11

表 11-13　小链轮毂孔最大允许直径 d_{kmax}　　（单位：mm）

节距 p		9.525	12.70	15.875	19.05	25.40	31.75	38.10	44.45	50.80
最大允许直径 d_{kmax}	$z=11$	11	18	22	27	38	50	60	71	80
	$z=13$	15	22	30	36	51	64	79	91	105
	$z=15$	20	28	37	46	61	80	95	111	129
	$z=17$	24	34	45	53	74	93	112	132	152
	$z=19$	29	41	51	62	84	108	129	153	177
	$z=21$	33	47	59	72	95	122	148	175	200
	$z=23$	37	51	65	80	109	137	165	196	224
	$z=25$	42	57	73	88	120	152	184	217	249

3. 链轮的结构

滚子链链轮直径小时，常做成整体式（图 11-17a）；滚子链链轮直径中等时，做成孔板式（图 11-17b）；滚子链链轮直径大时，可做成组合式（图 11-17c）。

4. 链轮的材料

链轮材料一般用中碳钢淬火处理；高速重载情况下用低碳钢渗碳淬火处理；低速时也可用铸铁等温淬火处理。小链轮对材料的要求比大链轮高（当大链轮用铸铁时，小链轮用钢）。链轮常用的材料和应用范围见表 11-14。

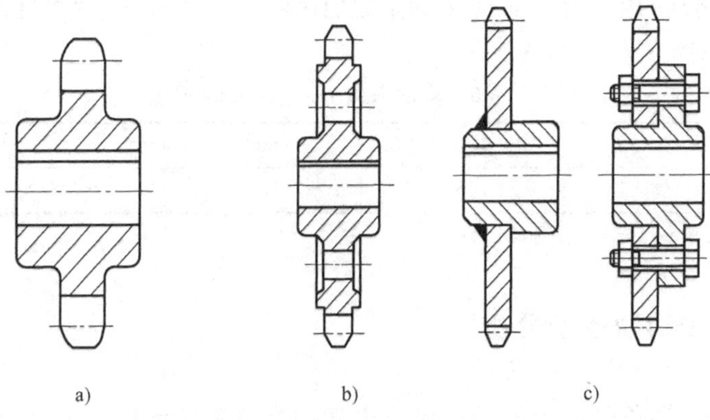

图 11-17 套筒滚子链链轮的结构
a）整体式 b）孔板式 c）齿圈组合式

表 11-14 链轮常用的材料和应用范围

链轮材料	热处理	齿面硬度	应用范围
15、20	渗碳、淬火、回火	50~60HRC	$z \leq 25$ 有冲击载荷的链轮
35	正火	160~200HBW	$z>25$ 的链轮
45、50、ZG 310-570	淬火、回火	40~45HRC	无剧烈冲击的链轮
15Cr、20Cr	渗碳、淬火、回火	50~60HRC	$z<25$ 的大功率传动链轮
40Cr、35SiMn、35CrMn	淬火、回火	40~50HRC	重要的、使用优质链条的链轮
Q215/Q275	焊接后退火	140HBW	中速、中等功率、较大的从动链轮

11.6 链传动的理论基础

11.6.1 链传动的受力分析

与带传动一样，链传动在工作过程中也有紧边和松边之别。若忽略传动中的动载荷，则紧边拉力为

$$F_1 = F_e + F_c + F_y \tag{11-31}$$

链的松边拉力为

$$F_2 = F_c + F_y \tag{11-32}$$

式中，F_e 为有效圆周力，即

$$F_e = 1000P/v \tag{11-33}$$

F_c 为离心拉力

$$F_c = qv^2 \tag{11-34}$$

F_y 为链本身质量而产生的悬垂拉力

$$F_y = K_y qga \tag{11-35}$$

式中，P 为链传动的功率（kW）；v 为链传动的线速度（m/s）；q 为每米质量（单排）（kg/m），

见表 11-11；a 为链传动的中心距（m）；g 为重力加速度（m/s^2）；K_y 为垂度系数，即下垂度为 $y=0.02a$ 时的拉力系数，见表 11-15。

表 11-15　垂度系数 K_y（$y=0.02a$）

β	0°	30°	60°	75°	90°
K_y	7	6	4	2.5	1

注：表中 β 为两链轮中心连线与水平面的倾斜角。

11.6.2　链传动的运动分析

具有刚性链板的链条呈多边形绕在链轮上如同具有柔性的传动带绕在正多边形的带轮上，多边形的边长和边数分别对应于链条的节距 p 和链轮的齿数 z，如图 11-18 所示。

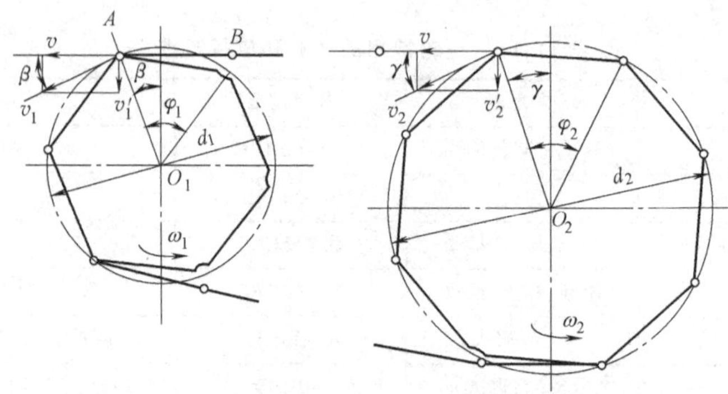

图 11-18　链传动的运动分析

1. 平均链速和平均传动比

由链轮转一周的时间 $60/n$(s) 和链条相应移动的距离 $zp/1000$（m）可得链的平均速度为

$$v=\frac{z_1n_1p}{60\times1000}=\frac{z_2n_2p}{60\times1000} \tag{11-36}$$

链传动的平均传动比为

$$i_{12}=\frac{n_1}{n_2}=\frac{z_2}{z_1}$$

2. 瞬时链速和运动不均匀性

设链条紧边（主动边）在传动时总处于水平位置，分析主动链轮上任一链节从进入啮合到相邻的下一个链节进入啮合的一段时间链的运动情况。

（1）主动链轮上链条的运动情况　若主动链轮的节圆半径为 R_1，并以等角速度 ω_1 转动。此时链轮节圆的圆周速度为 $R_1\omega_1$，即位于主动轮节圆的链条铰链（紧边）的速度为 $v_1=R_1\omega_1$（图 11-18 中的 A 点）。啮合过程中，链条前进方向并不始终与节圆相切。由于铰链的存在，造成铰链处弯折，把 v_1 分成沿链条前进方向和垂直方向两个分量。

链条前进方向分速度为

$$v=v_1\cos\beta=R_1\omega_1\cos\beta \tag{11-37}$$

链条垂直方向分速度为

$$v_1' = v_1 \sin\beta = R_1 \omega_1 \sin\beta \tag{11-38}$$

链条前进分速度 v 是瞬时链速。每一链节在主动链轮上对应中心角为 $\varphi_1 = 360°/z_1$，因而每一链节从开始啮合到下一链节进入啮合为止，β 将在 $-\varphi_1/2 \sim 0$ 和 $0 \sim +\varphi_1/2$ 范围内变化。当 $\beta = 0$ 时，链速最大 $v_{max} = R_1\omega_1$；当 $\beta = \pm\varphi/2$ 时，链速最小 $v_{min} = R_1\omega_1\cos180°/z_1$，如图 11-19 所示。

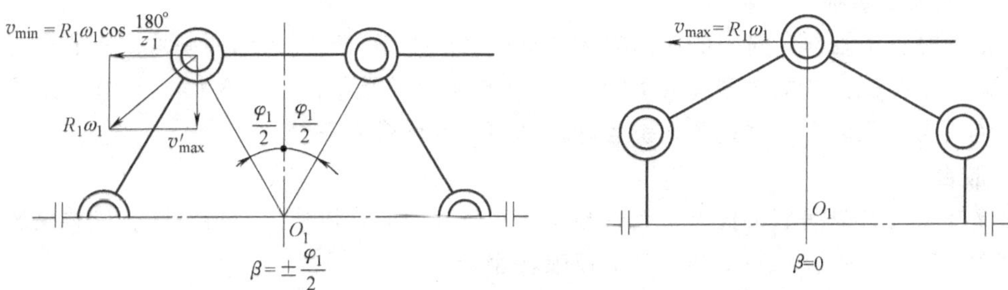

图 11-19　链传动的最大及最小速度

由此可见，主动链轮作等速回转时，链轮每转过一个齿，链节速度都经历了由小变大、再由大变小的过程，即链条前进的瞬时速度 v 周期性变化。显然，z_1 越小，变化幅度越大。

链传动整个运动过程中这种瞬时速度周期变化的现象称为链传动的运动不均匀性或者称为链传动的多边形效应。链传动的多边形效应会引起链传动的啮合冲击和附加动载荷。链条垂直方向分速度 v_1' 周期性变化会导致链传动的横向振动，造成链条的上下抖动。

（2）从动链轮上链条的运动情况　若从动链轮的节圆半径为 R_2，以角速度 ω_2 转动。此时位于从动链轮节圆的链条铰链（紧边）的速度为 $v_2 = R_2\omega_2$（图 11-18 中的 B 点）。与主动链轮相类似，从动链轮上的链条每一链节对应的中心角为 $\varphi_2 = 360°/z_2$，v_2 也分成沿链条前进方向和垂直方向两个分量。链速 v 与 v_2 的夹角 γ 也在 $\varphi_2/2 \pm 180°/z_2$ 内变动。与主动链轮不同的是，由于从动链轮是由链条带动的，链条的速度作周期性变化使从动链轮转速 ω_2 也作周期性变化。

（3）链传动的瞬时传动比　从图 11-18 中可以看出

$$v_1 \cos\beta = v_2 \cos\gamma$$

即

$$R_1 \omega_1 \cos\beta = R_2 \omega_2 \cos\gamma$$

于是

$$i_{12} = \frac{\omega_1}{\omega_2} = \frac{R_2 \cos\gamma}{R_1 \cos\beta} \tag{11-39}$$

因为 β、γ 在不断地变化，所以瞬时传动比也在不断地变化。

11.7　链传动的设计计算

11.7.1　链传动的失效形式

链传动的失效通常是由于链条的失效引起的。链的主要失效形式有以下几种：

1. 链的疲劳破坏

在闭式链传动中，因链条的松边和紧边所受拉力不同，故链条工作处在交变拉应力状态。经过一定的应力循环次数后，链板将发生疲劳破坏（图 11-20a）或套筒、滚子出现冲击疲劳破坏（图 11-20b）。在正常的润滑条件下，疲劳破坏是影响链传动能力的主要因素。

2. 链条铰链磨损

链传动时，销轴与套筒间的压力较大，彼此又产生相对转动，因而导致铰链磨损。磨损使链条总长度伸长，链的松边垂度增大，导致啮合情况恶化，动载荷增大，引起振动、噪声，发生跳齿、脱链等。这是开式链传动常见的失效形式之一。

3. 胶合

在高速重载时或润滑不良时，销轴与套筒接触表面间难以形成润滑油膜，导致金属直接接触而发生胶合。胶合限制了链传动的极限转速。

4. 链条过载拉断

在低速重载的链传动中突然出现过大载荷，链条所受拉力超过链条的极限拉伸载荷，导致链条断裂（图 11-20c、图 11-20d）。

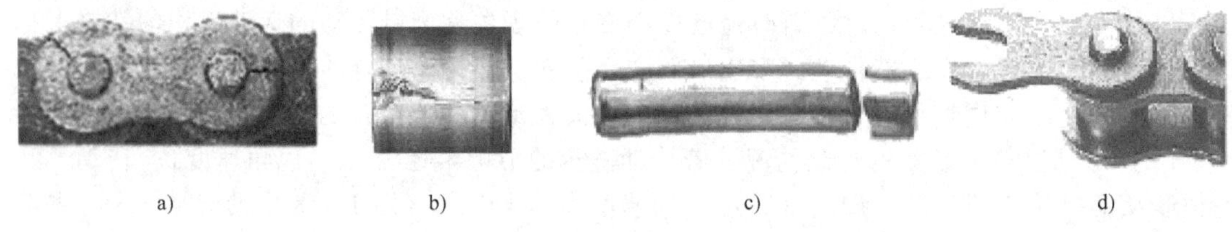

a)　　b)　　c)　　d)

图 11-20　链传动的失效

a）链板疲劳破坏　b）滚子疲劳破坏　c）销轴静力拉断　d）链板静力拉断

11.7.2　链传动的额定功率

每种链条都有其额定的使用功率。在特定实验条件下，把标准中不同节距链条在不同转速时所能传递的功率称为额定功率，用 P_0 表示。图 11-21 所示为 A 系列滚子链的额定功率曲线。其特定的实验条件为：$z_1=19$，链长 $L_p=100$ 节，单排链，载荷平稳，润滑良好，工作寿命 15000h。

设计计算时应使额定功率 P_0 大于计算功率 P_c，即

$$P_0 \geqslant P_c = K_A P \tag{11-40}$$

式中，P 为链所需传动的功率；K_A 为工作情况系数，是考虑载荷性质和动力机的工作情况对链传动能力的影响而引进的大于 1 的可靠系数，按表 11-16 选取。

由于实际工作条件与试验条件不同，因此，设计计算时应引入若干修正系数进行修正，即

$$P_0 \geqslant \frac{K_A P}{K_Z K_L K_P} \tag{11-41}$$

式中，K_Z 是 $z_1 \neq 19$ 时的修正系数，称为小链轮齿数系数，$K_Z=(z_1/19)^{\varepsilon}$，链板疲劳破坏时（即工作在额定功率曲线的左侧），$\varepsilon=1.08$，滚子套筒冲击疲劳破坏时（即工作在额定功率曲线的右侧），$\varepsilon=1.5$；K_L 为 $L_p \neq 100$ 时的修正系数，称为链长系数，$K_L=(L_p/100)^{\beta}$，链板疲劳破坏时，$\beta=0.26$，滚子套筒冲击疲劳破坏时，$\beta=0.5$；K_P 为多排链系数，按表 11-17 选取。

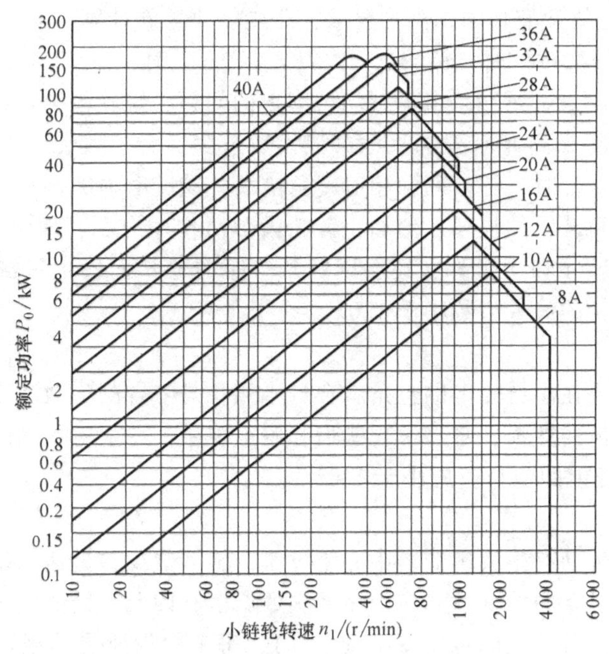

图 11-21　A 系列滚子链的额定功率曲线

表 11-16　链传动工作情况系数 K_A

工况		K_A		
载荷情况	工作机种类	电动机	内燃机	
			液压传动	机械传动
平稳	离心式鼓风机、压缩机，带式、板式输送机；发电机；均匀负载不反转的一般机械	1.0	1.0	1.2
稍有冲击	多缸往复式压缩机；干燥机；粉碎机；空压机；机床；一般工程机械；中等载荷有变化不反转的一般机械	1.3	1.2	1.4
有大冲击	压力机；破碎机；矿山机械；石墨钻机；锻压机械；严重冲击、有反转的机械	1.5	1.4	1.7

表 11-17　多排链系数 K_P

排数	1	2	3	4	5	6
K_P	1	1.7	2.5	3.3	4.0	4.6

11.7.3 链传动的参数选择

1. 链轮齿数 z_1 和 z_2

在初选 z_1 时，小链轮齿数需要根据链轮的线速度 v 选取。所以，先估计一个链轮的线速度 v。若计算结果与估计值相同则满足要求，否则需要重新计算。

一般来说，$v=0.6\sim3\text{m/s}$ 时，$z_1=17\sim20$；$v=3\sim8\text{m/s}$ 时，$z_1=21\sim24$；$v=8\sim25\text{m/s}$ 时，$z_1=25\sim34$；$v>25\text{m/s}$ 时，$z_1\geqslant35$。考虑到均匀磨损的问题，链轮齿数最好选质数。

选较少的链轮齿数 z_1 可减小外廓尺寸。但齿数过少，会导致传动不均匀性和动载荷增大。链条进入和退出啮合时，链节间的相对转角增大，铰链磨损加剧；链传动的圆周力也将增大，从而加速链条和链轮的损坏。增加小链轮齿数对传动有利，但链轮的齿数不宜过大，否则，除增大传动的尺寸和质量外，还会因链条节距的伸长而发生脱链，导致使用寿命缩短。国家标准规定链轮的最大齿数小于 120。

2. 传动比 i

传动比过大，链条在小链轮上的包角就会过小，参与啮合的齿数减小，每个轮齿承受的载荷会增大，加速轮齿的磨损，且易出现跳齿和脱链现象。一般链传动的传动比 $i\leqslant6$，常取 $2\sim3.5$，链条在小链轮上的包角不应小于 120°。

3. 中心距

中心距的大小对传动有很大影响。中心距过小，链节数少，链速一定时，单位时间内链条的绕转次数增多，链条曲伸次数和应力循环次数增多，因此，链的疲劳和磨损增加。中心距变小还会使链条在小链轮上的包角变小（$i\neq1$），每个轮齿所受的载荷增大，易出现跳齿和脱链现象。中心距太大时，链条松边的垂度过大，传动时容易造成松边颤动，使运动的平稳性降低，但是中心距增大会使链节数增多，吸振能力提高，使用寿命延长。因此，在设计时，若中心距不受其他条件限制，一般可取 $a_0=(30\sim50)p$，最大可取 $a_{0\max}=80p$；有张紧装置或托板时，$a_{0\max}$ 可大于 $80p$；若中心距不能调整，$a_{0\max}\approx30p$。

4. 链的节距 p 和排数

节距 p 越大，承载能力就越高，但是总体尺寸增大，多边形效应显著，振动、冲击和噪声也更严重。为紧凑结构和延长寿命，应尽量选取较小节距的单排链。速度高、功率大时，宜选用小节距的多排链。从经济上考虑，中心距小、传动比大时，宜选用小节距的多排链；中心距大、传动比小时，宜选用大节距的单排链。

11.7.4 链传动的设计计算步骤

已知条件包括：链传动的工作条件，传动位置及总体尺寸限制，所需传递的功率 P，主动链轮转速 n_1，从动链轮转速 n_2 或传动比 i。

设计内容包括：确定链条型号，链节数 L_p 和排数，链轮齿数 z_1、z_2，以及链轮的材料、结构和几何尺寸，链传动的中心距 a，压轴力 F_p，润滑方式和张紧装置等。

1. 选择链轮齿数 z_1、z_2 和确定传动比 i

一般链轮齿数为 17~114，传动比可按下式计算

$$i=\frac{z_2}{z_1} \tag{11-42}$$

2. 计算当量的单排链计算功率 P_c

计算功率可按下式计算

$$P_c=K_A P \tag{11-43}$$

3. 确定链条型号和节距 p

链条型号根据当量的单排链计算功率 P_c、单排链额定功率 P_0 和主动链轮链速 n_1 由图11-21 得到。由表 11-11 确定链条节距 p。

4. 计算链节数和中心距

链节数 L_p 可根据几何关系求出

$$L_p=\frac{2a_0}{p}+\frac{z_1+z_2}{2}+\left(\frac{z_2-z_1}{2\pi}\right)^2\frac{p}{a_0} \tag{11-44}$$

链传动的理论中心距 a 可根据几何关系求出

$$a=\frac{p}{4}\left[\left(L_p-\frac{z_1+z_2}{2}\right)+\sqrt{\left(L_p-\frac{z_1+z_2}{2}\right)^2-8\left(\frac{z_2-z_1}{2\pi}\right)^2}\right] \tag{11-45}$$

链节数通常取偶数，只有这样，链条连成环形时，才正好是外链板与内链板相连接；而当链节数为奇数时，必须用带有弯板的过渡链节进行连接。弯板在链条受拉时受附加弯矩作用，强度比普通链板降低 20%左右，故设计时应尽量避免奇数链节的链条。

5. 计算链速 v，确定润滑方式

平均链速按式（11-36）计算。根据链速 v，由图 11-22 选择合适的润滑方式。图中Ⅰ表示人工定期润滑、Ⅱ表示滴油润滑、Ⅲ表示油浴润滑、Ⅳ表示喷油润滑。

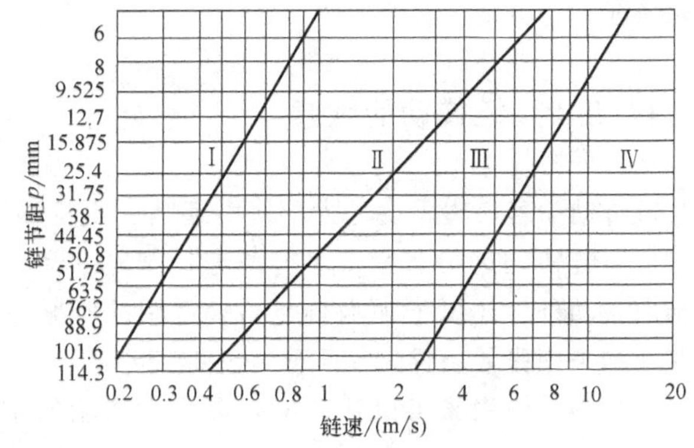

图 11-22　滚子链传动的润滑方式

6. 计算链传动作用在轴上的压轴力 F_p

$$F_p\approx K_{Fp}F_e \tag{11-46}$$

式中，F_e 为有效圆周力（N）；K_{Fp} 为压轴力系数，对于水平传动，$K_{Fp}=1.15$，对于垂直传动，$K_{Fp}=1.05$。

11.8　链传动的使用和维护

11.8.1　链传动的布置

链传动的布置是否合理，对链传动的质量和使用寿命有较大的影响。布置时，链传动的两轴应平行，两链轮应处于同一平面内，否则易使链条脱落和产生不正常的磨损。两链轮中心连线最好是水平的，或与水平面成45°以下的倾斜角，尽量避免垂直传动。以免与下方链轮啮合不良或脱离啮合。属于下列情况时，紧边最好布置在传动的上面：

1）中心距 $a \leqslant 30p$ 和 $i \geqslant 2$ 的水平传动（图 11-23a）。

2）倾斜角相当大的传动（图 11-23b）。

3）中心距 $a \geqslant 60p$、传动比 $i \leqslant 1.5$ 和链轮齿数 $z_1 \leqslant 25$ 的水平传动（图 11-23c）。

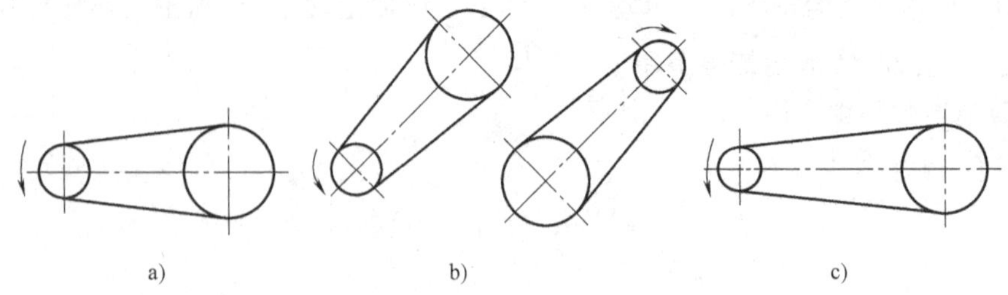

图 11-23 链传动的布置

在前两种情况中，松边在上时，可能有少数链节垂落到小链轮上或下方的链轮上，因而有咬链的危险；在后一种情况中，松边在上时，有发生紧边和松边相互碰撞的可能。在某些特殊情况下也可采用其他布置形式。

11.8.2 链传动的张紧

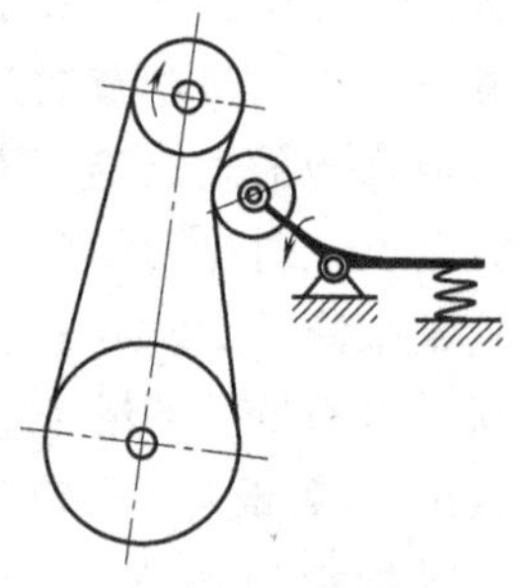

图 11-24 用张紧轮张紧

链传动中若松边垂度过大，将引起啮合不良和链条振动现象，此时可对链传动进行张紧。对链条进行张紧，除可以避免链条产生横向振动外，还可增加啮合包角。常用的张紧方法有调整中心距张紧和采用张紧装置张紧两种（图 11-24）。

调整中心距张紧可以移动链轮以增大两轮的中心距，也可以缩短链长。中心距调整量取两倍的节距，缩短链长时最好拆除成对的链节。中心距不可调时使用张紧轮。张紧轮一般压在松边靠近小轮处。张紧轮可以是链轮，也可以是无齿的辊轮。张紧轮的直径应与小链轮的直径相近。辊轮的直径略小，宽度应比链宽大约 5mm，并常用夹布胶木制造。张紧轮有自动张紧式和定期张紧式两种。前者多用弹簧、吊重等自动张紧装置；后者用螺栓、偏心等调整装置。另外，还有用托板、压板张紧等。

11.8.3 合理的润滑

良好的润滑有利于减小磨损，降低摩擦损失，缓和冲击和延长链的使用寿命。根据链速和链节距可按图 11-22 选择润滑方式。当不能按照推荐的方式润滑时，功率曲线中功率 P_0 应降低到下列数值：$v \leqslant 1.5\text{m/s}$ 且润滑不良时，传递的功率应降低至（0.3~0.6）P_0，无润滑则功率降至 $0.15P_0$；$1.5\text{m/s} < v < 7\text{m/s}$ 且润滑不良时，传递的功率应降低至（0.15~0.3）P_0。

润滑时，应设法将油注入链活动关节间的缝隙中，并均匀分布于链宽上。润滑油应加在松边上，因这时链节处于松弛状态，润滑油容易进入各摩擦面之间。链传动使用的润滑油运动黏度在运转温度下为 20~40mm²/s。只有转速很慢又无法供油的地方，才可以用油脂代替。

对于开式链传动和不易润滑的链传动，可定期拆下链条，先用煤油清洗干净，干燥后再浸入 70~80℃的润滑油中片刻（销轴垂直放入油中），尽量排尽铰链间隙中的空气，待吸满油后，取出冷却，擦去表面润滑油后，安装继续使用。

11.9 带传动和链传动设计计算实例

本书绪论部分介绍的专用精压机采用了带传动和链传动两种传动方式，如图 11-25 所示。因为带传动属于摩擦传动，传递的力矩不能太大，再加上它传动平稳、能缓冲减振、对机器有过载保护作用，所以设计时把带传动放在高速级；而专用精压机中的顶料机构对运动的平稳性和准确性要求不高，因此采用了链传动。下面主要介绍带传动和链传动的设计计算步骤。

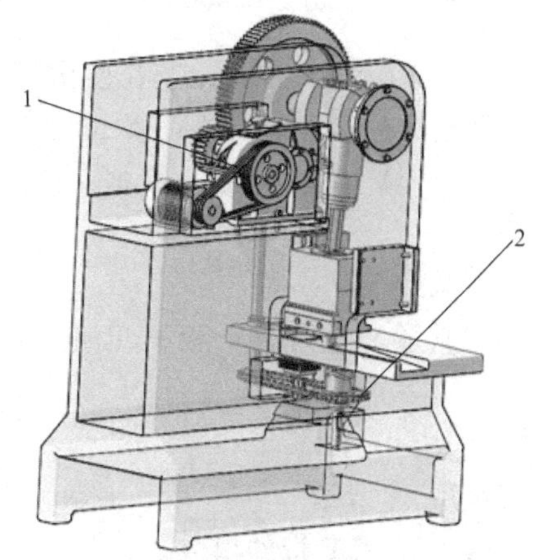

图 11-25 专用精压机中的带传动和链传动
1—带传动 2—链传动

11.9.1 带传动设计实例

1. 设计数据及设计内容

在专用精压机机组中，V 带传动用于主机曲柄压力机，载荷变动较大，一班制工作，使用 Y 系列异步电动机驱动，传递功率 $P=7.5\text{kW}$ ，主动带轮转速 $n_1=1440\text{r/min}$，传动比 $i=2.5$ 。

设计内容包括：选择带的型号、确定基准带长度 L_d、根数 z、传动中心距 a、带轮基准直径及结构尺寸等。

2. 设计实例及说明

（1）确定设计功率 P_{ca}　本实例中 V 带传动载荷变动较大，一班制工作。由表 11-10 查得 $K_A=1.2$，故

$$P_{ca}=K_A P=1.2\times7.5\text{kW}=9\text{kW}$$

（2）确定 V 带的型号　根据 $P_{ca}=9\text{kW}$ 及 $n_1=1440\text{r/min}$ ，查图 11-11 确定选用 A 型普通 V 带。

（3）确定带轮的基准直径 d_{d1}、d_{d2}

1）确定小带轮的基准直径 d_{d1}。依据图 11-11 的推荐，小带轮可选用的直径范围为 112~140mm，参照表 11-3，选择 $d_{d1}=125\text{mm}$。

2）验算带速 v

$$v=\frac{\pi\times125\times1440}{60\times1000}\text{m/s}=9.42\text{m/s}$$

因为 $5\mathrm{m/s}<v<25\mathrm{m/s}$，所以带速合适。

3）计算大带轮直径。一般计算，传动要求不高，忽略滑动率 ε，由式（11-13）得

$$d_{d2}=id_{d1}=2.5\times125\mathrm{mm}=312.5\mathrm{mm}$$

根据带轮基准直径系列，由表 11-3 选最接近计算值 312.5mm 的标准值。在此，取 $d_{d2}=315\mathrm{mm}$。

实际传动比 $i'=315/125=2.52$，与要求相差不大，因此可用。

（4）确定中心距 a 及基准带长度 L_d

1）初取中心距 a_0。根据式（11-22）初定中心距 a_0 得 $308\mathrm{mm}\leqslant a_0\leqslant 880\mathrm{mm}$。

根据专用精压机的总体布局情况初选 $a_0=400\mathrm{mm}$。

2）确定基准带长度 L_d。根据式（11-24）计算所需带长 L_{d0}

$$L_{d0}=2\times400\mathrm{mm}+\frac{\pi}{2}(125+315)\mathrm{mm}+\frac{(315-125)^2}{4\times400}\mathrm{mm}=1513.71\mathrm{mm}$$

由于 V 带是标准件，其长度由标准规定，不能取任意值，须根据标准手册在计算值附近选最接近的标准值。故查表 11-2 取 $L_d=1600\mathrm{mm}$。

3）计算实际中心距。根据几何关系，由式（11-25）估算出所需的实际中心距，故

$$a\approx400+\frac{1600-1513.71}{2}\mathrm{mm}\approx443\mathrm{mm}$$

（5）验算包角 α_1 根据几何关系，由式（11-27）计算小带轮包角

$$\alpha_1\approx180^\circ-\frac{315-125}{443}\times57.3^\circ=155.42^\circ>120^\circ$$

包角 α_1 合适。

（6）确定 V 带的根数 z

1）确定基本额定功率 P_0。根据 $d_{d1}=125\mathrm{mm}$ 及 $n_1=1440\mathrm{r/min}$，查表 11-7（要用插值法）得 $P_0=1.91\mathrm{kW}$。

2）确定功率增量 ΔP_0。由表 11-8 查得普通 V 带，$K_b=1.03\times10^{-3}$；由表 11-9 查得 $i=2.6$ 时，$K_i=1.1202$；当 $n_1=1440\mathrm{r/min}$ 时，由式（11-18）得

$$\Delta P_0=K_b n_1(1-1/K_i)=1.03\times10^{-3}\times1440\times(1-1/1.1202)\mathrm{kW}\approx0.159\mathrm{kW}$$

3）确定包角系数 K_α。本实例 $\alpha_1=155.42^\circ$，由式（11-19）得

$$K_\alpha=1.25(1-5^{-\alpha_1/180})=1.25(1-5^{-155.42/180})\approx0.939$$

4）确定带长系数 K_L。由表 11-8 查得 A 型普通 V 带的计算系数 $C_1=0.2152$，$C_2=0.2063$，由式（11-20）得

$$K_L=C_1 L_d^{C_2}=0.2152\times1600^{0.2063}\approx0.9859$$

5）确定普通 V 带的根数 z。

由式（11-21）得

$$z\geqslant\frac{P_{ca}}{(P_0+\Delta P_0)K_\alpha K_L}=\frac{9}{(1.91+0.159)\times0.939\times0.9859}=4.699$$

取 $z=5$。

（7）确定初拉力 F_0 对 A 型普通 V 带，由表 11-5 查得 $q=0.1\mathrm{kg/m}$。

由式（11-29）可得

$$F_0 = 500\times\frac{9}{9.42\times5}\left(\frac{2.5}{0.9859}-1\right)\text{N}+0.1\times9.42^2\text{N} = 155.6\text{N}$$

（8）计算带轮轴所受的压力 F_p　由式（11-30）可得

$$F_p = 2\times5\times155.6\times\sin\frac{155.42°}{2}\text{N} \approx 1520.34\text{N}$$

（9）带轮结构设计　带轮的结构设计可参考表 11-4 所提供的 V 带带轮的结构及尺寸经验公式进行计算。

11.9.2　链传动设计实例

1. 设计要求与设计内容

专用精压机中，套筒滚子链传动用于顶料机构的传动系统中，载荷变动较大，一班制工作。大链轮与顶料凸轮做成一体，转速 $n_2 = 25\text{r/min}$，链传动的传动比 $i = 2$，小链轮转速为 $n_1 = 50\text{r/min}$，顶料凸轮所需功率为 0.73kW，一般滚子传动效率为 0.96，所以小链轮所需功率：

$$P = 0.73\times0.96\text{kW} = 0.7\text{kW}$$

设计内容包括：选择链的型号，确定链的长度 L、传动中心距 a 及结构尺寸等。

2. 设计步骤、结果及说明

（1）选择链轮齿数　估计链速 $v = 0.6 \sim 3\text{m/s}$，由此选小链轮齿数 $z_1 = 17$。

链传动比为

$$i = n_1/n_2 = 50/25 = 2$$

大链轮齿数 $z_2 = iz_1 = 17\times2 = 34$，$z_2 < 120$，合适。

（2）确定计算功率 P_c　由表 11-16，根据“载荷变动较大，电动机驱动”的要求，查得工作情况系数 $K_A = 1.3$。

由式（11-40）计算得

$$P_c = K_A P = 1.3\times0.7\text{kW} = 0.91\text{kW}$$

（3）初定中心距 a_0，取定链节数

1）初定中心距。要求结构紧凑，故 $a_0 = 30p$。

2）取定链节数。根据式（11-44）几何关系求出链节数

$$L_p = \frac{2\times30p}{p}+\frac{17+34}{2}+\left(\frac{34-17}{2\pi}\right)^2\frac{p}{30p} = 85.74$$

取 $L_p = 86$ 节（取偶数）。

（4）确定链节距 p

1）计算链传动所需额定功率 P_0。

① 链速不高时，链传动的承载能力取决于链板的疲劳强度；随着链轮转速的增高，链传动的运动不均匀性增大，传动能力取决于滚子和套筒的冲击疲劳强度。由于本实例链速不高，故假设链板疲劳破坏，因此 $K_Z = (z_1/19)^{1.08} = 0.89$。

② 由 $L_p = 86$ 得 $K_L = (86/100)^{0.26} = 0.96$。

③ 由表 11-17 选单排链，$K_P=1.0$。

由式（11-41）得

$$P_0=\frac{P_C}{K_Z K_L K_P}=\frac{0.91}{0.89\times0.96\times1.0}\text{kW}=1.065\text{kW}$$

2）选择滚子链型号。当 $n_1=50\text{r/min}$，$P_0=1.065\text{kW}$ 时，由图 11-21 选择滚子链型号为 12A，且知原估计链工作在功率曲线左侧（链板疲劳破坏）为正确 。

（5）确定链长 L 和中心距 a　由表 11-11 查得型号为 12A 的滚子链，链节距 $p=19.05\text{mm}$。所以，链长 $L=L_p p=86\times19.05\text{mm}=1638.3\text{mm}$。

链传动的理论中心距 a 可根据几何关系式（11-45）求出

$$a=\frac{19.05}{4}\left[\left(86-\frac{17+34}{2}\right)+\sqrt{\left(86-\frac{17+34}{2}\right)^2-8\left(\frac{34-17}{2\pi}\right)^2}\right]\text{mm}=575.98\text{mm}$$

在本实例中，由于链轮转速较低，传力不大，加上结构的限制，所以采用特殊的布置方法（链轮平面水平布置），为防止脱链，链条应尽拉紧一些。

（6）链传动的压轴力 F_p

由于链速 v

$$v=\frac{50\times17\times19.05}{60\times1000}\text{m/s}\approx0.27\text{m/s}$$

得到

$$F_e=\frac{1000P_c}{v}=\frac{1000\times0.91}{0.27}\text{N}\approx3370.37\text{N}$$

按水平布置取压轴力系数 $K_{F_p}=1.15$，根据式（11-46）可得

$$F_p=F_{F_p}F_e3370.37\times1.15\text{N}=3875.93\text{N}$$

（7）链轮结构设计　滚子链链轮的主要结构设计参考机械设计手册。

同步练习

一、选择题

1. 带传动是依靠________来传递运动和功率的。

A. 带与带轮接触面之间的正压力　　B. 带与带轮接触面之间的摩擦力

C. 带的紧边拉力　　D. 带的松边拉力

2. 带张紧的目的是________。

A. 减轻带的弹性滑动　　B. 提高带的寿命

C. 改变带的运动方向　　D. 使带具有一定的初拉力

3. 与链传动相比较，带传动的优点是________。

A. 工作平稳、基本无噪声　　B. 承载能力大

C. 传动效率高　　D. 使用寿命长

4. 与平带传动相比较，V 带传动的优点是________。

A. 传动效率高　　B. 带的寿命长

C. 带的价格便宜　　D. 承载能力大

5. 选取 V 带的型号，主要取决于________。

A. 带传递的功率和小带轮转速 B. 带的线速度

C. 带的紧边拉力 D. 带的松边拉力

6. V 带传动中，小带轮直径的选取取决于________。

A. 传动比 B. 带的线速度

C. 带的型号 D. 带传递的功率

7. 中心距一定的带传动，小带轮上包角的大小主要由________决定。

A. 小带轮直径 B. 大带轮直径

C. 两带轮直径之和 D. 两带轮直径之差

8. 两带轮直径一定时，减小中心距将引起________。

A. 带的弹性滑动加剧 B. 带传动效率降低

C. 带工作噪声增大 D. 小带轮上的包角减小

9. 带传动的中心距过大时，会导致________。

A. 带的寿命缩短 B. 带的弹性滑动加剧

C. 带的工作噪声增大 D. 带在工作时出现颤动

10. 若忽略离心力的影响，刚开始打滑前，带传动传递的极限有效拉力 F_{elim} 与初拉力 F_0 之间的关系为________。

A. $F_{elim}=2F_0e^{f_v\alpha}/(e^{f_v\alpha}-1)$ B. $F_{elim}=2F_0(e^{f_v\alpha}+1)/(e^{f_v\alpha}-1)$

C. $F_{elim}=2F_0(e^{f_v\alpha}-1)/(e^{f_v\alpha}+1)$ D. $F_{elim}=2F_0(e^{f_v\alpha}+1)/e^{f_v\alpha}$

11. 设计 V 带传动时，为防止________，应限制小带轮的最小直径。

A. 带内的弯曲应力过大 B. 小带轮上的包角过小

C. 带的离心力过大 D. 带的长度过长

12. 一定型号 V 带中弯曲应力的大小，与________成反比关系。

A. 带的线速度 B. 带轮的直径

C. 带轮上的包角 D. 传动比

13. 一定型号 V 带中的离心拉应力，与带线速度________。

A. 的平方成正比 B. 的平方成反比

C. 成正比 D. 成反比

14. 带传动在工作时，假定小带轮为主动轮，则带内应力的最大值发生在带________。

A. 进入大带轮处 B. 紧边进入小带轮处

C. 离开大带轮处 D. 离开小带轮处

15. 带传动在工作中产生弹性滑动的原因是________。

A. 带与带轮之间的摩擦系数较小 B. 带绕过带轮产生了离心力

C. 带的弹性与紧边和松边存在拉力差 D. 带传递的中心距大

16. 带传动不能保证准确的传动比，其原因是________。

A. 带容易变形和磨损 B. 带在带轮上出现打滑

C. 带传动工作时发生弹性滑动 D. 带的弹性变形不符合胡克定律

17. 一定型号的 V 带传动，当小带轮转速一定时，其所能传递的功率增量，取决于______。

A. 小带轮上的包角　　B. 带的线速度

C. 传动比　　D. 大带轮上的包角

18. 与V带传动相比较，同步带传动的突出优点是________。

A. 传递功率大　　B. 传动比准确

C. 传动效率高　　D. 带的制造成本低

19. 带轮是采用轮辐式、腹板式还是整体式，主要取决于________。

A. 带的横截面尺寸　　B. 传递的功率

C. 带轮的线速度　　D. 带轮的直径

20. 摩擦系数与初拉力一定时，带传动在打滑前所能传递的最大有效拉力随________的增大而增大。

A. 带轮的宽度　　B. 小带轮上的包角

C. 大带轮上的包角　　D. 带的线速度

21. 与带传动相比较，链传动的优点是________。

A. 工作平稳、无噪声　　B. 寿命长

C. 制造费用低　　D. 能保持准确的瞬时传动比

22. 链传动作用在轴和轴承上的载荷比带传动要小，这主要是因为________。

A. 链传动只用来传递较小功率　　B. 链速较高，在传递相同功率时圆周力小

C. 链传动是啮合传动，不需要大的张紧力　　D. 链的质量大，离心力大

23. 与齿轮传动相比较，链传动的优点是________。

A. 传动效率高　　B. 工作平稳、无噪声

C. 承载能力大　　D. 能传递的中心距大

24. 在一定转速下，要减轻链传动的运动不均匀性和动载荷，应________。

A. 增大链节距和链轮齿数　　B. 减小链节距和链轮齿数

C. 增大链节距，减小链轮齿数　　D. 减小链条节距，增大链轮齿数

25. 为了限制链传动的动载荷，在链节距和小链轮齿数一定时，应限制________。

A. 小链轮的转速　　B. 传递的功率

C. 传动比　　D. 传递的圆周力

26. 大链轮的齿数不能取得过多的原因是________。

A. 齿数越多，链条的磨损就越大

B. 齿数越多，链传动的动载荷与冲击就越大

C. 齿数越多，链传动的噪声就越大

D. 齿数越多，链条磨损后，越容易发生“脱链现象”

27. 链传动中心距过小的缺点是________。

A. 链条工作时易颤动，运动不平稳　　B. 链条运动不均匀性和冲击作用增强

C. 小链轮上的包角小，链条磨损快　　D. 容易发生“脱链现象”

28. 两链轮轴线不在同一水平面的链传动，链条的紧边应布置在上面，松边应布置在下面，这样可以使________。

A. 链条工作平稳，降低运行噪声　　B. 松边下垂量增大后不致与链轮卡死

C. 链条的磨损减小　　D. 链传动达到自动张紧的目的

29. 链条由于静强度不够而被拉断的现象，多发生在________情况下。

A. 低速重载　　B. 高速重载

C. 高速轻载　　D. 低速轻载

30. 链条的节数宜采用________。

A. 奇数　　B. 偶数

C. 5 的倍数　　D. 10 的倍数

31. 链传动张紧的目的是________。

A. 使链条产生初拉力，以使链传动能传递运动和功率

B. 使链条与轮齿之间产生摩擦力，以使链传动能传递运动和功率

C. 避免链条垂度过大时产生啮合不良

D. 避免打滑

32. 确定单根带所能传递功率最大值的前提条件是________。

A. 保证带不打滑　　B. 保证带不出现打滑和弹性滑动

C. 保证带不疲劳破坏　　D. 保证带不打滑、不疲劳破坏

33. 在带传动中，可采用________方法增大小带轮包角。

A. 增大小带轮直径　　B. 减小小带轮直径

C. 增大大带轮直径　　D. 减小中心距

34. 两带轮的直径一定，如减小中心距将会使________。

A. 带的弹性滑动加剧　　B. 带的传动效率降低

C. 带的工作噪声增大　　D. 小带轮包角减小

35. 带传动的中心距过大，会导致________。

A. 带的磨损加剧　　B. 小带轮包角减小

C. 带工作时发生颤振　　D. 传动比变化

36. 与齿轮传动和带传动相比，带传动的突出优点是________。

A. 传动效率高　　B. 传动比准确

C. 工作平稳，噪声小　　D. 传递功率大

37. 带传动中采用张紧轮的目的是________。

A. 减轻带的弹性滑动　　B. 改变带的运动方向

C、调节带的初拉力　　D. 增加带的寿命

38. 带传动中，两个带轮与带的摩擦系数相同，如发生打滑会先发生在________。

A. 大带轮上　　B. 小带轮上

C. 两个带轮　　D. 不一定

39. 采用张紧轮来调节传动带的张紧力时，应将张紧轮安装在________。

A. 紧边外侧，靠近小带轮处　　B. 紧边内侧，靠近小带轮处

C. 松边外侧，靠近大带轮处　　D. 松边内侧，靠近大带轮处

40. 带传动中心距一定时，________对小带轮的包角大小影响最大。

A. 小带轮直径　　B. 大带轮直径

C. 两带轮直径之和　　D. 两带轮直径之差

41. 带传动在工作时，松边带速________紧边带速。

A. 小于　　B. 大于

C. 等于　　D. 不一定

42. 在带传动中，弹性滑动________。

A. 一般发生在从动轮上　　B. 是可以避免的

C. 在载荷小于最大有效圆周力时才能避免　　D. 主、从动轮都有发生

43. 带传动正常工作时，小带轮上的滑动角________小带轮的包角。

A. 大于　　B. 小于

C. 大于或等于　　D. 小于或等于

二、填空题

1. 带传动的最大有效拉力取决于________、摩擦系数、张紧力及带速四个因素。

2. 带传动的最大有效拉力随预紧力的增大而________。

3. 带内产生的瞬时最大应力由紧边拉应力、离心拉应力和小带轮处________三种应力组成。

4. 带的离心应力取决于单位长度的带质量、带的线速度和带的________三个因素。

5. 在正常情况下，弹性滑动只发生在带________主、从动轮时的那一部分接触弧上。

6. 在设计 V 带传动时，为了提高 V 带的寿命，宜选取________的小带轮直径。

7. 常见的带传动的张紧装置有定期张紧装置、自动张紧装置和采用________的张紧装置等几种。

8. 在带传动中，弹性滑动是不可以避免的，打滑是________避免的。

9. 带传动工作时，带内应力是非对称循环性质的________。

10. 带传动工作时，若主动轮的圆周速度为 v_1，从动轮的圆周速度为 v_2，带的线速度为 v，则它们的大小关系为________。

11. V 带传动是靠带与带轮接触面间的摩擦力工作的，V 带的工作面是两________面。

12. 在设计 V 带传动时，V 带的型号是根据________和小带轮的转速选取的。

13. 当中心距不能调节时，可采用张紧轮将带张紧，张紧轮一般应放在________的内侧。

14. V 带传动比不恒定主要是由于存在________。

15. 带传动的主要失效形式为打滑和________破坏。

16. 限制带在小带轮上的包角 $\alpha_1>120°$ 的目的是增大摩擦力和提高________。

17. 为了使 V 带与带轮轮槽更好地接触，轮槽楔角应________于带截面的楔角。

18. 在传动比不变的条件下，增大 V 带传动的中心距可________小轮的包角，可提高承载能力。

19. 带传动限制小带轮直径不能太小，是为了防止________应力过大。

20. 带传动中，带的离心拉力发生在________带中。

21. 在 V 带传动设计计算中，限制带的根数 $z\leqslant 10$，是为了避免带________的情况太严重。

22. 在链传动中，当两链轮的轴线在同一平面时，应将________边布置在上面，松边布置在下面。

23. 对于高速重载的滚子链传动，应选用节距小的多排链；对于低速重载的滚子链传动，应选用节距________的链传动。

24. 与带传动相比较，链传动的承载能力大，传动效率高，作用在轴上的径向压力________。

25. 在滚子链结构中，内链板与套筒之间、外链板与销轴之间采用过盈配合，滚子与套筒之间、套筒与销轴之间采用________配合。

26. 链轮的转速高、节距大、齿数________，则链传动的动载荷就越大。

27. 若不计链传动中的动载荷，则链的紧边受到的拉力由有效圆周力、离心拉力和________三部分组成。

28. 链传动算出的实际中心距，在安装时还需要缩短 2~5mm，这是为了保证链条的松边有一个合适的________。

29. 链传动一般应布置在水平面内，尽可能避免布置在铅垂平面或________平面内。

三、判断题

1. 限制带轮最小直径的目的是限制带的弯曲应力。（　　）
2. 同规格的窄 V 带的截面宽度小于普通 V 带。（　　）
3. 带传动接近水平布置时，应将松边放在下边。（　　）
4. 若设计合理，带传动的打滑是可以避免的，但弹性滑动却无法避免。（　　）
5. 在相同的预紧力作用下，V 带的传动能力高于平带的传动能力。（　　）
6. 带传动的最大有效拉力与预紧力、包角和摩擦系数成正比。（　　）
7. 适当增加带长，可以延长带的使用寿命。（　　）
8. 链传动的平均传动比恒定不变。（　　）
9. 在一定转速下，可增大链条节距和链轮齿数，减轻链传动的运动不均匀性和动载荷。（　　）
10. 为了限制链传动的动载荷，在链节距和小链轮齿数一定时，应限制小链轮的转速。（　　）
11. 齿数越多，链条磨损后越不容易发生脱链现象。（　　）
12. 为避免带打滑，可将带轮槽的表面加工得粗糙一些以增大摩擦力。（　　）
13. 带传动打滑总是从大带轮上先开始。（　　）
14. 带传动的设计准则是在保证带传动不产生弹性滑动的前提下具有足够的疲劳强度。（　　）
15. 在设计 V 带传动时，V 带的型号是根据带的计算功率和小带轮转速来选取的。（　　）
16. 设计 V 带传动，选取小带轮直径 d_1 时，应使之小于最小直径 d_{min}。（　　）
17. 打滑是 V 带传动工作时固有的物理现象，是不可避免的。（　　）
18. V 带截面中两个工作面的夹角为 40°，所以带轮槽相应的夹角也是 40°。（　　）
19. 带传动张紧的目的是增大初拉力。（　　）
20. 带传动存在弹性滑动的根本原因是带是弹性体。（　　）
21. 链的节距越大，承载能力越高，所以设计时应尽量选用节距大的单排链。（　　）
22. 动力传动中多采用 V 带的原因是 V 带与带轮间的当量摩擦系数更大。（　　）
23. 在多根 V 带传动中，当一根带失效时，应将所有带更换。（　　）

24. 在多种传动机构组成的机械传动系统中，带传动一般应布置在低速级。（ ）

25. 带传动中，带在大小轮上的应力不等，带在小轮上的弯曲应力较大，而在大轮上的离心应力较大。（ ）

26. V带工作时通过带和带轮之间产生的摩擦力传递运动和动力。（ ）

27. V带（三角带）传动中，其平均传动比恒为常数。（ ）

28. V带（三角带）传动中，带轮的轮槽角通常小于V带楔角。（ ）

29. 链传动的运动不均匀性是造成瞬时传动比不恒定的原因。（ ）

30. 链传动设计时，一般链节数常取偶数，链轮的齿数常取奇数。（ ）

四、计算题

1. 已知单根普通V带能传递的最大功率 $P=6\text{kW}$，主动带轮基准直径 $d_1=100\text{mm}$，转速为 $n_1=1460\text{r/min}$，主动带轮上的包角 $\alpha_1=150°$，带与带轮之间的当量摩擦系数 $f_v=0.51$。试求带的紧边拉力 F_1、松边拉力 F_2、预紧力 F_0 及最大有效圆周力 F_e（不考虑离心力）。

2. 已知V带传递的实际功率 $P=7\text{kW}$，带速 $v=10\text{m/s}$，紧边拉力是松边拉力的2倍。试求圆周力 F_e 和紧边拉力 F_1 的值。

3. V带传动所传递的功率 $P=7.5\text{kW}$，带速 $v=10\text{m/s}$，现测得张紧力 $F_0=1125\text{N}$。试求紧边拉力 F_1 和松边拉力 F_2。

4. 单根带传递最大功率 $P=4.7\text{kW}$，小带轮 $d_1=200\text{mm}$，$n_1=180\text{r/min}$，$\alpha_1=135°$，$f_v=0.25$。求紧边拉力 F_1 和有效拉力 F_e（带与轮间的摩擦力已达到最大摩擦力）。

五、分析题

1. 由双速电动机与V带组成传动装置。靠改变电动机转速输出轴可以得到300r/min和600r/min两种转速。若输出轴功率不变，带传动应按哪种转速设计，为什么？

2. 图11-26所示的两个带传动结构（中心距、预紧力、带的材料、带轮材料）完全相同，带轮1与带轮4的直径相同、带轮2与带轮3的直径相同，$n_1=n_3$。试问两个传动中：①哪个可以传递更大的圆周力？为什么？②哪个可以传递更大的功率？为什么？

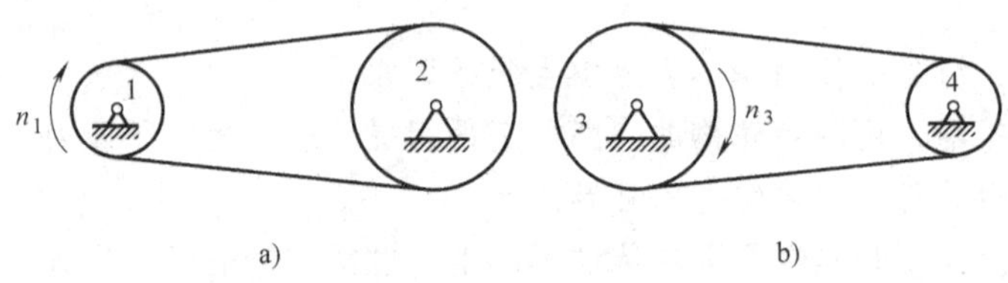

图11-26　分析题2图

Chapter 12

第12章 齿轮传动和蜗杆传动

学习目标

主要内容：学习齿轮传动和蜗杆传动的精度选择、效率计算、结构设计和润滑方法；齿轮传动和蜗杆传动的失效形式、设计准则、材料和热处理选用；直齿轮、斜齿轮、锥齿轮传动的强度计算方法和蜗杆传动承载能力的计算。

学习重点：齿轮传动和蜗杆传动的失效形式、设计准则、材料和热处理选用；直齿轮、斜齿轮、锥齿轮传动的强度计算方法和蜗杆传动承载能力的计算。

学习难点：齿轮传动与蜗杆传动强度计算理论。

12.1 概　　述

齿轮传动和蜗杆传动是机械传动中最重要的传动形式，应用广泛。本章主要介绍最常用的渐开线齿轮传动和普通圆柱蜗杆传动。

渐开线齿轮传动的主要特点是传动效率高，在同样的使用条件下，齿轮传动所需的空间尺寸一般较小。设计制造合理、维护良好的齿轮传动，工作十分可靠。传动比稳定往往是对齿轮传动性能的基本要求。

普通圆柱蜗杆传动的优点是传动比大、零件数目少、结构紧凑、冲击载荷小、传动平稳、噪声低、有自锁性；缺点是在啮合处有相对滑动、摩擦损失较大、效率低。

齿轮传动和蜗杆传动都可做成开式、半开式及闭式。如在农业机械、建筑机械以及简易机械设备中，有一些齿轮传动没有防尘罩或机壳，齿轮完全暴露在外边，称为开式齿轮传动。这种齿轮传动不仅外界杂物极易侵入，而且润滑不良，轮齿易磨损，只适于低速传动。当齿轮传动装置有简单的防护罩时，有时还把大齿轮部分地浸入油池中，则称为半开式齿轮传动。而汽车、机床和航空发动机等所用的齿轮传动，都是装在经过精确加工而且封闭严密的箱体内，称为闭式齿轮传动。与开式齿轮传动或半开式齿轮传动相比，闭式齿轮传动润滑及防护等条件最好，多用于重要的场合。蜗杆传动通常用于减速装置，但也有个别机器用于增速装置。

12.2 失效形式及设计准则

12.2.1 失效形式

齿轮传动是依靠轮齿的相互啮合来传递运动和动力的，一般来说，齿轮传动的失效主要是轮齿的失效。由于齿轮传动的形式、承受的载荷、齿面硬度及传动速度等情况的不同，轮齿的失效形式也是多种多样的，这里只简单介绍几种常见的失效形式。

1. 轮齿折断

齿轮工作时，若轮齿危险截面的应力超过材料所允许的极限值时，轮齿将发生折断。轮齿折断有两种情况，一种是因短时意外的严重过载或受到冲击载荷时突然折断，称为过载折断；另一种是由于循环变化的弯曲应力反复作用而引起的疲劳折断。轮齿折断常发生在轮齿根部（图 12-1）。防止轮齿折断的措施有：降低齿根处应力集中；强化处理和良好的热处理工艺。

2. 齿面点蚀

在润滑良好的闭式齿轮传动中，当齿轮工作了一定时间后，在轮齿工作表面会产生一些细小的凹坑，称为点蚀（图 12-2）。齿面点蚀的产生主要是由于轮齿啮合时，齿面的接触应力按脉动循环变化，在这种脉动循环变化接触应力的多次重复作用下，轮齿表面层会产生疲劳裂纹，裂纹的扩展使金属微粒剥落而形成疲劳点蚀。通常疲劳点蚀首先发生在节线附近的齿根表面处。点蚀使齿面有效承载面积减小，点蚀扩展会损坏齿廓表面，引起冲击和噪声，造成传动的不平稳。齿面耐点蚀能力主要与齿面硬度有关，齿面硬度越高，耐点蚀能力越强。

点蚀是闭式软齿面（齿轮工作面的硬度小于 350HBW）齿轮传动的主要失效形式。而对于开式齿轮传动，因齿面磨损速度较快，即使轮齿表面层产生疲劳裂纹，但还未扩展到金属剥落时，表面层就已被磨掉，因而一般看不到点蚀。防止齿面点蚀的措施有：限制齿面的接触应力；提高齿面硬度、降低齿面的表面粗糙度值；采用黏度大的润滑油及适宜的添加剂；变闭式齿轮传动为开式齿轮传动。

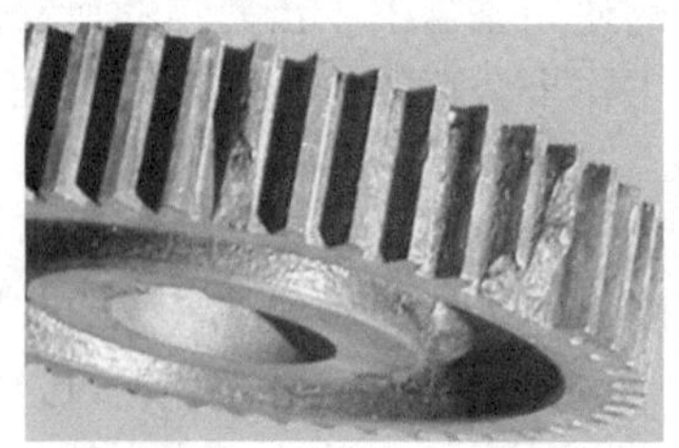

图 12-1　轮齿折断

图 12-2　齿面点蚀

3. 齿面胶合

在高速重载齿轮传动中，因齿面啮合区的压力很大，润滑油膜因温度升高容易破裂，造成齿面金属直接接触，其接触区产生瞬时高温，使两齿面金属直接接触并相互粘连，当两齿面相对运动时，较软齿面金属沿滑动方向被撕下，在轮齿工作面形成与滑动方向一致的沟痕（图 12-3），这种现象称为齿面胶合。防止齿面胶合的措施有：采用抗胶合能力强的润滑油；提高齿面硬度；改善润滑与散热条件；降低齿面的表面粗糙度值。

4. 齿面磨损

互相啮合的两轮齿齿廓表面间有相对滑动，在载荷作用下会引起齿面磨损。尤其在开式齿轮传动中，由于灰尘、砂粒等硬颗粒容易进入齿面间而发生磨损。齿面严重磨损后，轮齿将失去正确的齿形，会导致严重噪声和振动，影响轮齿正常工作，最终使传动失效（图 12-4）。磨

损是开式齿轮传动的主要失效形式。防止齿面磨损的措施有：提高齿面硬度；降低齿面的表面粗糙度值；润滑油定期清洁和更换；变开式齿轮传动为闭式齿轮传动。

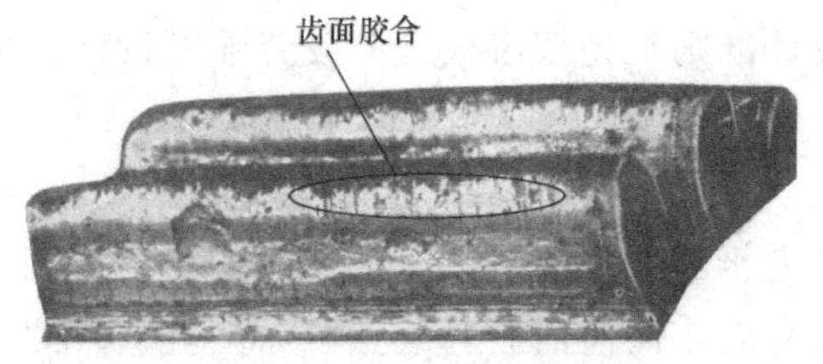

图 12-3　齿面胶合

图 12-4　齿面磨损

5. 齿面塑性变形

在重载的条件下，较软的齿面上表层金属可能沿滑动方向滑移，出现局部金属流动，使齿面产生塑性变形，齿廓失去正确的齿形（图 12-5）。在起动和过载频繁的传动中较易产生这种失效形式。防止齿面塑性变形的措施有：提高齿面硬度；采用高黏度的润滑油。

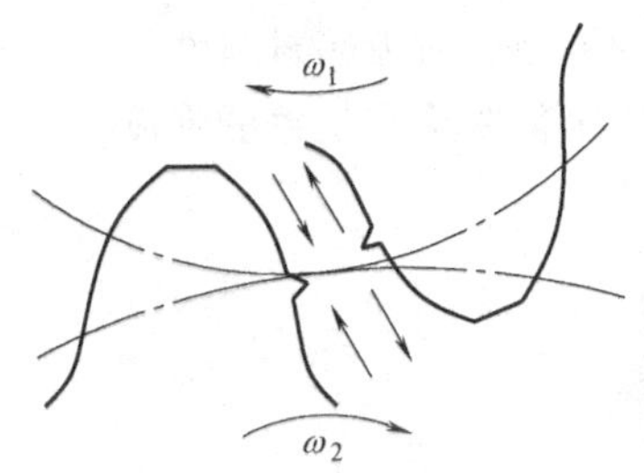

图 12-5　齿面塑性变形

和齿轮传动一样，蜗杆传动的失效形式也包括点蚀、齿根折断、齿面胶合和过度磨损等。由于材料和结构的原因，蜗杆螺旋齿部的强度总是高于蜗轮轮齿的强度，所以失效经常发生在蜗轮轮齿上。因此，一般只对蜗轮轮齿进行承载能力计算。由于蜗杆与蜗轮齿面间有较大的相对滑动，从而增加了产生胶合的可能性，尤其在润滑不良的条件下，因齿面胶合蜗杆传动产生失效的可能性更大。因此，蜗杆传动的承载能力往往受到抗胶合能力的限制。

12.2.2　设计准则

齿轮传动和蜗杆传动的失效形式很多，在一定条件下，必有一种为主要失效形式。进行传动设计计算时，应根据可能发生的主要失效形式，确定相应的设计准则。

1. 闭式软齿面齿轮传动

对于齿面硬度小于或等于 350HBW 的闭式软齿面齿轮传动，由于齿面耐点蚀能力差，润滑条件良好，齿面点蚀将是主要的失效形式。在设计计算时，通常按齿面接触疲劳强度设计，再校核齿根弯曲疲劳强度。

2. 闭式硬齿面齿轮传动

对于齿面硬度大于 350HBW 的闭式硬齿面齿轮传动，齿面耐点蚀能力强，齿根疲劳折断将是主要失效形式。在设计计算时，通常按齿根弯曲疲劳强度设计，再校核齿面接触疲劳强度。

3. 开式齿轮传动

开式齿轮传动的主要失效形式是齿面磨损。但因磨损机理较复杂，目前尚无成熟的设计计算方法。因轮齿磨损后易发生断齿，所以设计准则是先按齿根弯曲疲劳强度设计，再考虑磨损量，将所求得的模数增大 10%~20%。

4. 蜗杆传动

在开式蜗杆传动中，多发生齿面磨损和轮齿折断，因此应以保证齿根弯曲疲劳强度作为开式传动的设计准则。在闭式蜗杆传动中，蜗杆副多因齿面胶合或点蚀而失效。因此，通常是按齿面接触疲劳强度设计，按齿根弯曲疲劳强度进行校核。此外，由于散热较为困难，闭式蜗杆传动还应进行热平衡计算。

12.3 常用材料及其选择原则

合理选择材料是机械传动设计的重要内容之一。设计齿轮传动时，应使齿面具有足够的硬度以保证齿面具有耐磨损、耐点蚀、抗胶合及抗塑性变形的能力。对齿轮材料性能的基本要求是：齿面要硬，齿芯要韧。选择蜗杆和蜗轮材料组合时，不但要求有足够的强度，而且要有良好的减摩、耐磨和抗胶合的能力。

12.3.1 齿轮材料

常用的齿轮材料是钢材，特殊场合也可使用其他材料，如铸铁、工程塑料等。一般多采用锻件或轧制钢材。当齿轮较大（例如直径大于 400~600mm）而轮坯不易锻造时，可采用铸钢；开式低速传动可采用灰铸铁；球墨铸铁有时可代替铸钢。表 12-1 列出了常用的齿轮材料及其热处理方法、热处理后的硬度。

表 12-1 常用齿轮材料及其热处理方法、热处理后的硬度

类别	牌号	热处理	硬度	主要特点及应用范围
优质碳素钢	45	正火	162~217HBW	工艺简单易实现，适用于因条件限制不便调质的大齿轮及不太重要的齿轮，适用于低速轻载
		调质	217~255HBW	适用于低速中载
		表面淬火	40~50HRC	齿面承载能力高，可不磨齿，适用于高速中载或低速重载，承受较小冲击
合金钢	40Cr	调质	241~286HBW	综合力学性能好，中速中载，耐冲击
		表面淬火	48~55HRC	齿面较硬、可不磨齿，适用于高速中载或低速重载，耐冲击
	35SiMn	调质	200~260HBW	同 40Cr
		表面淬火	45~55HRC	同 40Cr
	20Cr	渗碳淬火	56~62HRC	齿面承载能力高、芯部韧性好、变形大、需磨齿，用于高速重载、耐大冲击
	38CrMoAlA	调质后渗氮	>65HRC	齿面硬、变形小、可不磨齿、不耐冲击

（续）

类别	牌号	热处理	硬度	主要特点及应用范围
铸钢	ZG340-640	正火	169～229HBW	中速中载、大直径
	ZG35Mn	正火	163～217HBW	中速中载、大直径、耐冲击
		调质	197～248HBW	中速中载、大直径、耐冲击
球墨铸铁	QT600-3	—	190～270HBW	低速轻载
	QT700-2	—	225～305HBW	

注：功率 $P<20\text{kW}$ 的传动为轻载；$20\text{kW}\leqslant P\leqslant 50\text{kW}$ 的传动为中载；$P>50\text{kW}$ 的传动为重载。节圆上线速度 $v<3\text{m/s}$ 的传动为低速传动；$3\text{m/s}<v<15\text{m/s}$ 的传动为中速传动；$v>15\text{m/s}$ 的传动为高速传动。

由表 12-1 可知，调质和正火处理后的齿面硬度较小，为软齿面，表面淬火和渗碳淬火处理后齿面硬度较大，为硬齿面。一般要求的齿轮传动可采用软齿面齿轮。若两齿轮均为软齿面，考虑到小齿轮齿根较薄且受载次数较多，为了使配对大小齿轮的寿命相当，通常将小齿轮的齿面硬度设计得比大齿轮的齿面硬度高 20～50HBW。斜齿轮相差大一点，直齿轮相差小一点。对于高速、重载或重要的齿轮传动，也可采用硬齿面齿轮组合，齿面硬度可大致相同。但为了提高抗胶合性能，建议小齿轮和大齿轮采用不同牌号的钢来制造。表 12-2 列出了齿轮副工作齿面硬度组合的一些实例。

表 12-2　齿轮副工作齿面硬度组合

硬度组合类型	齿轮种类	热处理		工作齿面硬度举例		应用场合
		小齿轮	大齿轮	小齿轮硬度	大齿轮硬度	
两轮均为软齿面	直齿	调质	正火	240～270HBW	180～220HBW	用于一般的传动装置和重载低速固定式传动装置
			调质	260～290HBW	220～240HBW	
			调质	280～310HBW	240～260HBW	
			调质	300～330HBW	260～280HBW	
	斜齿	调质	正火	240～270HBW	160～190HBW	
			正火	260～290HBW	180～210HBW	
			调质	270～300HBW	200～230HBW	
			调质	300～330HBW	230～260HBW	
两轮均为硬齿面	直齿斜齿	表面淬火	表面淬火	45～50HRC	45～50HRC	用于尺寸要求较小、寿命和承载能力要求较高的传动装置
		渗碳		56～62HRC	56～62HRC	

12.3.2　蜗轮蜗杆材料

对于一般蜗杆，可采用 45、40 等碳钢调质处理（硬度为 210～230HBW）；对于中速中载传动，蜗杆常用 45 钢、40Cr 等，表面经高频感应淬火使硬度达 45～55HRC；对于高速重载传动，蜗杆常用低碳合金钢（如 20Cr 等），渗碳后，表面淬火使硬度达 56～62HRC。

常用的蜗轮材料为铸造锡青铜（ZCuSn10P1，ZCuSn6Zn6Pb3）、铸造铝青铜（ZCuAl10Fe3）及灰铸铁 HTl50、HT200 等。锡青铜的抗胶合、减摩及耐磨性能最好，但价格高，常用于 $v_s\geqslant 3\text{m/s}$ 的重要传动；一般场合可用铝青铜；灰铸铁用于 $v_s\leqslant 2\text{m/s}$ 的不重要场合。

12.4 精度等级及其选择

12.4.1 精度等级

在制造、安装中，齿轮总会产生误差。误差将产生三个方面的影响：相啮合的齿轮在一转速范围内实际转角和理论转角不一致，影响运动的准确性；出现速度波动，会引起振动、冲击等，影响传动平稳性；齿向误差造成载荷的不均匀性。因此，国家标准规定，渐开线圆柱齿轮传动的精度分 13 个等级，其中 0 级最高、12 级最低，齿轮传动精度指标用三种公差组来表示，见表 12-3。根据使用要求不同，允许各项公差组选用不同的精度等级，但在同一公差组内，各项公差与极限偏差应保持相同的精度等级。

表 12-3 齿轮公差组及其对传动性能的影响

公差组	误差特性	对传动性能的影响
Ⅰ	以一转为周期的误差（运动精度）	传动的准确性
Ⅱ	以一转内多次周期性出现的误差（平稳性精度）	传动的平稳性
Ⅲ	齿向误差（接触精度）	载荷分布的均匀性

设计时应根据齿轮传动的用途、使用条件、传递功率、圆周速度以及经济性等技术要求选择齿轮传动及蜗杆传动的精度等级，具体选择时可参考表 12-4。其中，锥齿轮传动的圆周速度按齿宽中点分度圆直径计算，蜗杆传动中的圆周速度是指蜗轮的圆周速度。

表 12-4 常用精度等级及其应用

精度等级	圆周速度 v/(m/s)				应用举例
	直齿圆柱齿轮	斜齿圆柱齿轮	直齿锥齿轮	蜗杆传动	
6	≤15	≤30	≤9	>5	用于要求运转精确或高速重载的场合，如飞机、汽车、机床中重要齿轮；中等精度机床分度机构和发动机调整器中的蜗杆传动
7	≤10	≤20	≤6	≤5	高速中载或中速重载下的齿轮传动，如标准系列减速器齿轮；中速中载下的蜗杆传动，中等精度运输机械中的蜗杆传动
8	≤5	≤9	≤3	≤3	一般机械中的重要齿轮，如汽车和机床中的一般齿轮，农业机械中的重要齿轮；低速或间歇工作的蜗杆传动
9	≤3	≤6	≤2.5	≤1.5	工作要求不高的场合。如农业机械中的一般齿轮，开式蜗杆传动

12.4.2 侧隙

啮合传动时，为确保齿轮副不因工作温升造成热变形而卡死，也不因齿轮副换向时有过大的空行程而产生冲击振动和噪声，要求齿轮副的齿侧间隙在法向（传力方向）留有一定

的间隙，称为侧隙。其中，圆柱齿轮的侧隙由齿厚的上下极限偏差和中心距极限偏差来保证。齿厚极限偏差有 14 种，按偏差数值大小为序，依次用字母 C、D、E、…、S 表示。D 为基准（偏差为 0），C 为正偏差，E~S 为负偏差。锥齿轮的侧隙是由最小法向侧隙的种类和法向侧隙公差的种类来保证。最小法向侧隙有 6 种，分别用字母 a、b、c、d、e 和 h 表示，a 值最大，依次递减，h 为 0。法向侧隙公差有 5 种，分别用字母 A、B、C、D 和 H 表示。蜗杆传动的侧隙仅由最小法向侧隙的种类来保证。最小法向侧隙有 8 种，分别用字母 a、b、c、d、e、f、g 和 h 表示，a 值最大，依次递减，h 为 0。在高速、高温及重载条件下工作的传动齿轮，采用较大的侧隙；对于一般的齿轮传动，采用中等大小的侧隙；对经常正、反转，转速不高的齿轮，采用较小的侧隙。

12.5　直齿圆柱齿轮传动的强度计算

12.5.1　轮齿的受力分析和计算载荷

1. 轮齿的受力分析

图 12-6 所示为一对标准安装的齿轮在节点 P 处接触。若略去摩擦力，则轮齿间总的作用力为沿啮合线的法向力 F_n，可将其分解为两个相互垂直的分力：圆周力 F_t 和径向力 F_r。

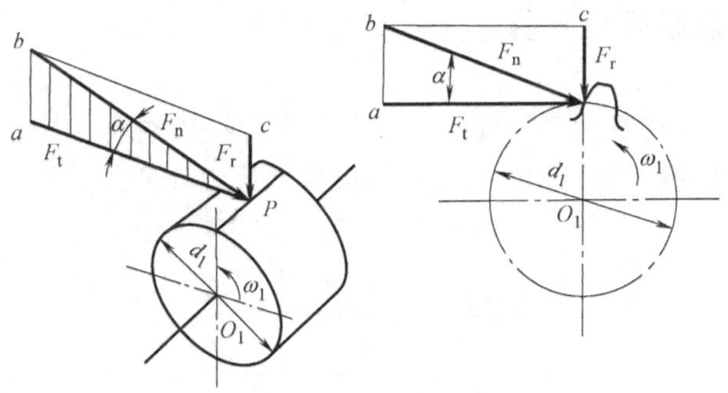

图 12-6　直齿圆柱齿轮传动的作用力

（1）力的大小

$$\left.\begin{aligned} F_n &= F_t/\cos\alpha \\ F_{t1} &= 2T_1/d_1 \\ F_{r1} &= F_{t1}\tan\alpha \end{aligned}\right\} \tag{12-1}$$

$$T_1 = 9.55\times10^6\frac{P}{n_1} \tag{12-2}$$

式中，F_t 和 F_r 分别为圆周力和径向力（N）；T_1 为小齿轮上的转矩（N · mm）；d_1 为小齿轮的分度圆直径（mm）；α 为压力角；P 为传递的功率（kW）；n_1 为小轮的转速（r/min）。

（2）各力之间的关系

$$F_{t1} = -F_{t2}; F_{r1} = -F_{r2} \tag{12-3}$$

式中，"-"号表示两个力的方向相反。

(3) 各分力方向　主动轮上的圆周力 F_{t1} 与啮合点的速度方向相反、从动轮上的圆周力 F_{t2} 与啮合点的速度方向相同；两轮的径向力 F_{r1}、F_{r2} 分别由作用点指向各自的轮心。

2. 轮齿的计算载荷

因为受力分析是在载荷沿齿宽均匀分布的理想条件下进行的，齿轮工作时，因齿轮、轴、支承等存在制造、安装误差，以及受载时产生变形等，使得载荷沿齿宽方向并非均匀分布，造成载荷局部集中。轴和轴承刚度越小，齿宽 b 越宽，载荷集中越严重。加之由于各种原动机和工作机的特性不同（例如机械的起动和制动、工作机构速度的突然变化和过载等），导致齿轮传动中还将引起附加动载荷。因此，在齿轮强度计算时，用计算载荷 $F_{ca}=KF_n$ 代替名义载荷 F_n。K 为载荷系数，其值由表 12-5 查取。选取时，斜齿、圆周速度低、传动精度高、齿宽系数小时，取小值；直齿、圆周速度高、传动精度低时，取大值；齿轮在轴承间不对称布置时取大值。

表 12-5　载荷系数 K

载荷状态	工作机举例	原动机		
		电动机	多缸内燃机	单缸内燃机
平稳轻微冲击	均匀加料的运输机、发电机、透平鼓风机和压缩机等	1~1.2	1.2~1.6	1.6~1.8
中等冲击	不均匀加料的运输机、重型卷扬机、球磨机、多缸往复式压缩机等	1.2~1.6	1.6~1.8	1.8~2.0
较大冲击	压力机、剪床、钻机、轧机、挖掘机、重型给水泵、破碎机等	1.6~1.8	1.9~2.1	2.2~2.4

12.5.2　齿面接触强度计算

接触应力计算是一个弹性力学问题。由于本书中齿轮接触应力计算的地方仅为线接触。如图 12-7 所示的两圆柱体接触，弹性力学给出的接触应力计算公式为

$$\sigma_H=\sqrt{\frac{F_n}{\pi b}\frac{\dfrac{1}{\rho_1}\pm\dfrac{1}{\rho_2}}{\dfrac{1-\mu_1^2}{E_1}+\dfrac{1-\mu_2^2}{E_2}}} \tag{12-4}$$

式中，F_n 为作用在圆柱体上的法向载荷；b 为接触长度；ρ_1、ρ_2 分别为两圆柱体接触处的半径，“+”号用于外接触，“-”号用于内接触；μ_1、μ_2 分别为两圆柱体材料的泊松比；E_1、E_2 分别为两圆柱体材料的弹性模量。

实践证明，点蚀通常发生在齿根部分靠近节线处，故取节点处的接触应力为计算依据。由图 12-8 可知，标准齿轮标准安装时，节点处的齿廓曲率半径分别为

$$\rho_1=O_1C=\frac{d_1}{2}\sin\alpha$$

$$\rho_2=O_2C=\frac{d_2}{2}\sin\alpha$$

在式（12-4）中，引入载荷系数 K，令 $u=z_2/z_1=d_2/d_1$，则中心距为

$$a=\frac{1}{2}(d_2\pm d_1)=\frac{d_1}{2}(u\pm1)$$

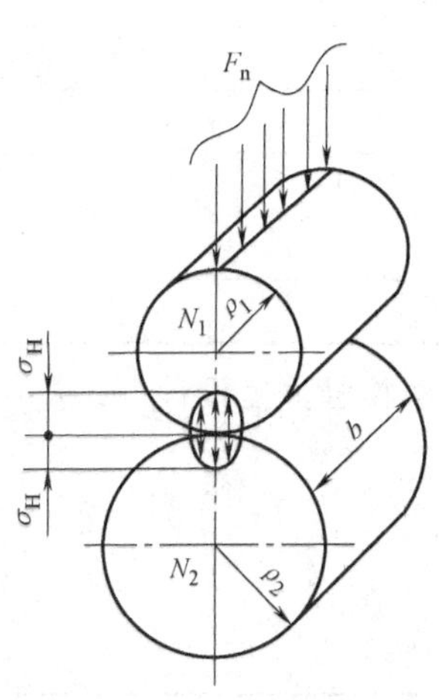

图 12-7　两圆柱体接触时的接触应力

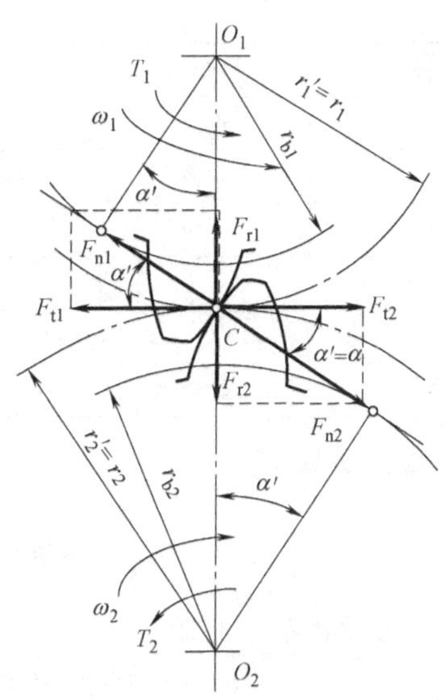

图 12-8　直齿圆柱齿轮传动的作用力

或表示为

$$d_1=\frac{2a}{u\pm1}$$

因为

$$F_n=\frac{F_t}{\cos\alpha}=\frac{2T_1}{d_1\cos\alpha}$$

对于一对钢制齿轮，$E_1=E_2=2.06\times10^5\text{MPa}$，$\mu_1=\mu_2=0.3$，标准齿轮压力角 $\alpha=20°$，可得钢制标准齿轮传动的齿面接触强度校核公式为：

$$\sigma_H=\frac{335}{a}\sqrt{\frac{KT_1(u\pm1)^3}{ub}}\leqslant[\sigma_H] \tag{12-5}$$

式中，σ_H 为齿面接触应力（MPa）；K 为载荷系数；T_1 为主动轮的转矩（N · mm）；u 为大轮与小轮的齿数比，u 恒大于 1（减速传动时，齿数比等于传动比）；b 为齿宽（mm）；为了保证接触齿宽，圆柱齿轮小齿轮的齿宽 b_1 应比大齿轮齿宽 b_2 略大，$b_1=b_2+(4\sim6)$ mm；$[\sigma_H]$ 为齿轮材料的许用接触应力（MPa），按下式（12-6）计算：

$$[\sigma_H]=\sigma_{Hlim}/S_H \tag{12-6}$$

式中，S_H 为接触强度安全系数；σ_{Hlim}、S_H 的数值见表 12-6 和表 12-7。式中的“±”号，“+”号用于外啮合，“-”号用于内啮合。

表 12-6　齿轮强度极限 σ_{Flim}、σ_{Hlim}

材料	热处理	齿面硬度	σ_{Flim}/MPa	σ_{Hlim}/MPa
碳素钢	正火	150~215HBW	60+0.5HBW	203.2+0.985HBW
	调质	170~270HBW	140+0.16HBW	348.3+HBW
合金钢	调质	200~350HBW	140+0.4HBW	366.7+1.33HBW

（续）

材料	热处理	齿面硬度	σ_{Flim}/MPa	σ_{Hlim}/MPa
碳素铸钢	正火	150~200HBW	65+0.3HBW	140.5+0.974HBW
	调质	170~230HBW	105+0.3HBW	300+0.834HBW
合金铸钢	调质	200~350HBW	150+0.4HBW	290+1.3HBW
碳素钢,合金钢	表面淬火	48~58HRC	≤52HRC:5HRC+110	550+12HRC
			>52HRC:375	
合金钢	渗碳淬火	58~63HRC	440	1500

引入齿宽系数 ψ_a，将 $b=\psi_a a$ 代入式（12-5），可得齿面接触强度设计公式：

$$a \geqslant (u \pm 1)\sqrt[3]{\left(\frac{335}{[\sigma_H]}\right)^2 \frac{KT_1}{\psi_a u}} \tag{12-7}$$

式中，a 为齿轮传动中心距（mm）；ψ_a 为齿宽系数，其值见表 12-8。

表 12-7 安全系数 S_F、S_H

使用要求	失效概率	使用场合	S_F	S_H
高可靠度	1/10000	特殊工作条件下要求可靠度很高的齿轮	2	1.50~1.60
较高可靠度	1/1000	长期连续运转和较长的维修间隔;可靠性要求较高,一旦失效可能造成严重的经济损失或安全事故	1.6	1.25~1.30
一般可靠度	1/100	通用齿轮和多数工业用齿轮,对设计寿命和可靠度有一定要求	1.25	1.00~1.10

表 12-8 齿宽系数 ψ_a

齿宽系数	轻型齿轮传动	中型齿轮传动	重型齿轮传动
ψ_a	0.2~0.4	0.4~0.6	0.8

注：齿轮对称布置时，ψ_a 取大值；悬臂布置时，ψ_a 取小值。

12.5.3 轮齿的弯曲强度计算

轮齿的疲劳折断主要与齿根弯曲应力大小有关，计算时可将轮齿受力按悬臂梁进行分析并假定全部载荷由一对轮齿承受。载荷作用于齿顶时，齿根部分产生的弯曲应力最大，其危险截面可用 30°切线法确定，即作与轮齿对称中心线成 30°夹角并与齿根圆角相切的斜线，两切点的连线是危险截面位置，如图 12-9 所示。

将法向力 F_n 移至轮齿中线并分解成相互垂直的两个分力（$F_n\cos\alpha_F$，$F_n\sin\alpha_F$），其中 $F_n\cos\alpha_F$ 使齿根产生弯曲应力，$F_n\sin\alpha_F$ 则产生压应力。因压应力对弯曲折断是有利的，为简化计算，忽略有利因素，在计算轮齿弯曲强度时只考虑弯曲应力。危险截面的弯曲应力为

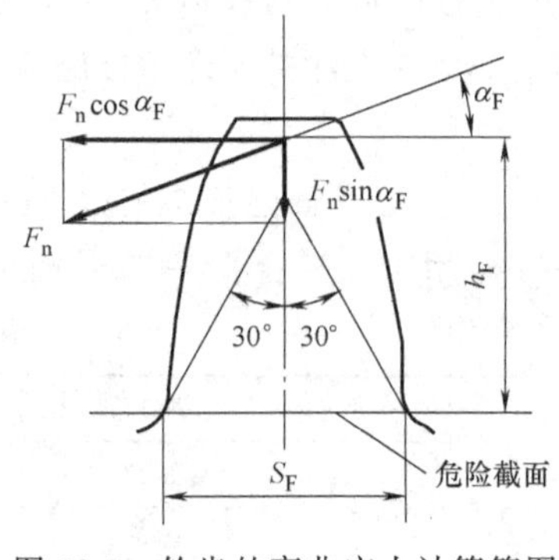

图 12-9 轮齿的弯曲应力计算简图

$$\sigma_F = \frac{KF_n h_F \cos\alpha_F}{\dfrac{bS_F^2}{6}} = \frac{6KF_t h_F \cos\alpha_F}{bS_F^2 \cos\alpha} = \frac{KF_t}{bm}\frac{6\left(\dfrac{h_F}{m}\right)\cos\alpha_F}{\left(\dfrac{S_F}{m}\right)^2\cos\alpha} \tag{12-8}$$

令

$$Y_F=\frac{6\dfrac{h_F}{m}\cos\alpha_F}{\left(\dfrac{S_F}{m}\right)^2\cos\alpha}$$

式中，Y_F 称为齿形系数。因 h_F 和 S_F 均与模数成正比，故 Y_F 只与齿形中的尺寸比例有关，而与模数无关。

将 $F_t=\dfrac{2T_1}{d_1}$和 $d_1=mz_1$ 代入式（12-8）中，可得轮齿弯曲强度的校核公式：

$$\sigma_F=\frac{2KT_1}{bm^2z_1}Y_{FS}\leqslant[\sigma_F] \tag{12-9}$$

式中，b 为齿宽（mm）；m 为模数（mm）；T_1 为小齿轮传递转矩（N·mm）；K 为载荷系数；z_1 为小齿轮齿数；Y_{FS} 为复合齿形系数，考虑齿形、应力集中等因素。对标准齿轮，Y_{FS} 只与齿数有关。直齿圆柱齿轮 Y_{FS} 的计算公式为

$$Y_{FS}=z/(0.269z-0.841) \tag{12-10}$$

式中，$[\sigma_F]$ 为齿轮材料的许用弯曲应力（MPa），其计算表达式为

$$[\sigma_F]=\sigma_{Flim}/S_F \tag{12-11}$$

式中，S_F 为弯曲疲劳强度安全系数。σ_{Flim} 和 S_F 的数值见表 12-6 和表 12-7。

对于 $i\neq1$ 的齿轮传动，由于 $z_1\neq z_2$，因此 $Y_{FS1}\neq Y_{FS2}$，而且两轮的材料、热处理方法和硬度也不相同，则 $[\sigma_{F1}]\neq[\sigma_{F2}]$，因此，应分别验算两个齿轮的弯曲强度。

对式（12-9），将齿宽系数 ψ_a 代入，则得轮齿弯曲强度设计公式：

$$m\geqslant\sqrt[3]{\frac{4KT_1}{\psi_a z_1^2(u\pm1)}\frac{Y_{FS}}{[\sigma_F]}} \tag{12-12}$$

式中，“+”号用于外啮合，“-”号用于内啮合；ψ_a 见表 12-8。

12.5.4　齿轮传动的强度计算说明

式（12-12）中的$\dfrac{Y_{FS}}{[\sigma_F]}$应代入$\dfrac{Y_{FS1}}{[\sigma_{F1}]}$和$\dfrac{Y_{FS2}}{[\sigma_{F2}]}$中的较大者，计算得到的模数应圆整为标准值。

对于软齿面的闭式传动，主要是接触疲劳强度破坏，在满足弯曲疲劳强度的条件下，宜采用较多齿数，一般取 $z_1=20\sim40$。因为当中心距确定后，齿数多，则重合度大，单位接触时间增加，可提高传动的平稳性。

对于硬齿面的闭式传动，首先应具有足够大的模数以保证齿根弯曲强度，为减小传动尺寸，宜取较少齿数，一般取 $z_1=17\sim20$。因为模数影响轮齿的抗弯强度，所以一般在满足轮齿弯曲疲劳强度条件下，宜取较小模数，以增大齿数，减少切齿量。对于传递动力的齿轮，其模数应大于 2mm，防止意外断齿。

12.6 斜齿圆柱齿轮传动的强度计算

12.6.1 轮齿的受力分析

图 12-10 所示为斜齿圆柱齿轮轮齿受力分析，轮齿所受的法向力 F_n 可分解为圆周力 F_t、径向力 F_r 和轴向力 F_a 这三个相互垂直的分力。

（1）力的大小

$$\left.\begin{aligned} F_t &= 2T_1/d_1 \\ F_r &= F_t\tan\alpha_n/\cos\beta \\ F_a &= F_t\tan\beta \end{aligned}\right\} \qquad (12\text{-}13)$$

（2）各力之间的关系

$$F_{t1}=-F_{t2}\,;\ F_{r1}=-F_{r2}\,;\ F_{a1}=-F_{a2} \qquad (12\text{-}14)$$

（3）各分力方向　圆周力 F_t、径向力 F_r 方向的判断方法与前述直齿轮相同。轴向力 F_a 的作用方向用“主动轮左右手法则”判断，如图 12-11 所示。

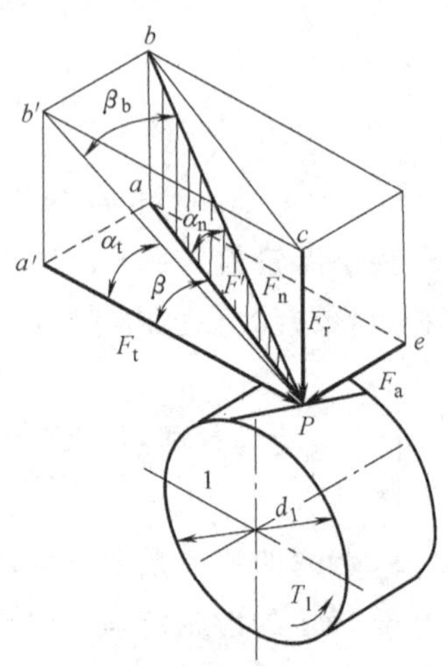

图 12-10　斜齿圆柱齿轮轮齿受力分析

主动轮左右手法则：①根据主动轮轮齿的旋向，左旋用左手，右旋用右手；②四指代表主动轮的转向，握住主动轮轴线；③大拇指所指即为主动轮所受轴向力 F_{a1} 的方向。主动轮上轴向力的方向确定后，从动轮上的轴向力则与主动轮上的轴向力大小相等、方向相反。

用图 12-11 表示斜齿轮的受力方向时，图形复杂，作图较困难。通常多采用图 12-12a 或图 12-12b 所示的方法来表示。图中⊙表示箭头，说明作用力方向垂直纸面向外；⊗表示箭尾，说明作用力方向垂直纸面向内。

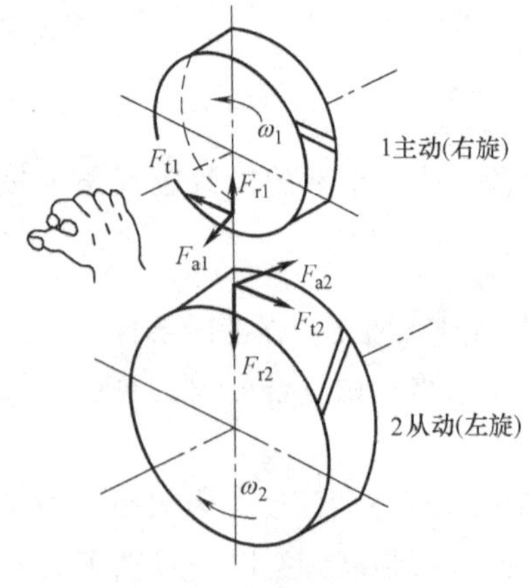

图 12-11　主动轮左右手法则

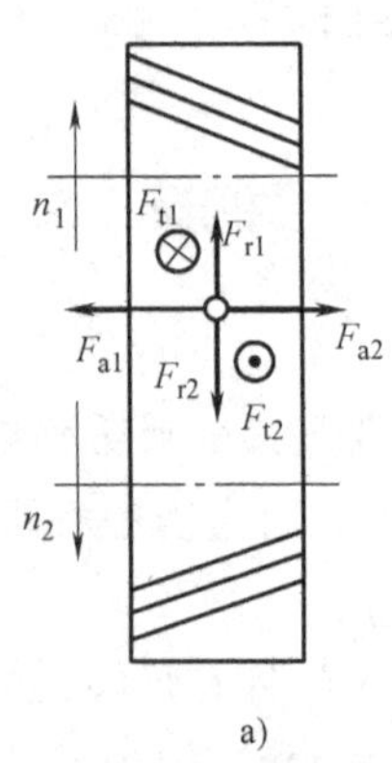

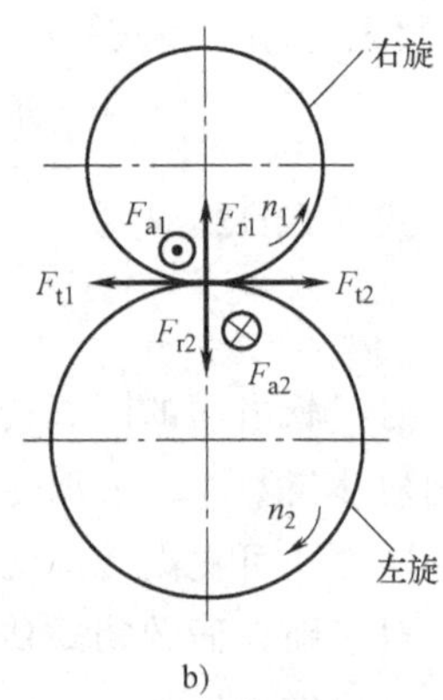

图 12-12　斜齿圆柱齿轮传动的受力方向的常用表示法

a）在非圆视图上的表示法　b）在端视图上的表示法

12.6.2　斜齿轮强度的计算公式

斜齿圆柱齿轮传动的强度计算是按轮齿的法向进行分析的，其基本原理与直齿圆柱齿轮传动相似。但其重合度大，同时相啮合的轮齿较多，轮齿的接触线是倾斜的，而且法向内斜齿轮的当量齿轮的分度圆半径也较大，因此斜齿轮的接触应力和齿根弯曲应力均比直齿轮有所降低。

1. 齿面接触疲劳强度计算公式

一对钢制标准斜齿圆柱齿轮传动的齿面接触应力及强度校核公式为

$$\sigma_{\mathrm{H}}=305\sqrt{\frac{(u+1)^{3}KT_{1}}{uba^{2}}}\leqslant[\sigma_{\mathrm{H}}] \tag{12-15}$$

如取齿宽系数 $\psi_{\mathrm{a}}=b/a$，则式（12-15）可变换为以下设计公式：

$$a\geqslant(u+1)\sqrt[3]{\left(\frac{305}{[\sigma_{\mathrm{H}}]}\right)^{2}\frac{KT_{1}}{\psi_{\mathrm{a}}u}} \tag{12-16}$$

式中，T_1 为主动轮的转矩（N · mm）；b 为齿宽（mm）；a 为中心距（mm）；σ_{H} 和 $[\sigma_{\mathrm{H}}]$ 分别为接触应力和许用接触应力（MPa）；K 为载荷系数，见表 12-5。$[\sigma_{\mathrm{H}}]$ 由两齿轮许用应力的平均值决定。

若配对齿轮材料改变时，式（12-15）和式（12-16）中系数 305 应加以修正。钢对铸铁应将 305 乘以 285/335；铸铁对铸铁应将 305 乘以 250/335，具体情况可参考相关机械设计手册。

按式（12-16）求出中心距 a 后，可先选定齿数 z_1、z_2 和螺旋角 β（或模数 m_{n}），再按下式计算模数 m_{n}（或螺旋角 β），即

$$m_{\mathrm{n}}=\frac{2a\cos\beta}{z_1+z_2} \tag{12-17}$$

$$\beta=\arccos\frac{m_{\mathrm{n}}(z_1+z_2)}{2a} \tag{12-18}$$

2. 齿根弯曲疲劳强度计算公式

斜齿轮的弯曲疲劳强度校核公式为

$$\sigma_{\mathrm{F}}=\frac{1.6KT_{1}Y_{\mathrm{F}}}{bm_{\mathrm{n}}d_{1}}=\frac{1.6KT_{1}Y_{\mathrm{F}}\cos\beta}{bm_{\mathrm{n}}^{2}z_{1}}\leqslant[\sigma_{\mathrm{F}}] \tag{12-19}$$

引入齿宽系数 $\psi_{\mathrm{a}}=b/a$，可得轮齿弯曲强度设计公式

$$m_{\mathrm{n}}\geqslant\sqrt[3]{\frac{3.2KT_{1}Y_{\mathrm{F}}\cos^{3}\beta}{\psi_{\mathrm{a}}(u+1)z_{1}^{2}[\sigma_{\mathrm{F}}]}} \tag{12-20}$$

式中，m_{n} 为法向模数（mm）；Y_{F} 为齿形系数，应根据当量齿数 $z_{\mathrm{v}}=z/\cos^{3}\beta$ 取值。

12.7　直齿锥齿轮传动的强度计算

12.7.1　轮齿的受力分析

锥齿轮沿齿宽方向从大端到小端逐渐缩小，轮齿刚度也逐渐变小，所以锥齿轮的载荷沿齿

宽分布不均，为简化计算，通常采用当量齿轮的概念，将一对直齿锥齿轮传动转化为一对当量直齿圆柱齿轮传动进行强度计算。一般以齿宽中点处的当量直齿圆柱齿轮作为计算基础。

图 12-13 所示为一对直齿锥齿轮传动中主动轮的受力分析。作用在直齿锥齿轮齿面上的法向力 F_n 可视为集中作用在齿宽中点分度圆直径上，即作用在分度圆锥的平均直径 d_{m1} 处。

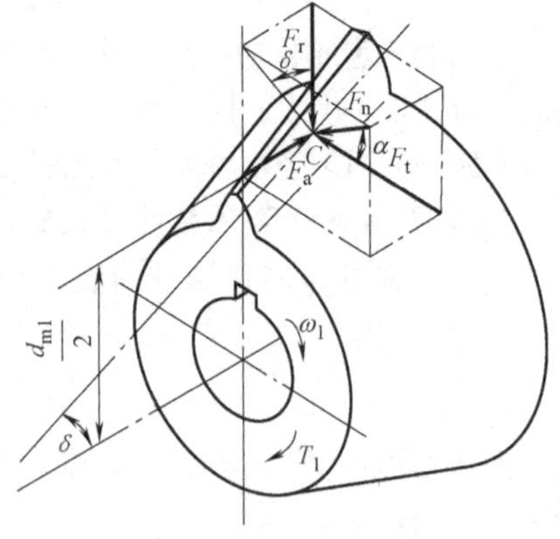

图 12-13　直齿锥齿轮中主动轮的受力分析

轮齿所受的法向力 F_n 可分解为圆周力 F_t、径向力 F_r 和轴向力 F_a 这三个相互垂直的分力。

（1）力的大小

$$\left.\begin{aligned}F_{t1}&=2T_1/d_{m1}\\F_{r1}&=F_{t1}\tan\alpha\cos\delta_1\\F_{a1}&=F_{t1}\tan\alpha\sin\delta_1\end{aligned}\right\}\tag{12-21}$$

式中，d_{m1} 为小齿轮齿宽中点的分度圆直径。

（2）各力之间的关系

$$F_{t1}=-F_{t2};\ F_{r1}=-F_{a2};\ F_{a1}=-F_{r2}\tag{12-22}$$

（3）各分力方向　F_t、F_r 方向的判断方法与直齿轮相同，两轮轴向力的方向均为小端指向大端。

12.7.2　直齿锥齿轮强度的计算公式

可以近似认为，一对直齿锥齿轮传动和位于齿宽中点的一对当量圆柱齿轮传动（图 12-14）的强度相等，由此可得轴交角为 90°的一对钢制直齿锥齿轮的强度计算方法。

1. 齿面接触疲劳强度计算公式

可近似认为，一对钢制直齿锥齿轮的齿面接触强度校核公式为

$$\sigma_H=\frac{335}{R_e-0.5b}\sqrt{\frac{\sqrt{(u^2+1)}^3KT_1}{ub}}\leqslant[\sigma_H]\tag{12-23}$$

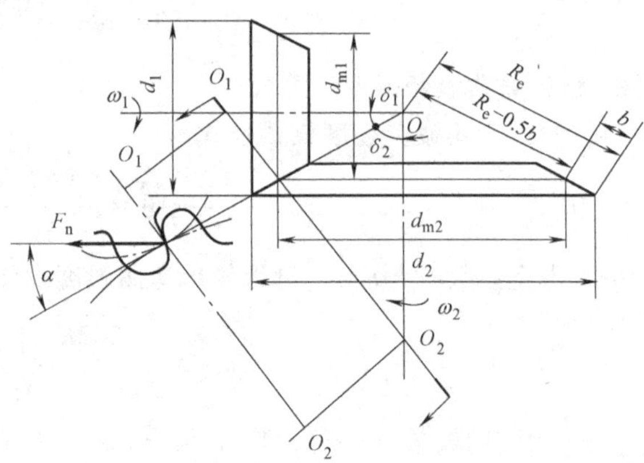

图 12-14　直齿锥齿轮的当量齿轮

若取齿宽与外锥距之比为齿宽系数，即

$$\psi_R=\frac{b}{R_e}$$

则式（12-23）可转换为

$$R_e\geqslant\sqrt{(u^2+1)}\sqrt[3]{\left[\frac{335}{(1-\psi_R)[\sigma_H]}\right]^2\frac{KT_1}{\psi_R u}}\tag{12-24}$$

式中，T_1 为传递转矩（N·mm）；b 为齿宽（mm）；R_e 为锥距（mm）；σ_H 和［σ_H］分别为接触应力和许用接触应力（MPa）；K 为载荷系数，见表 12-5；u 为齿数比，对于单级直齿锥齿轮传动，一般 $u=1\sim5$，推荐 $u=2\sim3$，最大值 $u\leqslant6$。齿宽 b 越大，沿齿宽受力越不均

匀，一般取 $\psi_R=0.25\sim0.3$。

若配对齿轮材料改变时，式（12-23）和式（12-24）中的系数335应加以修正，修正方法与前面直齿圆柱齿轮传动方法相同。

按式（12-24）求出锥距 R_e 后，可选择齿数 z_1 和 z_2，再按下列几何关系确定大端端面模数：

$$m_e=\frac{2R_e}{z_1\sqrt{u^2+1}} \tag{12-25}$$

求出大端端面模数 m_e 后，应圆整为标准值。

2. 齿根弯曲疲劳强度计算公式

直齿锥齿轮齿根的弯曲应力及校核公式，可根据当量圆柱齿轮得出

$$\sigma_F=\frac{2KT_1Y_F}{bd_{m1}m_m}=\frac{2KT_1Y_F}{bm_m^2z_1}\leqslant[\sigma_F] \tag{12-26}$$

式中，m_m 为平均模数（mm）；Y_F 为齿形系数，按当量齿数 $z_v=z/\cos\delta$ 取值。其余符号的意义和单位同前。

$$m_e=\frac{m_m}{1-0.5\psi_R} \tag{12-27}$$

引入齿宽系数 $\psi_R=\dfrac{b}{R_e}$，式（12-26）可转换为

$$m_m\geqslant\sqrt[3]{\frac{4KT_1Y_F(1-0.5\psi_R)}{\sqrt{u^2+1}\,\psi_Rz_1^2[\sigma_F]}} \tag{12-28}$$

求出平均模数 m_m，可按式（12-27）求得大端端面模数 m_e，并圆整为标准值。

12.8　蜗杆传动的强度计算

12.8.1　轮齿的受力分析

蜗杆传动的受力分析和斜齿轮相似，如图12-15所示。齿面上的法向力 F_n 可分解为三个互相垂直的分力：圆周力 F_t、径向力 F_r 和轴向力 F_a。

（1）力的大小

$$\left.\begin{aligned}F_{t1}&=2T_1/d_1\\F_{t2}&=2T_2/d_2\\F_{r1}&=F_{t2}\tan\alpha\end{aligned}\right\} \tag{12-29}$$

$$T_2=T_1i\eta \tag{12-30}$$

式中，T_1 和 T_2 分别为作用在蜗杆和蜗轮上的转矩（N·mm）；η 为蜗杆传动的效率。

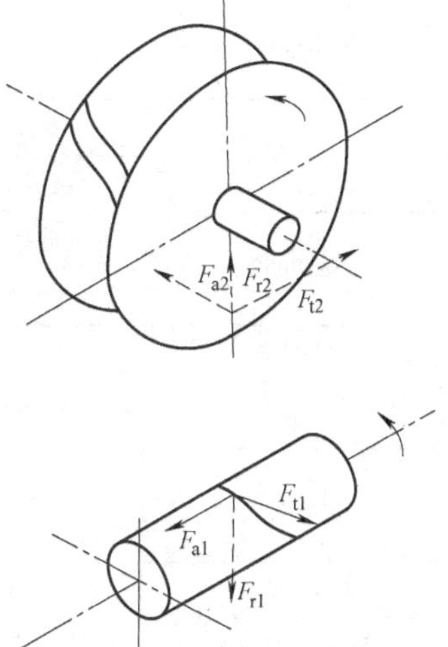

图12-15　蜗杆传动的受力分析

（2）各力之间的关系

$$F_{t1}=-F_{a2};\ F_{a1}=-F_{t2};\ F_{r1}=-F_{r2} \tag{12-31}$$

（3）各分力方向　圆周力 F_t、径向力 F_r 的判断方法与前述相同；轴向力 F_{a1} 方向用“主动轮左右手法则”判断，方法同斜齿圆柱齿轮。蜗轮的受力方向可等蜗杆的受力方向判定以后，由式（12-31）得出。

12.8.2　蜗杆传动强度的计算公式

在圆柱蜗杆传动中，蜗轮的强度远不如蜗杆，因此只对蜗轮轮齿进行强度计算。蜗轮轮齿的接触疲劳强度计算与斜齿轮相似，仍以赫兹公式为基础。如以蜗杆蜗轮在节点处啮合的相应参数代入该公式，便可得到轮齿齿面接触疲劳强度的校核公式为

$$\sigma_H=500\sqrt{\frac{KT_2}{d_1 d_2^2}}=500\sqrt{\frac{KT_2}{m^2 d_1 z_2^2}}\leqslant[\sigma_H] \tag{12-32}$$

式（12-32）适用于钢制蜗杆对青铜或铸铁蜗轮（指齿圈）。由式（12-32）可得设计公式如下

$$m^2 d_1\geqslant\left(\frac{500}{z_2[\sigma_H]}\right)^2 KT_2 \tag{12-33}$$

式中，K 为载荷系数。当考虑载荷集中和动载荷的影响时，可取 $K=1.1\sim1.3$。其余参数的单位：T_2 为 N·mm，σ_H 和 $[\sigma_H]$ 的单位为 MPa，m、d_1 和 d_2 的单位为 mm。计算出 m^2d_1 后，可从表 5-7 中查出相应的参数。

若蜗轮的齿圈是用锡青铜制造的，其失效形式主要是疲劳点蚀，许用接触应力列于表 12-9 中。若蜗轮是用无锡青铜或铸铁制造的，它们的失效形式主要是胶合。此时，接触疲劳强度计算是条件性计算，故许用应力应根据材料组合和滑动速度来确定。表 12-10 中的许用接触应力就是根据抗胶合条件拟定的。

表 12-9　锡青铜蜗轮的许用接触应力 $[\sigma_H]$　（单位：MPa）

蜗轮材料	铸造方法	适用的滑动速度 v_s/(m/s)	蜗杆齿面硬度	
			≤350HBW	>45HRC
ZCuSn10P1	砂型	≤12	180	200
	金属型	≤25	200	220
ZCuSn5Pb5Zn5	砂型	≤10	110	125
	金属型	≤12	135	150

表 12-10　铝青铜及铸铁蜗轮的许用接触应力 $[\sigma_H]$　（单位：MPa）

蜗轮材料	蜗杆材料	滑动速度 v_s/(m/s)						
		0.5	1	2	3	4	6	8
ZCuAl10Fe3	淬火钢	250	230	210	180	160	120	90
HT150、HT200	渗碳钢	130	115	90	—	—	—	—
HT150	调质钢	110	90	70	—	—	—	—

12.8.3 蜗杆传动的热平衡计算

蜗杆传动效率低，发热量大，若产生的热量不能及时散逸，将使油温升高，油黏度下降，油膜破坏，磨损加剧，甚至产生胶合破坏。因此，对连续工作的蜗杆传动应进行热平衡计算。在单位时间内，蜗杆传动由于摩擦损耗产生的热量为

$$Q_1=1000P_1(1-\eta) \tag{12-34}$$

式中，Q_1 为摩擦损耗产生的热量（W）；P_1 为蜗杆传动的输入功率（kW）；η 为蜗杆传动的效率，具体参考表 12-16。

自然冷却时单位时间内经箱体外壁散逸到周围空气中的热量为

$$Q_2=K_SA(t_1-t_0) \tag{12-35}$$

式中，K_S 为散热系数（$W/m^2\cdot℃$），可取 $K_S=(8\sim17)W/m^2\cdot℃$，通风良好时取大值；A 为散热面积（m^2）；t_1 为箱体内的油温，一般取许用油温 $[t_1]=60\sim80℃$，最高不超过 90℃；t_0 为周围空气的温度，通常取 $t_0=20℃$。

按热平衡条件 $Q_1=Q_2$，可得工作条件下的油温为

$$t_1=\frac{1000(1-\eta)P_1}{K_SA}+t_0\leqslant[t_1] \tag{12-36}$$

若工作温度超过许用温度，可采取下列措施：①在箱体壳外铸出散热片，增加散热面积 A；②在蜗杆轴上装风扇（图 12-16a），提高散热系数，此时 $K_S\approx20\sim28W/m^2\cdot℃$；③加冷却装置，在箱体油池内装蛇形冷却管（图 12-16b）或用循环油冷却（图 12-16c）。

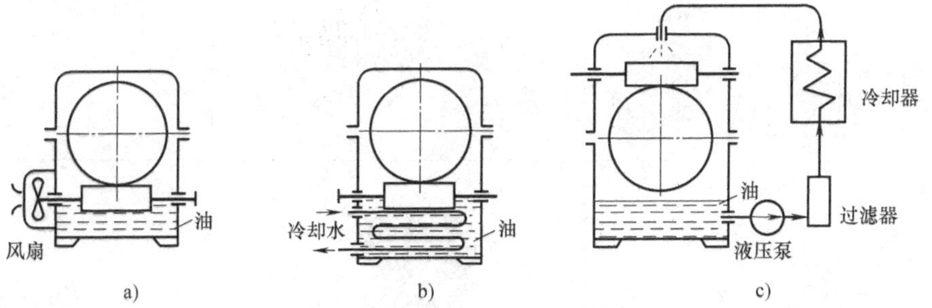

图 12-16 蜗杆传动的散热方法

a）在蜗杆轴上装风扇 b）加冷却装置 c）用循环油冷却

12.9 结构设计与润滑

12.9.1 齿轮的结构设计

作为一个完整的齿轮零件，除轮齿以外还必须有轮缘、轮辐及轮毂等部分。若轮缘、轮辐和轮毂部分设计不当，这些部位也会出现破坏，例如轮缘开裂、轮辐折断、轮毂破坏等。轮缘、轮辐和轮毂部分的设计属于齿轮结构设计。对于中等模数的传动齿轮，这几个部分一

般是参考毛坯制造方法，根据经验关系来设计的。

1. 锻造齿轮

对于齿顶圆直径小于500mm的齿轮，一般采用锻造毛坯，并根据齿轮直径的大小采用表12-11所示的几种结构形式。

当齿轮齿根直径与轴径很接近时，可以将齿轮与轴作成一体，称为齿轮轴。齿轮与轴的材料相同，可能会造成材料的浪费和增加加工工艺的难度。齿顶圆直径 $d_a \leqslant 160$mm（当轮缘内径 D 与轮毂外径 D_3 相差不大时，而轮毂长度要大于等于1.6倍的轴径尺寸）时可以采用这种结构。采用实心式结构时应注意，齿根与键槽顶部距离 e 不能过小，如果圆柱齿轮 $e<2$m、锥齿轮 $e<1.6$m，就要采用齿轮轴结构。齿顶圆直径 $d_a \geqslant 160$mm 时，为了减轻重量，节约材料，同时由于不易锻出辐条，常采用腹板式结构。对于腹板式结构，当 d_a 接近500mm时，可以在腹板上开出减轻孔，一般也不设加强肋，而将腹板做得厚一些。此时，轮毂长度一般不应小于齿轮宽度，可以略大一些；结构布置上，轮毂可以对称，也可以偏向一侧。表12-11中圆柱齿轮的轮毂即为对称布置，锥齿轮轮毂则偏向一侧。

表12-11 锻造齿轮的结构尺寸

名称	结构形式		结构尺寸
	圆柱齿轮	锥齿轮	
齿轮轴			圆柱齿轮 $e>2m$；锥齿轮 $e>1.6m$ 时（m 为模数）
实心式	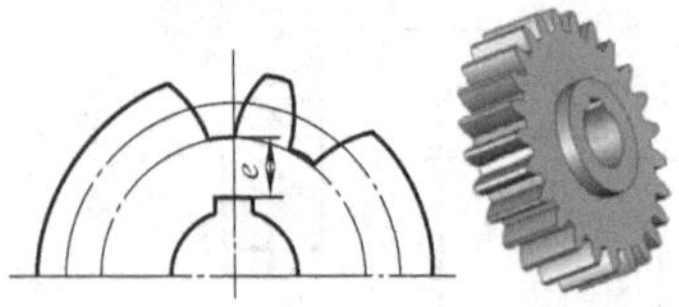	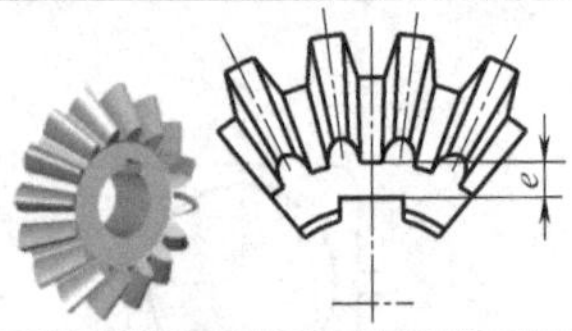	
腹板式	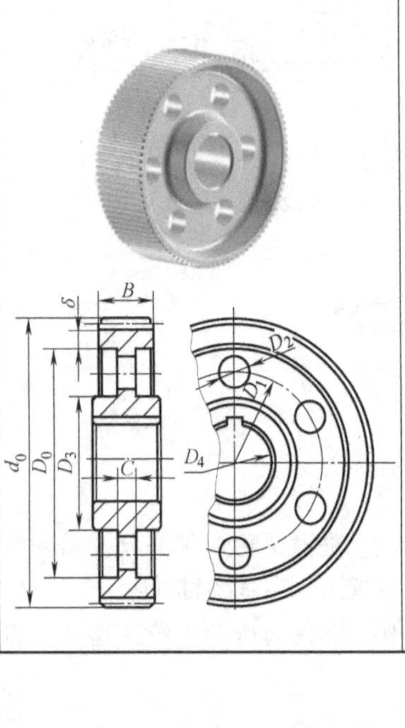	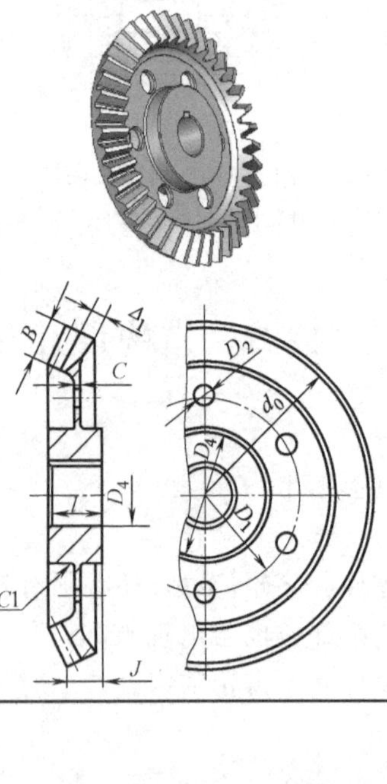	$D_1 \approx (D_0+D_3)/2$ $D_2 \approx 0.3(D_0-D_4)$ $D_3 \approx 1.6D_4$ $l \approx (1\sim1.2)D_4$ 圆柱齿轮： $\delta=(3\sim5)m$； $C \approx (0.2\sim0.3)B$； 锥齿轮： $\Delta_1=(0.1\sim0.2)B$ $C \approx (3\sim4)m$；常用齿轮的 C 值不应小于10mm；J 由结构设计定（m 为模数，斜齿轮用 m_n）

2. 铸造齿轮

当齿顶圆直径 d_a>500mm 或 d_a 虽然小于 500mm 但形状复杂，不便于锻造的齿轮，常采用铸造毛坯，如表 12-12 所示的铸造齿轮结构。当 d_a>300mm 时，可以做成带加强肋的腹板结构；当 d_a>500mm 时常做成轮辐结构。

表 12-12 铸造齿轮的结构尺寸

<table>
<tr><th>名称</th><th>结构形式</th><th>结构尺寸</th></tr>
<tr><td>轮辐式圆柱齿轮</td><td>  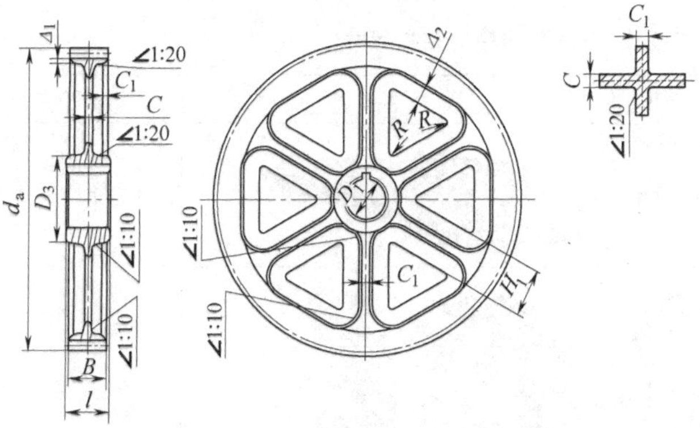</td><td rowspan="2">铸钢：$D_3 \approx 1.6D_4$
铸铁：$D_3 \approx 1.7D_4$
圆柱齿轮：$D_1 \approx (D_0+D_3)/2$
$\Delta_1=(3\sim4)m_n \geqslant 8\text{mm}$
$\Delta_2=(1\sim2)\Delta_1$
铸钢：$H \approx 0.8D_4$
铸铁：$H \approx 0.9D_4$
$H_1 \approx 0.8H$
$C \approx H/5$
$C_1 \approx H/6$
$R \approx 0.5H$
$1.4D_4>l \geqslant B$
轮辐数常取 6
锥齿轮
加强肋的厚度 $C_1 \approx 0.8C$
其他结构尺寸与锻造齿轮腹板式相同</td></tr>
<tr><td>带加强肋的腹板式锥齿轮</td><td></td></tr>
</table>

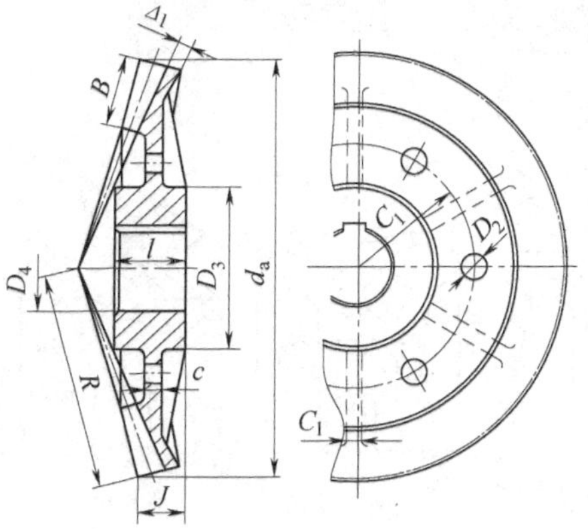

12.9.2 蜗杆蜗轮的结构

蜗杆及蜗轮的结构见表 12-13。蜗杆螺旋部分直径不大，常和轴做成一个整体，称为蜗杆轴。蜗杆螺旋部分可以车制，也可以铣制。铣制蜗杆没有退刀槽，且轴的直径可以大于蜗杆的齿根圆直径，所以刚度较大。车制蜗杆时由于留有退刀槽而使轴径小于蜗杆根圆直径，削弱了蜗杆的刚度。

常用的蜗轮结构形式有以下几种：

1）整体浇注式。主要用于铸铁蜗轮或尺寸很小的青铜蜗轮。

2）齿圈式。这种结构由青铜齿圈及铸铁轮芯组成。齿圈与轮芯多用 H7/r6 配合，并加装 4~6 个紧定螺钉（或用螺钉拧紧后将头部锯掉），以增强连接的可靠性。螺钉直径取 $(1.2 \sim 1.5)m$，m 为蜗轮的模数。螺钉拧入深度为 $(0.3 \sim 0.4)B$，B 为蜗轮宽度。为了便于钻孔，应将螺孔中心线由配合缝向材料较硬的轮芯部分偏移 2~3mm。这种结构多用于尺寸不太大或工作温度变化较小的地方，以免热胀冷缩影响配合质量。

3）螺栓连接式。可用普通螺栓连接，或用铰制孔用螺栓连接，螺栓的尺寸和数目可参考蜗轮的结构尺寸而定，然后作适当的校核。这种结构装拆比较方便，多用于尺寸较大或易磨损的蜗轮。

4）拼铸式。拼铸式是在铸铁轮芯上加铸青铜齿圈，然后切齿。只用于成批制造的蜗轮。

表 12-13　蜗杆及蜗轮的结构尺寸

名称	结构形式	结构尺寸
蜗杆	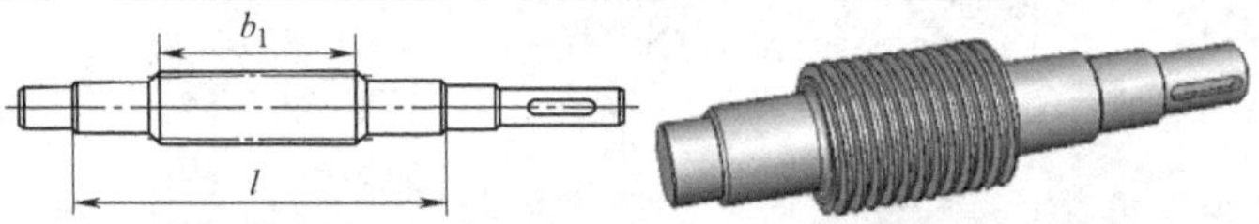 b_1　l	l 由结构设计定
蜗轮	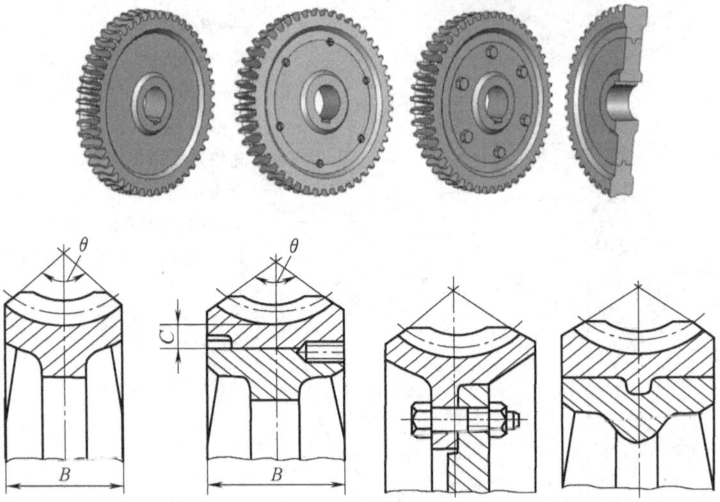 θ　θ　C　B　B a) 整体浇注式　b) 齿圈式　c) 螺栓连接式　d) 拼铸式	$\theta = 90° \sim 130°$ 齿圈厚度 $C = 1.6m + 1.5\text{mm}$（m 为模数）

12.9.3　润滑与效率

1. 齿轮传动的润滑与效率

开式齿轮传动常采用人工定期润滑，可采用润滑油或润滑脂。

一般闭式齿轮传动的润滑方式根据齿轮的圆周速度 v 的大小而定。当 $v \leqslant 12\text{m/s}$ 时，多

采用油池润滑（图 12-17a），当齿轮浸入油池一定的深度，齿轮运转时就把润滑油带到啮合区，同时也甩到箱壁上，借以散热。当 v 较大时，浸入深度约为一个齿高；当 v 较小，如 0.5~0.8m/s 时，浸入深度可达到齿轮半径的 1/6。

多级传动中，当几个大齿轮直径不等时，可以采用惰轮蘸油润滑（图 12-17b）。

当 v>12m/s 时，不宜采用油池润滑，这是因为：①圆周速度过高，齿轮上的油大多被甩出而无法到达啮合区；②搅油过于激烈，使油的温升增加，降低了其润滑性能；③会搅起箱底沉淀的杂质，加速齿轮的磨损。此时最好采用喷油润滑（图 12-17c），用液压泵将润滑油直接喷到啮合区。

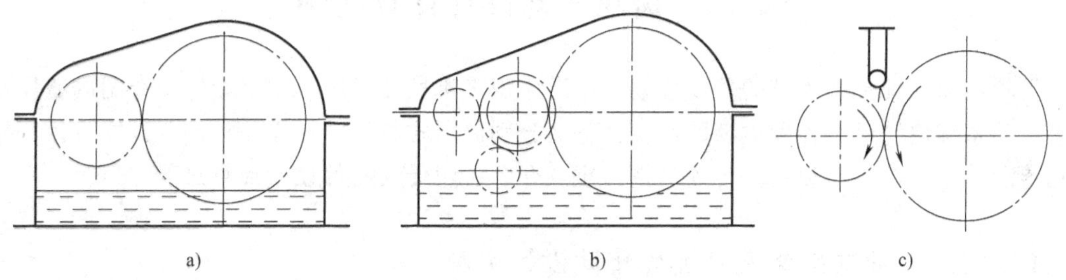

图 12-17　齿轮传动的润滑

a）油池润滑　b）采用惰轮的油池润滑　c）喷油润滑

齿轮传动的功率损失主要包括：①啮合中的摩擦损耗；②搅动润滑油的油阻损耗；③轴承中的摩擦损耗。计入上述损耗时，齿轮传动（常用滚动轴承）的平均效率见表 12-14。

表 12-14　齿轮传动的平均效率

传动装置	6 级或 7 级精度的闭式传动	8 级精度的闭式传动	开式传动
圆柱齿轮	0.98	0.97	0.95
锥齿轮	0.97	0.96	0.93

2. 蜗杆传动的润滑与效率

润滑对蜗杆传动特别重要，因为润滑不良时，蜗杆传动的效率将显著降低，并会导致剧烈的磨损和胶合。通常采用黏度较大的润滑油，为提高其抗胶合能力，可加入油性添加剂以提高油膜的刚度，但青铜蜗轮不允许采用活性大的油性添加剂，以免被腐蚀。

闭式蜗杆传动的润滑油黏度和润滑方法可参考表 12-15 选择。开式传动则采用黏度较高的齿轮油或润滑脂进行润滑。闭式蜗杆传动采用油池润滑，在 $v_s \leq 5$m/s 时常采用蜗杆下置式，浸油深度约为一个齿高，但油面不得超过蜗杆轴承的最低滚动体中心；v_s>5m/s 时常用上置式，油面允许达到蜗轮半径 1/3 处。

表 12-15　蜗杆传动的润滑油黏度及润滑方法

滑动速度 v_s/(m/s)	<1	<2.5	<5	>5~10	>10~15	>15~25	>25
工作条件	重载	重载	中载	—	—	—	—
运动黏度 v(40℃)/(mm^2/s)	1000	680	320	220	150	100	68
润滑方法	浸油			浸油或喷油	喷油润滑,油压/MPa		
					0.07	0.2	0.3

蜗杆传动的功率损失主要包括：啮合中的摩擦损耗；搅动润滑油的油阻损耗；轴承中的摩擦损耗。计入上述损耗时，闭式蜗杆传动的效率见表 12-16。

表 12-16 闭式蜗杆传动的传动效率

闭式传动	z_1	1	2	4	6
	η	0.7～0.75	0.75～0.82	0.82～0.92	0.86～0.95

开式传动蜗杆的传动效率：$z_1=1$、2；$\eta=0.60\sim0.70$。

12.10 齿轮传动设计计算实例

齿轮传动因其具有优异的传动性能，广泛应用于机械装置中。本书绪论中介绍的精压机机组传动系统便使用了各种类型的齿轮，下面分别以闭式斜齿圆柱齿轮传动、开式直齿圆柱齿轮传动、锥齿轮传动和蜗杆传动为例，重点介绍齿轮传动零件设计计算过程。

12.10.1 闭式斜齿圆柱齿轮传动设计实例

1. 设计数据与设计内容

该齿轮传动的传动比 $i=3$，中等冲击，减速器高速轴所需传递的功率为 7.125kW，转速为 571.43r/min。

设计内容包括：选择各齿轮材料及热处理方法、精度等级；确定其主要参数、几何尺寸及结构等。

由于斜齿圆柱齿轮传动的平稳性和承载能力都优于直齿圆柱齿轮传动，在此，传动类型选斜齿圆柱齿轮传动；无特殊要求，选软齿面。

2. 按闭式软齿面斜齿轮设计

（1）选择齿轮精度、材料及热处理方式

根据一般要求，由表 12-4 可知，初选 8 级精度。

小齿轮 40Cr，调质，硬度为 241～286HBW，取 270HBW。

大齿轮 ZG35Mn，调质，硬度 197～248HBW，取 220HBW。

本实例的传动属中速轻载，但有冲击，由表 12-1 可知，两轮均需选合金钢；两个齿轮均为斜齿轮软齿面时，应使硬度差≥40HBW；现 $HBW_1-HBW_2=270-220=50$，合适；同时硬度差也应符合表 12-2 中对调质斜齿轮的硬度配对要求：270～300HBW 配 200～230HBW。

（2）计算许用应力

1）由表 12-6，求强度极限 σ_{Flim}、σ_{Hlim}：

$\sigma_{Hlim1}=366.7MPa+1.33HBW_1=(366.7+1.33\times270)MPa=725.8MPa$

$\sigma_{Flim1}=140MPa+0.4HBW_1=(140+0.4\times270)MPa=248MPa$

$\sigma_{Hlim2}=290MPa+1.3HBW_2=(290+1.3\times220)MPa=576MPa$

$\sigma_{Flim2}=150MPa+0.4HBW_2=(150+0.4\times220)MPa=240MPa$

2）由表 12-7，取安全系数：$S_H=1.25$；$S_F=1.6$。

3）由式（12-6）计算得

$[\sigma_{H1}]=\sigma_{Hlim1}/S_H=725.8/1.25\text{MPa}=580.64\text{MPa}$

$[\sigma_{H2}]=\sigma_{Hlim2}/S_H=576/1.25\text{MPa}=460.8\text{MPa}$

$[\sigma_{F1}]=\sigma_{Flim1}/S_F=248/1.6\text{MPa}=155\text{MPa}$

$[\sigma_{F2}]=\sigma_{Flim2}/S_F=240/1.6\text{MPa}=150\ \text{MPa}$

专用精压机一旦失效可能造成严重的经济损失或安全事故，所以选较高可靠度。

(3) 该传动为闭式软齿面，按齿面接触疲劳强度设计

1) 确定载荷系数 K：查表 12-5，按较大冲击，取中间值 $K=1.7$。

2) 确定齿宽系数 ψ_a：由表 12-8，轻型传动，对称布置，取 $\psi_a=0.35$。

3) 计算小齿轮上的转矩：

$$T_1=9.55\times10^6\frac{P}{n_1}=9.55\times10^6\frac{7.125}{571.43}\text{N}\cdot\text{mm}=1.19\times10^5\text{N}\cdot\text{mm}$$

4) 确定齿数：选小齿轮齿数 $z_1=27$，则大齿轮齿数 $z_2=iz_1=3\times27=81$。

5) 由式（12-16）初算中心距：

$$a\geqslant(u+1)\sqrt[3]{\frac{305^2KT_1}{\psi_a u[\sigma_H]^2}}=(3+1)\times\sqrt[3]{\frac{1.7\times1.18\times10^5\times305^2}{0.35\times3\times460.8^2}}\text{mm}=174.97\text{mm}$$

6) 计算法向模数：初取螺旋角 $\beta=15°$。

$$m_n=\frac{2a\cos\beta}{z_1+z_2}=\frac{2\times174.97\times\cos15°}{27+81}\text{mm}=3.13\text{mm}$$

取 $m_n=4\text{mm}$。

7) 由式（12-17）确定中心距：

$$a=\frac{m_n(z_1+z_2)}{2\cos\beta}=\frac{4\times(27+81)}{2\times\cos15°}\text{mm}=223.62\text{mm}$$

取 $a=224\text{mm}$。

8) 确定螺旋角：

$$\beta=\arccos\frac{m_n(z_1+z_2)}{2a}=\arccos\frac{4\times(27+81)}{2\times224}=15.34°$$

9) 计算分度圆直径：

$$d_1=\frac{m_n z_1}{\cos\beta}=\frac{4\times27}{\cos15.34°}\text{mm}=111.99\text{mm}$$

$$d_2=id_1=3\times111.99\text{mm}=335.97\text{mm}$$

10) 计算齿宽 b_1、b_2：

$$b=\psi_a a=0.35\times224\text{mm}=78.4\text{mm}$$

取 $b_2=80\text{mm}$，$b_1=85\text{mm}$。

一般情况下，小齿轮齿数取 20~40 中间偏小的值，若需要结构更紧凑，可取更小。

因 $[\sigma_{H2}]<[\sigma_{H1}]$，故取 $[\sigma_H]=[\sigma_{H2}]=460.8\text{MPa}$。

斜齿轮可利用螺旋角凑中心距，故其中心距可圆整（分度圆直径不可圆整），但直齿圆柱齿轮的中心距不可圆整，只能保留计算值。

螺旋角一般为 8°~20°，故初选中间偏大一点的值。

小齿轮的齿宽 b_1 比大齿轮齿宽 b_2 大 5mm，符合 $b_1=b_2+(4\sim6)\text{mm}$。

(4) 校核齿根弯曲疲劳强度

1) 确定复合齿形系数。

计算当量齿数

$$z_{v1}=\frac{z_1}{\cos^3\beta}=\frac{27}{\cos^3 15.34°}=30.10$$

$$z_{v2}=\frac{z_2}{\cos^3\beta}=\frac{84}{\cos^3 15.34°}=90.31$$

则

$Y_{FS1}=z_{v1}/(0.269z_{v1}-0.841)=30.10/(0.269\times30.10-0.841)=4.15$

$Y_{FS2}=z_{v2}/(0.269z_{v2}-0.841)=90.31/(0.269\times90.31-0.841)=3.85$

2) 校核齿根弯曲疲劳强度。

$$\sigma_{F1}=\frac{1.6KT_1\cos\beta}{bm_n^2z_1}Y_{FS1}=\frac{1.6\times1.7\times1.19\times10^5\times\cos15.34°}{80\times4^2\times27}\times4.15\text{MPa}=37.48\text{MPa}<[\sigma_{F1}]$$

$$\sigma_{F2}=\sigma_{F1}\frac{Y_{FS2}}{Y_{FS1}}=37.48\times\frac{3.85}{4.15}\text{MPa}=34.77\text{MPa}<[\sigma_{F2}]$$

故安全。

(5) 计算齿轮的圆周速度

$$v=\frac{\pi\times d_1\times n_1}{60\times1000}=\frac{\pi\times111.99\times571.43}{60000}\text{m/s}=3.35\text{m/s}$$

对照表 12-4，8 级精度合适。

(6) 齿轮结构设计　参考表 12-12 或者机械设计手册进行。

为进行对比，下面分别按闭式硬齿面斜齿圆柱齿轮传动、闭式软齿面直齿圆柱齿轮传动、闭式硬齿面直齿圆柱齿轮传动设计计算，以作参考。

3. 按闭式硬齿面斜齿圆柱齿轮设计

(1) 选择齿轮精度、材料及热处理方式

根据一般要求，由表 12-4，初选 8 级精度。

小齿轮选用 40Cr，表面淬火，齿面硬度为 48～55HRC，取 50HRC。

大齿轮选用 35SiMn，表面淬火，齿面硬度为 45～55HRC，取 50HRC。

本实例的传动属中速轻载，但有冲击，由表 12-1 可知，两轮均需要选用合金钢。

硬齿面两轮的硬度要相当，根据表 12-2 选硬度配对：45～50HRC 配 45～50HRC。

(2) 计算许用应力

1) 由表 12-6，求强度极限 σ_{Flim}、σ_{Hlim}：

$\sigma_{Hlim1}=\sigma_{Hlim2}=550\text{MPa}+12\text{HRC}_1=(550+12\times50)\text{MPa}=1150\text{MPa}$

$\sigma_{Flim1}=\sigma_{Flim2}=110\text{MPa}+5\text{HRC}_1=(110+5\times50)\text{MPa}=360\text{MPa}$

2) 由表 12-7，取安全系数：$S_H=1.25$；$S_F=1.6$。

3) 由式 (12-6) 计算得

$[\sigma_{H1}]=[\sigma_{H2}]=\sigma_{Hlim1}/S_H=1150/1.25\text{MPa}=920\text{MPa}$

$[\sigma_{F1}]=[\sigma_{F2}]=\sigma_{Flim1}/S_F=360/1.6\text{MPa}=225\text{MPa}$

专用精压机一旦失效可能造成严重的经济损失或安全事故，所以选较高的可靠度。

（3）该传动为闭式硬齿面，按齿根弯曲疲劳强度设计

1）确定载荷系数 K：查表 12-5，按较大冲击，取中间值 $K=1.7$。

2）确定齿宽系数 ψ_a：由表 12-8，轻型传动，对称布置，取 $\psi_a=0.35$。

3）计算小齿轮上的转矩：

$$T_1=9.55\times10^6\frac{P}{n_1}=9.55\times10^6\frac{7.125}{571.43}\text{N}\cdot\text{mm}=1.19\times10^5\text{N}\cdot\text{mm}$$

4）确定齿数：$z_1=19$，则 $z_2=iz_1=3\times19=57$。

5）确定复合齿形系数：初取螺旋角 $\beta=15°$。

计算当量齿数

$$z_{v1}=\frac{z_1}{\cos^3\beta}=\frac{19}{\cos^3 15°}=21.08$$

$$z_{v2}=\frac{z_2}{\cos^3\beta}=\frac{57}{\cos^3 15°}=63.25$$

则

$Y_{FS1}=z_{v1}/(0.269z_{v1}-0.841)=21.08/(0.269\times21.08-0.841)=4.36$

$Y_{FS2}=z_{v2}/(0.269z_{v2}-0.841)=63.25/(0.269\times63.25-0.841)=3.91$

6）初算法向模数：

$Y_{FS1}/[\sigma_{F1}]=4.36/225=0.019$

$Y_{FS2}/[\sigma_{F2}]=3.91/225=0.017$

因 $Y_{FS1}/[\sigma_{F1}]>Y_{FS2}/[\sigma_{F2}]$，所以应以小齿轮为设计依据

由式（12-20）得

$$m_n\geqslant\sqrt[3]{\frac{3.2KT_1Y_F\cos^3\beta}{\psi_a(u+1)z_1{}^2[\sigma_F]}}=\sqrt[3]{\frac{3.2\times1.7\times1.19\times10^5\cos^3 15}{0.35\times(3+1)\times19^2}\times0.019}\text{mm}=2.799\text{mm}$$

取 $m_n=3\text{mm}$。

7）确定中心距：

$$a=\frac{m_n(z_1+z_2)}{2\cos\beta}=\frac{3\times(19+57)}{2\times\cos15°}\text{mm}=118.02\text{mm}$$

取 $a=118\text{mm}$。

8）确定螺旋角：

$$\beta=\arccos\frac{m_n(z_1+z_2)}{2a}=\arccos\frac{3\times(19+57)}{2\times118}=14.96°$$

与初选值相差不大，无需修正 Y_{FS1}、Y_{FS2}。

9）计算分度圆直径：

$$d_1=\frac{m_nz_1}{\cos\beta}=\frac{3\times19}{\cos14.96°}\text{mm}=59\text{mm}$$

$$d_2=\frac{m_nz_2}{\cos\beta}=\frac{3\times57}{\cos14.96°}\text{mm}=177\text{mm}$$

10）计算齿宽 b_1、b_2：

$$b=\psi_a a=0.35\times118=41.3\text{mm}$$

取 $b_2=45\text{mm}$，$b_1=50\text{mm}$。

一般情况下，小齿轮齿数取 17~21 的中间值，若需要结构更紧凑，可取更小。

斜齿轮可利用螺旋角凑中心距，故其中心距可圆整（分度圆直径不可圆整），但直齿圆柱齿轮的中心距不可圆整，只能保留计算值。

螺旋角在 8°~20°选，初选中间偏大一点的值。

小齿轮的齿宽 b_1 比大齿轮齿宽 b_2 大 5mm，符合 $b_1=b_2+(4\sim6)\text{mm}$。

（4）校核齿面接触疲劳强度

$$\sigma_H=\frac{312}{a}\sqrt{\frac{KT_1(u+1)^3}{ub}}=\frac{312}{118}\sqrt{\frac{1.7\times1.19\times10^5\times(3+1)^3}{3\times45}}=818.83\leqslant[\sigma_H]$$

故安全。

（5）计算齿轮的圆周速度

$$v=\frac{\pi d_1 n_1}{60\times1000}=\frac{\pi\times59.00\times571.43}{60000}\text{m/s}=1.77\text{m/s}$$

对照表 12-4，8 级精度合适。

（6）齿轮的结构设计　参考表 12-11、表 12-12 或者机械设计手册进行。

12.10.2　开式直齿圆柱齿轮传动设计实例

1. 设计数据与设计内容

如图 1-15 及图 2-37 所示，开式直齿圆柱齿轮传动的小齿轮轴系与减速器低速轴通过弹性联轴器连接，故开式直齿圆柱齿轮传动中的小齿轮转速与减速器低速轴的转速相同，均为 192.67r/min。减速器低速轴的功率 6.84kW，将功率传至开式小齿轮需要考虑一对轴承传动效率为 0.98 和一个弹性联轴器的传动效率为 0.99，所以，开式小齿轮轴的功率为

$$P=6.84\times0.98\times0.99\text{kW}=6.64\text{kW}$$

开式直齿圆柱齿轮传动的传动比 $i=3.84$，中等冲击。

2. 设计过程

（1）选择齿轮精度、材料及热处理方式　根据一般要求，由表 12-4，初选 8 级精度。小齿轮选用 40Cr，表面淬火，齿面硬度为 48~55HRC，取 50HRC。大齿轮选用 35SiMn，表面淬火，齿面硬度为 45~55HRC，取 50HRC。

本实例的传动属中速轻载，但有冲击，由表 12-1 可知，两轮均需要选合金钢。

硬齿面两轮的硬度要相当，由表 12-2 推荐，选硬度配对：45~50HRC 配 45~50HRC。

（2）计算许用应力

1）由表 12-6，求强度极限 σ_{Flim}、σ_{Hlim}：

$\sigma_{Flim1}=\sigma_{Flim2}=110\text{MPa}+5\text{HRC}_1=(110+5\times50)\text{MPa}=360\text{MPa}$

$\sigma_{Hlim1}=\sigma_{Hlim2}=550\text{MPa}+12\text{HRC}_1=(550+12\times50)\text{MPa}=1150\text{MPa}$

2）由表 12-7，取安全系数：$S_H=1.25$；$S_F=1.6$。

3）由式（12-6）计算得

$[\sigma_{H1}]=[\sigma_{H2}]=\sigma_{Hlim1}/S_H=1150/1.25\text{MPa}=920\text{MPa}$

$[\sigma_{F1}]=[\sigma_{F2}]=\sigma_{Flim1}/S_F=360/1.6\text{MPa}=225\text{MPa}$

专用精压机一旦失效可能造成严重的经济损失或安全事故，所以选较高可靠度。

（3）该传动为闭式硬齿面，按齿根弯曲疲劳强度设计

1）确定载荷系数 K：查表 12-5，按较大冲击、直齿，取 $K=1.8$。

2）确定齿宽系数 ψ_a：由表 12-8，中型传动，悬臂布置，取 $\psi_a=0.4$。

3）计算小齿轮上的转矩：

$$T_1=9.55\times10^6\frac{P}{n_1}=9.55\times10^6\frac{6.64}{192.67}\text{N}\cdot\text{mm}=3.29\times10^5\text{N}\cdot\text{mm}$$

4）定齿数：取 $z_1=19$，$z_2=iz_1=3.84\times19\approx73$。

5）确定复合齿形系数：

$$Y_{FS1}=z_1/(0.269z_1-0.841)=19/(0.269\times19-0.841)=4.45$$
$$Y_{FS2}=z_2/(0.269z_2-0.841)=73/(0.269\times73-0.841)=3.88$$

6）确定齿轮模数：

$$Y_{FS1}/[\sigma_{F1}]=4.45/225=0.02$$
$$Y_{FS2}/[\sigma_{F2}]=3.88/225=0.017$$

因为

$$Y_{FS1}/[\sigma_{F1}]>Y_{FS2}/[\sigma_{F2}]$$

所以应以小齿轮为设计依据。

由式（12-12）可得

$$m\geqslant\sqrt[3]{\frac{4KT_1}{\psi_a z_1{}^2(u\pm1)}\frac{Y_{FS}}{[\sigma_F]}}=\sqrt[3]{\frac{4\times1.8\times3.29\times10^5}{0.4\times19^2\times(3.84+1)}\times0.02}\,\text{mm}=4.08\text{mm}$$

取 $m=5\text{mm}$。

7）确定中心距：

$$a=\frac{m(z_1+z_2)}{2}=\frac{5\times(19+73)}{2}\text{mm}=230\text{mm}$$

8）计算分度圆直径：

$$d_1=mz_1=5\times19\text{mm}=95\text{mm}$$
$$d_2=mz_2=5\times73\text{mm}=365\text{mm}$$

9）计算齿宽 b_1、b_2：

$$b=\psi_a a=0.4\times230=92\text{mm}$$

取 $b_2=95\text{mm}$，$b_1=100\text{mm}$

一般情况下，小齿轮齿数取 17~21 的中间值，若需要结构更紧凑，可取更小。小齿轮的齿宽 b_1 比大齿轮齿宽 b_2 大 5mm，符合 $b_1=b_2+(4\sim6)\text{mm}$。

（4）齿轮结构设计　参考表 12-11、表 12-12 或者机械设计手册进行。

12.10.3　锥齿轮传动设计实例

1. 设计数据与设计内容

专用精压机传动系统中的锥齿轮传动为开式传动，用于提供推料机构及顶料机构的动

力，所需功率为 0.97kW。开式直齿锥齿轮输入轴的转速即为曲轴的转速 $n_1=50\text{r/min}$，传动比 $i=1$ 。因传递功率很小，设计时无特殊要求。

设计内容包括：选择各齿轮材料及热处理方法、精度等级；确定其主要参数、几何尺寸及结构等。

2. 设计步骤

（1）选择精度、齿轮材料及热处理方式　因要求较低，由表 12-4，初选 9 级精度。

小齿轮选用 45 钢，调质，硬度为 217~255 HBW，取 240HBW。

大齿轮选用 45 钢，正火，硬度为 162~217 HBW，取 215HBW。

本实例的传动属低速轻载，无特殊要求，两轮均可按表 12-1 选碳素钢。

小齿轮取 240HBW，大齿轮取 210HBW，$\text{HBW}_1-\text{HBW}_2=240-215=25$，合适；符合表 12-2 中对调质的直齿轮的硬度配对要求（240~270HBW 配 180~220HBW）。

（2）计算许用应力

由表 12-6，求强度极限 σ_{Hlim}、σ_{Flim}：

$$\sigma_{\text{Hlim1}}=348.3+\text{HBW}_1=(348.3+240)\text{MPa}=588.3\text{MPa}$$

$$\sigma_{\text{Flim1}}=140+0.16\text{HBW}_1=(140+0.16\times240)\text{MPa}=178.4\text{MPa}$$

$$\sigma_{\text{Hlim2}}=203.2+0.985\text{HBW}_2=(203.2+0.985\times215)\text{MPa}=415.0\text{MPa}$$

$$\sigma_{\text{Flim2}}=60+0.5\text{HBW}_2=(60+0.5\times215)\text{MPa}=167.5\text{MPa}$$

由表 12-7，取安全系数：$S_{\text{H}}=1.1$；$S_{\text{F}}=1.25$。

由式（12-6）计算得

$$[\sigma_{\text{H1}}]=\sigma_{\text{Hlim1}}/S_{\text{H}}=588.3\text{MPa}/1.1=534.8\text{MPa}$$

$$[\sigma_{\text{H2}}]=\sigma_{\text{Hlim2}}/S_{\text{H}}=415.0\text{MPa}/1.1=377.3\text{MPa}$$

$$[\sigma_{\text{F1}}]=\sigma_{\text{Flim1}}/S_{\text{F}}=178.4\text{MPa}/1.25=142.7\text{MPa}$$

$$[\sigma_{\text{F2}}]=\sigma_{\text{Flim2}}/S_{\text{F}}=167.5\text{MPa}/1.25=134.0\text{MPa}$$

推料机构及顶料机构选一般可靠度。

（3）该传动为开式传动，按齿根弯曲疲劳强度设计

1）确定载荷系数 K：查表 12-5，按轻微偏大的冲击，取 $K=1.2$。

2）确定齿宽系数 ψ_{a}：由表 12-8，悬臂布置，取 $\psi_{\text{a}}=0.4$。

3）计算小齿轮上的转矩：

$$T_1=9.55\times10^6\frac{P}{n_1}=9.55\times10^6\times\frac{0.97}{50}\text{N}\cdot\text{mm}=1.85\times10^5\text{N}\cdot\text{mm}$$

4）确定齿数：取齿轮 1 的齿数 $z_1=19$，则齿轮 2 齿数 $z_2=iz_1=1\times19$。

5）确定复合齿形系数：

$\delta_2=\arctan(z_2/z_1)=\arctan(19/19)=45°$

$\delta_1=90°-\delta_2=90°-45°=45°$

当量齿数为：

$$z_{\text{v1}}=z_1/\cos\delta_1=19/\cos45°=26.87$$

$$z_{\text{v2}}=z_2/\cos\delta_2=19/\cos45°=26.87$$

则

$Y_{\text{FS1}}=z_{\text{v1}}/(0.269z_{\text{v1}}-0.841)=26.87/(0.269\times26.87-0.841)=4.21$

$Y_{FS2}=z_{v2}/(0.269z_{v2}-0.841)=26.87/(0.269\times26.87-0.841)=4.21$

6）初算模数：

$$Y_{FS1}/[\sigma_{F1}]=4.21/142.7=0.030;$$
$$Y_{FS2}/[\sigma_{F2}]=4.21/134.0=0.031$$

因 $Y_{FS1}/[\sigma_{F1}]<Y_{FS2}/[\sigma_{F2}]$，所以应以齿轮 2 为设计依据。

则

$$m\geqslant\sqrt[3]{\frac{4KT_1}{z_1^2(1-0.5\psi_R)^2\psi_R\sqrt{u^2+1}}\frac{Y_{FS}}{[\sigma_F]}}=\sqrt[3]{\frac{4\times1.2\times1.85\times10^5}{19^2\times(1-0.5\times0.4)^2\times0.4\times\sqrt{1^2+1}}\times0.031}=5.95\text{mm}$$

考虑磨损，m 加大 20%：

$m=5.95\times(1.2)\text{mm}=7.14\text{mm}$

取 $m=8\text{mm}$。

7）计算分度圆直径：

$$d_1=mz_1=8\times19\text{mm}=152\text{mm}$$
$$d_2=id_1=1\times152\text{mm}=152\text{mm}$$

8）计算外锥距：

$$R=\frac{m}{2}\sqrt{{z_1}^2+{z_2}^2}=\frac{8}{2}\times\sqrt{19^2+19^2}\text{mm}=107.48\text{mm}$$

9）计算齿宽：

$$b=\psi_R R=0.4\times107.48\text{mm}=42.99\text{mm}$$

直齿锥齿轮传动的大、小齿轮齿宽相同，取 $b_1=b_2=45\text{mm}$。

（4）计算齿轮的圆周速度

计算齿宽中点处的直径

$$d_{m1}=d_1(1-0.5\psi_R)=152\times(1-0.5\times0.4)\text{mm}=121.6\text{mm}$$
$$v_m=\frac{\pi d_{m1}n_1}{60\times1000}=\frac{\pi\times121.6\times50}{60000}\text{m/s}=0.32\text{m/s}$$

对照表 12-4，选用 9 级精度合格。

（5）齿轮的结构设计　参考表 12-11、表 12-12 或者机械设计手册进行。

12.10.4　蜗杆传动设计实例

1. 设计数据与设计内容

在专用精压机生产线中，闭式蜗杆传动用于链板式输送机。载荷具有轻微冲击，两班制工作，单向传动，传动比 $i=29$。蜗杆轴传递的功率 $P=2.97\text{kW}$，蜗杆转速 $n_1=710\text{r/min}$。

设计内容包括：选择蜗杆传动的材料、热处理方法、许用应力、制造精度、主要参数和几何尺寸、结构、校核其传动效率，并进行热平衡计算。

2. 设计步骤及说明

（1）选择精度、材料、热处理方式，确定蜗轮许用应力　按表 12-4，中等精度运输机械蜗杆传动精度取 7 级。

按中速中载传动，蜗杆选用 45 钢，表面淬火，齿面硬度 50HRC；蜗轮选用锡青铜 ZCuSn10P1。

初估 $v_s \leqslant 12\text{m/s}$，铸造方法选砂型，则对于齿面硬度 50HRC 的蜗杆，$[\sigma_H]=200\text{MPa}$。

（2）确定载荷系数、选择蜗杆头数 z_1 和蜗轮齿数 z_2

取 $K=1.2$（推荐 $K=1.1\sim1.4$）。

由 $i=29$，查表，取 $z_1=2$，则 $z_2=iz_1=29\times2=58$。

针对 $i=29$，可选 $z_1=2$、$z_2=58$，为提高传动效率，选用双头蜗杆传动。

（3）估计总效率值，并计算蜗轮转矩

1）由 $z_1=2$，初取 $\eta=0.82$。

2）$T_2=T_1 i\eta=9.55\times10^6\dfrac{P_1 i\eta}{n_1}=9.55\times10^6\times\dfrac{2.97\times29\times0.82}{710}\text{N}\cdot\text{mm}=9.50\times10^5\text{N}\cdot\text{mm}$

（4）按蜗轮齿面接触强度计算接触系数

由式（12-33）计算得

$$m^2 d_1\geqslant\left(\frac{500}{z_2[\sigma_H]}\right)^2 KT_2=\left(\frac{500}{58\times200}\right)^2\times1.2\times9.5\times10^5\text{mm}^3=2118.02\text{mm}^3$$

（5）确定模数及蜗杆直径系数 q

$m^2 d_1\geqslant2118.02$，查表 5-7，取 $m=6.3\text{mm}$，$d_1=63\text{mm}$，$q=10$

（6）确定几何尺寸

蜗轮分度圆直径：$d_2=mz_2=6.3\times58\text{mm}=365.4\text{mm}$

确定中心距：$a=(d_1+d_2)/2=(63+365.4)/2\text{mm}=214.2\text{mm}$

（7）验算滑动速度及蜗轮圆周速度

计算蜗杆圆周速度：$v_1=\dfrac{\pi d_1 n_1}{60\times1000}=\dfrac{\pi\times63\times710}{60\times1000}\text{m/s}=2.34\text{m/s}$

计算蜗杆导程角 γ：$\gamma=\arctan(z_1/q)=\arctan(2/10)=11.31°$

计算齿面间滑动速度 v_s：$v_s=\dfrac{v_1}{\cos\gamma}=\dfrac{2.34}{\cos11.31°}\text{m/s}=2.39\text{m/s}$

v_s 在原初估值 $v_s\leqslant12\text{m/s}$ 范围内，合适。

$v_2=\sqrt{v_s^2-v_1^2}=\sqrt{2.39^2-2.34^2}\text{m/s}=0.49\text{m/s}$，参照表 12-4 可知，7 级精度合格。

（8）热平衡计算

1）由 $v_s=2.39\text{m/s}$ 得

$f_v=0.0615-0.0166v_s+0.0018v_s{}^2=0.0615-0.0166\times2.39+0.0018\times2.39^2=0.0321$

$\rho_v=\arctan(0.0321)=1.84°$

计算传动效率

$$\eta=(0.95\sim0.97)\frac{\tan\gamma}{\tan(\gamma+\rho_v)}=(0.95\sim0.97)\times\frac{\tan11.31°}{\tan(11.31°+1.84°)}=0.81\sim0.83$$

与估计值相符，不必重算。

2）计算油温。

有效散热面积：$A=0.33(a/100)^{1.75}=0.33\times(214.2/100)^{1.75}\text{m}^2=1.25\text{m}^2$

$$t_1 \geqslant \frac{1000P_1(1-\eta)}{K_S A}+t_0=\frac{1000\times 2.97\times(1-0.8)}{12\times 1.25}℃+20℃=53.9℃<60\sim 70℃$$

合格。

按通风条件不佳考虑，K_S 取 10~17W/(m^2 · ℃）中的偏小值。

（9）其余尺寸参数、结构设计　参考表 12-13 或者机械设计手册进行。

同步练习

一、选择题

1. 一般开式齿轮传动的主要失效形式是________。

A. 齿面胶合　　B. 齿面疲劳点蚀

C. 齿面磨损或轮齿疲劳折断　　D. 轮齿塑性变形

2. 当润滑不良时，高速重载齿轮传动最可能出现的失效形式是________。

A. 齿面胶合　　B. 齿面疲劳点蚀

C. 齿面磨损　　D. 轮齿疲劳折断

3. 45 钢齿轮，调质处理后的硬度值为________。

A. 45~50 HRC　　B. 220~270 HBW

C. 160~180 HBW　　D. 320~350 HBW

4. 齿面硬度为 56~62HRC 的合金钢齿轮的加工工艺过程为________。

A. 齿坯加工→淬火→磨齿→滚齿　　B. 齿坯加工→淬火→滚齿→磨齿

C. 齿坯加工→滚齿→渗碳淬火→磨齿　　D. 齿坯加工→滚齿→磨齿→淬火

5. 齿轮采用渗碳淬火的热处理方法，则齿轮材料只可能是________。

A. 45 钢　　B. ZG340-640

C. 20Cr　　D. 20CrMnTi

6. 齿轮传动中齿面的非扩展性点蚀一般出现在________。

A. 磨合阶段　　B. 稳定性磨损阶段

C. 剧烈磨损阶段　　D. 齿面磨料磨损阶段

7. 对于开式齿轮传动，在工程设计中，一般________。

A. 按接触强度设计齿轮尺寸，再校核弯曲强度

B. 按弯曲强度设计齿轮尺寸，再校核接触强度

C. 只需按接触强度设计

D. 只需按弯曲强度设计

8. 一对标准直齿圆柱齿轮，若 $z_1=18$，$z_2=72$，则这对齿轮的弯曲应力________。

A. $\sigma_{F1}>\sigma_{F2}$　　B. $\sigma_{F1}<\sigma_{F2}$

C. $\sigma_{F1}=\sigma_{F2}$　　D. $\sigma_{F1}\leqslant\sigma_{F2}$

9. 对于齿面硬度≤350HBW 的闭式钢制齿轮传动，其主要失效形式为________。

A. 轮齿疲劳折断　　B. 齿面磨损

C. 齿面疲劳点蚀　　D. 齿面胶合

10. 一减速齿轮传动，小齿轮 1 选用 45 钢调质，大齿轮选用 45 钢正火，它们的齿面接

触应力________。

A. $\sigma_{H1}>\sigma_{H2}$　　B. $\sigma_{H1}<\sigma_{H2}$

C. $\sigma_{H1}=\sigma_{H2}$　　D. $\sigma_{H1}\leqslant\sigma_{H2}$

11. 对于硬度≤350HBW 的闭式齿轮传动，设计时一般________。

A. 先按接触强度计算　　B. 先按弯曲强度计算

C. 先按磨损条件计算　　D. 先按胶合条件计算

12. 设计一对减速软齿面齿轮传动时，从等强度要求出发，大、小齿轮的硬度选择时，应使________。

A. 两者硬度相等　　B. 小齿轮硬度高于大齿轮硬度

C. 大齿轮硬度高于小齿轮硬度　　D. 小齿轮采用硬齿面，大齿轮采用软齿面

13. 一对标准渐开线圆柱齿轮要正确啮合，它们的________必须相等。

A. 直径　　B. 模数

C. 齿宽　　D. 齿数

14. 某齿轮箱中一对 45 钢调质齿轮，经常发生齿面点蚀，修配更换时可用________代替。

A. 40Cr 调质

B. 适当增大模数 m

C. 仍可用 45 钢，改为齿面高频感应淬火

D. 改用铸钢 ZG310-570

15. 设计闭式软齿面直齿轮传动时，选择齿数 z 的原则是________。

A. z_1 越多越好

B. z_1 越少越好

C. $z_1\geqslant17$，不产生根切即可

D. 在保证轮齿有足够的抗弯疲劳强度的前提下，齿数选多些有利

16. 在设计闭式硬齿面齿轮传动时，直径一定时应取较少的齿数，使模数增大以________。

A. 提高齿面接触强度　　B. 提高轮齿的抗弯曲疲劳强度

C. 减少加工切削量，提高生产率　　D. 提高抗塑性变形能力

17. 在直齿圆柱齿轮设计中，若中心距保持不变，增大模数时，则可以________。

A. 提高齿面的接触强度　　B. 提高轮齿的弯曲强度

C. 弯曲与接触强度均可提高　　D. 弯曲与接触强度均不变

18. 轮齿的弯曲强度，当________，则齿根弯曲强度增大。

A. 模数不变，增多齿数时　　B. 模数不变，增大中心距时

C. 模数不变，增大直径时　　D. 齿数不变，增大模数时

19. 为了提高齿轮传动的接触强度，可采取________的方法。

A. 闭式传动　　B. 增大传动中心距

C. 减少齿数　　D. 增大模数

20. 圆柱齿轮传动中，当齿轮的直径一定时，减小齿轮的模数，增加齿轮的齿数，则可以________。

A. 提高齿轮的弯曲强度　　B. 提高齿面的接触强度

C. 改善齿轮传动的平稳性　　D. 减少齿轮的塑性变形

21. 轮齿弯曲强度计算中的齿形系数 Y_F 与________无关。

A. 齿数　　B. 变位系数

C. 模数　　D. 斜齿轮的螺旋角

22. 标准直齿圆柱齿轮传动的弯曲疲劳强度计算中，齿形系数 Y_F 只取决于________。

A. 模数　　B. 齿数

C. 分度圆直径　　D. 齿宽系数

23. 一对圆柱齿轮，通常把小齿轮的齿宽做得比大齿轮宽一些，其主要原因是______。

A. 使传动平稳　　B. 提高传动效率

C. 提高齿面接触强度　　D. 便于安装，保证接触线长度

24. 一对圆柱齿轮传动，小齿轮分度圆直径 $d_1=50\text{mm}$、齿宽 $b_1=55\text{mm}$，大齿轮分度圆直径 $d_2=90\text{mm}$、齿宽 $b_2=50\text{mm}$，则齿宽系数等于________。

A. 1.1　　B. 5/9

C. 1　　D. 1.3

25. 齿轮传动在以下几种工况中，________的齿宽系数可取大些。

A. 悬臂布置　　B. 不对称布置

C. 对称布置　　D. 同轴式减速器布置

26. 设计一传递动力的闭式软齿面钢制齿轮，精度为7级。如欲在中心距 a 和传动比 i 不变的条件下，提高齿面接触强度的最有效的方法是________。

A. 增大模数（相应地减少齿数）　　B. 提高主、从动轮的齿面硬度

C. 提高加工精度　　D. 增大齿根圆角半径

27. 今有两个标准直齿圆柱齿轮，齿轮1的模数 $m_1=5\text{mm}$、$z_1=25$，齿轮2的 $m_2=3\text{mm}$、$z_2=40$，此时它们的齿形系数________。

A. $Y_{Fa1}<Y_{Fa2}$　　B. $Y_{Fa1}>Y_{Fa2}$

C. $Y_{Fa1}=Y_{Fa2}$　　D. $Y_{Fa1}\leqslant Y_{Fa2}$

28. 斜齿圆柱齿轮的动载荷系数 K 和相同尺寸精度的直齿圆柱齿轮相比是________的。

A. 相等　　B. 较小

C. 较大　　D. 可能大，也可能小

29. 下列措施中，________可以降低齿轮传动的载荷系数 K。

A. 降低齿面表面粗糙度值　　B. 提高轴系刚度

C. 增加齿轮宽度　　D. 增大端面重合度

30. 齿轮设计中，对齿面硬度≤350 HBW 的齿轮传动，选取大、小齿轮的齿面硬度时，应使________。

A. $HBW_1=HBW_2$　　B. $HBW_1\leqslant HBW_2$

C. $HBW_1>HBW_2$　　D. $HBW_1=HBW_2+(30\sim50)$

31. 斜齿圆柱齿轮的齿数 z 与模数 m_n 不变，若增大螺旋角 β，则分度圆直径 d_1 ________。

A. 增大　　B. 减小

C. 不变　　D. 不一定增大或减小

32. 对于齿面硬度≤350 HBW 的齿轮传动，当大、小齿轮均采用 45 钢，一般采取的热处理方式为________。

A. 小齿轮淬火，大齿轮调质　　B. 小齿轮淬火，大齿轮正火

C. 小齿轮调质，大齿轮正火　　D. 小齿轮正火，大齿轮调质

33. 一对圆柱齿轮传动中，当齿面产生疲劳点蚀时，通常发生在________。

A. 靠近齿顶处　　B. 靠近齿根处

C. 靠近节线的齿顶部分　　D. 靠近节线的齿根部分

34. 一对圆柱齿轮传动，当其他条件不变时，仅将齿轮传动所受的载荷变为原载荷的 4 倍，其齿面接触应力________。

A. 不变　　B. 增为原应力的 2 倍

C. 增为原应力的 4 倍　　D. 增为原应力的 16 倍

35. 两个齿轮的材料的热处理方式、齿宽、齿数均相同，但模数不同，$m_1=2$mm，$m_2=4$mm，它们的弯曲承载能力为________。

A. 相同　　B. m_2 的齿轮比 m_1 的齿轮大

C. 与模数无关　　D. m_1 的齿轮比 m_2 的齿轮大

36. 以下做法中，________不能提高齿轮传动的齿面接触承载能力。

A. d 不变而增大模数　　B. 改善材料

C. 增大齿宽　　D. 增大齿数以增大 d

37. 齿轮设计时，当因齿数选择过多而使直径增大时，若其他条件相同，则它的弯曲承载能力________。

A. 呈线性地增加　　B. 不呈线性但有所增加

C. 呈线性地减小　　D. 不呈线性但有所减小

38. 直齿锥齿轮强度计算时，是以________为计算依据的。

A. 大端当量直齿锥齿轮　　B. 齿宽中点处的直齿圆柱齿轮

C. 齿宽中点处的当量直齿圆柱齿轮　　D. 小端当量直齿锥齿轮

39. 今有四个标准直齿圆柱齿轮，已知齿数 $z_1=20$、$z_2=40$、$z_3=60$、$z_4=80$，模数 $m_1=4$mm、$m_2=3$mm、$m_3=2$mm、$m_4=2$mm，则齿形系数最大的为________。

A. Y_{Fa1}　　B. Y_{Fa2}

C. Y_{Fa3}　　D. Y_{Fa4}

40. 一对齿轮传动中，若保持分度圆直径 d_1 不变，而减少齿数和增大模数，其齿面接触应力将________。

A. 增大　　B. 减小

C. 保持不变　　D. 略有减小

41. 一对直齿锥齿轮两齿轮的齿宽为 b_1、b_2，设计时应取________。

A. $b_1>b_2$　　B. $b_1=b_2$

C. $b_1<b_2$　　D. $b_1=b_2+(30\sim50)$ mm

42. 设计齿轮传动时，若保持传动比 i 和齿数和 $z_\Sigma=z_1+z_2$ 不变，而增大模数 m，则齿轮的________。

A. 弯曲强度提高，接触强度提高　　B. 弯曲强度不变，接触强度提高
C. 弯曲强度与接触强度均不变　　D. 弯曲强度提高，接触强度不变

43. 与齿轮传动相比，________不能作为蜗杆传动的优点。
A. 传动平稳，噪声小　　B. 传动效率高
C. 可产生自锁　　D. 传动比大

44. 阿基米德圆柱蜗杆与蜗轮传动的________模数，应符合标准值。
A. 法向　　B. 端面
C. 中间平面　　D. 大端

45. 蜗杆直径系数 $q=$________。
A. $q=d_1/m$　　B. $q=d_1m$
C. $q=a/d_1$　　D. $q=a/m$

46. 在蜗杆传动中，当其他条件相同时，增加蜗杆直径系数 q，将使传动效率________。
A. 提高　　B. 减小
C. 不变　　D. 可能增大也可能减小

47. 在蜗杆传动中，当其他条件相同时，增加蜗杆头数 z_1，则传动效率________。
A. 提高　　B. 降低
C. 不变　　D. 可能提高，也可能降低

48. 在蜗杆传动中，当其他条件相同时，增加蜗杆头数 z_1，则滑动速度________。
A. 增大　　B. 减小
C. 不变　　D. 可能增大也可能减小

49. 在蜗杆传动中，当其他条件相同时，减少蜗杆头数 z_1，则________。
A. 有利于蜗杆加工　　B. 有利于提高蜗杆刚度
C. 有利于实现自锁　　D. 有利于提高传动效率

50. 起吊重物用的手动蜗杆传动，宜采用________的蜗杆。
A. 单头、小导程角　　B. 单头、大导程角
C. 多头、小导程角　　D. 多头、大导程角

51. 蜗杆直径 d_1 的标准化，是为了________。
A. 利于测量　　B. 利于蜗杆加工
C. 利于实现自锁　　D. 利于蜗轮滚刀的标准化

52. 蜗杆常用材料是________。
A. 40Cr　　B. GCr15
C. ZCuSn10P1　　D. 2A12

53. 蜗轮常用材料是________。
A. 40Cr　　B. GCr15
C. ZCuSn10P1　　D. 2A12

54. 采用变位蜗杆传动时，________。
A. 仅对蜗杆进行变位　　B. 仅对蜗轮进行变位
C. 同时对蜗杆与蜗轮进行变位　　D. 视情况选定蜗轮或者蜗杆进行变位

55. 采用变位前后中心距不变的蜗杆传动，则变位后使传动比________。

A. 增大　　B. 减小

C. 可能增大也可能减小　　D. 不变

56. 蜗杆传动的当量摩擦系数 f_v 随齿面相对滑动速度的增大而________。

A. 增大　　B. 减小

C. 不变　　D. 可能增大也可能减小

57. 提高蜗杆传动效率最有效的方法是________。

A. 增大模数 m　　B. 增加蜗杆头数 z_1

C. 增大直径系数 q　　D. 减小直径系数 q

58. 闭式蜗杆传动的主要失效形式是________。

A. 蜗杆断裂　　B. 蜗轮轮齿折断

C. 磨粒磨损　　D. 胶合、疲劳点蚀

59. 用________计算蜗杆传动比是错误的。

A. $i=\omega_1/\omega_2$　　B. $i=z_2/z_1$

C. $i=n_1/n_2$　　D. $i= d_2/d_1$

60. 在蜗杆传动中，作用在蜗杆上的三个啮合分力，通常以________最大。

A. 圆周力 F_{t1}　　B. 径向力 F_{r1}

C. 轴向力 F_{a1}　　D. 法向力 F_{n1}

61. 蜗杆传动中较为理想的材料组合是________。

A. 钢和铸铁　　B. 钢和青铜

C. 铜和铝合金　　D. 钢和钢

62. 以下各措施不能增加齿轮轮齿弯曲强度的是________。

A. 直径不变，模数增加　　B. 由调质改为淬火

C. 适当增加齿宽　　D. 齿轮负变位

63. 一对啮合齿轮，如大小齿轮材料、热处理硬度也相同，接触疲劳破坏一般发生在________。

A. 大齿轮　　B. 小齿轮

C. 大、小齿轮同时发生　　D. 不一定

64. 有一单向运转的齿轮，如果该齿轮的弯曲疲劳强度不够，那么疲劳裂纹将最先出现在________。

A. 受拉侧的节线部分　　B. 受拉侧的节线部分

C. 受压侧的齿根部分　　D. 受拉侧的齿根部分

65. 不利于提高齿轮轮齿抗疲劳折断能力的是________。

A. 减小加工损伤　　B. 降低表面粗糙度值

C. 减小齿根过渡的曲线半径　　D. 表面强化处理

66. 齿轮传动设计时，选择齿轮的精度等级主要是根据齿轮的________。

A. 传递功率的大小　　B. 传递转矩的大小

C. 圆周速度的大小　　D. 转速的高低

二、填空题

1. 一般开式齿轮传动中的主要失效形式是齿面磨损和________弯曲疲劳折断。

2. 一般闭式齿轮传动的主要失效形式是齿面疲劳点蚀和轮齿弯曲________。

3. 开式齿轮的设计准则应满足________。

4. 对于闭式软齿面齿轮传动，按接触疲劳强度进行设计，按________强度进行校核。

5. 由于磨损尚无成熟可靠的计算方法，故开式齿轮传动按________强度计算。

6. 齿轮材料的基本要求是齿面要硬，齿芯要________，以抵抗齿面失效和齿根折断。

7. 高速重载齿轮传动，当润滑不良时最有可能出现的失效形式是齿面________。

8. 在齿轮传动中，齿面疲劳点蚀是由于交变接触应力的反复作用引起的，点蚀通常首先出现在齿面节线附近的________部分。

9. 一对齿轮啮合时，其大、小齿轮的接触应力是________。

10. 齿轮设计时，计算载荷系数 K 中包含的 K_A 是________系数，它与原动机及工作机的工作特性有关。

11. 闭式硬齿面齿轮传动的主要失效形式是轮齿弯曲________。

12. 在齿轮传动中，主动轮所受的圆周力 F_{t1} 与其回转方向________。

13. 在闭式软齿面的齿轮传动中，通常首先出现________破坏，故应按接触疲劳强度设计。

14. 一对标准直齿圆柱齿轮，若 $z_1=18$，$z_2=72$，则这对齿轮的弯曲应力 σ_{F1} ______ σ_{F2}。

15. 一对 45 钢制直齿圆柱齿轮传动，已知 $z_1=20$、硬度为 220~250HBW，$z_2=60$、硬度为 190~220HBW，则这对齿轮的接触应力________。

16. 设计闭式硬齿面齿轮传动时，当直径 d_1 一定时，应取较少的齿数 z_1，使________增大。

17. 在设计闭式硬齿面齿轮传动中，当齿轮的直径一定时，应选取较少的轮齿齿数，使模数增大以提高齿轮的抗________疲劳强度。

18. 斜齿圆柱齿轮传动的缺点是工作时会产生________，使轴承的组合设计变得复杂。

19. 在轮齿弯曲强度计算中，齿形系数 Y_{Fa} 与________无关。

20. 一对圆柱齿轮，通常把小齿轮的齿宽做得比大齿轮宽一些，其主要原因是便于安装或保证齿轮的接触________。

21. 一对圆柱齿轮传动，小齿轮分度圆直径 $d_1=50\text{mm}$、齿宽 $b_1=55\text{mm}$，大齿轮分度圆直径 $d_2=90\text{mm}$、齿宽 $b_2=50\text{mm}$，则齿宽系数等于________

22. 圆柱齿轮传动中，当轮齿为________布置时，其齿宽系数可以选得大一些。

23. 今有两个标准直齿圆柱齿轮，齿轮 1 的模数 $m_1=5\text{mm}$，$z_1=25$；齿轮 2 的模数 $m_2=3\text{mm}$，$z_2=40$。此时它们的齿形系数 Y_{Fa1} ________ Y_{Fra}。

24. 斜齿圆柱齿轮的动载荷系数 K_v 和相同尺寸精度的直齿圆柱齿轮相比较是________的。

25. 斜齿圆柱齿轮的齿数 z 与模数 m 不变，若增大螺旋角 β，则分度圆直径 d ________。

26. 一般情况下，蜗杆传动中________的材料强度较弱，所以主要进行蜗轮轮齿的强度计算。

27. 蜗杆导程角的旋向和蜗轮螺旋线的力向应________。

28. 阿基米德圆柱蜗杆传动的中间平面是指通过蜗杆轴线且垂直于________的平面。

29. 蜗杆的标准模数是________模数。

30. 钢制齿轮因渗碳淬火后热处理变形大，一般需经过________加工，否则不能保证齿轮精度。

31. 高速齿轮或齿面经硬化处理的齿轮进行齿顶修形，可以减小啮入与啮出冲击或降低________。

32. 对直齿锥齿轮进行接触强度计算时，可近似地按锥齿轮齿宽中点处的当量直齿圆柱齿轮来进行计算，而其当量齿数 z_v =________。

33. 减小齿轮动载荷的主要措施有：①提高齿轮制造精度，以减少齿轮的基节误差与齿形误差；②进行齿廓与齿向________。

34. 为了满足蜗杆传动自锁要求，应选 z_1 =________。

35. 阿基米德蜗杆和蜗轮在中间平面相当于齿轮与________相啮合。

36. 闭式蜗杆传动的功率损耗，一般包括啮合功率损耗、轴承摩擦功耗和________三部分。

37. 在齿轮传动的弯曲强度计算中，基本假定是将轮齿视为________。

38. 对大批量生产、尺寸较大（D>50mm）、形状复杂的齿轮，设计时应选择________毛坯。

39. 一对减速齿轮传动，若保持两齿轮分度圆的直径不变，而减少齿数和增大模数时，其齿面接触应力将________。

40. 变位蜗杆传动仅改变蜗轮的尺寸，而________的尺寸不变。

41. 蜗杆传动的滑动速度越大，所选润滑油的黏度值应越________。

42. 若不考虑摩擦影响，已知作用在蜗杆上的轴向力 F_{a1} = 1800N，圆周力 F_{t1} = 880N，则作用在蜗轮上的轴向力 F_{a2} =________N。

43. 在蜗杆传动中，蜗杆头数越少，则传动效率越低，自锁性越________。

44. 在斜齿圆柱齿轮设计中，应取________模数为标准值。

45. 直齿锥齿轮的标准模数和压力角按________端选取。

46. 若忽略摩擦力，已知直齿锥齿轮主动小齿轮所受各分力分别为 F_{t1} = 1628N、F_{a1} = 246N 和 F_{r1} = 539N，则 F_{a2} =________N。

47. 齿轮设计中，在选择齿轮的齿数 z 时，对闭式软齿面齿轮传动，一般 z_1 选得________些。

三、判断题

1. 在闭式齿轮传动中，齿面磨损是轮齿的主要失效形式。（　）
2. 齿轮传动强度计算时，齿形系数大小与模数无关。（　）
3. 齿轮传动中，若材料不同，则小齿轮和大齿轮的接触应力亦不同。（　）
4. 齿轮材料的选用原则是齿面要韧、齿芯要硬。（　）
5. 在闭式传动中，蜗杆副多因齿面胶合或点蚀而失效。（　）
6. 为了不使轴承受到过大的轴向力，应对斜齿轮的螺旋角有所限制。（　）
7. 齿轮分为软齿面齿轮和硬齿面齿轮，其界限值是硬度为 350HBW。（　）
8. 齿轮的轮缘、轮辐、轮毂等部位的尺寸通常是由强度计算得到。（　）
9. 一对直齿圆柱齿轮传动，在齿顶到齿根各点接触时，齿面的法向力是相同的。（　）
10. 一般参数的闭式硬齿面齿轮传动的主要失效形式是齿面磨粒磨损。（　）

11. 润滑良好的闭式软齿面齿轮，齿面点蚀失效不是设计中考虑的主要失效方式。（　　）

12. 其他条件相同时，齿宽系数越大，齿面上的载荷分布越不均匀。（　　）

13. 在一对标准圆柱齿轮传动中，由于模数相同，所以两轮轮齿的弯曲强度也相同。（　　）

14. 在中心距 a 不变的情况下，提高一对齿轮接触疲劳强度的有效方法是加大模数。（　　）

15. 在闭式齿轮传动中，一对软齿面齿轮的齿数一般应互为质数。（　　）

16. 通常把锥齿轮传动转化为齿宽中点处的一对当量直齿圆柱齿轮来计算直齿锥齿轮强度。（　　）

17. 直齿圆柱齿轮传动的接触强度计算式是以节点啮合为依据推导出来的。（　　）

18. 蜗杆传动的失效形式主要是蜗轮轮齿折断。（　　）

19. 计算蜗杆传动啮合效率时，齿面间的当量摩擦系数可根据两者的相对滑动速度选取。（　　）

20. 如果模数和蜗杆头数一定，增加蜗杆分度圆直径将使蜗杆传动效率降低，蜗杆刚度提高。（　　）

21. 一对圆柱齿轮接触强度不够时，应增大模数；弯曲强度不够时，应加大分度圆直径。（　　）

22. 对闭式蜗杆传动进行热平衡计算主要是为了防止润滑油温度过高而使润滑条件恶化。（　　）

23. 齿轮传动在保证接触强度和弯曲强度的条件下，应采用较小的模数和较多的齿数，以便改善传动质量、节省制造费用。（　　）

24. 在渐开线圆柱齿轮传动中，相啮合的大小齿轮工作载荷相同，所以两者的齿根弯曲应力以及齿面接触应力也分别相等。（　　）

25. 传动比为 2 的一对材料、热处理方法相同的齿轮，其齿根计算弯曲应力不相等。（　　）

26. 传动比为 2 的一对材料、热处理方法相同的齿轮，其齿面计算接触应力不相等。（　　）

27. 外啮合直齿圆柱齿轮齿面的径向作用力始终指向齿轮中心。（　　）

28. 影响直齿圆柱齿轮齿面接触强度的主要参数是齿轮直径或齿轮中心距。（　　）

29. 提高齿轮的模数，可以提高齿轮工作时的接触强度。（　　）

30. 齿形系数是主要和齿轮的齿数和变位系数有关的参数。（　　）

31. 渐开线齿轮可通过轮齿的齿顶修缘来降低动载荷系数。（　　）

32. 蜗杆传动用于传递空间相交轴之间的运动和动力。（　　）

33. 普通圆柱蜗杆传动的传动比大，因此一般在传动比大的大功率传动系统中应用。（　　）

34. 普通圆柱蜗杆传动的优点是传动效率高、自锁性好。（　　）

35. 普通圆柱蜗杆传动进行热平衡计算是为了保证蜗杆工作在恒温的环境中。（　　）

36. 普通圆柱蜗杆传动进行热平衡计算的目的是使工作时蜗杆减速箱内的油温稳定地处

在所规定的适用范围内。（ ）

37. 蜗杆的分度圆直径越大，蜗杆传动的工作啮合效率越高。（ ）

38. 蜗杆的头数越多，蜗杆传动的工作啮合效率越高。（ ）

四、分析题

1. 图 12-18 所示传动系统由锥齿轮 1、2，斜齿轮 3、4，蜗轮蜗杆 5、6 组成；主动轮 1 的转向 n_1 如图所示，欲使得轴Ⅱ、轴Ⅲ的轴向力最小，试在图中标出：齿轮 3、4 的旋向，蜗杆 5 的旋向，蜗轮 6 的转向和蜗杆传动啮合点的受力。

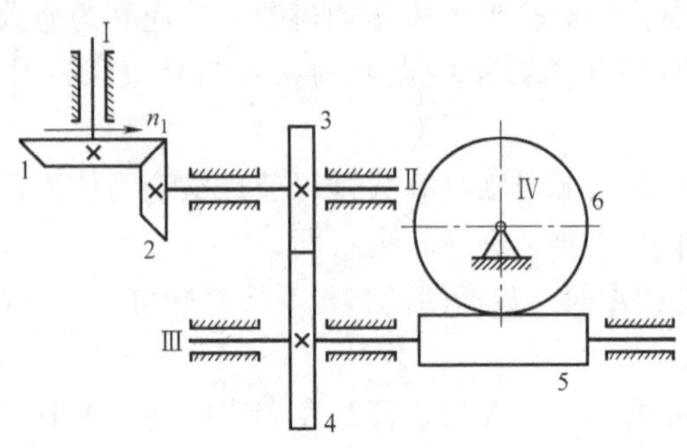

图 12-18 分析题 1 图

2. 有两对闭式直齿圆柱齿轮，其尺寸见表 12-17，其材料及热处理硬度、载荷、工况及制造精度均相同。试分析比较哪对齿轮的接触应力大？哪对齿轮的接触强度高？为什么？

表 12-17 直齿圆柱齿轮的尺寸

齿轮副	参数和尺寸				
	模数 m/mm	齿数 z_1	齿数 z_2	齿宽 B/mm	中心距 a/mm
Ⅰ	2	20	40	40	60
Ⅱ	2	20	40	40	62

3. 某两级圆柱齿轮减速器由两对斜齿圆柱齿轮机构组成，如图 12-19 所示，该减速器运动时，轴Ⅰ输入，轴Ⅲ为输出轴，齿轮 1 为左旋斜齿轮，齿轮 4 转速 n_4 的方向如图所示。设计时要求轴Ⅱ上的两个齿轮所受的轴向力能相互抵消一部分，试直接在图上解答以下问题：①确定轴Ⅰ和轴Ⅱ的转动方向；②确定斜齿轮 2、3、4 的螺旋线方向；③画出齿轮 2 的轮齿所受圆周力 F_{t2}、径向力 F_{r2} 和轴向力 F_{a2} 的方向。

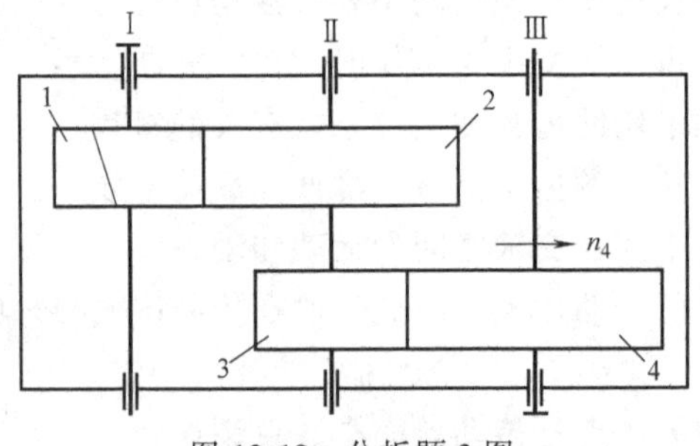

图 12-19 分析题 3 图

4. 试画出图 12-20 所示齿轮传动中各齿轮所受的力（用受力图表示出各力的作用位置

与方向）。

5. 图 12-21 所示为斜齿圆柱齿轮传动和蜗杆传动组成的传动装置。其动力由 I 轴输入，蜗轮 4 为右旋。试解答下列问题：①为使蜗轮 4 按图示 n_4 方向转动，确定斜齿轮 1 的转动方向；②为使中间轴 Ⅱ 所受的轴向力能抵消一部分，确定斜齿轮 1 和斜齿轮 2 的轮齿旋向；③画出齿轮 1 和蜗轮 4 所受圆周力 F_{t1}、F_{t4} 和轴向力 F_{a1}、F_{a4} 的方向。

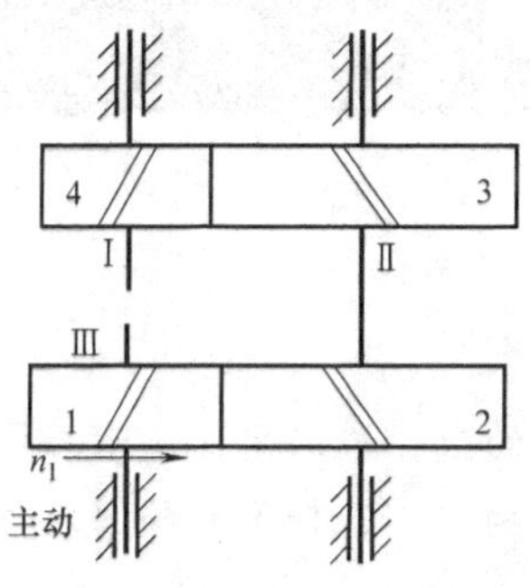

图 12-20 分析题 4 图

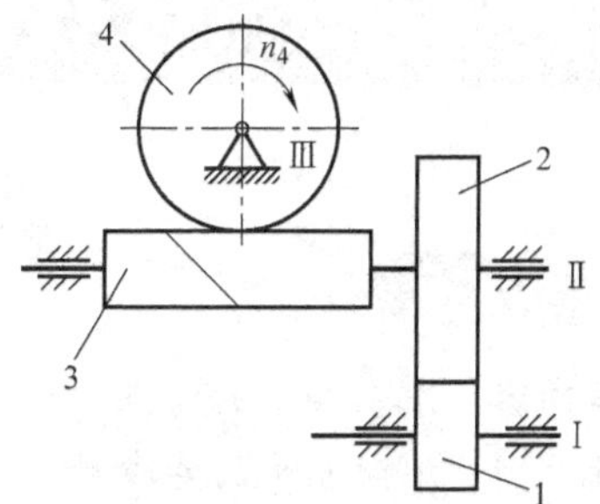

图 12-21 分析题 5 图

6. 图 12-22 所示为蜗杆传动和锥齿轮传动的组合。已知输出轴上锥齿轮 4 的转向，为使中间轴上的轴向力抵消一部分，试在图中画出蜗轮 2 的螺旋线方向和蜗杆 1 的转向。

7. 图 12-23 所示为二级斜齿圆柱齿轮减速器。已知：电动机功率 $P=3\text{kW}$，转速 $n=970\text{r/min}$；高速级 $m_{n1}=2\text{mm}$，$z_1=25$，$z_2=53$，$\beta_1=13°$；低速级 $m_{n3}=3\text{mm}$，$z_3=22$，$z4=50$。试求：①为使轴 Ⅱ 上的轴承所承受的轴向力较小，确定低速级齿轮 3、4 的螺旋线方向；②绘出纸速级齿轮 3、4 在啮合点处所受各力的方向；③齿轮 3 的螺旋角 β_3 取多大值时才能使轴 Ⅱ 上所受轴向力相互抵消？（计算时不考虑摩擦损失）

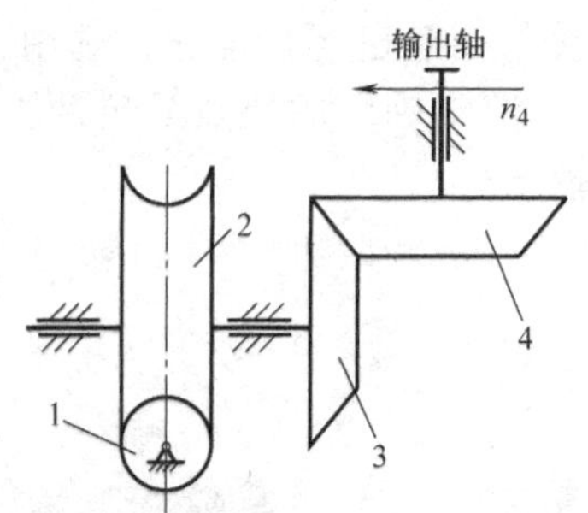

图 12-22 分析题 6 图

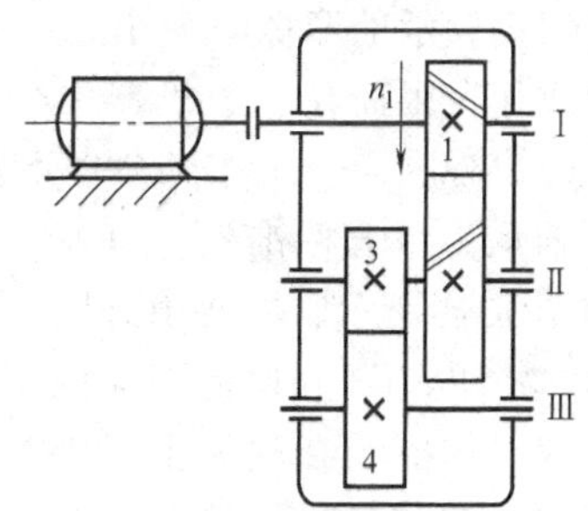

图 12-23 分析题 7 图

8. 某标准直齿圆柱齿轮传动的模数 $m=5\text{mm}$，小、大齿轮的齿数分别为 $z_1=21$、$z_2=73$，小、大齿轮的应力校正系数分别为 $Y_{sa1}=1.56$、$Y_{sa2}=1.76$，小、大齿轮的齿形系数分别为 $Y_{Fa1}=2.76$、$Y_{Fa2}=2.23$，小、大齿轮的许用弯曲应力分别为 $[\sigma_F]_1=314\text{N/mm}^2$、$[\sigma_F]_2=286\text{N/mm}^2$，并算得小齿轮的齿根弯曲应力 $\sigma_{F1}=306\text{N/mm}^2$，试问：哪一个齿轮的弯曲疲劳强度大？为什么？

Chapter 13

第13章 滚动轴承

学习目标

主要内容：滚动轴承的特点、结构与类型；滚动轴承的代号与选用、滚动轴承的失效形式和设计准则；滚动轴承的寿命计算、滚动轴承的支承结构型式、轴承的轴向定位、轴承的调整、轴承的配合与装拆、轴承的润滑与密封。

学习重点：滚动轴承的类型、代号与选用；滚动轴承的失效形式、寿命计算；滚动轴承的支承结构型式、轴承的轴向定位。

学习难点：滚动轴承的组合设计。

13.1 概　　述

根据轴承中摩擦性质的不同，可把轴承分为滚动轴承和滑动轴承两大类。滚动轴承是依靠主要元件间的滚动接触来支承转动零件，其摩擦属于滚动摩擦，而滑动轴承的摩擦属于滑动摩擦。滚动轴承的摩擦阻力小、起动容易、功率消耗少，而且已经标准化，选用、润滑、维护都很方便，因而在一般机器中得到更为广泛的应用。滚动轴承的缺点是抗冲击能力较差，高速时出现噪声，工作寿命也不及液体润滑的滑动轴承。

滚动轴承为组合标准件，其基本结构如图 13-1 所示，主要由外圈 1、滚动体 2、内圈 3 和保持架 4 四个部分组成。内圈装在轴颈上，外圈装在机座或零件的轴承孔内，多数情况下，外圈不转动，内圈和轴一起转动。在滚动轴承内、外圈上都有凹槽滚道，它的作用是降低接触应力并限制滚动体轴向移动，当内、外圈之间相对旋转时，滚动体沿着滚道滚动。保持架使滚动体均匀分布在滚道上，并减少滚动体之间的碰撞和磨损。

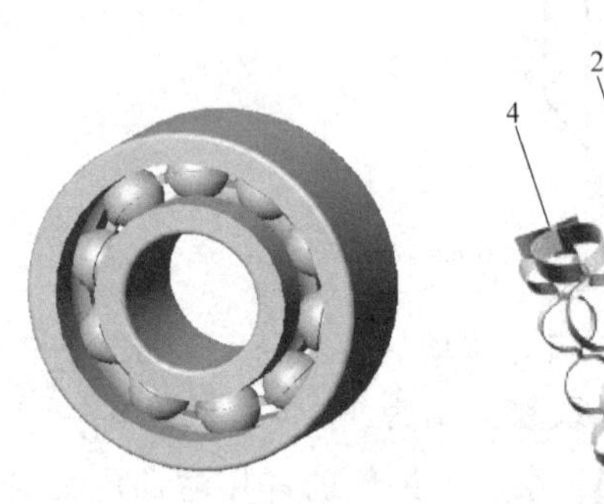

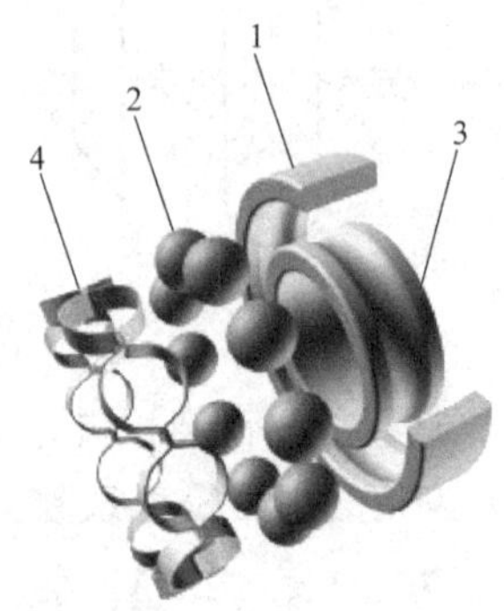

图 13-1　滚动轴承的结构组成

1—外圈　2—滚动体　3—内圈　4—保持架

滚动轴承的核心元件是滚动体。滚动体的大小和数量直接影响轴承的承载能力，它是必不可少的元件。常见的滚动体类型有：球形滚子、圆柱形滚子、圆锥形滚子、滚针形滚子、

鼓形滚子，如图 13-2 所示。

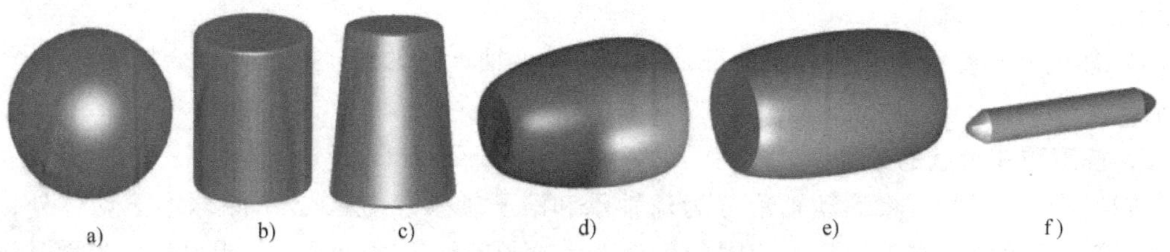

图 13-2　常见滚动体结构类型

a）球形滚子　b）圆柱形滚子　c）圆锥形滚子　d）不对称鼓形滚子　e）对称鼓形滚子　f）滚针

有时为了简化结构，降低成本造价，根据需要会省去内圈、外圈，甚至保持架。这时滚动体直接与轴颈和座孔滚动接触，例如自行车上的滚动轴承就是这样的简易结构。由于滚动轴承属于标准件，所以本章介绍滚动轴承的主要类型和特点及其相关标准，讨论如何根据具体条件正确选择轴承的类型和尺寸，验算轴承的承载能力，介绍轴承的安装、调整、润滑、密封等有关的轴承装置设计。

13.2　滚动轴承的类型

滚动轴承的类型与型号有很多，主要是按其承受载荷的方向（或接触角）和滚动体形状进行分类。

1. 按滚动轴承的承受载荷方向分类

滚动轴承的承受载荷方向与接触角的大小有关。滚动轴承滚动体与外圈滚道接触点（线）处的法线 NN 与垂直于轴承轴线的平面之间的夹角 α 称为轴承的接触角。接触角是滚动轴承的一个重要参数。轴承的受力分析和承载能力都与接触角有关，接触角越大，轴承承受轴向载荷的能力就越大，如图 13-3c 所示。根据承受载荷的方向或接触角的大小不同，滚动轴承分为三类，即向心轴承、推力轴承和向心推力轴承。

1）只能承受径向载荷的向心轴承，如图 13-3a 所示，其接触角 $\alpha=0°$。由于制造误差，有几种类型的向心轴承可以承受一定的轴向载荷。

2）只能承受轴向载荷的推力轴承，如图 13-3b 所示，其接触角 $\alpha=90°$。轴承有两个套

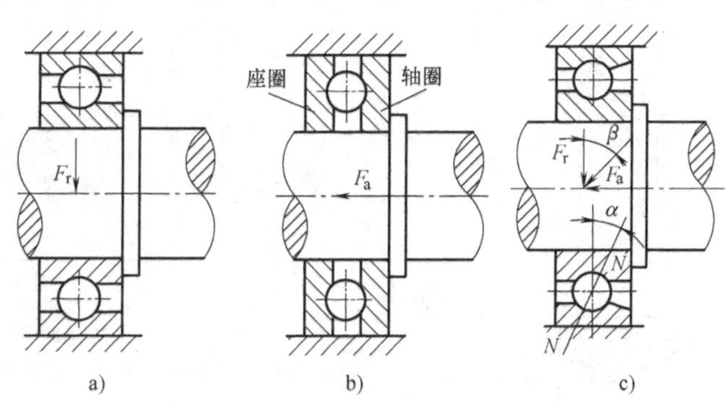

图 13-3　滚动轴承的承载示意图

a）向心轴承　b）推力轴承　c）向心推力轴承

圈，分别称为轴圈和座圈。轴圈与轴颈相配合，也称为动圈。座圈与机座相配合，也称为定圈。

3）能同时承受径向载荷和轴向载荷的向心推力轴承，如图 13-3c 所示，其接触角 $0° < \alpha \leqslant 45°$。

2. 按滚动体形状的分类

按照滚动体形状可将滚动轴承分为球轴承和滚子轴承。图 13-2 中除球形滚动体外，其余均为滚子滚动体。在外廓尺寸相同的条件下，滚子轴承比球轴承承载能力强，当承受较大载荷或有冲击的场合宜采用滚子轴承。当轴承内径 $d \leqslant 20$mm 时，滚子轴承和球轴承的承载能力差不多，但球轴承比滚子轴承转动灵活，且球轴承的价格一般低于滚子轴承，故优先选用球轴承。

常用滚动轴承的类型及特点见表 13-1。滚动轴承的游隙是指滚动体和内、外圈之间所允许的最大位移量。游隙分为轴向游隙和径向游隙。游隙大小对轴承寿命、噪声、温升等有很大影响，应按使用要求进行游隙的选择或调整。表 13-1 中所指的偏移角是指轴承内、外圈轴线相对倾斜时所夹的锐角。偏移角大的轴承，内、外圈同轴心的调整能力（调心性能）好。

表 13-1　常用轴承的类型及特点

类型号	轴承名称	结构简图及承载方向	极限转速	偏移角	特性与应用
1	调心球轴承		中	2°~3°	主要承受径向载荷，可承受较小的双向轴向载荷。外圈滚道为球面，具有自动调心性能。适用于多支点轴、弯曲刚度不足的轴以及难以精确对中的轴
2	调心滚子轴承		中	0.5°~2°	主要承受径向载荷，其承载能力比调心球轴承约大一倍，也能承受少量的轴向载荷。外圈滚道为球面，具有调心性能。适用于多支点轴、弯曲刚度小的轴及难于精确对中的支承，并且抗振动与冲击
3	圆锥滚子轴承		中	2′	能承受较大的径向载荷和单向的轴向载荷，极限转速较低。内外圈可分离，安装时可调整轴承的游隙，一般成对使用。适用于转速不太高、轴刚性较好的场合
6	双列深沟球轴承		中	2′~10′	主要承受径向载荷，也能承受一定的双向轴向载荷。它比深沟球轴承具有较大的承载能力

(续)

类型号	轴承名称	结构简图及承载方向	极限转速	偏移角	特性与应用
5	推力球轴承		低	不允许	推力球轴承的套圈与滚动体可分离,单向推力球轴承只能承受单向轴向负荷,两个圈的内孔不一样大,内孔较小的与轴配合,内孔较大的与机座固定。双向推力球轴承可以承受双向轴向载荷,中间圈与轴配合,另两个圈为松圈。常用于轴向载荷大、转速不高的场合
5	双向推力球轴承		低	不允许	
6	深沟球轴承		高	8′~16′	主要承受径向载荷,同时也可承受少量双向轴向载荷,工作时内、外圈轴线允许偏斜。摩擦阻力小,极限转速高,结构简单,价格便宜,应用最广泛。但承受冲击载荷能力较差,适用于高速场合
7	角接触球轴承		较高	2′~10′	能同时承受径向载荷与单向的轴向载荷,公称接触角 α 有15°、25°、40°三种,α 越大,轴向承载能力也越大。适用于转速较高,同时承受径向和轴向载荷的场合
N	推力圆柱滚子轴承		低	不允许	能承受很大的单向轴向载荷,但不能承受径向载荷。它比推力球轴承承载能力要大,极限转速很低,适用于低速重载场合
N	圆柱滚子轴承		较高	2′~4′	只能承受径向载荷。承载能力比同尺寸的球轴承大,承受冲击载荷能力大,对轴的偏斜敏感,允许偏斜较小,用于刚性较大的轴上,并要求支承座孔能很好地对中
NA	滚针轴承		低	不允许	径向尺寸紧凑且承载能力很大,价格低廉。不能承受轴向载荷,摩擦系数较大,不允许有偏斜。常用于径向尺寸受限制而径向载荷又较大的装置中

13.3 滚动轴承的代号及选用

13.3.1 滚动轴承的代号

滚动轴承的类型很多，而且各类轴承的结构、尺寸、公差等级和技术要求都不一样，为便于生产和选用，GB/T 272—2017 规定了滚动轴承代号的表示方法。滚动轴承代号由基本代号、前置代号和后置代号组成，用字母和数字表示。轴承代号的构成见表 13-2。

表 13-2　滚动轴承的代号

<table>
<tr><td>前置代号</td><td colspan="4">基本代号</td><td rowspan="4">后置代号</td></tr>
<tr><td rowspan="3">轴承分部件代号</td><td colspan="3">轴承系列</td><td rowspan="3">内径代号</td></tr>
<tr><td rowspan="2">类型代号</td><td colspan="2">尺寸系列代号</td></tr>
<tr><td>宽度(或高度)系列代号</td><td>直径系列代号</td></tr>
</table>

1. 基本代号

基本代号是表示轴承的基本类型、结构和尺寸，是轴承代号的基础部分，也是轴承代号的重要组成部分。基本代号共五位，分别为轴承类型代号、尺寸系列代号和内径系列代号。

1）基本代号从左起第一位为类型代号，用数字或字母表示，例如代号为“1”表示调心球轴承，代号为“2”表示调心滚子轴承，等等。应记住常用的轴承代号：3、5、6、7、N 五类，具体可见表 13-1 中的第 1 列介绍。

2）尺寸系列代号由两个数字表示。前一个数字为宽度（或高度）系列代号，后一个为直径系列代号，具体如表 13-3 所示。

表 13-3　滚动轴承的尺寸系列代号

直径系列代号	向心轴承								推力轴承			
	宽度系列代号								高度系列代号			
	8	0	1	2	3	4	5	6	7	9	1	2
	尺寸系列代号											
7	—	—	17	—	37	—	—	—	—	—	—	—
8	—	08	18	28	38	48	58	68	—	—	—	—
9	—	09	19	29	39	49	59	69	—	—	—	—
0	—	00	10	20	30	40	50	60	70	90	70	—
1	—	01	11	21	31	41	51	61	71	91	11	—
2	82	02	12	22	32	42	52	62	72	92	12	22
3	83	03	13	23	33	—	—	—	73	93	13	23
4	—	04	—	24	—	—	—	—	74	94	14	24
5	—	—	—	—	—	—	—	—	—	95	—	—

2. 前置、后置代号

前置、后置代号是轴承在结构形状、尺寸、公差、技术要求等有改变时，在基本代号左右添加的补充代号。前置代号用字母表示，用以说明成套轴承部件的特点，一般轴承无需作此说明，则前置代号可省略，其含义可参阅相关机械设计手册；后置代号用字母或字母与数字的组合来表示，按不同的情况可以在基本代号之后或者用“/”或“-”符号隔开，后置代号的内容很多，下面介绍几个常用的代号。

（1）内部结构代号　表示同一类型轴承的不同内部结构，用字母紧跟基本代号表示。

如：70000C、70000AC、70000B 分别表示接触角为 15°、25°和 40°的角接触球轴承，具体见表 13-4。

（2）轴承的公差等级代号　分为 UP 级、SP 级、2 级、4 级、5 级、6X 级、6 级和 N 级，共 8 个级别，依次由高级到低级，其代号分别为/UP、/SP、/P2、/P4、/P5、/P6X、/P6 和/PN。其中 6X 级仅适用于圆锥滚子轴承；N 级为普通级，在轴承代号中不标出，具体见表 13-5。

（3）常用的轴承径向游隙代号分为/C2、/CN、/C3、/C4、/C5、/CA、/CM 和/C9，径向游隙依次由小到大，N 组游隙是常用的游隙组别，在轴承代号中不标出。

表 13-4　滚动轴承的内部结构常用代号

轴承类型	代号	含义	示例
角接触球轴承	C	$\alpha=15°$	7005C
	AC	$\alpha=25°$	7210AC
	B	$\alpha=40°$	7210B
圆锥滚子轴承	B	接触角 α 加大	32310B

表 13-5　轴承公差等级代号

代号	含义	示例
/PN	公差等级符合标准规定的普通级(可省略不标注)	6210
/P6	公差等级符合标准规定的 6 级	6210/P6
/P6X	公差等级符合标准规定的 6X 级	6210/P6X
/P5	公差等级符合标准规定的 5 级	6210/P5
/P4	公差等级符合标准规定的 4 级	6210/P4
/P2	公差等级符合标准规定的 2 级	6210/P2
/SP	尺寸精度相当于 5 级，旋转精度相当于 4 级	234420/SP
/UP	尺寸精度相当于 4 级，旋转精度高于 4 级	234730/UP

以下是一些常见的轴承代号及其含义，例如：

1）7215C/P4：表示内径为 75mm，直径系列为 2（轻），宽度系列代号为 0（窄、可省略），公称接触角 $\alpha=15°$，公差等级为 4 级，游隙组为 N 组的角接触球轴承。

2）30313：表示内径为 65mm，直径系列为 3（中），宽度系列代号为 0（窄、不可省略），公差等级为 N 级（普通级），游隙组为 N 组的圆锥滚子轴承。

3）7312AC/P6：表示内径为 60mm，直径系列为 3（中），宽度系列代号为 0（窄、可省略），公称接触角 $\alpha=25°$，公差等级为 6 级，游隙组为 N 组的角接触球轴承。

4）30222B/P4：表示内径为 110mm，直径系列为 2（轻），宽度系列代号为 0（窄、可省略），接触角 $\alpha=27°\sim30°$，公差等级为 4 级，游隙组为 N 组的圆锥滚子轴承。

13.3.2　滚动轴承的选用

选择滚动轴承时应先选择轴承类型，再选择尺寸。常用轴承的特点见表 13-1。

1. 滚动轴承的类型选择

正确选择滚动轴承类型时应考虑以下因素：

(1) 轴承所受的载荷大小和方向　载荷是选择轴承类型的最重要的依据。通常，由于球轴承主要元件间的接触是点接触，适合于中小载荷及载荷波动较小的场合工作；而滚子轴承的主要元件间的接触是线接触，适用于承受较大的载荷。

若轴承承受纯轴向载荷，一般选用推力轴承。较小的纯轴向载荷，一般选用推力球轴承。较大的纯轴向载荷，一般选用推力滚子轴承。若轴承承受纯径向载荷，一般选用深沟球轴承、圆柱滚子轴承或者滚针轴承。当轴承在承受径向载荷的同时，还要承受不大的轴向载荷，可选用深沟球轴承或者接触角不大的角接触球轴承、圆锥滚子轴承。当轴向载荷较大时，可选用接触角较大的角接触球轴承或者圆锥滚子轴承，或者选用向心轴承和推力轴承组合在一起的结构，分别承担径向载荷和轴向载荷。

(2) 轴承的转速　转速较高、载荷较小或要求旋转精度较高时，宜选用球轴承。转速较低、载荷较大或有冲击载荷时，宜选用滚子轴承。推力轴承的极限转速均很低，工作转速较高时，若轴向载荷不是很大，可采用角接触球轴承承受纯轴向载荷。

(3) 轴承的调心性能　当轴的中心线与轴承座中心线不重合而有角度误差时，或因轴受力弯曲或倾斜时，会造成轴承的内、外圈轴线发生偏斜。这时，应采用有一定调心性能的调心球轴承或调心滚子轴承。对于支点跨距大、轴的弯曲变形大或多支点轴，也应采用调心轴承。

(4) 经济性要求　一般来说，滚子轴承的价格比球轴承的价格要高。深沟球轴承价格最低，常被优先选用。轴承精度越高，则价格越高，若无特殊要求，轴承的公差等级一般选用普通级。

2. 尺寸系列和内径等的选择

轴承的尺寸系列包括直径系列和宽（高）度系列。选择轴承的尺寸系列时，主要考虑轴承承受载荷的大小，此外也要考虑结构的要求。对于直径系列，载荷很小时，一般可以选择超轻或特轻系列。载荷很大时，可选择重系列。一般情况下，可先选择轻系列或中系列，待校核后再根据具体情况进行调整。对于宽度系列，一般情况下可选择窄系列，若结构上有特殊要求时，可根据具体情况选择其他系列。

轴承内径大小的确定是在轴的结构设计中完成的。

13.4　滚动轴承的校核计算

13.4.1　滚动轴承的失效形式和设计准则

1. 失效形式

(1) 疲劳点蚀　在运转过程中，滚动轴承相对于径向载荷方向不同方位处的载荷是不同的。如图 13-4 所示，在径向载荷相反的方向上有一个径向载荷为零的非承载区。而且，滚动体与套圈滚道的接触传力点也随时都在变化（因为内圈或外圈的转动以及滚动体的公转和自转），所以滚动体和套圈滚道的表面受脉动循环变化的接触应力。由于脉动接触应力

的反复作用，首先在滚动体或滚道的表面下一定深度处会产生疲劳裂纹，继而扩展到接触表面，金属表层会出现麻点状剥落而形成疲劳点蚀。轴承发生点蚀破坏后，在运转时会出现较强的振动、噪声和发热现象，使轴承无法正常工作。通常，疲劳点蚀是滚动轴承的主要失效形式。

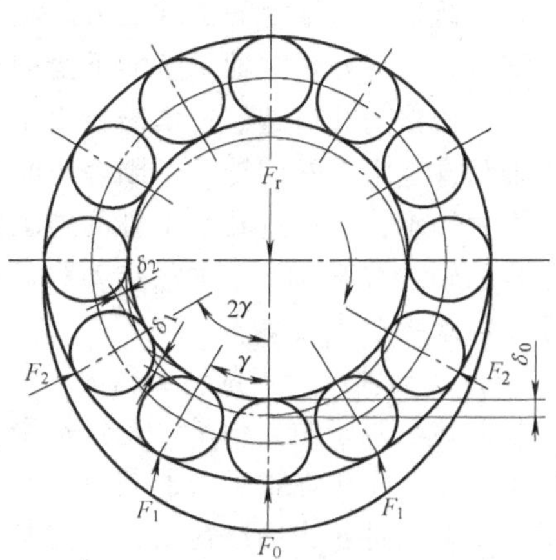

图 13-4　深沟球轴承径向载荷分布

（2）塑性变形　实际工作时，有许多轴承并非都是在正常状态下工作，例如有些轴承是在低速重载的场合下工作，甚至有的轴承基本就不旋转。当轴承不回转、缓慢摆动或低速转动（$n\leqslant 10\text{r/min}$）时，一般不会产生疲劳点蚀。但过大的静载荷或冲击载荷会使套圈滚道与滚动体接触处产生较大的局部应力。局部应力超过材料的屈服极限时会产生较大的塑性变形，导致轴承失效。

此外，轴承还可能发生其他失效形式，如磨损、黏着、锈蚀、滚动体破碎等，但这些失效一般可以通过合理使用与维护来避免。

2. 设计准则

由于滚动轴承的主要失效形式是点蚀破坏，所以对于一般转速的轴承，轴承的设计准则就是以防止点蚀引起过早失效而进行疲劳点蚀计算，在轴承计算中称为寿命计算。

对于不转动、摆动或低速转动的轴承，为防止塑性变形，应以静强度计算为依据，称为轴承的静强度计算，本章不讨论静强度计算。

以磨损、黏着为主要失效形式的轴承，由于影响因素复杂，目前尚无相应的计算方法，只能采取适当的预防措施。

13.4.2　滚动轴承疲劳寿命的校核计算

1. 基本概念

（1）轴承寿命　轴承寿命是指轴承的一个套圈或滚动体的材料出现第一个疲劳扩展现象前，一个套圈相对于另一个套圈的总转数，或在某一转速下的轴承所工作的小时数，称为轴承的寿命。

（2）基本额定寿命　轴承的可靠性常用可靠度 R 来度量。一组轴承能达到或超过规定寿命的百分率，称为轴承寿命的可靠度。对同一组型号的轴承，在相同的条件下工作时，由于材料、热处理和工艺等随机因素的影响，寿命也会有所不同。一组同一型号的轴承在同一工作条件下运转，其可靠度为 90% 时，能达到或超过的寿命称为基本额定寿命，记作 L_{10}［单位为百万转（10^6r）］或者 L_h［单位为小时（h）］。因此，基本额定寿命是指 90% 的轴承不发生点蚀破坏前所能运转的总转数或者轴承所能工作的小时数。对每一个具体的轴承，它在基本额定寿命期内能正常工作的概率是 90%，即基本额定寿命是具有 90% 可靠度的轴承寿命。

（3）基本额定动载荷　轴承的寿命值与所受载荷的大小密切相关。通常以轴承的基本额定动载荷来衡量轴承的承载能力。轴承的基本额定动载荷是指一组轴承进入运转并且基本额定寿命为一百万转时轴承所能承受的载荷值，通常用 C 表示。

基本额定动载荷是通过实验得出来的，其对应的实验载荷条件为：对于向心轴承或向心推力轴承，是指内圈旋转、外圈静止时的纯径向载荷，称为径向基本额定动载，用 C_r 表示；对于推力轴承，是指过轴承中心的纯轴向载荷，称为轴向基本额定动载荷，用 C_a 表示。不同型号的轴承有不同的基本额定动载荷值，它表征了不同型号轴承承载能力的大小，其值可在滚动轴承手册中查得。

（4）滚动轴承的当量动载荷 P　滚动轴承的基本额定动载荷是在一定的实验条件下确定的，如前述，对于向心轴承，是指承受纯径向载荷，对于推力轴承，是指承受纯轴向载荷。实际情况中，作用在轴承上的载荷既有径向载荷又有轴向载荷，则必须将实际所受载荷转换算成与实验条件相当的载荷后，才能与基本额定动载荷进行比较。换算后的载荷称为当量动载荷，是一个假想载荷，用 P 表示。

当量动载荷 P 的计算公式为

$$P=XF_r+YF_a \tag{13-1}$$

式中，F_r 为轴承所受的径向载荷（N）；F_a 为轴承所受的轴向载荷（N）；X、Y 分别为径向载荷系数、轴向载荷系数。对于向心轴承，当 $F_a/F_r>e$ 时，可由表 13-6 查出 X 和 Y 的值；当 $F_a/F_r\leqslant e$ 时，轴向力的影响一般忽略不计，此时（$X=1$，$Y=0$）。e 是一个判别系数，其值与轴承类型、F_a/C_0 值（C_0 是轴承的基本额定静载荷）有关，具体数值均可参见表 13-6。

2. 滚动轴承的寿命计算

根据对滚动轴承寿命实验数据的拟合处理，滚动轴承的基本额定寿命 L_{10}（10^6r）与基本额定动载荷 C（N）及当量动载荷 P（N）的关系为

$$L_{10}=\left(\frac{C}{P}\right)^{\varepsilon} \tag{13-2}$$

式中，ε 为寿命指数，对于球轴承，$\varepsilon=3$，对于滚子轴承，$\varepsilon=10/3$；C 为基本额定动载荷，对于向心轴承为 C_r，对于推力轴承为 C_a。

表 13-6　径向动载荷系数 X 和轴向动载荷系数 Y

轴承类型		相对轴向载荷	$F_a/F_r\leqslant e$		$F_a/F_r>e$		判别系数 e
名称	代号	F_a/C_0	X	Y	X	Y	
圆锥滚子轴承	30000	—	1	0	0.4	(Y)	(e)
深沟球轴承	60000	0.014	1	0	0.56	2.30	0.19
		0.028				1.99	0.22
		0.056				1.71	0.26
		0.084				1.55	0.28
		0.11				1.45	0.30
		0.17				1.31	0.34
		0.28				1.15	0.38
		0.42				1.04	0.42
		0.56				1.00	0.44

（续）

轴承类型		相对轴向载荷	$F_a/F_r \leqslant e$		$F_a/F_r > e$		判别系数 e
名称	代号	F_a/C_0	X	Y	X	Y	
角接触球轴承	70000C	0.015	1	0	0.44	1.47	0.38
		0.029				1.40	0.40
		0.058				1.30	0.43
		0.087				1.23	0.46
		0.120				1.19	0.47
		0.170				1.12	0.50
		0.290				1.02	0.55
		0.440				1.00	0.56
		0.580				1.00	0.56
	70000AC	—	1	0	0.41	0.87	0.68
	70000B	—	1	0	0.35	0.57	1.14

实际计算中，用小时数表示轴承寿命较为方便，如果用 n（r/min）表示转速度，则在一个基本额定寿命 10^6r 的情况下，式（13-2）可以写成

$$L_h = \frac{10^6}{60n}\left(\frac{C}{P}\right)^{\varepsilon} \tag{13-3}$$

实际情况下，考虑到轴承在温度高于 100℃的工作环境下基本额定动载荷会有所降低，故引进温度系数（$f_t \leqslant 1$），对 C 值进行修正，具体见表 13-7。考虑工作中的冲击和振动会使轴承寿命降低，故引进载荷系数 f_P 对 P 值进行修正，在不同的载荷条件下它有不同的取值，具体可参见表 13-8。

表 13-7 温度系数 f_t

轴承工作温度/℃	120	125	150	175	200	225	250	300	350
温度系数 f_t	1.00	0.95	0.90	0.85	0.80	0.75	0.70	0.60	0.50

表 13-8 载荷修正系数 f_P

载荷性质	无冲击或轻微冲击	中等冲击或中等惯性力	强烈冲击
载荷系数 f_P	1.0~1.2	1.2~1.8	1.8~3.0

在作出如上两个修正后，式（13-3）可以改写为

$$L_h = \frac{10^6}{60n}\left(\frac{f_t C}{f_P P}\right)^{\varepsilon} \tag{13-4}$$

式中，L_h 为滚动轴承的基本额定寿命（h）；C 为滚动轴承的基本额定动载荷（N）；P 为滚动轴承的当量动载荷（N）；f_t 为温度系数；f_P 为载荷系数；n 为滚动轴承的工作转速（r/min）。

3. 向心推力轴承的轴向载荷计算

（1）向心推力轴承的内部轴向力　由于向心推力轴承有接触角，故轴承受径向载荷 F_r

作用时，承载区内滚动体的法向力分解会产生一个轴向分力 F_s，如图 13-5 所示。F_s 是在平衡外部径向载荷作用时派生的轴向力，称为内部轴向力，其大小按表 13-9 计算。内部轴向力 F_s 的方向沿轴向，由轴承外圈的宽边指向窄边。

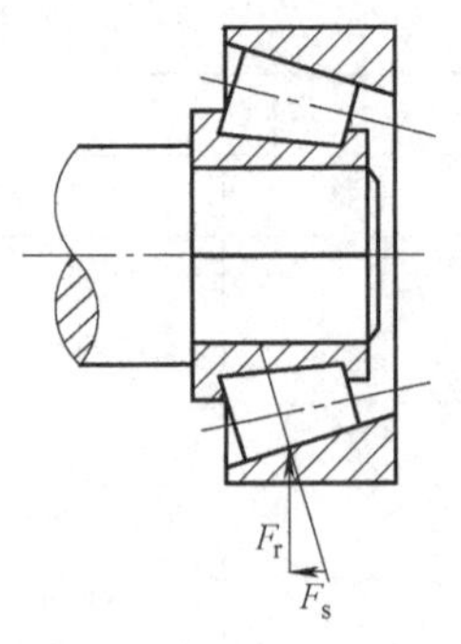

图 13-5　内部轴向力

（2）向心推力轴承的安装方式　由于向心推力轴承会产生附加的内部轴向力，为防止轴向窜动，这种轴承应该成对使用、对称安装。由此会产生两种不同的安装方式：正装，即为两外圈窄边相对，又称“面对面”安装，如图 13-6a 所示；反装，即为两外圈宽边相对，又称“背靠背”安装，如图 13-6b 所示。

表 13-9　向心推力轴承的内部轴向力

圆锥滚子轴承	角接触球轴承
$F_s=F_r/(2Y)$	$F_s=eF_r$

注：Y 对应表 13-6 中 $F_a/F_r>e$ 一栏中的 Y 值；e 也同样查表 13-6 选取。

为了分析及计算的方便，经常将轴承的正装或反装绘制成简化示意图。图 13-7a 所示为角接触球轴承的安装简化示意图，图 13-7b 所示为圆锥滚子轴承的安装简化示意图。

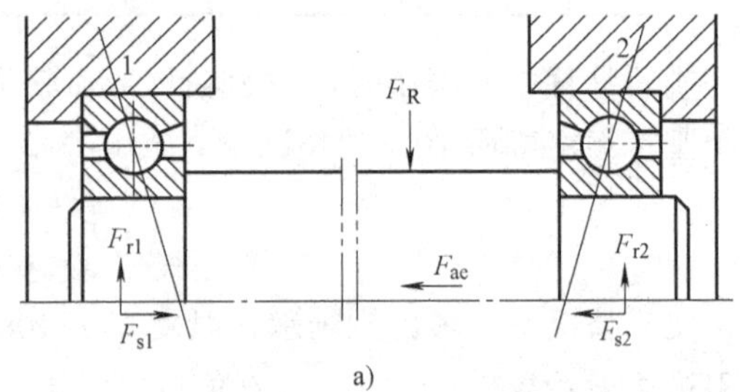

a)

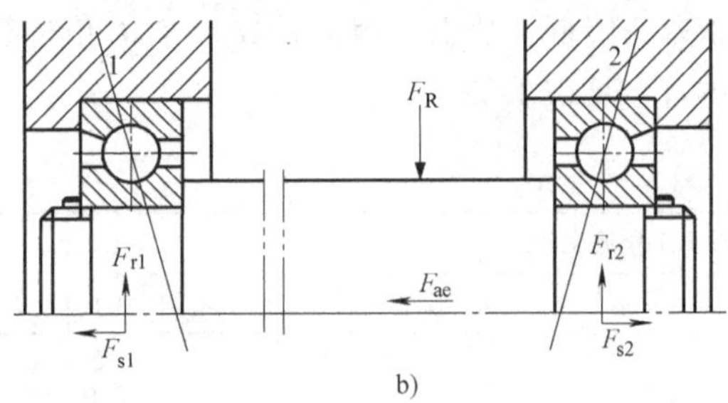

b)

图 13-6　向心推力轴承载荷的分布
a）正装（面对面）　b）反装（背靠背）

（3）向心推力轴承的轴向载荷计算　计算向心推力轴承所受到的实际轴向载荷 F_a 时，除了要考虑外加轴向载荷 F_{ae}，还应考虑由于径向载荷而产生的内部轴向力 F_s 的影响。现以“面对面”安装方式为例，说明每个轴承实际所受轴向载荷 F_a 的计算方法。

如图 13-6a 所示，F_{ae} 为外加轴向力，F_{s1}、F_{s2} 为内部轴向力。轴和轴承内圈一般采用紧配合，可视为一体，轴承外圈与机架视为一体。图中 F_{s2} 与 F_{ae} 方向一致，其合力方向指向左面，F_{s1} 朝向另一方向，合力方向指向右面。

当 $F_{s2}+F_{ae}>F_{s1}$ 时，轴有向左移动的趋势。在轴承 1 处，轴与轴承内圈将滚动体向轴承外圈挤压，压紧力为 $F_{s2}+F_{ae}-F_{s1}$，此时，轴承 1 处于被压紧状态，可称其为压紧端，压紧端实际所受的轴向力 F_{a1} 为外部压紧力与内部轴向力之和，即 $F_{a1}=(F_{s2}+F_{ae}-F_{s1})+F_{s1}=F_{s2}+F_{ae}$。而轴承 2 的滚动体未受到任何外部轴向压力（轴向左移动），与轴承外圈有分离趋势，即轴承 2 处于放松状态，可称其为放松端，放松端实际所受的轴向力 F_{a2} 仅为其内部轴向力，即 $F_{a2}=F_{s2}$。

同理，当 $F_{s2}+F_{ae}<F_{s1}$ 时，轴有向右移动的趋势。在轴承 2 处，轴与轴承内圈将滚动体向轴承外圈挤压，压紧力为 $F_{s1}-(F_{s2}+F_{ae})$，此时，轴承 2 处于压紧状态，压紧端的轴向力

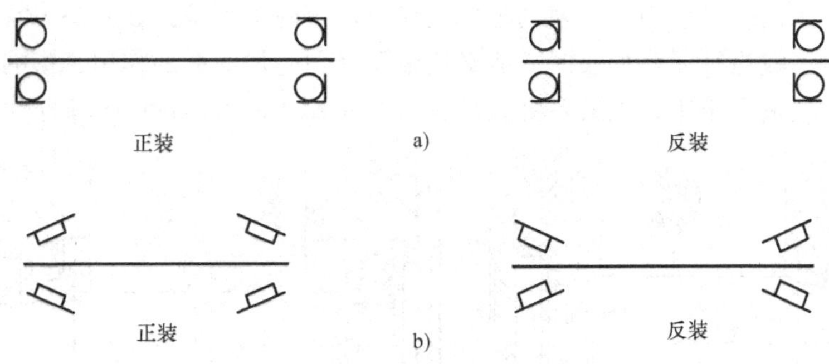

图 13-7 各类轴承安装方式简化示意图

a）角接触球轴承的安装 b）圆锥滚子轴承的安装

为外部压紧力与内部轴向力之和，即为 $F_{a2}=[F_{s1}-(F_{s2}+F_{ae})]+F_{s2}=F_{s1}-F_{ae}$。轴承 1 的滚动体未受到任何外部轴向压力，其滚动体与轴承外圈有分离的趋势，即轴承 1 处于放松状态，放松端实际所受轴向力 F_{a1} 仅为其内部轴向力，即 $F_{a1}=F_{s1}$。

综上可知，计算向心推力轴承轴向力的方法可以归纳为以下步骤：

① 首先计算出轴承两端内部轴向力的大小，并绘出其方向。

② 根据轴上各轴向力的总合力方向，判定轴的移动趋势，分别找出“压紧端”和“放松端”。

③ 压紧端轴承实际所受的轴向载荷等于除去其本身内部轴向力之外的其余各轴向力的代数和（有方向性）。

④ 放松端轴承实际所受的轴向载荷仅为其本身的内部轴向力。

以上方法也适用于一对轴承“背靠背”安装的情况。

（4）向心推力轴承的径向载荷计算　向心推力轴承的径向载荷计算相对简单，只需将外加径向力 F_R 以及各径向分力按照受力平衡及力矩平衡原理，即可计算出两轴承所受的径向载荷分别为 F_{r1} 和 F_{r2}。

13.5 滚动轴承装置的设计

为保证轴承在机器中正常工作，除合理选择轴承的类型和尺寸，还应进行正确的轴承装置设计，处理好轴承与周围零件之间的关系。轴承装置设计也就是指在对轴进行支承设计时，如何解决轴承的配置，如何确定轴承的定位与固定，如何考虑轴承的调节、配合、装拆及轴承的润滑与密封等一系列问题。

13.5.1 轴承的支承结构型式

一般来说，一根轴需要两个支点，每个支点可由一个或一个以上的轴承组成。合理的轴承配置应考虑轴在机器中有正确的位置，防止轴向窜动及轴受热膨胀后卡死。常用的滚动轴承支承配置型式有三种：

1. 双支点各单向固定

这种配置形式是让每个支点都对轴系进行一个方向的轴向固定。如图 13-8 所示，向右的轴向载荷由右边的轴承承担，向左的轴向载荷由左边的轴承承担。其缺陷是：由于两支点均被轴承盖固定，故当轴受热伸长时，势必使轴承受到附加载荷的作用，影响使用寿命。因此这种配置形式仅适合于工作温升不高且轴较短（跨距 $L \leqslant 400$mm）的场合。

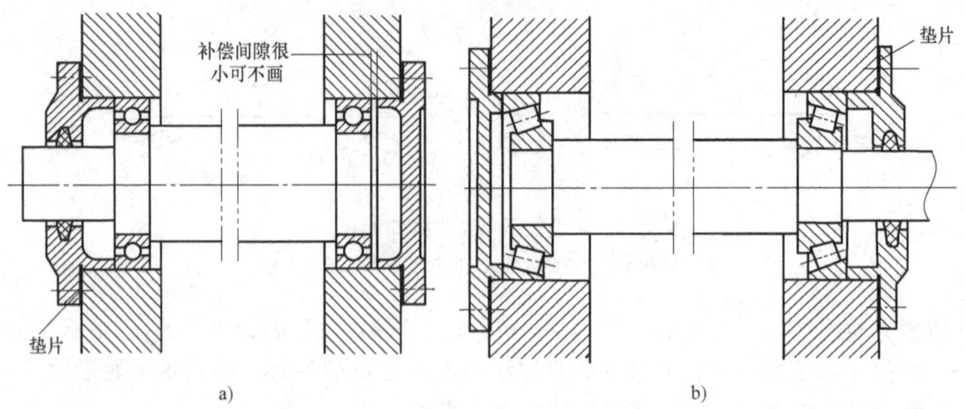

图 13-8　轴承双支点单向固定的配置形式

a）深沟球轴承的单向固定　b）固定滚子轴承的单向固定

对于深沟球轴承还应在轴承外圈与轴承盖之间留出 0.2~0.4mm 的轴向间隙，以补偿轴的受热伸长，由于间隙较小，图上可不画出。对于向心推力轴承，热补偿间隙靠轴承内部的游隙保证。

2. 一支点双向固定、另一支点游动

这种配置形式是让一个轴承为固定支点，承受双向轴向力，而另一个轴承为游动支点，只承受径向力，使其在轴受热伸长时可作轴向游动。如图 13-9 所示，左端为固定支点，右端为游动支点。

如图 13-9a 所示，对于固定支点，轴向力不大时可用深沟球轴承，图中左端上半部分为外圈用轴承座孔凸肩固定，外圈左右两面均被固定。这种结构使座孔不能一次镗削完成，影响加工效率和同轴度。轴向力较小时可用孔用弹性挡圈固定外圈，如图 13-9a 中左端下半部分。为了承受向右的轴向力，固定支点的内圈也必须进行轴向固定。对于游动支点，常采用

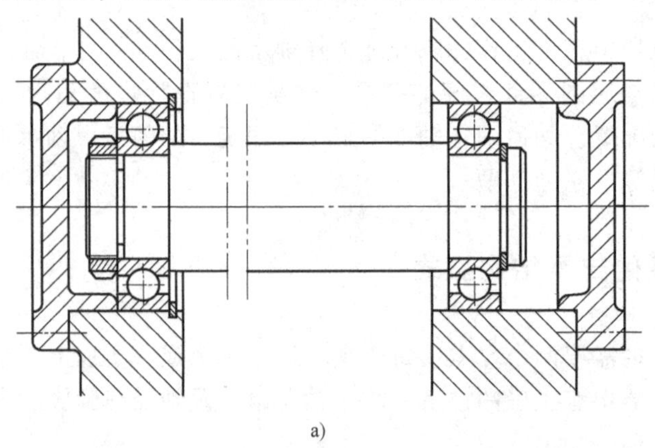

图 13-9　一支点双向固定，另一支点游动配置

a）固定支点采用深沟球轴承

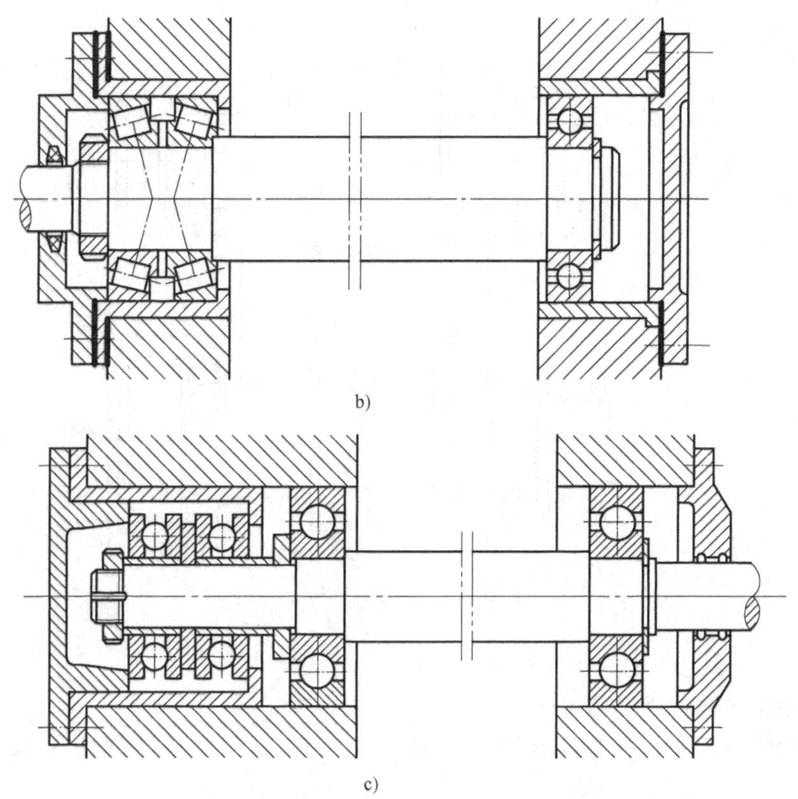

b)

c)

图 13-9　一支点双向固定，另一支点游动配置（续）

b）固定支点采用两个向心推力轴承　c）固定支点采用双向推力轴承

深沟球轴承；径向力较大时也可采用圆柱滚子轴承。选用深沟球轴承时，轴承外圈与轴承盖之间留有较大间隙，使轴热膨胀时能自由伸长，但其内圈需轴向固定，以防轴承松脱。当选用圆柱滚子轴承时，因其内、外圈轴向可相对移动，故内、外圈均应轴向固定，以免外圈移动，造成过大的错位。设计时应注意轴承内外圈不要出现多余的或不足的轴向固定。

如图 13-9b 所示的固定支点，它采用两个向心推力轴承对称布置，它们分别承受左右两个方向的轴向力，共同承担径向力，适用于轴向载荷较大的场合。为了便于装配调整，固定支点采用了套杯结构，此时，选择游动支点轴承的尺寸时，一般应使轴承外径与套杯外径相等，以利于两轴承座孔的加工。

如图 13-9c 所示的固定支点，它采用了双向推力轴承，与角接触球轴承组合，轴向力较大时采用该配置。

3. 两端游动支承

这种配置形式下两支点均设计为游动支点。图 13-10 所示为支承人字齿轮的轴系部件，轴承的位置通过人字齿轮的几何形状确定，这时必须将两个支点设计为游动支承（图上方），但应保证与之相配的另一轴系部件必须是两端固定的（图下方），以便两轴都得到轴向定位。

13.5.2　轴承的轴向定位

滚动轴承的轴向定位问题实际上就是轴承内、外圈的定位与固定问题，轴承内、外圈定

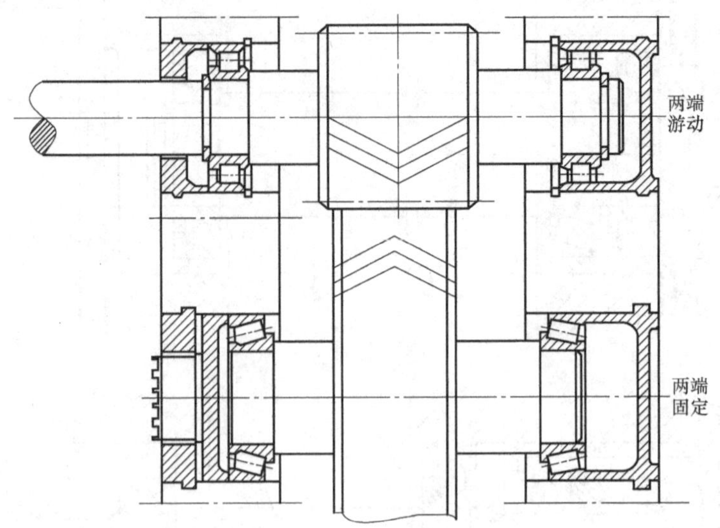

图 13-10　两端游动支承

位与固定的方法很多，下面介绍几种常用的方法。

1. 滚动轴承内圈的固定方法

1）用轴用挡圈嵌在轴的沟槽内，主要用于轴向力不大及转速也不高的场合，如图 13-11a 所示。

2）用螺钉固定的轴端挡圈紧固，可用于高转速下承受大的轴向力的场合，螺钉应有防松措施，如图 13-11b 所示。

3）用圆螺母及止动垫圈紧固，主要用于转速高、承受较大轴向力的场合，如图 13-11c 所示。

4）用紧定衬套、止动垫圈和圆螺母紧固，用于光轴上轴向力和转速都不大的、内圈为圆锥孔的轴承，如图 13-11d。

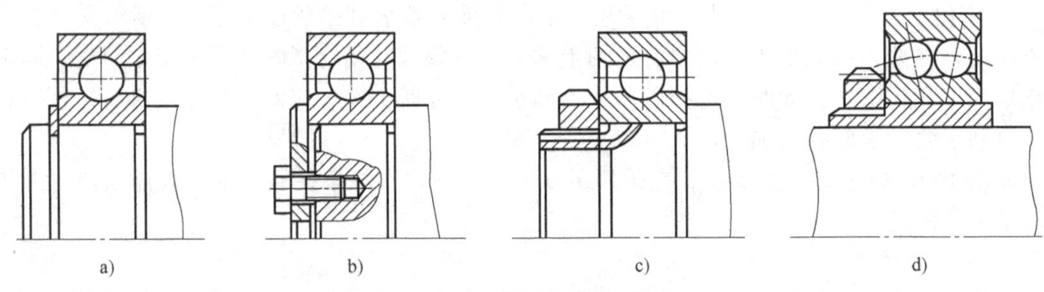

图 13-11　滚动轴承内圈的固定方法

a）轴用弹性挡圈　b）轴端挡圈　c）圆螺母　d）紧定衬套

2. 滚动轴承外圈的固定方法

1）用嵌入外壳沟槽内的孔用弹性挡圈紧固，主要用于轴向力不大且需减小装置尺寸的场合，如图 13-12a 所示。

2）用轴用弹性挡圈嵌入轴承外圈的止动槽内紧固，用于当外壳不便设凸肩的场合，如

图 13-12b 所示。

3）用轴承盖紧固，用于转速高、承受较大轴向力的各类向心、推力和向心推力轴承，如图 13-12c 所示。

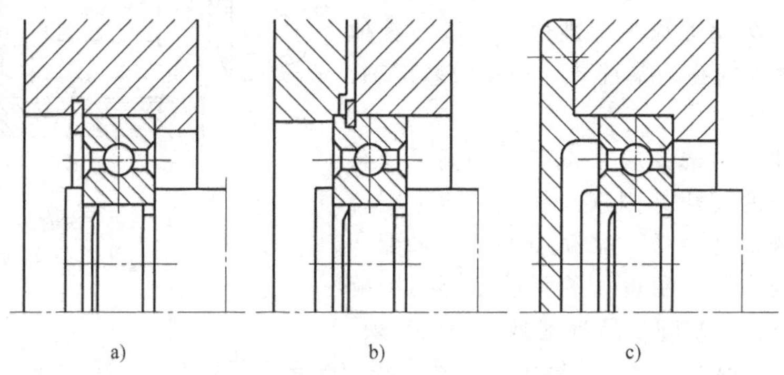

图 13-12　滚动轴承外圈的固定方法
a）孔用弹性挡圈与凸肩　b）轴用弹性挡圈　c）轴承盖

13.5.3　轴承的调整

轴承的调整包括轴承游隙的调整和轴承组合位置的调整。

1. 轴承游隙的调整

为保证轴承正常运转，通常在轴承内部留有适当的轴向和径向游隙。游隙的大小对轴承的回转精度、受载、寿命、效率和噪声等都有很大影响。游隙过大，轴承的旋转精度降低、噪声增大；游隙过小，由于轴的热膨胀使轴承受载加大、寿命缩短、效率降低。因此，轴承组合装配时应根据实际的工作状况适当地调整游隙，并从结构上保证能方便地进行调整。

调整游隙的常用方法有以下三种：

（1）垫片调整　如图 13-8 所示，深沟球轴承组合的轴承游隙调整就是通过增加或减少轴承盖与轴承座间垫片组的厚度来调整游隙。

（2）螺钉调整　如图 13-13 所示，用螺钉 1 和轴承外圈压盖 2 来调整轴承游隙。这种方法调整方便，但不能承受较大的轴向力。

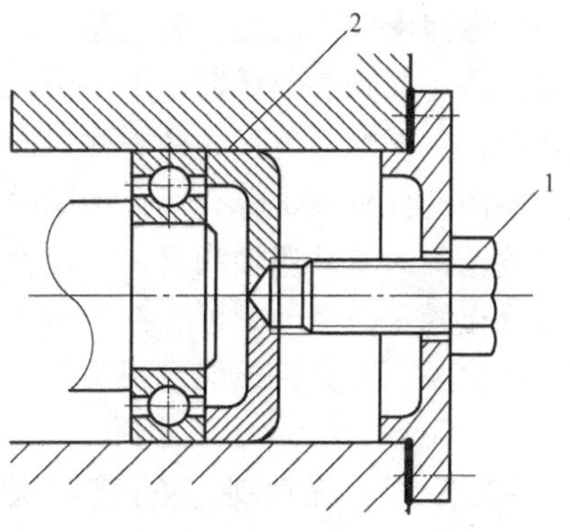

图 13-13　螺钉调整轴承游隙
1—螺钉　2—轴承外圈压盖

2. 轴承组合位置的调整

轴承组合位置调整的目的是使轴上的零件（如齿轮、带轮等零件）具有正确的工作位置。如锥齿轮传动，要求两个节锥顶点相重合，才可以保证正确啮合。如图 13-14 所示，为便于齿轮轴向位置的调整，可采用套杯结构。有两组垫片，套杯与轴承座之间的垫片用来调整锥齿轮的轴向位置，轴承盖与套杯之间的垫片只起密封作用。

13.5.4 轴承的配合与装拆

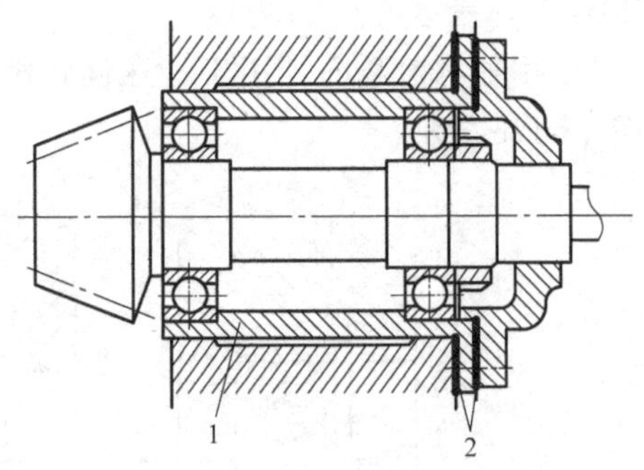

图 13-14 锥齿轮轴组合部件
1—套杯 2—垫圈

轴承的配合是指内圈与轴的配合及外圈与座孔的配合。由于滚动轴承是标准件，所以与其他零件配合时，轴承内孔为基准孔，外圈为基准轴，其配合代号不用标注。

轴承配合种类的选择应根据转速的高低、载荷的大小、温度的变化等因素来决定。如果配合过松，会使旋转精度降低，振动加大；如果配合过紧，可能因为内、外圈过大的弹性变形而影响轴承的正常工作，也使轴承装拆困难。一般来说，转速高、载荷大、温度变化大的轴承应选紧一些的配合，经常拆卸的轴承应选较松的配合，转动套圈配合应紧一些，游动支点的外圈配合应松一些。与轴承内圈配合的回转轴公差常采用 m6、k6；与不转动外圈相配合的轴承座孔公差采用 J6、J7、H7 和 G7 等。

安装轴承时，小轴承可用铜锤轻而均匀地敲击配合套圈装入，大轴承可用压力机压入。尺寸大且配合紧的轴承可将孔件加热膨胀后再进行装配，装配时力应施加在被装配的套圈上，否则会损伤轴承。拆卸轴承时，可采用专用工具（图 13-15 所示的轴承拆卸器）。为便于拆卸，轴承的定位轴肩高度应低于内圈高度，其值可查阅轴承手册。

13.5.5 滚动轴承的润滑

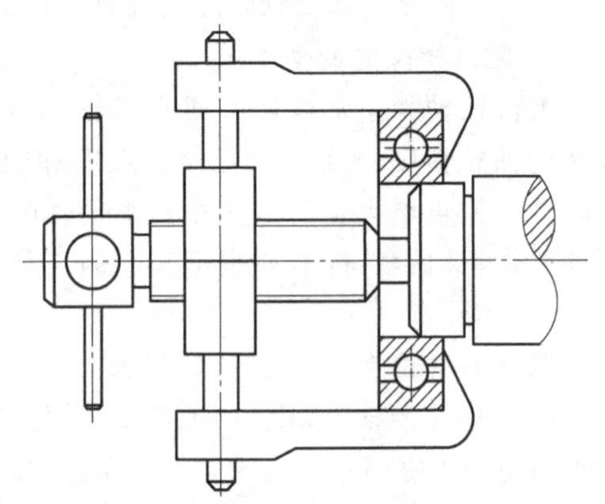
图 13-15 轴承拆卸器

润滑的目的主要是减少摩擦磨损，同时也有冷却、吸振、防锈和减小噪声的作用。滚动轴承常用的润滑剂有润滑油、润滑脂（少数轴承还用固体润滑剂）。润滑方式和润滑剂的选择，可根据速度因数 dn 值来定。d 代表轴承内径（mm）、n 代表轴承转速（r/min），当 $dn<(1.5\sim2)\times10^5$mm · r/min 时，一般滚动轴承可采用润滑脂润滑。脂润滑的优点是：润滑脂形成的润滑膜强度高，能承受较大的载荷，不易流失，便于密封和维护，一次填充可运转较长转时间。对于那些不允许润滑油流失而污染产品的工业机械来说，脂润滑的方式十分合适。滚动轴承的装脂量一般为轴承内部空间的 1/3～2/3。当 dn 超过上述范围时宜采用油润滑。油润滑的优点是：摩擦阻力小，可起到散热冷却的作用，所以一般高温轴承选择油润滑，润滑方式常用浸油或飞溅润滑，浸油润滑时油面不应高于最下方滚动体中心，以免搅油能量损失较大，使轴承过热，而高速轴承可采用喷油或油雾润滑。

13.5.6 滚动轴承的密封装置

安装密封装置的目的是防止外部的灰尘、水分以及其他杂物进入轴承，并阻止轴承内润

滑剂的流失。滚动轴承的密封装置可分为接触式密封和非接触式密封。

1. 接触式密封

通常在轴承盖内放置软质材料（如毛毡、橡胶、皮革、软木等）或减摩性好的硬质材料（如加强石墨、青铜、耐磨铸铁等）与转动轴直接接触而起密封作用。

图 13-16a 所示为毡圈密封，将矩形剖面的毡圈放在轴承盖上的梯形槽中与轴密合接触；或在轴承盖上开缺口放置毡圈油封，然后用另一个零件压在毡圈油封上，以调整毛毡与轴的密合程度，从而提升密合效果。这种密封装置结构简单，适用于脂润滑，但磨损较大。主要用于 $v<5m/s$、工作温度 $T<90℃$ 的脂润滑场合。

图 13-16b 所示为唇形密封圈密封。唇形密封圈为标准件，由皮革或橡胶制成，放在轴承盖槽中，利用环形螺旋弹簧将密封圈的唇部紧套在轴上，从而起到密封效果。密封唇朝内主要是为了防止漏油，密封唇朝外主要是为了防止外物侵入，如果要同时有以上两个作用，则最好使用两个反向放置的唇形密封圈。这种密封装置安装简便、使用可靠，适用于 $v<10m/s$、工作温度为 $-40\sim100℃$ 的脂润滑或油润滑场合。

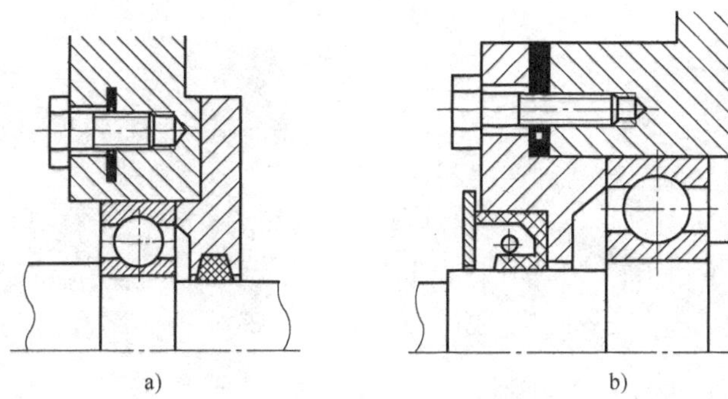

图 13-16　接触式密封

a）毡圈密封　b）唇形密封圈密封

2. 非接触式密封

使用接触式密封，总要在接触处产生滑动摩擦。非接触式密封没有与轴直接接触，就能避免此缺点，故可用于速度较高的场合。

图 13-17a 所示为隙缝密封，在轴与轴承盖的通孔壁间留一个半径为 0.1～0.3mm 的窄缝隙。这对于脂润滑轴承有密封效果。若在轴承盖上车出环槽，在槽内填满油脂，可以提升密

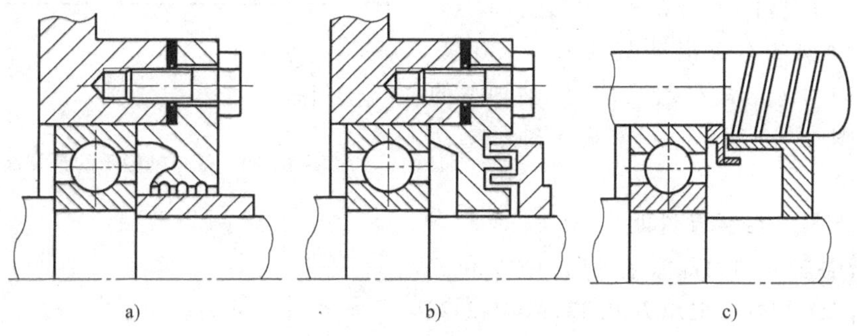

图 13-17　非接触式密封

a）隙缝密封　b）曲路密封　c）甩油密封

封效果。这种密封装置结构简单，适用于 $v<6\text{m/s}$ 的场合。

图 13-17b 所示为曲路密封，是由旋转的和固定的密封零件之间拼合而成的曲折的隙缝所形成的。在隙缝间填入润滑油脂可以加强密封效果。这种密封装置适合油润滑和脂润滑的场合。

图 13-17c 所示为甩油密封，在轴上开出沟槽，或装入一个环，都可以把欲向外流失的油沿径向甩开，再经过轴承盖的集油腔及与轴承盖腔相通的油孔流回。由于是依靠离心力的作用将油甩回，因此该装置在高速时密封效果更好。

13.6 滚动轴承寿命计算实例

本书绪论介绍的专用精压机减速器中，其低速轴和高速轴均采用了正装圆锥滚子轴承（图 13-18）支承，小直齿轮轴系中采用了一对深沟球轴承（图 13-19）支承。下面重点介绍低速轴安装的圆锥滚子轴承的寿命计算。

图 13-18 专用精压机减速器中的轴承

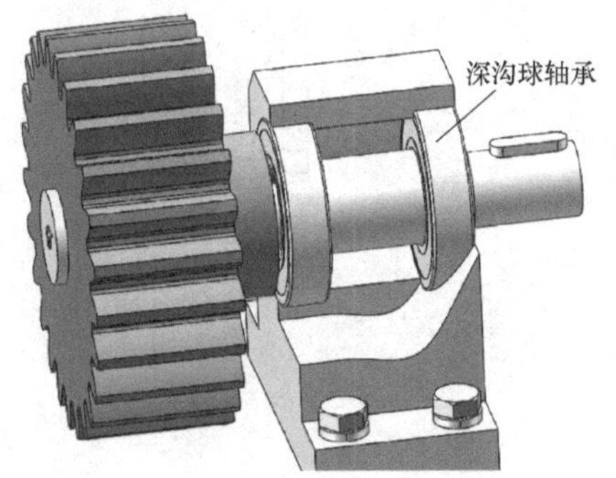

图 13-19 专用精压机小直齿轮轴系中的轴承

1. 设计参数

已知：低速轴的转速 $n_{\text{III}}=192.67\text{r/min}$，两圆锥滚子轴承所受径向力分别为 $F_{r1}=1465.55\text{N}$ 和 $F_{r2}=1082.62\text{N}$，轴系所受的外部轴向力为 $F_A=582.98\text{N}$，轴承型号为 30310，常温下工作，受较强冲击。查阅机械设计手册，轴承 30310 的判别系数 $e=0.35$。当 $F_a/F_r>e$ 时，取 $X=0.41$ 和 $Y=0.87$；反之，取 $X=1$ 和 $Y=0$。轴承基本额定动载荷 $C_r=130\text{kN}$。轴承内部轴向力 $F_s=F_r/(2Y)$。低速轴轴承的计算简图如图 13-20 所示。机器要求轴承寿命为 $5\times10^5\text{h}$。

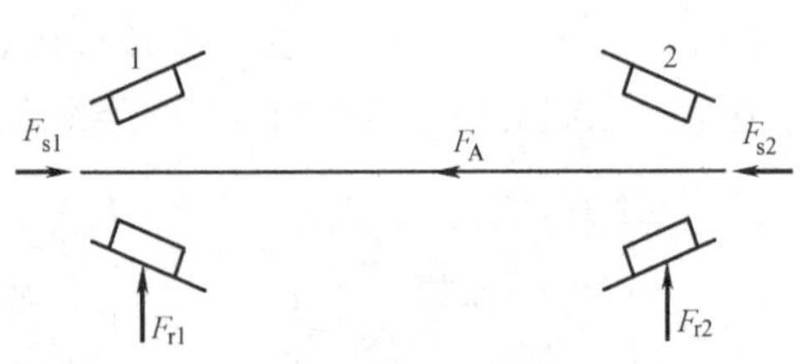

图 13-20 低速轴轴承的计算简图

2. 计算步骤、结果及说明

1）计算各轴承的内部派生轴向力 F_{s1} 和 F_{s2}。

$F_{s1}=F_{r1}/2Y=1465.55/(2\times0.87)\text{N}=842.27\text{N}$

$F_{s2}=F_{r2}/2Y=1082.62/(2\times0.87)\text{N}=622.20\text{N}$

2）计算各轴承的轴向力 F_{a1} 和 F_{a2}。

$F_{s2}+F_A=(622.20+582.98)\text{N}=1205.18\text{N}>F_{s1}=842.27\text{N}$

轴有向左窜动的趋势，轴承 1 压紧，轴承 2 放松，则

$F_{a1}=F_{s2}+F_A=1205.18\text{N}$；$F_{a2}=F_{s2}=622.20\text{N}$

3）计算当量动载荷 P。

① 对于轴承 1，有

$$\frac{F_{a1}}{F_{r1}}=\frac{1025.18}{1465.55}=0.7>e=0.35$$

由已知条件可知：$X_1=0.41$，$Y_1=0.87$，则

$$P_1=X_1F_{r1}+Y_1F_{a1}=(0.41\times1465.55+0.87\times1205.18)\text{N}=1649.38\text{N}$$

② 对于轴承 2，有

$$\frac{F_{a2}}{F_{r2}}=\frac{622.20}{1082.62}=0.57>e=0.35$$

$P_2=X_2F_{r2}+Y_2F_{a2}=(0.41\times1082.62+0.87\times622.20)\text{N}=985.19\text{N}$

因 $P_1>P_2$，故按轴承 1 的当量动载荷来计算轴承寿命，即取 $P=P_1=1649.38\text{N}$。

4）轴承寿命校核计算。常温下工作时，由表 13-7 查得 $f_t=1$；受较强冲击，由表 13-8 取 $f_P=2.5$，因此

$$L_h=\frac{10^6}{60n}\left(\frac{f_tC_r}{f_PP}\right)^{\varepsilon}=\frac{10^6}{60\times192.67}\times\left(\frac{1\times130\times10^3}{2.5\times1649.38}\right)^{\frac{10}{3}}\text{h}=8.56\times10^6\text{h}>5\times10^5\text{h}$$

所选轴承符合要求。

同步练习

一、选择题

1. 某滚动轴承的内径 $D=60\text{mm}$，该轴承可能的型号是____________。

A. 6306　　B. 6312　　C. 6316　　D. 6320

2. 某滚动轴承的型号为 6415，其内径是____________。

A. 15mm　　B. 60mm　　C. 75mm　　D. 90mm

3. 代号为 6302 的滚动轴承属于____________。

A. 深沟球轴承　　B. 角接触球轴承　　C. 调心球轴承　　D. 圆锥滚子轴承

4. 某滚动轴承的型号为 6303，其内径是____________。

A. 15mm　　B. 17mm　　C. 30mm　　D. 60mm

5. 一向心角接触球轴承的内径为 75mm，正常宽度系列，直径系列为 2，公称接触角为 15°，公差等级为 4 级，游隙组别为 2，其代号为____________。

A. 7215AC/P4/C2　　B. 7215C/P4/C2　　C. 7215B/P41　　D. 7215C

6. 在下列滚动轴承中，只能承受径向载荷的是____________。

A. 深沟球轴承　　B. 圆锥滚子轴承　　C. 角接触球轴承　　D. 圆柱滚子轴承

7. 下列滚动轴承中，除主要承受径向载荷，还能承受一定的双向轴向载荷的是____________。

A. 圆柱滚子轴承　B. 圆锥滚子轴承　C. 深沟球轴承　D. 角接触球轴承

8. 角接触球轴承的轴向承载能力随接触角 α 的增大而__________。

A. 增大　B. 减小　C. 不变　D. 不一定

9. 在下列滚动轴承中，允许极限转速最高的是__________。

A. 圆柱滚子轴承　B. 圆锥滚子轴承　C. 深沟球轴承　D. 推力球轴承

10. 对于一般转速的滚动轴承，主要失效形式是__________。

A. 塑性变形　B. 疲劳点蚀　C. 过度磨损　D. 胶合

11. 对于一般转速的滚动轴承，为防止轴承失效，应进行__________。

A. 疲劳寿命计算　B. 静强度计算

C. 极限转速校核计算　D. 刚度计算

12. 轴承在基本额定动载荷作用下，运转 10^6r 时，不发生疲劳点蚀的可靠度为__________。

A. 10%　B. 50%　C. 60%　D. 90%

13. 滚动轴承在安装过程中应保留一定的轴向间隙，其主要目的是__________。

A. 装配容易　B. 拆卸方便

C. 散热性好　D. 轴受热后可自由伸长

14. 滚动轴承的组合设计中，对于工作升温较高，支承跨距较大的长轴，考虑到轴因热膨胀有较大的伸长量，设计时应__________。

A. 将一个支承端的轴承设计成可游动的　B. 轴系采用两端单向固定形式

C. 采用内部间隙可调的轴承　D. 轴径与轴之间采用很松的配合

15. 下列轴承中，必须成对使用的是__________。

A. 深沟球轴承　B. 推力球轴承　C. 圆柱滚子轴承　D. 圆锥滚子轴承

16. 滚动轴承密封中，__________属于接触式密封。

A. 毡圈密封　B. 油沟式密封　C. 迷宫式密封　D. 甩油密封

17. 弯曲较大或轴承座孔不能保证良好的同轴度时，宜选用类型代号为__________的轴承。

A. 1 或 2　B. 3 或 7　C. N 或 NU　D. 6 或 NA

18. 只用来传递转矩且较长的轴采用三个支点固定在水泥基础上，各支点轴承应选用__________。

A. 深沟球轴承　B. 调心球轴承　C. 圆柱滚子轴承　D. 调心滚子轴承

19. 滚动轴承内圈与轴颈、外圈与座孔的配合__________。

A. 均为基轴制　B. 前者基轴制，后者基孔制

C. 均为基孔制　D. 前者基孔制，后者基轴制

20. 为保证轴承内圈与轴肩端面接触良好，轴承圆角半径 r 与轴肩圆角半径 r_1 间应满足__________。

A. $r=r_1$　B. $r>r_1$　C. $r<r_1$　D. $r\leqslant r_1$

21. __________不宜用来同时承受径向载荷和轴向载荷。

A. 圆锥滚子轴承　B. 角接触球轴承　C. 深沟球轴承　D. 圆柱滚子轴承

22. __________只能承受轴向载荷。

A. 圆锥滚子轴承　B. 推力球轴承　C. 滚针轴承　D. 调心球轴承

23. ____________通常应成对使用。

A. 深沟球轴承　B. 圆锥滚子轴承　C. 推力球轴承　D. 圆柱滚子轴承

24. 跨距较大并承受较大径向载荷的起重机卷筒轴轴承应选用____________。

A. 深沟球轴承　B. 圆锥滚子轴承　C. 调心滚子轴承　D. 圆柱滚子轴承

25. ____________不是滚动轴承预紧的目的。

A. 增大支承刚度　B. 提高旋转精度　C. 减小振动噪声　D. 降低摩擦阻力

26. 滚动轴承的额定寿命是指同一批轴承中，____________的轴承能达到的寿命。

A. 99%　B. 90%　C. 95%　D. 50%

27. ____________适用于多支点轴、弯曲刚度小的轴及难以精确对中的支承。

A. 深沟球轴承　B. 圆锥滚子轴承　C. 角接触球轴承　D. 调心轴承

28. 角接触轴承承受轴向载荷的能力，随接触角 α 的增大而____________。

A. 增大　B. 减小　C. 不变　D. 不定

29. 某轮系的惰轮通过一滚动轴承固定在不转的心轴上，轴承内、外圈的配合应满足____________。

A. 内圈与心轴较紧、外圈与齿轮较松　B. 内圈与心轴较松、外圈与齿轮较紧

C. 内圈、外圈配合均较紧　D. 内圈、外圈配合均较松

30. 滚动轴承的代号由前置代号、基本代号和后置代号组成，其中基本代号表示____________。

A. 轴承的类型、结构和尺寸　B. 轴承组件

C. 轴承内部结构变化和轴承公差等级　D. 轴承游隙和配置

二、填空题

1. 滚动轴承的典型结构是由内圈、外圈、保持架和____________组成。

2. 接触角为0°的轴承为____________轴承。

3. 型号为30208的滚动轴承，其类型名称是____________轴承。

4. 滚动轴承在基本额定动载荷作用下，运转 10^6r 时，不发生疲劳点蚀的可靠度为________。

5. 球轴承的当量动载荷增加到原来的2倍，其寿命为原来的____________倍。

6. 计算角接触球轴承轴向力时，“放松”端轴承的轴向力等于本身的内部________。

7. 接触角 $\alpha=15°$、25°和40°的角接触球轴承中，____________的轴承承受轴向载荷的能力最大。

8. 滚动轴承的内圈与轴的配合应按____________制。

9. 对于一般转速的滚动轴承，应进行____________计算。

10. 滚动轴承轴系支点的典型固定形式有两端单向固定、一段双向固定一端游动以及____________。

11. 滚动轴承基本额定寿命的计算公式 $L_{10}=(C/P)^{\varepsilon}$ 中的寿命指数 ε，对于球轴承，$\varepsilon=$____________。

12. 滚动轴承的主要失效形式是疲劳点蚀和____________。

13. 按额定动载荷计算选用的滚动轴承，在预定使用期限内，其失效概率最大为____________。

14. 对于回转的滚动轴承，一般常发生疲劳点蚀破坏，故轴承的尺寸主要按__________计算确定。

15. 对于转速极低或摆动的轴承，常发生塑性变形破坏，故轴承尺寸应主要按________计算确定。

16. 轴系支点轴向固定结构型式中，两端单向固定结构主要用于温度__________的轴。

17. 圆锥滚子轴承承受轴向载荷的能力取决于轴承的____________。

三、判断题

1. 深沟球轴承属于向心轴承，故它只能承受径向载荷，不能承受轴向载荷。（ ）

2. 同样尺寸和材料条件下，滚子轴承的承载能力要高于球轴承，所以在载荷较大时或有冲击载荷时应优先选用滚子轴承，对中轻载荷应优先选用球轴承。（ ）

3. 滚动轴承工作时，固定套圈处于承载区内某点的应力变化为对称循环。（ ）

4. 对于单个滚动轴承，能够达到或超过其基本额定寿命的概率为90%。（ ）

5. 直径系列代号只能反映轴承径向尺寸的变化，而不能反映宽度方向的变化。（ ）

6. 为了便于滚动轴承的拆卸，实现轴承内圈轴向定位的轴肩高度应高于内圈外径。（ ）

7. 根据轴承寿命计算式算得的轴承寿命，是轴承的基本额定寿命。（ ）

8. 对于一般转速的滚动轴承，其主要失效形式是疲劳点蚀。（ ）

9. 滚动轴承内座圈与轴颈的配合，通常采用基轴制。（ ）

10. 与滑动轴承相比，滚动轴承的摩擦阻力小，起动灵敏、效率高、润滑简便、易于互换，但是它的抗冲击能力较差，高速时出现噪声，工作寿命也不及滑动轴承。（ ）

11. 滚动轴承的额定动载荷是指该型号轴承基本额定寿命为10^6r时所能承受的载荷。（ ）

12. 滚动轴承中，滚子轴承的承载能力比球轴承高而极限转速低。（ ）

13. 转速一定的6207轴承，其当量动载荷由P增为$2P$，则其寿命将由L降至$L/2$。（ ）

14. 角接触球轴承工作时可以同时承受轴向力和径向力载荷。（ ）

15. 滚动轴承的基本额定寿命是指该型号轴承的不发生点蚀破坏前的工作小时数。（ ）

16. 对于普通工作温度下的短轴，一般采用较简单的两端固定的滚动轴承轴向固定形式。（ ）

17. 对于跨距较大且在温度较高情况下工作的轴，一般采用一支点双向固定，另一支点游动的支承结构。（ ）

四、计算题

1. 如图13-21所示的轴承配置形式。已知轴承的型号为30311，判别系数$e=0.37$，内部轴向力为$F_s=F_r/(2Y)$，其中$Y=1.7$。当$F_A/F_r\leq e$时，$X=1$，$Y=0$。当$F_A/F_r>e$时，$X=1.4$，$Y=1.7$。两轴承所受的径向载荷$F_{r1}=3000\text{N}$，$F_{r2}=4000\text{N}$，外部轴向力$F_A=1500\text{N}$。试画出内部轴向力F_{s1}和F_{s2}的方向，并计算轴承的当量动载荷P_1和P_2。

2. 某轴用一对30208滚动轴承支承，轴上的载荷情况如图13-22所示，该轴所受的径向载荷为$F_{re}=3600\text{N}$，轴向载荷为$F_{ae}=680\text{N}$。动载系数$f_P=1$，温度系数$f_t=1$，判别系数$e=$

0.375，额定动载 $C=59800\mathrm{N}$，内部轴向力计算式为 $F_d=F_r/2Y$；当 $F_a/F_r\leqslant e$ 时，$X=1$，$Y=0$；当 $F_a/F_r>e$ 时，$X=0.4$，$Y=1.6$。试计算该对滚动轴承的当量动载荷。

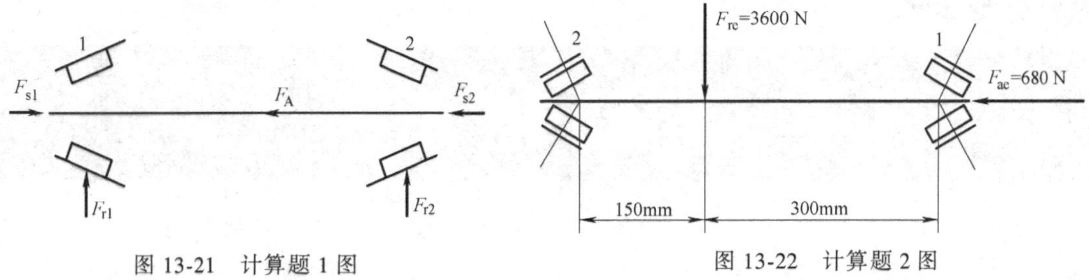

图 13-21 计算题 1 图

图 13-22 计算题 2 图

3. 某深沟球轴承所受径向载荷 $F_r=7150\mathrm{N}$，转速 $n=1500\mathrm{r/min}$，预期寿命 $L'_{10}=3000\mathrm{h}$，常温下工作，受平稳载荷，动载系数 $f_P=1$。试问此轴承的基本额定动载荷 C 值至少需多大？

4. 某转轴的布置如图 13-23 所示，拟采用一对 7209AC 轴承进行支承。轴的悬臂端受径向力 $F_{re}=3000\mathrm{N}$，轴向力 $F_{ae}=1500\mathrm{N}$，轴的转速 $n=970\mathrm{r/min}$。轴承的内部轴向力按式 $F_d=0.68F_r$ 计算，若轴承的预期寿命 $L'_{10}=8000\mathrm{h}$，试问所选轴承是否合用？（注：7209AC 轴承的基本额定动载荷 $C=28200\mathrm{N}$，$e=0.68$；当 $A/R\leqslant e$ 时，$X=1$，$Y=0$；当 $A/R>e$ 时，$X=0.41$，$Y=0.87$）

5. 图 13-24 所示一对型号为 7208AC 轴承，外圈宽边相对安装。两轴承的径向载荷 $F_{r1}=6000\mathrm{N}$，$F_{r2}=4000\mathrm{N}$，外加轴向载荷 $F_A=1800\mathrm{N}$。判别系数 $e=0.68$，当 $F_a/F_r\leqslant e$ 时，$X=1$，$Y=0$；当 $F_a/F_r>e$ 时，$X=0.41$，$Y=0.87$，内部轴向力 $F_d=0.68F_r$，试画出内部轴向力 F_d 的方向，并计算轴承的当量动载荷 P_1、P_2。

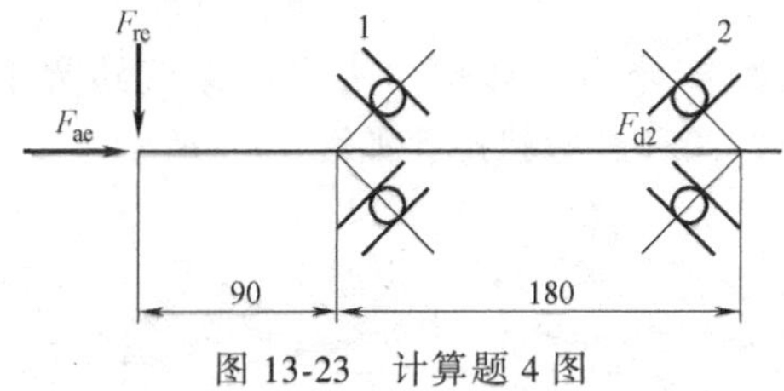

图 13-23 计算题 4 图

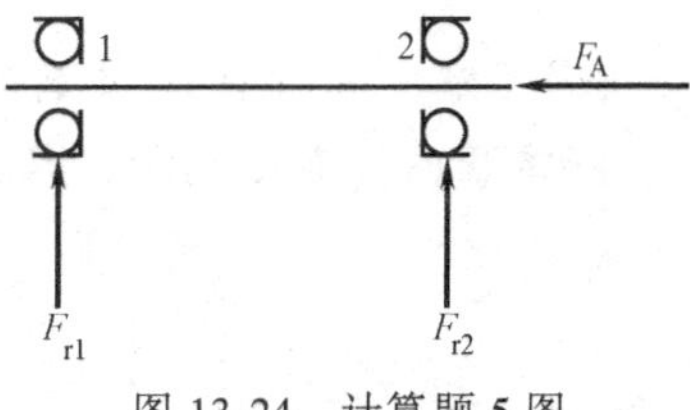

图 13-24 计算题 5 图

Chapter 14

第14章 滑动轴承

学习目标

主要内容：滑动轴承的摩擦状态，滑动轴承的类型、结构形式，轴瓦的构造、定位、润滑及其润滑剂的选用，不完全流体和流体动力润滑滑动轴承的设计方法。

学习重点：动压润滑的基本原理、不完全流体和流体动力润滑滑动轴承的设计方法。

学习难点：非液体摩擦滑动轴承的设计计算。

虽然滚动轴承具有一系列优点，在一般机器中获得了广泛应用，但是在高速、高精度、重载和结构上要求剖分等场合下，滑动轴承就显示出它的优异性能。因而在汽轮机、离心式压缩机、内燃机、大型电机中多采用滑动轴承。此外，在低速而带有冲击的机器中，如水泥搅拌机、滚筒清砂机和破碎机等也采用滑动轴承。

14.1 摩擦状态

根据摩擦面间存在润滑剂的情况，滑动轴承的摩擦分为干摩擦、边界摩擦（边界润滑）、液体摩擦（液体润滑）及混合摩擦（混合润滑）四种摩擦状态，如图 14-1 所示。

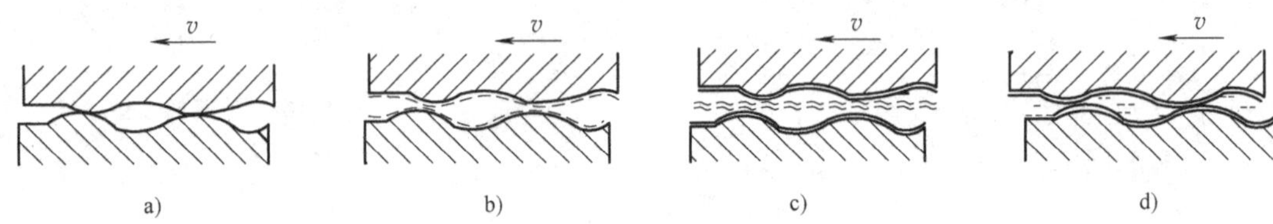

图 14-1 滑动轴承的摩擦状态

a）干摩擦 b）边界摩擦 c）液体摩擦 d）混合摩擦

1. 干摩擦

如图 14-1a 所示，干摩擦是金属表面间直接接触的摩擦，其特征是摩擦表面间无边界膜、无润滑剂，易造成摩擦损耗和严重的磨损，应尽量避免。在实际情况中，不存在真正的干摩擦，因为任何零件表面不仅会因氧化而形成氧化膜，而且多少也会被润滑油所湿润或受到“油污”。在机械设计中，通常都把这种未经人为润滑的摩擦状态当作“干”摩擦处理。

2. 边界摩擦

如图 14-1b 所示，边界摩擦是摩擦表面间有边界膜或者润滑剂的摩擦，其特征是由于润滑剂中的极性分子与金属表面的吸附作用，在金属表面形成极薄的边界膜，而边界膜不足以

将两金属表面完全分隔开，所以相互运动时，两金属表面微观的高峰部位将仍然相互搓削。一般而言，金属表面覆盖一层边界膜后，虽然无法完全消除表面的磨损，却可以起到减轻磨损的作用。边界摩擦也可称为边界润滑，它的摩擦因数$f \approx 0.1 \sim 0.3$。

3. 液体摩擦

如图 14-1c 所示，液体摩擦是指摩擦表面间有充足的润滑油，且满足在一定条件下两摩擦表面间的油膜厚度大到足以将两个金属表面的不平整凸峰完全分开的摩擦，其特征是摩擦只是在液体内的分子间进行，两金属表面几乎没有磨损。因此，液体摩擦是理想的润滑状态。液体摩擦也称为液体润滑，摩擦因数很小，$f \approx 0.001 \sim 0.01$，所以显著减少了摩擦与磨损。

4. 混合摩擦

如图 14-1d 所示，混合摩擦是摩擦表面间处于边界润滑与液体润滑的混合状态，这种状态称为混合摩擦或混合润滑，也称为不完全液体摩擦，其特征是摩擦表面间有些部位呈现边界摩擦，而有些部位呈现液体摩擦。在实际情况中，大部分轴承的摩擦状态都属于混合摩擦，它的摩擦系数处于液体摩擦和边界摩擦之间。

14.2 滑动轴承的类型

滑动轴承的种类繁多，可以根据不同的方法进行分类。

1. 按摩擦状态分类

按摩擦状态不同，滑动轴承可分为液体摩擦滑动轴承和不完全液体摩擦滑动轴承。

液体摩擦滑动轴承的特点是：轴承和轴颈的工作表面被一层润滑油膜隔开，未直接接触；轴承的阻力只是润滑油分子之间的摩擦，摩擦因数小，一般为 0.001~0.008；这种轴承寿命长、效率高；要求有较高的制造精度，需在一定条件下才能实现液体摩擦。

不完全液体摩擦滑动轴承的特点是：轴承与轴颈的工作表面间虽有润滑油存在，但在表面局部凸起部分仍发生金属的直接接触，摩擦因数较大，一般为 0.1~0.3；这种轴承易磨损，寿命较短；结构简单，对制造精度和工作条件要求不高。大多数机械中使用的轴承都处于混合润滑状态，即属于不完全液体摩擦滑动轴承。

2. 按承受载荷方向分类

按承受载荷方向的不同，滑动轴承可分为向心滑动轴承（或称为径向滑动轴承）和推力滑动轴承。向心滑动轴承（图 14-2）主要承受径向载荷 F_R 的作用，而推力滑动轴承（图 14-3）主要承受轴向载荷 F_A 的作用。

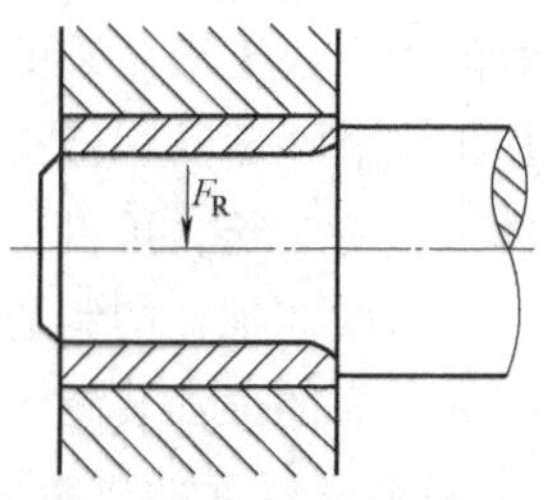

图 14-2 向心滑动轴承

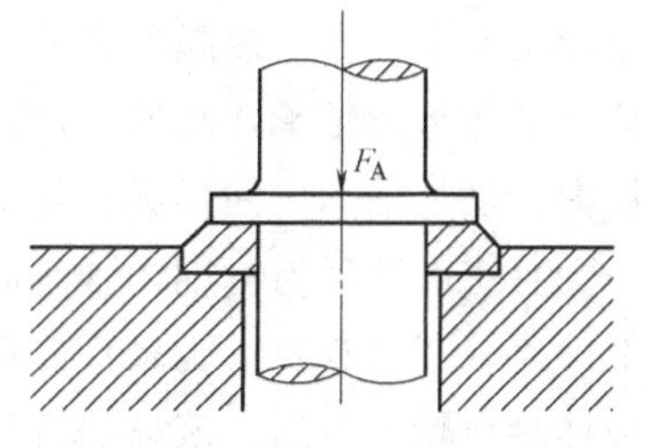

图 14-3 推力滑动轴承

3. 按承载机理分类

根据液体润滑承载机理不同，滑动轴承可分为液体动力滑动轴承（简称液体动压轴承）和液体静力滑动轴承（简称液体静压轴承）。

如图 14-4 所示，液体动压轴承的承载能力取决于其产生的动压油膜。

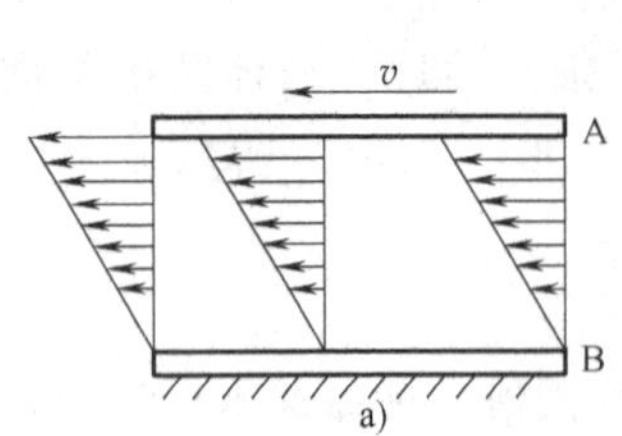

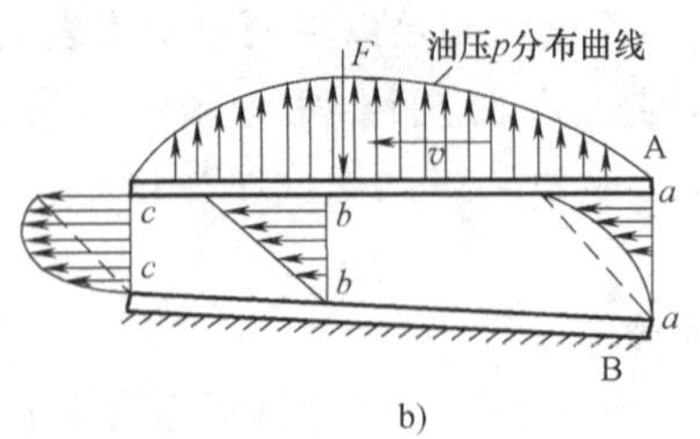

图 14-4　动压油膜的承载机理

a）两板平行　b）两板不平行

先分析两平行板的情况，如图 14-4a 所示。假设板 B 静止不动，而板 A 以速度 v 向左运动，板间充满润滑油。当板上无载荷时，两平行板之间液体的速度图形呈三角形分布，板 A、B 之间带进的油量等于带出的油量，因此两板间油量保持不变，板 A 不会下沉。但若板 A 上承受载荷 F 时，油向两侧挤出，于是板 A 逐渐下沉，直到与板 B 接触。这就说明，两平行板之间是不可能形成压力油膜的。

如果板 A 与板 B 不平行，如图 14-4b 所示。板间间隙沿运动方向由大到小呈收敛楔形。当板 A 上承受载荷并向左运动时，进出两端的速度图形近似地呈三角形分布，如图中的虚线所示，如此一来进油量多而出油量少，这必将使间隙内“拥挤”而形成压力。为了使进、出口端油量相等，就会迫使进口端的速度图形向内凹，出口端的速度图形向外凸。同时，间隙内形成的液体压力将与载荷 F 平衡，这就说明在间隙内形成了压力油膜。这种借助相对运动在轴承间隙内形成的压力油膜称为动压油膜。图 14-4b 还表明，从截面 aa 到 cc，各截面的速度图形是不相同的，但是一定存在一截面 bb，油的速度图形呈三角形分布，即压力 p 在该截面达到最大值。

由以上分析可知，形成动压油膜的必要条件是：①两相对运动表面必须形成一个收敛楔形；②被油膜分开的两表面必须有一定的相对滑动速度，其运动方向必须使润滑油从大口流向小口；③润滑油必须有一定的黏度，供油要充分。

液体静压轴承是依靠一套给油装置，将高压油压入轴承间隙，强制形成油膜，保证轴承在液体摩擦状态下工作。油膜的形成与相对滑动速度无关，承载能力取决于液压泵的给油压力。因此，液体静压轴承在高速、低速、轻载、重载下都能胜任工作。在起动、停止和正常运转时期内，轴与轴承之间均无直接接触，理论上，轴瓦没有磨损，寿命长，可以长时期保持精度。而且正由于任何时期内轴承间隙中均有一层压力油膜，故对轴和轴瓦的制造精度可适当降低，对轴瓦材料要求也较低，但液体静压轴承需要附加一套可靠的给油装置，所以应用不如液体动压轴承普遍。液体静压轴承一般用于低速、重载或要求高精度的机械装备中，如精密机床、重型机器等。

14.3 滑动轴承的结构

14.3.1 径向滑动轴承的结构

滑动轴承的结构通常由两部分组成，即由钢或铸铁等强度较高材料制成的轴承座和由铜合金、铝合金或轴承合金等减摩材料制成的轴瓦。

径向滑动轴承有两种结构形式：整体式和剖分式。

1. 整体式滑动轴承

图 14-5 所示为常见的整体式径向滑动轴承的结构。它由轴承座和整体轴套组成。轴承座上设有安装润滑油杯的螺纹孔，在轴套上开有油孔，并在轴套内表面上开有油槽。这种轴承的优点是结构简单、成本低廉；它的缺点是轴套磨损后，轴承间隙过大时无法调整，另外它只可以从轴颈端部装拆，对于重型机器的轴或具有中间轴颈的轴，装拆很不方便。因此，它仅适用于低速、轻载或间歇工作的机器当中。

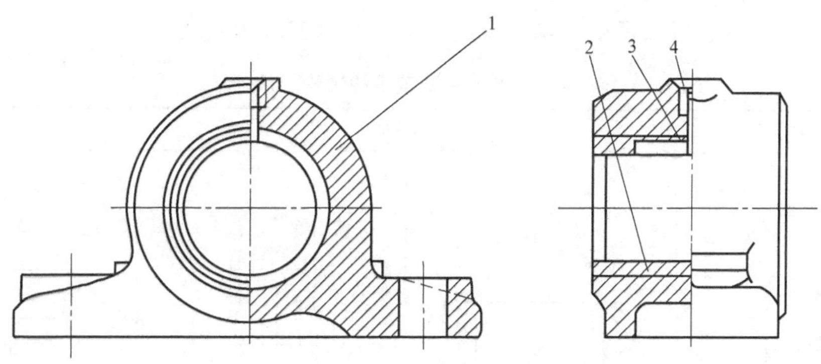

图 14-5 整体式径向滑动轴承的结构

1—轴承座 2—整体轴套 3—油孔 4—螺纹孔

2. 剖分式滑动轴承

图 14-6 所示为剖分式径向滑动轴承的结构形式。它由轴承座、轴承盖、剖分式轴瓦、双头螺柱等组成。多数轴承的剖分面是水平的（图 14-6a），也有斜开的（图 14-6b）。选用时应保证轴承所受径向载荷的方向在垂直于剖分面的轴承中心线左右各 35°范围以内。为了安装时盖与座之间的准确定位，轴承盖和轴承座的剖分面上做出阶梯形的榫口。剖分式滑动轴承装拆方便，轴瓦磨损后间隙可以调整，应用广泛，并已标准化。

14.3.2 推力滑动轴承的结构

推力滑动轴承由轴承座和轴颈组成，常用的结构形式有空心式、单环式和多环式三种，

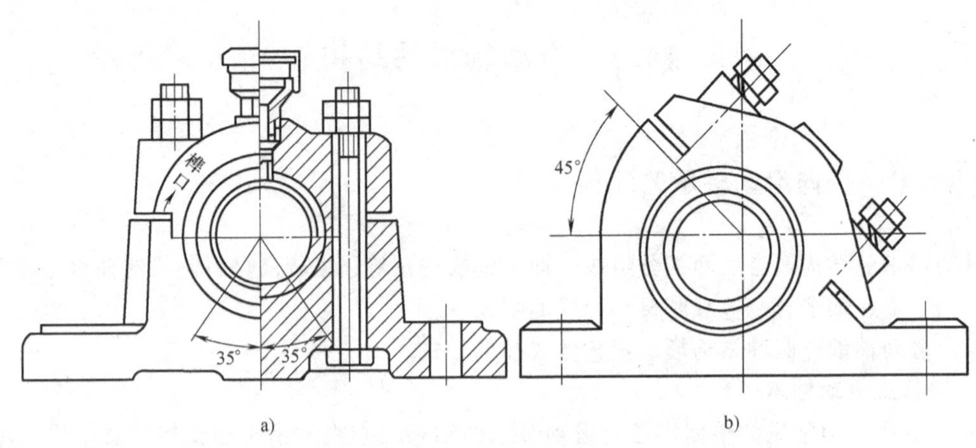

图 14-6 剖分式径向滑动轴承结构

a）水平剖分面 b）斜开剖分面

其基本结构形式及尺寸参见表 14-1。一般来说不用实心式轴颈，因其端面上的压力分布极其不均匀，靠近中心处的压力很高，对润滑极为不利。空心式轴颈接触面上压力分布比较均匀，润滑条件比实心式有所改善。单环式是利用轴颈的环形端面承载，且可以利用纵向油槽输入润滑油，结构简单，润滑方便，广泛应用于低速、轻载的场合。多环式不仅可以承受较大的轴向载荷，有时还可以承受双向的轴向载荷，且承载能力较大。

表 14-1 推力滑动轴承的结构及尺寸

空心式	单环式		多环式
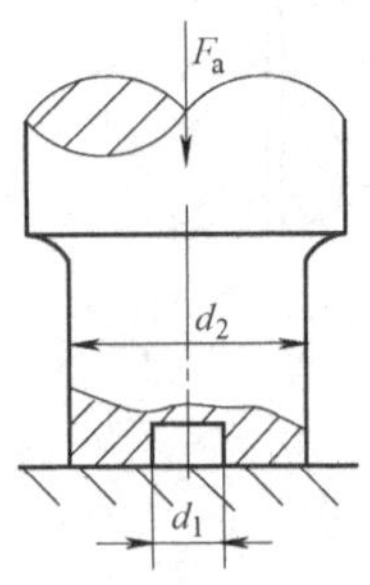	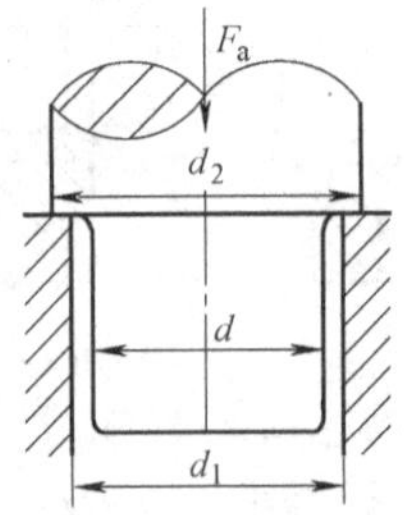	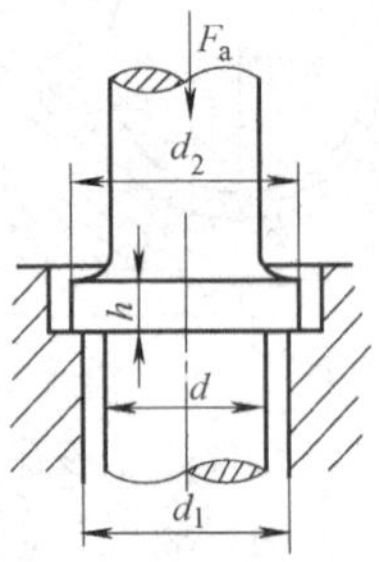	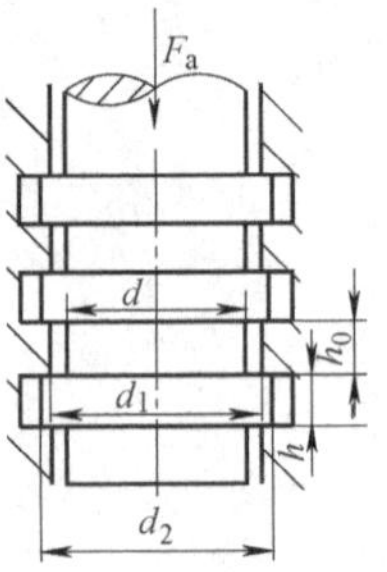
d_2 由轴的结构设计拟定； $d_1=(0.4\sim0.6)d_2$ 若结构无上限，应取 $d_1=0.5d_2$	d_1、d_2 由轴的结构设计拟定	d 由轴的结构设计拟定； $d_2=(1.2\sim1.6)d$ $d_1=1.1d$ $h=(0.12\sim0.15)d$ $h_0=(2\sim3)h$	

14.4 轴瓦结构

轴瓦是与轴颈配合的零件，它是与轴颈直接接触的部分，它的工作面既是承载表面又是摩擦表面，故轴瓦是滑动轴承中最重要的零件，它的结构设计是否合理对轴承性能的影响很

大。有时为了节省贵重合金材料或由于结构上的需要，常在轴瓦的内表面浇铸一层轴承合金，称为轴承衬。轴瓦应当具有一定的强度和刚度，在轴承中定位可靠，便于运输润滑剂，容易散热，并且装拆、调整方便。因此，轴瓦应在外形结构、定位、油槽开设和配合方面采用不同的形式以适应不同的工作要求。

14.4.1 轴瓦的形式和构造

滑动轴承的轴瓦分为整体式（图 14-7a）、剖分式（图 14-7b）和分块式（图 14-7c）三种。整体式轴瓦又称轴套，用于整体式滑动轴承；剖分式轴瓦用于剖分式滑动轴承；分块式轴瓦用于大型滑动轴承。

按照材料及制作方法不同，整体式轴瓦分为整体轴套和单层、双层或多层材料的轴套。非金属整体式轴瓦既可以是整体非金属轴套，也可以在钢套上镶衬非金属材料。剖分式轴瓦由上轴瓦和下轴瓦两半组成，要求较高的剖分式轴瓦常在内表面附有轴承衬，为使轴承衬与轴瓦贴附良好，轴瓦内表面可制出各种形式的榫头、凹沟或螺纹，如图 14-8 所示。分块式轴瓦由对称的四部分组成，便于一些大型滑动轴承的运输、装配和调整。

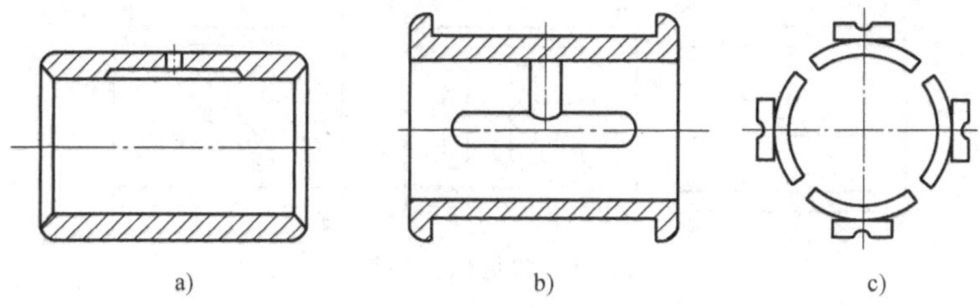

图 14-7　滑动轴承轴瓦的结构

a）整体式轴瓦　b）剖分式轴瓦　c）分块式轴瓦

14.4.2 轴瓦的定位

轴瓦和轴承座不允许有相对移动，为了防止轴瓦沿轴向或周向移动，可将两端做出凸缘来作轴向定位，如图 14-8 中的轴瓦；也可用紧定螺钉将其固定在轴承座上，如图 14-9 所示；或者用销钉将其固定在轴承座上，如图 14-10 所示。

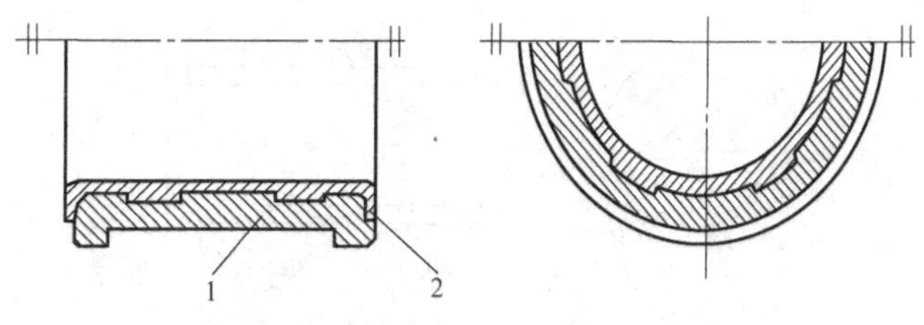

图 14-8　轴瓦与轴承衬

1—轴瓦　2—轴承衬

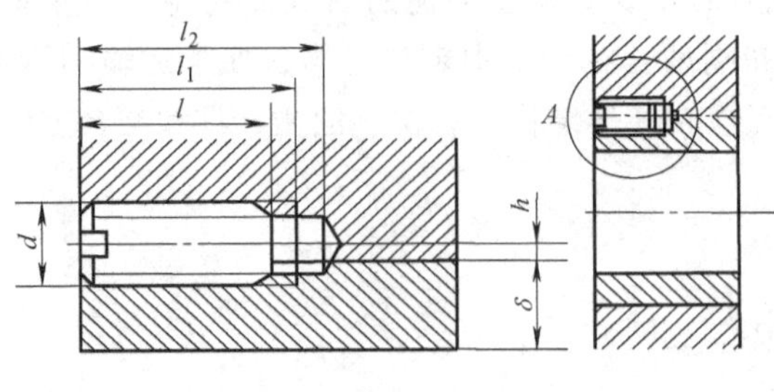

图 14-9 用紧定螺钉给轴瓦定位

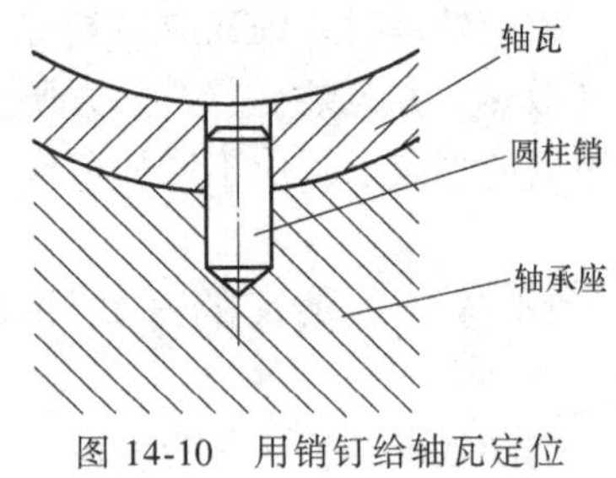

图 14-10 用销钉给轴瓦定位

14.4.3 油孔及油槽

为了把润滑油导入整个摩擦面之间，在轴瓦或者轴颈上应开有油孔和油槽，油孔用于供应润滑油，油槽用于输送和分布润滑油，润滑油通过轴承盖上的油嘴和轴瓦上的油槽流入轴承的润滑摩擦面。油孔和油槽应开设在非承载区，否则会降低油膜的承载能力。对于液体动压径向轴承，有轴向油槽和周向油槽两种形式可供选择。常见油槽的形状如图 14-11 所示。

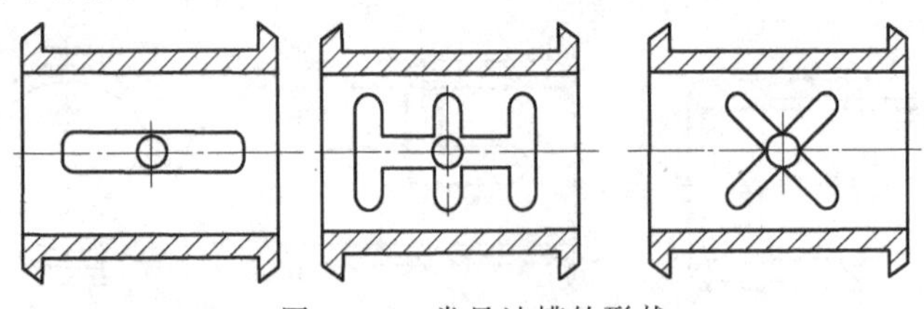

图 14-11 常见油槽的形状

轴向油槽分为单轴向油槽和双轴向油槽。对于整体式径向轴承，轴颈单向旋转时，载荷变化不大，单轴向油槽最好开在最大油膜厚度处，以保证润滑油从压力小的地方输入轴承；对于剖分式径向轴承，常把轴向油槽开在轴承剖分面处（剖分面与载荷作用线呈 90°），如果轴颈双向旋转，可在轴承剖分面处设置双轴向油槽。通常轴向油槽应比轴承宽度稍短，以便在轴瓦两端留出封油面，防止润滑油从端部大量流失。周向油槽适用于载荷方向变动范围超过 180°的场合，它常设在轴承宽度的中部，把轴承分为两个独立部分；当宽度相等时，设有周向油槽轴承的承载能力低于设有轴向油槽的轴承的承载能力。

如图 14-12 所示，虚线表示轴向油槽的承载能力，实线表示周向油槽的承载能力，其中虚线处的承载能力比实线处的承载能力大将近 1.5 倍。

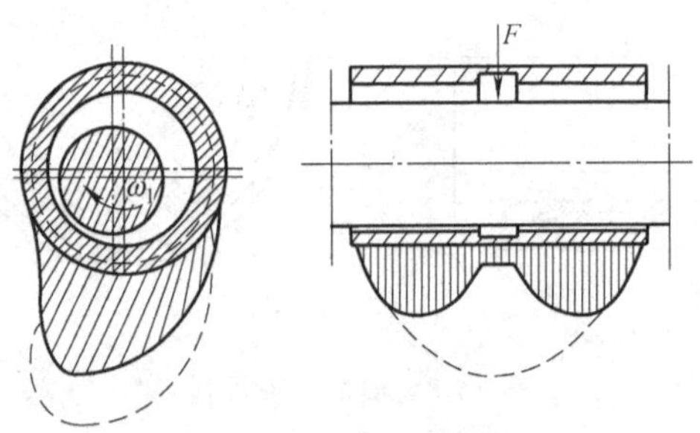

图 14-12 油槽的承载能力

14.5 轴承的润滑

保证良好的润滑是保养轴承的主要手段。轴承润滑的目的在于降低摩擦阻力、减轻磨损，同时还具有降低接触应力、冷却、缓冲吸振及防腐蚀等作用。轴承能否正常工作与润滑剂的选用正确与否有很大的关系。

14.5.1 润滑剂及其选择

润滑剂主要可分为润滑油（液体润滑剂）、润滑脂和固体润滑剂三大类。

1. 润滑油

润滑油是轴承中应用较广的润滑剂，目前使用的润滑油多为矿物油。润滑油最重要的物理性能是黏度，它也是选择润滑油的主要依据。黏度标志着液体流动的内摩擦性能，黏度越大，内摩擦阻力越大，液体的流动性越差。黏度的大小可用动力黏度（又称绝对黏度）或运动黏度来表示。

动力黏度的定义是：设长、宽、高各为 1m 的液体（图 14-13），使两平行平面 a 和 b 产生 1m/s 的相对滑动速度所需的力为 1N，则认为这种液体具有 1 黏度单位的动力黏度，以 η 表示，其单位是 N · s/m，或 Pa · s。

动力黏度 η 与同温度下该液体密度 ρ 的比值称为运动黏度，以 υ 表示，其单位为 m^2/s。即

$$\upsilon=\frac{\eta}{\rho} \tag{14-1}$$

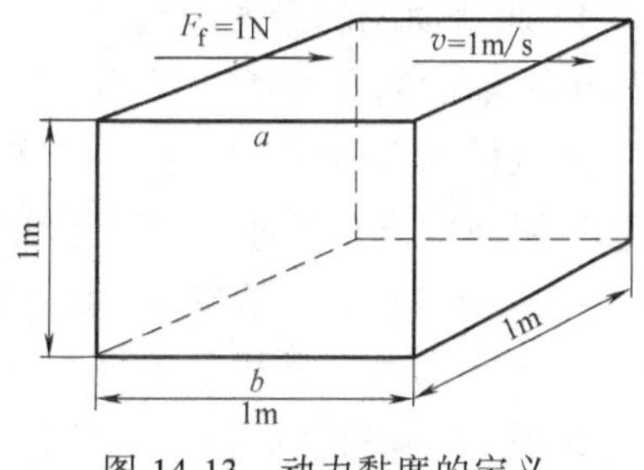

图 14-13 动力黏度的定义

工业上多用运动黏度标定润滑油的黏度。国家标准 GB 443—1989 规定润滑油在 40℃时运动黏度的平均值作为润滑油的牌号。

润滑油内的摩擦力较小，便于散热冷却。选用润滑油时，要综合考虑速度、载荷和工作情况。对于载荷大、速度低的轴承应选用黏度大的润滑油；对于载荷小、速度高的轴承宜选黏度较小的润滑油。

润滑油的黏度随温度的升高而降低，所以对于高温下工作的轴承，采用的润滑油黏度要比常温下的高一些。润滑油的黏度随压力的升高而增大，一般而言，压力在 5MPa 以下时，压力对黏度的影响很微小，可忽略不计，当压力超过 100MPa 以上时，压力对润滑油黏度的影响急剧增大，此时需要考虑压力对黏度的影响。

2. 润滑脂

润滑脂是在润滑油中添加稠化剂（如钙、钠、铝、锂等金属皂）后形成的胶状稠化物。润滑脂的特点是：稠度大，故其承载能力较大；密封简单，故不用经常添加；不易流失，故可在垂直的摩擦平面上应用。润滑脂受载荷和速度的影响较大，受温度的影响较小，且摩擦损耗大，机械效率低，故不适用于高速场合，并且润滑脂容易变质，不如润滑油稳定。总体来说，对于一般参数的机器，特别是低速或带有冲击的机器，都可采用润滑脂润滑。

目前使用最多的是钙基润滑脂，它有耐水性，常用于 60℃以下的各种机械设备中的轴

承润滑。钠基润滑脂可用于 115~145℃以下的机械设备，但耐水性较差。锂基润滑脂性能优良，耐水性好，在-20~150℃时广泛使用，可以代替钙基、钠基润滑脂。

3. 固体润滑剂

常用的固体润滑剂有石墨、二硫化钼和聚氟乙烯树脂等。一般在超出润滑油和润滑脂使用范围时才使用，例如在特高温、低温或在低速重载条件下的滑动轴承，采用添加二硫化钼的润滑剂，能获得良好的润滑效果。目前固体润滑剂的应用已逐渐广泛，如将固体润滑剂调和在润滑油中使用，用于提高其润滑性能，减少摩擦损失，提高轴承使用寿命。同样也可以涂覆、烧结在摩擦表面形成覆盖膜，或用固结成型的固体润滑剂嵌装在轴承中使用，或者混入金属或塑料粉末中烧结成型。石墨的稳定性能好，在 350℃以上才开始氧化，可在水中工作。聚氟乙烯树脂的摩擦因数小，只有石墨的一半。二硫化钼与金属表面的吸附能力强，摩擦因数小，使用温度范围广（-60~300℃），但遇水时它的性能则下降。

14.5.2 润滑方法

为保证轴承良好的润滑状态，除合理选择润滑剂外，合理选择润滑方法也十分重要。

1. 润滑油的润滑方法

润滑油的润滑方法有间歇供油和连续供油两种。

间歇供油只适用于小型、低速不重要的轴承或间歇工作的轴承，例如，用油壶或者油枪手工定期向润滑孔内注油；对于重要的轴承必须连续供油。滑动轴承的连续供油方式有滴油润滑（图 14-14）、压力循环润滑（图 14-15）、浸油润滑（将部分轴承直接浸到油池中润滑）和飞溅润滑（利用下端浸在油池中的转动件将润滑油溅出来润滑）。

如图 14-14 所示的油芯式油杯滴油润滑，它利用毛细管作用将油引到轴承工作表面上，但由于没有停油开关，会造成不必要的浪费。如图 14-15 所示，压力循环润滑是一种强制润滑方法。润滑液压泵将一高压力的油经油路导入轴承，润滑油经轴承两端流入油池，形成一个循环润滑过程。这种润滑方法供油充足，润滑可靠，并有冷却和冲洗轴承的作用，但结构复杂、费用较高。它常用于重载、高速和载荷变化较大的润滑场合。

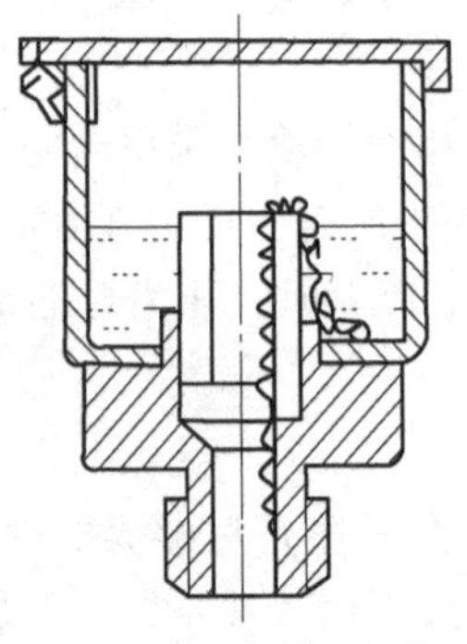

图 14-14　油芯式油杯

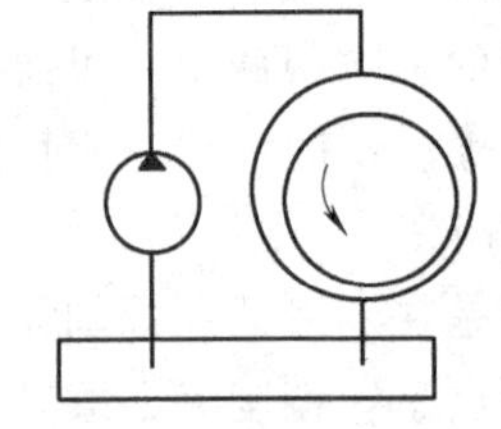

图 14-15　压力循环润滑示意图

滑动轴承的润滑方法可根据系数 k 选定：

$$k=\sqrt[3]{pv} \tag{14-2}$$

式中，p 表示平均压力（MPa）；v 表示轴颈的线速度（m/s）。

当 $k \leqslant 2$ 时，用润滑脂、油杯润滑；$k=2\sim16$ 时，用油杯滴油润滑；$k=16\sim32$ 时，用油环或飞溅润滑；$k>32$ 时，用压力循环润滑。

2. 润滑脂的润滑方法

脂润滑只能间歇性供应润滑脂。常用的脂润滑装置如图 14-16 所示。其中图 14-16a 所示为旋盖注油油杯，在杯中装满润滑脂后，旋动上盖即可将润滑脂挤入轴承中，是应用最广的脂润滑装置；图 14-16b 所示为压注油杯，直接使用油枪压注润滑脂至轴承工作面。

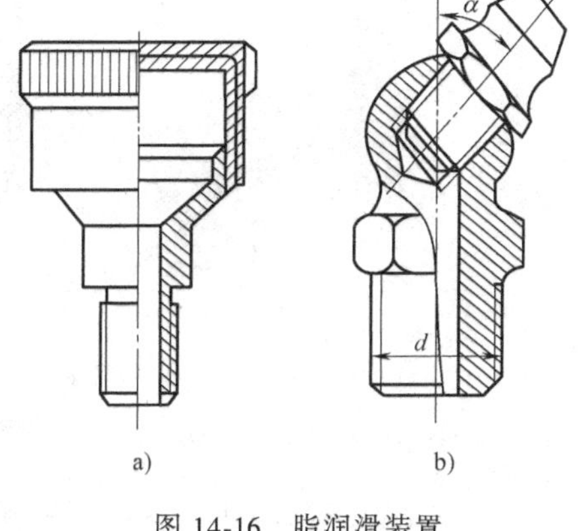

图 14-16　脂润滑装置
a）旋盖注油油杯　b）压注油杯

14.6　滑动轴承的失效形式及常用材料

14.6.1　滑动轴承的失效形式

1. 磨粒磨损

磨粒磨损是指进入轴承间隙的硬颗粒（如灰尘、砂粒等）有的嵌入轴承表面，有的游离于间隙中并随轴一起转动，它们都将对轴颈和轴承表面起研磨作用。在起动、停车或轴颈与轴承发生边缘接触时，它们都将加剧轴承的磨损，使轴承几何形状改变、精度丧失、轴承间隙加大，使轴承性能在预期寿命前急剧恶化，如图 14-17a 所示。

2. 胶合

胶合是指当轴承温升过高、载荷过大、油膜破裂时，在润滑油供应不足的条件下，轴颈和轴承的相对运动表面材料发生黏附和迁移，从而造成轴承损坏，如图 14-17b 所示。胶合严重时可能导致相对运动的中止。

3. 疲劳剥落

疲劳剥落是指在载荷的反复作用下，轴承表面出现与滑动方向垂直的疲劳裂纹，当裂纹向轴承衬与衬背结合面扩展后，轴承衬材料的剥落。它与轴承衬和衬背因结合不良或结合力不足造成轴承衬的剥离有些相似，但疲劳剥落周边不规则，结合不良造成的剥离则周边比较光滑，如图 14-17c 所示。

14.6.2　滑动轴承的材料

滑动轴承的轴瓦和轴承衬的材料统称为轴承材料。针对上述失效形式，轴承材料性能应着重满足以下主要要求：

1）良好的减摩性、耐磨性和抗胶合性。减摩性是指材料副具有低的摩擦因数；耐磨性是指材料的抗磨性能（通常以磨损率表示）；抗胶合性是指材料的耐热性和抗黏附性。

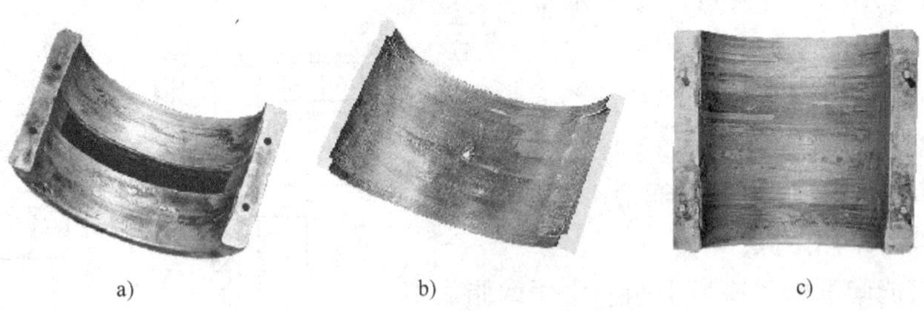

a)　　b)　　c)

图 14-17　滑动轴承的失效形式

a）磨粒磨损　b）胶合　c）疲劳剥落

2）良好的摩擦顺应性、嵌入性和磨合性。摩擦顺应性是指材料通过表层弹塑性变形来补偿轴承滑动表面初始配合不良的性能；嵌入性是指材料容纳硬质颗粒嵌入，从而减轻轴承滑动表面发生刮伤或磨粒磨损的性能；磨合性是指轴瓦与轴颈表面经过短期轻载运转后，易于形成相互吻合的表面形貌的性能。

3）足够的强度和耐蚀性。

4）良好的导热性、工艺性、经济性等。

应该指出的是：没有一种轴承材料全面具备上述性能，因而必须针对各种具体的情况，仔细进行分析后合理选用。

常用的轴承材料主要有三大类：金属材料（如轴承合金、铜合金、铝基合金和铸铁等）、多孔质金属材料和非金属材料（如工程塑料、石墨等）。

1. 金属材料

（1）轴承合金　轴承合金又称巴氏合金或白合金，是锡、铅、锑、铜的合金，它以锡或铅作为基体，其内含有锑锡（Sb-Sn）、铜锡（Cu-Sn）的硬晶粒。硬晶粒起抗磨作用，软基体则增加材料的塑性。轴承合金的弹性模量和弹性极限都很低，在所有轴承材料中，它的嵌入性及摩擦顺应性最好，很容易和轴颈磨合，也不易与轴颈发生咬粘。但轴承合金强度很低，不能单独制作轴瓦，只能贴附在青铜、钢或铸铁轴瓦上作轴承衬。轴承合金适用于重载、中高速场合，价格较贵。

（2）铜合金　铜合金具有较高的强度、良好的减摩性和耐磨性。青铜的性能比黄铜好，是最常用的材料。青铜有锡青铜、铅青铜和铝青铜等。锡青铜的减摩性和耐磨性最好，锡青铜比轴承合金硬度高，但磨合性及嵌入性差，适用于重载及中速场合。铅青铜抗黏附能力强，适用于高速、重载轴承。铝青铜的强度及硬度较高，但抗黏附能力较差，适用于低速、重载轴承。

（3）铝基轴承合金　铝基轴承合金的耐蚀性和疲劳强度较好，摩擦性能亦较好，这些品质使铝基合金在部分领域取代了较贵的轴承合金和青铜。铝基合金可以制成单金属零件（如轴套、轴承等），也可制成双金属零件，双金属轴瓦以铝基合金为轴承衬，以钢作衬背。由于以上性能优点，它获得了广泛的应用。

（4）普通灰铸铁或球墨铸铁　普通灰铸铁或球墨铸铁都可以用作轴承材料。这类材料中的片状或者球状石墨在材料表面上覆盖后，可以形成一层起润滑作用的石墨层，故具有一定的减摩性和耐磨性。此外，石墨还可吸收碳氢化合物，有助于提高边界润滑性能，故采用

灰铸铁作轴承材料时应加润滑油。但由于铸铁性脆、磨合性差，故只适用于轻载、低速和不受冲击载荷的场合。

2. 多孔质金属材料

多孔质金属材料是将不同的金属粉末压制、烧结而成的多孔结构材料，其孔隙约占体积的10%~35%，可贮存润滑油，因而将该材料组成的轴承称为含油轴承。它具有自润滑性。工作时，由于轴颈转动的抽吸作用及轴承发热时油的膨胀作用，油进入摩擦表面间起润滑作用。不工作时，因毛细管作用，油便被吸回到轴承内部，故在相当长时间内，即使不加润滑油仍能很好地工作。如果定期供油，则使用效果会更佳。但由于它韧性差，宜用于载荷平稳、中低速或不方便添加润滑剂的场合。

3. 非金属材料

非金属材料中应用最多的是各种塑料（聚合物材料），如酚醛树脂、尼龙、聚四氟乙烯等。聚合物与许多化学物质不发生反应，耐蚀能力强；具有一定的自润滑性，可以在无润滑条件下工作；嵌入性好，不易擦伤零件表面；减摩性及耐磨性都比较好。选择聚合物作为轴承材料时，需注意以下问题：①聚合物的热传导能力只有钢的百分之几，必须考虑摩擦热的消散问题，它严格限制着聚合物轴承的工作转速及压力值；②聚合物的线胀系数比钢大得多，工作时聚合物轴承与钢制轴颈的间隙比金属轴承的间隙大；③聚合物材料的强度和屈服极限较低，在装配和工作时能承受的载荷有限；④聚合物材料在常温条件下会出现蠕变，因而不宜用来制作间隙要求严格的轴承。

表14-2列出了常用滑动轴承材料的性能及用途。

表14-2　常用滑动轴承材料的性能及用途

材料	牌号	$[p]$/MPa	$[v]$/(m/s)	$[pv]$/(MPa·m/s)	性能及应用
铸造青铜	ZCuSn10P1	15	10	15	磷锡青铜，用于重载、中速及受变载荷条件下工作的轴承
	ZCuPb5Sn5Zn5	8	3	15	锡锌铅青铜，用于中载、中速工作的轴承
	ZCuAl10Fe3	15	4	12	铝铁青铜，最适用于润滑充分的低速、重载条件下工作的轴承，轴颈需淬火
	ZCuPb30	25	12	30	铅青铜，用于高速、重载及变载荷与冲击条件下工作的轴承
铸锡锑基轴承合金	ZSnSb11Cu6	25(平稳)	80	20	用作轴承衬，用于重载、高速及工作温度低于110℃的重要轴承
		20(冲击)	60	15	
铸铅基轴承合金	ZPbSb16Sn16Cu2	15	12	10	用于不剧变的中载、中速及工作温度低于120℃的重要轴承，如车床、发电机、压缩机、轧钢机等的轴承

14.7　不完全液体润滑滑动轴承的计算

不完全液体润滑滑动轴承可用润滑油润滑，也可用润滑脂润滑。在润滑油、润滑脂中加入少量鳞片状石墨或二硫化钼粉末，有助于形成更坚韧的边界油膜，保护金属不发生胶合破坏，且可填平粗糙表面而减少磨损，但这类轴承依旧不能完全排除磨损。

维持边界油膜不破裂，是不完全液体润滑轴承的设计依据。由于边界油膜的强度和破裂温度受多种因素影响而十分复杂，其规律尚未完全被人们掌握。目前，只能采用间接的、条件性的计算方法。实践证明，若能限制轴承平均压力 $p\leqslant[p]$ 以及平均压力与轴颈圆周速度的乘积 $pv\leqslant[pv]$，那么轴承是能够在预期寿命期内正常工作的。

14.7.1 径向滑动轴承的计算

径向滑动轴承主要承受径向载荷的作用，其受力和结构简图如图 14-18 所示。设计时，一般已经知道轴颈直径 d、转速 n 和轴承承受的径向载荷 F_r，然后按照下述步骤进行计算：

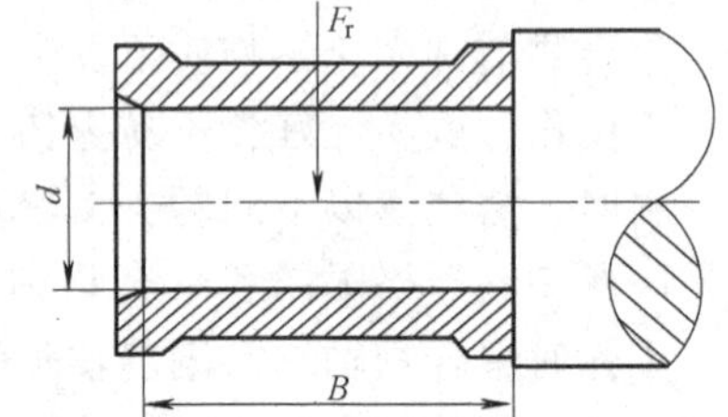

图 14-18　径向滑动轴承的受力

1. 选定轴瓦材料

根据工作条件和使用要求，确定轴承的结构形式，并选定轴瓦材料。

2. 确定轴承的宽度

轴承宽度 B 是一个重要的参数，可由宽径比 φ 来选定，$\varphi=B/d$。若 φ 值小，轴承就窄，润滑油易从轴承两端流失，不易形成油膜；φ 值大，轴承宽，油膜易于形成，承载能力增大，但散热条件不好，又会使轴承温度升高。一般取 $\varphi=0.5\sim1.5$。

3. 轴承的验算

（1）验算轴承的平均压力 p　限制轴承的平均压力 p，其目的是保证润滑油不被过大的压力挤出，从而避免工作表面的过度磨损，即

$$p=\frac{F_r}{Bd}\leqslant[p] \tag{14-3}$$

式中，F_r 为轴承承受的径向载荷（N）；$[p]$ 为轴承材料的许用平均压力（MPa），可查表 14-2；B 为轴瓦的宽度（mm）；d 为轴颈的直径（mm）。

（2）验算轴承的 pv 值　pv 值与摩擦功率损耗成正比，它表征了轴承的发热因素，pv 值越高，轴承温升越高，容易引起边界膜的破裂。因此，必须限制 pv 值，其目的是防止轴承温升过高出现胶合破坏，即

$$pv=\frac{F_r}{Bd}\,\frac{\pi dn}{60\times1000}\approx\frac{F_r n}{19100B}\leqslant[pv] \tag{14-4}$$

式中，n 为轴颈转速（r/min）；v 为轴颈的圆周速度（m/s）；$[pv]$ 为轴承材料的 pv 许用值（MPa · m/s），可查表 14-2。

（3）验算轴颈的圆周速度 v　当轴承的平均压力 p 较小时，并不表示局部压力一定小，考虑载荷分布不均的影响，即使 p 与 pv 都在材料许用范围值内，也可能因轴颈的圆周速度 v 过大而使局部磨损加剧。故要求

$$v=\frac{\pi dn}{60\times1000}\leqslant[v] \tag{14-5}$$

式中，[v] 为轴颈的许用圆周速度（m/s），可查表 14-2。

若计算结果不能满足要求，则应重新选择材料或适当增大轴承的宽度 B。特别地，对于间歇工作的轴承，当其转动的延续时间不超过停歇时间，以及圆周速度 $v\leqslant 0.1$m/s 时，只需验算轴承的平均压力 p。

4. 选择轴承配合

滑动轴承所选用的材料及尺寸经验算合格后，应选取恰当的配合，一般可选 H9/d9、H8/f7 或 H7/f6。

14.7.2 推力滑动轴承的计算

推力滑动轴承承受轴向载荷的作用，其受力和结构简图如图 14-19 所示。推力滑动轴承的计算与径向滑动轴承相似，但由于推力滑动轴承的速度一般较低，故无需验算轴颈圆周速度 v，主要进行以下两方面的条件性验算即可。

1. 验算轴承的平均压力 p

$$p=\frac{F_a}{S}=\frac{F_a}{\pi z(d_2^{\ 2}-d_1^{\ 2})/4}\leqslant[p] \tag{14-6}$$

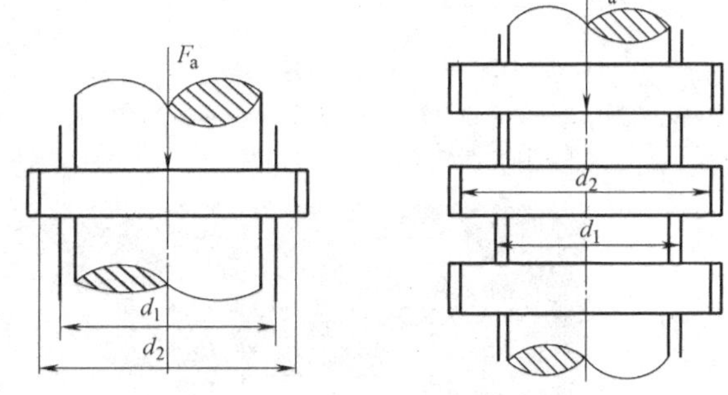

图 14-19 推力滑动轴承的受力

式中，F_a 为轴承承受的轴向载荷（N）；z 为轴环的数目；[p] 为轴承材料的许用平均压力（MPa），可查表 14-2。

2. 验算轴承的 pv 值

$$pv=\frac{F_a v}{S}=\frac{F_a}{\pi z(d_2^{\ 2}-d_1^{\ 2})/4}\times\frac{\pi n(d_1+d_2)}{60\times1000\times2}=\frac{nF_a}{30000z(d_2-d_1)}\leqslant[pv] \tag{14-7}$$

式中，F_a 为轴承承受的轴向载荷（N）；z 为轴环的数目；n 为轴颈的转速（r/min）；v 为轴颈的圆周速度（m/s）；[pv] 为轴承材料的 pv 许用值（MPa · m/s），可查表 14-2。

由于载荷在各环间分布不均匀，许用压力 [p] 及 [pv] 值均应比单环式的降低 50%。

14.8 滑动轴承设计实例

本书绪论中介绍的专用精压机中，多处使用了滑动轴承，例如曲轴与连杆之间采用剖分式的径向滑动轴承（图 14-20），曲轴与机架之间采用了整体式的径向滑动轴承（图 14-21），送料机构中的导向块与凸轮导向轴之间也采用了整体式的径向滑动轴承（图 14-22）。下面重点针对曲轴与机架之间的整体式滑动轴承进行设计计算。

1. 设计参数

轴瓦内径 $d=100$mm，轴瓦工作长度 $B=120$mm，曲轴转速 $n=50$r/min，所受径向力为 60kN。

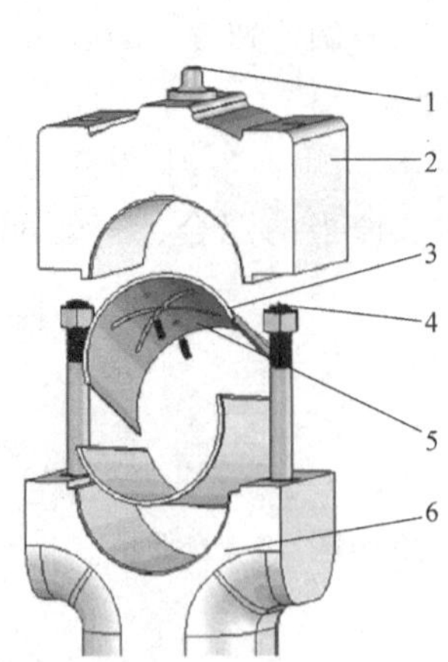

图 14-20　剖分式滑动轴承

1—油嘴　2—轴承盖　3—剖分轴瓦　4—双头螺柱
5—轴瓦固定螺钉　6—连杆体

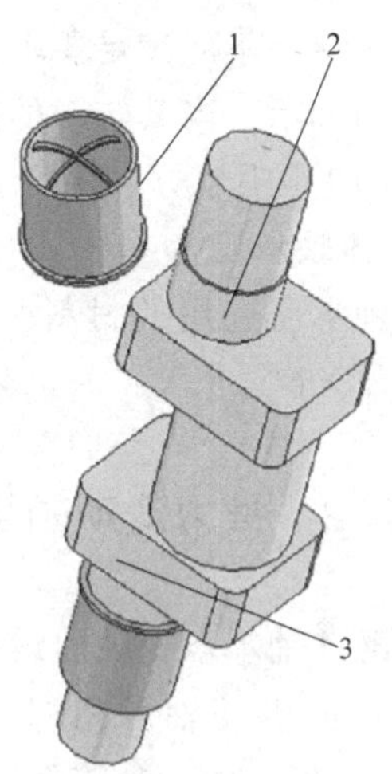

图 14-21　整体式滑动轴承

1、2—轴端整体式滑动轴承　3—曲轴

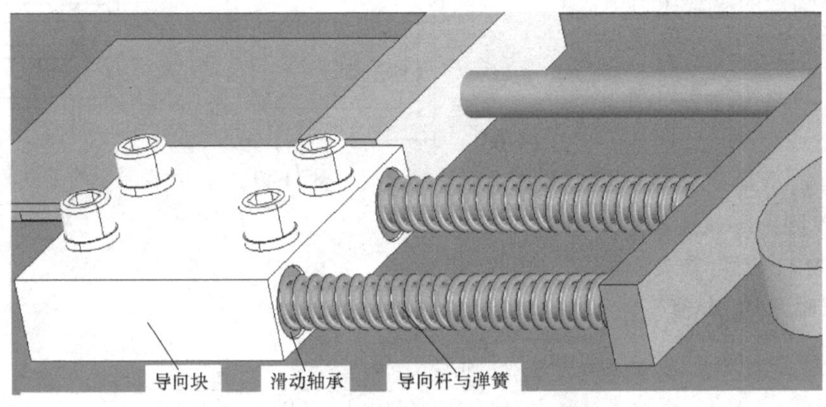

图 14-22　导向块上的滑动轴承

2. 计算步骤、结果及说明

（1）选择轴瓦材料　该轴承在强冲击条件下工作，但速度较低，查表 14-2 选轴瓦材料为 ZCuAl110Fe3，查得：

$[p]=15\text{MPa}$；$[pv]=12\text{MPa}\cdot\text{m/s}$；$[v]=4\text{m/s}$。

（2）验算轴承的平均压力 p

$$p=F_r/(Bd)=60\times10^3/(120\times100)\text{MPa}=5\text{MPa}\leqslant[p]$$

（3）验算轴承的 pv 值

$$pv\approx F_r n/(19100B)=60\times10^3\times50/(19100\times120)\text{MPa}\cdot\text{m/s}=1.3\text{MPa}\cdot\text{m/s}\leqslant[pv]$$

（4）验算轴承的圆周速度 v

$$v=\pi dn/(60\times1000)=\pi\times100\times50/(60\times1000)\text{m/s}=0.26\text{m/s}\leqslant[v]$$

结果表明，轴承发热不严重。但这是基于正确安装和保证润滑条件下的结论，如果安装不正确或者润滑条件不好，轴承的工作条件将显著变差。

同步练习

一、选择题

1. 验算滑动轴承最小油膜厚度 h_{min} 的目的是____________。

A. 确定轴承是否能获得液体润滑　　B. 控制轴承的发热量

C. 计算轴承内部的摩擦阻力　　D. 控制轴承的压强 p

2. 在图 14-23 所示的几种情况下，可能形成流体动力润滑的有____________。

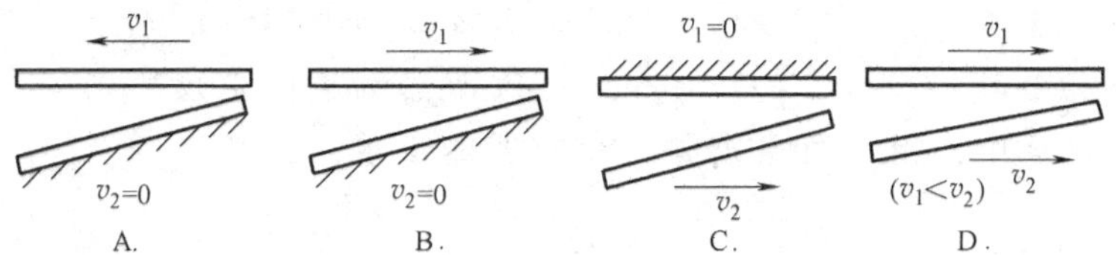

图 14-23　两板的运动状态

3. 巴氏合金是用来制造____________。

A. 单层金属轴瓦　　B. 双层或多层金属轴瓦

C. 含油轴承轴瓦　　D. 非金属轴瓦

4. 在滑动轴承材料中，____________通常只用作双金属轴瓦的表层材料。

A. 铸铁　　B. 巴氏合金　　C. 铸造锡磷青铜　　D. 铸造黄铜

5. 液体润滑动压径向轴承的偏心距 e 随____________而减小。

A. 轴颈转速 n 的增加或载荷 F 的增大　　B. 轴颈转速 n 的增加或载荷 F 的减少

C. 轴颈转速 n 的减少或载荷 F 的减少　　D. 轴颈转速 n 的减少或载荷 F 的增大

6. 不完全液体润滑滑动轴承，验算 $pv<[pv]$ 是为了防止轴承____________。

A. 过度磨损　　B. 过热产生胶合　　C. 产生塑性变形　　D. 发生疲劳点蚀

7. 设计液体动力润滑径向滑动轴承时，若发现最小油膜厚度 h_{min} 不够大，在下列改进设计的措施中，最有效的是____________。

A. 减少轴承的宽径比 B/d　　B. 增加供油量

C. 减少相对间隙 ψ　　D. 增大偏心率 χ

8. 在____________情况下，滑动轴承润滑油的黏度不应选得较大。

A. 重载　　B. 高速

C. 工作温度高　　D. 承受变载荷或振动冲击载荷

9. 温度升高时，润滑油的黏度____________。

A. 随之升高　　B. 保持不变

C. 随之降低　　D. 可能升高也可能降低

10. 动压润滑滑动轴承能建立油压的条件中，不必要的条件是____________。

A. 轴颈和轴承间构成楔形间隙　　B. 充分供应润滑油

C. 轴颈和轴承表面之间有相对滑动　　D. 润滑油温度不超过 50℃

11. 运动黏度是动力黏度与同温度下润滑油____________的比值。

A. 质量　　B. 密度　　C. 比重　　D. 流速

12. 润滑油的____________，又称绝对黏度。

A. 运动黏度　　B. 动力黏度　　C. 恩格尔黏度　　D. 基本黏度

13. 下列各种机械设备中，____________只宜采用滑动轴承。

A. 中、小型减速器齿轮轴　　B. 电动机转子

C. 铁道机车车辆轴　　D. 大型水轮机主轴

14. 两相对滑动的接触表面，依靠吸附油膜进行润滑的摩擦状态称为____________。

A. 液体摩擦　　B. 半液体摩擦　　C. 混合摩擦　　D. 边界摩擦

15. 液体动力润滑径向滑动轴承最小油膜厚度的计算公式是____________。

A. $h_{min}=\psi d\ (1-\chi)$　　B. $h_{min}=\psi d\ (1+\chi)$

C. $h_{min}=\psi d\ (1-\chi)/2$　　D. $h_{min}=\psi d\ (1+\chi)/2$

16. 在滑动轴承中，相对间隙 ψ 是一个重要的参数，它是____________与公称直径之比。

A. 半径间隙 $\delta=R-r$　　B. 直径间隙 $\Delta=D-d$

C. 最小油膜厚度 h_{min}　　D. 偏心率 χ

17. 在径向滑动轴承中，采用可倾瓦的目的在于____________。

A. 便于装配　　B. 使轴承具有自动调位能力

C. 提高轴承的稳定性　　D. 增加润滑油流量，降低温升

18. 采用三油楔或多油楔滑动轴承的目的在于____________。

A. 提高承载能力　　B. 增加润滑油油量

C. 提高轴承的稳定性　　D. 减少摩擦发热

19. 在不完全液体润滑滑动轴承中，限制 pv 值的主要目的是防止轴承____________。

A. 过度发热而胶合　　B. 过度磨损　　C. 产生塑性变形　　D. 咬死

20. 下述材料中，____________是轴承合金（巴氏合金）。

A. 20CrMnTi　　B. 38CrMnMo　　C. ZSnSb11Cu6　　D. ZCuSn10P1

21. 与滚动轴承相比，下述各点中，____________不能作为滑动轴承的优点。

A. 径向尺寸小　　B. 间隙小，旋转精度高

C. 运转平稳，噪声低　　D. 可用于高速情况下

22. 径向滑动轴承的直径增大1倍，长径比不变，载荷不变，则轴承的压强 p 变为原来的____________倍。

A. 2　　B. 1/2　　C. 1/4　　D. 4

23. 适合用作轴承衬的材料是____________。

A. 轴承合金　　B. 合金钢　　C. 铸铁　　D. 尼龙

24. 对于小型、低速或间歇运转的不重要的滑动轴承，应采用的润滑方式__________。

A. 人工供油润滑　　B. 压力润滑　　C. 飞溅润滑　　D. 滴油润滑

25. 对于高速、重载或变载的重要机械，应采用的润滑方式是____________。

A. 人工供油润滑　　B. 压力润滑　　C. 滴油润滑　　D. 飞溅润滑

26. 对于高速、轻载的滑动轴承，应选用____________。

A. 高黏度润滑油　　B. 低黏度润滑油　　C. 润滑脂　　D. 固体润滑剂

二、填空题

1. 不完全液体润滑滑动轴承验算比压 p 是为了避免__________。

2. 在设计动力润滑滑动轴承时，若减小相对间隙 ψ，则轴承的承载能力将__________。

3. 流体的黏度，即流体抵抗变形的能力，它表征流体内部__________的大小。

4. 润滑油的油性是指润滑油在金属表面的__________能力。

5. 影响润滑油黏度 η 的主要因素有温度和__________。

6. 两摩擦表面间的典型摩擦状态是干摩擦、不完全液体摩擦和__________。

7. 不完全液体润滑滑动轴承的主要失效形式是磨损与__________。

8. 滑动轴承轴瓦的油槽应该开在__________载荷的部位。

9. 宽径比较大的滑动轴承（$B/d>1.5$），为避免因轴的挠曲而引起轴承“边缘接触”，造成轴承早期磨损，可采用__________轴承。

10. 选择滑动轴承所用的润滑油时，对液体润滑轴承主要考虑润滑油的__________。

11. 根据滑动轴承的受载方向不同，可分为径向滑动轴承和__________滑动轴承

12. 不完全液体润滑滑动轴承的工作能力和使用寿命主要取决于__________的选择和结构的合理性。

13. 为使润滑油均布在滑动轴承的整个轴颈上，应在轴瓦上制出油孔和__________。

14. 为保证不完全液体润滑径向滑动轴承不产生过度磨损，应限制轴承的__________。

15. 滑动轴承所选用润滑油的黏度越大，则滑动轴承的承载能力越__________。

16. 滑动轴承在低速重载工作条件下，应选用黏度__________的润滑油。

17. 选择不完全液体润滑径向滑动轴承的润滑油的主要参数是轴颈圆周速度和轴承的__________。

三、判断题

1. 通常含油轴承是采用巴氏合金制成的。（　　）

2. 维持边界油膜不遭破坏是非液体摩擦滑动轴承设计的依据。（　　）

3. 润滑油的黏度越小流动越困难。（　　）

4. 零件的磨合磨损对零件的工作性能是极为不利的。（　　）

5. 表征润滑脂黏稠度的性能指标是其运动黏度。（　　）

6. 两个表面间形成了流体润滑时它们不直接接触。（　　）

7. 机械化学磨损是指由机械作用及材料与环境的化学作用或电化学作用共同引起的磨损。（　　）

8. 两个相对运动表面形成了流体动压润滑状态后，两表面间产生了压力流和剪力流。（　　）

9. 高速轻载的径向滑动轴承，其轴承相对间隙取值较大，所以一般都在较大的偏心率下工作。（　　）

10. 非液体润滑轴承的主要失效形式，一般是相对运动表面出现点蚀和塑性变形。（　　）

11. 非液体润滑轴承验算 pv 值的主要目的是控制轴承的工作温度，以避免出现胶合。（　　）

12. 形成流体动压润滑的必要条件之一是：相对运动表面必须形成收敛的楔形间隙。（　　）

13. 形成流体动压润滑的必要条件之一是：被油膜分开的两表面必须有相对滑动速度。 ( )

14. 形成流体动压润滑的必要条件之一是：两表面充满的润滑油必须保证有恒定的温度。 ( )

15. 已形成流体动压润滑的滑动轴承，随着轴径工作转速的提高（其他条件不变），最小油膜厚度将增加。 ( )

16. 流体动压润滑轴承相对间隙 Ψ 的大小影响轴承的承载能力。 ( )

17. 液体摩擦滑动轴承的负荷较大时则应选用较大的轴承间隙。 ( )

四、分析题

1. 如图 14-24 所示，已知两平板相对运动速度 $v_1>v_2>v_3>v_4$；载荷 $F_4>F_3>F_2>F_1$，平板间油的黏度 $\eta_1=\eta_2=\eta_3=\eta_4$。试分析：

1）哪些情况可以形成压力油膜？并说明建立液体动力润滑油膜的充分必要条件。

2）哪种情况的油膜厚度最大？哪种情况的油膜压力最大？

3）在图 14-24c 中若降低 v_3，其他条件不变，则油膜压力和油膜厚度将发生什么变化？

4）在图 14-24c 中若减小 F_3，其他条件不变，则油膜压力和油膜厚度将发生什么变化？

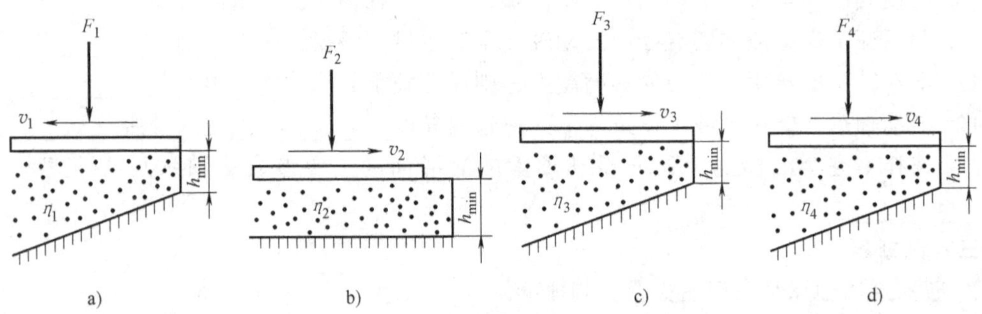

图 14-24 分析题 1 图

2. 试分析图 14-25 所示四种摩擦副，在摩擦面间哪些摩擦副不能形成油膜压力，为什么？（v 为相对运动速度，油有一定的黏度。）

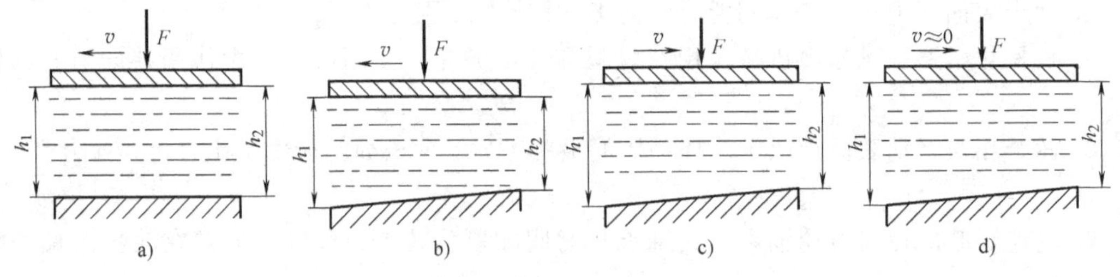

图 14-25 分析题 2 图

Chapter 15

第15章

轴

学习目标

主要内容：学习轴的功用和类型、轴的常用材料及其性能；轴的结构设计要求和方法、轴的两种强度计算方法（按扭转强度计算和按弯扭合成强度计算）。

学习重点：轴的结构设计要求和方法、轴的两种强度计算方法。

学习难点：轴的结构设计和强度校核。

15.1 概　　述

轴及其相关零部件统称为轴系零部件。轴系零部件包括轴、支承轴的轴承、连接轴的联轴器及轴毂连接所用的键等。轴是机器中重要的组成部分。轴的主要功用是支承旋转的机械零件（如齿轮、带轮等），并传递运动和动力。

按受载情况不同，常用的轴可分为三种：只承受弯矩不承受转矩（或转矩小至忽略不计）的轴称为心轴，如图 15-1 所示精压机送料机构中送料推杆的销轴；只承受转矩，不承受弯矩（或弯矩小至忽略不计）的轴称为传动轴，如图 15-2 所示汽车发动机与后桥之间的轴；既承受弯矩，又承受转矩的轴称为转轴，如图 15-3 所示的曲轴。

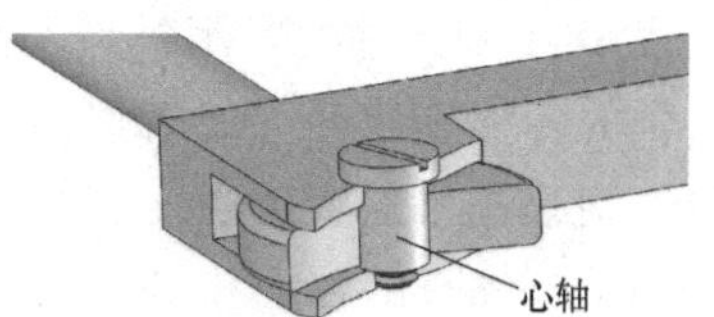

图 15-1　送料推杆中的销轴

图 15-2　汽车上的传动轴

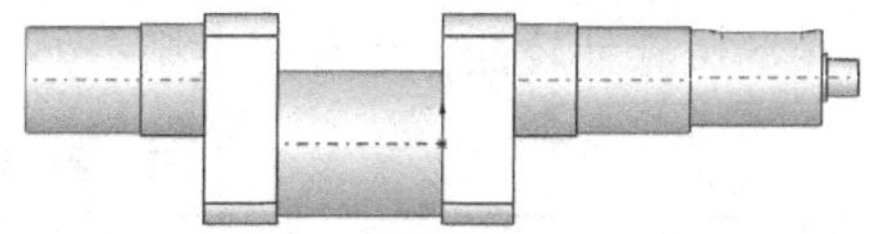
图 15-3　专用精压机中的曲轴

按轴线形状不同，轴可分为曲轴（各轴段的轴线不在同一直线上，如图 15-3 所示精压机主机连杆机构中的曲轴）、直轴（各轴段轴线为同一直线）和挠性钢丝轴（图 15-4）。直轴又分为光轴和阶梯轴。如图 15-5 所示，阶梯轴上零件易于定位和装配，强度性能好。对于阶梯轴，一般把安装传动零件的轴段称为轴头，如图 15-5 中装齿轮的轴段；把安装轴承的轴段称为轴颈；阶梯轴的台阶处称为轴肩，其余部分称为轴身；把宽度较

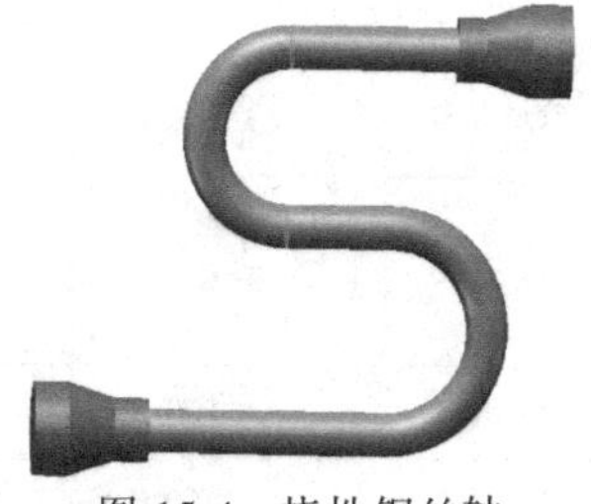
图 15-4　挠性钢丝轴

窄，直径比两侧都大的轴身称为轴环。有时为了减轻重量或提高轴的刚度，而制成空心轴（图 15-6）。

本章仅以应用较广泛的实心阶梯轴为例，进行有关的讨论。

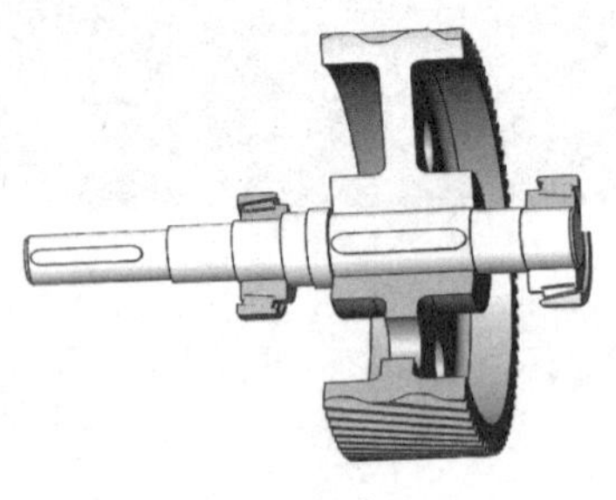

图 15-5　专用精压机中的阶梯轴

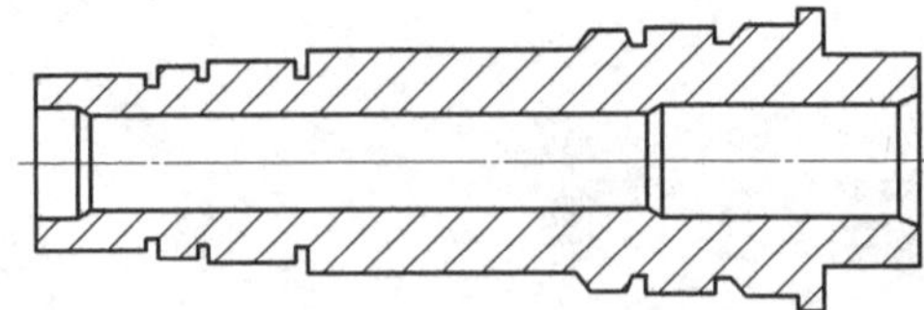

图 15-6　空心轴

15.2　轴的材料

在轴的设计中，首先要选择合适的材料。轴的材料常采用碳素钢和合金钢。

优质碳素钢可以用热处理的办法提高其耐磨性和抗疲劳性，故应用最为广泛，其中最常用的是 45 钢。不重要或低速轻载的轴也可以使用 Q235、Q275 等普通碳钢来制造。

合金钢比碳钢具有更高的力学性能和更好的淬火性能。因此，在传递大动力，并要求减小尺寸与质量，提高轴的耐磨性，以及处于高温条件下工作的轴，常采用合金钢，如 40Cr、20Cr 等。但合金钢对应力集中比较敏感，且价格较贵。

表 15-1 列出轴的常用材料及其主要力学性能。

轴的各种热处理（如高频淬火、渗碳、渗氮、碳氮共渗等）以及表面强化处理（喷丸、滚压）对提高轴的疲劳强度有显著效果。但必须注意，由于碳素钢与合金钢的弹性模量基本相同，且钢材的种类和热处理工艺对其弹性模量的影响很小。因此，采用合金钢和用热处理工艺来提高轴的刚度并无实效。

由于高强度铸铁和球墨铸铁容易做成复杂的形状，而且价廉，吸振性和耐磨性好，对应力集中的敏感性较低，故常用于制造外形复杂的轴。

表 15-1　轴的常用材料及其主要力学性能

材料及热处理	毛坯直径/mm	硬度 HBW	强度极限	屈服极限	弯曲疲劳极限	应用说明
			MPa			
Q235 热轧或锻后空冷	—	—	440	240	200	用于不重要或载荷不大的轴
35 正火	≤100	149~187	520	270	250	塑性好和强度适中可做一般曲轴、转轴等
45 正火	≤100	170~217	600	300	275	用于较重要的轴，应用最为广泛
45 调质	≤200	217~255	650	360	300	

（续）

材料及热处理	毛坯直径/mm	硬度HBW	强度极限	屈服极限	弯曲疲劳极限	应用说明
			MPa			
40Cr 调质	25	—	1000	800	500	用于载荷较大，而无很大冲击的重要的轴
	≤100	241~286	750	550	350	
	>100~300	241~266	700	550	340	
40MnB 调质	25	—	1000	800	485	性能接近于 40Cr，用于重要的轴
	≤200	241~286	750	500	335	
35CrMo 调质	≤100	207~269	750	550	390	用于受重载荷的轴
20Cr 渗碳淬火回火	15	表面56~62HRC	850	550	375	用于要求强度、韧性及耐磨性均较高的轴
	—		650	400	280	

15.3 轴的设计

15.3.1 轴的设计内容

轴是轴系零部件中的核心零件，其设计的好坏对整个轴系乃至整个机器都至关重要。轴的设计主要有两方面内容：

1）轴的结构设计，即根据给定的轴的功能要求，确定轴上零件的安装、定位以及轴的制造工艺等方案，合理地确定轴的形状和尺寸。

2）轴的工作能力校核，它主要包含三方面内容：为防止轴的断裂和塑性变形对轴进行强度校核、为防止轴过大的弹性变形对轴进行刚度校核、为防止轴发生共振破坏对轴进行振动稳定性计算，实际设计时应根据具体情况有选择地进行校核。一般机械设备中的轴，如精压机组中减速器的齿轮轴只需进行强度校核；对工作时不允许有过大变形的轴，如机床主轴，还应进行刚度校核；对高速或载荷作周期变化运转的轴，除了要进行前两项的校核计算，还应按临界转速条件进行轴的稳定性计算。

轴的结构设计不合理，会影响轴的工作能力和轴上零件的工作可靠性，还会增加轴的制造成本并使轴上零件装配困难，因此轴的结构设计是轴设计中的重要内容。

15.3.2 轴的结构设计

轴的结构设计包括确定轴的合理外形和全部结构尺寸。轴的结构主要取决于以下因素：轴在机器中的安装位置及形式；轴上载荷的性质、大小、方向及分布情况；轴上安装的零件的类型、尺寸、数量以及和轴连接的方法；轴的加工工艺等。

由于影响轴结构的因素较多，所以轴没有标准的结构形式。设计时，必须针对不同情况进行具体分析。但不论什么具体条件，总的设计原则应该是：使轴和装在轴上的零件有准确的工作位置、轴上的零件便于装拆和调整、轴具有良好的制造工艺性等。

轴的结构设计一般步骤为：拟定轴上零件装配方案→考虑轴上零件的周向定位和轴向定位→最小直径的确定→其余各轴段直径的推定→各轴段长度的确定→考虑结构工艺性。

1. 装配方案的拟定

拟定轴上零件的装配方案时，应根据轴上零件的结构特点，定出主要零件的装配方向、顺序和相互关系，再根据轴的具体工作条件辅以相应的定位结构及定位零件，由此，确定出轴的基本结构。拟定装配方案时，一般应先考虑几个方案，进行分析比较后再选优。

2. 轴上零件的轴向定位

为了防止轴上零件受力时发生沿轴向的相对运动，轴上零件必须进行必要的轴向定位，以保证其正确的工作位置。轴上零件的轴向定位可以用轴肩、套筒、圆螺母、轴端挡圈等来保证，具体固定方法见表 15-2。

表 15-2 轴上零件的轴向定位与固定方法

定位与固定方法	简　图	特点与应用
轴肩、轴环	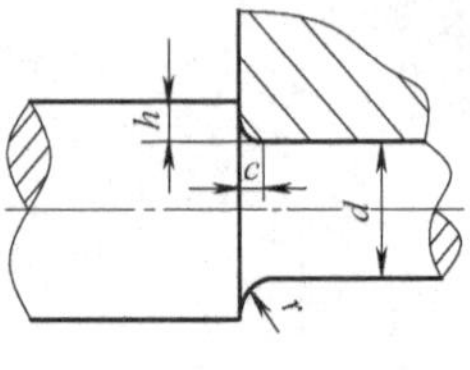 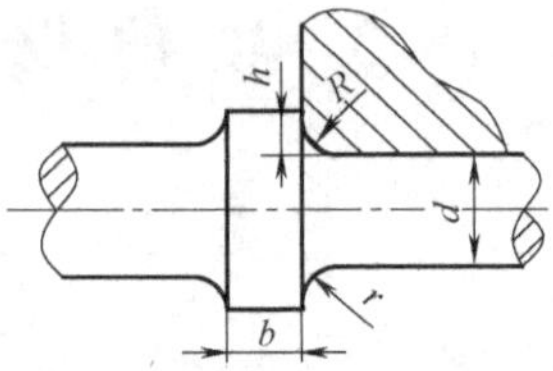 h c d r　h R d b r	结构简单、可靠，能承受较大轴向力。缺点是轴肩处会因为轴的截面突变引起应力集中 轴肩高度 $h=0.07d+(1\sim2)\ \text{mm}$，轴环的宽度 $b\geqslant1.4h$
套筒	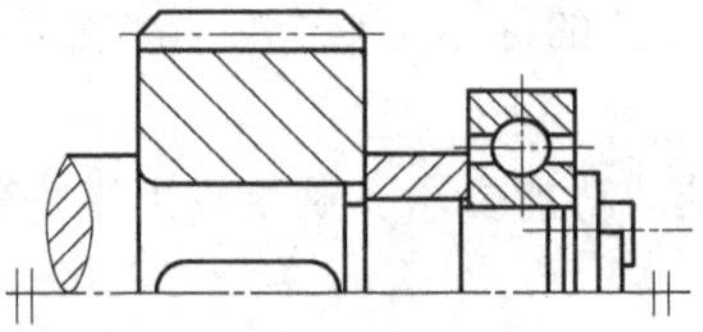	结构简单、可靠。适于轴上两零件间的定位和固定，轴上无需开槽、钻孔。可将零件的轴向力不经轴而直接传到轴承上
圆螺母	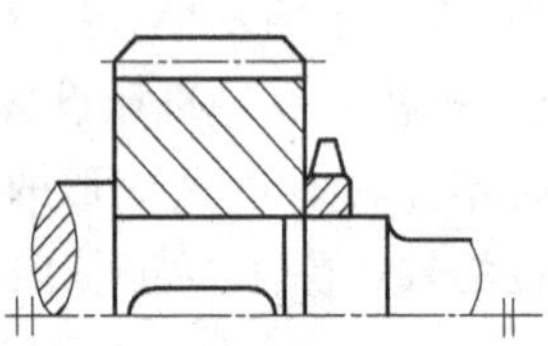 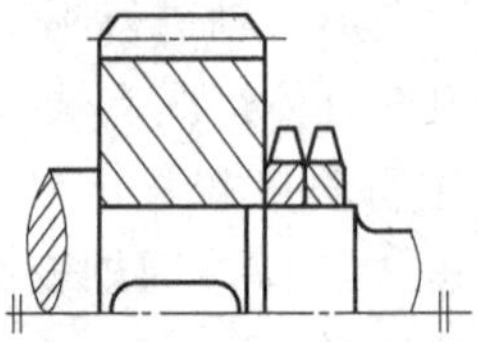	固定可靠，能承受较大的轴向力。需要防松措施，结构有圆螺母配止动垫片和双圆螺母两种型式。结构较复杂。螺纹位于承载轴段时，会削弱轴的疲劳强度
轴端挡圈	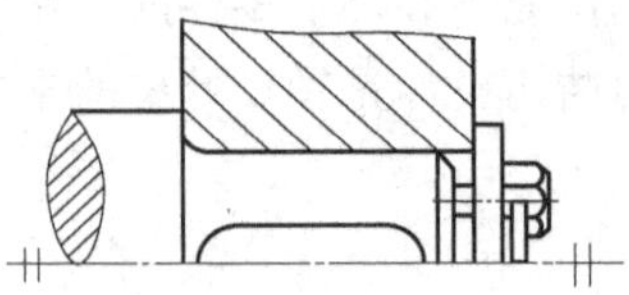	只能用于轴的端部。可承受较大的轴向力和剧烈的振动和冲击载荷，需采取防松措施
弹性挡圈	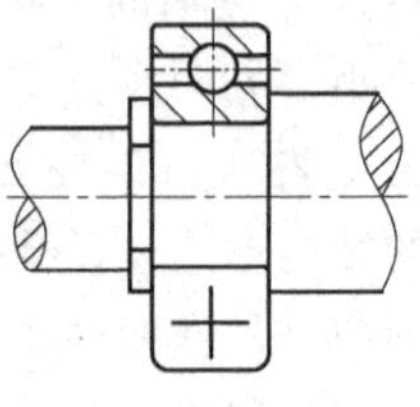 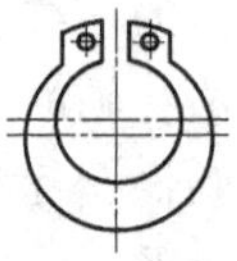	结构简单、紧凑，只能承受较小的轴向力，可靠性差。挡圈位于承载轴段时，轴的强度削弱较严重

（续）

定位与固定方法	简图	特点与应用
锁紧挡圈		结构简单，不能承受大的轴向力。有冲击、振动的场合，应采取防松措施
圆锥面		轴和轮毂间无径向间隙，装拆方便，能承受冲击载荷，多用于轴端零件的定位与固定。锥面加工较麻烦。轴向定位不准确

3. 轴最小直径的确定

最小直径 d_{min} 通常可按轴所受的转矩初步估算：

$$d_{min} \geqslant A_0 \sqrt[3]{\frac{P}{n}} \tag{15-1}$$

式中，d_{min} 为最小直径（mm）；P 为轴所传递的功率（kW）；n 为轴的转速（r/min）；A_0 为计算系数，由表 15-3 查取。

表 15-3　轴常用几种材料的 A_0 及 $[\tau]$ 值

轴的材料	Q235	35	45	40Cr,35SiMn,20Cr13,20CrMnTi
A_0	149～126	135～112	126～103	112～97
$[\tau]$/MPa	15～25	20～35	25～45	35～55

注：当轴所受弯矩较小或只受转矩时，A_0 取小值；否则取较大值。

若计算的轴段有键槽，则会削弱轴的强度，此时应将计算所得的直径适当增大，若有一个键槽，将 d_{min} 增大 5%～7%，若同一剖面有两个键槽，则 d_{min} 增大 10%。

在实际设计中，轴的最小直径亦可采用经验公式确定，或参考同类机械用类比的方法确定。如在一般减速器中，高速输入轴的直径可按与之相联的电动机轴的直径 D 估算，即

$$d_{min} = (0.8 \sim 1.2)D \tag{15-2}$$

各级低速轴的轴径可按同级齿轮中心距 a 估算，即

$$d_{min} = (0.3 \sim 0.4)a \tag{15-3}$$

若最小直径处为安装联轴器的轴段，则应先选出联轴器，再按联轴器的标准孔径来套选最小直径。

4. 其余注意事项

1）轴肩可分为定位轴肩和非定位轴肩两类。为了使零件能靠紧轴肩而得到准确可靠的定位，轴肩处的过渡圆角半径 r 必须小于与之相配的零件毂孔端部的倒角 C。倒角 C 可按表 15-4 选取。

2）滚动轴承的定位轴肩高度必须低于轴承内圈端面的高度，以便拆卸轴承，其轴肩的高度应查相关手册中轴承的安装尺寸。结构设计时重要传动零件定位轴肩的位置拟定非常关键。非定位轴肩是为了加工和装配方便而设置的，其高度无严格的规定，可取 1～2mm。

表 15-4　零件倒角 C 的推荐值

直径 d/mm	6~10		10~18	18~30	30~50		50~80	80~120	120~180
C/mm	0.5	0.6	0.8	1.0	1.2	1.6	2.0	2.5	3.0

3）因套筒与轴的配合较松，若轴的转速较高，不宜采用套筒定位。

4）当轴上两零件间距离较大不宜使用套筒定位时，可采用圆螺母定位。

5）圆螺母及其止动垫片、轴端挡圈、轴用弹性挡圈、锁紧挡圈为标准件，其结构安装尺寸注意查相关国家标准。

6）在确定其余各轴段直径时，按轴上零件的装配方案和定位要求，从 d_{min} 处起逐一确定各段轴的直径。安装标准件轴段的直径，如滚动轴承、联轴器、密封圈等，应比照标准件的内径选其相同的直径。

7）为了使齿轮、轴承等有配合要求的零件装拆方便，减少配合表面的擦伤，在配合轴段前应采用较小的直径。为了便于装配零件（特别是与过盈配合处），轴端应制出 45°的倒角，并去掉毛刺。

8）需要磨削的轴段，应留有砂轮越程槽（图 15-7a）；需要切制螺纹的轴段，应留有退刀槽（图 15-7b）。它们的尺寸可参看标准或手册。

9）确定各轴段长度时，应尽可能使结构紧凑，同时还要保证零件所需的装配或调整空间。为了保证轴向定位可靠，与齿轮和联轴器等零件相配合部分的轴段长度一般应比轮毂长度短 2~3mm，这段长度可以称为压紧空间。

10）为了减少装夹工件的时间，在同一轴上，不同轴段的键槽应布置（或投影）在轴的同一母线上（图 15-8）。为了减少加工刀具种类和提高劳动生产率，轴上直径相近的圆角、倒角、键槽宽度、砂轮越程槽宽度和退刀槽宽度等应尽可能采用相同的尺寸。

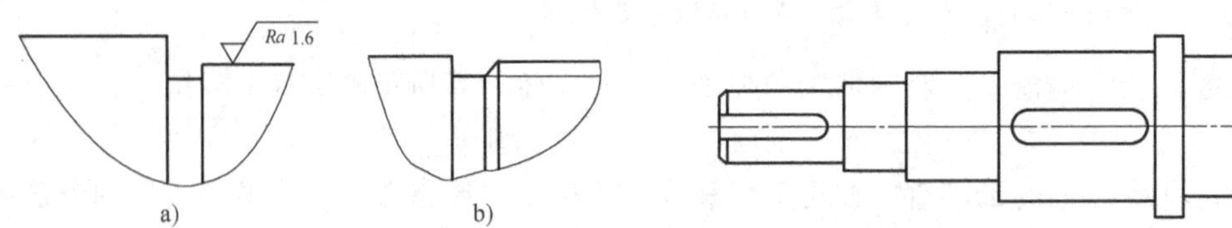

图 15-7　越程槽与退刀槽

a）砂轮越程槽　b）螺纹退刀槽

图 15-8　不同轴段的键槽布置在同一母线上

15.3.3　轴的工作能力校核

进行轴的强度校核计算时，应根据轴的具体受载及应力情况，采取相应的计算方法。

1. 传动轴

对于仅承受转矩的传动轴，只需按扭转强度条件计算：

$$\tau_T = \frac{T}{W_T} \approx \frac{T}{0.2d^3} \leqslant [\tau] \tag{15-4}$$

式中，τ_T 为扭转切应力（MPa）；$[\tau]$ 为许用扭转切应力（MPa）；T 为轴传递的转矩（N · mm）；W_T 为轴的抗扭截面系数（mm^3）。

2. 心轴

对于只承受弯矩的心轴，只需按弯曲强度条件计算：

$$\sigma = \frac{M}{W} \approx \frac{M}{0.1d^3} \leqslant [\sigma] \tag{15-5}$$

式中，σ 为弯曲应力（MPa）；$[\sigma]$ 为许用扭转切应力（MPa）；M 为轴承受的弯矩（N · mm）；W 为轴的抗弯截面系数（mm^3）。

对于转动心轴，弯矩在轴截面上引起的应力是对称循环变应力，许用应力为 $[\sigma_{-1}]$；对于固定心轴，考虑起动、停车等的影响，弯矩在轴截面上引起的应力可视为脉动循环变应力，所以在应用上式时，其许用应力应为 $[\sigma_0]$。$[\sigma_{-1}]$ 和 $[\sigma_0]$ 可查材料手册获得。

3. 转轴

对于既承受弯矩又承受转矩的轴（转轴），应按弯扭合成强度条件进行计算。

弯扭合成强度条件对轴进行强度校核计算的步骤一般为：作轴的空间受力简图→作出轴的水平面受力简图→作出轴的水平面弯矩图→作出轴的垂直面受力简图→作出轴的垂直面的弯矩图→计算轴的合成弯矩并作出轴的合成弯矩图→计算轴的转矩折算弯矩作出折算弯矩图→作出计算弯矩图→校核轴的强度。

轴的合成弯矩按下式计算：

$$M = \sqrt{{M_H}^2 + {M_V}^2} \tag{15-6}$$

式中，M 为合成弯矩（N · mm）；M_H 为水平面弯矩（N · mm）；M_V 为垂直面弯矩（N · mm）。

轴的转矩折算弯矩按下式计算：

$$M_T = \alpha T \tag{15-7}$$

式中，M_T 为折算弯矩（MPa）；α 为考虑转矩和弯矩应力状况不同时的折算系数，又称循环特征差异系数；T 为轴传递的转矩（N · mm）。

对于转轴，弯矩所产生的弯曲应力通常是对称循环变应力，而转矩所产生的切应力则常常不是对称循环的变应力，故在求折算弯矩时，必须考虑两者循环特性的差异。当轴双向转动时，其扭转切应力为对称循环变应力，扭转切应力与弯曲应力的应力状况相同，取 $\alpha = 1$；当轴单向转动时，其扭转切应力为脉动循环变应力，扭转切应力与弯曲应力的应力状况不相同，对强度的影响也不如对称循环变应力强烈，取 $\alpha \approx 0.6$；若扭转切应力为静应力，则取 $\alpha \approx 0.3$。

轴的当量弯矩按下式计算：

$$M_{ca} = \sqrt{M^2 + {M_T}^2} \tag{15-8}$$

轴的当量弯矩确定后，即可针对某些危险截面（即计算弯矩大而直径可能不足的截面）作强度校核计算：

$$\sigma_{ca} = \frac{M_{ca}}{W} \approx \frac{M_{ca}}{0.1d^3} \leqslant [\sigma_{-1}]_b \tag{15-9}$$

式中，σ_{ca} 为轴某截面的计算应力（MPa）；$[\sigma_{-1}]_b$ 为轴的许用弯曲应力（MPa）。

15.4 轴的设计实例

本书绪论部分介绍的专用精压机中，轴应用较多，如减速器中的高速轴和低速轴(图 15-9)，冲压机构曲轴等（图 15-10）。下面将以专用精压机减速器中的低速轴为例介绍轴的结构设计与强度校核。

图 15-9 减速器中的轴

1—高速轴 2—低速轴

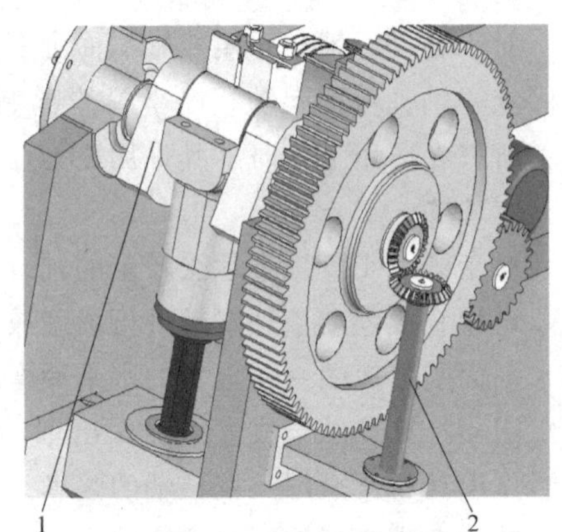

图 15-10 冲压机构曲轴

1—曲轴 2—立轴

15.4.1 设计数据与设计内容

减速器中低速轴的位置如图 15-11 所示。由已知条件可知，减速器低速轴的输出功率 $P_{III}=6.84\text{kW}$、转速 $n_{III}=192.67\text{r/min}$。设计内容包括轴的结构设计和轴的强度校核计算。

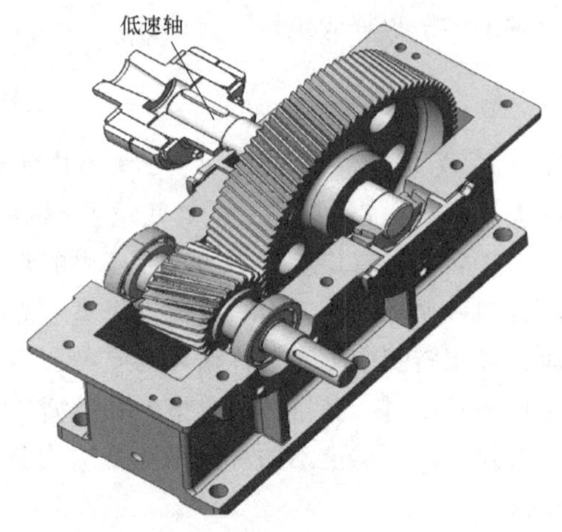

图 15-11 减速器中低速轴的位置

15.4.2 轴的设计过程

1. 拟定轴上零件的装配方案

在拟定轴上零件的装配方案之前，首先应该清楚轴安装在什么场合，有几个传动零件。专用精压机减速器所用的高速轴安装在减速器内，所以减速器与高速轴的相关尺寸要先计算出来。

为了更直观地考虑问题，可先把轴上的重要零件一一列出，如图 15-12 所示。接下来就要考虑如何布置传动零件及用哪种类型的轴承支承轴。轴承的类型不同，轴的装配方案就不同。考虑减速器传递功率较大，主机有一定的平稳性要求，所以传动齿轮宜采用斜齿轮，这样传动轴将受一定的轴向力，所以该处轴承选用向心推力轴承。从轴承结构与安装简单角度考虑，最终选用角接触球轴承，正安装。

现在可以考虑齿轮的定位轴肩是放在图15-12所示齿轮的左边还是右边的问题，即齿轮是从轴的左端还是右端装入的问题。

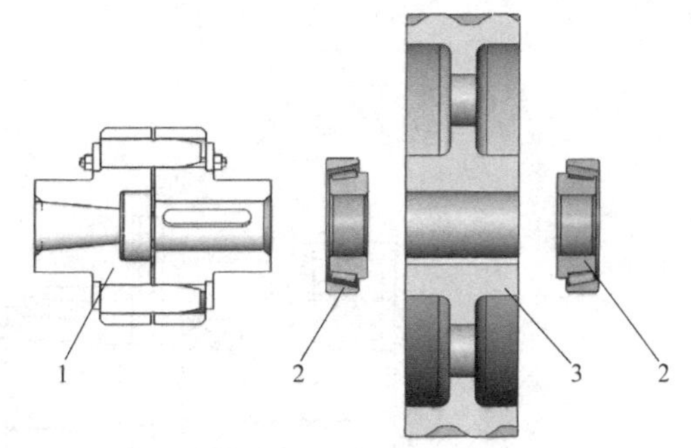

图 15-12 低速轴上的重要零件
1—联轴器 2—轴承 3—齿轮

如图15-13所示的方案1，齿轮从轴的右端装入。考虑轴上零件的定位及固定要求，加上了套筒、轴承端盖、轴端挡圈等零件。该方案从右往左安装的零部件依次是齿轮、套筒、轴承、轴承端盖，从左往右安装的零部件依次是轴承、轴承端盖、联轴器及轴端挡圈。

如图15-14所示的方案2，齿轮从轴的左端装入。装配方案则是：齿轮、套筒、轴承、轴承端盖、联轴器、轴端挡圈依次从轴的左端向右安装，轴承、轴承端盖依次从轴的右端向左安装。

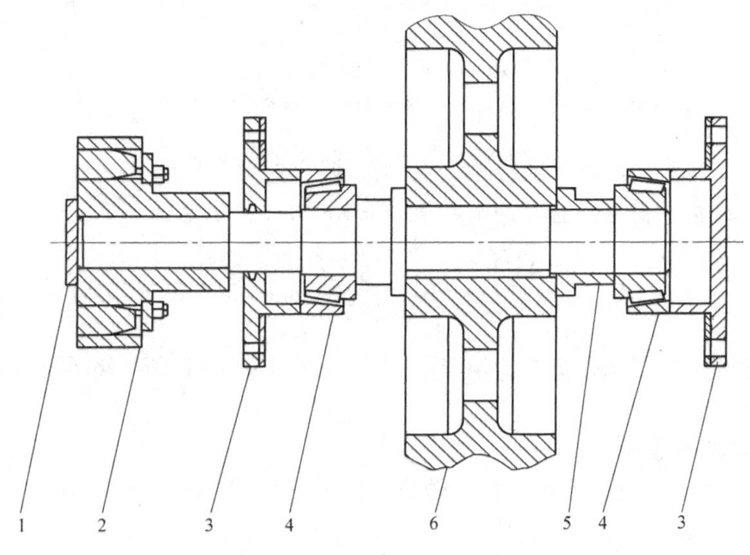

图 15-13 轴上零件装配方案1
1—轴端挡圈 2—联轴器 3—轴承盖 4—轴承 5—套筒 6—齿轮

比较可知，两种方案传动零件的安装方向不同，轴的结构差不多，本实例选用方案2。

图15-14所示的方案2，齿轮右侧的定位轴肩做成轴环以减轻重量，套筒的作用是对齿轮左边进行轴向定位，套筒的左边由左轴承的内圈进行轴向定位，左轴承通过轴承盖进行轴向定位，轴承盖用螺钉固定在箱体上，联轴器右边采用轴肩进行轴向定位，联轴器左边采用轴端挡圈进行定位，轴端挡圈用螺钉固定在轴的左端；右轴承的左端采用定位轴肩进行轴向定位，右轴承也是通过轴承盖进行轴向定位。另外，轴颈③和⑧的直径应相同，两轴头①和⑤应装有周向定位键，两键槽应开在轴的同一母线上。

2. 确定轴的最小直径

如图15-14所示，直径最小的轴段装有联轴器。

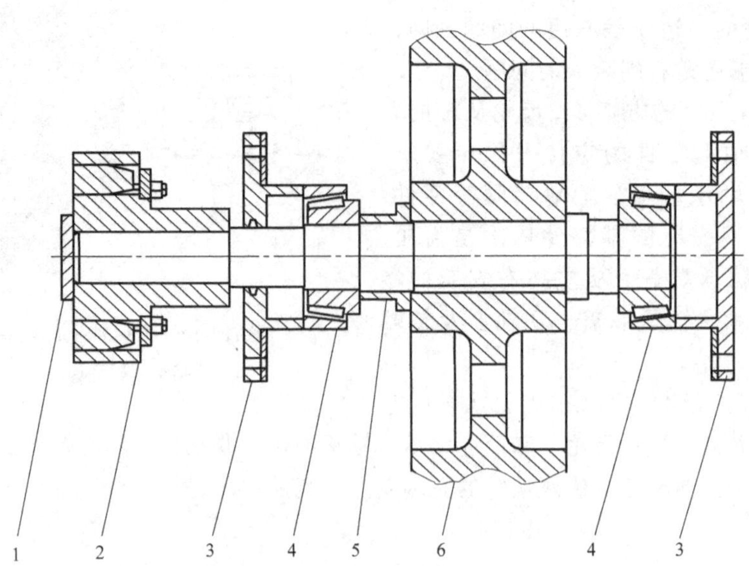

图 15-14　轴上零件装配方案 2

1—轴端挡圈　2—联轴器　3—轴承盖　4—轴承　5—套筒　6—齿轮

按式（15-1）计算，选取轴的材料为 45 钢，调质处理。

由表 15-3，该轴承受弯矩且有冲击载荷，取 $A_0=110$，于是得

$$d_{\min} \geqslant A_0\sqrt[3]{\frac{P}{n}}=110\sqrt[3]{\frac{6.84}{192.67}}\mathrm{mm}=36.15\mathrm{mm}$$

考虑装有单键，应把轴径加大 7%，所以 $d_{\min}=36.15\mathrm{mm}\times1.07=38.68\mathrm{mm}$。

圆整为 $d_1=40\mathrm{mm}$。

3. 确定各段轴的直径

1）轴段②处为联轴器的定位轴肩，轴肩高度 $a=(0.07\sim0.1)\mathrm{mm}\times40=2.8\sim4.0\mathrm{mm}$，取 $a=3\mathrm{mm}$，则 $d_2=46\mathrm{mm}$。

2）轴段③处为与轴承配合的轴段，应按轴承内径的标准系列来取，取 $d_3=50\mathrm{mm}$。

3）轴段⑧也为轴颈，取与轴段③相同的直径 $d_8=50\mathrm{mm}$。

4）轴承既受径向力，也受轴向力，可选圆锥滚子轴承。在选择轴承的直径系列代号时，初选中系列。后面计算寿命时，无论寿命不足或是太长，均可方便地改选其他系列，减少计算量。无特殊情况选正常宽度。由此，可初选轴承的型号为 30310。查机械设计手册可知该轴承的外径为 110mm，宽度为 27mm，定位轴肩的直径为 60mm，由此轴段⑦的轴径 $d_7=60\mathrm{mm}$。

5）轴段③与轴段④之间为非定位轴肩，轴肩高度可取 1~2mm，现取 $d_4=52\mathrm{mm}$。

6）轴段④与轴段⑤之间也为非定位轴肩，但轴段⑤为装齿轮的重要轴段，取 $d_5=55\mathrm{mm}$。

7）轴段⑥为轴环，由齿轮的定位轴肩高度 $a=(0.07\sim0.1)\mathrm{mm}\times55=3.85\sim5.5\mathrm{mm}$，取 $a=5\mathrm{mm}$，则 $d_5=65\mathrm{mm}$。

4. 确定各轴段的长度

轴长度的确定与减速器的结构尺寸有关，减速器的相关尺寸如图 15-15 所示。

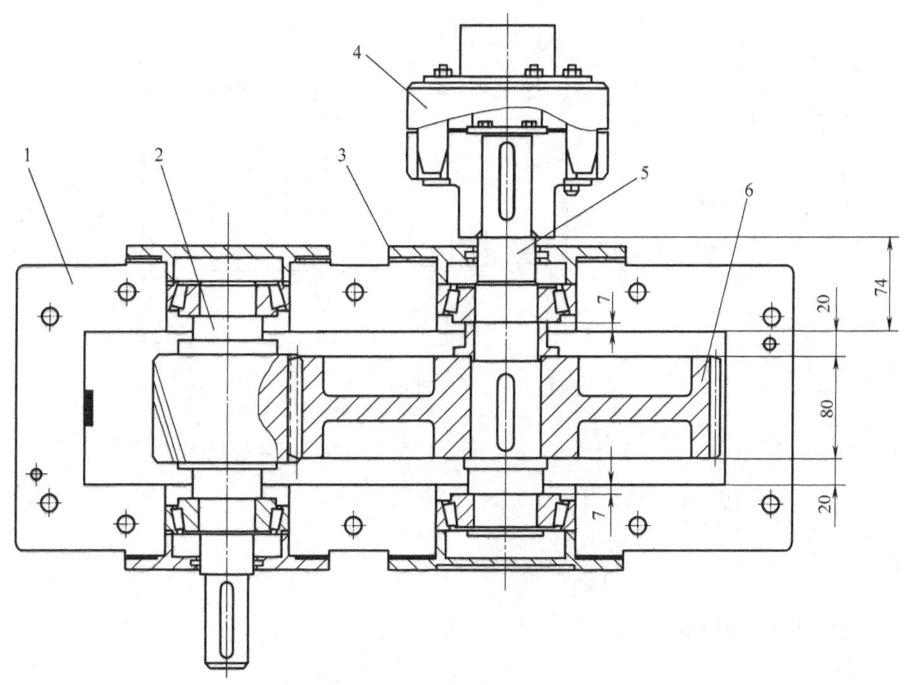

图 15-15 减速器相关的尺寸

1—减速器箱体 2—高速齿轮轴 3—轴承盖 4—联轴器 5—低速轴 6—大齿轮

1）由图 15-14 可知，轴段①装联轴器 HL3Y40×82/J40×60，联轴器孔轴长为 82mm，则考虑压紧空间，轴段①的长度 $l_1=80\text{mm}$。

2）齿轮的宽度为 80mm，考虑压紧空间 2mm，取轴段⑤的长度 $l_5=78\text{mm}$。

3）轴环宽度 $l_6=1.4a=1.4\times5\text{mm}=7\text{mm}$（5mm 为齿轮的定位轴肩高度），可取轴段⑥ $l_6=8\text{mm}$。

4）由轴承的宽度可取轴段⑧的长度 $l_8=(27+2)\ \text{mm}=29\text{mm}$，其中 2mm 为考虑倒角尺寸。

5）轴段③的长度 $l_3=(27+2+2)\ \text{mm}=31\text{mm}$，其中考虑了倒角尺寸 2mm，套筒与轴承的压紧空间取 2mm。

6）由图 15-15 可知，轴段②的长度 $l_2=74\text{mm}-7\text{mm}-l_3=36\text{mm}$。

7）由图 15-15 可知，轴段④$l_4=(20+7+2)\ \text{mm}=29\text{mm}$。

8）由图 15-15 可知，轴段⑦$l_7=20\text{mm}+7\text{mm}-l_6=19\text{mm}$。

计算完成后的尺寸标注在图 15-16 中。

5. 轴的强度校核

由于该轴为转轴，应按弯扭合成强度条件进行计算，低速轴的受力简图如图 15-17 所示。

由斜齿圆柱齿轮传动设计实例的结果可知：

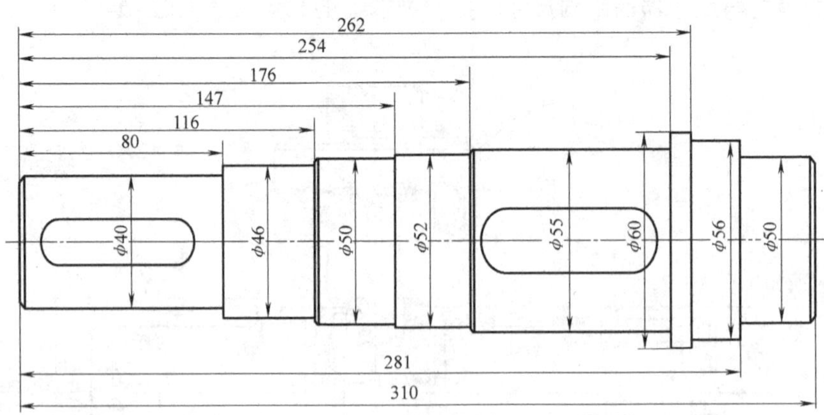

图 15-16　低速轴的尺寸

$T_1 = 1.19 \times 10^5 \text{N} \cdot \text{mm}$，$d_1 = 111.99\text{mm}$，$d_2 = 335.97\text{mm}$，$\beta = 15.34°$

$F_t = 2T_1/d_1 = 2 \times 1.19 \times 10^5 / 111.99\text{N} = 2125.19\text{N}$

$$F_r = F_t \frac{\tan\alpha_n}{\cos\beta} = 2125.19 \frac{\tan 20°}{\cos 15.34°}\text{N} = 802.08\text{N}$$

$F_a = F_t \tan\beta = 2125.19 \times \tan 15.34°\text{N} = 582.98\text{N}$

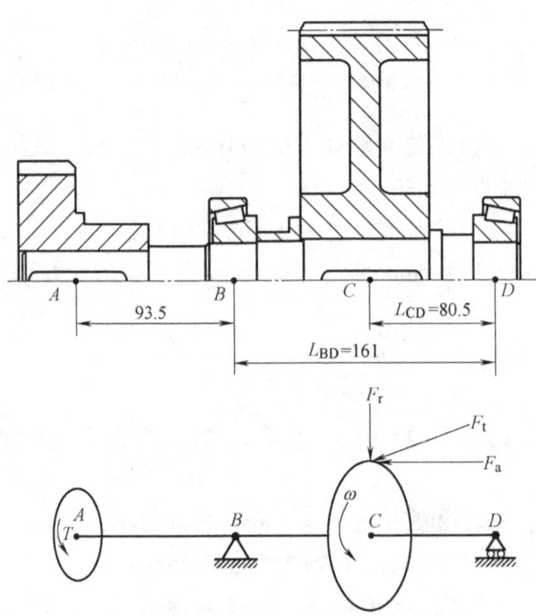

图 15-17　低速轴的受力简图

（1）作轴的水平面受力简图（图 15-18a）

（2）绘制水平面弯矩图

1）求水平面的支反力：

$R_{HB}=R_{HD}=F_t/2=2125.19\text{N}/2=1062.60\text{N}$

2）求水平面弯矩：

$M_{HC}=L_{BC}R_{HB}=80.5\times1062.60\text{N}\cdot\text{mm}=85538.90\text{N}\cdot\text{mm}$

3）绘制水平面弯矩图如图 15-18b 所示。

（3）作轴的垂直面受力简图（图 15-18c）

（4）绘制垂直面弯矩图

1）求垂直面的支反力：

$$R_{VB}=\frac{F_rL_{CD}+F_ad_2/2}{L_{BD}}=\frac{802.08\times80.5+582.98\times335.97/2}{161}\text{N}=1009.31\text{N}$$

$R_{VD}=F_r-R_{VB}=(802.08-1009.31)\text{N}=-207.23\text{N}$

2）求垂直面弯矩：

$M_{VCB}=R_{VB}L_{BC}=1009.31\times80.5\text{N}\cdot\text{mm}=81249.46\text{N}\cdot\text{mm}$

$M_{VCD}=R_{VD}L_{CD}=-207.23\times80.5\text{N}\cdot\text{mm}=-16682.02\text{N}\cdot\text{mm}$

3）绘制垂直面弯矩如图 15-18d 所示。

（5）绘制合成弯矩图

1）计算合成弯矩：

$M_{CB}=\sqrt{M_{VCB}^2+M_{HC}^2}=\sqrt{81249.46^2+85538.90^2}\text{N}\cdot\text{mm}=117976.18\text{N}\cdot\text{mm}$

$M_{CD}=\sqrt{M_{VCD}^2+M_{HC}^2}=\sqrt{(-207.23)^2+85538.90^2}\text{N}\cdot\text{mm}=85539.15\text{N}\cdot\text{mm}$

2）绘制合成弯矩图如图 15-18e 所示。

（6）绘转矩图（图 15-18f）

（7）绘当量弯矩图　轴单向转动，扭转切应力为脉动循环变应力，取 $\alpha\approx0.6$，则当量弯矩：

$M_T=\alpha T=0.6\times1.19\times10^5\text{N}\cdot\text{mm}=71400\text{N}\cdot\text{mm}$

1）计算总当量弯矩：

$M_{eCB}=\sqrt{M_{CB}^2+(\alpha T)^2}=\sqrt{117976.18^2+(0.6\times119000)^2}\text{N}\cdot\text{mm}=137899.74\text{N}\cdot\text{mm}$

$M_{eCD}=\sqrt{M_{CD}^2+(\alpha T)^2}=\sqrt{85539.15^2+(0.6\times119000)^2}\text{N}\cdot\text{mm}=111422.20\text{N}\cdot\text{mm}$

2）绘总当量弯矩图如图 15-18g 所示。

（8）校核轴的强度　进行校核时，通常只校核轴上承受最大弯矩和转矩截面（即危险截面 C）的强度。截面 C 的直径 $d_C=55\text{mm}$，轴的材料为 45 钢，调质处理，由设计手册查得：$[\sigma_{-1}]_b=60\text{MPa}$。由式（15-9）得：

$$\sigma_{bC}=\frac{M_{eCB}}{0.1d_C^3}=\frac{137899.74}{0.1\times55^3}\text{MPa}=8.3\text{MPa}<60\text{MPa}$$

强度足够。

一般的轴按上述方法进行校核计算即可，对于较为重要的轴，还应按疲劳强度进行精确校核。详细方法参照有关机械手册。

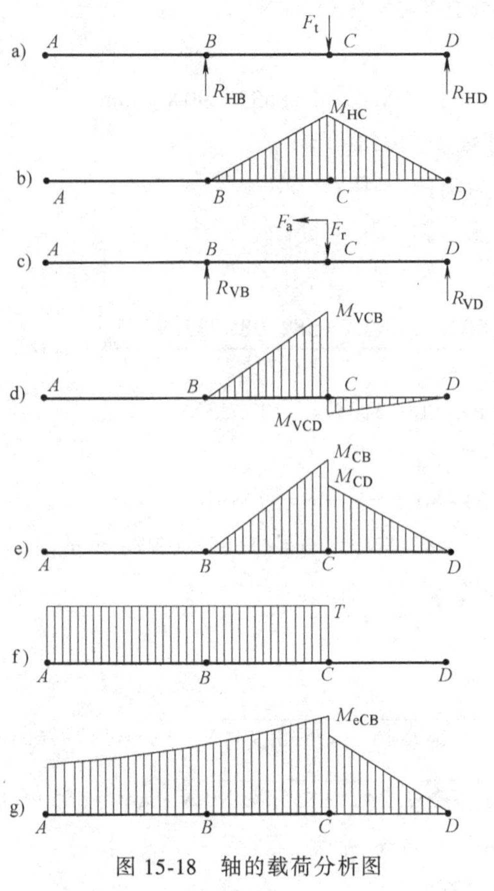

图 15-18　轴的载荷分析图

同步练习

一、选择题

1. 工作时只承受弯矩而不承受转矩的轴称作＿＿＿＿＿＿。

A. 传动轴　　B. 心轴　　C. 转轴　　D. 钢丝软轴

2. 按受载情况分类，减速器中的齿轮轴属于＿＿＿＿＿＿。

A. 传动轴　　B. 心轴　　C. 转轴　　D. 钢丝软轴

3. 转轴设计中初估轴径时，轴的直径按＿＿＿＿＿＿初步确定。

A. 弯曲强度　　B. 扭转强度

C. 弯扭组合强度　　D. 轴段上零件的孔径

4. 当量弯矩法计算轴的强度时，公式 $M=\sqrt{M^2+(\alpha T)^2}$ 中的系数 α 是考虑＿＿＿＿＿＿。

A. 计算公式不准确　　B. 载荷计算不准确

C. 材料抗弯与抗扭的性能不同　　D. 弯矩和转处的循环特性不同

5. 使用最为广泛的轴的材料为＿＿＿＿＿＿。

A. 铸铁　　B. 球墨铸铁　　C. 碳素钢　　D. 合金钢

6. 机器中的一般转轴，在弯矩作用下工作时，产生＿＿＿＿＿＿　。

A. 静应力　　B. 脉动循环的弯曲应力

C. 对称循环的弯曲应力　　D. 非对称循环弯曲应力

7. 转轴在扭转切应力作用下，会产生的失效形式是____________。

A. 疲劳弯断或过量的弯曲变形　　B. 疲劳弯断或过量的扭转变形

C. 疲劳扭断或过量的弯曲变形　　D. 疲劳扭断或过量的扭转变形

8. 对一些高速运转的轴，为防止发生共振，需要进行____________计算。

A. 静强度　　B. 疲劳强度　　C. 振动稳定性　　D. 刚度

9. 轴的设计中，采用轴环的目的是____________。

A. 提高轴的强度　　B. 提高轴的刚度

C. 作为轴加工时的定位面　　D. 对轴上零件进行轴向定位

10. 增大轴剖面过渡处的圆角半径，其优点是____________。

A. 使零件周向定位可靠　　B. 使零件轴向定位可靠

C. 加工制造方便　　D. 减小应力集中，提高疲劳强度

11. 采用____________ 措施不能有效地提高轴的刚度。

A. 增大轴的直径　　B. 改用高强度的合金钢

C. 改变轴承位置　　D. 改变轴的结构

12. 当扭转切变应力为对称循环应力时，当量弯矩法计算轴的强度时，公式 $M_{ca}=\sqrt{M^2+(\alpha T)^2}$ 中的系数 α 应取____________。

A. 0.3　　B. 0.6　　C. 1　　D. 1.3

13. 作用在转轴上的各种载荷中，能产生对称循环应力的是____________。

A. 轴向力　　B. 径向力

C. 由不平衡质量引起的离心力　　D. 转矩

14. 根据轴的承载情况，____________的轴称为转轴。

A. 既承受弯矩又承受转矩　　B. 只承受弯矩不承受转矩

C. 不承受弯矩只承受转矩　　D. 承受较大的轴向载荷

二、填空题

1. 自行车的中轴是____________轴。

2. 自行车的前轮轴是____________轴。

3. 为使轴上零件与轴肩紧密贴合，应保证轴的圆角半径____________轴上零件的圆角半径或倒角。

4. 对大直径轴的轴肩圆角处进行喷丸处理是为了降低材料对____________的敏感性。

5. 传动轴所受的载荷是____________。

6. 工作时既承受弯矩又承受转矩的轴叫____________。

7. 轴的工作能力取决于它的强度和____________。

8. 初步估算阶梯轴的最小直径，通常按____________进行计算。

9. 按公式 $M_{ca}=\sqrt{M^2+(\alpha T)^2}$ 计算轴的强度时，系数 α 按____________的不同性质取不同的值。

三、判断题

1. 所谓转轴就是指在工作中作旋转运动。　　(　　)

2. 为了提高轴的刚度，可以将轴材料由碳钢改换为合金钢。 （　）

3. 为了减少刀具种类，轴上直径相近的轴段上的圆角、倒角、键槽宽度、砂轮越程槽宽度和退刀槽宽度等应尽可能采用相同的尺寸。 （　）

4. 进行轴的设计时，轴的刚度校核计算是非常重要且是必须进行的。 （　）

5. 为了使轴上零件能紧靠轴肩而实现准确可靠的轴向定位，轴肩处的过渡圆角半径应大于与之相配的零件毂孔端部圆角半径或倒角尺寸。 （　）

6. 在轴肩处加工过渡圆角主要是为了便于轴上零件的装配。 （　）

7. 因为合金钢对应力集中较敏感，所以用合金钢制成的轴，其表面粗糙度的控制应更为严格些。 （　）

8. 对轴进行滚压、喷丸等表面处理的主要目的在于提高轴的抗疲劳能力。 （　）

9. 在满足使用要求的前提下轴的结构应尽量简单。 （　）

10. 减速器输入轴的直径应小于输出轴的直径。 （　）

11. 实际的轴多做成阶梯形，主要是为了减轻轴的重量，降低制造费用。 （　）

12. 在满足轴上零件轴向固定可靠时，轴的阶梯过渡圆角半径应尽量采用较大值。 （　）

13. 轴的强度计算主要有按扭转强度条件计算、按弯扭合成强度条件验算、按疲劳强度条件校核，因此，对于每一根轴都必须经过这三种方法依次计算，才能保证安全可靠。 （　）

14. 在轴的设计中，选择钢的种类和决定钢的热处理方法时，所根据的是轴的强度和耐磨性而不是轴的弯曲或扭转刚度。 （　）

15. 与碳素钢相比合金钢有较高的强度和较好的热处理性能，因此用合金钢制造的零件不但可以减小尺寸，而且还可以减小断面变化处过渡圆角半径和降低表面粗糙度值的要求。

（　）

16. 同时作用有弯矩和转矩的转轴上当载荷的大小、方向及作用点均不变时，轴上任意点的应力也不变。 （　）

17. 工作时仅承受弯矩载荷的轴，一般称为转轴。 （　）

18. 工作时既承受弯矩又承受转矩载荷的轴，一般称为传动轴。 （　）

四、结构改错题

1. 如图 15-19 所示轴系结构，按示例①所示，编号指出其他错误（不少于 7 处）。（注：不考虑轴承的润滑方式以及图中的倒角和圆角）示例：1—缺少调整垫片。

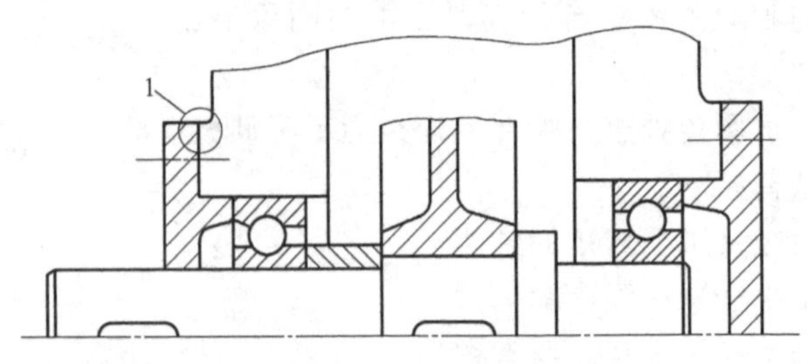

图 15-19　结构改错题 1 图

2. 如图 15-20 所示的轴系结构，编号指出其结构设计中的错误（不少于 7 处）。（注：不考虑轴承的润滑方式以及图中的倒角和圆角）

3. 编号指出图 15-21 所示轴承面对面布置的轴系结构中的错误和不合理之处。

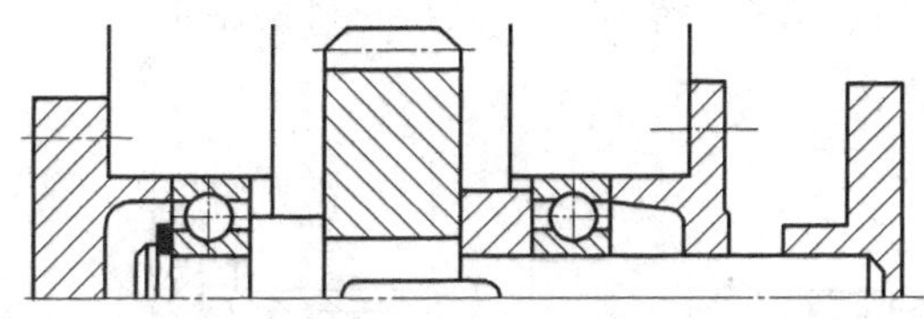

图 15-20 结构改错题 2 图

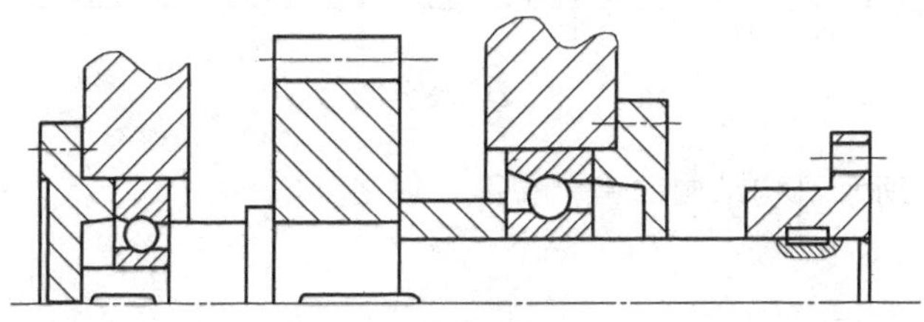

图 15-21 结构改错题 3 图

4. 分析图 15-22 所示轴系结构的错误，并画出正确结构。

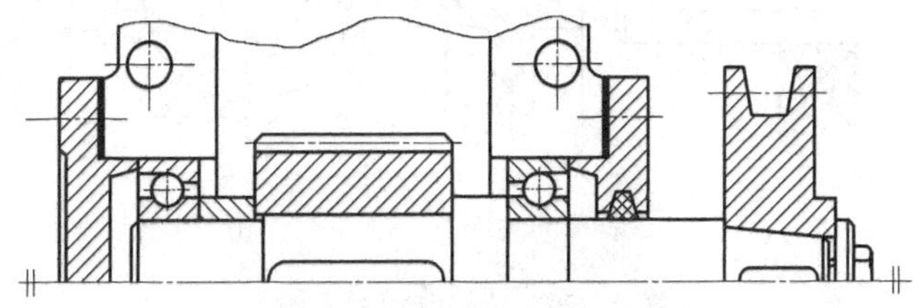

图 15-22 结构改错题 4 图

5. 分析图 15-23 所示轴系结构的错误，并画出正确结构。

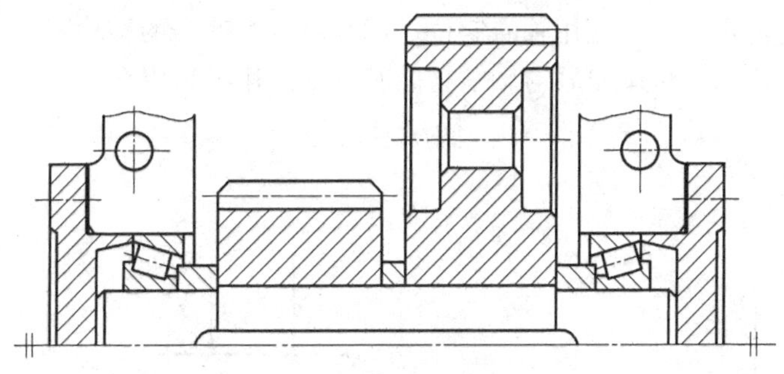

图 15-23 结构改错题 5 图

6. 分析图 15-24 所示轴系结构的错误，并画出正确结构。

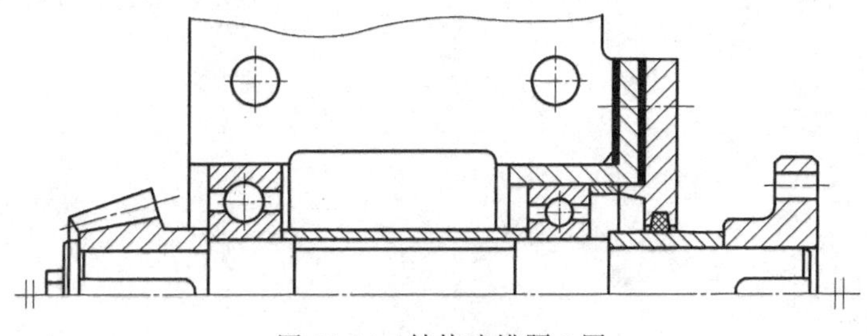

图 15-24 结构改错题 6 图

7. 分析图 15-25 所示轴系结构的错误，并画出正确的结构。

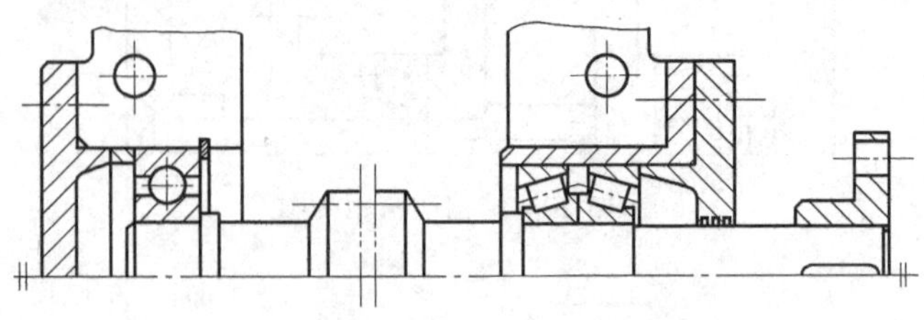

图 15-25 结构改错题 7 图

8. 指出图 15-26 所示机构结构的错误和不合理之处。

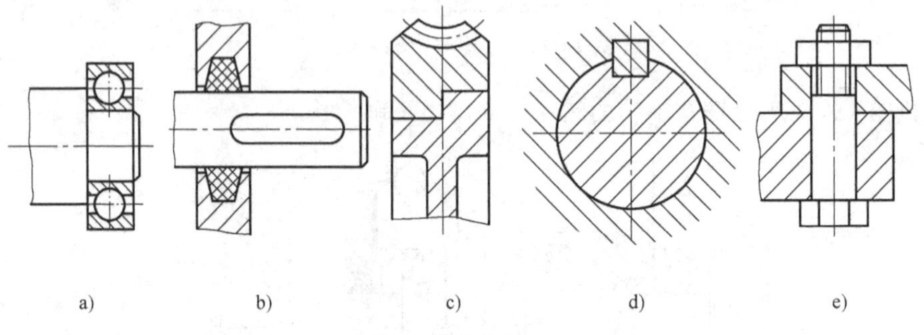

a) b) c) d) e)

图 15-26 结构改错题 8 图

五、设计题

1. 如图 15-27 所示的某圆柱齿轮装于轴上，在圆周方向采用 A 型普通平键固定；在轴向，齿轮左端用套筒定位，右端用轴肩定位。试画出这个部分的结构图。

2. 如图 15-28 所示，试画出轴与轴承盖之间分别采用毛毡圈和有骨架唇形密封圈时的结构图。

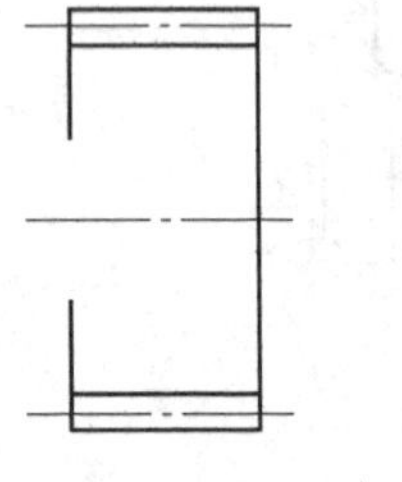

图 15-27 设计题 1 图

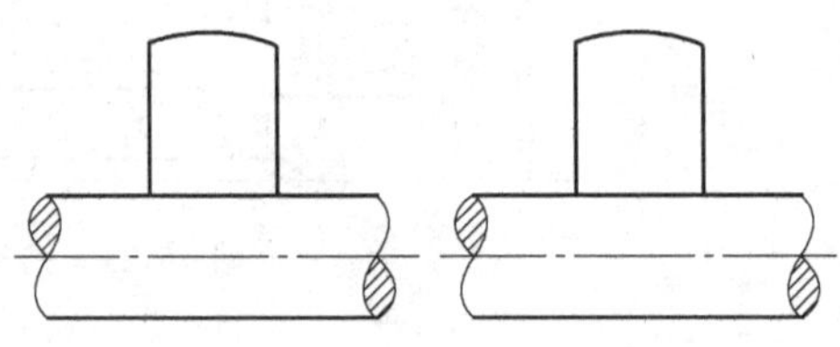

图 15-28 设计题 2 图

Chapter 16

第16章 联轴器与离合器

学习目标

主要内容： 联轴器、离合器的类型、结构特点及应用场合；联轴器的类型、尺寸、型号选择。
学习重点： 联轴器、离合器的类型选择。
学习难点： 增强理论联系实践的能力。

16.1 概　　述

联轴器与离合器都是用来连接两轴并传递运动和转矩的。二者的区别是：由联轴器连接的两轴只有在停车后经拆卸才能分离，而离合器联接的两轴在机器工作时就可方便地实现分离与接合。离合器的主要功能是用来操纵机器传动系统的断续，以进行变速及换向等。

由于制造及安装误差，或者承载后的变形及温度变化，被连接的两轴会产生相对位置的变化即两轴产生了位移（或称误差），这往往使两轴不能保证严格的对中。两轴连接的位移（误差）形式如图 16-1 所示。

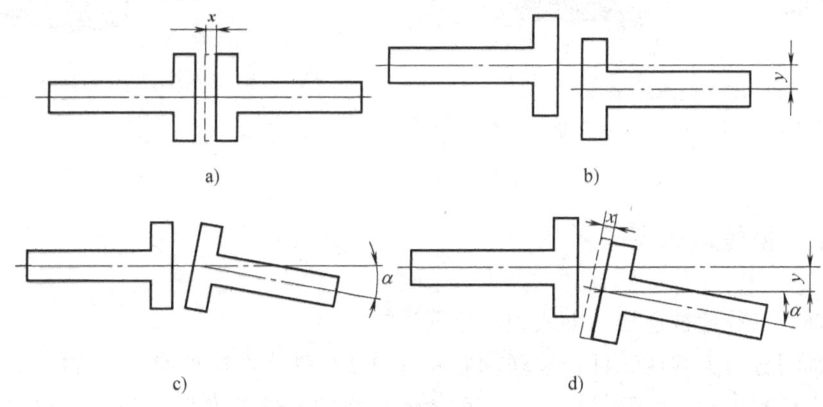

图 16-1　两轴连接的位移（误差）形式
a）轴向误差　b）径向误差　c）角误差（角位移）　d）综合误差

16.2 常用联轴器的类型

根据联轴器的工作特性不同，常用联轴器主要有三类。

16.2.1 刚性联轴器

刚性联轴器不具备自动补偿被连接两轴线相对位置误差的能力。典型产品是凸缘联轴器和套筒联轴器。

凸缘联轴器包括普通凸缘联轴器（图 16-2a）和对中榫凸缘联轴器（图 16-2b）两种。普通凸缘联轴器用铰制孔螺栓联接两个半联轴器，靠螺栓杆承受挤压与剪切来传递转矩。对中榫凸缘联轴器用普通螺栓来联接两个半联轴器，靠接合面的摩擦力来传递转矩，靠一个半联轴器的凸肩与另一个半联轴器上的凹槽相配合而对中。

凸缘联轴器的特点有：构造简单、成本低、可传递较大的转矩，不能补偿两轴间的相对位移，对两轴的对中性要求很高，适用于转速低、无冲击、轴的刚性大、对中性较好的场合。

套筒联轴器（图 16-3）的特点有：结构简单，制造容易，径向尺寸小，成本低，没有补偿所连接两轴相对偏移的功能，要求两轴精确对中。装拆时需沿轴向移动较大距离，且只能连接两轴直径相同的圆柱形轴。装拆时需对被连接两轴之一作轴向移动，给机器的维修带来不便。一般用于中小功率传动，其中花键连接套筒连轴器可以传递很大转矩。

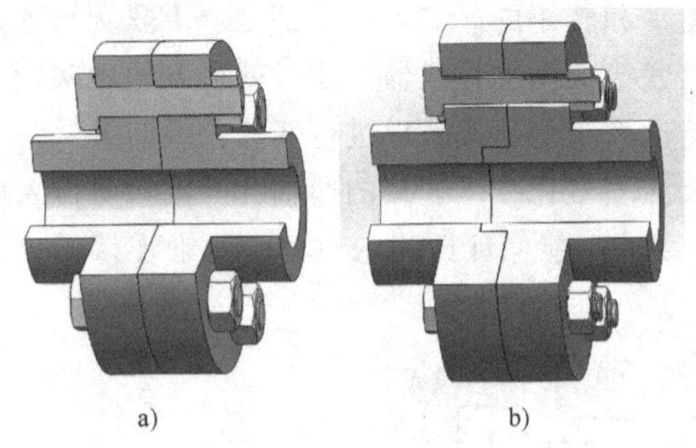

图 16-2　凸缘联轴器

a）普通凸缘联轴器　b）对中榫凸缘联轴器

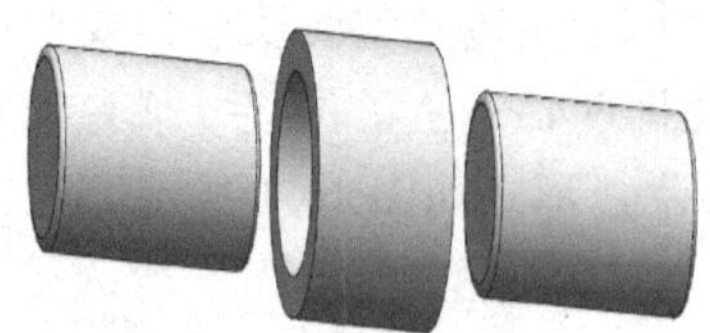

图 16-3　套筒联轴器

16.2.2 挠性联轴器

挠性联轴器能补偿被连接两轴线相对位置误差。

挠性联轴器分为无弹性元件挠性联轴器和有弹性元件挠性联轴器，前者依靠零件之间的相对运动自由度来自动补偿两轴的误差，后者依靠弹性元件的变形来补偿两轴的位置误差，且具有不同程度的减振、缓冲作用，以改善传动系统的工作性能。

1. 无弹性元件挠性联轴器

无弹性元件挠性联轴器的典型产品是齿式联轴器（图 16-4）和万向联轴器（图 16-5）。

齿式联轴器由两个具有外齿的半联轴器和两个具有内齿的外壳组成，外壳与半联轴器通过内、外齿的相互啮合而相连，轮齿留有较大的齿侧间隙，廓线为渐开线，外齿轮的齿顶做成球面，球面中心位于轴线上，转矩靠啮合的齿轮传递。

齿式联轴器的特点有：能补偿两轴的综合位移，能传递很大的转矩，质量较大，结构复杂，工艺复杂，需润滑和密封，精度低时噪声大，价格高。适用于低速重载场所，在重型机器和起重设备中应用较广。不适用于立轴，不宜用于高速和频繁起动和正反向运转的传动轴系。

图 16-4　齿式联轴器

万向联轴器由两个分别固定在主、从动轴上的叉形接头和一个十字形零件（称十字头）组成。叉形接头和十字头是铰接的。

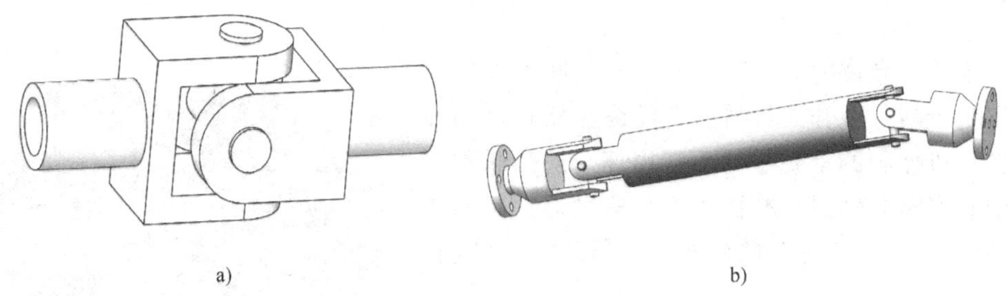

a)　　b)

图 16-5　万向联轴器

a）单万向联轴器　b）双万向联轴器

万向联轴器的优点有：可补偿两轴间较大的角位移，结构紧凑，维护方便，而且机器运转中夹角发生改变时仍能正常传动。缺点有：当角位移过大时传动效率显著降低，当主动轴角速度为常数时从动轴的角速度并不是常数，而是在一定范围内变化的，因而在传动中会产生附加动载荷。使用双万向联轴器（图 16-5b）可改善这种情况，但安装时必须保证两边夹角相等，并使中间轴两端的叉形接头在同一平面内，才能保证主动轴角速度恒等于从动轴角速度。万向联轴器广泛用于汽车、多头钻床等机器的传动系统中。

2. 有弹性元件挠性联轴器

有弹性元件的挠性联轴器的典型产品是蛇形弹簧联轴器（图 16-6a）和弹性柱销联轴器（图 16-6b）。

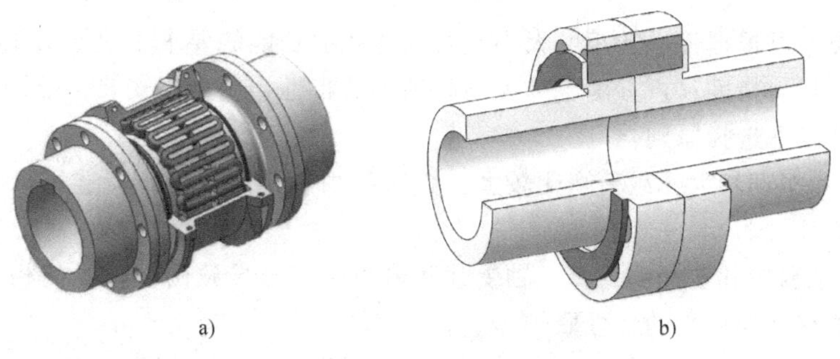

a)　　b)

图 16-6　有弹性元件的挠性联轴器

a）蛇形弹簧联轴器　b）弹性柱销联轴器

蛇形弹簧联轴器的特点有：含金属弹性元件、弹性好、缓冲减振能力强、承载能力大、径向尺寸较小，但是蛇形弹簧加工困难、需润滑，适用于载荷不稳定或受严重冲击、高温等场所。

弹性柱销联轴器的特点有：含非金属弹性元件、结构简单、安装制造方便，耐久性好、有吸振和补偿轴向位移的能力，常用于轴向窜动量较大，经常正反转，起动频繁，转速较高的场合。

一般机械设备中，如无特殊要求，常采用含非金属弹性元件的挠性联轴器，例如在专用精压机中使用的就是弹性柱销联轴器。

16.2.3 安全联轴器

当转矩超过允许的极限转矩时，安全联轴器的连接件将发生折断、脱开或打滑，自动终止联轴器的传动，以保护机器中的重要零件不受损坏。安全联轴器包括剪销式安全联轴器、摩擦式安全联轴器、磁粉式安全联轴器、离心式安全联轴器、液压式安全联轴器等。

图 16-7 所示为剪销式安全联轴器，当传递的转矩达到规定值时，销钉被剪断，使转矩和运动传递中断。剪销式安全联轴器结构简单，但要求销钉材质均匀，制造精确，适用于过载不大的传动轴系。

图 16-7 剪销式安全联轴器

16.3 常用联轴器的选择

常用联轴器已标准化，一般情况下只需根据有关标准和产品样本选用，包括选择联轴器的类型、尺寸（型号）及联轴器与轴的连接方式。

16.3.1 联轴器类型的选择

联轴器的类型可根据传递转矩的大小及对缓冲减振功能的要求，根据工作转速的高低和被连接两部件的安装精度，再参考各种类型联轴器的特性、制造、安装、维护和成本进行选择。具体可参考以下选择原则：

1）若冲击和振动较大，载荷变化较大，频繁起动、换向的场合应选用具有缓冲吸振能力的弹性联轴器。

2）如果由于制造和装配的误差，轴受载和热膨胀变形导致两轴轴线的相对位置精度较差，应选用有位移补偿能力的挠性联轴器。

3）在高温、低温，存在油、酸、碱介质条件下，应避免选用有橡胶元件的弹性联轴器。

4）对大功率的重载传动，可选用齿式联轴器。

5）在满足使用性能的前提下，应选用拆装方便、维护简单、成本低的联轴器。例如，

刚性联轴器不但简单，而且拆装方便，可用于低速、刚性大的传动轴。

6）一般的非金属弹性元件联轴器，由于具有良好的综合性能，广泛应用于一般中小功率传动。

16.3.2　联轴器尺寸的选择

1. 确定联轴器的计算转矩

由于起动时会有动载荷和运转中可能出现过载，所以应当按轴上的最大转矩作为计算转矩 T_{ca}，计算转矩按式（16-1）进行

$$T_{ca}=K_A T \tag{16-1}$$

式中，T 为联轴器的名义转矩（N · m）；K_A 为工作情况系数，见表 16-1。

表 16-1　工作情况系数 K_A

工作情况及举例	电动机、汽轮机	双缸内燃机	单缸内燃机
转矩变化很小，如发电机、小型通风机、小型离心泵等	1.3	1.8	2.2
转矩变化小，如透平压缩机、木工机床、运输机等	1.5	2.0	2.4
转矩变化中等，如搅拌机、增压泵、压力机等	1.7	2.2	2.6
转矩变化和冲击载荷中等，如织布机、水泥搅拌机等	1.9	2.4	2.8
转矩变化和冲击载荷大，如碎石机、挖掘机、起重机等	2.3	2.8	3.2

2. 确定联轴器的型号

根据计算转矩 T_{ca} 及所选的联轴器类型，按照 $T_{ca} \leqslant [T]$ 的条件在联轴器的标准中选定联轴器型号，$[T]$ 为联轴器的许用转矩。

3. 校核最大转速

被连接轴的转速 n 不应超过所选联轴器的允许最高转速 n_{max}，即 $n \leqslant n_{max}$。

4. 协调轴孔直径

一般每一型号的联轴器均有适用的轴径尺寸系列，被连接两轴的轴径应在此尺寸系列之中。

16.4　常用离合器的类型

离合器的类型很多，按结构类型可分为牙嵌离合器与摩擦离合器两大类。

16.4.1　牙嵌离合器

如图 16-8 所示，牙嵌离合器由端面带齿的两个半离合器组成，通过啮合的齿来传递转矩。其中一个半离合器固装在主动轴上，而另一个半离合器利用导向平键安装在从动轴上，它可沿轴线方向移动。工作时利用操纵杆（图中未画出）带动滑环，使从动轴上的半离合器做轴向移动，实现离合器的接合或分离。

牙嵌离合器结构简单，外廓尺寸小，接合后两半离合器没有相对滑动，但只适宜在两轴

的转速差较小或相对静止的情况下接合，否则齿与齿会发生很大冲击，影响齿的寿命。

牙嵌离合器沿圆柱面上的展开牙型有三角形、矩形、梯形和锯齿形，如图 16-9 所示。每种牙型各有其特点：

1）三角形齿接合和分离容易，但齿的强度较弱，多用于传递小转矩。

2）梯形和锯齿形齿强度较大，接合和分离也较容易，多用于传递大转矩的场合，但锯齿形齿只能单向工作，反转时工作面将受较大的轴向分力，会迫使离合器自行分离。

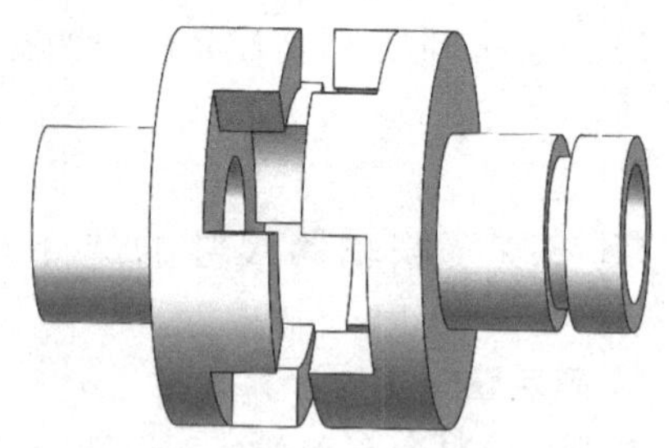

图 16-8　牙嵌离合器

3）矩形齿制造容易，但必须在齿与槽对准时方能接合，因而接合困难，且接合以后，齿与齿接触面间无轴向分力作用，所以分离也较困难，故应用较少。

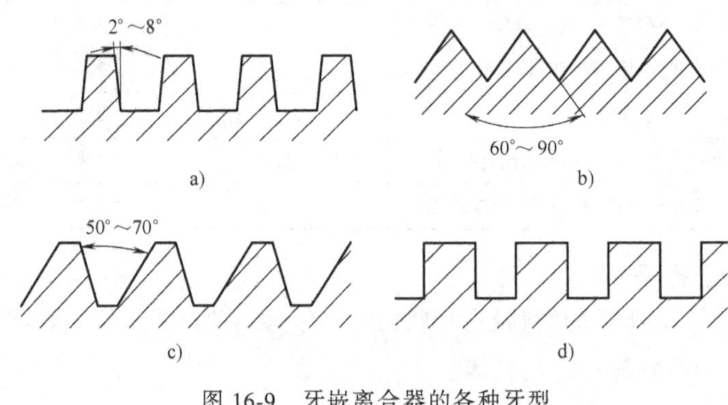

图 16-9　牙嵌离合器的各种牙型

a）梯形　b）三角形　c）锯齿形　d）矩形

16.4.2　摩擦离合器

利用主、从动半离合器接触表面之间的摩擦力来传递转矩的离合器，称为摩擦离合器，它是能在高速下离合的机械式离合器。最简单的摩擦离合器为圆盘摩擦离合器。圆盘摩擦离合器中的摩擦盘有单盘的也有多盘的，如图 16-10 和图 16-11 所示。

单盘摩擦离合器由两个半离合器及一个摩擦盘、操纵杆和滑环组成，通过其半离合器和摩擦盘接触面间的摩擦力来传递转矩。左半离合器固装在主动轴上，右半离合器利用导向平键（或花键）安装在从动轴上，通过操纵杆（图 16-10 中未画出）和滑环可以在从动轴上滑移。这种单盘摩擦离合器结构简单，

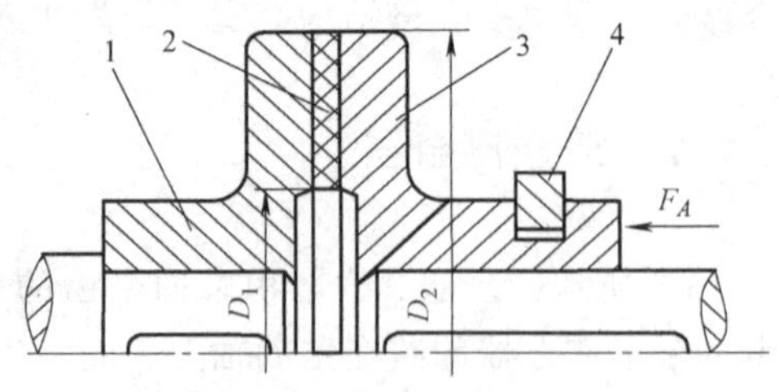

图 16-10　单盘摩擦离合器

1、3—半离合器　2—摩擦盘　4—操纵杆和滑环

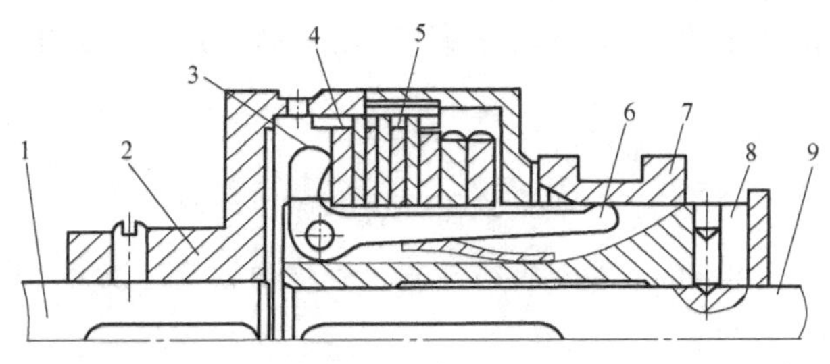

图 16-11　多盘摩擦离合器

1、9—轴　2—鼓轮　3—压板　4—外摩擦盘组　5—内摩擦盘组　6—曲臂压杆　7—滑环　8—内套筒

散热性好，但传递的转矩较小。当必须传递较大转矩时，可采用多盘摩擦离合器。

多盘摩擦离合器有两组摩擦盘，其中外摩擦盘组利用外圆上的花键与鼓轮相联（鼓轮与轴相固联），内摩擦盘组利用内圆上的花键与内套筒相联（套筒与轴相固联）。当滑环做轴向移动时，将拨动曲臂压杆，使压板压紧或松开内、外摩擦盘组，从而使离合器接合或分离。中间的螺母是用来调节内、外摩擦盘组间隙大小的。

摩擦离合器和牙嵌离合器相比，具有下列优点：

1）不论在何种速度时，两轴都可以接合或分离。

2）接合过程平稳，冲击、振动较小。

3）从动轴的加速时间和所传递的最大转矩可以调节。

4）过载时可发生打滑，以保护重要零件不致损坏。

其缺点有：外廓尺寸较大、结构复杂、成本高；在接合、分离过程中会产生滑动摩擦，当产生滑动时不能保证被连接两轴间的精确同步转动；摩擦会发热，故发热量较大，磨损也较大。

16.5　联轴器的选用实例

本书绪论部分介绍的专用精压机中，减速器与小直齿轮轴系两轴间的连接采用的是弹性柱销联轴器（图 16-12）。现以此为例介绍联轴器尺寸（型号）的选择计算。

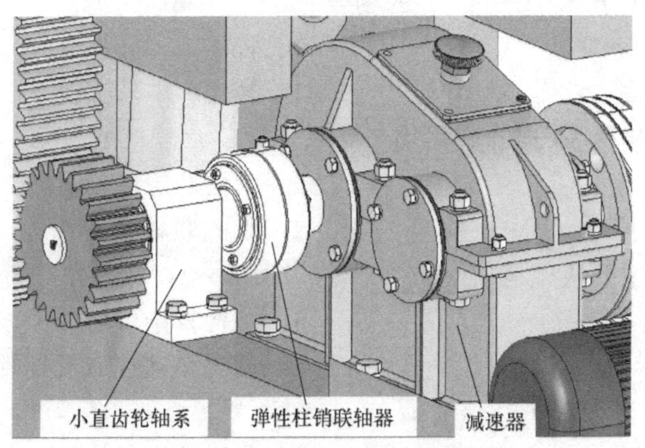

图 16-12　专用精压机中的联轴器

1. 设计数据

该联轴器需要传递的功率 $P_{Ⅲ}=6.84\text{kW}$，转速 $n_{Ⅲ}=192.67\text{r/min}$，则联轴器需要传递的转矩为

$$T_{Ⅲ}=9550\frac{P_{Ⅲ}}{n_{Ⅲ}}=9550\times\frac{6.84}{192.67}\text{N}\cdot\text{m}=339\text{N}\cdot\text{m}$$

所连接的两轴轴径均为 40mm，没有特殊要求，弹性联轴器选较为通用的 HL 系列。

2. 设计过程与结果

（1）由式（16-1）确定联轴器的计算转矩　由表 16-1 查得 $K_A=1.7$，则计算转矩

$$T_{ca}=K_A T_{Ⅲ}=1.7\times339\text{N}\cdot\text{m}=576.3\text{N}\cdot\text{m}$$

（2）确定联轴器的型号　查阅机械设计手册可知，HL 系列中，轴径为 40mm 的联轴器仅有两种：HL3 和 HL4。

HL3 的许用转矩 $[T]=630\text{N}\cdot\text{m}$，最高转速 $n_{max}=5000\text{r/min}$；HL4 的许用转矩 $[T]=1250\text{N}\cdot\text{m}$，最高转速 $n_{max}=4000\text{r/min}$。

由 $T_{ca}\leqslant[T]$ 和 $n\leqslant n_{max}$ 两项条件，最后选择弹性联轴器的型号为 HL3。

同步练习

一、选择题

1. 联轴器和离合器的主要作用是____________。

A. 连接两轴，使其一同旋转并传递转矩　　B. 防止机器出现过载

C. 缓冲和减振　　D. 补偿两轴的综合位移

2. 对于工作载荷平稳、不发生相对位移、转速稳定、对中性好的两轴应选用____________。

A. 弹性柱销联轴器　　B. 刚性凸缘联轴器

C. 万向联轴器　　D. 齿式联轴器

3. ____________具有良好的补偿综合位移的能力。

A. 弹性柱销联轴器　　B. 刚性凸缘联轴器

C. 十字滑块联轴器　　D. 齿式联轴器

4. 齿式联轴器适用于____________的场合。

A. 转矩小，转速低　　B. 转矩大，转速低

C. 转矩小，转速高　　D. 转矩大，转速高

5. 两轴的偏角位移达 30°时，宜采用____________。

A. 弹性柱销联轴器　　B. 刚性凸缘联轴器

C. 万向联轴器　　D. 齿式联轴器

6. 万向联轴器的主要缺点是____________。

A. 传递转矩小　　B. 结构复杂

C. 制造成本高　　D. 两轴角速度有周期性变化

7. 齿式联轴器属于____________。

A. 刚性联轴器　　B. 无弹性元件挠性联轴器

C. 金属弹性元件挠性联轴器　　D. 非金属弹性元件挠性联轴器

8. 选择联轴器型号时，需要根据＿＿＿＿＿＿。

A. 计算转矩和转速　　B. 转速和两轴直径

C. 计算转矩和两轴直径　　D. 计算转矩、转速和两轴直径

9. 能补偿两轴的相对位移并可缓冲、吸振的联轴器是＿＿＿＿＿＿。

A. 凸缘联轴器　　B. 万向联轴器

C. 齿式联轴器　　D. 弹性柱销联轴器

10. 在载荷不平稳且有较大冲击和振动的情况下，宜选用＿＿＿＿＿＿联轴器。

A. 刚性　　B. 无弹性元件挠性　　C. 有弹性元件挠性　　D. 以上均可

11. 离合器与联轴器的区别在于＿＿＿＿＿＿。

A. 可提供过载保护　　B. 能够补偿两轴间位移

C. 可将两轴的运动和载荷随时脱离和结合　　D. 以上三者都是

12. 凸缘联轴器属于＿＿＿＿＿＿。

A. 刚性联轴器　　B. 无弹性元件挠性联轴器

C. 金属弹性元件挠性联轴器　　D. 非金属弹性元件挠性联轴器

13. 以下联轴器中，属于刚性联轴器的是＿＿＿＿＿＿。

A. 凸缘联轴器　　B. 齿式联轴器

C. 万向联轴器　　D. 弹性柱销联轴器

14. 对低速、刚性大的短轴，常选用的联轴器为＿＿＿＿＿＿。

A. 刚性固定式联轴器　　B. 刚性可移式联轴器

C. 弹性联轴器　　D. 安全联轴器

15. 在载荷具有冲击、振动，且轴的转速较高、刚度较小时，一般选用＿＿＿＿＿＿。

A. 刚性固定式联轴器　　B. 刚性可移式联轴器

C. 弹性联轴器　　D. 安全联轴器

16. 金属弹性元件挠性联轴器中的弹性元件都具有＿＿＿＿＿＿的功能。

A. 对中　　B. 减摩

C. 缓冲和减振　　D. 装配很方便

17. ＿＿＿＿＿＿离合器接合最不平稳。

A. 牙嵌　　B. 摩擦　　C. 安全　　D. 离心

二、填空题

1. 当受载较大，两轴较难对中时，应选用可移式＿＿＿＿＿＿联轴器来连接。

2. 传递两相交轴间运动而又要求轴间夹角经常变化时，可以采用＿＿＿＿＿＿联轴器。

3. 确定联轴器的型号和结构的依据是传递转矩、转速、轴的结构型式和轴的＿＿＿＿。

4. 按工作原理，操纵式离合器主要分为磁力式、啮合式和＿＿＿＿＿＿三类。

5. 挠性联轴器可分为＿＿＿＿＿＿的挠性联轴器和有弹性元件的挠性联轴器两大类。

6. 牙嵌离合器只能在两轴不回转或两轴的转速差＿＿＿＿＿＿时进行接合。

7. 摩擦离合器靠工作面的＿＿＿＿＿＿来传递转矩，两轴可在任何速度时实现接合或分离。

8. 挠性联轴器可以补偿的相对位移是轴向位移、径向位移、角位移和＿＿＿＿＿＿。

9. 凸缘联轴器属于____________性联轴器。

10. 齿式联轴器属于____________弹性元件的挠性联轴器。

三、判断题

1. 联轴器和离合器的主要区别在于前者必须在机器停车后才能分离，后者则不必。（　　）

2. 十字滑块式联轴器一般用于转速较高、轴的刚度较大，且无剧烈冲击处。（　　）

3. 当单个万向联轴器所连接的两轴有角偏移时，两轴的瞬时速度并不是时时相等。（　　）

4. 联轴器所连接的两个轴段的直径必须是相等的。（　　）

5. 联轴器的型号通常是根据所选联轴器类型，按照转矩条件由联轴器标准选定的。（　　）

6. 套筒联轴器的主要优点是结构简单，径向尺寸小。（　　）

7. 联轴器和离合器的计算转矩等于公称转矩乘以一个小于 1 的载荷系数。（　　）

8. 凸缘联轴器因为具有结构简单、成本低等特点，常用于低转速、无冲击、轴的刚性大、对中性好的工作场合。（　　）

9. 万向联轴器可用于两轴有较大径向偏移量的传动系统中。（　　）

10. 离合器是一种常用的轴系联接部件，其主要作用是实现机器工作时能随时使两轴结合或分离。（　　）

参考文献

[1] 濮良贵，陈国定，吴立言．机械设计［M］．9版．北京：高等教育出版社，2019.
[2] 孙桓，陈作模，葛文杰．机械原理［M］．8版．北京：高等教育出版社，2013.
[3] 杨可桢，程光蕴，钱瑞明．机械设计基础［M］．6版．北京：高等教育出版社，2020.
[4] 张鄂．机械设计基础［M］．北京：机械工业出版社，2010.
[5] 封立耀，肖尧先．机械设计基础实例教程［M］．北京：北京航空航天大学出版社，2007.
[6] 王云，潘玉安．机械设计基础案例教程：上册［M］．北京：北京航空航天大学出版社，2006.
[7] 王云，黄国兵．机械设计基础案例教程：下册［M］．北京：北京航空航天大学出版社，2006.
[8] 郑文纬，吴克坚．机械原理［M］．7版．北京：高等教育出版社，1997.
[9] 刘文光，贺红林．机械设计实践与创新［M］．北京：电子工业出版社，2018.
[10] 吴宗泽．机械设计手册：上、下册［M］．北京：机械工业出版社，2002.
[11] 王三民．机械设计计算手册［M］．北京：化学工业出版社，2009.